반추동물영양생리학

개정판

반추동물영양생리학

초 판 1쇄 발행 2005년 2월 28일
개정판 1쇄 발행 2013년 2월 28일
개정판 7쇄 발행 2024년 3월 10일

지은이 김창현 · 문양수 · 백명기 · 서성원 · 이상석 · 이성실
이세영 · 이왕식 · 장종수 · 최낙진 · 하종규

펴낸곳 서울대학교출판문화원
주소 08826 서울 관악구 관악로 1
도서주문 02-889-4424, 02-880-7995
홈페이지 www.snupress.com
페이스북 @snupress1947
인스타그램 @snupress
이메일 snubook@snu.ac.kr
출판등록 제15-3호

ISBN 978-89-521-1392-4 93520

개정판

반추동물 영양생리학

김창현 · 문양수 · 백명기 · 서성원 · 이상석 · 이성실
이세영 · 이왕식 · 장종수 · 최낙진 · 하종규

Ruminant Nutrition and Physiology

서울대학교출판문화원

개정판을 내면서

반추동물영양생리학은 반추동물의 사육에 필수적인 분야이지만 그 중요성에 비해서 연구의 역사는 그리 길지 않다. 비록 반추위 미생물의 존재나 반추동물의 영양소 요구량 등에 관한 일부 사실들이 19세기에 알려지긴 했으나, 우리가 알고 있는 반추동물영양생리학 지식의 대부분은 20세기 중반부터 실시된 연구결과들에서 유래한 것이다. 이 기간 동안 정립된 반추동물영양생리학의 주된 내용은 영양소의 체내대사와 기능 구명, 영양소 요구량 설정 및 이를 기초로 한 사양표준의 제정, 반추위 미생물의 분리, 동정 및 이들의 산업적 이용, 반추위 미생물과 동물 생산성의 상호관계 등이었는데, 이러한 연구결과들 덕분에 젖소나 비육우를 비롯한 반추동물의 생산성이 20세기에 들어 획기적으로 향상되었다. 20세기 반추동물영양생리학의 연구목표가 양적 생산효율 향상이었다면 21세기에는 환경보존, 생산물의 건강 기능성과 안전성, 그리고 인간과 동물의 복지 등이 주요 연구대상이 될 것으로 예상된다. 따라서 앞으로는 인간이 반추동물을 이용하는 일방적인 주종관계가 아니라, 동물과 인간이 지구라는 생태계에서 상호 공존할 수 있는 방법을 찾는 데 주력해야 할 것으로 보인다.

이 책은 2005년에 출간된『반추동물영양생리학』의 개정판으로서, 초판에서 지향했던 기본 집필 방향은 살리되 그동안 발견된 오류를 수정했을 뿐만 아니라 통계 수치를 갱신하고 새로운 집필진을 추가하여 특히 유전, 면역 분야를 보강함으로써 교재의 질을 향상시키고자 노력하였다. 이 교재는 대학생이 알아야 할 반추동물영양생리학의 기본 원리와 응용에 관한 전문지식을 바탕으로 유전, 면역, 내분비, 미생물 분야와 같은 인접 학문과 연계하여 내용을 기술함으로써 새로이 태동되고 있는 융합학문에 대한 소개도 수록하였다. 이 책은 총 6장으로 구성되어 있는데, 제1장은 서론, 제2장과 제3장은 반추동물의 소화기관과 반추위 미생물, 그리고 제4장은 영양소의 체내대사와 관련된 내용으로서 반추동물영양생리의 기초 분야를 다루고 있고, 제5장과 제6장에는 사료의 영양가치, 각종 동물의 영양소 요구량, 고급육과 우유 생산, 환경 등 반추동물의 생산과 관련된 응용 분야가 기술되어 있다. 이 책은 정규대학에서 동물자원과학을 전공하는 학생들을 위한 교재이나 사료 및 동물산업 종사자, 수의학 전공자 및 개업 수의사를 위한 지침서로도 활용될 수 있을 것이다.

이 책이 나오기까지 원고 수집과 교정을 위해 수고해준 충남대학교 서성원 교수와 서울대학교 서자겸, 박탄솔 군, 그리고 출판을 맡아준 서울대학교출판문화원에 깊은 감사를 드린다.

2013년 1월

저자 일동

머리말

반추동물은 1만 년 이상 인류와 공생하며 우리 인간에게 고급 단백질 식품과 농경, 운송에 필요한 동력원을 제공해 왔고, 앞으로도 이러한 역할은 지속될 것이다. 또한 고대 인류가 종교의식에 주로 사용한 동물이 반추동물이었고, 이들 동물이 부와 신분의 상징이었다는 것은 잘 알려진 사실이다. 구약성경도 "짐승 중에서 굽이 갈라지고 새김질하는 짐승은 모두 너희가 먹을 수 있다"(레위기 11장)라고 하여 반추동물의 가치를 인정한 바 있다.

영양생리학은 반추동물의 사육에 필수적인 분야이나 그 중요성에 비해서 연구의 역사는 그리 길지 않다. 비록 반추위 미생물의 존재나, 반추동물의 영양소 요구량 등에 관한 일부의 사실들이 19세기에 알려지긴 했으나, 우리가 알고 있는 반추동물영양생리학 지식의 대부분은 20세기 중반부터 실시된 연구결과들에서 유래한 것이다. 이 기간에 정립된 반추동물영양생리학의 주된 내용은 영양소의 체내대사 및 기능 구명, 영양소 요구량 설정 및 이를 기초로 한 사양표준의 제정, 반추위 미생물의 분리, 동정 및 이들의 산업적 이용, 반추위 미생물과 동물 생산성의 상호관계 등이었는데, 이러한 연구결과들 덕분에 젖소, 육우를 비롯한 반추동물의 생산성이 20세기에 들어 획기적으로 향상되었다.

반추동물의 반추위액 한 방울 속에는 지구촌 인간의 수보다 훨씬 많은 미생물들이 독특한 생태계를 이루고 있고, 또한 반추동물도 사하라 사막으로부터 북극에 이르기까지 다양한 생태계에 적응하여 살고 있어서, 이러한 동물들의 영양생리 원리와 응용방안을 공부하는 것은 어느 분야 못지않게 흥미로울 것이다. 20세기의 연구목표를 양적 생산과 그 효율 향상으로 요약할 수 있다면, 21세기에는 환경보존, 생산물의 기능성과 안전성, 그리고 인간과 동물 복지 등이 반추동물 영양생리학의 주요 연구대상이 될 것으로 예상된다. 따라서 인간이 반추동물을 이용하는 일방적인 관계가 아니라, 앞으로는 동물과 인간이 지구라는 생태계에서 공존할 수 있는 방법을 찾는 데 주력해야 할 것으로 보인다.

본 교재는 대학생이 알아야 할 반추동물 영양생리학의 기본원리와 응용에 관한 전문지식을 포함하고 있을 뿐 아니라, 인접 학문 분야와 연계되는 부분도 과감히 도입하여 학제간 학문의 중요성을 강조하고자 하였다. 예컨대, 반추위 미생물, 미생물 유전, 동물영양과 유전자 발현, 영양과 면역, 영양과 호르몬 작용이 이러한 분야에 속한다. 본 교재는 총 6장으로, 1장은 서론, 2장과 3장은 반추동물의 소화기관과 반추위 미생물, 그리고 4장은 영양소의 체내 대사와 관련된 내용으로서 2, 3, 4장은 반추동물영양생리의 기초분야를 다루고 있다. 5장과 6장에는 사료의 영양가치, 각종 동물의 영양소 요구량, 고급육과 우유생산, 환경, 주요 대사성 질병 등 반추동물의 생산과 관련된 응용분야가 기술되어 있다. 본 책자는 정규대학에서 동물자원과학을 전공하는 학생들을 위한 교재이나, 사료 및 동물산업 종사자, 수의학 전공자 및 개업 수의사를 위한 지침서로도 활용될 수 있을 것이다.

30년이 안 되는 짧은 연구와 교육 경험을 바탕으로 교재를 출간하는 것이 매우 조심스러우나, 관련 분야 여러분들의 조언을 받아 앞으로 좀 더 알차고 깊이 있는 교재로 발전시킬 것을 약속한다. 끝으로 이 책이 나오기까지 자료 수집과 원고 교정에 수고해 준 이상석 박사, 최낙진 박사, 성하균 박사, 김현진 박사, 그리고 전·현직 서울대학교 반추동물 영양생리학 연구실원들에게 깊은 감사를 드린다.

2005년 1월

저자대표 하종규

차례

제3장 | 반추위와 반추위 미생물

제4장 | 반추동물의 대사생리

제1장

반추동물과 그 중요성

제1절 반추동물의 종류와 특성

1. 반추동물의 다양성

반추(rumination)라는 말은 라틴어의 *ruminare*에서 유래된 용어로서 '반복적으로 씹는다'는 뜻을 지니고 있다. 따라서 **반추동물**(ruminants)은 섭취한 사료를 삼킨 후 다시 토출시켜 되씹는 생리적 특성을 지닌 동물을 지칭한다. 대표적인 반추동물에는 소, 면양, 산양, 사슴 등이 있다.

지구상에 있는 반추동물은 크기와 모습이 매우 다양하고, 열대지역에서 한대지역까지 매우 다른 기후와 토양조건에 걸쳐 분포되어 있다. 가장 원시적인 반추동물에 속하는 쥐사슴(mouse deer)은 체중이 2~5kg이고 어깨높이가 20~35cm로 매우 작지만, 기린은 체중이 크게는 2톤이나 되고 어깨높이도 3.5m에 달한다. 지역별로도 특징적인 반추동물이 서식하고 있는데 북극지대에는 순록, 열대습윤 지역에는 물소 등이 살고, 건조한 지역일수록 면양, 산양, 낙타 등이 많다.

가축화된 반추동물의 수는 표 1-1에서 보는 바와 같이 전 세계적으로 약 36억 2천만 두로서 2010년을 기준으로 보면 소 14억 3천만 두, 물소 1억 9천만 두, 면양 10억 8천만 두, 산양 9억 2천만 두이며, 동물의 종류에 관계없이 아세아/대양주의 사육 두수가 가장 많다. 특히 물소는 약 97% 이상이 아세아 지역에 집중되어 있다.

현존하는 반추동물은 약 155종인데 현재 가축화되어 인간의 관리 아래 사육되고 있는 것은 소, 면양, 산양, 물소, 순록, 야크, 낙타, 라마 등 8종 정도이다. 반추동물의 가축화는 약 1만 년 전부터 시작되었으며, 그동안 인간과의 접촉으로 유전적 또는 표현형적 요인에 상당한 변화가 있었을 것으로 예상된다. 또한 생산능력만 강조해온 인간의 이기심이 초래

표 1-1 대륙별 주요 가축 두수

(단위: 천 두)

대륙	소	물소	면양	산양	돼지	가금
아프리카	283,075	4,000	300,488	310,893	29,687	1,637,962
북미	162,141	6	17,961	15,956	100,613	3,387,914
남미	350,190	1,185	75,312	21,256	58,363	2,148,347
아세아 / 대양주	508,980	188,613	554,507	556,797	588,016	12,210,348
유럽	124,250	365	130,710	16,530	189,176	2,103,981
총계	1,428,636	194,169	1,078,948	921,432	965,855	21,488,551

FAO(2010).

한 결과로 그동안 멸종된 반추동물도 많을 뿐 아니라 현재에도 멸종위기에 처한 동물종이 많기 때문에 생태계의 유지나 유전자의 보존 측면에서 큰 관심을 가져야 할 것이다.

2. 섭취사료의 종류에 따른 반추동물 분류

반추동물은 섭취하는 사료에 따라 분류할 수 있다. 표 1-2와 같이 비교적 소화되기 쉬운 양질의 조사료를 주로 섭취하는 동물군으로 기린, 사슴, 영양 등이 있고, 반면 또 다른 군인 소, 물소, 낙타 등은 소화율이 낮고 부피가 큰 저질 조사료를 주로 섭취한다. 한편 면양, 산양, 무스 등은 상기 두 그룹의 중간형에 속해서, 상황에 따라 두 그룹의 사료를 선택할 수 있다. 이와 같은 분류는 특정 기후와 토양에서 자라는 식물에 동물이 적응하는 과정에서 발생했을 것으로 보인다. 즉 진화 과정에서 동물이 특정 환경에서 가장 잘 생존할 수 있도록 적응했을 것이다. 따라서 섭취하는 사료의 종류에 따라 동물을 분류해보면 각 군별로 해부학적·기능적 특징이 뚜렷하게 다름을 알 수 있다.

표 1-2 섭취 사료의 종류에 따른 반추동물 분류

분류	사료	동물
양질 조사료 선택군	과일, 어린나무잎, 꽃, 열매	기린, 사슴, 영양
중질 조사료 선택군	과일, 나뭇잎, 조사료	면양, 산양, 무스
저질 조사료 선택군	각종 조사료, 목초	소, 물소, 낙타

양질 조사료 선택군(concentrate selectors)에 속하는 반추동물은 저질 조사료 선택군(grazer)에 비해 주둥이가 좁고 혀는 길어 사료를 선택적으로 섭취할 수 있는 구강구조를 하고 있다. 또한 반추위와 하부장기의 비율이 조사료 선택군에 비해 작고 제3위도 덜 발달되어 있는 반면, 하부 장기는 더 잘 발달되어 있다. 따라서 반추위에서 일어나는 독성물질의 해독작용은 상대적으로 낮은 반면에, 간은 타 사료 선택군에 비해 크기도 더 크고 해독작용의 상당 부분을 담당한다. 이 군에 속하는 동물들은 양질의 사료 성분이 하부장기에서 소화·흡수될 수 있도록 by-pass율이 높고 사료가 반추위에 잔류하는 시간도 짧다. 그러나 다량의 VFA(volatile fatty acid; 휘발성지방산)가 반추위에서 생산되는 것을 방지하는 기능의 일환으로 진화 과정 중 이러한 기능적 변화가 생겼다고도 본다.

반추동물이 현재 지니고 있는 생리·해부적 특성이 오랜 기간에 걸쳐 환경에 적응하는 과정에서 얻어진 것이라면, 이에 맞는 환경과 사료 조건을 맞추어주는 것이 반추동물의 생리상 가장 무리가 없을 것이다. 반면에 이와 다른 환경이 주어진다면 동물의 반응도 비정상적일 것이다. 우리나라를 위시한 많은 지역에서 조사료를 주식으로 진화해온 소에게 다량의 곡류사료를 급여하고 있는데, 그 결과 산중독증, 반추위의 각질화, 간농양 같은 질병이 발생하는 등 부작용이 많다. 이는 반추동물을 생리에 맞지 않게 사양했을 때 초래되는 결과를 보여주는 가장 좋은 예이다.

3. 분류학적으로 본 반추동물의 종류

분류학적으로 보아 반추동물은 **유제아강**(ungulata subclass), **우제목**(artiodactyla order), **반추아목**(ruminantia suborder)에 속하고 발굽이 둘로 나누어지고 되새김질을 하는 동물이다. 현재 우제목에 속하는 동물은 78속 169종이다(표 1-3).

낙타과(Camelidae)에는 낙타, 라마 등이 속해 있는데, 이들은 다른 반추동물과는 달리 위가 세 부분으로 나뉘어 있다. 발굽이 둘로 나뉘어 있는 것은 다른 반추동물과 유사하지만 근육으로 된 발바닥이나 위턱에 어금니 2개가 있다는 점이 다른 반추동물과는 다른 점이다. 쥐사슴, 궁노루 등이 속해 있는 **꼬마사슴과**(Tragulidae)는 위가 세 부분으로 구분되어 있는 가장 원시적인 반추동물이다. **기린과**(Giraffidae)의 동물은 털이 난 피부로 덮여 있는 짧은 뿔이 있으며 기린, 오카피 등이 대표적인 동물이다. **사슴과**(Cervidae)에는 사

표 1-3 반추동물의 분류학적 위치

아목	과	속	종	동물
Tylopoda	Camelidae	2	4	낙타, 라마
Ruminantia	Tragulidae	2	4	쥐사슴, 궁노루
	Giraffidae	2	2	기린, 오카피
	Cervidae	17	38	사슴, 엘크, 무스
	Bovidae	55	121	소, 산양, 면양, 야크

슴, 엘크, 무스 등이 있고 매년 탈락과 재생을 반복하는 뿔이 있다는 것이 특징이다. **소과**(Bovidae)는 가장 많은 반추동물이 속해 있어서 55속 121종이 있는데 소, 면양, 산양 등이 여기에 속하고, 단단한 뼈 위에 뿔이 자라며 탈락되지 않는 특징을 가지고 있다.

제2절 반추동물의 중요성

1. 반추동물의 역할

기원전부터 반추동물은 인간과 공생해왔다. 이 기간 동안 반추동물은 원래 야생상태에서 많은 변화를 해왔고, 인간도 반추동물의 존재 유무에 따라 직간접적으로 영향을 받아왔다. 반추동물의 진화 혹은 적응은 인간의 필요에 따라 그 방향이 정해져 왔다. 젖소의 경우 산유량이 높은 개체가, 농경에 주로 사용된 동물은 이에 알맞은 역용의 가치가 높은 개체가 인간이 선호하는 동물이 되었다.

반추동물은 전 세계 적육생산의 35~40%를 담당하고 있고, 젖소, 산양, 면양 등의 반추동물이 인간이 마시는 젖의 100%를 생산하고 있다. 동물성 식품의 생산을 대륙별로 보면(표 1-4), 2010년 기준으로 전체 소고기 생산량(6,233만 톤)의 약 46%가 북미와 남미에서 생산되고, 우유는 유럽과 아세아/대양주에서 많이 생산되고 있다.

반추동물은 식품생산이라는 측면 외에도 인간에게 많은 것을 제공한다. 가장 중요한 것이 운반, 경작, 수확, 관개에 필요한 동력원을 제공해주는 것인데, 저개발국일수록 반추동물의 이러한 기능의 중요성은 절대적이다. 우리나라도 농업기계화가 미흡했던 1970년대 이전에는 소와 같은 반추동물이 농업에 필요한 주요 동력원이었다. 전 세계적으로 이런 목적으로 이용되는 동물의 종류는 약 16종에 이르고, 전 세계 경작지의 28%, 저개발국가의 경우 50%의 경작지가 동물의 힘에 의존하고 있는데, 이를 기계로 대체하면 수천억 달러의 장비구입비와 수십억 달러의 연료비가 소요될 것이다.

반추동물의 분을 연료 또는 비료로 이용하기도 하고, 최근에는 가스 발생 재료로 이용하기도 한다. 털이나 가죽 등이 옷, 장신구 재료로 이용되는 것은 잘 알려진 사실이다. 그

표 1-4 대륙별 주요 축산물 생산량

(단위: 천 톤)

대륙	소고기	우유	양고기	돼지고기	닭고기
아프리카	6,595	31,749	1,560	1,232	4,369
북미	15,763	111,772	160	13,778	22,067
남미	12,785	64,453	247	4,847	16,313
아세아/대양주	16,148	184,093	5,398	62,390	29,690
유럽	11,034	207,371	1,167	26,968	13,766
총계	62,325	599,438	8,532	109,215	86,205

FAO(2010).

밖에 방목에 의한 초지의 조성과 유지도 지역에 따라서는 반추동물의 중요한 역할이다. 로데오, 소싸움 등 반추동물을 이용한 각종 경기라든가 사냥감, 애완동물(사슴, 면양, 염소) 등도 반추동물이 인간에게 제공하는 부분이다.

2. 반추동물의 장단점

세계 인구의 급격한 증가로 식량의 수요는 계속 늘어나고 있다. 이에 따라 축산물 생산효율을 향상시키는 것이 초미의 관심사가 되었고, 심지어는 식량을 대상으로 한 인간과 동물 간의 경합 문제도 거론되는 시점에 다다랐다.

반추동물의 장단점은 섭취사료의 종류나 대상 영양소의 종류에 따라 다르다. 비반추동물은 구조탄수화물(cellulose, hemicellulose, lignin 등)의 함량이 많은 조사료를 이용하지 못하지만, 반추동물은 반추위에 서식하는 미생물의 도움으로 이를 분해할 수 있어서 반추동물이 비반추동물에 비해 우위를 점한다. 반면에 전분이나 가용성 탄수화물은 반추위에서 분해되는 과정 중에 에너지의 허실이 생기고 CH_4로 사료에너지가 방출됨으로써 반추동물에 의한 이용효율이 더 낮다. 사료단백질은 NH_3와 미생물체 단백질로 전변되는데, 미생물체 단백질의 50~70%만 동물에 의해 이용되므로 이 또한 이용효율이 낮다.

동물성 식품 생산이라는 측면에서 각 동물별로 유리한 점을 비교하기 위해서는 사료이용효율, 인간과의 경합, 토지이용도 등 다양한 측면을 고려해야 한다.

1) 사료이용효율

돼지, 닭과 같은 단위동물에 비해 반추동물은 사료이용효율이 떨어진다. 사료의 종류에 따라 다르겠지만 반추동물은 비반추동물에 비해 사료이용효율이 평균적으로 3~4배 낮다(표 1-5). 에너지의 이용효율도 낮아서, 총에너지 중 가소화에너지(digestible energy; DE)가 차지하는 비율이 돼지와 가금은 최고 90%에 달하지만 반추동물은 50~85%에 불과하다(표 1-6). 대사에너지(metabolizable energy; ME)의 이용효율은 원래 축종 간 큰 차이가 없어야 하는데, 이 또한 반추동물이 훨씬 낮다. 그 원인은 확실치 않으나 조사료는 사료섭취 및 반추시간을 증가시키고 소화관의 운동을 증폭시켜 열량증가(heat increment)가 높아지기 때문으로 보인다.

표 1-5 동물별 사료요구율(사료/증체) 비교

구분	1940	1950	1960	1970	1980	1990	2000
육우	12.5	10.5	9.3	7.9	7.7	7.4	6.1
돼지	3.6	3.6	3.4	3.2	2.9	2.7	2.4

한인규(1998), 국립축산과학원(2008).

표 1-6 동물별 농후사료 에너지의 이용효율 비교

구분	돼지	가금	반추동물
DE(%)	75~90	75~90	50~85
ME/DE × 100	92~98	92~98	78~87[1)]
ME 이용효율	70~85	70~85	30~62

1) 주로 CH_4에 의한 에너지 허실 때문임.

표 1-7 동물별 단백질 이용효율 비교

동물	$\frac{\text{가식단백질}}{\text{단백질 섭취량}} \times 100$	$\frac{\text{가식단백질(g)}}{\text{총에너지 섭취(MJ)}}$
젖소	23	1.3
육우	6	0.4
면양	3	0.2
돼지	12	1.0
육계	20	1.0
산란계	18	1.9

Holmes(1970).

표 1-8 동물별 사료단백질 소화율(%) 비교

사료	돼지	면양	소
보리	71.1	59.7	56.1
옥수수	70.0	48.7	52.0
생대두	79.5	90.9	91.6

Vanschoubroek와 Cloet(1968).

사료단백질의 이용효율도 반추동물이 일반적으로 낮다(표 1-7). 육우나 면양은 돼지나 가금에 비해 단백질 이용효율이 현저하게 낮지만, 젖소의 경우는 단위동물에 필적하는 효율을 가지고 있다. 이는 유단백질의 합성이 근육단백질의 합성에 비해 효율이 높다는 것을 의미한다. 에너지 이용효율과 마찬가지로 단백질 이용효율도 사료의 종류에 따라 달라진다. 표 1-8에서 보는 것처럼 보리나 옥수수 단백질의 이용효율은 단위동물이 높지만, 생대두 단백질의 이용효율은 반추동물이 더 높다. 이는 생대두에 포함되어 있는 항트립신 인자(trypsin inhibitor)와 같은 항대사물질이 반추동물에서는 큰 작용을 하지 못하기 때문이다.

2) 인간 식량과의 경합도

반추동물은 인간이 식량으로 이용하지 못하는 풀, 작물 부산물 등을 주식으로 하기 때문에 사람과 직접 경합하는 정도가 매우 낮지만, 돼지나 가금의 사료는 90% 이상이 사람이 먹을 수 있는 원료로 구성되어 있어서 그 경합도가 매우 높다(표 1-9). 따라서 폐기될 수밖에 없는 자원을 활용하여 영양가 높은 고품질 단백질 식품을 생산한다는 면에서 금후 인류를 위한 식량생산 확보 전략에 있어 반추동물의 중요성은 더욱 높아질 것이다.

표 1-9 동물별 사료와 인간 식량의 경합도

	면양, 산양	육우	유우	돼지	가금
경합도(%)	10	28	32	>90	>90

3) 사료 생산가능 면적

지구의 육지 면적 중에서 경작 가능지는 약 10% 내외이고, 삼림이 30%이며, 초지 생산과 방목 등이 가능한 면적이 40% 정도이다. 경작지에서 생산되는 작물 에너지의 약 50%가짚 또는 부산물에 잔류한다고 보면, 반추동물용 사료를 생산할 수 있는 면적이 육지 면적의 대부분을 차지한다. 따라서 사료의 공급 가능성으로 보아 반추동물의 사육이 앞으로 더욱 유리하며, 저개발국가일수록 반추동물의 중요성은 더욱 높아진다.

4) 반추동물의 영양적 장단점

반추동물의 가장 큰 장점은 단위동물이 이용하기 어려운 섬유질을 분해할 수 있다는 점이고, 이는 반추위에 서식하는 여러 미생물의 작용에 의해 가능하다. 사실 미생물의 작용을 제외하면 영양·생리상 모든 동물이 유사하다. 비단백태 질소화합물(nonprotein nitrogen; NPN)을 이용하여 미생물체 단백질을 합성할 수 있다는 점도 큰 장점 중의 하나이며, 아울러 비타민 B그룹과 K를 합성하여 동물에게 공급해주는 것도 단위동물에서는 볼 수 없는 현상이다. 식물체에 포함되어 있는 각종 독성 물질이나 사료에 포함되어 유입되는 항대사성 물질을 일차적으로 분해하여 해독함으로써 간의 부담을 줄여주는 역할도 반추동물에서만 볼 수 있는 현상이다.

반추위 미생물의 존재가 항상 유리한 것만은 아니어서 단위동물에 비해 단점도 있다. 가장 대표적인 것이 CH_4의 생산으로, 사료에너지의 2~15%가 CH_4를 통해 허실된다. 또한 사료단백질의 분해도 질소원 허실의 원인이 되고, 단위동물에 비해 많은 분뇨 배설량도 단점으로 들 수 있다.

제3절 동식물과 환경

반추동물은 식물을 주식으로 하는 반면 식물은 반추동물이나 미생물의 작용을 거쳐 재순환되는 영양소를 흡수하여 생육한다. 따라서 반추동물과 식물은 서로 연계되어 살아간다.

1. 먹이사슬

식물은 태양광선의 에너지를 고정하여 유기물을 합성하는데, 이에 필요한 CO_2는 동물 또는 미생물이 유기물을 분해하는 과정에서 생성된다. 즉 식물은 CO_2를 고정하여 유기물을 합성하고 이를 초식동물이 섭취하면, 다시 육식동물(지금은 인간이 대표적인 육식동물임)은 초식동물을 섭취하는 먹이사슬이 이루어진다. 이와 같은 먹이사슬은 평소 매우 잘 유지되어 생태계가 안정되어 있으나, 어느 한 부분만 흐트러져도 생태계 전체에 커다란 변화가 일어날 수 있다. 과다한 방목을 하면 식물의 재생이 늦고 이에 따라 초식동물의 수가 줄어들면 인간이 섭취할 수 있는 식량이 부족하게 되는 악순환이 일어나는 것은 우리가 흔히 볼 수 있는 예이다.

2. 식물 성분의 분해

식물은 탄수화물, 지방, 단백질, 비타민, 광물질 등 다양한 성분으로 구성되어 있다. 이 가운데 양적으로 가장 많고 에너지 공급 측면에서 가장 중요한 영양소가 탄수화물이다.

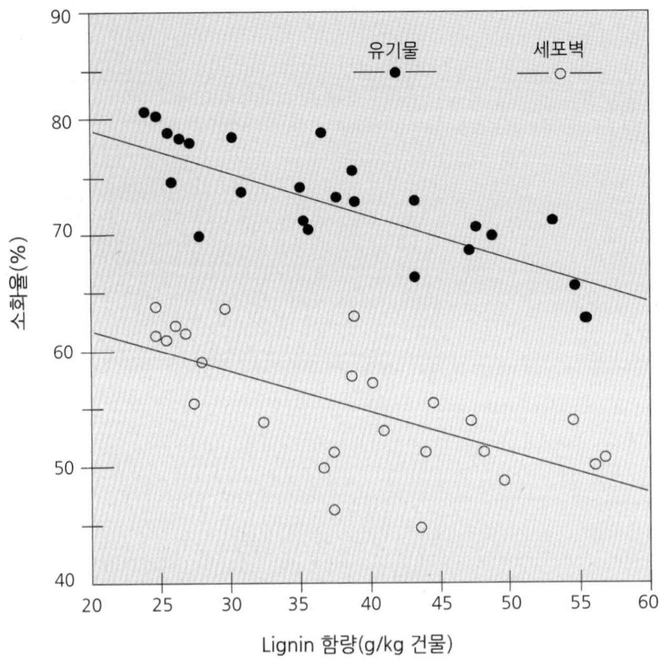

그림 1-1 Lignin 함량이 유기물과 세포벽 소화에 미치는 영향(Marvin-Sikkema와 de Bont, 1994)

식물 세포에 존재하는 가용성 탄수화물은 동물 자체나 미생물에 의해 거의 전량 소화되지만 세포벽을 이루고 있는 cellulose, hemicellulose 같은 탄수화물과 lignin은 반추위에 존재하는 혐기미생물에 의해서도 완전하게 소화되지 않는다. 이들 구조탄수화물은 식물의 방어기전의 일환으로 합성된 물질로서 특히 lignin의 존재와 식물의 소화는 직접적인 상관관계가 있다. 그림 1-1에서 보는 것처럼 식물에서 lignin의 함량이 많아지면 유기물과 세포벽물질의 소화율이 떨어진다.

단백질, 지방, 전분 등은 단위 화합물의 공유결합으로 연결되어 있어 비록 화합물은 다르지만 가수분해라는 동일 양상으로 분해될 수 있다. 그러나 lignin과 같은 polyphenol계 화합물은 ether 또는 biphenyl 결합을 하고 있어 분해 양상도 다를 뿐 아니라 혐기미생물에 의해서도 분해가 이루어지지 않는다.

탄수화물이 혐기 상태에서 분해되는 과정을 흔히 **발효**라 부르며, 다음에서 보는 바와 같이 glucose가 pyruvate까지 전변되는 것은 동일하나 그 후 O_2의 존재 유무에 따라 CO_2와 물로 완전 분해되거나 아니면 VFA, ethanol, CH_4 등을 생산하는 과정을 거친다.

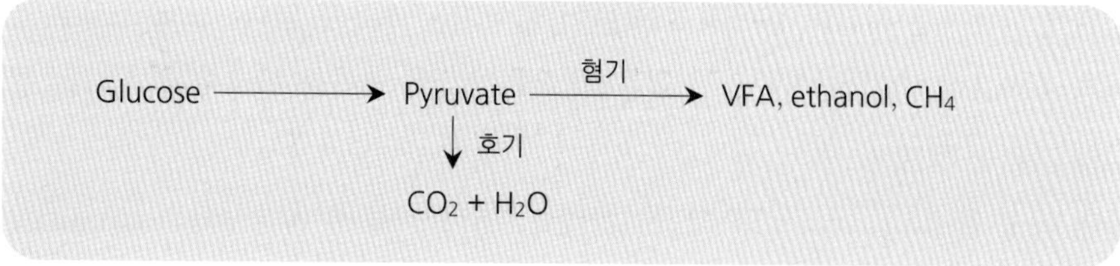

1 mol의 glucose가 호기상태에서 완전 분해되면 38 ATP를 생산하지만 혐기상태에서는 2~6개의 ATP만을 생산한다. 따라서 호기상태에서는 미생물체가 숙주동물에 공급되는 유일한 물질인 데 비해 혐기상태에서는 VFA가 주된 발효산물로서 원래 사료에 포함된 상당 부분의 에너지가 이를 통해 동물에 공급된다.

탄수화물의 주요 발효산물인 VFA, ethanol, CH_4는 원래 기질에 비해 훨씬 더 환원된 물질로서, 수 주일 정도의 시간을 주지 않는 한 혐기 미생물에 의해서는 더 이상 분해가 이루어지지 않는다. 일반적으로 사료도 탄소와 H_2의 비율이 높고 O_2가 낮은 원소구성을 하고 있는 물질이 많으면 소화율이 낮다. 지방산, 왁스 혹은 페놀 화합물들의 분해속도가 매우 늦거나 전혀 분해가 되지 않는 것은 이러한 이유 때문이며, 따라서 이러한 것이 식물의 방어기전으로 이용되기도 한다.

3. 조사료 분해에 영향을 주는 인자

조사료 분해는 식물, 동물 또는 환경의 영향을 받는데, 주요한 요인들을 보면 다음과 같다.

- **동물의 크기:** 대체로 체구가 큰 동물의 경우 사료가 반추위에 잔류하는 시간이 길어서 소화율이 높다.
- **초종:** 두과 식물이 화본과 식물에 비해 소화율이 높은데, 이는 두과 식물이 더 쉽게 물리적으로 붕괴되어 표면적이 넓어지기 때문이다.
- **식물의 성숙도:** 식물이 성장할수록 제2차 세포벽물질이 증가하고 lignin화가 진행되기 때문에 소화율도 떨어진다.
- **영양소의 첨가:** 곡류와 같은 에너지원을 첨가하면 소화율이 떨어지고, 단백질원을 첨가하면 소화율이 높아진다.
- **조사료의 입자 크기:** 입자가 작아질수록 표면적이 넓어져 소화율이 향상되지만, 반면

반추위에 잔류하는 시간이 짧아져 소화율이 떨어지는 경우도 있다. 실제 조사료의 입자 크기가 소화율에 미치는 영향은 소화율(kd)에 미치는 영향과 반추위를 떠나는 통과율(kp)에 미치는 영향 중 어느 것이 더 큰가에 따라 좌우된다.

- **식물내 독성 물질:** *Leucaena*종의 mimosine, 여러 식물에서 발견되는 tannin과 페놀 화합물은 소화율을 떨어뜨린다.
- **환경온도:** 매우 낮은 온도에 노출되면 반추위의 운동이 많아지고, 사료의 장내 이동속도가 증가하여 소화율이 떨어진다.

4. 식물과 동물의 상호관계

식물은 방목 등 동물에 의한 섭취에 대비해 다양한 방법으로 대응할 수 있도록 진화해왔고, 반면에 동물은 이를 극복할 수 있는 여러 가지 전략을 동원하기도 한다.

1) 식물의 방어기전

식물은 상당량의 영양소를 지하부위(구근 또는 근경)에 저장함으로써 적당한 환경이 주어졌을 때 빨리 재생할 수 있도록 하거나, 동물이 싫어하는 tannin, 페놀 화합물을 합성하여 동물이 회피하도록 만들기도 한다. 그러나 이런 물질을 다량으로 합성하면 식물의 성장에 필요한 영양소 합성이 줄어들게 되므로 무한정 많이 생산할 수는 없다. 식물에 따라서는 동물이 섭취하기 어려운 물리적인 구조를 만들어 방어하기도 한다.

2) 동물의 대응전략

식물의 방어기작에 대응하여 동물도 다양한 방법을 진화시켜왔다. Lignin 함유율이 높아 소화율이 낮은 식물은 섭취하는 양을 증가시켜 필요한 만큼의 영양소를 획득하거나, 아니면 반추위의 소화 체계를 변경하여 섭취량은 감소되나 최대한 오랫동안 위내에 머물게 하여 영양소 소화율을 증가시킬 수도 있다. 소와 같은 저질 조사료 선택군은 진화 과정 중 이와 같은 방식으로 적응한 동물로 볼 수 있다. 식물체에 들어 있는 독성 물질이 문제가 될 수 있으나 이는 여러 종류의 식물을 소량씩 섭취함으로써 한 종류의 독성 물질이 한계치를 넘지 않도록 하거나, 반추위 미생물의 독성 제거 능력을 향상시켜 대처하기도 한다.

제4절 반추동물영양학의 발달

1. 영양학의 발달

영양학의 역사는 기원전으로 거슬러 올라간다. 고대 중국 및 이집트 등의 기록을 보면 현재의 비타민 결핍증(즉 괴혈병, 각기병, 야맹증, 안구건조증 등)이 소개되어 있고, 이들의 치료방법과 예방법이 기록되어 있다. 그러나 그 당시에는 이런 결핍증의 원인을 정확히 파악하여 그에 맞는 치료법을 제시한 것이 아니라, 각 결핍증에 해당하는 영양소가 다량 함유되어 있는 음식물을 섭취하는 방법을 사용하였다. 영양학의 발달은 크게 3단계로 나누어 살펴볼 수 있다.

1) 자연(비과학) 시대(BC 400~AD 1750)

이 시대에는 영양 또는 영양소에 대한 개념이 없어서 경험을 바탕으로 여러 가지 음식을 이용했으며, 목적은 주로 현대적인 개념의 영양소 공급이라기보다는 의약, 화장품 또는 주술적 측면이 더 강했다. 예를 들어 지방이나 전분 등을 얼굴에 바르거나 대머리에 발라 모발 촉진제로 사용한 것 등이다. 16세기 신대륙 발견과 함께 장기간 항해하는 일이 잦아지면서 비타민 C의 결핍이 심각한 문제로 대두되었는데 비타민 C 결핍증의 치료와 예방에 푸른 잎의 채소를 이용하기도 했다.

2) 화학, 분석 시대(1750~1900)

이 시기에는 현대 영양학의 기초가 되는 연구가 본격적으로 시작되었다. Lavoisier(1743~1794)에 의해 최초로 호흡균형실험이 실시됨으로써 학문으로서의 영양학이 본격적으로 시작되었다. 1800년대 초까지 유기물질의 구성원소인 C, H, N, O를 정량하는 방법이 개발되었고, 이에 따라 인간이나 동물이 섭취하는 음식(사료)의 기본 구성 원소도 앞의 4가지임이 밝혀졌다. 그 후 1840년에 독일의 Liebig에 의해 사료의 영양가치에 대한 평가가 최초로 이루어진 것을 시작으로 1800년대 중반까지 탄수화물과 지방, 단백질의 화학적 구성 성분이 밝혀졌고, 1897년에는 독일의 Eijkman에 의해 미도정 쌀이 가금의 각기병을 예방한다는 것이 밝혀졌다.

3) 생물학적 연구 시대(1900~현재)

산업발달과 생화학, 유전학, 분자생물학 등 주변 학문의 발전에 힘입어 영양학에 대한 생물학적인 연구가 20세기부터 본격적으로 수행되었는데, 현재 우리가 알고 있는 대부분의 영양학 분야의 발전은 이 기간 동안 이루어졌다. 1912년 McCollum이 쥐를 이용한 실험으로부터 비타민의 실체를 밝혔으며, 그 후 각종 광물질의 기능과 중요성, 필수아미노산의 중요성 등이 밝혀짐으로써 현대적인 영양학이 정착되었다. 실제 영양학의 기초개념과 이론은 대부분 1950~60년대에 정립되었는데, 이러한 것은 타 학문 분야의 발전에 힘입은 바가 크다.

2. 반추동물영양학의 발달

반추동물영양학은 식물 세포벽의 구조와 반추위내 발효에 대한 이해로부터 시작한다. 비록 19세기 말경 Tappeiner에 의해 반추위내 VFA의 존재가 보고되기는 했으나, 1940년대 혐기미생물 배양기술이 정립되기 전까지는 진정한 의미에서의 반추동물영양학은 없었다고 볼 수 있다. 따라서 우리가 알고 있는 반추동물영양학의 많은 부분이 지난 70여 년 동안에 발견된 셈이다.

반추동물영양학의 발전사는 표 1-10에 요약되어 있는 바와 같다. 혐기발효의 개념은 Pasteur에 의해 19세기 후반에 정립되었으나, Hungate에 의해 혐기미생물 배양법이 보급된 후에야 반추위 미생물의 분리, 동정, 생리, 생태학적 연구가 본격적으로 실시되었다. 최근에는 분자생물학을 응용하여 유전자 변형 혐기미생물의 작출, 비배양방법에 의한 생리, 생태 연구 등이 진행되고 있다.

섬유소가 분해되어 VFA를 생산하고 이들 지방산이 반추동물의 주된 에너지원이 된다

표 1-10 반추동물영양학의 주요 발전사

연도	연구자	연구내용
1777	Lavoisier	동물 호흡균형실험
1806	Einhof	사료내 섬유소 분석
1809	Thaer	건초가(Hay equivalent) 제정
1855	Haubner	섬유소 소화 입증
1863	Reiset	반추위내 CH_4 존재 입증
1874	Wildt	반추위내 섬유소 소화 확인
1876	Pasteur	효모에 의한 혐기발효 개념 정립
1884	Tappeiner	반추위내 VFA 생산 확인
1885	Rubner	체열 생산과 체표적 관계 정립
1944	Bohstedt	반추동물의 NPN 이용가능성 입증
1946	Elsden	가스 크로마토그래피를 이용한 VFA 측정
1947	Hungate	혐기미생물 배양 기술 개발
1963	Tilley and Terry	*in vitro* 소화율 측정법
1964	Van Soest	세제법에 의한 사료분석법 제안
1967	Ferguson	Formaldehyde에 의한 보호단백질 제조
1994	Gregg	Fluoroacetate dehalogenase 유전자 전이 미생물

는 것이 밝혀진 것은 1946년 Elsden이 Chromatography를 이용하여 VFA를 측정한 이후부터이며, 현재는 반추위의 혐기성 미생물에 의한 각종 VFA의 대사 기전에 대해서는 거의 다 밝혀져 있다. 향후에는 반추위 발효 조절을 통한 VFA 생성량과 조성 변화에 대한 연구가 진행될 것으로 보인다.

반추동물은 단백질이 아닌 NPN을 이용할 수 있다는 것이 1944년 Bohstedt에 의해 밝혀진 후 미생물체 단백질의 합성, 사료단백질의 분해에 대한 연구가 지속되었다. 1960년대 후반에 사료단백질의 인위적인 by-pass 기술이 처음 개발된 후 by-pass 기술에 대한 연구가 폭발적으로 실시된 바 있고, 이와 동시에 반추동물용 사료의 평가와 단백질요구량의 표현 단위도 대사단백질을 사용하는 등 많은 발전을 이루었다.

한편 우리나라 반추동물영양학의 발전을 주요 국내 학회지에 게재된 논문으로 분석해보면 표 1-11과 같다. 지난 50년 동안 발표된 전체 650편의 연구 논문 중 절반이 넘는 359편이 반추동물의 소화생리나 반추위 미생물에 대한 연구였다. 1980년까지는 주로 영양소의 소화기전을 구명하는 연구가 주를 이루었으나, 1990년대에는 반추위에 서식하는

표 1-11 우리나라의 반추동물영양학 관련 논문 발표 추세

분야	연대(10년간)					계(%)
	1960	1970	1980	1990	2000	
영양소 요구량	-	2	3	3	22	30 (4.6)
성장생리, 대사	6	16	24	37	61	144 (22.2)
비유생리, 대사	3	9	22	25	23	82 (12.6)
소화생리/반추위 미생물	4	24	76	190	65	359 (55.2)
영양소의 기능	-	-	6	8	21	35 (5.4)
계	13	51	131	263	192	650 (100)

혐기성 미생물의 분리 및 동정, 미생물의 역할 구명, 분자생물학적인 고찰 등의 연구가 진행되었으며, 2000년대에 들어서는 분자생물학적 기법과 유전공학적 방법〔hybridization과 PCR, cPCR(competitive PCR), RT(Real Time)PCR〕 등을 이용함으로써 반추위 생태 연구에 새로운 장을 여는 데 크게 기여하고 있다. 예를 들어 반추위액에 들어 있는 전체 유전정보를 모두 추출하여, 정보화한 후 특정 효소나 특정 기능에 대한 스크린 방법을 통해 원하는 목적을 달성할 수 있는 metagenome 연구 등이 포함된다. 따라서 반추위 혐기성 미생물 연구는 새로운 연구 분야로 등장함으로써 생화학, 생리학, 미생물학, 분자유전학 등 인접 학문과의 융·복합이나 응용이 뚜렷한 특징이었다. 그 밖에 성장생리와 대사 분야에 대한 연구가 22%, 비유생리 및 대사 분야에 대한 연구논문이 13%, 그리고 영양소의 기능과 요구량 관련 연구논문이 각각 5% 정도였으며, 1960년대의 경우 연간 1.3편의 논문이 발표된 데 비해 1990년대에는 연간 26.3편이 발표되어 연구 활동이 20배 정도 증가하였다. 2000년대에는 연간 19.2편의 논문이 발표되었는데 이는 2000년대 초부터 연구된 논문들이 질적으로도 괄목할 만한 성장을 이루어 대부분의 논문이 SCI급 국제 학회지에 게재되었기 때문이다. 또한 단위동물 분야 연구에 비해 1960~70년대의 연구 활동이 부진한 것은 반추동물의 경우 대동물이어서 연구비나 연구 동물의 두수 확보가 그만큼 어려웠던 데에 그 원인이 있는 것으로 보인다.

3. 우리나라 반추동물영양학 연구의 전망과 과제

전 세계적으로 볼 때 축산물 생산효율은 지난 반세기 동안 현저히 향상되었다. 1960년대를 기준으로 육우와 돼지의 일당증체량은 1.3배, 육계의 일당증체량은 2.5배, 산란능력은 1.3배, 산유량은 2배 향상되었다. 우리나라도 이와 유사하거나 축종에 따라서는 개선 폭이 훨씬 클 것이다. 이와 같은 동물의 생산능력 향상이 가능했던 데에는 품종개량, 환경개선 등도 큰 기여를 했지만 영양·사료 분야의 발전이 많은 기여를 했을 것으로 본다.

금후 반추동물영양 분야의 연구방향은 첫째, 환경친화적 축산물 생산이 될 것이다. 소화율 향상으로 배설물의 총량을 감소시킬 뿐만 아니라 환경에 특히 크게 부담을 줄 수 있는 N, P, 그리고 Cu, Zn 또는 독성 광물질이나 유해미생물의 배설을 원천적으로 감소시킬 수 있는 연구가 지속될 것이다.

둘째는 기능성 소고기, 우유 생산에 관한 연구로서 인체에 유익한 특수 성분(예: DHA, EPA, CLA, taurine, Se 등)의 축적량을 높이거나, 인간이 더 잘 이용할 수 있는 형태로 변경시키려는 노력이 강조될 것으로 보인다. 또한 유기축산물을 생산하는 데 있어 영양과 사료적 방안을 강구하는 연구도 있어야 할 것이다.

셋째, 항생물질 대체물질의 개발과 항생물질을 사용하지 않는 사양관리 방법의 개발을 들 수 있는데, 성장촉진용 항생제 사용이 이미 금지된 상태이므로 빠른 시일 내에 대체 방안을 강구해야 할 것으로 본다.

넷째, 육종기술 및 관련 분야 기술의 개발로 새로운 품종이 계속 작출된다면, 이들에 알맞은 영양소요구량이 설정되어야 할 것이다. 그러기 위해서는 새로 작출되는 품종뿐만 아니라 특수 기능을 보유하도록 유전자가 변형된 동물들의 영양과 대사적 특성을 구명하는 연구가 선행되어야 할 것이다.

다섯째, 분자생물학의 발전으로 동물이 섭취하는 사료나 첨가제 중 유전자 변형 부분이 많아지는 경우, 이들이 반추위 미생물이나 동물의 체내대사나 영양에 미치는 효과에 대한 검정이 연구의 대상이 될 것이다.

여섯째, 지금까지는 동물의 영양관리가 영양소의 과부족 방지에 초점이 맞추어졌다면 앞으로는 특정 영양소와 유전자발현 또는 면역반응과의 관계를 규명하는 연구가 진행될 것으로 보인다. 따라서 영양유전체학(nutri-genomics)이나 영양면역학(nutritional immunology)과 같은 학문이 발전되어 새로운 영양학 분야가 개척될 것으로 보인다.

일곱째, 동물의 복지를 감안한 축산물 생산 연구가 활발해질 전망인데, 이는 축산물의 수요충족이 달성된 선진국의 경우 특히 강조될 것으로 전망된다. 동물복지 문제를 해결하면서 축산물 생산효율을 유지시키는 영양, 사양체계 도입 연구가 더욱 많아질 것이다.

20세기까지의 반추영양 연구의 주목표가 영양소의 발견과 기능 규명, 그리고 이를 바탕으로 한 축산물의 양적 생산효율 제고에 있었다면, 21세기에는 동물과 인간과 환경이 공존할 수 있는 축산의 정착에 영양·사료 분야의 연구가 집중되어야 할 것이다. 따라서 20세기에 못지않게 새롭고 도전적인 반추동물영양 분야의 연구가 21세기에도 활발히 진행될 것으로 전망된다.

참고문헌

국립축산과학원(2008). 연구결과보고서.

하종규(2001). 『한국 학술연구의 동향과 전망』. 한국학술단체연합회.

하종규(2003). 『반추동물영양생리학 강의노트』. 서울대학교.

한인규(1998). Role of Animal Agriculture for the Quality of Human Life in the 21st Century. The 8th WACP Proceedings.

FAO (2010). http://www.fao.org/docrep/013/i1683e/i1683e.pdf.

Holmes, W. (1970). *Proc. Nutr. Soc.* 29:237-444.

Marvin-Sikkema, F. D. and J. A. de Bont (1994). *Appl. Microbiol. Biotechnol.* 42:499-507.

Russell, J. B. (2002). *Rumen Microbiology and Its Role in Ruminant Nutrition.* Cornell Univ. Press, Ithaca, NY, USA.

Vanschoubroek, F. and G. Cloet (1968). *World Rev. Anim. Prod.* 4:70-76.

Van Soest, P. J. (1994). *Nutritional Ecology of the Ruminant.* 2nd ed. Cornell Univ. Press, Ithaca, NY, USA.

제2장

반추동물의 소화생리

제1절 소화기관의 형태

동물의 소화기관은 입에서 시작하여 식도, 위, 소장, 대장을 지나 항문에 이르는 긴 관으로, 사료의 섭취, 소화와 흡수 및 배설 작용이 일어나는 부위이다. 동물은 세포분열, 성장 발육, 운동 등 생명 현상을 유지하고 고기나 우유를 생산하기 위해 많은 에너지와 영양소를 필요로 한다. 그러나 동물은 체내에서 영양소를 합성하지 못하기 때문에 에너지원과 영양소를 사료의 형태로 체외로부터 공급받아야 한다. 사료에 들어 있는 탄수화물, 단백질, 지방질 등은 분자량이 매우 커서 소화관을 통해 바로 흡수되지 못하고 단당류, peptide, 아미노산, 지방산과 glycerol 같은 물질로 분해되어 흡수된다. 이와 같이 사료에 들어 있는 영양소를 동물의 체내로 흡수할 수 있는 상태로 만드는 과정을 **소화**(digestion)라 한다.

소화 과정은 ① 저작이나 소화관의 운동과 같은 **기계적인 작용**과 ② 반추위 미생물과 위점막의 위선과 같은 소화선에서 분비되는 소화효소(digestive enzyme)에 의한 **화학적인 분해**에 의해 이루어지며, ③ 신경과 호르몬을 비롯하여 여러 가지 요인에 의해 조절된다. 또한 소화작용을 도와주는 타액선(salivary gland), 췌장(pancreas), 간(liver), 담낭(gall bladder) 같은 부속기관이 긴 관에 연결되어 **소화계**를 형성한다.

동물의 소화기관은 크게 세 부위로 나눌 수 있는데(그림 2-1), 식도에서 위까지를 **전장**(fore-gut), 소장 부위를 **중장**(mid-gut), 대장 부위를 **후장**(hind-gut)이라고 한다. 소, 면양, 산양과 같이 위에서 미생물 발효가 일어나는 반추동물을 **전장발효동물**(fore-gut fermentors), 말과 토끼, 설치류처럼 대장에서 미생물 발효가 일어나는 초식동물을 **후장발효동물**(hind-gut fermentors)이라고 한다.

가축화된 동물에는 돼지와 같이 하나의 위를 가진 단위동물(monogastric animals)과 해부학적으로는 단위동물과 다소 차이는 있지만 전체적인 기능이 유사한 닭과 같은 가금

그림 2-1 반추동물 소화기관의 분류

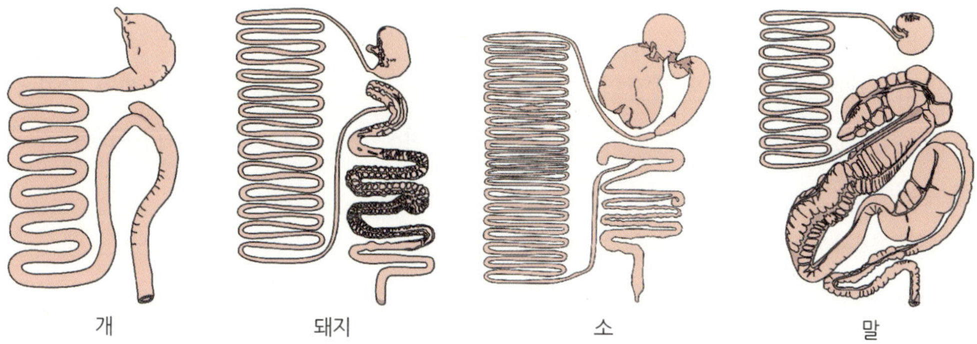

그림 2-2 동물의 종류별 소화기관 구조

(poultry)이 있다. 또한 면양이나 소와 같이 위가 4개의 부위로 구분되는 반추동물(ruminant animals), 낙타와 라마와 같이 전장발효동물이지만 위가 3개의 부위로 분화된 유사반추동물(pseudo-ruminant animals), 말이나 토끼와 같은 후장발효동물을 비반추 초식동물(herbivorous nonruminant animals)이라고 분류하기도 한다.

사료의 종류에 따라 동물을 **육식동물**, **잡식동물** 및 **초식동물**로 구분하는데, 이와 같이 동물의 종류에 따라 섭취하는 먹이가 다양하기 때문에 소화기관의 구조와 기능도 서로 다르다. 초식동물은 잡식동물과 육식동물에 비해 소화기관이 길고 소화되는 시간을 더 필요

표 2-1 각종 동물의 소화기관 크기 비교

구분	인간	돼지	말	면양	소
체중(kg)	75	190	450	80	575
반추위(L)	-	-	-	17	125
제3위(L)	-	-	-	1	20
제4위(L)	-	-	-	2	15
위(L)	1	8	8	-	-
전체 위의 크기(L)	1	8	8	20	160
소장(L)	4	9	27	6	65
맹장(L)	-	1	14	1	10
대장(L)	1	9	41	3	2.5
전체 소화기관의 크기(L)	6	27	90	30	260
체중 대비 위의 비율(%)	1.3	4.2	1.8	25.0	27.8
체중 대비 소화기관의 비율(%)	8.0	14.2	20.0	37.5	45.2

Stevens(1977), Maynard 등(1979).

로 한다(그림 2-2와 표 2-1). 장관의 길이도 돼지는 체장의 25배, 소는 체장의 20배, 말은 체장의 15배이지만, 가금은 체장의 약 7배에 지나지 않는다. 한편 말이나 토끼와 같이 풀을 먹는 단위초식동물(비반추 초식동물)의 대장은 미생물에 의한 소화가 이루어지는 중요한 부위이다.

동물들 사이에는 일부 해부학적 차이가 있기는 하지만 생리적인 측면에서 볼 때 소화와 흡수의 기본적인 원리는 거의 유사하다.

1. 입(mouth)

반추동물의 입에서는 사료의 **섭취**(ingestion), **저작**(mastication), **연하**(deglutition), **반추**(rumination)와 같은 4가지의 물리적인 과정이 일어난다. 사료의 **섭취**란 '사료를 입안으로 가져오는 행동'으로 정의하는데, 사료를 섭취하는 방법은 동물에 따라 매우 다양하다. 너구리와 같은 동물은 앞다리를 사용하여 입으로 음식을 가져오는 반면, 반추동물은 혀와 입술을 이용하여 풀을 뜯는다. **저작**은 '사료를 씹는 행동'이다. 대부분의 동물은 사료를 섭취하는 즉시 씹지만, 조류는 예외적으로 사료를 그대로 삼킨다. 저작은 사료의 물리적인 분해 과정으로서, 이 과정 중에 사료를 부드럽게 해주는 타액의 첨가와 함께 소화효소에 의한 소화작용도 일부 일어난다. 입에서 사료의 저작이 끝나면 공처럼 뭉쳐진 사료덩이를 하부소화기관으로 넘기게 되는데, 이때의 사료덩이를 식괴(bolus)라고 한다. **연하**는 '삼키는 행동'으로, 수의적 반사작용과 불수의적 반사작용에 의해 이루어진다. 사료의 저작이 완료되면 사료덩이는 혀에 의해 식도로 넘겨진다. 식괴는 인두(pharynx)를 통과하는데, 이때 후두의 폐쇄작용에 의해 호흡의 일시적인 억제가 일어나며, 식괴는 식도를 따라 위로 내려간다. '반추'는 되새김한 식괴를 다시 씹는 반추동물의 특이적인 행동으로, 이를 통해 섭취한 식물의 세포벽을 잘게 부수어 소화효율을 높인다.

1) 이빨(teeth)

동물의 이빨에는 각기 독특한 기능을 갖는 앞니, 송곳니, 앞어금니, 어금니의 4종류가 있다(그림 2-3). 턱 앞에 있는 것을 **앞니**(incisor teeth) 혹은 **절치**라 부르는데, 절치는 사료를 부수고 자르는 역할을 하기 때문에 붙여진 이름이다. 앞니의 뒷부분에 위치하는 **송곳니**(canine teeth)는 **견치**라고 하는데, 개에서 잘 발달되어 있기 때문에 붙여진 이름이다. 사냥개들은 송곳니를 이용해서 사냥감을 한번 물면 숨이 끊어질 때까지 놓지 않는 특징이 있다. 반추동물에는 송곳니가 없다. 송곳니 다음에 있는 어금니는 **구치**라고 하는데, 이것은 가운데가 오목해서 마치 절구처럼 생겨 붙여진 이름으로, 사료를 잘게 부수기에 적당하다. **전구치**(앞어금니, premolar teeth)나 **후구치**(어금니, molar teeth)는 사료를 분쇄하는 데에 이용된다. 일반적으로 분쇄는 턱의 양쪽 면에서 일어나지 않고 턱의 한쪽 면에서만 일어난다.

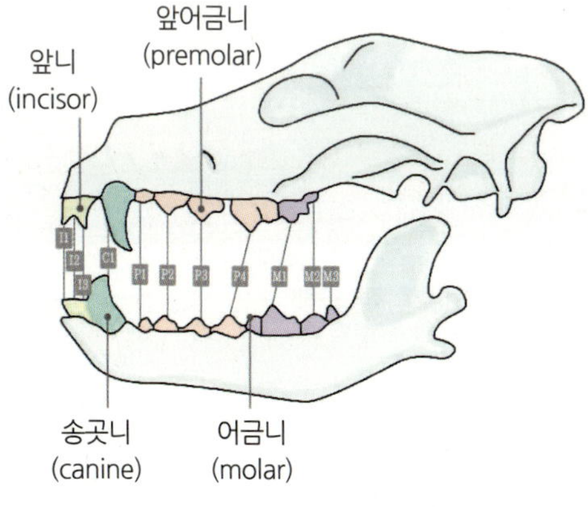

소의 치식

- **영구치** $2\left(I\frac{0}{4}, C\frac{0}{0}, P\frac{3}{3}, M\frac{3}{3}\right) = 32$
- **유치** $2\left(dI\frac{0}{4}, dC\frac{0}{0}, dP\frac{3}{3}, dM\frac{0}{0}\right) = 20$

그림 2-3 동물 이빨의 부위별 명칭과 소의 치식

표 2-2 각종 동물의 치열 형태

구분		앞니	송곳니	앞어금니	어금니
초식동물	면양	$\frac{0}{8}$	$\frac{0}{0}$	$\frac{6}{6}$	$\frac{6}{6}$
	산양	$\frac{0}{8}$	$\frac{0}{0}$	$\frac{6}{6}$	$\frac{6}{6}$
	소	$\frac{0}{8}$	$\frac{0}{0}$	$\frac{6}{6}$	$\frac{6}{6}$
	말	$\frac{6}{6}$	$\frac{2}{2}$	$\frac{6\sim8}{6}$	$\frac{6}{6}$
	토끼	$\frac{4}{2}$	$\frac{0}{0}$	$\frac{6}{4}$	$\frac{4\sim6}{6}$
잡식동물	돼지	$\frac{6}{6}$	$\frac{2}{2}$	$\frac{8}{8}$	$\frac{6}{6}$
	인간	$\frac{4}{4}$	$\frac{2}{2}$	$\frac{4}{4}$	$\frac{6}{6}$
육식동물	밍크	$\frac{6}{6}$	$\frac{2}{2}$	$\frac{6}{6}$	$\frac{2}{4}$

* 분모는 아랫니, 분자는 윗니를 의미함.

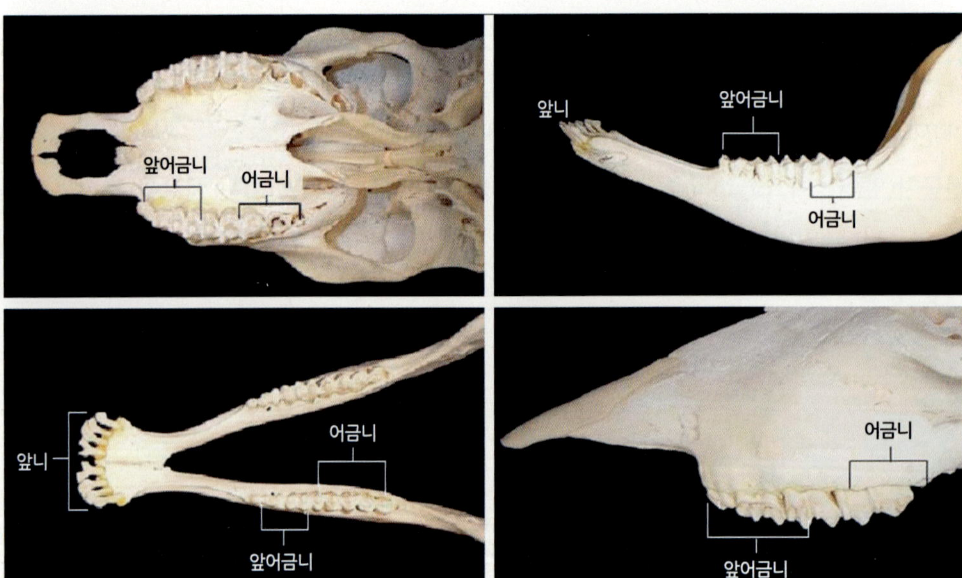

그림 2-4 반추동물(소) 이빨의 해부학적 도해

동물의 이빨 발생 형태를 관찰해보면 각각의 먹이 습성을 알 수 있다. 표 2-2에는 주요 동물의 이빨 발생 형태가 나타나 있다. 그림 2-4의 소 이빨의 해부학적 도해에서 보는 바

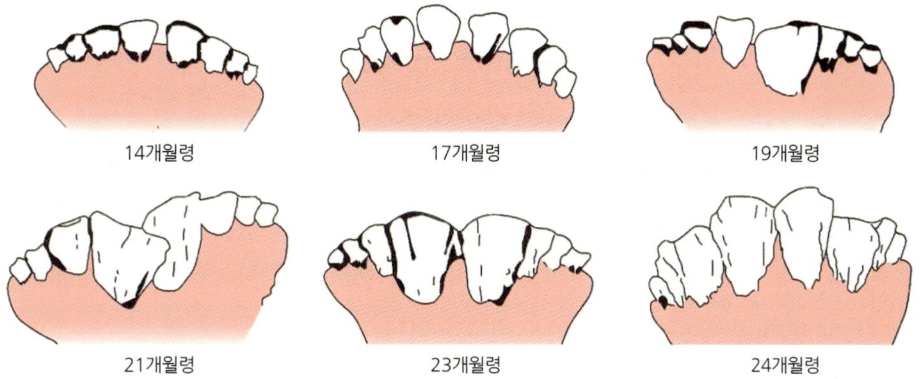

그림 2-5 앞니 모양에 의한 소의 연령감정법

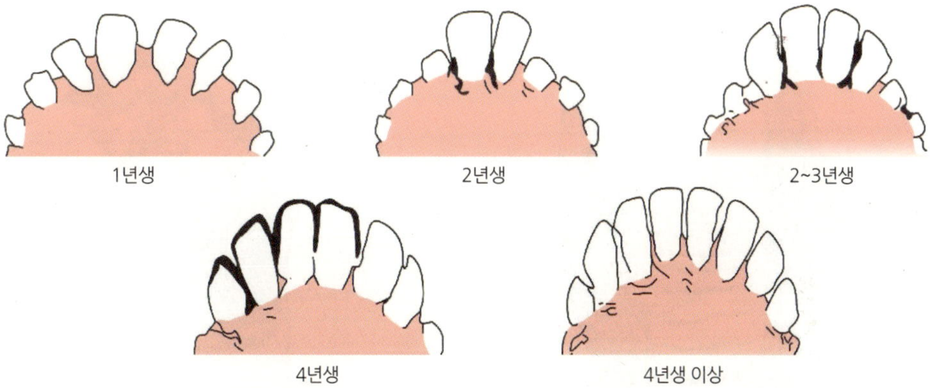

그림 2-6 앞니 모양에 의한 산양의 연령감정법

와 같이 반추동물은 초식성으로 송곳니가 없으며, 사료를 절단하기 위해 많은 이빨을 필요로 하지 않는다. 그리고 아래턱에만 있는 앞니는 사료를 섭취할 때 풀을 절단하는 데 이용된다. 돼지와 밍크는 고기와 동물 부산물을 주로 섭취하기 때문에 소화를 쉽게 하기 위해 사료를 절단해야 하는데, 이와 같은 필요성 때문에 앞니와 송곳니가 이빨의 대부분을 차지한다. 가금류에는 이빨이 없을 뿐만 아니라 사료를 씹지 않고 그냥 삼키며, 근위 속에 있는 모래 같은 작은 입자들에 의해 분쇄가 이루어진다.

한편 이빨의 발육 정도로 반추동물의 연령을 판단할 수 있는데, 그림 2-5와 2-6은 앞니의 모양에 따라 소와 산양의 연령감정법을 도식화한 것이다.

2) 혀(tongue)

동물의 혀는 대부분 사료 섭취에 적합한 구조로 되어 있다. 소의 혀는 길고 거친 **유두**(papillae)로 덮여 있는데, 이는 땅 위의 풀이나 조사료를 혀로 휘감아 용이하게 섭취하기 위해서이다. 소의 혀에는 혀끝에서부터 식도 쪽으로 **사상유두**(filiform papillae), **용상유두**(fungiform papillae), **원뿔유두**(conical papillae), **유곽유두**(circumvallate papillae) 등 4종류의 유두가 분포되어 있다(그림 2-7). 소가 섭취한 풀은 입안에서 아래턱의 앞니와 윗잇몸에 의해 분쇄된다(반추동물은 위턱에 앞니가 없는 대신 딱딱한 잇몸이 있다). 사료를 채식할 때는 입술, 혀, 이빨과 잇몸을 이용한다. 즉 채식할 때 혀를 이용해 풀을 입안으로 끌어넣고, 아래턱의 앞니와 위턱의 잇몸으로 자르며, 어금니를 이용해 저작하고 섬유질을 잘게 절단한다.

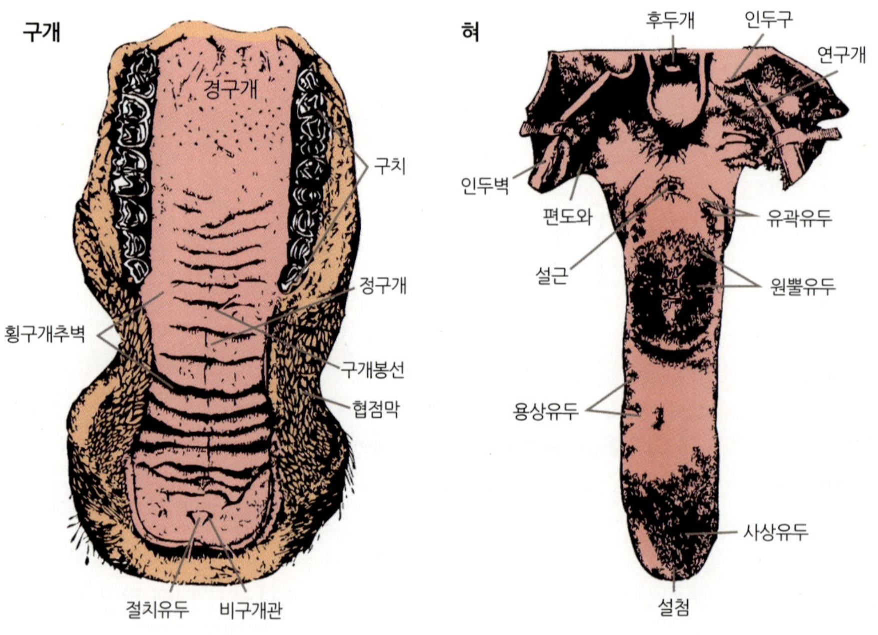

그림 2-7 반추동물(소)의 구개와 혀의 모식도

3) 타액선(salivary glands)

타액선은 소화를 위해 필수적인 분비기관으로 망상구조로 이루어져 있다. 반추동물의 타액선은 8개인데, 이 가운데 **이하선**(parotid gland), **악하선**(submaxillary gland), **설하선**(sublingual gland), **소구치선**(molar gland)과 **구강선**(buccal gland) 등 5개는 좌우 양쪽

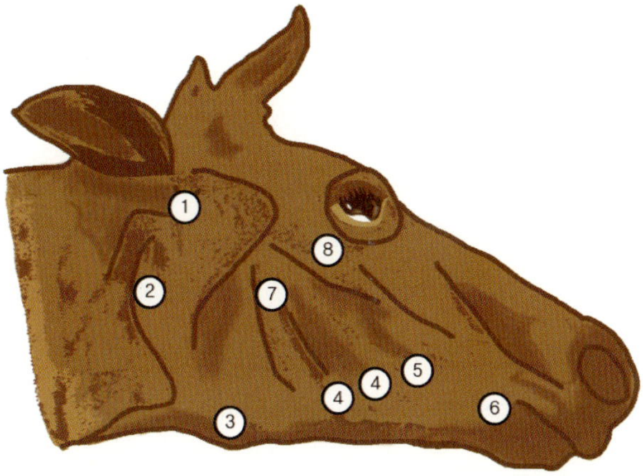

그림 2-8 소의 타액선

에 짝을 이루고 있고, **구개선**(palatine gland), **후두선**(pharyngeal gland)과 **순선**(labial gland)은 짝을 이루고 있지 않다(그림 2-8). 타액은 주로 이하선, 악하선 및 설하선에서 분비되는데, 특히 이하선에서 분비되는 양이 가장 많고 중화(buffering) 기능을 갖고 있다는 점에서 중요하다.

타액선에서 분비되는 타액은 화학적 조성이 매우 다양하지만 크게 2가지 형태로 분류할 수 있다. 첫 번째 형태는 점액성이 매우 높은 당단백질인 mucin을 많이 함유하고 있으나 소화효소의 작용이 거의 없다. 두 번째 형태의 타액은 장액성으로 물처럼 묽고 여러 종류의 단백질과 효소를 함유하고 있지만, mucin의 함량이 매우 적다. 이와 같은 2종류 타액의 혼합 비율은 동물의 종류에 따라 달라진다. 이하선에서 분비되는 타액은 대부분 장액성인 반면, 악하선은 2가지 혼합물을 함께 분비한다. 말, 소, 돼지 및 개의 설하선은 2가지 형태의 혼합물을 분비하는 반면, 사람과 설치류의 설하선에서는 주로 점액성 타액이 분비된다.

타액은 끊임없이 분비되고 있지만, 분비되는 양은 여러 요인에 따라 달라질 수 있다. 이하선의 경우, 1분 동안 2mL의 타액이 분비되는 동물에게 건조한 조사료를 급여하면 분비량이 30~50mL로 증가한다. 식도구와 분문부에 조사료가 있거나 반추 또는 사료 섭취 시에는 구강, 인두 및 식도에 있는 수용체가 자극되어 타액의 분비가 증가하기도 한다. 평균적으로 소는 하루에 약 150L, 면양은 약 10L 이상의 타액을 분비한다. 타액은 조사료 위주의 사료를 섭취할 때와 반추 시에 가장 많이 분비되지만 휴식 중에도 계속 분비된다. 반추동물의 타액 분비량은 단위 체중당으로 볼 때 단위동물의 몇 배에 달한다.

2. 인두(pharynx)와 식도(esophagus)

인두는 구강과 식도 사이에 위치한 근육성 관으로, 소화기와 호흡기의 교차지점에 위치한다. 인두를 중심으로 입, 식도, 후비공(posterior nostrils)과 후두(larynx)가 같이 연결되어 있다. 인두는 두개골 아래 부분과 척추 사이에 있다. 인두의 전방은 후비공을 통해 구강과 연결되어 있고, 인두의 후방 전위에는 후두가 있고 후위에는 좁은 식도의 입구가 있다.

식도는 인두에서부터 위의 분문까지 뻗쳐 있는 직선으로 된 긴 근육성 관으로, 소의 경우 길이가 90~105cm, 직경은 10cm가 된다. 식도는 중층 상피세포(stratified epithelium)로 이루어진 근층관으로서, 분비세포가 없는 유일한 소화기관이며, 사료와 음수의 섭취 통로로 이용된다. 식도는 입과 위를 연결하며 소화 기능이나 흡수 기능은 없다. 식도의 아랫부분은 내장근으로 이루어져 연동운동을 할 수 있다. 식도는 윤상근과 종주근으로 주로 이루어져 있으나 동물에 따라서는 식도 하부가 평활근으로 구성된 경우도 있다. 음식물이 통과할 때는 식도가 편평하지만 음식물이 통과하지 않을 때는 폐쇄되어 있어 주름이 서로 접하여 있다. 또 구강 쪽은 설인-식도 조임근에 의해 닫혀 있고, 구조적으로 명확하지는 않지만 위의 분문부와 접하는 부위에는 식도-위 조임근의 기능이 있다. 식도와 위의 연결부위인 **식도구**(esophageal groove)는 제1~2위구와 제2~3위구의 가장자리에 접해 있는 나선형의 추벽으로, 액상 사료가 통과할 때는 추벽의 면이 접촉하여 관을 만든다(그림 2-9).

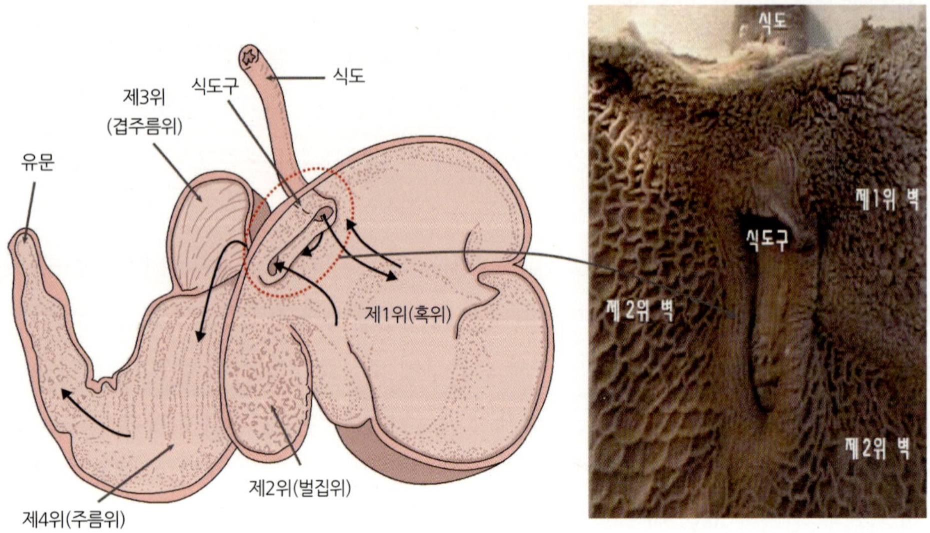

그림 2-9 식도와 위의 연결부위인 식도구의 위치와 모습

3. 위(stomach)

반추동물의 위는 **제1위**(rumen), **제2위**(reticulum), **제3위**(omasum)와 **제4위**(abomasum)로 분화되어 있으며, 미생물의 활동에 의해 섬유소와 기타 영양소를 잘 이용할 수 있도록 **반추위**가 발달되어 있다. 따라서 반추위의 구조와 그 해부학적 특징을 이해하는 것은 매우 중요하다. 반추동물의 위는 복강 용적의 4분의 3 이상을 차지하는 매우 큰 소화기관으로 소는 약 200L, 면양은 약 20L 정도이며 반추동물의 축종에 따라서 분화된 위의 구조적인 특성을 나열하면 표 2-3과 같은데, 축종별로 그 구조가 현저한 차이를 보인다. 그림 2-10은 반추동물(소) 소화기관의 해부학적 모식도이며, 한우의 위 모식도는 그림 2-11과 같다.

표 2-3 반추동물별 위의 특징

축종	제1위			제2위	제3위			제4위
	특징	우배 관상구	유두	특징	형태	3위엽 수	우엽 배열 순서	특징
소	• 복맹낭과 배맹낭의 후단 길이가 비슷함 • 용적: 200L	• 현저	• 암갈색	• 제1, 2위 주름의 발달이 미약함 • 4개 위 중 가장 작음 • 용적: 8L	• 소구형 • 용적: 19L	85~192	1, 2, 1, 3 1, 2, 1, 4	• 수개의 나선상 추벽 • 용적: 23L
양	• 배맹낭은 약간 길어 골반강까지 이름 • 용적: 20L	• 불분명	• 무색 • 혀 모양 • 복낭에 밀도 높음	• 제1, 2위 주름이 크고 발달이 현저함 • 용적: 2L	• 난원형 • 4개 위 중 가장 작음 • 용적: 1L	50	1, 2, 1, 3 1, 2, 4	• 나선상 추벽 발달 미약 • 용적: 3L
사슴	• 제1위가 상대적으로 매우 큼	• 현저	• 암갈색 • 원추형 • 분포 균일	–	• 상대적 크기가 작음	50	1, 2, 1, 3 1, 2, 1, 4	• 나선상 추벽이 좁고 두꺼움 (12개)
영양	• 양과 비슷한 구조	• 불분명	• 분포 균일	–	• 상대적 크기가 큼	50	1, 3, 1, 4 1, 3, 1, 4 1, 2, 3	–

Church(1977).

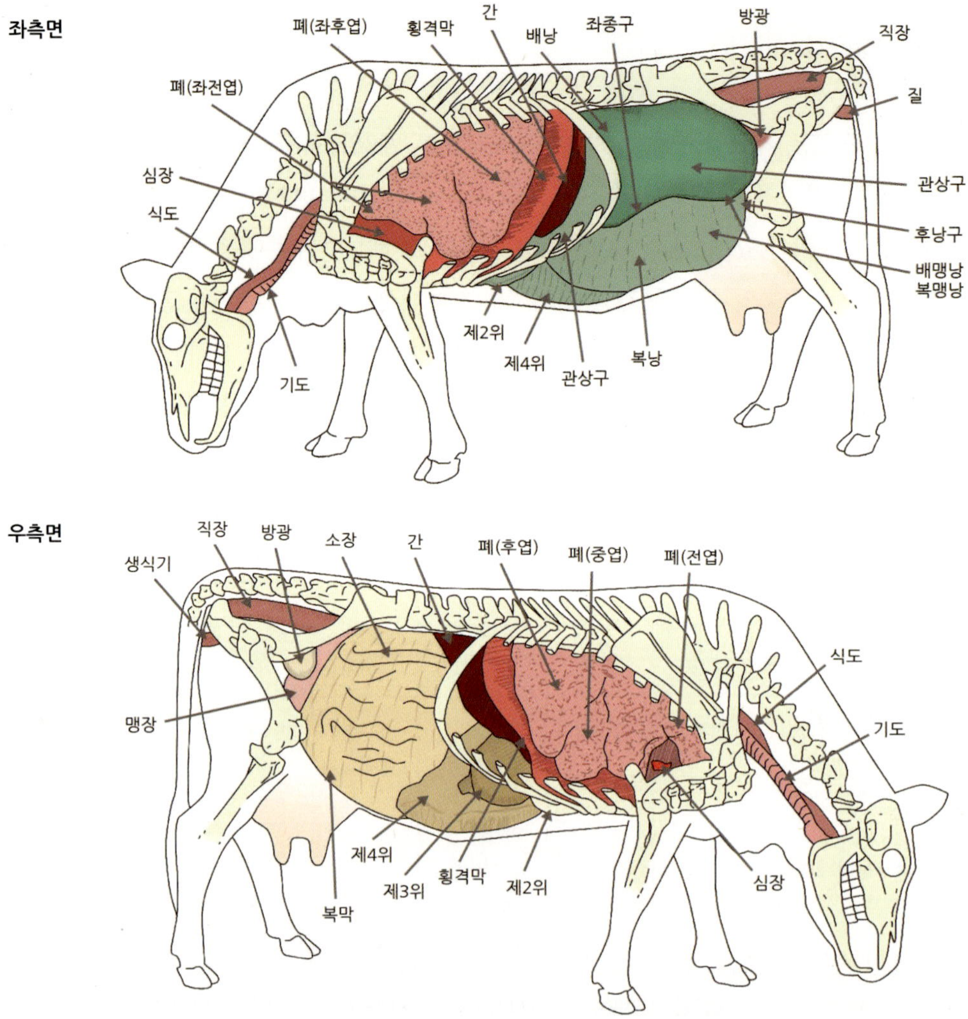

그림 2-10 반추동물(소) 소화기관의 해부학적 모식도

그림 2-11 한우의 위 내부구조

1) 제1위(혹위, rumen)

제1위는 전체 위 용적의 약 60~80% 정도로서, 좌측 복강의 대부분을 차지하며 제6늑골에서 골반강까지 이른다. 오른쪽 면은 제3위와 제4위, 간, 소장 등과 접해 있으므로 불규칙적인 굴곡이 매우 심하다. 제1위는 종구(longitudinal groove) 또는 수평구에 의해 **배낭**(dorsal sac)과 **복낭**(ventral sac)으로 갈라지고, 관상구(coronary groove)에 의해 다시 **전낭**(cranial sac)과 **후낭**(caudal sac)으로 나뉜다(그림 2-12).

제1위의 내부 표면은 케라틴화된 돌기(keratinized projections)인 **유두**(papillae)로 덮여 있는데, 유두를 통해 제1위에서 영양소 흡수가 일어난다. 어린 동물의 경우에는 유두의 크기가 매우 작지만, 고형 사료(건초 등)의 섭취와 발효로 인해 생긴 대사물질인 VFA나 NH_3 등의 자극에 의해 그 크기와 수가 증가한다. 그림 2-13은 소와 염소의 제1위 내부 모습으로 무수한 엽상과 원뿔유두가 밀생하고 있음을 볼 수 있다. 배낭보다 복낭에 더 많은 수의 유두가 존재한다. 또한 제1위의 내부 색깔도 어린 송아지는 아주 연하지만 성장하면 식물체에서 유래된 tannin에 의해 연노랑색에서 암갈색을 띤다.

무게가 700kg인 한우의 반추위는 지름이 약 60cm 정도로서(그림 2-14), 반추동물의

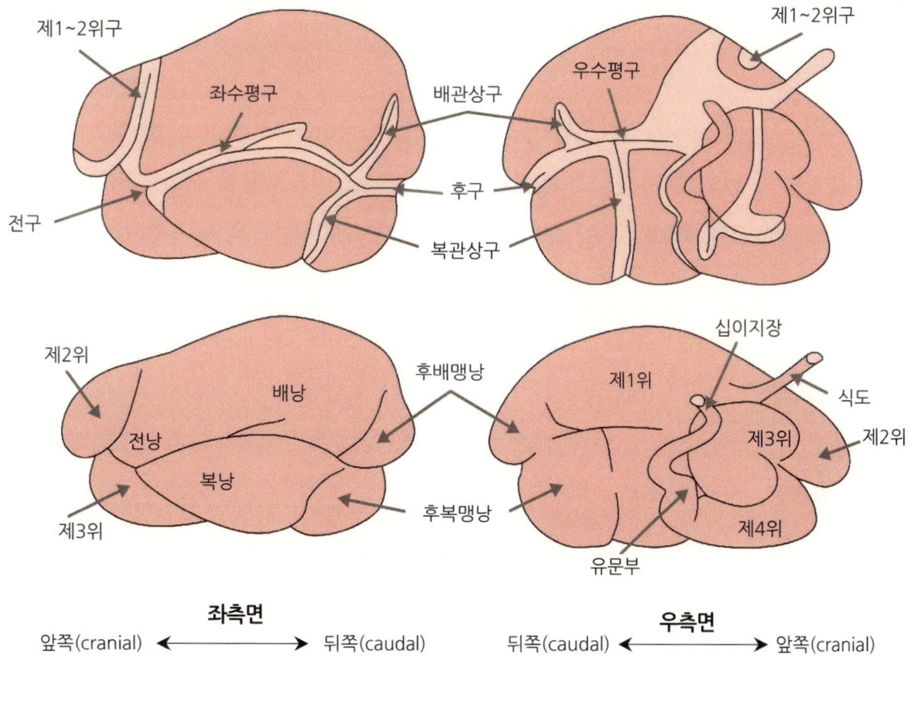

그림 2-12 반추동물의 반추위를 구성하는 낭(sac)과 구획의 명칭

소

염소

그림 2-13 소와 염소의 복낭에 밀생한 유두

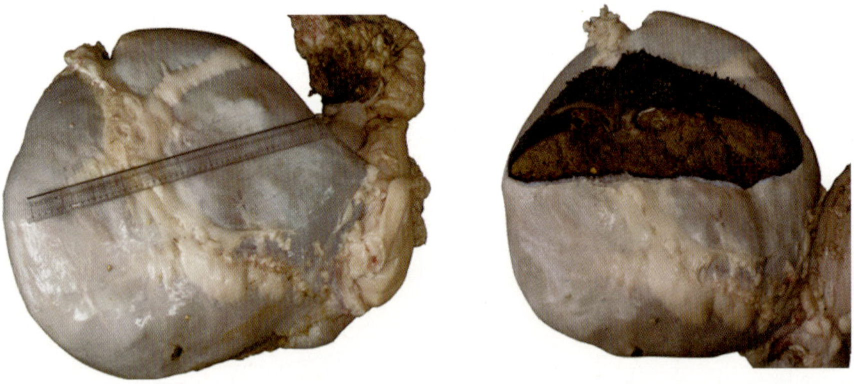

그림 2-14 한우 반추위의 크기

위에는 4개의 구(orifice)가 있다. **제1~2위구**(reticulo-ruminal orifice)는 제1위와 제2위를 연결하는 넓은 난원형의 구멍으로 직경이 약 13cm 정도 된다. **제2~3위구**(reticulo-omasal orifice)는 제2위와 제3위를 연결하는 찢긴 모양의 좁은 구멍이며, **제3~4위구**(omaso-abomasal orifice)는 제3위와 제4위를 연결하는 말굽 모양의 구멍이다. 마지막으로 **식도구**는 제1~2위구와 제2~3위구의 가장자리에 접하여 나선형으로 달리는 2줄의 추벽으로 액상 사료가 통과할 때는 추벽의 면이 접촉하여 관을 만든다(그림 2-9 참조).

2) 제2위(벌집위, reticulum)

제2위는 복부 기저부의 왼쪽 제6~8늑골 맞은편의 횡격막과 오른쪽의 횡격막, 간, 제3위 및 제4위 등과 닿아 있다. 다른 위의 압력에 의해 다소 편평하다. 제1위와 제2위는 제1~2위 추벽(reticulo-ruminal fold)에 의해 일부 분리되어 있지만 내용물이 상호 자유롭게 왕래하고, 제1위와 동일하게 발효와 흡수 기능이 있어 흔히 제1위와 제2위를 통칭하여 '반추

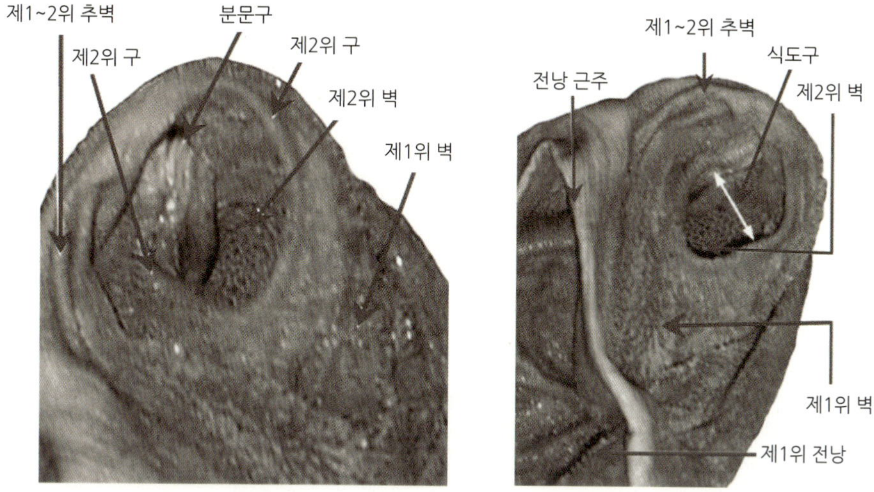

그림 2-15 소 반추위의 제1~2위 추벽과 식도구

그림 2-16
벌집 모양의 제2위 내부

위'라 한다. 또한 반추동물은 식도구라는 특수한 구조를 가지고 있는데, 식도구는 제1위 분문부(식도 끝부분)에서 제2~3위구까지 이르는 2장의 입술모양 돌기(순상돌기)로 되어 있다. 이 돌기가 수축하면 식도구가 폐쇄되어 관(tube)을 형성한다. 식도구의 폐쇄는 포유 중인 어린 동물에 일어나는 현상으로, 섭취한 우유는 제1위와 제2위를 거치지 않고 식도에서 직접 제3위로 들어간다. 젖을 떼거나 액상으로 된 사료를 계속 섭취하지 않으면 식도구는 더 이상 기능을 하지 않는다. 제2위의 내부에는 4각 또는 6각의 벌집 모양 후벽이 발달해 있고 그 바닥에 소유두가 밀생해 있다(그림 2-16). 제1~2위구 부위와 식도구 주위에는 유두가 많지 않다.

3) 제3위(겹주름위, omasum)

제3위는 제2~3위구를 통해 제2위와 연결되어 있으며, 위체와 위관으로 구성되어 있다. 제3위는 제1위와 간 사이의 복강 우측 앞부분에 위치하며, 소에서는 9~12번 흉추와 접해 있다. 제2위의 우측 뒷부분과 제4위의 앞쪽 위에 붙어 있다. 제3위의 내부는 **라미나**(laminae)라고 하는 크고 작은 잎 모양의 근육주름으로 된 엽(muscular leaves)으로 구성되어 있다. 이들 근엽은 책장과 같이 겹겹으로 되어 있기 때문에 제3위를 **겹주름위**라고도 한다. 면양과 산양의 경우 4개의 위 가운데 제3위가 제일 작다. 제3위관은 제2위와 제4위를 연결하고 있다. 일반적으로 제3위구는 다소 열려 있지만 제2위의 두 번째 수축파에 의해 더욱 확장되어 제2위의 내용물이 제3위관으로 빠르게 흘러 내려간다.

제3위의 내부는 **대엽**, **중엽**, **소엽** 및 **최소엽** 등 4종류로 구성된 **엽**(leaves)이 제3위의 아랫부분(십이지장 쪽)에 방사상으로 모여 있고(그림 2-17), 제3위의 엽에는 **소유두**가 밀생하고 있다(그림 2-18).

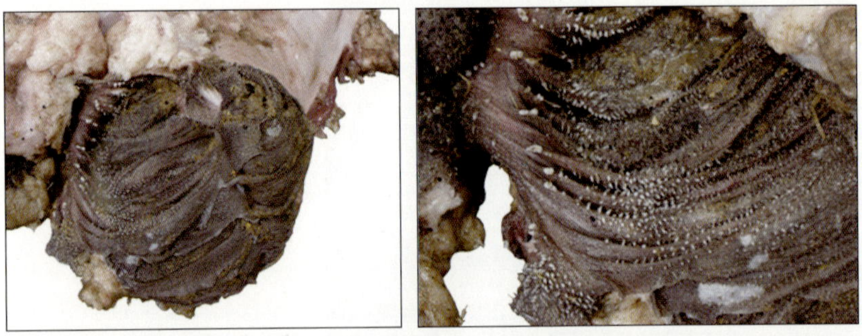

그림 2-17 한우의 제3위 횡단면

그림 2-18 한우의 제3위 내부

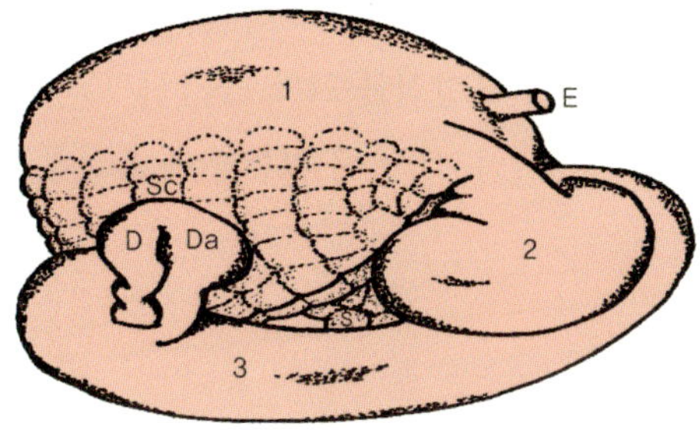

E: 식도
D, Da: 십이지장

위가 세 부위(1, 2, 3)로 구획되어 있음.

그림 2-19 라마(유사반추동물) 위의 모식도

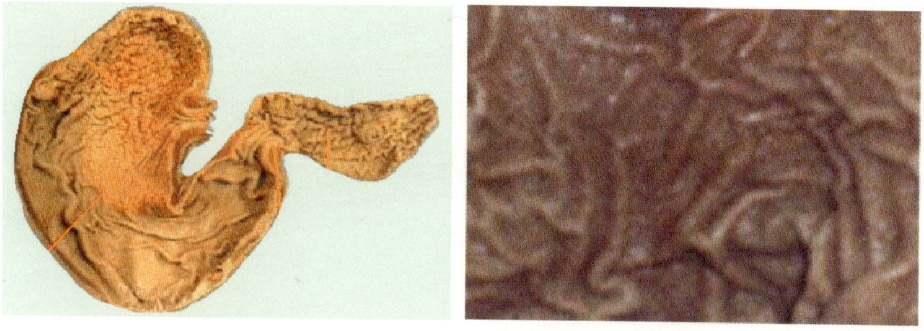

그림 2-20 소의 제4위 단면(왼쪽)과 내부 표면(오른쪽)

낙타, 라마와 같은 동물은 제3위가 없거나 흔적만 남아 있다는 점에서 반추동물과 달라 **유사반추동물**이라고 한다. 그림 2-19는 유사반추동물인 라마 위의 모식도이다.

4) 제4위(주름위, abomasum)

제4위는 제3~4위구를 통해 제3위와 연결되어 있으며, 제1~2위의 우측, 제3위의 아래쪽에 위치하며 복강의 하부에 붙어 있고 십이지장을 향해 뻗어 있다. 제3위와 제4위는 각각 좁은 결합부로 연결되어 있어 외부에서도 확실하게 구별된다. 반추동물의 제4위는 긴 배 모양을 이루고 있으며 소에서는 제3위와 거의 같은 용적이다. 제4위는 외관에 따라 제3위와 연결된 **분문부**(cardiac region), **기저부**(fundic region) 그리고 십이지장과 연결된 **유문부**(pyloric region)로 나뉘며, 서로 다른 형태의 **위선**(gastric gland)이 점막세포의 결합조직에 존재하고 있다.

제4위의 내부는 부드럽고 매끈한 구조로 되어 있는데, 여러 개의 나선상 추벽이 유문을 향해 뻗어 있다. 제4위는 제일 앞쪽의 분문부, 적갈색의 기저부와 좁고 선세포의 발달이 미약한 유문부로 나뉜다. 기저부는 점액을 분비하는 점액막(mucous membrane)이 여러 겹(약 12개 이상)의 나선형으로 분포되어 있어 표면적을 크게 증가시키고, 기저부에는 소화액 분비세포(glandular cell)의 증식이 가능하다. 반면에 분문부와 유문부는 좁고 소화액 분비세포가 거의 없다(그림 2-20).

4. 소장(small intestine)

소장은 위의 유문괄약근에서 회맹조임근(ileocecal valve)까지의 긴 장관으로 **십이지장**(duodenum), **공장**(jejunum)과 **회장**(ileum)으로 이루어져 있다. 대장에 비해 관의 굵기는 가늘지만 길이는 훨씬 길다. 소의 십이지장은 길이가 약 1m에 직경은 5~7cm 정도이며, 공장과 회장은 약 40m로 매우 길다. 반추동물의 복강에서 반추위는 좌측 모두와 우측의 하반부(즉 복강의 4분의 3)를 차지하고(그림 2-21의 좌측), 소장은 대장과 함께 복강의 우측 상부에 위치하고 있다(그림 2-21의 우측).

십이지장에는 간장과 췌장으로부터 나오는 도관이 열려 있어 담즙산염과 각종 소화효소가 분비되고, 이들에 의해 내용물은 회장 말단부에 이르는 동안 대부분 소화된다. 소장은 회맹조임근에서 끝나는데, **회맹조임근**은 소장에서 맹장과 결장으로 이동하는 소화물의 흐름을 조절하는 괄약근으로서 소화물의 역류를 방지한다. 소의 소장과 대장의 외부 모습을 좌측과 우측에서 보면 그림 2-22와 같다.

소장의 점막은 내강(lumen)으로 돌출해 있는 융모(villi)로 덮여 있다(그림 2-23). 융모는 미세융모(microvilli)를 갖고 있어 흡수 표면적을 증가시키며(그림 2-24), 미세융모 세포막에 소장의 소화효소가 부착되어 있어 미세융모는 소화를 증진시킨다. 융모는 원주상피세포로 덮여 있고 점액을 분비하는 배상세포(goblet cell)가 있다.

각 융모의 결합조직층을 구성하는 고유판(lamina propria)은 수많은 림프구, 모세혈관과 중심유미관(central lacteal)을 갖고 있다. 흡수된 단당류와 아미노산은 모세혈관으로 흡수되고 지방은 중심유미관으로 이동된다. 융모 정상에 있는 상피세포들은 계속해서 떨어져나가고 융모의 기저(base)에서 밀려온 세포로 대치된다. 융모의 기저에 있는 상피는 장내강 쪽으로 열린 좁은 주머니를 형성하기 위해 여러 부위에서 밑으로 함입된다. 이 구조를 장음와(intestinal crypt) 또는 리버쿤 음와(Lieberkuhn crypt)라고 하며 십이지장선과 함께 소화효소를 분비한다(그림 2-25).

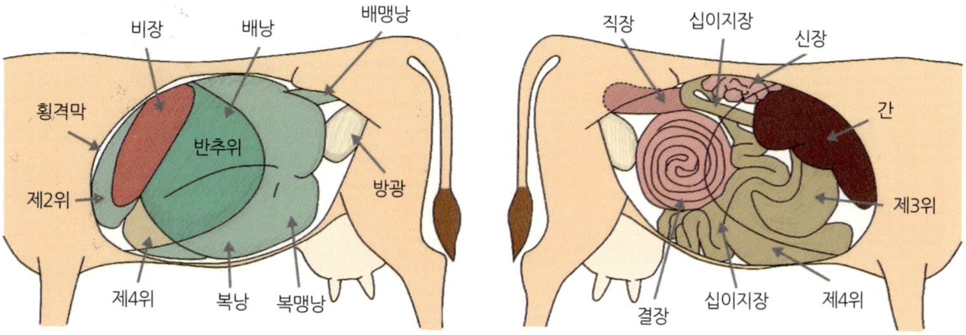

좌측면 우측면

그림 2-21 반추동물의 복강에서 위와 소장 및 대장의 위치

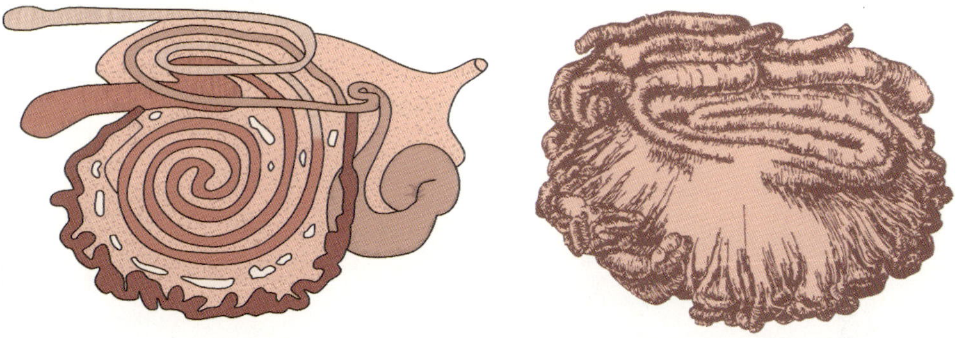

복강의 좌측면 복강의 우측면

그림 2-22 소의 소장과 대장의 외부 모식도

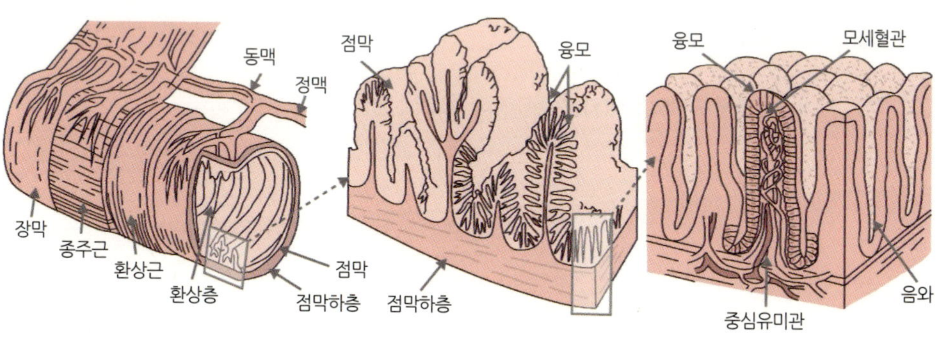

그림 2-23 소장의 외부구조와 소장 점막 표면의 융모

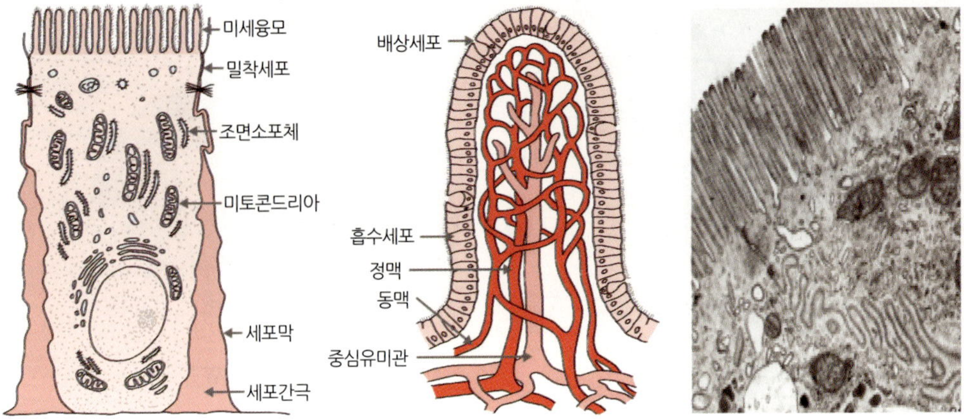

그림 2-24 소장 점막의 미세융모

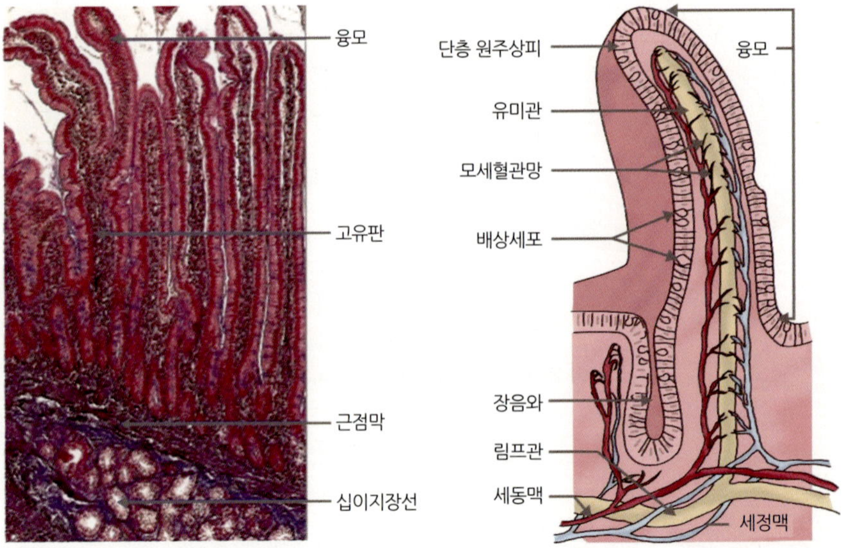

그림 2-25 십이지장선(좌측)과 융모내 장음와(우측)의 구조

5. 대장(large intestine)

소장과 더불어 복강 우측 상부에 위치하는 대장은 **맹장**(caecum), **결장**(colon)과 **직장**(rectum)으로 구성되어 있다. 초식동물 중에서 후장발효동물(비반추 초식동물)인 말과 토끼 등은 맹장이 반추동물의 반추위와 같은 기능을 하며 다른 동물들에 비해 상당히 크지만, 다른 동물에서는 결장에 비해 그 기능이 약하다. 따라서 결장의 기능이 대장 기능의 대부분을 차지한다. 대부분의 동물은 회맹조임근에 의해 소장과 연결되어 있지만, 말의 경우에는 소장 말단인 회장은 맹장과 직접 연결되지 않고 맹장은 맹결구에 의해 결장과 연결되어 내용물이 결장으로 들어가게 되어 있다. 대장의 형태는 동물에 따라 특이한 구조를 갖는다. 사람이나 개는 U자형, 말은 중복된 U자형, 돼지는 원추형을 이루는 반면 토끼와 반추동물은 원반형을 이룬다(그림 2-26).

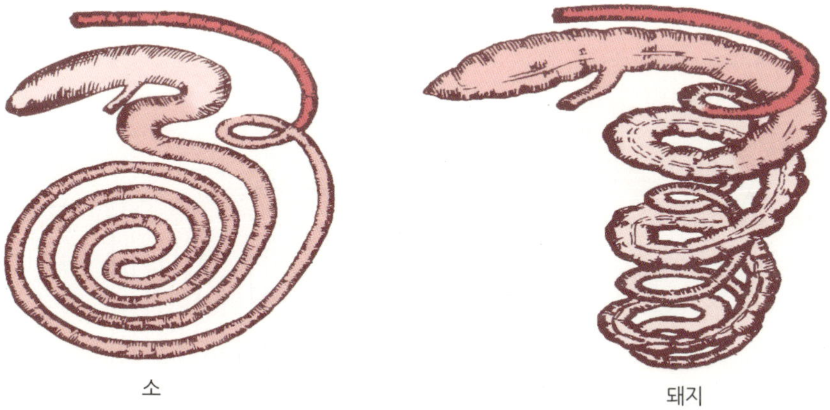

그림 2-26 가축별 대장의 형태

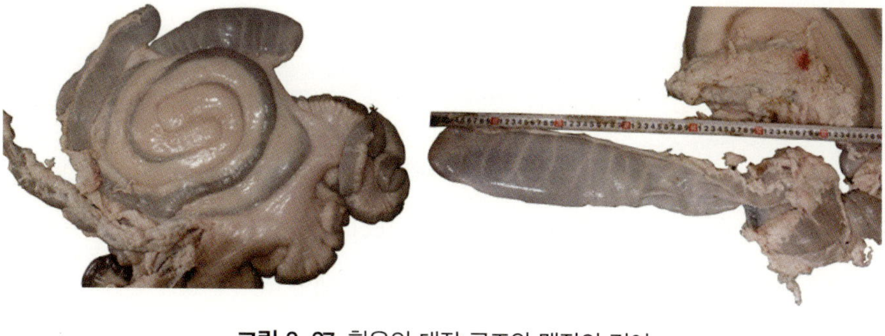

그림 2-27 한우의 대장 구조와 맹장의 길이

한우의 맹장은 길이가 약 60cm에 직경이 10~12cm 정도 되는 원통형으로서 결장과의 경계선이 분명치 않으며 회장과의 연결구를 기준으로 편의상 결장과 구별한다(그림 2-27). 결장은 경계선 없이 맹장에 연결되어 있으나 굵기가 가늘고(직경 약 5cm) 약간 위쪽 방향을 향해 있다. 직장은 척추의 복방을 따라 항문 쪽으로 거의 직선으로 배치되어 있다. 양과 산양의 대장 형태도 앞서 설명한 소의 대장과 크기만 다를 뿐 대체적으로 같다.

6. 부속 소화기관

섭취한 사료가 동물에게 이용되려면 소화기관에서 소화되어야 하는데 간, 췌장과 담낭 등 3개의 기관이 소화 과정을 돕는다. 따라서 간, 췌장과 담낭을 부속 소화기관이라고 하며 이들이 긴 소화관에 연결되어 소화계를 형성한다(그림 2-28).

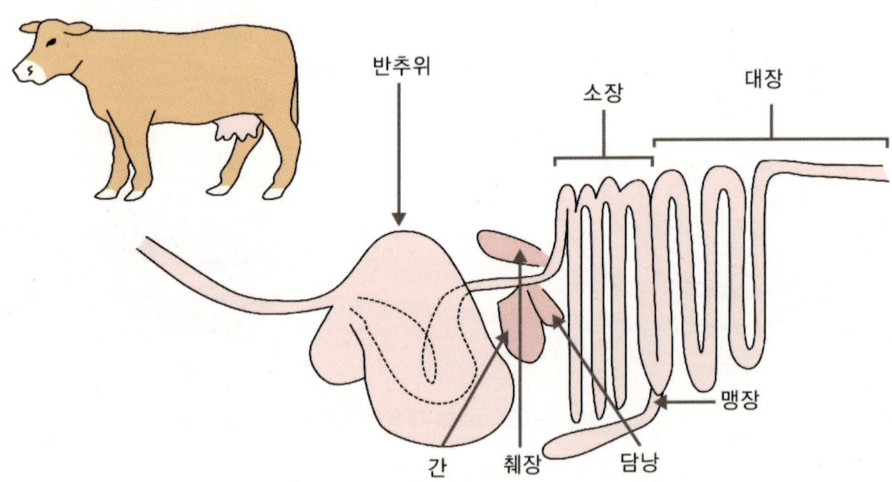

그림 2-28 소의 부속 소화기관

1) 간(liver)

간은 동물체를 구성하고 있는 기관 중에서 반추위를 제외하고는 가장 크고 뇌 다음으로 복잡한 기관으로, 적혈구의 형성, 원형질 단백질의 생산, 알코올 분해 등 그 기능이 매우 다양하다. 반추위가 거대한 생물학적 발효조라면 간은 거대한 화학공장과 같은 기관이다. 태아기에는 조혈 기능을 담당하여 체중의 약 5%를 차지하지만, 성장함에 따라 비율이 상대적으로 낮아져 약 2% 정도가 된다. 반추동물의 간은 복부의 앞쪽에 위치하고 있어 전위(forestomach)와 접해 있고 횡격막에 직접 접하고 있다. 간장의 대부분이 동물체의 오른쪽에 치우쳐 존재한다.

간문, 담낭와, 후대정맥와 이외의 간 표면을 간피막(capsula hepatis)이 둘러싸고 있고, 그 밑에 탄성섬유가 많은 결합층이 있다. 간문에 다량 존재하는 결합조직인 섬유초(capsula fibrosa)는 간 실질 속에 침입하여 실질을 무수한 간소엽으로 나누는데, **간소엽**은 간장의 기능적 최소단위로서 다각형이며 육안으로 구별할 수 있을 정도로 크다.

2) 췌장(pancreas)

췌장 부위는 췌장과 췌장관으로 되어 있다. 췌장은 선상구조(glandular structure)로서 동물의 소화생리에 필수적인 기능을 하며, 말이나 소에서는 그 무게가 약 350g 정도 된다. 반추동물의 췌장은 십이지장의 전곡을 중심으로 V자형으로 놓여 있는데, 췌장의 좌엽은 제4위의 후방에 위치하고 우엽은 십이지장의 기부를 따라 존재한다. 전체적으로는 동물체의 우측에 치우쳐 있다.

3) 담낭(gall bladder)

담낭은 담낭와에 위치하는 배 모양의 주머니로, 담낭과 담낭관으로 구성된다. 담낭은 간에서 일정한 속도로 생산된 담즙이 일차적으로 저장되는 장소인데, 저장된 담즙은 담즙관의 개구부에 있는 괄약근 때문에 소장으로 역류하지 못한다. 담낭은 담즙을 저장할 뿐만 아니라 대부분의 물을 흡수하여 농축시킨다. 다른 동물에 비해 반추동물에서 가장 잘 발달된 기관으로 반추동물의 담낭은 매우 길다. 그러나 말, 쥐, 사슴, 순록, 기린, 낙타, 코끼리 및 비둘기 등에는 담낭이 없다.

제2절 소화기관의 기능

반추동물의 위는 제1위, 제2위, 제3위와 제4위로 나누어져 있다. 반추위에는 수많은 종류의 혐기성 미생물(박테리아, 프로토조아 및 곰팡이 등)이 서식하는데, 이 미생물들은 단백질이나 지방은 물론이고 단위동물이 이용할 수 없는 섬유소를 소화·이용할 수 있다. 이러한 미생물에 의한 발효현상은 단위동물의 맹장에서도 일어난다. 또한 제4위는 단위동물의 위에서와 같이 소화효소를 분비하므로 진위(true stomach)라고도 한다. 소장은 십이지장, 공장, 회장의 세 부위로 되어 있는데, 여기서는 동물이 분비하는 소화효소에 의한 소화작용과 흡수작용이 왕성하게 일어난다. 대장은 맹장, 결장, 직장의 세 부위로 구성되어 있고 비반추 초식동물의 맹장은 반추동물의 반추위와 같은 기능을 한다. 이 절에서는 반추동물의 각 소화기관의 기능에 대해서 살펴본다.

1. 입

반추동물의 입은 섭취한 사료를 혀와 이빨을 이용하여 사료를 잘게 부수는 기계적 기능과 타액선에서 분비되는 타액과 사료를 혼합시켜 식괴를 만드는 기능을 한다. 입에서 사료를 세절하고 저작하는 작용이 소화에 미치는 영향은 동물의 종류에 따라 다양하다.

1) 이빨

사료의 섭취형태(육식성, 초식성, 잡식성 등)에 따라 동물의 이빨은 달리 발달해왔다. 초식성인 반추동물은 사료를 절단하기 위해 많은 이빨이 필요하지 않기 때문에 송곳니가 없다. 또 아래턱에는 앞니가 있지만 위턱에는 앞니가 없는 대신 딱딱한 잇몸이 있다. 앞니와 딱딱한 잇몸을 이용하여 사료 섭취 시 풀을 절단한다. 이빨은 저작을 돕는 기계적인 역할을 주로 담당한다. 이빨에 의해 사료가 분쇄되면 결과적으로 표면적이 늘어나 장에서 소화효소에 의한 소화작용을 용이하게 한다. 일반적으로 분쇄는 턱의 한쪽 면에서만 일어난다.

반추동물은 사료를 채식할 때 입술, 혀, 이빨과 잇몸을 이용한다. 소의 경우는 사료를 입안으로 넣는 데 혀가 주된 역할을 한다. 즉 채식할 때 목초와 같은 풀을 입안으로 끌어넣은 후, 아래턱의 앞니와 위턱의 잇몸으로 자르고, 어금니를 이용하여 저작하며 섬유질을 마쇄한다. 분쇄된 사료도 혀로 핥듯이 섭취한다.

2) 혀

혀는 사료 섭취에서 중요한 기능을 한다. 소의 혀에는 맛을 느끼는 발달된 **미뢰**(taste bud)가 있는데, 미뢰는 혀뿐만 아니라 입천장에도 존재한다. 혀는 저작 과정에서 3가지 중요한 역할을 한다. 첫째, 혀를 움직여 입안에서 사료를 굴림으로써 사료가 잘 분쇄되도록 한다. 이러한 과정을 통해 혀는 입안의 여러 가지 분비물과 사료를 혼합하여 목구멍으로 넘길 식괴(bolus)를 만든다. 둘째, 혀에는 맛을 느끼는 돌기가 있어서 사료를 선별해서 섭취하도록 하는 신경학적인 조절 기능을 한다. 사료가 쓴맛이거나 기호성이 좋지 않을 경우 미뢰의 자극에 의해 사료의 섭취를 멈추고, 반대로 맛이 좋은 사료는 식욕을 자극한다. 소의 경우에 혀끝에 수많은 미뢰가 있는 반면에 중간 부분에는 거의 없고, 혀의 뒷부분에는 미뢰가 높은 밀도로 분포되어 있다. 셋째, 혀는 사료 섭취 과정의 초기단계의 역할을 한다. 식괴가 삼키기 알맞은 크기로 만들어지면 혀는 사료덩이를 입 뒤쪽으로 넘기는 과정 중에 신경을 자극하고 사료의 삼킴작용이 일어난다.

3) 타액선

반추동물은 8개의 타액선(이하선, 악하선, 설하선, 구개선, 구강선, 소구치선, 후두선, 순선)에서 많은 양의 타액을 분비하는데, 소의 경우 하루 동안 분비되는 타액은 약 150L가 넘는다. 타액의 조성은 분비율에 따라 다르지만 분비율에 관계없이 삼투압은 등장성이다. 타액(혼합타액) 성분은 99%가 수분이지만, 약 1%의 건물 함량 중에 0.9%는 광물질이고, 나머지 0.1%는 요소(urea), 뮤코단백질(mucoprotein) 등의 유기물이다. 반추동물에서 타액의 기능을 요약하면 다음과 같다.

(1) 윤활제로서의 기능

타액은 사료의 저작, 식괴의 형성 및 삼킴 작용을 돕는다. 타액이 없다면 대부분의 동물은 사료를 삼키기가 매우 어려워질 것이다.

(2) 효소의 생산 기능

비반추동물의 타액에는 전분분해효소인 amylase와 지방분해효소인 lipase가 들어 있어서 전분과 glycogen 분자에 존재하는 α-1,4 glucose 결합을 분해하는 역할을 하지만, 일반적으로 육식동물과 소(Bovidae)과에 속하는 동물들의 타액에는 amylase가 없다. 성숙한 반추동물의 타액에는 소화에 도움을 줄 수 있는 소화효소는 없고, 송아지의 협선에서 분비되는 타액에는 lipase가 들어 있어 지방을 일부 분해하지만 기능은 미약하다.

(3) 중화제로서의 기능

반추동물은 중화력이 높은 알칼리성 타액을 분비하므로 제1위에서 생산되는 VFA를 중화하는 등 제1위내의 pH를 유지하고 미생물의 활동을 돕는다. 즉 반추동물의 타액은 비반추동물과 비교하여 분비량이 많고(사람: 1~1.5L, 양: 6~16L, 소: 100~200L), 무기염 조성에서 뚜렷한 차이를 보인다(사람: Na^+ 10.1, K^+ 20, Cl^- 11.8, HCO_3^- 157mg/L; 소: Na^+ 120~160, K^+ 6.2, Cl^- 4.3~7.1, HCO_3^- 92~126mg/L). 이와 같이 중탄산염(bicarbonate)과 인산염(phosphate)을 많이 함유하고 있으므로 제1위 내용물의 pH를 6~7로 유지하는 데 큰 역할을 한다. 그러나 태어날 때부터 소의 타액 중화력이 이처럼 높은 것은 아니며, 출생 직후에는 단위동물의 타액 조성과 유사하다. 즉 제1위의 발달과 더불어 타액 중의 HCO_3^- 농도가 증가하여 약 13주령이 되면 성숙한 반추동물의 수준에 이른다. 이것은 $CO_2 + H_2O \rightarrow H_2CO_3 \rightarrow HCO_3^- + H^+$의 반응식에서 HCO_3^-의 생성과 분비에 필수적인 탄산탈수효소 활성이 반추동물의 발육과 더불어 이하선에서 증가하기 때문이다.

(4) 수분 공급 기능

제1위 내부에 생존하는 미생물 성장을 위해서는 수분이 충분히 공급되어야 하는데, 이들 수분의 대부분(소의 경우 83%)이 섭취한 물이 아니라 타액으로부터 공급된다. 따라서 타액은 반추위내의 수분 농도를 조절하여 미생물의 활동을 원활하게 한다. 반추동물의 타액 분비량은 대단히 많아 세포외액의 2배에 이르며 세포외액량을 조절하려면 분비된 타액이 소화관에서 재흡수되어야 한다.

(5) 수분 조절 기능

과도한 발한이나 이뇨 시 혹은 수분섭취가 부족할 경우에는 타액의 분비가 현저히 감소되어 구강 내부가 건조해지고, 이로 인해 갈증이 유발되어 수분을 섭취하도록 유도한다.

(6) 반추위 미생물에 대한 영양소 공급 기능

타액 중의 질소(N)는 대부분(80%)이 요소의 형태로 존재하는데, 요소는 반추위 미생물의 단백질 합성에 필요한 질소원으로 이용된다. 실제로 사료 중의 단백질 함량이 적을 때는 타액 속의 요소가 공급하는 질소의 비중이 그만큼 높아진다. 또한 타액 속의 인산은 미생물의 대사 과정에 이용되고, 이 외에도 mucin, P, Mg, Cl 등도 반추위의 박테리아(bacteria)와 프로토조아(protozoa) 그리고 곰팡이(fungi)에 의해 쉽게 이용된다.

(7) 고창증(bloat) 예방 기능

반추위에서는 미생물의 발효에 의해 많은 양의 가스가 축적될 수 있는데, 이때 트림을 통해 정상적으로 가스가 체외로 배출되지 못하면 고창증이 유발된다. 반추동물의 타액에는 거품 생성을 방지하는 물질(유화제)이 함유되어 있어 고창증 예방에 큰 도움을 준다.

(8) 맛의 감별 기능

타액은 사료 속의 화학적인 물질들을 용해시킴으로써 혀에 있는 미뢰로 맛을 탐지할 수 있게 해준다.

(9) 구강점막의 보호 기능

입안의 점막은 항상 축축한 상태를 유지해야 하는데, 타액이 이와 같은 역할을 한다.

(10) 구강 세균의 증식 방지 기능

타액은 구강 내부를 항상 습윤하게 만들고, 타액 중에 함유되어 있는 lysozyme, 중탄산염, mucin 등은 구강 안에 세균이 과도하게 증식하는 것을 방지하며, 이빨의 에나멜층을 용해하는 세균이 생성하는 각종 산(bacterial acids)을 중화하는 기능을 갖고 있다. 그 외에도 타액은 수은이나 납과 같은 중독성의 중금속 이온을 배설시키는 기능을 한다.

표 2-4 사료의 종류에 따른 섭취속도와 타액 분비량

사료	섭취 속도 (g/분)	타액 분비량	
		g/g 사료	mL/분
펠렛 사료	357	0.68	243
생초	283	0.94	266
사일리지	248	1.13	280
건초	83	3.25	270

Bailey와 Balch(1961).

표 2-5 조사료의 종류와 세절 길이가 사료섭취율과 타액 분비량에 미치는 영향

사료	세절 길이 (cm)	사료섭취율		타액 분비량	
		g DM/분	저작 횟수/분	g /g DM	g /저작
버뮤다그래스	3.5	39.2	75.4	3.73	1.93
	9.9	33.3	76.3	4.09	1.79
알팔파	2.0	41.5	76.5	3.74	2.03
	6.2	37.9	74.9	4.37	2.21

Dong(1990).

한편, 타액의 분비는 채식 초기에 가장 많고 채식량이 감소함에 따라 줄어든다. 타액의 분비속도는 섭취하는 사료에 관계없이 비교적 일정하지만, 건초와 같은 거친 사료는 농후사료에 비해 섭취하는 데 더 긴 시간이 소요되고, 씹는 시간이 길기 때문에 섭취하는 사료 중량당 타액의 분비량이 현저하게 많다(표 2-4).

조사료는 저작과 반추작용을 증가시켜 타액 분비량을 높이는 반면 청초나 사일리지와 같이 수분 함량이 높은 사료는 건초에 비해 타액의 분비량이 적고, 곡류 사료와 펠렛 사료도 타액의 분비량이 적다. 농후사료와 건초 간의 1g 섭취당 타액의 분비량은 표 2-4에서 보는 것과 같이 5배 이상이나 차이가 나고, 사일리지와 건초 간에도 약 3배의 차이를 보인다. 그러나 사일리지와 건초를 건물 기준으로 비교해보면 타액의 분비량은 거의 비슷하다. 같은 건초라고 할지라도 짧게 절단한 건초보다 길게 절단한 건초를 섭취할 때 타액의 분비량이 더 많다(표 2-5). 이와 같이 타액의 분비량은 사료의 종류와 길이, 그리고 사료 중의 섬유소 함량에 따라서 달라진다(표 2-6). 사료 중 조섬유의 수준이 낮을 경우에 타액의 분비량은 1일 305L인데, 조섬유의 수준을 높이면 타액의 총분비량은 323L로 18L(100~

표 2-6 사료 중 NDF(neutral detergent fiber)의 수준이 타액 분비량에 미치는 영향

구분		시간 (분/일)	타액 분비량 (L/일)
사료 A (NDF 26% 수준)	섭취	214	40.3
	반추	334	130.9
	휴식	882	134.2
	합계	1,430	305.4
사료 B (NDF 34% 수준)	섭취	260	49.0
	반추	414	157.5
	휴식	766	116.6
	합계	1,440	323.1

Beauchemin(1991).

150g 중탄산소다) 더 증가한다(표 2-6).

타액의 분비는 대부분 자율신경계에 의해 조절된다. 타액은 사료가 구강 안으로 들어감으로써 구강과 비강에서 시작하는 구심섬유에 의해 타액분비중추를 거쳐 반사적으로 분비되는데, 분비 정도는 자극의 종류에 따라 다르다. 예를 들면 개에게 고기를 먹이면 점액성 타액이 많이 분비되고 뼛가루를 먹이면 수분 함량이 많은 타액이 분비된다. 또한 입안에 사료가 들어가지 않더라도 이른바 조건반사에 의해서도 분비된다. 즉 맛있는 사료를 보거나 냄새만 맡아도 타액이 분비되는 것을 볼 수 있다.

2. 인두와 식도

인두는 사료와 공기의 통과를 조절하는 역할을 한다. 사료를 삼키면 열려 있던 후두는 피열연골(arytenoid cartilage)에 의해 반사적으로 닫히고, 후두개는 수동적으로 주름이 지면서 후두의 구멍을 막는다. 이 작용은 사료를 식도로 밀어 넣어 사료가 호흡기관으로 흡입되는 것을 방지하는 역할을 한다.

식도는 사료와 음수의 이동 통로로 이용된다. 식도의 근조직과 신경조절에 의해 연동운동이 일어나 사료덩이가 아래로 움직이게 된다. **연동운동**(peristalsis)이란 평활근의 수축과 이완에 의해 어느 한 방향으로 운동성이 생김으로써 사료덩이를 소화관을 통해 움직이게 하는 것을 말한다. 비반추동물에서는 연동운동이 입에서부터 위까지 규칙적으로 일

어난다. 연동운동과는 역으로 일어나는 **트림**과 **토출**은 정상적인 소화작용과는 다른 기능이다. 반추동물의 경우 트림은 정상적인 소화 과정이며 반추는 소화에서 매우 중요한 역할을 한다. 말의 경우 토출은 매우 드문데, 토출이 일어나면 토출물의 대부분은 비공을 통해 밖으로 나온다.

3. 위

반추동물은 조사료와 같이 질기고 딱딱하며 에너지 밀도가 낮은 풀을 다량으로 섭취하여 영양소를 충당하기 때문에 조사료를 소화시킬 수 있는 특이한 구조의 위를 가지고 있다. 반추동물이 섭취한 사료는 반추위에 서식하는 미생물에 의해서 분해되고 발효된다. 반추위에서는 미생물에 의한 분해작용이 일어나며, 제3위에서는 소량의 수분이 흡수되고 소화내용물을 제4위로 유출시킨다. 단위동물의 위와 비슷한 기능을 가지고 있어 **진위**라고도 불리는 제4위에서는 위산, pepsin, rennin 등의 소화효소가 분비된다.

1) 제1위

제1위와 제2위는 구분이 뚜렷한 것이 아니고 제1~2위 추벽(reticulo-rumen fold)이라는 두터운 근육주름으로 일부만 구분되어 있고, 내용물이 자유롭게 서로 이전이 가능하고 기능도 비슷하여 전위(forestomach) 또는 제1~2위(reticulo-rumen) 또는 반추위라고도 한다. 반추위는 산 또는 점액(mucus) 등이 분비되는 분비선이 없는 상피세포로 구성되어 있다. 반추위는 대부분의 미생물이 서식하는 장소로, 유입되는 사료를 발효시키는 일종의 발효공장이라 할 수 있다. 즉 탄수화물은 VFA, CH_4, CO_2 등으로, 단백질은 아미노산과 NH_3로, 지방은 유리지방산(free fatty acid)과 glycerol로 분해된다. 또한 여러 미생물에 의해서 단백질과 비타민 B군도 합성되며, 미생물에 의해 분해된 VFA, NH_3, 물 등이 흡수된다.

반추동물의 제1위는 혐기성 미생물이 서식하기에 가장 적합한 환경적 조건을 가지고 있다. 따라서 제1위에는 자연 상태에서 가장 다양하고 많은 종류의 혐기성 미생물이 서식하고 있다. 소의 경우 제1위는 용량이 150~230L에 달하는 일종의 큰 생물학적 발효조로서 수많은 종류의 혐기성 미생물들이 성장하는 데 적합한 환경을 제공한다. 즉, 제1위 내부의 평균 온도는 39°C(38~41°C)로서 사료의 발효에 의해 발생하는 발효열(사료에너지의 5~10%)로 인해 체온보다 다소 높지만 항상 일정한 수준을 유지한다. 또한 산화-환원 전위차가 -350mV(-200~-400mV)로서, 제1위액은 O_2가 없는 환원된 상태를 유지하여 혐기성 미생물들이 성장할 수 있도록 한다. 제1위액 중 O_2의 함량은 급여하는 사료와 음수량에 따라 0.1~0.5%로 유지되고, 삼투압은 250~350mosmol로서 평균 280mosmol이다. 제1위내 삼투압이 정상 이상으로 높아지면 반추 활동이 중지되고 VFA의 흡수량도 감소된다.

제1위액은 미생물에 의한 사료의 발효로 생성되는 VFA와 유기산 등으로 상당히 산성화될 수 있지만 자체의 중화력(buffering capacity)이 상당히 높다. 즉, 중탄산염과 인산염이 함유된 타액이 하루에 150L 이상 반추위로 유입되기 때문에 위액의 중화력이 높고, 제1위에서 분비되는 NH_3도 농도가 20mg/100mL 이상일 때에는 pH의 감소를 억제한다. 이와 같이 위액의 중화력이 높고 상당량의 VFA가 제1위벽을 통해 흡수되므로 제1위 내부의 pH는 6~7로 유지된다. 그러나 이와 같은 중화작용에도 불구하고 농후사료를 지나치게 많이 급여하면 다량의 산이 생성되고 타액의 분비가 저하되어 제1위 내부의 pH가 5 이하로 낮아질 수도 있다.

소의 제1위는 용량이 150~230L에 달하는데, 일반적으로 사료와 물이 일정 수준으로 제1위로 유입되고 미생물과 발효되지 않은 사료 입자는 소장으로 이전되기 때문에 제1위의 용량은 비교적 일정한 수준으로 유지된다. 제1위는 단단한 근육으로 이루어져 있어 사료가 잘 혼합되고, 입자가 큰 조사료는 다시 입으로 토출해 저작하기 때문에 입자의 크기가 작아져 미생물의 작용을 용이하게 한다. 반추동물별 반추위의 특성을 요약하면 표 2-7

표 2-7 동물별 반추위의 특성

구분	단위	면양	소
반추위의 용적	L	20	200
타액의 유입량	L/일	10 (8~16)	120 (60~160)
음용수의 유입량	L/일	2 (1~3)	35 (20~40)
음용수/사료	L/kg	2.5 (2~3)	4.5 (3.5~5.5)
희석률(dilution rate)	회/일	1.5	1.0
수소이온 농도(pH)		7.0 (5.0~7.5)	
산화-환원 전위(Eh)	mV	-350 (200~400)	
삼투압(osmotic pressure)	mosmol	250~350	
표면장력(surface tension)	dynes/cm	44~54	

Czerkawski(1986).

과 같다.

반추동물은 단위동물과 달리 반추위에서의 소화율이 매우 높다. 일반적으로 유기물의 65%, 질소화합물의 25%, 세포막물질의 85%, 섬유소의 90%, 가소화탄수화물의 82~90%가 제1위에서 미생물에 의해 소화된다. 특히 조섬유가 많이 함유되어 있는 사료는 제1위에서 소화율이 높아서 대부분의 섬유질이 제1~2위에서 소화된다. 이와 같이 급여사료의 약 65%가 반추위에서 소화되므로 반추동물의 반추위는 가장 중요한 소화기관이라고 할 수 있다. 사실 반추위의 소화작용은 반추동물의 고유한 생리적 작용에 의한 것이 아니라 반추위라는 혐기적 생태계에서 공생하고 있는 수많은 종류의 미생물에 의해 일어난다. 반추위에서는 인간이나 동물에 의해 소화될 수 없는 풀 사료들이 다양한 미생물의 공격을 받아 소의 위벽을 통해 흡수될 수 있는 크기로 분해되고, 생성된 미생물들은 다시 소장으로 들어가 단백질분해효소에 의해 분해되어 영양소로 이용된다.

반추위에는 매우 다양한 종류의 미생물이 살고 있다. 반추위액 1cc에는 약 1백억 마리의 박테리아, 1백만 마리의 프로토조아, 10만여 마리의 곰팡이가 살고 있으며 이 외에도 바이러스, 마이코플라즈마(micoplasma) 등의 미생물이 살고 있다. 현재까지 알려진 바에 의하면 반추위에는 200여 종의 박테리아, 300여 종의 프로토조아와 19종의 곰팡이가 있다. 반추위 미생물은 반추동물의 소화작용을 돕고 여러 가지 영양소를 합성하여 반추동물이 이용할 수 있도록 한다. 반추위 미생물은 특히 섬유소의 분해, 아미노산의 합성, 비타민 B군과 K의 합성, 미생물체 영양소 공급 등의 역할을 한다. 제1위내 미생물들은 탄수화물을 소화하여 VFA와 CO_2를 생산한다. 생산된 VFA는 주로 acetate, propionate, butyrate 등으로서, 이들 지방산은 곧바로 제1위에서 흡수되어 가축의 주된 에너지원으로 이용된다. 과량의 농후사료를 급여할 경우에는 많은 양의 lactate가 생산되어 제1위의 pH가 낮아진다. 제1위의 미생물은 pH 변화에 민감하기 때문에 갑작스러운 pH의 변화는 위내 미생물의 균형에 큰 변화를 가져올 수 있다. 반추위 내부의 pH가 너무 낮으면 사료를 섭취하지 않고 소화장애가 일어난다. 지방은 제1위내 미생물에 의해 지방산과 glycerol로 분해된다. Glycerol은 주로 propionate의 생성에 이용되고, 지방산은 소장으로 운반되어 흡수된다.

제1위에서는 많은 양의 단백질이 분해되는데, 사료단백질이 반추위 미생물에 의해 분해되는 정도는 사료의 단백질 용해도(solubility)에 따라 좌우될 수 있다. 용해성이 높은 단백질은 쉽게 분해되는 반면에, 용해성이 낮은 단백질은 제1위에서 분해되지 않고 하부 소화기관으로 넘어갈 수 있다. 제1위에서 미생물에 의해 분해된 사료단백질은 미생물체

표 2-8 사료와 반추위 중 비타민 함량의 비교

구분	사료 (mg/건물 g)	반추위 (mg/건물 g)
Thiamine	2~18	3~29
Riboflavin	5~27	7~37
Niacin	11~91	46~233
Pantothenic acid	23~42	17~56
Biotin	0.04~0.47	0.13~1.16
Cobalamine	미량	1.1~3.0

단백질 합성에 이용된다. 미생물은 또한 요소와 같은 비단백태 질소화합물(NPN)을 이용하여 미생물체 단백질을 합성한다. 미생물은 하부소화기관으로 운반되어 분해·흡수되어 동물의 체내 단백질 합성에 이용된다. 사료단백질의 이용 과정을 보면, 단백질은 일단 분해되어 NH_3를 생산하고, 생산된 NH_3는 반추위벽을 통해 흡수되거나 미생물체 단백질 합성을 위한 질소공급원으로 사용된다.

반추위 미생물은 반추동물이 필요로 하는 대부분의 수용성 비타민, 특히 비타민 B군(thiamin, riboflavin, pyridoxine, cobalamine, niacin, pantothenic acid, folic acid, biotin, inositol, PABA 등)과 비타민 K를 합성할 수 있다. 그러므로 성장한 반추동물에게는 비타민 B 복합체가 부족한 사료를 급여하더라도 결핍증상을 일으키는 경우가 거의 없다. 그러나 사료 중에 Co가 부족할 때는 비타민 B_{12}(cobalamine) 결핍증이 발생하는데, 이는 반추위에서 비타민 B_{12}를 합성하는 원료로서 Co가 필요하기 때문이다. 비타민 C는 반추위에서 파괴되지만, 소장이나 대장의 미생물에 의해 다시 합성되고 체내에서도 합성되기 때문에 결핍증상은 잘 일어나지 않는다. 한편 비타민 A, D, E와 같은 지용성 비타민과 carotene은 반추위에서 합성되지 않으므로 사료를 통해 공급해야 한다. 이와 같이 미생물에 의해서 비타민 B군과 K의 합성이 일어나므로 위액 중의 이들 비타민 함량은 사료와 비교할 때 상당히 높다(표 2-8).

제1위의 발효 과정에서 생성되는 상당량의 가스는 트림을 통해 체외로 배출된다. 반추위에서 생성되는 가스는 주로 CO_2와 CH_4인데, 전체 가스 생성량 중 CO_2가 60%, CH_4는 30~40% 정도를 차지한다.

2) 제2위

제2위는 금속이나 이물질을 걸러내기 때문에 **그물위**라고도 하며, 제3위와 함께 제1위의

내용물을 제4위로 보내는 기능을 한다. 간혹 사료와 함께 섭취된 이물질로 인해 발생하는 창상성 손상은 제2위와 제3위의 심한 유착을 유발한다. 더욱이 이들에 분포되어 있는 미주신경이 손상을 입기도 한다. 이러한 경우에 제1위의 기능은 정상이라 해도 위 내용물이 제4위로 이동하지 못하여 미주신경성 소화불량이 생긴다.

근육층이 발달한 제2위는 반추위 운동의 시작점이 된다. 성숙한 반추동물의 제1~2위에서는 주기적이고도 지속적인 **수축파 운동**이 일어나는데 제2위는 수축파 운동의 시작점이 된다. 제2위의 운동은 이상성(biphasic) 수축파를 보이는데 먼저 발생한 수축파를 혼합운동파라 한다. 이때 제2위 내용물의 약 절반이 제1위로 이동한다. 곧이어 보다 강한 수축파(배출운동)가 일어나면 제2위의 내용물이 모두 제1위로 이동한다. 소에서는 이 두 수축파가 완전히 분리되어 있으나 양이나 염소에서는 완전히 분리되어 있지 않다. 이러한 수축파의 횟수는 안정상태, 반추 시와 채식 시에 따라 달라진다. 안정상태라 함은 채식은 물론이고 반추도 하지 않는 상태를 말하며, 채식 시와 비교하면 수축파의 크기가 작고 횟수가 적다. 채식 시에는 수축파의 횟수와 크기가 증가한다.

식도구는 제1위 분문부(식도 끝부분)에서 제2~3위구까지 이르는 2장의 입술 모양 돌기(순상돌기)로 되어 있으며, 이 돌기가 수축하면 식도구가 형성된다. 이러한 현상은 포유중인 어린 가축에서만 일어나는데, 섭취한 우유가 제1위와 제2위를 거치지 않고 식도에서 직접 제3위로 들어가도록 한다. 이러한 기능은 젖을 떼거나 액상 사료를 계속 섭취하지 않는 반추동물에서는 더 이상 생기지 않는다. 그러나 신경 자극을 받으면 성축에서도 식도구가 형성되는데, 사료단백질의 우회 시, 구충제 급여 시에 이 원리를 이용할 수 있다.

반추동물이 못, 자갈, 철사조각 등과 같이 무게가 다소 무거운 이물질을 섭취한 경우에 이물질들은 바로 제1위의 전낭으로 들어가 그곳에서 머물러 있다가 전낭의 수축으로 내용물과 함께 제2위로 들어간다. 크기가 크고 소화가 안 되는 이물질은 제2위의 바닥에 평생 머물게 된다. 만약 이러한 이물질의 한쪽 끝이 뾰쪽하여(못, 쇠붙이, 유리조각 등) 위벽을 자극하면 염증이 생기기도 하고, 염증 과정이 진행되면 심낭염, 복막염, 근막염 등이 유발될 수 있다. 이를 **하드웨어 병**(hardware disease)이라 하는데, 여기에 속하는 대표적인 질병에는 **창상성 제2위염**(traumatic reticulitis)과 **창상성 심낭염**(traumatic pericarditis)이 있다. 뾰족한 물질이 제2위벽을 뚫고나가 제2위 바로 앞에 위치한 심장까지 뚫을 위험성이 있는데 이러한 경우를 창상성 심낭염이라고 한다. 이와 같은 질병을 예방하기 위해 반추위가 막 발달된 송아지에게 강력한 자석을 경구투여하기도 한다.

3) 제3위

제3위는 수많은 주름이 있어 표면적이 상당히 넓기 때문에 흡수가 용이한 구조로 되어 있다. 즉 내용물이 제4위에 이르기 전에 그 속에 남아 있는 VFA와 HCO_3^-가 흡수된다. 만약 제3위에서 HCO_3^-가 흡수되지 않으면 제4위에서 정상적으로 분비되는 HCl을 중화해버리기 때문에 제4위의 적절한 pH 유지가 어렵다.

제3위의 기능은 물, VFA, NH_3와 무기물의 흡수, Cl^-의 분비, 제3위벽을 통한 일부 VFA의 대사작용이다. 제3위에서는 유입된 물의 12% 정도가 흡수되고 VFA의 약 50%, NH_3의 30~40%가 흡수되며, 그 외에도 Na, K, Mg, HCO_3^-, CO_2 등의 무기물이 흡수된다. 반대로 Cl^-은 혈액에서 제3위로 분비되어 제3위 내용물의 Cl^- 농도를 증가시킨다. 이와 같이 제3위벽에서의 HCO_3^- 흡수와 혈액에서 제3위로 Cl^-을 분비하는 작용은 제1위와 제4위의 서로 다른 소화 기전을 원활하게 연결하는 역할이라 할 수 있다. 또 제3위는 겹주름위가 그물망(laminae)의 기능을 함으로써 입자가 큰 내용물이 제4위로 내려가는 것을 방지하는 기능을 한다. 단, 제3위는 효소나 점액 등을 분비하는 기능은 없다. 결국 제3위의 주요 기능은 ① 큰 입자는 남기고 작은 입자를 제4위로 이동시키는 것과 ② 제4위의 산성 중화 가능물질들(VFA, 금속이온, Na, K 등)을 미리 제거하는 것이다.

4) 제4위

반추동물의 제4위는 그 기능이 단위동물의 위와 비슷하다고 하여 **진위**라고 하며 효소, 산, 점막액 등을 분비하는 기능이 있다. 어린 반추가축의 경우에는 제1위, 제2위 및 제3위가 발달되어 있지 않아 포유중일 때의 소화 기능은 단위동물에서처럼 주로 제4위와 소장의 작용에 의존한다.

분문부의 분비선에서는 위점액(gastric mucus)만이 분비되며, 점액은 여러 종류의 뮤코다당류(mucopolysaccharides)와 뮤코단백질(mucoprotein)을 함유하고 있다. 또한 점액은 위장벽의 상피세포 부근에 점액층(mucous layer)을 이루어 HCl과 pepsin으로부터 상피세포, 즉 위벽을 보호하는 역할을 한다. 뮤코단백질은 비타민 B_{12}와 상호작용하여 회장에서 비타민 B_{12}의 흡수를 돕는 작용을 한다.

기저부의 **분비선**은 **주세포**(chief cell 또는 peptic cell)와 **벽세포**(parietal cell 또는 oxyntic cell)로 구성되어 있으며, 주세포에서는 pepsinogen이 분비되고 벽세포에서는 HCl이 분비된다. HCl은 다음과 같은 기전에 의해 형성된다. 즉, 벽세포에서 H_2O와 CO_2가 탄산탈수효소(carbonic anhydrase)의 작용에 의해 가수화반응을 거친 후 H_2CO_3(탄산,

carbonic acid)가 생성되고, H_2CO_3는 다시 H^+과 HCO_3^-로 해리된다. 이때 생성된 H^+은 혈장에서 유래된 Cl^-과 함께 각각 능동수송(active transport)에 의해 위내강(lumen of the stomach)으로 방출되면서 HCl을 형성한다. 대부분의 가축에서 위액(gastric juice) 중 HCl의 농도는 0.1M 정도인데, 섭취하는 사료의 종류나 양에 따라 다소 변동이 있지만, 위내의 pH를 2.0까지 낮추는 데 충분한 농도이다. HCl은 위에서 중요한 기능을 수행하는데, 단백질을 변성시켜 단백질분해효소의 작용을 쉽게 받을 수 있게 하고, pepsinogen을 pepsin으로 활성화시킨다. 또한 HCl은 제3인산칼슘($Ca_3(PO_4)_2$)과 같은 사료 중에 함유된 광물질을 용해시키며, 사료에 유입된 병원균을 살균하는 효과도 있다. 기저부의 주세포에서 분비된 pepsinogen은 HCl에 의해 자동으로 pepsin으로 활성화되어 부분적으로 단백질을 분해한다. 포유중인 송아지나 돼지의 위액에 존재하는 또 다른 단백질분해효소인 rennin은 유단백질을 응고시키는 역할을 한다. 또한 위액에는 소량의 lipase가 들어 있지만 지방의 소화에 큰 영향을 미치지 못하며, 포유중인 반추동물에서는 지방의 소화에 중요한 역할을 하는 것으로 알려져 있다.

유문부선은 주로 점액을 분비하지만 소량의 pepsinogen도 분비한다. 위액과 사료의 혼합 과정은 돼지의 경우 위의 유문부에서 거의 일어나며, 위장의 앞부분은 약알칼리성을 유지하고 있어 타액 amylase에 의한 전분의 소화가 가능하다. 위액, 특히 HCl의 분비는 주로 acetylcholine, gastrin 및 histamine에 의해 지배를 받는다. 이들 각 물질은 벽세포를 자극하여 HCl의 분비를 촉진하지만, 그 효과는 각 물질이 단독으로 작용할 때보다 acetylcholine과 histamine 또는 gastrin과 histamine처럼 두 물질이 공동으로 작용할 때 더 커진다. Gastrin은 유문부의 G-세포(gastrin-secreting cell)에서 방출되는 내분비호르몬으로, 위내의 pH가 낮아지면(2.5 이하) 분비가 억제된다.

4. 소장

소장은 영양소의 주된 소화 및 흡수작용이 일어나는 곳으로, 근육층으로 이루어진 관상기관이며, 위의 유문 괄약근과 맹장 괄약근 사이에 위치한다. 또한 소장 상부인 십이지장에는 췌장관과 담낭관이 연결되어 있어 이들로부터 췌장액과 담즙이 십이지장으로 분비된다. 제4위에서 십이지장으로 유입된 소화물(chyme)이 췌장액, 담즙 및 장액과 혼합되어 소화가 진행된다. 소화에 관여하는 여러 효소의 특성과 작용을 살펴보면 표 2-9와 같다.

표 2-9 소화관에서 분비되는 소화효소의 종류와 최종 분해산물

효소 형태	분비장소	기질	최종 분해산물
탄수화물			
췌장 amylase	췌장	전분, dextrin	Maltose
Maltase	소장	Maltose	Glucose
Lactase	소장	Lactose	Glucose, galactose
Sucrase	소장	Sucrose	Glucose, fructose
1, 6-glucosidase	소장	1, 6-glucosides	Glucose
α-limit dextrinase	소장	α-limit dextrins	Glucose
지방			
타액 lipase	타액선	중성지방	Diglyceride + fatty acid(FA)
췌장 lipase	췌장	중성지방	Monoglyceride + 2FA
소장 lipase	소장	중성지방	Glycerol + 3FA
Phospholipase	소장	인지질	Glycerol, fatty acid, phosphate, choline
단백질			
Pepsin	위	단백질	Peptone, polypeptide
Rennin	위	유단백질	Ca caseinate
Trypsin	췌장	단백질, peptide	Arginine, lysine기를 가진 peptide
Chymotrypsin	췌장	단백질, peptide	방향족 아미노산기를 가진 peptide
Elastase	췌장	단백질, peptide	α-아미노산기를 가진 peptide
Carboxypeptidase A	췌장	Polypeptide	중성·염기성·산성 아미노산, small peptide
Carboxypeptidase B	췌장	Polypeptide	염기성 아미노산
Aminopeptidase	소장	Polypeptide	아미노산
Dipeptidase	소장	Dipeptide	아미노산
Nuclease	췌장	핵산	Nucleotide
Nucleotidase	소장	Nucleotide	Purine, pyrimidine, 인산, 5탄당

5. 대장

맹장과 결장은 토끼나 말과 같은 비반추 초식동물에서 잘 발달되어 있다. 이와 같은 동물들은 맹장과 결장에서 반추동물의 반추위와 같은 미생물 발효가 일어나며, 발효산물이 합성 또는 흡수된다. 비반추동물에서는 상당한 양의 섬유질(cellulose, hemicellulose 등)이 소화되지만 반추위에서의 소화작용만큼 효과적이지는 못하다. 반추동물의 경우에는 위 내용물이 소화와 흡수가 활발한 소장으로 내려가지만, 비반추 초식동물의 경우에는 맹장에

서 분해된 내용물은 흡수 기능이 거의 없는 결장으로 내려가기 때문이다. 그러나 토끼와 쥐의 경우에는 자가분식(coprophagy)에 의해 어느 정도 이러한 비효율성을 보상받을 수 있다. 자가분식은 자기의 배설물을 먹는 행동으로서 하부장기에서 소화·합성된 물질을 흡수할 수 있는 기회를 갖게 한다. 그러나 이와 같은 자가분식에도 불구하고 토끼의 섬유질 소화는 반추동물에 비해 효과적이지 못하다. 반추동물은 맹장의 발달이 매우 불량하며, 소화에서도 중요한 역할을 하지 못한다. 맹장에서는 약간의 VFA가 흡수되고, 결장에서는 상당량의 수분과 전해질이 흡수된다. 면양의 경우 입에서부터 십이지장 사이에서 수분의 약 70%가 흡수되고, 결장에서는 19% 정도가 흡수된다.

한편 분(feces)은 항문을 통해 직장에서 배설되는 노폐물로 수분, 소화되지 않은 사료, 흡수되지 않은 소화액, 소화관 벽으로부터 탈락된 상피세포, 담즙, 무기염 및 미생물 등을 포함하고 있다. 분 성분 중 담즙, 소화액, 효소, 탈락상피세포 및 미생물 등에서 유래된 질소는 **대사분질소**(metabolic fecal nitrogen 또는 endogenous nitrogen)라 한다. 분의 색깔은 식물성 색소와 stercobilinogen(담즙 색소로부터 장내 세균의 환원작용에 의해 생성됨)이라는 갈색 색소로부터 생성된다. 분의 냄새는 대장 내용물의 박테리아 분해산물로부터 생기는데, 대장에서 tryptophan의 탈아미노 및 탈카르복실 반응에 의해 생성되는 방향족 물질인 indole과 skatole에 의해 주로 발생한다. 분의 양과 성분은 동물의 종류와 섭취하는 사료의 성분에 따라 다른데, 단위동물의 분은 박테리아가 주를 이루고 있지만, 조사료를 섭취하는 반추동물의 분은 세포벽물질이 주를 이룬다.

6. 부속 소화기관

1) 간

간의 기능은 매우 다양하고 복잡한데 현재까지 약 200여 가지 이상의 기능이 있는 것으로 밝혀져 있으나 주요 기능을 다음과 같이 몇 가지로 나눌 수 있다. 첫째, **소화와 대사**의 기능이다. 소화관에서 흡수된 영양소와 이물질들은 전신순환에 합류되기 전에 간의 문맥을 거쳐 간세포에서 일차로 기본적인 대사 과정을 거친다. 이 과정에서 지나치게 많은 영양소는 혈액으로부터 제거되어 간에 저장되고 혈액 중에 부족한 영양소는 저장소로부터 동원된다. 또 독성 물질들은 불활성화되거나 제거된다. 둘째, **생합성** 기능이다. 즉 albumin을 비롯한 혈장단백질, 혈액응고인자 등의 당단백질(glycoprotein), glucose 그리고 여러 가지 호르몬과 생리활성물질, 대사효소 등을 합성하여 공급한다. 셋째, **혈액저장소**와 **탐식장소**로서의 기능이다. 간은 비장과 더불어 손상되었거나 오래된 적혈구, 이물질, 병원체 등을 탐식한다. 넷째는 약물, 독성 물질, 호르몬 등의 대사와 배설 기능을 담당하는 **해독작용**(예: 요소의 생성)이다. 다섯째는 담즙의 생성과 배설을 통한 **내인성 또는 외인성 물질의 대사와 배설** 기능이다.

2) 췌장

췌장은 insulin이나 glucagon을 분비해 혈당을 조절하는 내분비선이기도 하지만 탄수화물, 지방, 단백질을 분해하는 강력한 소화효소를 분비하는 외분비선이기도 하다. 즉 위에서 소화가 일부 진행된 미즙이 십이지장으로 들어오면 췌장에서 분비되는 소화효소에 의해 대부분 소화가 이루어진다. 그러므로 췌장을 절제하거나 췌장에 염증이 생겨서 소화효소가 분비되지 못하면 심한 소화불량상태가 된다. 이러한 현상은 지방이나 단백질 소화에서 더욱 현저하여 췌장에 이상이 생기면 분 속에 흡수되지 않은 지방이 다량으로 배설된다. 췌장에서 분비되는 소화효소들은 위에서 분비되는 pepsinogen과 마찬가지로 불활성 전구물질로 분비되기 때문에 소장에 이르기까지는 활성화되지 못한다.

3) 담낭

담낭에서는 **담즙**(bile)이 분비되어 지방의 소화와 흡수를 돕는다. 또한 **담즙산염**(bile salt)은 지방의 소화뿐만 아니라 지방, 인지질, cholesterol, 지용성 비타민(A D, E, K)의 흡수에도 필수적이다. 담즙으로 분비되는 담즙산염의 대부분(90% 이상)은 회장에서 재흡수되어 문맥을 거쳐 간장으로 돌아가 다시 분비된다. 따라서 실제로 간장에서 합성되는 담즙산의 양은 그리 많지 않다. 이와 같이 담즙산염이 간장과 소장을 순환하는 것을 **담즙산염의 장간순환**이라 한다.

제3절 소화기관의 발달

태아기 반추동물의 위는 단위동물과 마찬가지로 방추 모양으로 되어 있는데, 전반부는 전위로 발달하고 후반부는 제4위로 발달한다. 즉 제2위구와 제3위는 단위동물 위의 소만(가장자리가 오목하게 들어간 부분인 작은 만곡)에 해당하며, 제1위와 제2위는 단위동물 위의 대만(소만 반대쪽의 볼록한 큰 만곡)에 해당한다. 갓 태어난 송아지에서는 제4위가 가장 크고 제1위, 제2위 및 제3위는 작다. 이 세 부분은 동물이 성장함에 따라 액상 사료에서 조사료나 곡류 사료와 같은 고형 사료로 변경할 때 발달하게 된다. 즉 갓 태어난 송아지에서는 제1위와 제2위를 합한 것이 제4위보다 작지만 8주령에 이르면 전체 위의 60% 이상으로 변하며, 성축이 되면 65% 정도를 유지한다(표 2-10과 그림 2-29).

어린 반추동물의 경우는 제1위, 제2위 및 제3위가 발달되어 있지 않아 소화 기능은 단위동물에서처럼 주로 제4위와 소장의 작용에 의존한다. 그러나 반추가축의 경우에는 성장함에 따라 위의 각 부위가 서로 다른 속도로 발달하는데, 반추위의 발달은 주로 고형 사료의 섭취에 따른 물리적 자극과 VFA와 같은 대사산물에 의한 화학적 자극을 통해 일어난

표 2-10 생후주령에 따른 소의 전체 위 조직에 대한 각 위의 백분비 (단위 : %)

구분	생후 주령						
	0	4	8	12	16	20~26	34~38
제1~2위	38	52	60	64	67	64	64
제3위	13	12	13	14	18	22	25
제4위	49	36	27	22	15	14	11

Warner와 Flatt(1965).

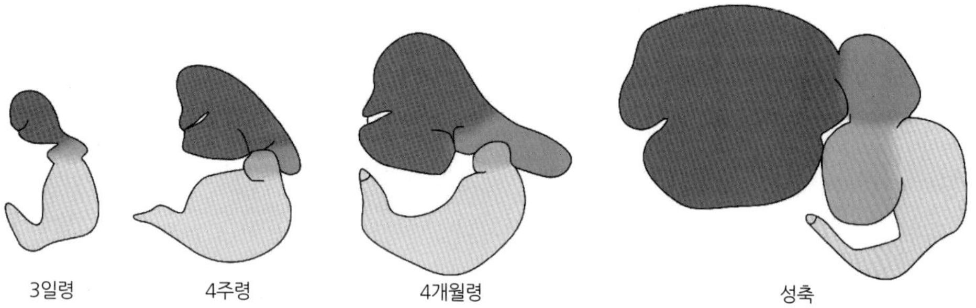

그림 2-29 소의 연령에 따른 위의 상대적 크기

표 2-11 반추위 발달이 완료된 성숙한 소의 각 소화기관의 용량과 생체중량 (단위 : %)

구분	내용물의 건물량	각 기관의 생체중량
반추위	66	44
제3위	4	16
제4위	4	7
소 장	15	20
대 장	10	13
계	100	100

Webster(1993).

다. 갓 태어난 송아지와 면양의 경우 제1위와 제2위가 차지하는 비율은 위 전체 용적의 30% 정도이고, 제3위와 제4위가 70%를 차지한다. 그러나 송아지는 생후 6~9개월이면 성축의 수준에 도달하여 제1위와 제2위가 차지하는 비율이 위 전체 용적의 85%에 이르고, 제3위와 제4위가 나머지 15% 정도 된다. 면양은 생후 8주면 성축 수준에 도달하여 제1위와 제2위가 차지하는 비율이 위 전체 용적의 70%에 이르고, 제3위와 제4위가 나머지 30% 정도를 차지한다.

한편 반추위 발달이 완료된 성숙한 소에서 반추위와 기타 소화기관의 상대적 중량과 용량은 표 2-11에서 보는 바와 같다. 이 표에 제시된 용량은 성우의 각 소화기관에서 내용물을 모두 꺼내어 건조시켜 측정한 중량이고, 소화기관의 중량은 내용물을 제거한 다음 생체중량을 측정한 값이다. 이와 같이 반추위는 내용물이 많이 들어 있는 매우 무겁고 큰 기관으로, 내용물을 합하면 체중의 약 20% 이상을 차지한다.

어린 반추동물의 반추위 발달은 ① 신생기(0~24시간), ② 반추 전기(1일~3주), ③ 변천기(3~8주)와 ④ 이유 전후기(8주~성우)의 4단계로 구분할 수 있다.

1. 신생기

출생 시의 전위는 크기가 작고 그 기능이 없을 뿐만 아니라, 위의 내강에는 미생물들이 없고 제1~2위의 유두와 제3위의 근엽은 흔적만 있을 뿐이다. 이 기간에 섭취하는 먹이는 면역항체가 풍부하게 포함된 **초유**(colostrum)이다. 신생기에는 산이나 pepsinogen이 제4위에서 분비되지 않으므로, 초유에 함유된 면역항체가 위에서 소화되지 않고 소장으로 내려갈 수 있다. 또한 초유에 함유된 **항트립신 인자**는 장내에서 면역항체가 분해되는 것을 막아준다. 이러한 면역항체는 세포내 섭취(endocytosis)에 의해 흡수되는데, 이와 같이 면역항체가 소화되지 않고 흡수되는 것은 출생 후 24~48시간 이내에 완료된다.

초유에는 면역항체 외에 비타민 A, D, E, Ca 및 Mg이 많이 함유되어 있으며, 이에 함유된 lactose는 장관에서 쉽게 glucose와 galactose로 분해되어 흡수된다. 따라서 초유에 함유된 면역항체를 섭취하지 못한 경우에는 출생 직후에 관절과 배꼽에 급성 감염이 올 수 있고, 그 후에는 설사를 유발하기 쉽다. 또한 간에 저장된 glycogen이 소진되기 전에 lactose로부터 에너지원이 공급되지 않으면 저체온으로 폐사(특히 추운환경에서의 갓 태어난 양의 경우)에 이르기도 한다.

2. 반추 전기

반추 전기에 주된 먹이는 우유이다. 이 기간의 후반부는 고형분 먹이를 섭취할 기회가 있지만 영양소 섭취에는 뚜렷이 기여하지 못한다. 젖을 빠는 행위는 타액의 분비량을 증가시킨다. 특히 물통에 있는 우유를 먹을 때보다 젖꼭지를 빠는 것이 타액의 분비량을 크게 증가시키고 식도구를 형성하게 해준다. 우유가 인두를 통과하면 화학수용체가 자극되고 이러한 자극은 설인신경의 구심경로를 따라 연수에 전달된다. 여기에 있는 화학수용체는 실험적으로 Na^{+}(송아지)이나 Cu^{2+}(어린양)이 함유된 용액으로 자극할 수 있다. 이러한 결과로 식도구가 형성된다. 타액의 분비와 마찬가지로 위액의 분비도 젖을 빠는 횟수에 비례하여 증가한다. 따라서 젖꼭지를 통해 우유를 급여하는 것이 물통을 통해 우유를 급여하는 것보다 제4위액 분비 촉진에 더욱 효과적이다.

제4위액에는 단백질분해효소인 rennin이나 pepsin이 함유되어 있다. Rennin은 우유에 작용하여 3~4분(pH 6.5) 이내에 버터지방과 응유단백질(casemogen)로 구성된 응유

(curd)를 형성한다. 제4위 내부가 산성(pH 5.0 이하)이면 우유가 응고된다. 응유는 rennin에 의해 천천히 가수분해되면서 십이지장으로 내려간다. 이 기간에는 장관에 lactase가 풍부하여 lactose는 쉽게 가수분해되지만, maltase의 활력은 높지 않기 때문에 maltose의 소화는 쉽지 않으며, VFA 생성이 적기 때문에 체내대사는 lactose에서 유래한 혈중 glucose를 중심으로 이루어진다. 따라서 이 기간의 혈당 농도는 insulin에 의해 보다 예민한 반응을 보인다. 이 기간에 물통에 담긴 우유를 송아지에게 급여하면, 한꺼번에 다량을 섭취하게 되고 이에 따라 덜 응고된 우유가 장으로 내려가기 때문에 장내세균의 과도한 증식으로 설사가 발생한다. 이와 마찬가지로 부적절한 대용유 사료도 응고가 잘되지 않아 설사를 유발한다. 또한 maltase의 활력이 낮은 점을 감안하지 않고 전분 사료를 과다하게 급여하면 세균의 과도한 증식으로 설사가 발생하기도 한다.

3. 변천기

포유중인 어린 송아지는 단위동물과 마찬가지로 제4위가 주요 소화장소이다. 송아지에게 급여하는 초유나 전유 혹은 대용유 등은 고에너지 사료일 뿐 아니라 단백질과 광물질을 풍부하게 함유하고 있는 양질의 사료이다. 송아지가 반추동물로서의 기능을 발휘할 수 있도록 제1위를 발달시키기 위해서는 이유사료로 양질의 고형 사료를 충분히 급여해야 한다. 반추위의 발달에는 고형 사료에 의한 물리적 자극과 사료의 소화에서 발생하는 VFA가 필요한데, VFA는 반추위 상피세포에 에너지를 공급하여 흡수 기능이 좋은 융모의 발달을 촉진시킨다.

조기에 반추위의 기능을 발달시켜 건물섭취량이 많은 소로 만들기 위해서는 1일 600g 정도의 이유사료를 급여하여 6주령 이내를 목표로 한 번에 이유시키도록 한다. 이유사료는 반추위에서 발효될 때 VFA를 생성하고 그 화학적인 자극에 의해서 제1위의 기능을 발달시키고 용적을 키우게 된다. 충분한 VFA를 생성하기 위해서는 비트펄프와 같은 기호성이 좋고 가용성 탄수화물이 많이 함유된 사료를 급여할 필요가 있다. 반추위의 기능이 충분히 발달되지 않은 상태에서 거친 섬유소 사료를 섭취하면 제4위 창상성 위궤양의 원인이 될 수도 있다.

변천기에는 우유의 섭취량이 최고에 이르며, 조사료의 섭취가 증가하고 타액선과 제1~2위의 발달이 시작된다. 타액선은 이 기간에 크기와 분비량이 증가하며 성분은 알칼리화된다. 변천기에 있는 반추동물의 제1~2위는 미생물 정착이 가속화된다. 신생 반추동물은 생후 약 6주에 이르면 성축 수준에 상응하는 반추위 미생물 균총을 형성한다.

반추위 미생물의 원천으로는 어미의 타액, 반추된 사료, 깔짚, 유방, 환경 미생물 균총 등을 들 수 있으며 이 가운데 가장 중요한 전달원은 동물 간 접촉과 사료이다. 특히 프로토조아는 다른 동물과의 접촉 여부에 따라 결정된다. 예를 들면 출생 후 즉시 어미 소와 격리시키면 제1위에 프로토조아가 없는 상태(defaunated)가 된다. 미생물에 의한 조사료의 발효는 VFA를 생성하고 이들 VFA는 제1~2위 유두와 제3위 근주의 발달에 매우 중요하다. 변천기는 제1~2위의 발달 정도를 평가하는 중요한 시기이다. 변천기가 끝날 무렵이면 성축과 비슷한 소화기관을 갖게 된다. 이에 따라 glucose 체계를 근간으로 하는 체내 중간대사는 VFA를 중심으로 하는 체계로 옮겨간다.

4. 이유 전·후기

비유의 자연 감소와 더불어 **이유 전기**가 시작된다. 송아지가 우유를 먹지 않게 되면서 식도구의 형성이 불규칙해지고, 더 성숙하면 식도구를 형성하는 기능은 소멸된다. 동물이 성숙함에 따라 전체 소화관 중 위가 차지하는 용적은 커진다. 전위의 운동(횟수와 형태)은 성숙한 동물에 필적하게 되며, 제4위에서 rennin이 하던 기능은 pepsinogen이 맡아 하게 된다. 반추위 내부에 밀생한 유두는 축종, 성장단계, 사양조건 등에 따라서 그 모양이 각각 다르게 발육한다. 유두는 어린 동물의 경우에 그 크기가 매우 작지만, 유두의 수와 크기는

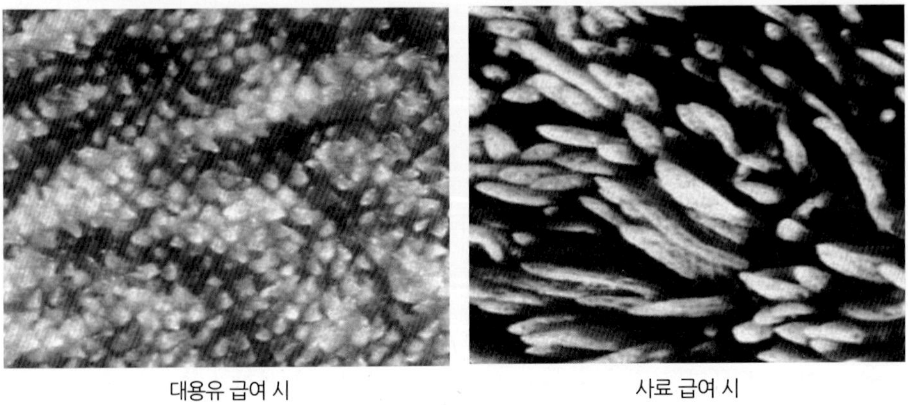

대용유 급여 시 / 사료 급여 시

그림 2-30 사료급여 조건에 따른 송아지의 반추위내 유두 모습

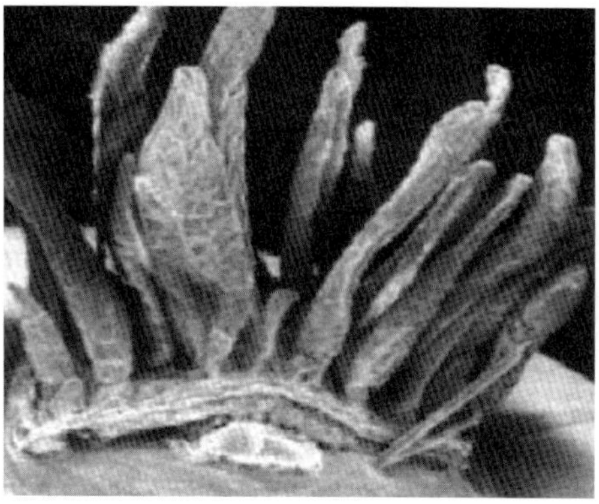

조사료 위주 사양 시

농후사료 위주 사양 시

그림 2-31 사료급여 조건에 따른 성축의 반추위내 유두 모습

고형 사료(건초 등)의 섭취와 발효로 인해 생긴 대사물질(VFA, NH_3)의 자극에 의해 증가되며, 영양소의 흡수가 이들 유두를 통해 일어나기 때문에 유두의 발달은 반추동물의 생산성을 좌우하는 매우 중요한 요인이 될 수 있다. 그림 2-30과 그림 2-31은 송아지와 성축에게 사료의 급여조건을 달리했을 경우 나타나는 유두의 모습이다. 그림에서 보듯이 송아지에게 대용유보다 고형 사료를 급여할 경우, 그리고 성축에게 농후사료보다 조사료를 급여하면 반추위내 유두의 발달이 더욱 촉진된다.

조사료 섭취량은 반추위의 발달에 가장 큰 영향을 주는데, 어린 송아지에게 액상 사료만을 급여하면 반추위는 미발달 상태로 남게 된다. 즉, 송아지에게 9개월 동안 액상 사료만 급여하면 송아지는 정상적으로 성장하지만 반추위는 위 총용량의 20%에 머물게 된다. 우유만 급여한 송아지에게 누관(fistula)을 통해 제1위로 VFA를 주입하면 유두의 발달이 촉진되는 반면에, 발효가 되지 않는 플라스틱 스펀지와 같은 조사료 대용 물질을 주입하면 유두가 전혀 발달하지 않는 것으로 보아 유두의 발달을 촉진하는 것은 사료의 물리적 자극이 아니라 VFA임을 알 수 있다.

제4절
소화기관의 운동과
소화기 내용물의 이동

1. 소화기관의 운동

1) 입

입에서 일어나는 대표적인 운동은 **저작**이다. 저작은 타액선에서 분비되는 타액과 사료를 섞고 사료의 입자도를 줄여 소화를 용이하게 해주는 역할을 한다. 단위동물의 경우 주로 대악(mandible)이 수직면으로 움직여 저작이 이루어지지만, 반추동물은 발달된 대악의 수평적 운동으로 사료를 분쇄한다. 그림 2-32는 저작 시 턱의 운동을 기록한 것으로, 턱의

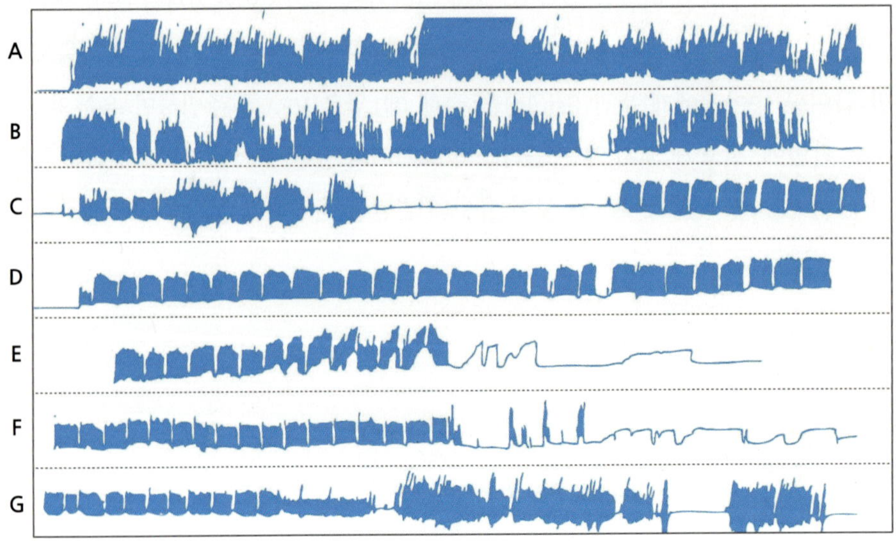

그림 2-32 소의 채식, 반추, 음수 및 휴식 시의 턱 운동 양상

운동은 채식, 반추, 음수 및 휴식 시에 따라 분명한 차이를 보인다. 그림에서 A와 B는 사료를 급여한 다음 채식할 때의 턱 운동 양상이다. C는 반추와 채식을 하다가 휴식시간을 둔 후 반추 시의 턱 운동 양상을 나타내며, D는 계속적인 반추 시의 턱 운동 양상, E와 F는 반추행위를 종료한 다음 물을 마실 때의 턱 운동 양상, 그리고 G는 반추 후 채식할 때의 턱 운동 양상을 기록한 것이다.

2) 식도

반추동물이 섭취한 사료는 입에서 저작 과정을 거쳐 연동운동으로 알려진 파상수축에 의해 식도에서 반추위로 넘어간다(그림 2-33). 식도에서 일어나는 연동운동은 제4위와 소장에서도 관찰할 수 있다. 반추동물에는 **식도구** 혹은 **제2위구**라고 불리는 구조물이 있는데, 어린 반추동물들이 어미의 젖을 빨 때는 식도구가 짧아지면서 가장자리가 오므라들어 마치 홈통과 같이 된다. 따라서 우유는 제1~2위를 거치지 않고 이 홈통을 따라 바로 제2~3위구로 내려가서 제3위를 거쳐 제4위에 이르게 된다. 이러한 식도구의 형성은 반사작용에 의해 이루어지며, 반사작용의 수용체는 구강과 인두에 있다.

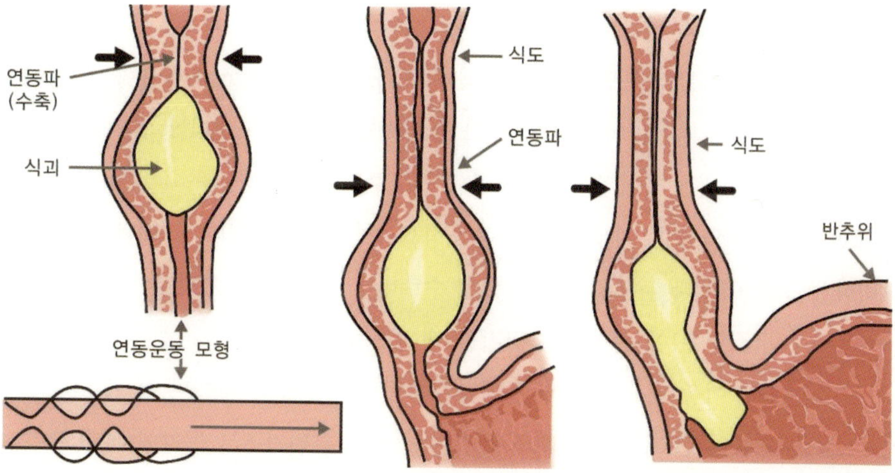

그림 2-33 식도의 연동운동 모형

3) 위

(1) 제1위의 운동

전낭은 하나의 수축파(A파 또는 P파)를 보이나, 다른 부위는 제1운동(연동, A파 또는 P파)과 제2운동(역연동, B파 또는 S파)을 보인다. 제1운동은 제2위의 두 번째 수축파와 일치하며 제1위의 전낭과 전근주를 수축시켜 배낭, 후배맹낭, 후근주가 수축되게 한다. 이때 배낭의 가스는 후배낭으로 보내지며, 후근주가 수축함으로써 가스는 제2위와 후복맹낭으로 보내진다. 절식할 때 제1위 운동은 여기에서 멈추지만, 채식할 때에는 수축파가 전복낭과 후복맹낭으로 다시 전파된다. 이와 같은 운동으로 제2위의 내용물은 제1위로, 배낭의 내용물은 복부로, 복낭의 내용물은 위로 올라가며, 제1위의 내용물이 다시 제2위로 유입된다(그림 2-34).

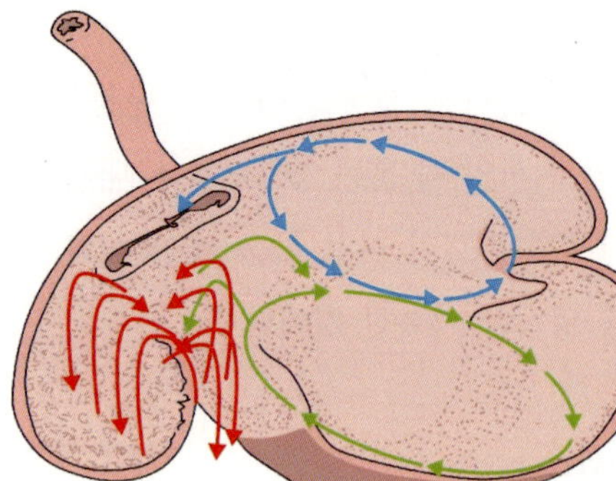

그림 2-34 위 내용물의 반추위내 이동경로

제1운동이 끝나면 역연동운동성의 제2운동이 시작되는데, 이는 후복맹낭에서 시작되어 제1위 배측을 거쳐 복낭 전부에 이르러 강력한 수축을 일으키며 끝난다. 이 운동은 제1운동 2회당 한 번씩 나타나며, 대부분 트림반사와 시기적으로 일치한다. 이와 같은 제1위의 운동으로 위 내용물이 혼합·교반·마쇄되어 사료와 미생물의 접촉 기회가 더 많아진다. 이렇듯 제1위의 운동으로 내용물이 혼합되지만, 아주 균질하게 혼합되지는 않고 부위에 따라 내용물에 차이가 있을 뿐 아니라, 동일 부위에서도 미생물이 생산하는 CO_2나 CH_4가 작은 기포를 형성하므로 표면적이 크고 가벼운 사료 조각들은 상부층 표면에 모여 층을 이룬다. 따라서 제1위 내용물의 조성을 조사할 목적으로 시료를 채취할 경우에 방법에 따라 채취한 위 내용물에는 차이가 있을 수 있으므로 주의해야 한다.

체표면에서 전위의 모든 부위에 대한 운동성을 확인할 수는 없다. 그러나 위의 한 부위가 강력하게 수축하면 다른 부위도 강력하게 수축한다고 할 수 있으므로, 제1위의 배낭이 접하는 복벽부위(좌겸부)에 손이나 청진기를 대어보면 운동성을 알아볼 수 있다. 이 방법으로는 최소한 5분 이상 계속해야 하며 배낭운동 중 제1운동과 제2운동을 구분하기가 쉽지 않으므로 주의해야 한다. 안정상태의 건강한 소는 반추위가 5분 동안 6~8회 수축하며, 채식할 때는 휴식 또는 반추 시보다 더 자주 수축한다.

(2) 제2위의 운동

성숙한 반추동물의 반추위에서는 주기적이고 지속적인 수축운동을 볼 수 있다. 이러한 수축파의 횟수는 휴식상태, 반추 또는 채식 시에 따라 다르다. 채식은 물론 반추도 하지 않는 휴식상태에서는 채식할 때보다 수축파의 크기가 작고 횟수도 적다. 채식할 때는 수축파의 횟수와 크기가 증가한다. 반추 시의 수축 횟수는 휴식상태와 유사하다(표 2-12). 이러한 수축파는 휴식 시든 채식 시든 간에 모두 제2위에서 시작된다.

표 2-12 반추동물의 활동에 따른 제2위의 수축 횟수

활동	시간당 수축 횟수(회)
섭취 시	79~100
휴식 시	47~80
반추 시	55~76

제2위의 운동에서는 **이상성 수축파**를 보이는데, 먼저 발생하는 수축파를 **혼합운동파**라 한다. 이때 제2위 내용물의 절반 정도가 제1위로 이동하고 곧이어 보다 강한 수축파(배출운동)가 일어나면 제2위의 내용물이 모두 제1위로 이동한다. 소에서는 이 두 수축파가 완전히 분리되어 있으나, 양이나 염소에서는 완전히 분리되어 있지 않다. 반추 시에는 이 2개의 수축파 직전에 **기외수축** 또는 **토출수축**이라 불리는 강한 수축파를 볼 수 있으며, 이 수축파와 더불어 반추를 위한 **토출**이 이루어진다. 제2위 수축의 주된 기능은 제2위의 액상 물질을 제1위의 전낭으로 보내고, 비중이 낮은 내용물은 제1위의 배낭으로 보내는 것이다. 또한 제1~2위로부터 제3위로 액상 내용물이 이동하는 것을 조절하며, 액상 내용물로 분문부를 덮게 함으로써 토출이 일어나는 것을 돕는 것이다(그림 2-35).

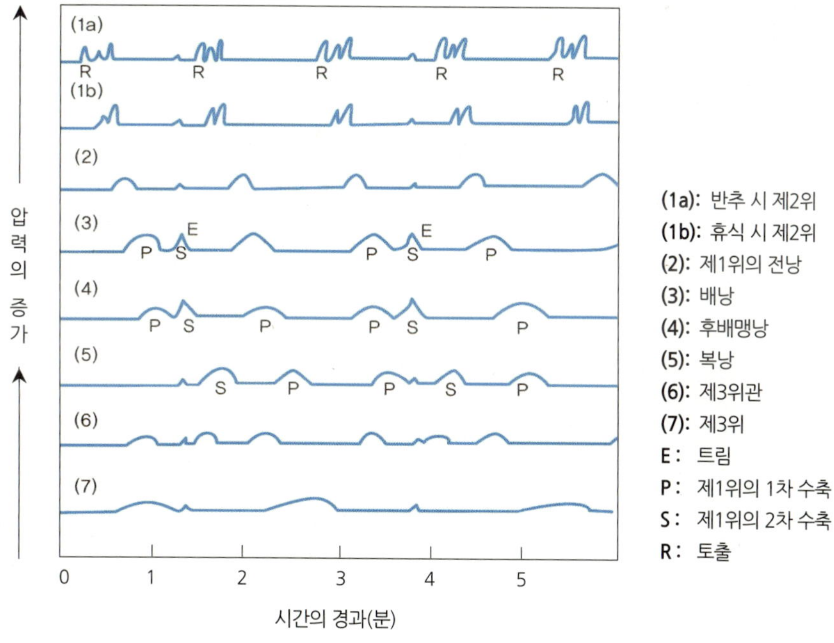

그림 2-35 반추 또는 휴식 시 소의 전위에서 나타나는 전형적인 수축파의 모양 (Leek, 1993)

(3) 제3위의 운동

제3위는 위 내용물 가운데 수분과 전해질을 흡수하며, 제2위의 내용물을 제4위로 보내는 통로 구실을 한다. 제3위관(omasal canal)의 수축파는 시기적으로 제1위의 P파와 일치하여 발생한다. 식도경색, 제4위 전위증 및 장중첩과 같은 소화기 계통 장애 혹은 전신질환이 있을 때를 제외하고는 제3위에서도 끊임없이 주기적인 수축운동이 일어난다.

(4) 제4위의 운동

제4위의 기능은 섭취된 사료를 혼합하고 저장하며, 단백질과 지방의 소화를 시작하는 것이다. 이러한 기능 중 가장 중요한 것은 사료를 저장한 후 십이지장으로 배출하는 것이다. 위는 부위에 따라 위저부(fundus), 위체부(corpus), 유문동(antrum) 및 유문부(pylorus)의 네 부위로 나뉜다. **위저부**는 제3위로부터 유입된 식괴를 수용·저장하며, 과도한 압력이 발생하지 않도록 식괴의 양을 조절한다. **위체부**는 타액과 위액이 사료와 혼합할 수 있는 장소를 제공한다. 즉 위액과 식괴의 교반은 위체부의 대만에서 유문부로 진행되는 연동운동에 의해 이루어진다. **유문동**은 일종의 펌프로서 식괴가 유문 조임근을 지나 십이지장으로 내려가는 것을 조절한다. 유문동의 수축은 고형 물질이 십이지장으로 배출되는 것을 지연시킨다. 즉 유문동에서는 연동운동이 활발할 뿐 아니라 식괴를 위액과 혼합시켜 균질화된 유동체인 미즙(chyme)으로 만들어 십이지장으로 내려가도록 조절한다. **유문부**는 낮은 압력의 근육층으로 구성된 조임근이므로 액상으로 된 위 내용물의 배출을 조절하는 기능은 없으나 큰 덩어리가 십이지장으로 내려가는 것을 방지한다. 또 다른 기능은 담즙이 위 내부로 역류하는 것을 방지하는 것이다.

위 운동의 조절에는 내원성 신경총, 미주신경과 호르몬(gastrin, enterogastrone)이 모두 관여하는데, 위가 확장되어 위벽이 늘어나면 위의 운동이 증가한다. 또한 미주신경을 절단한 다음 그 말단 끝부분을 자극하면 위의 운동이 현저히 증가한다. 즉, 위 운동은 미주신경의 자극에 의해 증진된다. Gastrin은 위 운동을 항진하지만, enterogastrone은 위 운동을 억제한다.

4) 소장

소장의 운동은 췌장액의 효소와 장 내용물이 잘 혼합되도록 하며, 탄수화물·지방·단백질의 소화관내 소화를 돕고, 소화된 영양분이 소장의 점막과 접촉하는 기회를 많게 한다. 소장의 운동은 크게 혼합운동과 추진운동으로 구분할 수 있다. **혼합운동**에는 소장의 대표적

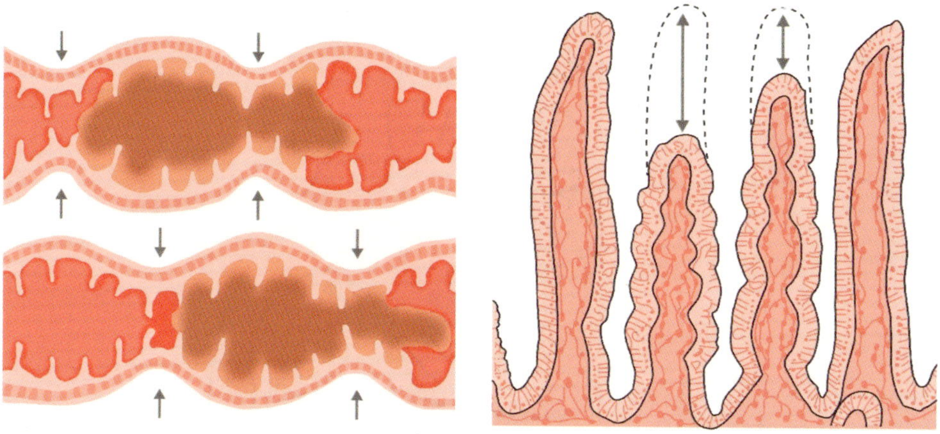

그림 2-36 소장의 분절운동과 융모운동

운동인 **분절운동**을 비롯해 **시계추운동**, **비추진성 연동운동** 및 **융모운동**이 있다. 시계추가 운동하는 것처럼 일정한 간격을 두고 수축파가 교대로 일어나는 운동을 시계추운동이라 하며, 비추진성 연동운동은 연동파가 십이지장과 공장 상부에서 항문 쪽으로 전파되고 짧은 거리만 진행되어 내용물을 혼합하는 운동이다. 한편 소장의 융모는 소화가 진행되는 동안 수축과 이완을 계속하여 새로운 미즙과 상피세포가 접촉하게 해준다(그림 2-36). 분절운동의 속도는 동물의 종류와 소장의 부위에 따라서 다르다.

추진운동은 연동운동으로 소장의 하부는 이완하고 상부는 수축하여 내용물을 하부장기로 이동시키는 일을 한다(그림 2-37). 소장 하부에서의 이완을 위한 신경전달물질은 NO(nitric oxide)와 VIP(vasoactive intestinal peptide), 그리고 소장 상부에서의 수축을 위한 신경전달물질은 acetylcholine과 물질 P(Sub. P)로 알려져 있다(그림 2-38). 이러한 연동운동은 정도의 차이는 있지만 소장에서만 일어나는 것이 아니라 식도에서 직장에 이르기까지 거의 모든 소화관에서 일어난다. 연동운동이 초당 1~2cm의 속도로 4~5cm 정도 파급되었다가 사라지면 그 다음 부위에서 새로운 연동이 시작되어 식괴가 아래로 밀려나간다. 그러나 가끔 이러한 연동이 장 전체를 초당 25cm 이상의 빠른 속도로 지나가는 것을 볼 수 있는데 이를 **급속연동**이라 한다. 이와 같은 현상은 소장벽이 유독물질의 자극을 받거나 장의 흥분상태가 고조되어 일어난다. 이러한 급속연동에 의해 소장 내용물이 빠르게 아래로 이동하면 설사가 유발된다. 소장에서 수많은 마디(segment)가 동시에 수축함으로써 식괴는 소화효소 및 점액과 잘 혼합된다.

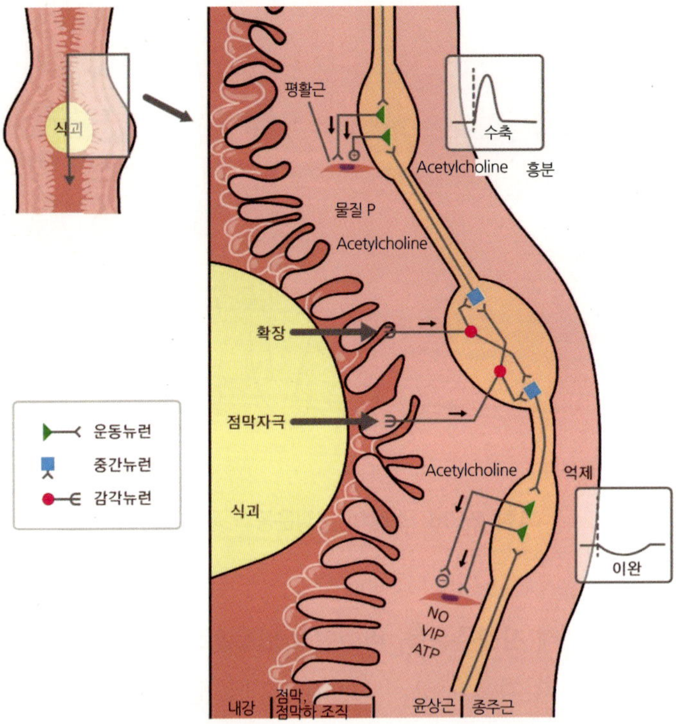

그림 2-37 소장의 연동운동 기전

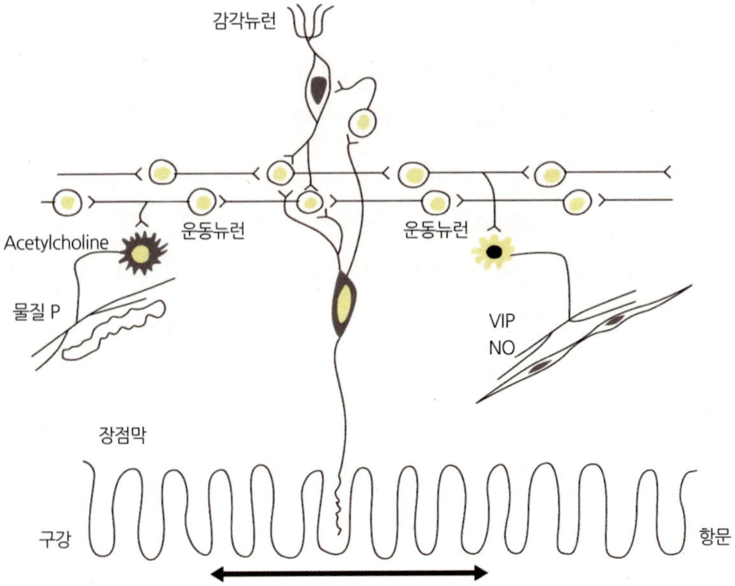

그림 2-38 소화관 벽의 윤상근 운동을 조절하는 기전

소장운동은 일차적으로 근층 간 신경총을 경유하여 조절된다. 즉, 외원성 교감신경 및 부교감신경은 내원성 신경에 비해 그 중요성이 덜하여 외원성 신경을 절단해도 연동운동은 그대로 계속된다. 외원성 신경이 소장운동을 유발하거나 지속하는 데 필수적인 것은 아니라고 하더라도 이들 신경자극은 소장운동에 어느 정도 영향을 미친다. 즉 미주신경을 자극하면 장의 운동성이 증가하는 반면, 교감신경은 운동성을 억제한다. 예를 들면 혼합운동의 한 종류인 융모운동은 소화가 진행되는 동안 수축과 이완을 율동적으로 지속함으로써 새로운 미즙과 상피세포를 접촉하게 해준다. 이 융모운동은 점막하 근육섬유가 율동적으로 수축하여 일어나며, 점막하 신경총에 의해 주로 조절된다. 미주신경을 자극하면 융모의 수축이 강화되지만, 교감신경이 자극되면 수축이 중지된다.

호르몬으로서 gastrin과 cholecystokinin(CCK)은 소장운동을 항진시키고, secretin은 이를 억제한다. 회장의 말단 부위와 맹장의 기시부 사이(개, 말은 제외)에는 윤상근층이 두터운 조임근을 형성하고 있는데, 이를 **회맹판**이라 한다. 회맹판은 소장의 내용물이 천천히 대장으로 넘어가게 함으로써 흡수가 충분히 일어나게 하며, 대장의 내용물이 역류하는 것을 방지하는 기능을 한다. 실험적으로 회장을 확장하면 회맹판은 이완하고, 대장(결장)을 확장하면 수축한다. 회맹조임근은 유문조임근과 달리 위장관 호르몬(secretin, gastrin, CCK)에 대해서는 반응하지 않는다.

5) 대장

대장의 기능은 ① 수분과 전해질의 흡수, ② 대변의 저장, ③ 소장에서 소화·흡수되지 않은 유기물질의 발효이다. 이러한 기능의 상대적 중요성은 동물의 종류에 따라 다르며, 결장의 형태와 크기도 아주 다르다. 이와 같이 동물의 종류에 따라 해부학적 구조는 달라도 대장의 운동양식은 비슷하다. 모든 동물에서 대장의 운동은 소장에 비해 약하며, 상부에서는 주로 혼합운동이 일어나고 하부에서는 추진운동이 일어난다. 돼지와 반추동물에서 볼 수 있는 원추형 결장의 운동성은 다른 동물에 비해 잘 밝혀져 있지 않다. 대장에서 일어나는 주요 운동에는 **역연동운동**(antiperistalsis), **팽기수축**(haustral contraction)과 **집단운동**(mass movement)이 있다.

(1) 역연동운동

회장의 내용물이 맹장으로 들어와 맹장이 팽창되면 결장에서 수축파가 발생하여 내용물이 맹장 쪽으로 천천히 옮겨지는데 이를 역연동운동이라 한다. 역연동운동의 기능은 결장 상부의 내용물을 맹장으로 다시 보내어 흡수할 시간을 충분히 주는 것으로, 이를 통해 결장 상부에 내용물이 오랫동안 머무를 수 있다. 이러한 결장의 기능이 있기 때문에 결장의 역연동운동이 증가하면 변비가 일어나고 감소하면 설사가 유발되기도 한다.

(2) 팽기수축

소장과 달리 결장에는 종주근이 장관 전체에 고르게 분포되어 있지 않고, taenia coli라고 불리는 3개의 종주근이 한쪽에 몰려 결장을 따라 지나간다. 종주근이 수축하면 장의 한쪽은 길이가 짧아지면서 그 부위의 윤상근이 수축한다. 그러면 종주근의 반대쪽은 주머니 모양을 이룬다. 이러한 운동을 팽기수축이라 하는데, 소장에서의 분절운동과 비슷한 것으로 결장의 내용물을 혼합한다.

(3) 집단운동

위-결장 반사(gastrocolic reflex)나 십이지장-결장 반사(duodenocolic reflex)와 같은 경우에 볼 수 있는 현상으로, 위가 충만하거나 십이지장으로 음식물이 들어가면 결장의 윤상근과 종주근이 동시에 강력히 수축하여 결장팽기가 소실되고 결장의 길이가 짧아지면서 결장의 내용물이 직장으로 내려가 변의를 느끼게 한다. 이러한 집단운동은 자율신경을 모두 차단해도 크기는 감소되지만 소멸되지는 않는다.

2. 소화기 내용물의 이동

1) 입

반추동물이 섭취한 사료가 입에서 저작이 완료되면 **연하작용**이 뒤따른다. 연하는 수의적 활동으로 시작하는데, 후두가 열리면서 후두개(epiglottis)가 호흡기 입구를 덮어 섭취한 사료가 들어오는 것을 막는다. 식괴란 채식 시 사료를 저작한 다음 식도를 통해 삼키기 위해 타액과 혼합하여 적당한 크기로 만들어진 사료 덩어리와 반추 시 제1위의 내용물을 게움질할 때 식도를 통해 들어가는 소화물의 덩어리 및 반추한 다음 다시 삼키는 덩어리를 말한다.

2) 식도

식도를 통해 입에서 반추위로 이동하는 소화기 내용물에는 저작이 끝난 사료와 되새김하여 반추가 완료된 식괴가 있다. 반추위로 향하는 사료와 식괴는 연동운동에 의해서 식도를 통과한다. 그러나 제1위의 내용물을 입으로 다시 게움질할 때는 연동운동이 아니라 토출 작용에 의해 식도를 통과한다. 따라서 식도를 통과하는 시간도 연동운동에 비해서 상당히 짧다. 위 내용물을 토출할 때 제2위의 기외수축을 일으키기 위해서 위 운동중추의 활성이 변화하고, 또 제2위 기외수축의 정점에서 분문부를 개구시키고, 토출 내용물을 입 쪽으로 운반해주는 추진파를 만들기 위해 식도 활성이 변화된다. 토출된 내용물이 구강 안에 존재하면 분당 50~55회 정도의 느리고 규칙적인 저작운동이 유발되고 타액분비와 제1~2위의 운동성도 증가한다. 간간히 저작이 멈추어지고, 다음 제2위 기외수축이 있기 2초 전쯤 식도를 통한 재연하작용이 일어난다. 따라서 다음의 토출 내용물과 종전의 토출 내용물이 입안에 함께 머물지는 않는다. 이런 세부적인 과정들이 잘 조화를 이루어 반추작용이 일어나는 것은 뇌에 있는 반추중추의 작용 때문인 것으로 보이며, 특히 시상하부 앞부분을 전기로 자극하면 반추를 유발할 수 있는 점으로 보아 시상하부와 관련이 깊은 것으로 보인다.

3) 위

제1위 내용물은 분포하는 위치에 따라 그림 2-39에서 보는 것처럼 네 부분으로 구분할 수 있다. 첫째, 내부에 미생물이 많이 존재하는 섬유소성 입자들(미생물은 분해가 종료되어 가는 섬유소성 입자에서 신선한 섬유소성 입자로 이동한다), 둘째, 주로 수용성 물질(내부에는 타액 성분, 외부에는 최종발효산물)로 이루어져 있는 액상 부분, 셋째, 제2위와 제1위의 전낭과 복낭에 있는 물질로서, 죽과 같은 물질, 섭취된 사료, 물, 타액, 재연하된 물질, 발효산물이 모여 있으며 분문부 주위로부터 제2~3위구로 통해 제3위로 이동해 가는 물질들이다. 이 부분들이 흔히 시료가 채취되는 부분인데, 미생물의 조성이나 발효활동을 대표하는 부위라고 할 수는 없다. 넷째, 제1~2위의 점막층과 면해 있는 가장자리 층이다.

옥수수나 귀리와 같이 비중이 큰 곡류 사료를 섭취할 경우에는 이미 섭취하여 비중이 커진 내용물이 있는 제1위의 전낭으로 들어간다. 이와 같이 비중이 큰 내용물들은 비교적 빨리 제1위의 전낭으로부터 제2위로 들어가고, 다시 제2~3위구를 통해 제3위로 넘어간다. 그러므로 곡류와 같이 비중이 큰 내용물은 제1위에서 발효에 소요되는 시간이 길지 않

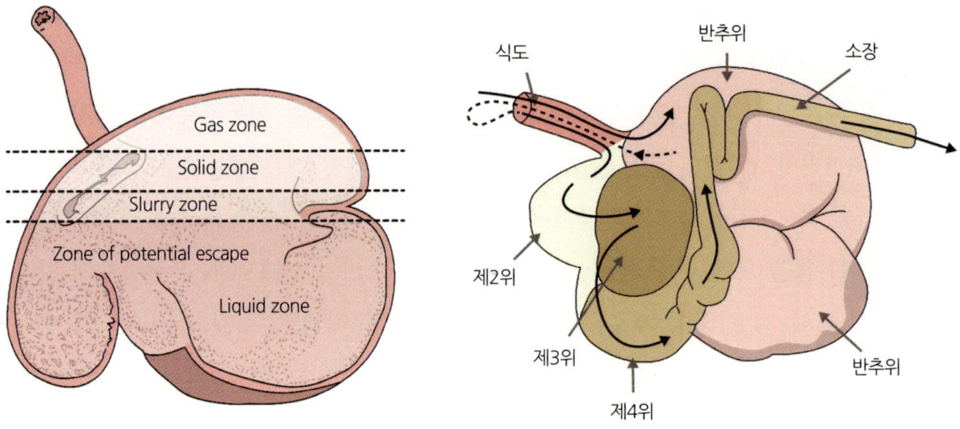

그림 2-39 제1위내에 형성되는 내용물의 여러 층과 내용물의 이동

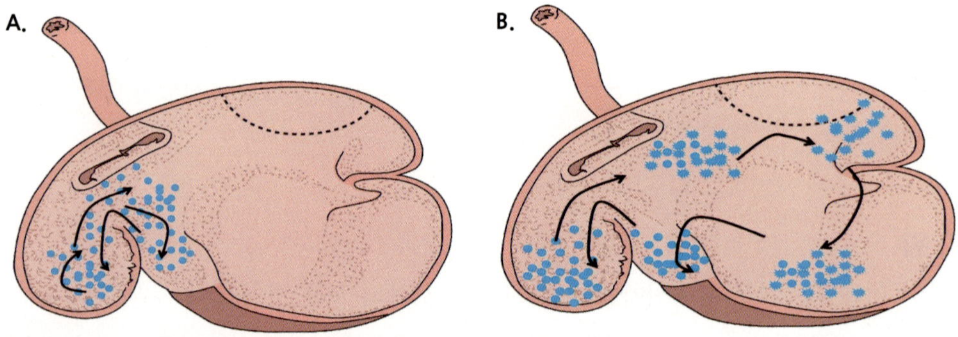

그림 2-40 사료의 비중에 따른 반추위 내용물의 이동경로(A: 비중이 큰 사료, B: 비중이 작은 사료)

다. 또한 동일한 건초라 할지라도 잘게 썰어진 경우는 거친 경우에 비해 제1위를 빨리 통과한다. 건초와 같이 비중이 작은 사료는 제1위의 배낭으로 옮겨져 위 운동에 의해 제1위의 다른 내용물과 혼합되고 미생물에 의한 발효를 거치면서 크기가 작아지는데, 이러한 과정을 거쳐서 비중이 커지면 복낭으로 이동하고 다시 복낭의 수축운동으로 전낭으로 이동된 후 제2위, 제2~3위구, 제3위의 순서로 이동한다. 일반적으로 입자의 크기가 작고 비중이 클수록 제3위나 제4위로 빨리 이동한다(그림 2-40).

그림 2-40의 좌측은 비중이 큰 곡류 사료를 섭취했을 경우에 반추위내 사료의 이동경로이고, 우측은 비중이 작은 건초를 섭취했을 경우이며, 점선은 가스층의 복측 경계를 나타낸다. 반추동물이 못, 구슬, 나사못, 주사바늘과 같은 이물질을 섭취했을 때 이들 이물질

은 바로 제1위의 전낭으로 들어가 그곳에 머물러 있다가 전낭이 수축하면 내용물과 함께 제2위로 들어간다. 크기가 크고 소화되지 않는 물체는 일생 동안 그 동물의 제2위 바닥에 머물게 된다.

제1~2위의 운동성 증가는 위 내용물의 혼합과 트림에는 도움이 되지만, 반대로 제1~2위 내용물이 제3위로 내려가는 것을 촉진하기 때문에 사료가 제1위에 정체되는 시간을 감소시켜 사료의 소화율을 떨어뜨린다. 따라서 거친 사료와 농후사료의 조성을 조절하여 사료가 제1위에 적당한 시간 머물 수 있도록 하는 것이 바람직하다.

새끼가 젖을 빠는 동안 어미 소에게서 시상하부를 경유하는 경로의 신경 흥분성이 반추중추에 영향을 주어 반추작용이 일어난다. 중추신경계의 이와 같은 강력한 반추 추진작용에도 불구하고, 제1~2위의 상피에 존재하는 수용체로부터 적당한 말초 흥분작용이 반추중추에 전달되어야만 반추가 정상적으로 일어난다. 만약 사료를 잘 마쇄하여 입자가 고운 형태로 급여하면 반추는 거의 일어나지 않는다. 정상적으로 반추가 일어나기 위해서는 사료 입자의 크기가 최소한 5mm는 되어야 한다. 필요 이상으로 긴 사료는 위벽에 대해 과도한 흥분성 말초자극을 일으켜 반추중추를 자극하고, 토출된 위 내용물은 주로 액상 성분으로만 구성되어 있어서 토출되는 즉시 연하가 이루어진다. 입자가 고운 사료를 급여한 동물에서, 제1위 캐뉼라를 통해 짧게 절단한 볏짚을 공급하면 반추가 회복됨을 볼 수 있다. 또한 분문부나 제1~2위 추벽 그리고 제2위 벽의 내측부에 손이나 탐침으로 가벼운 접촉자극을 가하면 쉽게 반추를 유발할 수 있다. 이들 부위에 상피 수용체가 많이 분포하고 있어 이러한 효과를 볼 수 있다. 따라서 반추는 소화기의 건강상태를 나타내는 가장 주요하고 분명한 지표 중 하나이다.

(1) 반추

반추동물의 반추위내 소화 기능 중에서 가장 독특한 생리적 특징은 **반추**(rumination)와 **트림**(eructation) 작용이다. 반추는 거친 사료를 채식하는 반추동물(소과, 사슴, 기린, 낙타, 라마 등)의 행동적인 특성으로, 제1위의 내용물을 입으로 토출하여 입안에서 고형 물질을 재차 저작·분쇄하여 제1위로 다시 삼키는 행위이다. 반추의 주된 역할은 채식한 사료가 반추위내 제2~3위구를 통과하는 데 알맞게 입자 크기를 마쇄 또는 분쇄하는 것이다.

반추는 하루에 총 10시간 정도 일어나지만, 덜 거친 사료나 입자가 작은 곡류 사료를 채식할 경우에는 3시간 이하로 줄어든다. 반추하는 데 소요되는 시간은 사료 중 섬유소 함량, 섭취한 사료량, 개체 등에 따라 다르지만, 양질의 건초를 섭취할 경우에는 1일 3~6시간, 조악한 건초를 섭취할 경우는 1일 7~13시간 정도 반추를 한다. 반추의 빈도는 일중변동의 주기성을 나타내며, 특히 졸음과 관계가 깊어서 오후 시간대나 한밤중에 가장 빈번하다. 수유기의 반추동물은 주로 새끼를 핥거나, 새끼가 젖을 먹는 동안에 반추를 한다. 또한 반추는 대개 채식 후 1시간 전후에서 시작되며, 사료가 제1위와 제2위 벽에 접촉하여 자극하면 반사적으로 일어난다.

반추는 몇 가지 복잡한 세부 과정이 조화를 이룬 정형화된 일련의 과정이다. 토출은 흡식성 노력과 함께 시작하는데, 이때 혀와 연구개는 각각 협강(buccal cavity)과 비인두구를 막아 흉강내 음압을 증가시킨다. 한편 제2위는 이상성 수축에 앞서 기외수축을 유발한다. 기외수축이 정점에 달하면 분문과 식도와 위 사이에 있는 후식도 조임근이 열리면서 주로 흉곽 내부의 증가된 음압에 의해 즙과 같은 제2위의 내용물이 이완된 식도로 이동한다. 식도의 수축파가 구강 쪽으로 진행하면서 내용물이 입 쪽으로 운반되고, 성문이 잠깐 닫히면서 내용물이 인두에서 구강으로 들어가면 혀와 턱이 처지면서 내용물을 수용한다. 이때 가끔 머리를 순간적으로 앞쪽으로 내밀기도 한다.

토출된 내용물이 입안에 들어오면 혀를 올려서 액상 내용물을 짜내어 삼키는데, 만약 고형 내용물이 없으면 저작도 일어나지 않는다. 보통의 경우에는 고형 내용물이 남아 있어 느리고 규칙적인 저작운동이 약 40초 동안 일어나는데, 이때 타액이 많이 분비되고 몇 번의 연하작용이 있다. 끝으로 저작운동이 멈추고 남아 있는 내용물과 추가로 분비된 타액이 연하된다. 다시 제2위 내용물이 토출되어 다음 주기가 시작되기까지 약 5초 동안 턱의 운동이 멈춘다. 보통 반추 주기 동안에 저작은 한쪽 턱에서만 일어나지만, 낙타와 같은 동물은 양쪽으로 번갈아 가면서 저작을 한다. 채식할 때와 마찬가지로 토출된 내용물의 저작도 구강 내부의 기계적 수용기를 자극하여 반사적으로 타액의 분비를 촉진한다. 특히 이하선에서의 분비를 자극할 뿐 아니라 제1~2위 운동을 반사적으로 촉진한다.

(2) 가스의 생성과 트림반사

트림은 반추위내 미생물 발효에 의해 생긴 다량의 가스를 입을 통해 밖으로 내보내는 작용이다. 이러한 트림작용은 제1위가 가스로 확장되면 제1위 분문부에 있는 수용기를 자극하여 반사적으로 일어난다. 그러나 제1위 분문부가 위 내용물이나 거품으로 둘러싸여 트림작용이 장애를 받게 되면 제1위 내부에 가스나 거품이 축적되어 고창증을 유발한다.

제1위에서는 미생물의 발효작용으로 CO_2, CH_4, H_2, N_2 등의 가스가 생성되는데, 소의 경우는 1분 동안 생성된 가스의 양이 0.5~1L에 이른다. CH_4는 채식 후의 시간에 관계없이 비교적 일정하게 생성되는데 가스를 만드는 과정에서 동물체의 에너지가 손실되며, 트림으로 배출된 CH_4는 지구온난화의 주범으로 인식되기도 한다. 트림으로 배출되는 CH_4의 양은 반추동물이 섭취한 총가소화에너지의 10%에 달할 정도로 많기 때문에 CH_4의 생성을 줄이기 위해 여러 가지 방법이 시도되었으나, 아직까지 뚜렷이 효과적인 방법은 없는 실정이다.

CO_2는 정상적으로 사료를 급여할 때 양적으로 가장 많이 발생하는데, 특히 채식 후 8시간 이내에 발생하는 양이 월등히 많다. CO_2는 탄수화물의 발효 과정에서 생성되기도 하지만 타액의 HCO_3^-로부터, 즉 지방산의 중화 과정에서도 생성된다. CO_2와 CH_4 외에도 채식 후 8시간 이상 경과하면 N_2의 생성이 증가하며, 소량의 O_2가 생성되기도 한다.

이렇게 생성된 가스의 일부는 제1위벽을 통해 동물의 체내로 흡수되어 혈액순환을 거쳐 폐로 배출되기도 하고, 일부는 제1위의 내용물과 함께 소화관 하부로 이동하기도 한다. 그러나 상당한 양은 제1위 내용물로부터 유리되어 가스 상태로 남아 제1위의 배낭 상부에서 가스층을 형성하고 있다가 트림에 의해 수시로 제거된다. 트림은 식도가 폐쇄되거나 제1~2위의 운동 기능이 저하되면 억제된다. 따라서 사료를 많이 섭취한 반추동물에게 전신마취제나 부교감신경 차단제를 투여하는 경우에는 제1위 내부에 가스가 축적되고 있는지를 확인해야 한다.

이 외에도 곡류나 부드러운 생초를 다량 섭취했을 때도 포말성 가스의 생성이 증가하여 식이성 고창증이 유발되기도 한다. 트림반사의 수용체는 제1위의 분문부와 식도구 주위의 배낭에 있는 압력수용체이다. 따라서 배낭이 가스로 차 있고 분문부 주위가 거품으로 덮여 있으면 트림이 억제된다. 정상인 상태에서는 제1위에 가스가 충만하면 분문부 주위에 분포하는 트림반사의 수용체가 자극되어 복근이 수축되고 분문이 열리면서 제1위의 가스가 배출된다. 배출된 가스는 식도를 거쳐 인두로 이동하여 일부는 토출되고 반 이상은 기도를 거쳐 폐에서 흡수되기도 한다.

3. 제1위에서의 사료 입자도 감소와 사료의 정체시간

사료 입자도의 감소는 섭취 및 반추 시의 저작작용에 의해 주로 이루어진다. 그리고 미생물의 발효작용은 섬유질 입자를 유연하게 만들어 반추 과정에서 입자 감소 효율을 증가시킨다. 그림 2-41은 제1위에서 저작과 미생물 작용에 의한 사료 입자도의 감소 기전을 도식화한 것이다. 청초를 급여하면 임계입자 크기(critical particle size) 이하로 감소되는 효율이 섭취 시의 저작작용과 반추 시의 저작작용이 동일하지만 소화가 잘 되지 않고, 건조한 사료를 섭취할 때에는 반추 시의 저작작용이 섭취 시의 저작작용보다 훨씬 효율적이다.

제1위에서 사료 입자의 통과율은 사료의 밀도와 크기에 의해 결정된다. 사료 입자가 임계입자 크기 이하로 줄어들어야 제1위를 통과할 수 있는데, 임계입자 크기는 소와 면양의 경우 1~2mm이다. 젖소와 같이 사료를 많이 섭취하는 소는 이보다 입자가 큰 사료도 제1위를 통과하는 양이 많다.

총저작시간(분/kg 건물섭취), 저작효율(큰 입자가 임계입자 크기 이하로 감소)과 더불어 사료의 특성(영양가 또는 세포벽 함량, 사료섭취량과 물리적 형태 등) 등이 사료 입자

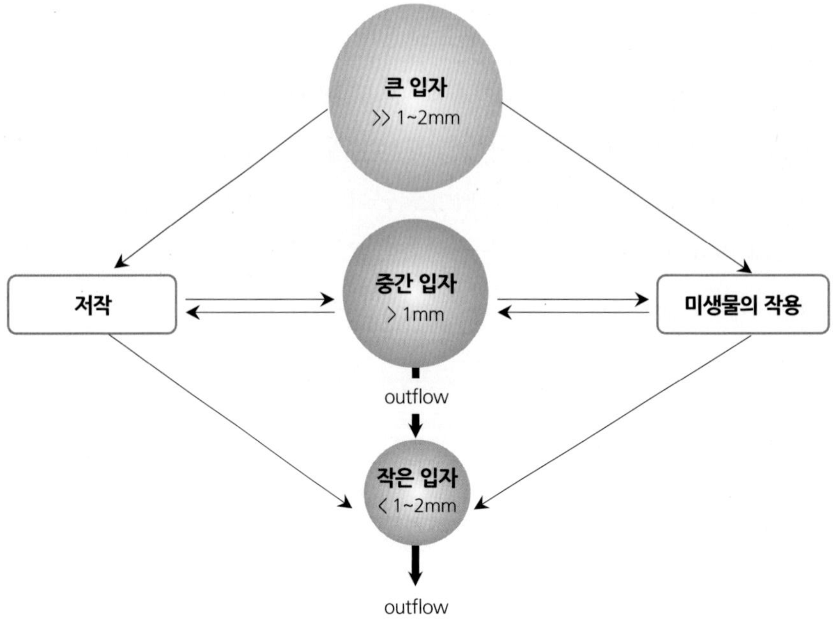

그림 2-41 제1위에서의 저작과 미생물 작용에 의한 사료 입자도 감소

표 2-13 사료의 입자도에 따른 제1위내 정체시간과 섬유소 소화율

구분	평균 입자도 (μm)	제1위내 정체시간 (시간)	섬유소의 소화율 (%)
긴 건초	-	54	44
거친 건초	434	39	34
중간 분쇄	393	44	31
고운 분쇄	280	27	22

Rodrigue와 Allen(1960).

도 감소율과 제1위 통과율에 영향을 끼친다.

사료를 섭취하면 초기에는 사료 입자 내부에 공기가 차 있기 때문에 밀도가 낮다. 건초의 경우 분쇄 여부에 상관없이 밀도가 0.6~0.7이지만 농후사료의 밀도는 1.3~1.6이다. 사료는 섭취 후 시간이 경과하면 공기가 차지하던 공간에 액체가 차기 때문에 밀도가 증가하고, 미생물의 발효에 의해 가스가 발생하면 다시 밀도가 감소한다. 모든 사료의 순밀도는 1.17~1.5로서 입자의 크기에 의해 영향을 받지 않지만, 기능적 밀도(functional specific gravity)는 사료의 입자가 감소함에 따라 증가하고 증가속도도 빠르다. 그리고 사료 입자의 밀도가 증가함에 따라 제1위내 통과속도도 빨라진다.

제1위에 사료가 체류하는 시간은 소의 경우 1~4일이고 면양은 1~2일이다. 그러나 특정 사료의 정확한 체류시간은 사료의 입자도와 소화율 등 여러 요인에 따라 달라진다. 특히 사료의 통과속도가 다르고 또 상호 혼합되기 때문에 제1위에는 여러 번 섭취한 사료가 같이 머물지만, 최근에 섭취한 사료가 가장 많다. 섭취한 사료가 제1위에 머무는 시간은 평균 49시간이고, 전체 소화기관에 머무는 시간은 62시간이다. 따라서 제1위를 제외한 다른 소화기관에 사료가 머무는 시간은 13시간이므로 제1위에 머무는 시간이 기타의 다른 소화기관에 머무는 시간보다 4배 정도 길다. 섭취한 사료의 입자도 역시 제1위내 체류시간에 큰 영향을 끼치는데, 입자가 작으면 체류시간이 짧다(표 2-13).

입자가 작으면 제1위의 밑층에 가라앉고 빨리 소장으로 이전되는 반면에, 입자가 크면 밑층에 이르기 전에 반추작용에 의해 입자의 크기가 줄어들어야 하므로 제1위내 체류시간이 길다. 이처럼 사료의 입자도가 작을수록 반추위에서 정체되는 시간이 줄어들어 섬유소의 소화율은 감소된다.

제5절
소화효소와 영양소의 분해 및 흡수기전

무기분자를 이용해 유기분자를 합성하는 식물과 달리, 동물은 사료로부터 기본적인 유기분자를 흡수해야 한다. 가수분해반응(hydrolysis)에 의해 소화기관내에서 거대 분자(중합체, polymer)가 단량체(monomer)로 소화된다. 형성된 단량체는 소장 벽을 지나 혈액과 림프로 운반되는데, 이 과정을 흡수(absorption)라 한다. 소화와 흡수는 소화기관의 가장 중요한 기능이다. 본 절에서는 소화관에서 분비되는 소화효소와 영양소의 분해 및 흡수기전을 소화장기별로 구분하여 설명한다.

1. 소화관에서의 효소 분비

구강에서 항문에 이르기까지 소화관에서는 다양한 점액이 분비되어 소화관의 점막을 보호하고, 장을 윤활하게 하여 내용물의 이동을 용이하게 하며, 소화효소와 호르몬 등이 분비되어 소화가 원활히 진행되도록 한다.

1) 입

일반적으로 육식동물과 소과에 속하는 동물들이 분비하는 타액에는 amylase가 없다. 따라서 돼지, 쥐, 토끼 등에서는 amylase의 효과를 기대할 수 있으나 고양이, 개, 말, 소, 염소, 양 등은 타액 amylase가 없거나 그 기능이 아주 미약하다. 어린 반추동물의 협선에서 분비되는 타액에는 유지방을 분해하는 lipase가 포함되어 있다.

2) 식도

식도는 각질화되지 않은 중층편평상피(nonkeratinized stratified squamous epithelium)로 덮여 있고 그 벽은 위치에 따라 골격근이나 평활근으로 되어 있다. 식도의 상부는 골격근으로 되어 있고, 중앙 부위는 골격근과 평활근이 혼합되어 있으며, 식도의 하부는 평활근만 갖고 있다. 따라서 식도에는 분비 기능이 없다.

3) 위

(1) 제1위

반추위는 분비선이 없는 상피세포로 구성되어 있지만 반추위에 서식하는 많은 미생물들은 여러 종류의 효소를 다량으로 분비한다(표 2-14). 따라서 동물체에서 분비되는 효소는 없지만 미생물이 분비하는 효소 때문에 반추위는 소화기관 중에서 가장 많은 종류와 가장 많은 양의 효소로 채워져 있다. 반추위 미생물들이 분비하는 효소에 의해 탄수화물은 VFA, CH_4, CO_2 등으로, 단백질은 아미노산과 NH_3로, 지방은 유리지방산으로 분해된다. 숙주인 반추동물은 미생물에 의한 발효작용으로 생산된 대사산물을 이용하여 생활한다. 즉 반추위 미생물과 반추동물의 관계를 보면, 미생물이 활동하는 데 필요한 환경은 반추동물이 제공하고, 반추동물이 생활하는 데 필요한 영양소는 미생물이 제공하는 공생관계이다. 이와

표 2-14 반추위내 혐기성 미생물이 분비하는 가수분해효소

효소명	EC 번호	효소명	EC 번호
Cellulolytic enzymes		**Pectinolytic enzymes**	
β-D-endoglucanase	EC 3.2.1.4	Pectin esterase	EC 3.2.1.11
β-D-exoglucanase	EC 3.2.1.91	Polygalacturonase	EC 3.2.1.15
β-D-glucosidase	EC 3.2.1.21	Pectate lyase	EC 4.2.2.2
		Pectin lyase	EC 4.2.2.10
Xylanolytic enzymes		**Other enzymes**	
Xylanase	EC 3.2.1.8	β-Amylase	EC 3.2.1.2
β-D-xylosidase	EC 3.2.1.37	Endo-arabinase	EC 3.2.1.99
Acetyl xylan esterase	EC 3.1.1.-	Laminarinase	EC 3.2.1.39
Acetyl esterase	EC 3.1.1.6	Lichanase	EC 3.2.1.73
α-L-arabinofuranosidase	EC 3.2.1.55	Protease	EC 3.4.24.4
Ferulic acid esterase	EC 3.1.1.-	Chitinase	EC 3.2.1.14
β-D-glucuronidase	EC 3.2.1.31		

EC 번호: Enzyme Committee Number.

같은 효소 분비에 의한 반추위 미생물의 발효작용은 단위동물에서는 볼 수 없는 반추동물의 독특한 소화작용이다. 특히 단위동물이 이용할 수 없는 섬유소를 분해하여 VFA를 생성하고, NH_3와 같은 비단백태 질소화합물(NPN)을 미생물체 단백질로 합성하는 것은 반추위 미생물만이 가지는 고유한 기능이다. 이 외에도 반추위 미생물은 비타민(주로 비타민 B군)의 합성, 불포화지방산의 수소첨가, 홀수 지방산의 합성 등 특수한 기능을 가지고 있다.

(2) 제2위

제2위는 반추위운동의 시작점이 되는 근육층으로 된 소화기관으로, 식도와 마찬가지로 분비 기능은 없다.

(3) 제3위

제3위는 물, VFA, NH_3 및 무기물의 흡수가 이루어지는 곳이지만, 효소나 점액 등의 분비 기능은 없다.

(4) 제4위

제4위액의 위체부와 위저부에는 pepsinogen을 분비하는 주세포, 등장성 HCl과 내인성 인자(intrinsic factor; IF)를 분비하는 벽세포, 수용성 점액을 분비하는 점액세포가 있다(그림 2-42).

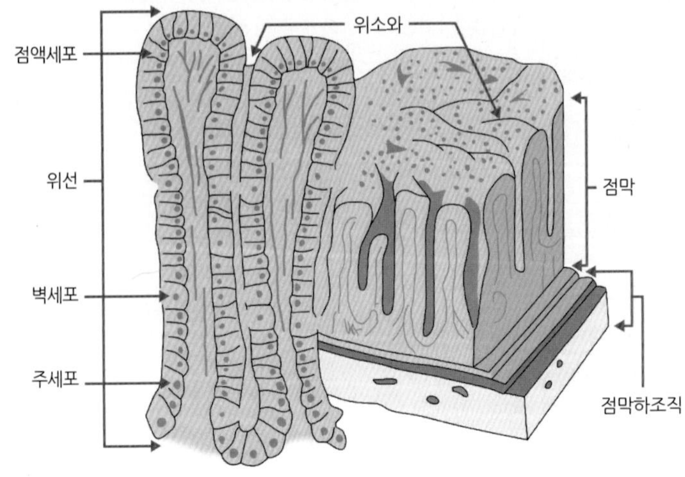

그림 2-42 제4위 점막의 위소와 및 위선의 구조

내인성 인자를 분비하는 세포는 동물에 따라 다르다. 즉 소, 개, 원숭이, 토끼, 기니피그는 벽세포에서, 생쥐와 쥐는 주세포에서, 돼지는 유문부와 십이지장의 점막세포에서 분비된다. 유문동에 있는 유문선에는 점액을 분비하는 세포와 혈액으로 gastrin을 분비하는 세포, pepsinogen을 분비하는 주세포가 소수 분포한다. 유문부선에는 주로 점액분비세포와 소수의 위산분비세포가 분포하고 있다. 표재 상피세포는 불용성 점액을 분비한다. 위산분비세포에서 분비되는 분비액의 pH는 0.78(H^+; 165mEq/L)이지만 섭취한 사료나 분비된 알칼리성 점액에 의해 희석되어 공복 시 위액의 pH는 1~2이다. 사료 급여 후에는 타액이 사료와 혼합되므로 유문부에서의 pH는 약 3~4가 된다.

위액에 의해 소화되는 주된 영양분은 단백질인데 주로 pepsin에 의해 분해된다. Pepsin은 도관의 손상을 방지하기 위해 불활성형인 pepsinogen으로 분비되지만 H^+의 작용과 활성화된 pepsin의 작용에 의해 pepsin으로 활성화된다.

위액은 산도가 높기 때문에 살균작용을 한다. 그래서 공복상태에서 십이지장의 내용물은 거의 무균상태라고 알려져 왔지만, 최근에는 십이지장에서 포자를 갖는 반추위 곰팡이가 생존하는 것으로 밝혀졌다. 또한 위액은 점액성 단백질인 내인성 인자의 공급으로 비타민 B_{12}의 능동적 흡수를 돕는다. 그리하여 내인성 인자가 분비되지 않으면 비타민 B_{12}의 흡수가 원활하지 않게 된다. 위액은 Fe^{2+}의 흡수에도 기여한다. 사료 중의 Fe는 대부분이 Fe^{3+}이다. Fe^{3+}은 위산에 의해 Fe^{2+}로 환원되어 흡수 가능한 형태로 된다. Fe^{2+}은 흡수된 후 Fe^{3+}로 다시 산화되어 장점막 세포에 있는 단백질인 apoferritin과 결합하여 저장형인 ferritin이 된다. 이와 같이 Fe은 세포막을 통과할 때는 환원형인 2가이지만 혈액이나 저장형으로 존재할 때는 3가의 형태이다. 그러므로 소장에서 Fe이 원활하게 흡수되기 위해서는 위산이 필요하다.

위산은 pepsinogen을 pepsin으로 활성화하며 활성화된 pepsin이 작용할 수 있는 최적 pH를 제공해준다. 위산 분비의 몇 가지 특성을 살펴보면 다음과 같다. 첫째, 위액 중에 H^+을 1분자 분비하면 HCO_3^- 1분자가 혈장에 나타난다. 따라서 위산이 지속적으로 분비될 때에는 혈장에 alkaline tide가 나타나고 오줌까지 알칼리성이 되기도 한다. 둘째, 위산의 분비에는 탄산탈수효소의 존재가 필수적이어서 이 효소를 억제하면 HCl의 분비가 중단된다. 셋째, H^+은 백만 배의 농도경사에 역행하여 분비되는 능동적 이동이므로 O_2나 대사억제물질에 의해 분비가 억제된다. 넷째, Cl^-은 혈장에 비해 위내의 농도가 높고 위내가 장막에 비해 −4mV임에도 불구하고 분비되는 것으로 보아 Cl^-도 능동적으로 분비되는 것이다.

위산의 분비는 벽세포에서 분비되는 신경전달물질, peptide 호르몬, histamine과 같은 화학물질에 의해 조절된다. 즉 위의 벽세포에는 acetylcholine(무스카린 수용체), gastrin (gastrin 수용체), histamine(H_2 수용체)이 분비되는데 이들에 의해 위산의 분비가 항진되고 이 3가지 수용체 중 하나라도 차단되면 위산의 분비는 억제된다. 실제로 사료를 섭취하지 않고 사료를 보거나 냄새를 맡고 상상만 해도 위액선은 산, pepsin, 점액 등을 분비한다. 이와 같이 사료가 위에 들어가기 전에 위액이 분비되는 시기를 **뇌상**(cephalic phase)이라 한다.

뇌상의 구심경로는 구강, 인두 및 비강의 감각수용체로부터 미주신경을 거쳐 중추에 전달되며 원심경로는 미주신경이다. 따라서 미주신경을 절단하면 뇌상은 소멸되며 절단된 미주신경의 말초단을 직접 자극하면 위액이 다시 분비된다. 이 시기에 분비되는 위액은 산도가 높고 pepsin이 많은 것이 특징이며 사료가 연하된 후에도 다소간 분비가 계속되어 다음 단계인 위상과 더불어 위액 분비는 계속된다. 이와 같이 미주신경이 흥분하면 위벽 속의 시냅스를 통해 acetylcholine이 유리되고, 이 물질은 벽세포와 주세포를 직접 자극하는 한편 유문동의 G-세포에서 gastrin의 분비를 유발한다.

미즙이 제4위로 들어가면 위액의 분비가 항진되는데 이 시기를 **위상**(gastric phase)이라 한다. 이 시기에 위액의 분비는 주로 gastrin에 의해 조절된다. Gastrin은 유문부 점막의 G-세포에서 생성·저장되어 있는데, 미주신경 자극이나 위내 미즙의 국소자극에 의해 유리된다. 미즙이 십이지장에 들어가거나 십이지장이 팽창하면 양은 적지만 위액의 분비가 촉진되는데 이 시기를 **장상**(intestinal phase)이라 한다. 이 시기의 분비 기전은 명확히 밝혀지지 않았지만, 십이지장 점막에서 분비되는 물질인 장 gastrin이 혈액을 거쳐 위액을 분비하게 하는 것으로 보인다. 이와 같이 위액의 분비는 촉진되기도 하지만 억제되는 경우도 있다. 예를 들면 십이지장에 산이나 저장액 그리고 지방을 넣어주면 위액의 분비가 억제되는데, 이는 십이지장 점막에서 분비되는 장 gastrin이 혈행을 거쳐 위액의 분비를 억제하기 때문이다. 또한 유문동의 pH가 1.5 이하로 낮아지면 gastrin의 분비가 억제된다. 이로 인해 HCl의 분비가 급격히 감소해 유문동의 pH는 다시 올라가기 시작한다.

4) 소장

소장점막에는 효소를 분비하는 2종류의 분비선이 있다. 하나는 **십이지장선**(Brunner's gland)이고 다른 하나는 **장선**(Lieberkuhn crypt)이다. 십이지장선은 반추동물의 경우에 십이지장 거의 대부분에 분포되어 있고 단위동물은 유문부와 담관 개구부 사이에 많이 분

표 2-15 소장내 미세융모막에 부착한 솔변연 효소(brush border enzyme)의 특성

효소 형태	기질	최종 분해산물 혹은 특성
Maltase	Maltose	Glucose
Lactase	Lactose	Glucose, galactose
Sucrase	Sucrose	Glucose, fructose
1, 6-glucosidase	1,6-glucosides	Glucose
α-limit dextrinase	α-limit dextrins	Glucose
Aminopeptidase	Polypeptide	아미노산
Dipeptidase	Dipeptide	아미노산
Nucleotidase	Nucleotide	Purine, pyrimidine, 인산, 5탄당
Enterokinase	—	Trypsin의 활성화
Phosphatase	—	유기분자의 인산기 제거, 비타민 D에 의해 조절
Ca^{2+}, Mg^{2+}-ATPase	—	Ca^{2+} 흡수에 필요, 비타민 D에 의해 조절

포되어 있다. 여기에서 pH 7~8의 알칼리성 점액이 분비되어 십이지장으로 들어오는 산성 미즙을 중화시킨다. 하지만 분비량이 많지 않기 때문에 산성 미즙의 중화보다는 HCl과 pepsin에 의한 십이지장 벽의 손상을 방지하는 역할이 더 크다. 십이지장선의 분비는 미즙에 의한 기계적·화학적 자극과 미주신경의 자극에 의해 촉진되고, 교감신경자극에 의해 억제될 뿐만 아니라 secretin에 의해서도 증가된다. 십이지장선 이외에 소장 전체에 분포되어 있는 수많은 융모 사이에 장선(장음와; 리버쿤 음와)을 볼 수 있는데 여기에서도 장액이 분비된다. 주요 성분은 점액과 HCO_3^-이며, 표 2-15에는 소장 내부의 미세융모막에 부착되어 있는 효소(brush border enzyme)를 열거하였다. 초식동물과 잡식동물의 소장 하부에서는 알칼리성 장액이 분비되어 대장 상부에서의 미생물 소화 과정을 돕는다.

소화액의 분비는 자율신경계의 신경전달물질과 소화관의 호르몬에 의해서도 조절된다. 소화관 호르몬은 위의 유문부에서 분비되는 gastrin을 비롯하여, 췌장벽에서 분비되는 췌장 polypeptide, 소장벽에서 분비되는 GIP(gastric-inhibitory polypeptide), secretin, pancreoxymin, cholecystokinin(CCK)과 enterocrinin 등이 있다. 소화관 호르몬의 분비세포는 위벽, 췌장벽 및 소장벽의 외분비세포 사이에 독립적으로 산재하고 있으며, 위장내강으로부터 적당한 자극을 받으면 각각의 호르몬을 혈액 중으로 방출한다. 주요 소화관 호르몬과 그 작용은 표 2-16에 나타나 있다.

표 2-16 소화관에서 분비되는 호르몬과 작용

분비장소	종류	분비기전	작용
위	Gastrin	• 위의 확장 및 운동	• 벽세포의 HCl 분비 자극 • 주세포의 pepsinogen 분비 자극 • 위점막 구조 유지
십이지장	Secretin	• 십이지장내 산과 peptone의 존재	• 췌장액 분비 촉진 • 수분과 중탄산염 분비 자극 • CCK 작용 강화
	Bulbogastrone	• 십이지장내 산	• 위 운동 억제 • 위액 분비 억제
	Cholecystokinin (CCK)	• 십이지장내 지방 존재	• 담낭과 췌장 수축 • 췌장액 효소 분비와 합성 자극 • 위산 분비와 위 운동 억제 • 외분비 췌장(선포)의 구조 유지
	Pancreoxymin	• 십이지장내 산과 peptone의 존재	• 췌장액 분비의 촉진 • 췌장액의 효소 분비 자극
	Gastric-inhibitory polypeptide(GIP)	• 십이지장내 지방 유입 • 지방산과 담즙의 존재	• 위 운동과 분비 억제 • 췌장에서의 insulin 분비 촉진
	Vasoactive intestinal peptide(VIP)	• 십이지장내 지방	• 장혈관 확장 • 췌장액 분비의 증대 • 위액 분비의 억제
	Enteroglucagon	• 십이지장내 탄수화물	• 위 운동의 억제 • 위액 분비의 억제
소장	Enkephalin		• HCl 분비의 촉진 • 췌장액 효소 분비 억제 • 장운동의 억제
	Somatostatin		• HCl 분비의 억제 • 췌장액 분비의 억제 • 장운동과 장혈관의 확장 억제
췌장	Pancreatic polypeptide	• 십이지장내 chyme 유입	• 췌장액 분비의 억제 • 췌장액 분비의 감소
회장	Glucagon-like peptide-1(GLP-1)	• 십이지장내 chyme 유입	• 췌장액 분비의 억제 • 췌장액 분비의 감소
공장	Guanylin		• 장에서 Cl^- 분비를 자극하여 NaCl과 H_2O 배설
	Enterocrinin		• 장액 분비의 촉진

5) 대장

대장에서는 소화효소가 분비되지 않을 뿐 아니라 육식동물의 경우 대부분의 소화·흡수가 소장에서 완료되기 때문에 소장에 비해 대장의 기능은 덜 중요하다. 하지만 소장으로 분비된 소화효소가 내용물과 함께 대장으로 들어오기 때문에 소화가 다소 천천히 진행된다. 반추동물의 경우 반추위에서의 소화가 아주 효과적임에도 불구하고 조사료를 급여했을 때 약 30%의 섬유소가 소화되지 않은 채로 대장에 도달한다. 대장의 소화는 말, 토끼 같은 비반추 초식동물에서 아주 중요하다. 대장에서는 동물체에 의한 직접적인 소화효소의 분비는 없지만, 단위 초식동물의 맹장은 반추동물의 반추위에서와 매우 유사한 미생물 발효가 일어나는 곳으로, 미생물이 분비하는 많은 효소에 의해 소화가 진행된다.

6) 부속 소화기관

(1) 췌장

췌장은 insulin이나 glucagon을 분비해 혈당을 조절하는 내분비선이기도 하지만 탄수화물, 지방, 단백질을 분해하는 효소를 분비하는 외분비선이기도 하다. 즉 위에서 일부 소화가 된 미즙이 십이지장으로 들어오면 췌장에서 분비되는 소화효소에 의해 대부분 소화가 이루어진다.

췌장액은 약알칼리성(pH 7.5~8.2) 액체로서 췌장의 외분비선에서 분비되며, 비교적 다량의 중탄산염과 무기물 및 불활성 단백질소화효소인 trypsinogen, chymotrypsinogen, procarboxypeptidase A와 B, 그리고 elastase, α-amylase, lipase를 함유하고 있다. 단백질의 소화작용은 십이지장 점막세포에서 분비되는 효소인 enterokinase에 의해 불활성 trypsinogen이 trypsin으로 활성화되고, trypsin은 불활성 chymotrypsinogen과 procarboxypeptidase A, B를 chymotrypsin과 carboxypeptidase A, B로 활성화시키는 것에서 시작된다.

췌장에서 분비되는 소화효소들은 위에서 분비되는 pepsinogen과 마찬가지로 불활성 전구물질로 분비되기 때문에 정상적으로 소장에 이르기까지는 활성화되지 않는다. 췌장에서 분비되는 소화효소를 활성화하는 과정의 첫 단계는 장관의 솔변연(brush border membrane; BBM)에 있는 효소인 enterokinase에 의해 이루어진다. Enterokinase는 trypsinogen을 trypsin으로 활성화하는 효소이며, 그 기능으로 보아 enteropeptidase라 함이 타당하지만 아직도 enterokinase라 불리고 있다. 활성화된 trypsin은 다른 단백질분해효소를 활성화한다.

표 2-17 췌장액에 함유된 효소의 종류와 기능

효소	기질	최종 분해산물 혹은 기능
Amylase	전분, dextrin	Maltose
Cholestererolesterase	–	Cholesterol의 방출
Phospholipase	인지질	Lecithin 같은 인지질로부터 지방산 절단
Lipase	중성지방	Glycerol로부터 지방산 절단
Trypsin	단백질, peptide	Arginine, lysine기를 가진 peptide
Chymotrypsin	단백질, peptide	방향족 아미노산기를 가진 peptide
Elastase	단백질, peptide	α-아미노산기를 가진 peptide
Carboxypeptidase A	Polypeptide	Polypeptide의 -COOH 말단으로부터 마지막 아미노산을 절단
Carboxypeptidase B	Polypeptide	염기성 아미노산
Ribonuclease	핵산	Nucleotide (RNA를 절단하여 짧은 사슬 형성)
Deoxyribonuclease	핵산	Nucleotide (DNA를 절단하여 짧은 사슬 형성)

췌장의 선세포에서 분비되는 효소는 표 2-17과 같으며, 이 외에도 trypsin inhibitor와 procolipase도 분비된다.

췌장액은 소화효소 외에도 높은 농도의 HCO_3^-를 함유하고 있어 최대로 분비될 때는 150 mEq/L에 이를 정도이며, 이 경우에 Cl^-의 농도는 20 mEq/L 미만이다. 췌장액의 분비는 위액 분비의 뇌상 중에 시작되는데 이것은 미주신경의 반사기전 때문이다. 그러나 췌장액의 대부분은 미즙이 십이지장으로 들어오면서 secretin과 CCK가 유리되어 생산된다. 산성 미즙이 십이지장 점막에 접촉하면 secretin이 혈액으로 분비되어 높은 농도의 중탄산이온과 낮은 농도의 효소를 포함한 췌장액을 다량 분비하게 한다. 또 secretin은 담즙의 중탄산이온 농도도 다소 증가시킨다. H^+은 소장 상부에 있는 S-세포로부터 secretin을 유리시키는데, 이는 주로 췌장의 도관세포를 자극하여 중탄산이온이 높은 췌장액을 분비하게 한다. 이와는 달리 지방이나 단백질의 소화산물(미즙)이 십이지장 점막에 접촉하면 혈액으로 CCK가 분비되어 췌장에서 소화효소가 많이 포함된 췌장액을 분비한다. 이와 동시에 CCK는 담낭을 수축시켜 담낭의 담즙을 십이지장으로 배출시킨다. 즉 아미노산이나 지방은 소장 상부의 I-세포로부터 CCK가 분비되도록 하여 췌장을 자극하여 효소가 많이 함유된 췌장액을 분비하게 한다.

췌장액의 분비는 신경에 의한 조절보다 액성기전에 의해 조절되지만 신경에 의해서도 다소 영향을 받는다. 즉 미주신경을 자극하면 HCO_3^- 분비에는 큰 영향이 없으나 효소의 분비는 증가시킨다. 반대로 미주신경을 제거하면 효소의 분비가 현저히 줄어든다.

췌장액의 분비는 secretin, CCK와 pancreoxymin에 의해 촉진되고, 췌장 polypeptide에 의해 억제된다. Secretin은 위에서 유입된 내용물에 의해 십이지장이 산성화될 때 분비되며, CCK와 pancreoxymin은 아미노산과 지방산이 유입되면 분비된다. 이들 호르몬은 모두 췌장액의 분비를 촉진하지만, secretin은 중탄산염이 풍부한 췌장액의 분비를 촉진하고, CCK와 pancreoxymin은 효소가 풍부한 췌장액의 분비를 촉진한다. 또 CCK는 담낭을 수축시키는 작용도 한다. 또 단위동물의 경우 미주신경(vagal nerve)의 자극을 통해 사료 섭취와 위저부의 확장에 의해서도 췌장액 분비는 반사적으로 증가한다. 한편 소화관 내용물이 소장으로 들어오면 장액의 분비가 증가하며, 소장벽에 enterocrinin이 방출되어 장액의 분비를 촉진한다.

(2) 간

간의 주요 기능으로는 소화와 대사, 생합성, 혈액저장소 및 탐식장소로서의 기능, 해독작용, 담즙의 생성과 배설 등이 있다. 간의 주요 기능을 요약하면 표 2-18과 같다.

표 2-18 간의 주요 기능

구분	최종 분해산물 또는 기능
혈액 해독	• Kupffer's cell에 의한 식작용 • 호르몬의 화학적 변화 • 요소, 요산과 모체물질(mother molecule)로부터 독성의 불활성화 • 담즙으로 독성 물질의 배설
탄수화물 대사	• Glucose를 glycogen과 지방으로 전환 • 간 glycogen으로부터 glucose의 생산과 glucose 신생합성에 의한 glucose 대사 • 혈액으로의 glucose 분비
지질 대사	• 중성지방과 cholesterol 합성 • 담즙으로의 cholesterol 배설 • 지방산으로부터 케톤체 생산
단백질 합성	• Albumin 생산 • 혈장 운반 단백질 생산 • 혈액응고 인자(fibrinogen, prothrombin 및 기타) 생산
담즙 분비	• 담즙산염 생산 • 담즙 색소(bilirubin)의 결합과 배설

(3) 담낭

담낭에서 분비되는 담즙의 주요 구성성분은 담즙 색소인 bilirubin, 담즙산염, 인지질(주로 lecithin), cholesterol과 무기이온으로, 지방을 소화시키고 흡수시키는 기능을 한다. Hemoglobin의 분해산물인 담즙 색소 bilirubin은 간장에서 합성되는 것이 아니라 간장을 통해 배설될 뿐이다. 즉, 적혈구가 파괴되어 hemoglobin이 유리되고 globin과 Fe이 제거된 후 biliverdin이 되는데 이것의 환원형이 bilirubin이다. Bilirubin은 hemoglobin의 heme 유도체로 비장, 간 및 골수에서 생산된다. 유리형 bilirubin은 물에 잘 녹지 않으며 혈액 중에 albumin 단백질과 결합한 형태로 존재한다. 유리형 bilirubin은 혈액을 따라 순환하다가 간장 세포막에서 단백질이 분리되고 흡수된다. Bilirubin 결합 단백질(protein-bound bilirubin)은 신장에서 여과되지 않기 때문에 오줌으로 배설될 수 없으며, 간에서 담즙으로 직접 배설될 수도 없다.

간은 혈액 중의 유리형 bilirubin을 glucuronic acid와 결합시키는데, 이 포합형 bilirubin(conjugated bilirubin)은 물에 잘 녹고 담관을 거쳐 소화관으로 분비된다. 일단 담즙 속의 포합형 bilirubin은 장으로 들어가 장내 미생물의 작용에 의해 urobilinogen으로 전환된다. 그러나 urobilinogen의 약 30~50%는 장에서 재흡수되어 간문정맥으로 들어가지만 재흡수가 되지 않은 urobilinogen은 stercobilin으로 산화되어 대변으로 배설된다. 이것이 대변의 특징적인 색이 된다. 재흡수된 urobilinogen의 거의 대부분은 간에서 다시 담즙산염과 함께 분비되고 나머지 약 5%는 오줌으로 배설된다(그림 2-43). 유리형 bilirubin과 달리 albumin에 결합되어 있지 않은 urobilinogen은 신장에서 오줌으로 쉽게 여과되는데, 그곳에서 그 유도체들이 황갈색을 나타내며 이것은 오줌의 색이 된다.

이 담즙산들은 taurine이나 glycine과 결합하여 분비되며 체내 pH에서는 이들은 전리되어 있기 때문에 **담즙산염**이라 한다. 따라서 담즙산의 taurine(또는 glycine) 염이라고 표현하는 것이 더 적절하지만 편의상 담즙산염이라 하며 담즙산도 이와 같은 의미로 사용된다. 담즙산염의 소수성 부분은 지방을 중심으로 가운데로 향해 서로 결합하고, 친수성 부분은 밖의 물 분자와 결합하여 지방과 물 사이의 장력을 줄여 지방분해효소인 lipase가 작용할 수 있는 표면적을 넓혀 이 효소의 작용을 용이하게 만든다. 또한 담즙산염은 지방의 소화뿐만 아니라 지방, 인지질, cholesterol 및 지용성 비타민(A D, E 및 K)의 흡수에도 필수적이다.

담즙으로 분비되는 담즙산염의 대부분(90% 이상)은 회장에서 다시 흡수되어 문맥을

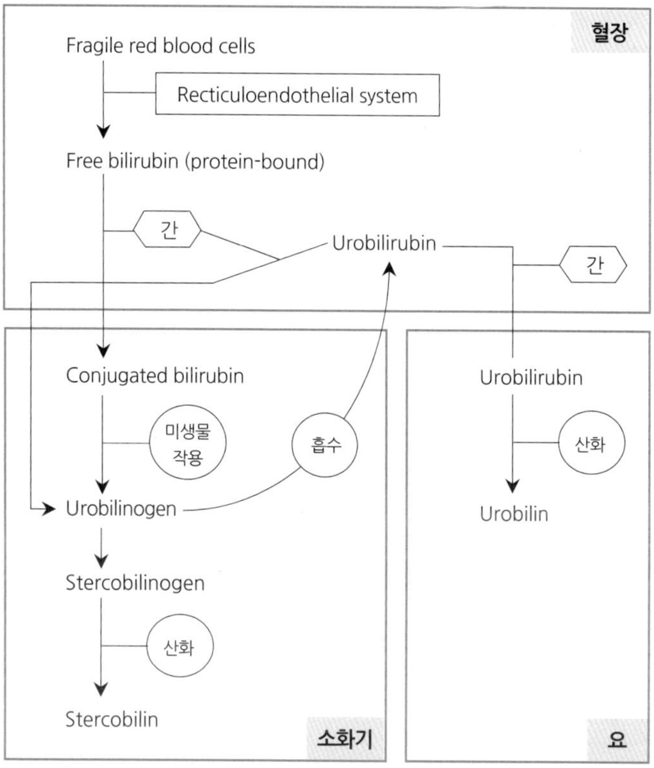

그림 2-43 담즙의 생성과 대사 과정

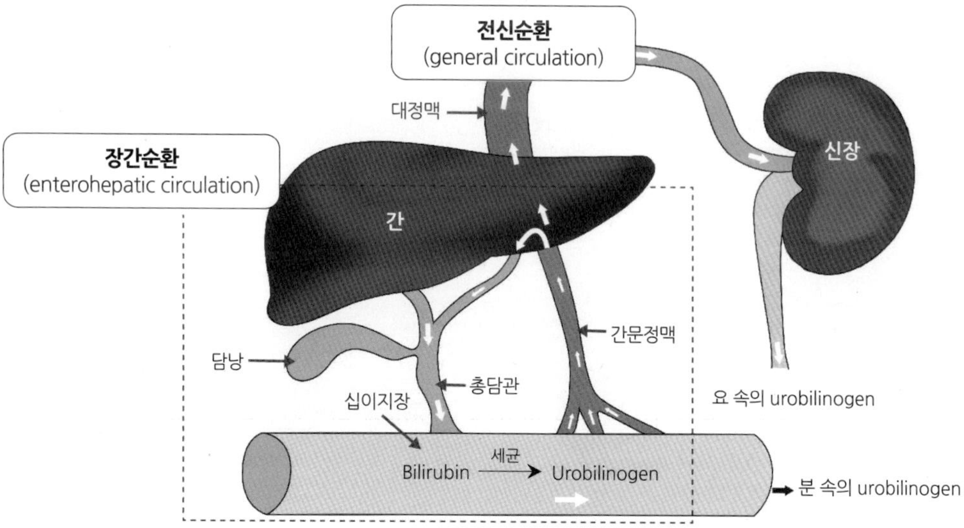

그림 2-44 Urobilinogen의 장간순환과 전신순환

거쳐 간장으로 돌아가서 분비된다. 그리하여 실제로 간장에서 합성되는 담즙산의 양은 그리 많지 않다. 이와 같이 담즙산염이 간과 소장을 순환하는 것을 담즙산염의 **장간순환**(enterohepatic circulation)이라 한다. 장간순환을 하지 않는 나머지는 대정맥을 통한 **전신순환**(체순환, genera1 circulation)으로 들어간다(그림 2-44).

2. 영양소의 소화

소화는 물리·화학적 작용에 의해 사료 중의 입자나 분자가 흡수되기 적당한 상태로 분해되는 과정을 말한다. 그림 2-45는 소화기관별로 영양소의 소화 과정을 개략적으로 모식화한 것인데, 반추동물의 영양소 소화는 주로 반추위 미생물에 의해 일어나고 그 중요성도 높다.

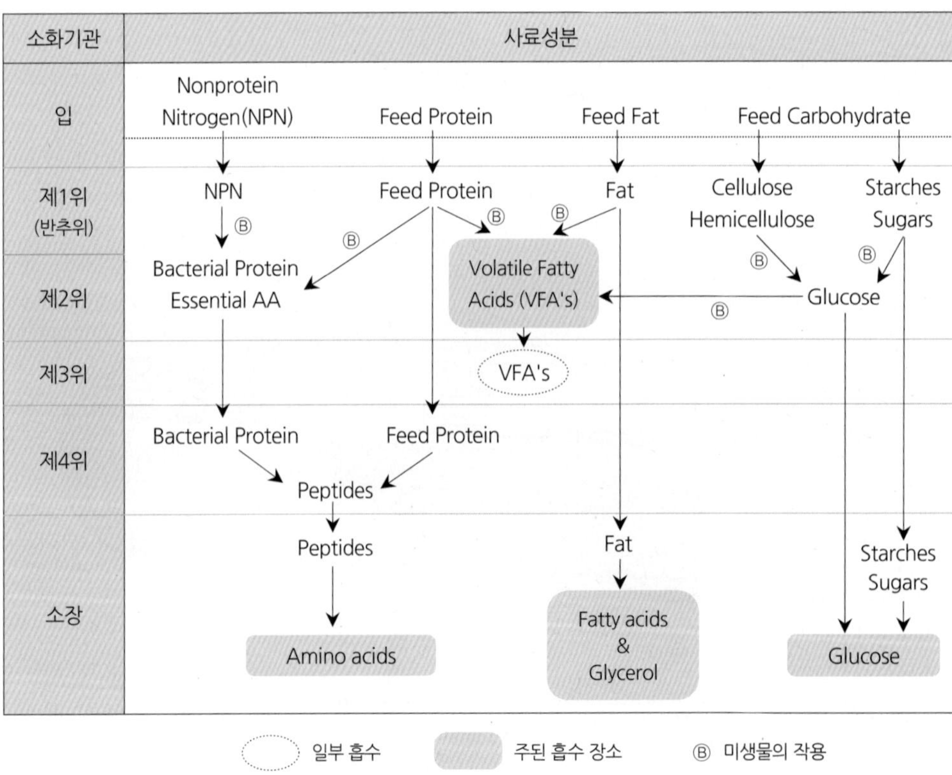

그림 2-45 소화기관별 영양소 소화 과정의 모식도

1) 위

(1) 제1위에서의 소화

제1위에는 소화효소를 분비하는 분비선은 없지만, 그곳에 서식하는 많은 종류의 미생물이 분비하는 효소에 의해 사료의 소화가 이루어진다. 반추동물이 섭취한 사료의 가소화 건물(digestible dry matter) 중 70~85%는 반추위 미생물에 의해 소화되며, 반추위 미생물의 발효작용으로 VFA, CO_2, CH_4, NH_3, 미생물체 단백질 등이 생성된다.

① 탄수화물

사료 중의 탄수화물은 그 종류가 상당히 많고, 제1위에서 소화되는 과정도 복잡하다. 사료 중의 탄수화물로는 다당류인 cellulose, hemicellulose, fructosan, pentosan, pectin, 전분 및 기타 여러 가지 종류의 단당류가 있다. 전분은 체내에서 분비되는 효소에 의해 모든 동물이 소화시킬 수 있지만, 세포벽을 구성하고 있는 cellulose, hemicellulose와 pectin은 반추위 미생물과 맹장의 미생물이 분비하는 효소인 cellulase, xylanase와 pectinase에 의해서만 분해가 가능하다. 반추동물이 섭취하는 탄수화물은 주로 섬유소와 전분인데, 이들은 glucose 분자가 길게 연결된 다당류이다. 전분은 glucose의 연결이 α-1,4 결합으로 이루어져 있어 동물의 소화관에서 분비되는 탄수화물분해효소로써 분해될 수 있지만, 섬유소는 glucose의 연결이 β-1,4 결합으로 되어(그림 2-46), 반드시 미생물이 분비하는 효소인 cellulase에 의해서만 분해된다. 그러므로 반추동물은 인간을 포함한 단위동물이 거의 이용할 수 없는 섬유질을 분해하여 그들이 필요로 하는 영양소로 이용할 수 있다.

반추동물이 섭취한 탄수화물 중에서 수용성 당이 가장 쉽게 발효되고, 전분이 그 다음이며, 섬유질은 가장 천천히 발효된다. 일반적으로 가용성 탄수화물은 1시간 이내에, 전분은 5~6시간 이내에 전부 발효되지만, 섬유질 사료는 72시간이 경과해도 절반 이하만 분해된다. 탄수화물의 반추위내 소화율은 glucose가 99.4%, 전분이 85.5%, cellulose가 60.6% 정도 된다.

섭취한 탄수화물은 그 구성이 무엇이든 미생물에 의해 발효되어 저급 지방산인 VFA로 전변되는데, 주종을 이루는 VFA는 acetate(C2), propionate(C3), butyrate(C4)이며, 그 밖에도 valerate(C5), iso-butyrate(iC4), iso-valerate(iC5) 등이 생성되지만 그 양은 극히 소량이다. 각 VFA의 생성 비율 또는 농도는 사료의 종류, 가공방법, 물리적 형태, 조사료와 농후사료의 비율, 사료 급여 수준과 빈도 등 많은 요인에 의해 크게 영향을 받지만,

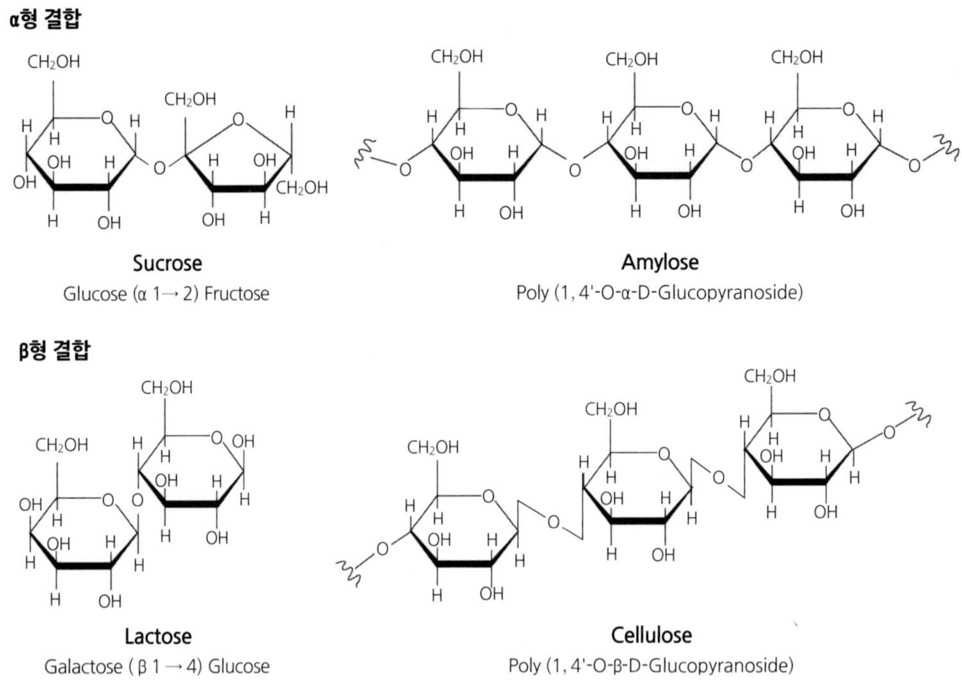

그림 2-46 당류의 결합방식

대개 acetate는 60~70%, propionate는 15~25%, butyrate는 8~15%, 그리고 기타 산들은 2~8% 범위이다.

일반적으로 조사료의 급여량이 많고 가공이 덜 된 사료일수록 생성된 총 VFA 중에서 acetate의 생성 비율이 증가하고, propionate와 butyrate의 상대적 비율은 감소한다. 이와 반대로 농후사료의 급여 비율이 높거나, 조사료를 분쇄 또는 펠렛화하거나, 농후사료를 펠렛화 또는 열처리하거나, 불포화지방산의 급여 수준이 높거나, 훈증압착된 사료의 급여량이 증가할수록 총산 중 acetate의 비율이 감소하고 propionate의 비율은 증가한다. 이렇게 VFA 조성에 변화가 생기면 유지율이 떨어지고 체지방의 축적으로 체중이 증가한다. Butyrate는 사료 중 전분과 단백질이 많은 경우에 증가하나 일정한 경향을 나타내지 않는 경우가 많다. Iso-butyrate와 iso-valerate는 아미노산의 탈아미노반응에 의해 생기기 때문에, 단백질 함유율이 높은 사료를 급여하면 증가하는 경향이 있다. 반추위내 VFA 농도는 사료 급여 후 시간이 경과함에 따라서도 변하는데, 사료 급여 후 2~3시간에 산의 총함량은 사료 급여 전의 약 2배가 된다. 특히 acetate보다 propionate의 농도 변화가 심하며, butyrate의 변화는 비교적 적다.

한편, 탄수화물이 발효될 때 생성되는 가스의 조성은 CO_2가 60% 정도, CH_4는 30~40% 정도이다. CO_2는 주로 당류의 발효와 아미노산의 분해에 의해 생성되고, 타액에 존재하는 중탄산염과 VFA의 중화작용에 의해서도 생성된다. CH_4는 미생물의 환원작용에 의해 CO_2로부터 형성된다. 가스 생산은 채식 후 발효가 최대에 이르는 2~4시간 사이에 가장 활발하게 일어나며, 이때 소의 경우 가스생산량은 시간당 약 40L에 달한다. 생성된 가스는 거의 모두가 트림을 통해 제거된다. 특히 CH_4는 고에너지 화합물이기 때문에 CH_4의 발생은 사료의 총가소화에너지 중 상당 부분(2~13%)이 손실되는 원인이 된다.

② 단백질

사료 중의 단백질은 반추위내 박테리아의 분해작용에 의해 peptide를 거쳐 아미노산으로 되며, 아미노산은 다시 NH_3, VFA와 CO_2로 전환된다. 단백질 분해속도는 사료단백질의 용해도에 따라 다른데, 용해하기 쉬운 만큼 빨리 분해된다. 또한 목초 중에 많이 함유되어 있는 질산염(NO_3^-), peptide 및 요소(urea)와 같은 비단백태 질소화합물도 반추위 미생물에 의해 NH_3로 분해된다. 반추위에서 생산된 아미노산과 NH_3는 대부분 미생물의 질소원으로 이용되어 미생물체 단백질로 합성된다.

한편 단백질과 비단백태 질소화합물이 분해될 때 과잉 생산된 NH_3는 제1위벽을 통해 흡수되어 간장의 요소회로를 통해 요소로 합성되고, 합성된 요소의 일부는 타액선으로 운반되어 타액의 성분으로서 제1위로 분비되거나, 소량이지만 일부는 제1위벽을 통해 제1위 안으로 직접 확산되어 들어가서 다시 미생물의 질소원으로 이용된다. 이 과정은 계속적으로 반복해서 일어나는데, 이를 **질소 재순환**(nitrogen recycling)이라 한다. 이와 같이 여분의 NH_3는 재순환 질소로 유용하게 이용되기도 하지만, 반추위내 NH_3 농도가 간장의 요소합성능력을 훨씬 초과할 때는 혈액 중에 NH_3가 과도하게 축적되어 NH_3 중독이 발생하는 경우도 생긴다. 실제 과도한 질소 공급으로 NH_3 중독이 발생하는 경우가 있으므로 단백질은 반추위 미생물의 증식에 필요한 질소 공급 수준(5~20mg/100mL)을 유지할 정도만 공급해야 한다.

또한 제1위에서 합성된 미생물체 단백질과 미생물의 분해를 받지 않은 **반추위 미분해 단백질**(rumen undegradable protein; RUP)은 제4위와 소장으로 유입되어 단백질소화효소에 의해 아미노산으로 바뀌어 이용된다. 반추동물의 소화기관에서 일어나는 단백질의 소화를 도식화하면 그림 2-47과 같다. 최근에는 사료단백질의 이용성 측면에서 반추위 미생물의 분해를 받지 않는 미분해 단백질에 대한 관심이 높아지고 있다. 반추위내 분해도

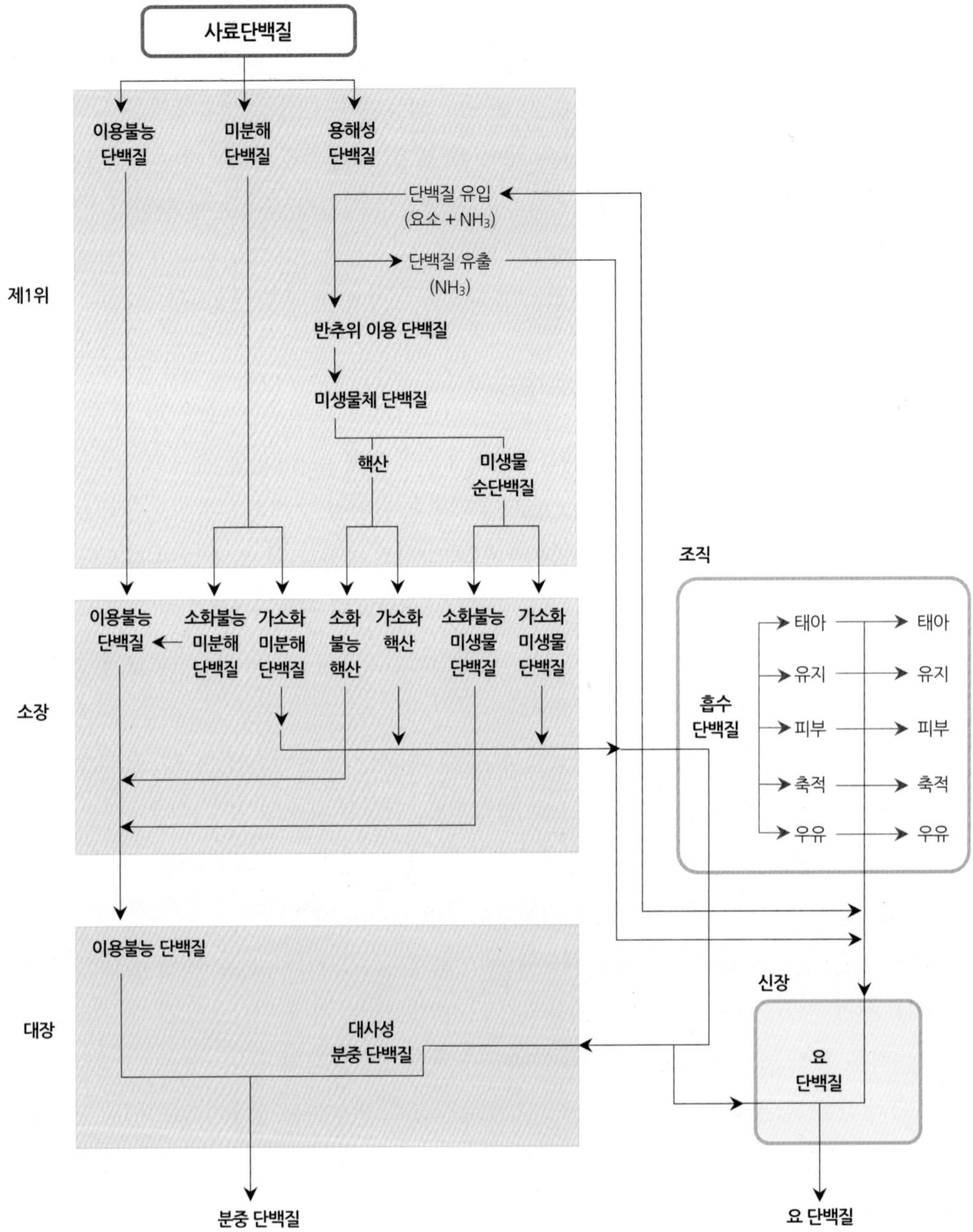

그림 2-47 반추동물에서의 질소 대사 (NRC, 1985)

(degradability)는 단백질의 종류에 따라 달라서, 일부의 사료단백질(옥수수글루텐 밀, 주정박, 어분, 혈분 등)은 반추위에서 상당한 부분이 분해되지 않고 반추위를 통과하여 소장

에서 소화·흡수되는 특징을 지니고 있다.

이와 같이 반추위 미생물에 의해 분해되지 않고 반추위를 통과하는 단백질을 **반추위 우회 단백질**(rumen by-pass protein)이라 한다. 특히 단백질요구량이 높은 고능력우(젖소)의 경우는 미생물체 단백질로 그 요구량을 충족시키기에는 불충분하기 때문에 사료를 통한 우회(by-pass) 단백질의 공급이 필요하다.

③ 지방

사료에 함유된 지방은 대부분이 난용성인 중성지방(triacylglycerol 혹은 triglyceride)의 형태로 존재하며, 반추동물의 사료 중 지질의 함량은 대부분 5% 이하이다. 반추동물이 섭취하는 사료 중 목초에는 linoleic acid, linolenic acid와 같은 불포화지방산의 함유율이 높은 당지질(galactolipid)과 인지질(phospholipid)이 많이 들어 있는 반면, 농후사료에는 oleic acid, linoleic acid의 함유율이 높은 중성지방이 많이 들어 있다. 반추위 미생물에 의한 지방의 소화 과정은 그림 2-48에서 보는 바와 같다.

반추위 미생물은 지방산과 glycerol의 ester 결합을 가수분해하여 당(sugar)과 지방산을 유리시키고, 반추위에 존재하는 풍부한 H^+을 이용하여 불포화지방산을 포화지방산으로 전환시킨다(수소첨가 작용). 또한 미생물은 불포화지방산의 이중결합 위치를 변화시키거나, 정상적인 cis형 이중결합을 trans형으로 바꾸기도 한다.

한편, 가수분해로 유리된 당과 glycerol은 미생물 발효에 의해 VFA로 전환되며, 미생물은 VFA를 이용하여 myristic acid, palmitic acid와 같은 새로운 지방산 및 미생물체 지방을 합성하기도 한다. 또한 사료 중에 없는 탄소 수가 홀수인 지방산(C13~C17)과 미생물 세포막을 구성하는 인지질도 반추위 미생물에 의해 합성된다. 그래서 반추위를 통과하는 지방은 85~90%의 **유리지방산**과 10~15%의 **인지질**로 크게 구분된다. 인지질은 미생물 세포의 일부분으로 수송되는 반면, 유리지방산은 사료 입자 등에 부착되어 하부 소화관으로 이송된다. 반추위를 통과하는 지방산은 고도로 포화되어 80~90%가 palmitic acid와 stearic acid로 구성되어 있다.

이처럼 반추위에서 분해 또는 합성된 지방산과 지방은 소장에서 소화·흡수되어 체지방에 축적되므로 반추동물의 체지방 조직에는 다량의 포화지방산과 탄소 수가 홀수인 지방산이 존재하게 된다. 특히 반추위 미생물은 사료의 지방 함유율이 높으면 이상발효를 일으키기 쉬우므로 지방을 첨가할 때도 총사료의 5~7%를 초과하지 않는 것이 좋다. 다량의 지방을 급여할 필요가 있을 때는 casein이나 formaldehyde로 코팅된 지방(coated fat)이나 Ca

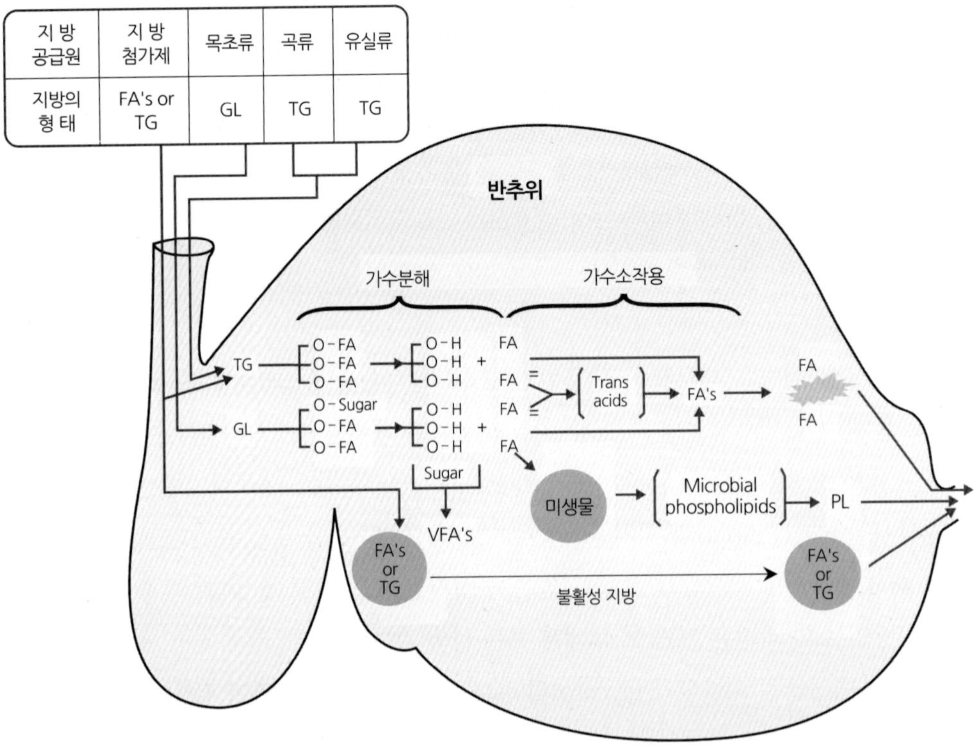

GL: glycolipids, TG: triglycerides, FA's: mixture of fatty acids, FA: saturated fatty acids, FA =: unsaturated fatty acids; VFA's: volatile fatty acids, PL: phospholipids, Trans acids: Intermediates in the hydrogenation process, FA: 사료에 부착된 지방산.

그림 2-48 반추위내 지방의 소화 과정

과 염을 형성한 보호지방(protected fat)을 급여하여 미생물의 작용을 차단해야 한다.

(2) 제4위에서의 소화

소화관의 분비선에서는 여러 종류의 단백질소화효소가 분비되지만(표 2-19 참조), 제4위의 소화에 큰 영향을 주는 것은 pepsin뿐이다. Gastric lipase가 분비되지만 소화에 영향을 줄 정도는 아니다.

기저부의 주세포에서 분비된 pepsinogen은 HCl에 의해 자동으로 pepsin으로 활성화되어 부분적으로 단백질 분해작용을 한다. 포유중인 송아지의 위액에 존재하는 또 다른 단백질분해효소인 rennin은 유단백질을 응고시키는 역할을 한다. 또한 위액에는 소량의 lipase가 존재하는데, 성축의 지방 소화에는 큰 영향을 미치지 못하지만, 포유중인 반추동물에서는 중요한 역할을 하는 것으로 알려져 있다. 유문부선은 주로 점액을 분비하지만 소

표 2-19 소화관 내강에 있는 단백질분해효소

소화효소	작용구분	분비부위	전구물질	활성인자
Pepsin	Endopeptidase	Gastric glands	Pepsinogen	HCl, pepsin
Chymosin(rennin)	Endopeptidase	Gastric glands	Chymosinogen	
Trypsin	Endopeptidase	Pancreas	Trypsinogen	Enterokinase
Chymotrypsin	Endopeptidase	Pancreas	Chymotrypsinogen	Trypsin
Elastase	Endopeptidase	Pancreas	Pro-elastase	Trypsin
Carboxypeptidase A	Exopeptidase A	Pancreas	Pro-carboxypeptidase A	Trypsin
Carboxypeptidase B	Exopeptidase B	Pancreas	Pro-carboxypeptidase B	Trypsin

량의 pepsinogen도 분비한다.

2) 소장

소장에서는 십이지장액, 장액, 담즙, 췌장액 등이 분비된다. 십이지장선(Brunner 선)은 알칼리성 점액을 분비해 산성 미즙으로부터 십이지장 점막을 보호한다. 간에서 분비되는 담즙은 지방분해효소를 함유하고 있지 않지만 지방의 소화와 흡수에 중요한 기능을 한다. 또한 췌장은 여러 가지 소화효소가 함유된 췌장액을 분비한다. 그리고 장액선은 소장 전체에 걸쳐 분포하고 있다. 앞에서 설명한 것처럼 소장액에는 여러 가지 소화효소가 들어 있어 영양소를 소화시킨다.

(1) 탄수화물

소장으로 유입되는 탄수화물은 반추위에서 발효되지 않은 cellulose와 hemicellulose 등의 세포벽 구성물질과 전분 그리고 반추위에서 합성된 박테리아 및 프로토조아 탄수화물이며, 이들은 주로 lactose, sucrose, 전분, 섬유성 탄수화물(fibrous carbohydrate)로 구성되어 있다. 섬유성 탄수화물은 cellulose와 hemicellulose를 말한다. Cellulose는 glucose가 β-1,4 결합으로 된 다당류(polysaccharide)이며 hemicellulose는 pentosan과 hexosan이 결합되어 있다.

소장으로 유입되는 전분의 2가지 주요 형태는 amylose와 amylopectin인데, amylose는 α-1,4 결합에 의한 glucose의 반복적인 결합으로 이루어져 있고 amylopectin은 α-1,6 결합의 잔기를 갖고 있다. 소장으로 유입된 전분은 일차적으로 췌장에서 분비되는 α-amylase의 작용으로 maltose, maltotriose, iso-maltose(α-1,6 결합) 및 α-dextrin(α-1,4

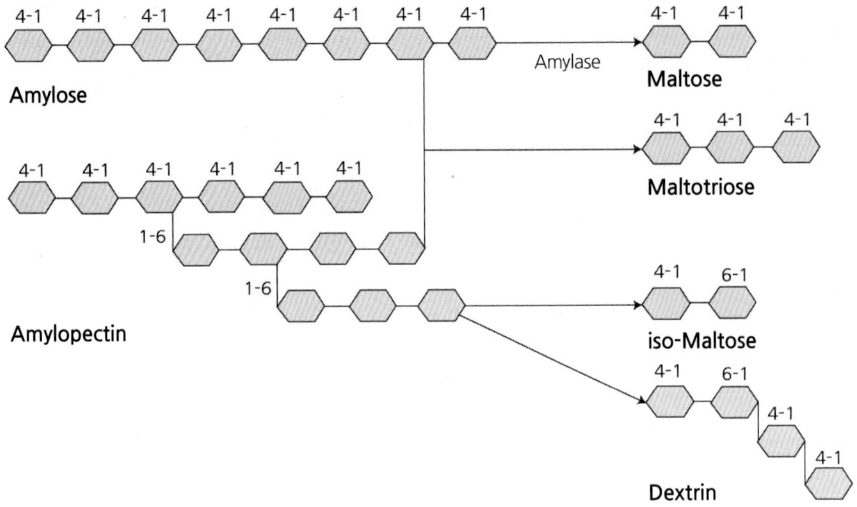

그림 2-49 소장으로 유입되는 전분의 형태와 분해

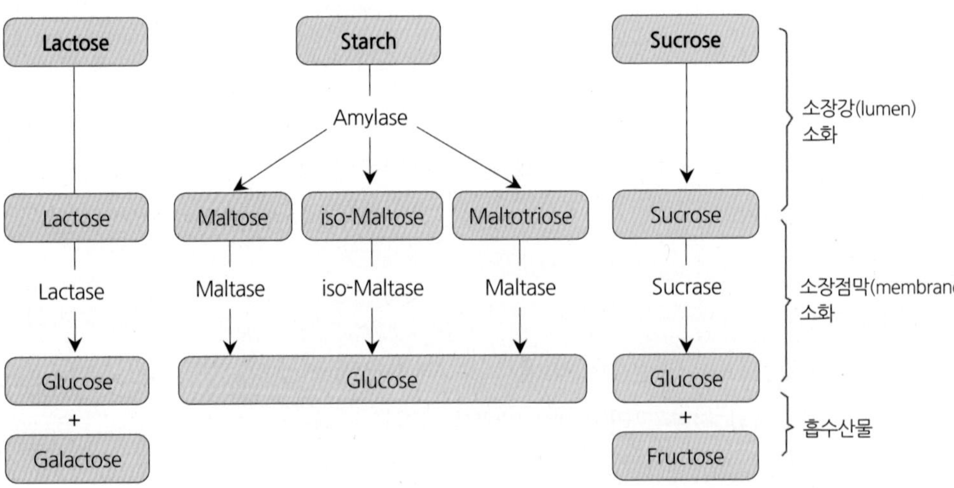

그림 2-50 소장강과 소장막에서의 탄수화물 소화 경로

결합과 α-1,6 결합이 함께 포함)으로 분해되지만 결코 단당류로는 분해되지 않는다(그림 2-49).

이러한 분해산물들은 사료 중에 함유된 이당류와 함께 솔변연에 존재하는 이당류 분해 효소에 의해 단당류로 분해되어 흡수된다. 즉 말과 같은 단위 초식동물을 제외하면 십이지장으로 분비되는 막대한 양의 췌장 amylase에 의해 탄수화물은 공상에 이르면 소화가 거의 완료된다. 그러나 송아지는 췌장 amylase의 활력이 낮기 때문에 다른 동물에 비해 전분을 분해하는 능력이 낮다. 또한 어린 송아지는 lactose를 galactose와 glucose로 쉽게 분해할 수 있지만 반추동물의 점막에는 sucrase가 없을 뿐만 아니라 신생 동물이나 반추동물에서는 maltase의 활동도가 낮으므로 sucrose와 전분의 소화능력은 낮다. 이당류는 단당류로 분해되어야만 비로소 흡수가 가능하다(그림 2-50). 또한 β-결합물도 분해할 수 없으므로 β-결합으로 된 탄수화물은 소장에서 소화되지 않는다.

그림 2-50에서와 같이 소장강에서 췌장 amylase에 의해 분해된 과당류는 장점막의 소융모(microvilli, brush border)로 옮겨져 그곳의 소화효소인 dextrinase와 maltase에 의해 분해되어 세포막을 통과한다. Sucrose는 장점막의 sucrase에 의해 glucose와 fructose로 분해되고, lactose는 lactase에 의해 galactose와 glucose로 분해된다. 탄수화물 소화의 최종산물인 단당류는 소장 상피세포를 통해 흡수된다.

(2) 단백질

반추동물의 소장에 도달하는 단백질은 미분해 사료단백질(반추위 미생물의 분해를 받지 않는 것), 미생물체 단백질 및 내생 단백질로 구성되어 있으며, 이들 단백질은 단위동물에서와 같은 방식으로 분해되고 흡수된다. 또한 반추동물은 단위동물에 비해 소장으로 유입되는 단백질 중 미생물체 단백질이 차지하는 부분이 크고, 소화물의 유입이 비교적 연속적이며, 높은 산성을 나타낸다.

단백질의 소화는 pepsin의 작용으로 위에서부터 시작되며 소장에서는 췌장에서 분비된 단백질분해효소에 의해 이루어진다. 췌장에서 분비되는 이들 효소들은 크게 2종류로 구분된다. 하나는 endopeptidase로 trypsin, chymotrypsin과 elastase가 속하고, 다른 하나는 exopeptidase로 carboxypeptidase A와 B가 이에 속한다. 전자는 단백질과 peptide 내부에 있는 결합을 분해하고, 후자는 단백질과 peptide의 외부결합, 즉 peptide의 종말부 결합을 분해한다(그림 2-51).

활성화된 trypsin은 위에서 pepsin에 의해 소화되지 않은 단백질이나 소화된 peptide에 작용하여 peptide chain 중 염기성 아미노산(lysin, arginine 등)의 결합을 분해하여 C-말단에 염기성 아미노산이 부착된 peptide를 유리한다. 또한 chymotrypsin은 방향족 아미노산(leucine, glutamine, phenylalanine, tryosine, tryptophan 및 methionine)의 peptide 결합을 분해하여 C-말단에 이들 아미노산이 부착된 peptide를 유리시킨다.

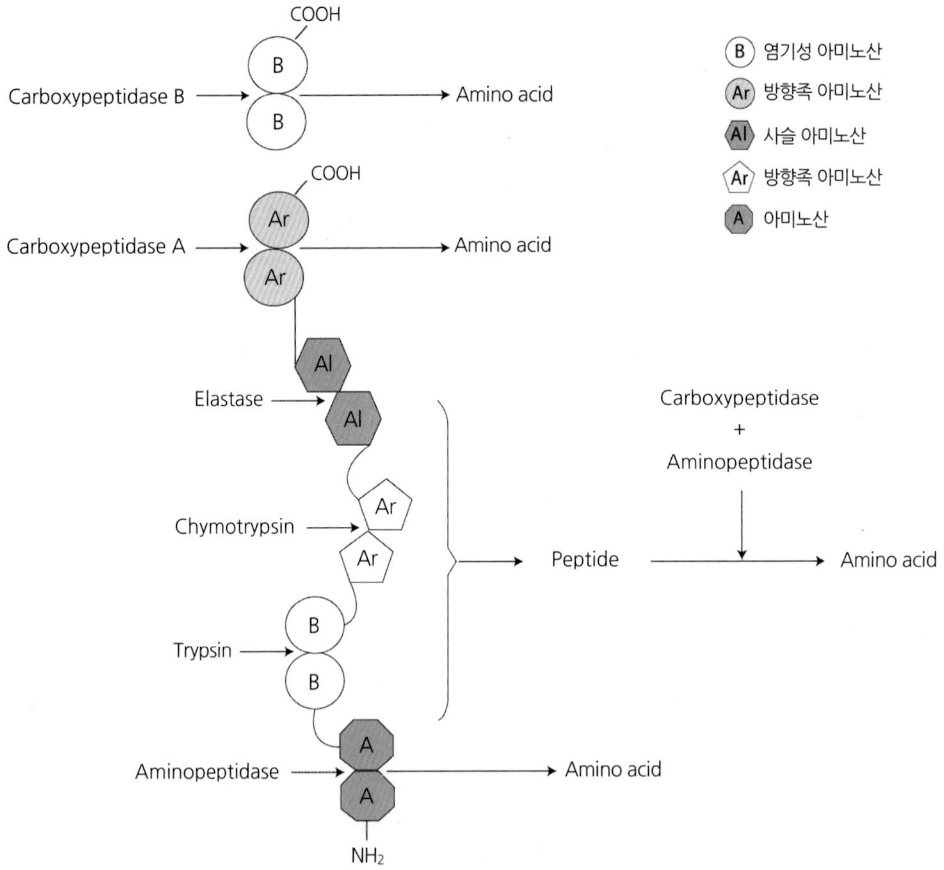

그림 2-51 췌장 단백질분해효소의 작용 위치

Elastase는 중성 또는 지방족 α-아미노산의 결합을 분해하여 aliphatic C-말단 peptide로 분해시킨다. Carboxypeptidase A는 방향족 아미노산이나 α-아미노산을 가지는 peptide에 작용하여 중성 또는 산성 아미노산이나 작은 peptide로 분해하며, carboxypeptidase B는 lysine 또는 arginine을 가지는 peptide를 염기성 아미노산으로 분해한다. Aminopeptidase는 유리 α-아미노기가 있는 단백질이나 peptide로부터 아미노산을 유리시킨다.

한편 핵단백질은 췌장액에 들어 있는 nuclease에 의해 nucleotide로 분해되고 이것은 바로 점막세포 표면에 있는 nucleotidase에 의해 nucleoside와 인산으로 분해된 다음 흡수된다. 각종 단백질 효소의 분해작용으로 생성된 작은 peptide(2~6개의 아미노산)는 솔변연에서 aminopeptidase와 dipeptidase에 의해 더욱 가수분해되어 아미노산, dipeptide 및 tripeptide로 분해된다.

유리아미노산은 glucose처럼 Na과 공동운반(cotransport)에 의해 흡수되는데, 여기에는 서로 다른 2가지의 운반계가 존재한다. 하나는 중성 아미노산을 위한 운반계이고 다른 하나는 염기아미노산을 위한 운반계이다. 이에 더하여 dipeptide나 tripeptide를 상피세포 안으로 운반하는 운반계도 따로 존재한다. 유리아미노산으로 운반되는 양보다 이들 peptide로 운반되는 양이 더 많다. 다행히 이들 peptide는 상피세포 안에서 90% 이상이 유리아미노산으로 가수분해되어 흡수되며, 10% 정도는 가수분해되지 않은 상태로 혈액으로 들어간다.

(3) 지방

사료 중의 지방은 단위동물의 경우 십이지장 이전에서는 소화가 거의 일어나지 않는 데 반하여, 반추동물의 경우는 소장에 도달하기 전에 반추위 미생물의 작용에 의해 지질 성분에 상당한 질적인 변화가 일어난다. 따라서 제4위로 들어오는 지질 중 유리지방산이 차지하는 비율이 70~80%에 달하며, 나머지 지질의 대부분은 미생물체 지질에서 유래되는 인지질이다. 그러나 십이지장으로 유입된 소화물에는 십이지장에서 담즙 분비물(biliary secretions)의 영향으로 제4위의 소화물보다 에스테르화 지방산(esterified fatty acid)과 인지질의 함량이 높은 특징이 있다. 이러한 지질은 소장에서 쉽게 분해되어 단위동물에서와 같은 방식으로 십이지장 하부와 공장 상부에서 흡수된다.

소장에서 지방의 소화는 담즙산염과 췌장 lipase의 작용에 의해 일어난다. 담즙산염은 소장의 pH를 알칼리성으로 유지시키며, lipase를 활성화하고, 지방을 유화(emulsification)시켜 지방의 가수분해와 흡수를 돕는 역할을 한다.

췌장에서 분비되는 췌장 lipase는 담즙산염과 췌장에서 분비되는 polypeptide(colipase)의 도움을 받아 중성지방(triglyceride; TG)을 가수분해한다. Colipase는 췌장에서 procolipase의 형태로 분비되지만, 소장에서는 단백질분해효소에 의해 colipase로 활성화되어 lipase가 지방에 붙어 가수분해할 수 있도록 한다. 담즙산염에 의해 유화된 중성지방이 완전히 가수분해되면 glycerol과 지방산이 된다. 그러나 췌장 lipase는 제1,3 ester 결합의 위치를 잘라주므로 실제로는 지방산 둘과 한 분자의 2-monoacylglycerol(2-MG 혹은 β-MG)이 생성된다.

3) 대장

대장에서는 소화효소가 분비되지 않을 뿐 아니라 육식동물의 경우 대부분의 소화·흡수가 소장에서 완료되므로 대장의 소화·흡수 기능은 소장에 비하면 중요하지 않다. 반면에 대장의 소화는 말과 같은 비반추 초식동물에서는 아주 중요하다. 예를 들면 말의 경우는 반추동물의 반추위 소화에서처럼 대장에서 미생물에 의한 소화가 이루어진다. 즉 말에서는 섭취한 탄수화물의 50% 정도가 대장으로 들어오며, 불용성 탄수화물은 거의 대부분이 대장에 이른다. 잡식동물과 비반추 초식동물의 대장에서는 탄수화물이 미생물에 의한 발효과정을 거쳐 소화·흡수되지만 반추동물에서와는 달리 사멸된 미생물이 어떻게 소화·흡수되는지는 아직 명확하게 밝혀져 있지 않다. 한편 비타민 K, 비타민 B_{12}, thiamine, riboflavin과 같은 비타민이 합성되고 CO_2, CH_4, H_2를 비롯한 가스가 생성된다. 이들 중에 비타민 K는 사료를 통해 섭취되는 양이 혈액응고에 불충분하기 때문에 대장에서의 합성이 상당히 중요하다.

(1) 탄수화물

대장으로 들어오는 탄수화물은 대장의 미생물이 분비하는 효소에 의해 주로 6탄당으로 분해된 후 VFA와 가스로 전환된다. 대장에서 VFA의 생성과 흡수는 대장강내 pH와 삼투압 등에 의해 크게 영향을 받는다. 대장내의 pH가 내려가면 반추동물의 제1위에서와 같이 VFA를 생성하는 세균 수가 감소하고 lactate를 생성하는 세균 수가 증가하므로 VFA에 비해 lactate의 생성량이 많아지고 이에 따라 pH가 떨어져 장점막이 손상된다. 장내의 산성화와 삼투압 증가는 혈액으로부터 소화관으로 수분을 이동시키므로 탈수를 유발하고 산중독증을 초래하기도 한다. 그러므로 대장의 정상적인 기능을 유지하는 데는 내강의 pH를 조절하는 것이 중요하다.

대장강내 pH의 조절은 장내의 HCO_3^-와 PO_4^{3-}의 중화작용에 주로 의존한다. 반추동물의 제1위에서 과도한 유기산을 생성하여 pH가 낮아지는 것을 방지하는 중화계가 있듯이, 유기산의 생성이 활발한 말이나 돼지의 대장에도 2종류의 중화계, 즉 **탄산중화계**와 **인산중화계**가 있다. 즉 개와 고양이에서는 대장으로 들어가는 HCO_3^- 농도가 크게 높지 않은 데 비해, 말과 돼지에서는 공장에 이르기까지는 HCO_3^- 농도가 높지 않으나 회장에 이르면 100mM 정도로 증가하여 많은 양의 HCO_3^-이 대장으로 유입된다. 이러한 HCO_3^-는 대장에서 $NaHCO_3 + HA \rightarrow NaA + CO_2 + H_2O$가 되어 HCO_3^-가 소멸하는 대신 H^+가 중화되므로 대장은 새로운 HCO_3^-를 분비할 수 있게 된다.

반추동물의 소화관에 있는 대부분의 인산은 타액으로부터 얻어지지만 단위동물은 사료로부터 더 많이 얻는다. 인산은 소화관에서 흡수가 잘 되지 않으므로 장 내용물이 하부로 이동함에 따라 수분이 흡수되어 인산의 농도는 증가하기 마련이다. 그리하여 $Na_2HPO_4 + HA \rightarrow NaH_2PO_4 + NaA$로 진행되어 대변으로 배설된다. 즉 인산완충계의 경우는 H^+이 대변을 통해 배설되게 하고 탄산완충계에 의해 생성된 CO_2는 호흡을 통해 배출된다.

(2) 단백질

대장에서의 단백질 소화에 대해서는 잘 알려져 있지 않지만 반추위에서의 단백질 소화와 비슷할 것으로 생각된다. 반추동물에서는 합성된 미생물체 단백질이 소장을 통과하면서 소화효소에 의해 소화·흡수될 수 있지만, 대장에서는 미생물체 단백질을 분해할 수 있는 효소의 분비나 아미노산 또는 peptide가 쉽게 흡수될 수 있는 기전이 있는지 명확하지는 않다. 대장에서의 질소 이용은 NH_3 생성과 흡수의 측면에서 중요하다. 즉 요소, 사료 단백질, 아미노산으로부터 많은 양의 NH_3가 생성된다. 혈중 요소는 농도차에 따라 장으로 확산된다. 이러한 요소는 장내 세균 urease에 의해 NH_3로 전환되므로 대장 안의 요소 농도는 항상 낮게 유지된다. 이와 같이 생성된 NH_3는 미생물체 단백질의 합성에 이용되기도 하고 흡수되기도 한다. 이러한 과정은 질소를 가능한 분으로 적게 배설하도록 하는 일종의 질소 보존 기능이다.

3. 영양소의 흡수

영양소의 흡수에 영향을 주는 가장 큰 요인은 **흡수면적**이다. 접촉 면적이 클수록 단위시간당 흡수량이 많다. 반추위벽과 소장점막 표면은 모두 유두가 발달되어 있어 영양소를 흡수하기에 매우 적절하다. 소화기관의 구조로 보아 반추위와 소장이 영양소 흡수의 주된 기관이라는 것을 쉽게 알 수 있다.

1) 위

(1) 제1위

① VFA의 흡수

제1위에서 탄수화물의 발효로 생성된 VFA는 거의 대부분 단순확산에 의해 제1위벽을 통해 흡수되며, 나머지의 대부분도 제2위벽과 제3위벽에서 흡수된다. 반추위에서 흡수되는 VFA는 76% 정도이고, 19%가 제3위나 제4위에서 흡수되며 나머지 5% 정도가 소장으로

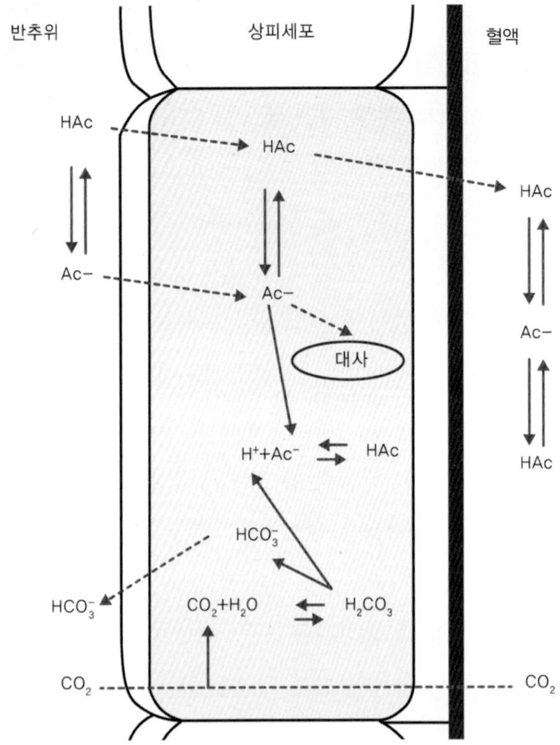

그림 2-52 제1위벽을 통한 VFA의 흡수 모형

내려간다. 반추위벽을 통한 VFA의 흡수속도는 pH에 의해 영향을 받는다(그림 2-52). pH가 낮으면 VFA는 이온화되지 않은 상태이므로 빨리 흡수되는데 이것은 이온화되지 않은 산(HAc)이 직접 세포 안으로 흡수되고, 또 혈액 쪽으로 쉽게 이동할 수 있기 때문이다. 정상적인 pH에서의 VFA 흡수속도는 acetate가 가장 빠르고 propionate, butyrate의 순이지만, pH가 아주 높은 경우에는 acetate, propionate와 butyrate의 흡수속도는 거의 동일한 것으로 알려져 있다. 흡수된 VFA는 제1위 정맥을 통해 문맥을 거쳐 간장으로 들어간다.

② NH_3의 흡수

사료내 질소화합물은 반추위에서 아미노산을 거쳐 NH_3로 분해되는데, NH_3는 **확산**(diffusion)에 의해 제1위벽에서 흡수되며 이러한 과정은 반추위내 NH_3 농도와 pH가 높을수록 더 잘 일어난다. 흡수된 NH_3는 문맥을 통해 간으로 이동되며, 간에서 요소로 전환되어 배설되거나 순환질소로서 이용된다. 아미노산의 일부도 제1위벽에서 흡수되지만 그 양은 매우 적다.

③ 무기물의 흡수

무기물의 대부분은 제1위벽에서 흡수되지만, 흡수 기전은 매우 복잡하다. Na^+은 제1위내 농도가 낮은데도 제1위벽에서 흡수가 되는 것으로 보아 **능동수송**(active transport)에 의해 흡수되는 것으로 보인다. K^+은 **단순확산**(simple diffusion)에 의해 흡수되지만, 가끔 혈액에서 제1위로 분비가 일어나는 경우도 있다. Mg^{2+}도 제1위벽에서 흡수가 상당히 잘 되는 것으로 알려져 있으며, Ca^{2+}는 제1위벽을 통과하지만 제1위내 용해도가 낮아 그 양은 그리 많지 않다. 또 Cl^-은 제1위내 농도가 낮은데도 제1위벽에서 흡수가 잘 이루어지는데, 이는 제1위와 혈액 간의 전위차와 능동수송 때문인 것으로 보인다. PO_4^{3-}는 제1위내 농도가 높은데도 제1위벽에서의 흡수는 거의 없다.

(2) 제2위

제1위에서와 마찬가지로 탄수화물의 발효로 생성된 VFA는 단순확산에 의해 제2위벽으로 흡수된다.

(3) 제3위

제3위에서는 VFA와 무기물의 흡수가 일어나며, VFA의 일부는 제3위벽에서 대사된다. 무기물 중 Na^+과 중탄산염은 흡수가 되지만, Cl^-은 혈액에서 제3위로 이동되어 제3위 내용물 중 Cl^- 농도가 증가한다. 이와 같이 제3위벽에서의 중탄산염 흡수와 혈액에서 제3위로의 Cl^- 분비작용은 제4위로 유입되는 내용물의 중화력을 최소화시키는 데 필요한 작용으로 보인다.

(4) 제4위

제4위의 주된 기능은 소화(특히 단백질)이지 흡수는 아니다. 그러나 위벽의 세포들은 물과 알코올 같은 물질을 일부 흡수한다. 대부분의 흡수는 소장의 공장과 회장에서 일어난다.

2) 소장

반추동물의 소장에서 일어나는 각종 영양소의 흡수는 단위동물과 유사하지만, 소장에 도달하는 내용물의 양과 질에서는 단위동물과 많은 차이가 있다. 소장에서는 glucose, 아미노산, 핵산, 지방 및 담즙산염과 함께 수분, Na^+과 Cl^-의 정미흡수가 일어난다. 그림 2-53에서 보듯이 glucose, 아미노산과 핵산은 능동수송에 의해서, 지방산은 단순확산에

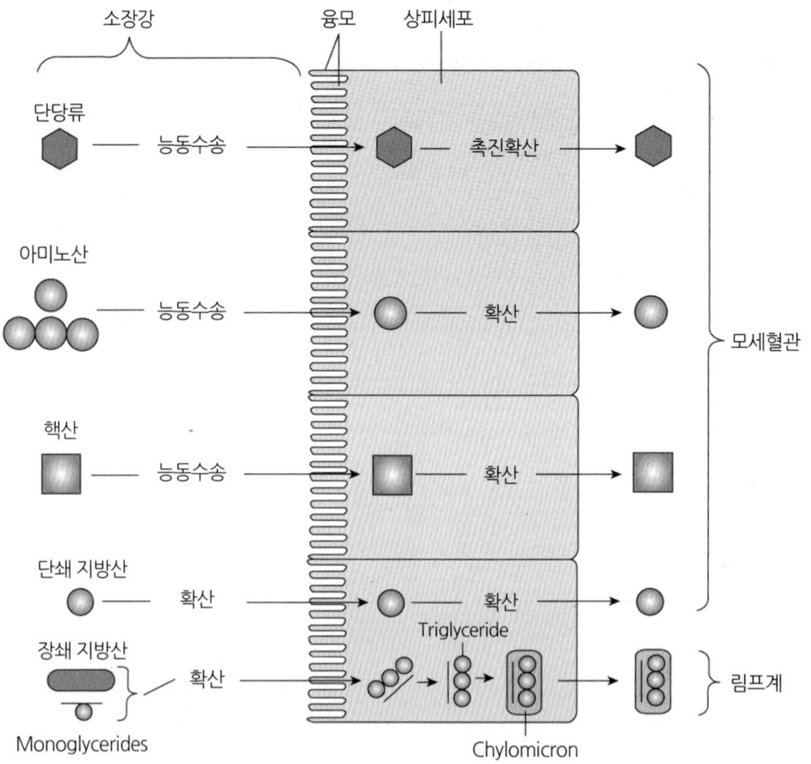

그림 2-53 소장에서의 영양소 흡수 모형

의해서 흡수된다.

소장은 각종 영양소의 흡수가 일어나는 주요 장소로, 특히 **십이지장**과 **공장**에서 흡수가 가장 왕성하게 이루어진다. 소장은 융모 상피세포와 그 표면에 산재하는 무수한 미세융모에 의해 내부 표면적이 크게 증가되어 영양소 흡수에 알맞은 구조로 되어 있다. 각 융모는 유미관(lacteal)이라는 림프계의 도관(drainage tube), 세동맥(arteriole)과 세정맥(venule)을 가지고 있는데, 이들을 통해 영양소가 모세혈관이나 림프계로 이동되고, 그 후 이들 영양소는 간문맥(portal vein)을 통해서 간장으로 운반되거나 림프계를 통해서 심장으로 수송된다.

(1) 탄수화물

반추동물의 경우는 소장으로 유입되는 전분과 당류가 비교적 적어 소장에서 이들 영양소의 흡수는 양적인 측면에서 볼 때 단위동물에 비해 그다지 중요하지 않다. 그러나 다량의 농후사료를 지속적으로 섭취하는 반추동물에서는 소장에 도달하는 전분량이 사료내 전분의 30~50%에 이르는 경우도 있다. 이런 경우 소장에서의 glucose 흡수는 매우 중요하다. 일반적으로 반추동물의 췌장 amylase나 소장점막의 maltase 활성은 높지 않은 것으로 알려져 왔으나, 소장으로 유입되는 전분의 양이 많아지면 α-amylase와 maltase 활성이 증가하여 다량의 glucose가 소장점막에서 흡수될 수 있다. 또한 반추동물의 소장점막에는 이당류인 sucrose를 분해하는 효소인 sucrase가 적으며, 특히 포유중인 어린 반추동물에는 전분분해효소의 활력도 낮아 sucrose와 전분의 분해와 흡수는 거의 일어나지 않는다.

십이지장강에서 α-amylase에 의해 분해된 α-dextrin과 maltose는 장관상피세포의 솔변연에 있는 이당류 분해효소에 의해 단당류(glucose, galactose, fructose)로 분해되어 흡수된다. Glucose와 galactose는 Na 의존 능동수송 기전에 의해 농도경사에 역행하는 능동흡수가 이루어진다. 즉 단당류가 능동적으로 흡수되려면 galactose나 glucose와 같이 구조적으로 D형의 육탄당이고, 2번 탄소에 OH^-가 있어 운반체와 결합할 수 있어야 한다.

Glucose가 능동적으로 흡수되려면 운반체는 물론이고 Na^+을 필요로 한다. 솔변연에서는 에너지가 필요하지 않지만 기저막의 Na-K ATPase를 차단하면 솔변연에서의 Na^+ 경사가 소멸되므로 glucose의 흡수는 이루어지지 않는다. 이와 같이 에너지가 간접적으로 필요한 경우의 이동을 **2차 능동수송**이라고 한다.

Fructose는 설탕의 분해 과정에서 주로 생성되는 단당류이며 **촉진확산**(facilitated dffusion)에 의해 흡수된다. 따라서 이 과정은 에너지를 사용하지 않으므로 농도경사에 역행하여 이동될 수 없으며, glucose의 흡수율에 비해 fructose의 흡수율은 60~70%에 불과하다. Fructose가 흡수될 때 장상피세포에서 glucose로 전환되기도 한다. Mannose, xylose와 arabinose는 확산에 의해 흡수되며 흡수속도가 매우 느리다.

(2) 단백질

십이지장으로 유입되는 소화물의 pH는 소장을 통과하면서 서서히 증가하기 때문에 아미노산의 능동수송은 주로 공장과 회장에서 일어나며, 회장에서의 흡수가 더 활발하다. 아미노산의 흡수속도를 비교해보면 iso-leucine, arginine, methionine, valine 등은 빠르고, proline, threonine, glutamic acid, histidine 등은 느리며, glycine은 아미노산 중에 가장 느리다. 또한 소장에서는 아미노산 이외에 dipeptides와 tripeptides가 흡수되는데, 이들 peptides는 아미노산보다 더 빨리 흡수되며, 소장점막 세포 안에 존재하는 dipeptidase에 의해 유리아미노산으로 분해된 다음 혈액으로 이동된다. D-아미노산은 확산에 의해 흡수되므로 소량만이 흡수된다. 이와 달리 L-아미노산은 glucose 흡수에서와 마찬가지로 Na

의존 공동운반기전을 이용하여 흡수속도가 빠르다. 따라서 이들 아미노산은 glucose와 경쟁적으로 흡수된다. 이런 경쟁적 흡수는 아미노산과 glucose가 같은 운반체를 이용하기 때문이 아니라 에너지원이 동일하기 때문이라 생각되고 있다. Glucose와는 달리 glutamine을 제외하고는 흡수 과정 중에 아미노산이 대사되지는 않는다. 아미노산이 능동적으로 흡수되려면 탄소에 ① 유리 카르복시기, ② 유리 아미노 그룹, ③ 비극성 R 그룹과 ④ H가 필요하며, 다른 기(radical)로 대체되면 이동속도가 매우 늦어진다.

(3) 지방

반추동물의 지방 흡수는 주로 십이지장 하부와 공장 상부에서 일어난다. 지방이 공장 부위에 도달하기 전에 담즙산과 췌장액이 소량으로 첨가되는데, 이것들의 분비는 지방의 흡수에 필수적이다. 담낭은 담즙액과 lecithin을 공급한다. 췌장액도 중탄산염을 공급하여 pH를 증가시키고, lecithin을 lysolecithin으로 분해하는 효소를 분비한다. Lysolecithin은 지방을 micelle로 유화시키는 데 중요한 역할을 하는 물질이다. Micelle은 모든 동물에서 지방을 효율적으로 흡수하게 해준다. 일단 micelle이 형성되면 그림 2-54에서 보는 바와 같이 장조직의 점막세포(mucosal cell)로 이동되어 여기에서 각 성분들이 분리되는데, 담즙액은 소장강으로 재흡수되어 다시 지방 흡수에 이용된다.

점막세포에서는 여러 가지 지질 성분이 재합성되고, lysolecithin은 인지질로 전환된다. 주요 지방산들은 glycerol과 다시 ester 결합을 이루어 triglyceride를 이룬다. Cholesterol과 cholesterol ester도 점막세포에서 합성되는데, 이렇게 주요 지질 성분들이 형성되면 aqueous system에서 수송될 수 있도록 chylomicron이 형성된다. Chylomicron은 림프계로 들어가서 흉관계(thoracic duct)로 수송되어 혈액으로 이송된다.

일단 chylomicron이 혈액 안으로 들어오면 triglyceride는 혈관의 내피에 붙어 있는 지단백질 리파아제(lipoprotein lipase)에 의해 제거된다. 이 효소는 triglyceride를 가수분해하여 유리지방산과 glycerol을 만든다. 나머지 cholesterol을 포함하는 잔여물 입자(remnant particle)는 간에서 흡수된다. 간에서 생산되는 cholesterol과 triglyceride는 다른 apoprotein과 결합하고 초저밀도지단백질(very-low-density lipoprotein; VLDL)의 형태로 혈액으로 분비된다. 일단 triglyceride가 제거되면 VLDL 입자는 저밀도지단백질(low-density lipoprotein; LDL)로 전환되며, 이는 cholesterol을 혈관과 다른 기관에 수송한다. 이 지단백질이 혈관 상피세포에 축적되면 동맥경화증이 발생할 수 있다. 지단백질의 특성을 요약하면 표 2-20과 같다.

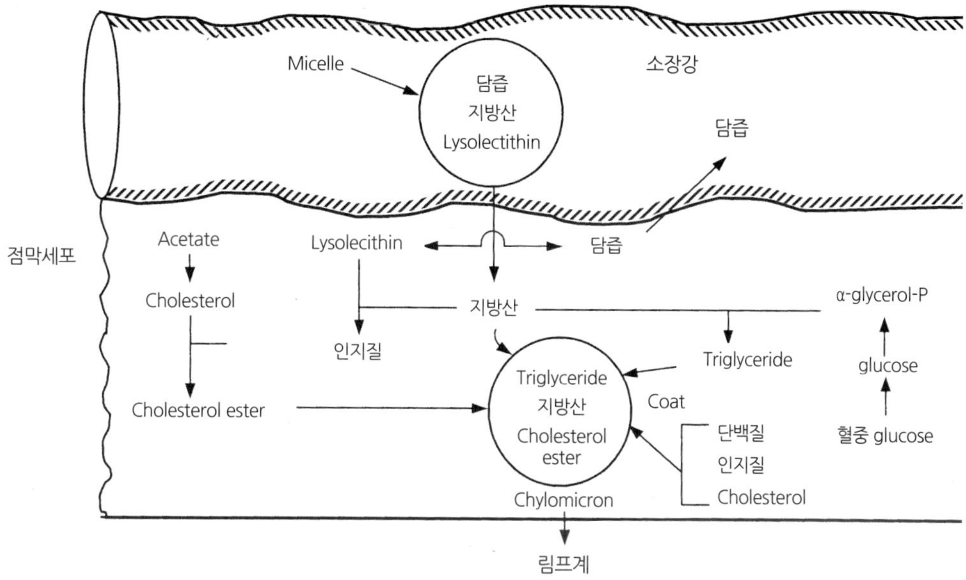

그림 2-54 반추동물 소장에서의 지방 흡수

표 2-20 혈장 지단백질의 특성

지단백질	기원	목적지	주요 지질	기능
Chylomicron	장	여러 기관	Triglyceride(외인성), 다른 지질	식이성 지질의 전신 운반
VLDL	간	여러 기관	Triglyceride(내인성), Cholesterol	내인성 triglyceride의 전신 운반
LDL	VLDL의 triglyceride 혈관내 제거	혈관, 간	Cholesterol	내인성 triglyceride를 여러 기관에 운반
HDL	간과 장	간과 steoid 호르몬 생산 선조직	Cholesterol	Cholesterol의 제거와 분해

※ **VLDL**: very-low-density lipoprotein, **LDL**: low-density lipoprotein, **HDL**: high-density lipoprotein.

지방은 탄수화물이나 단백질의 소화·흡수에 비해 다음과 같이 몇 가지 점에서 다르다. 첫째, 지방은 위에서 머무는 시간이 길다. 둘째, 담즙산염과 췌장에서 분비된 lipase의 작용으로 micelle을 형성하며 탄소 수가 많은 지방산은 림프관을 경유하여 흡수된다. 셋째, 소장의 점막 상피세포에서 중성지방으로 재합성된다.

(4) 전해질과 수분

장관내의 전해질과 수분은 크게 2가지 통로로 흡수된다. 그 하나는 능동적 과정인 세포를 통한 intracellular pathway이며, 다른 하나는 세포 간 수동적 수송통로인 intercellular pathway이다. Intracellular pathway에 대한 수용성 물질의 흡수에 대한 장애요인은 솔변연의 'pores'(소장에 비해 대장은 더 작다)이며, extracellular pathway에서의 장애요인은 tight junction이다. 기저막이나 고유판은 흡수에 지장을 주지 않는 것으로 알려져 있다. Transcellular 과정은 능동적으로 Na 펌프에 의해 Na^+이 세포 사이로 이동하면, ① 이 부위의 삼투압이 증가하고, ② 양이온의 흡수로 음이온이 흡수되어 삼투압은 더욱 증가한다. ③ 이와 같은 삼투압의 증가는 수분의 흡수를 초래하여 intercellular space의 정수압을 증가시킨다. ④ 정수압의 증가는 수분과 전해질이 기저막을 거쳐 모세혈관으로 이동하게 한다.

소장에서 Na 이온의 흡수기전은 그림 2-55에서와 같이 ① 전기화학적인 경사에 의한 electrogenic Na^+ 흡수(electrogenic Na absorption), ② 유기물질과 함께 비특이적인 수송단백질을 이용하는 electrogenic Na^+ 흡수(electrogenic Na cotransport), ③ neutral Na^+- Cl^- cotransport(electroneutral NaCl transport), 그리고 ④ 수소와 중탄산염의 이중교환에 의한 neutral Na^+-Cl^- 흡수(electroneutral exchange transport) 등이 있다. 이러한 4가지 형태의 흡수는 기저막(BLM)에 있는 Na^+-K^+ATPase에 의해 추진된다.

(5) 무기물

일반적으로 2가 이온은 1가 이온에 비해 흡수 속도가 느리다. 그리하여 Mg^{2+}이나 Ca^{2+}은 흡수가 느리다. Ca의 흡수는 비타민 D, 부갑상선호르몬, calcitonin 등의 영향을 받는다. 즉 부갑상선호르몬은 솔변연(BBM)이나 기저막에서의 Ca^{2+}의 흡수를 촉진한다. 인산염이온은 능동적 혹은 수동적으로 흡수가 이루어지는데 능동적 과정은 Ca^{2+}의 능동적 과정에 의해 좌우된다. 황산의 무기음이온이나 미량원소의 흡수기전은 아직 잘 밝혀져 있지 않다. 사료 중에 존재하는 Fe은 대부분 Fe^{3+} 형태이다. 그러나 Fe은 Fe^{2+} 형태일 때만 장관의 상피세포를 통과할 수 있다. 한편 체내 저장형은 Fe^{3+}이다. 이러한 이유로 Fe은 pH가 낮은 위에서 Fe^{2+}로 환원되며 십이지장이나 공장 상부에서 흡수가 이루어진다. 체내 Fe의 저장량이 감소하면 Fe의 흡수는 증가하고, 반대로 Fe의 저장량이 충분하면 흡수가 감소한다. 음와상피의 미성숙세포 상태가 융모상피세포의 Fe 흡수를 좌우한다. 체내 Fe의 저장량이 적을 때 혈장 Fe^{2+}은 음와상피세포로 거의 들어가지 못한다. 이와는 반대로 체내에

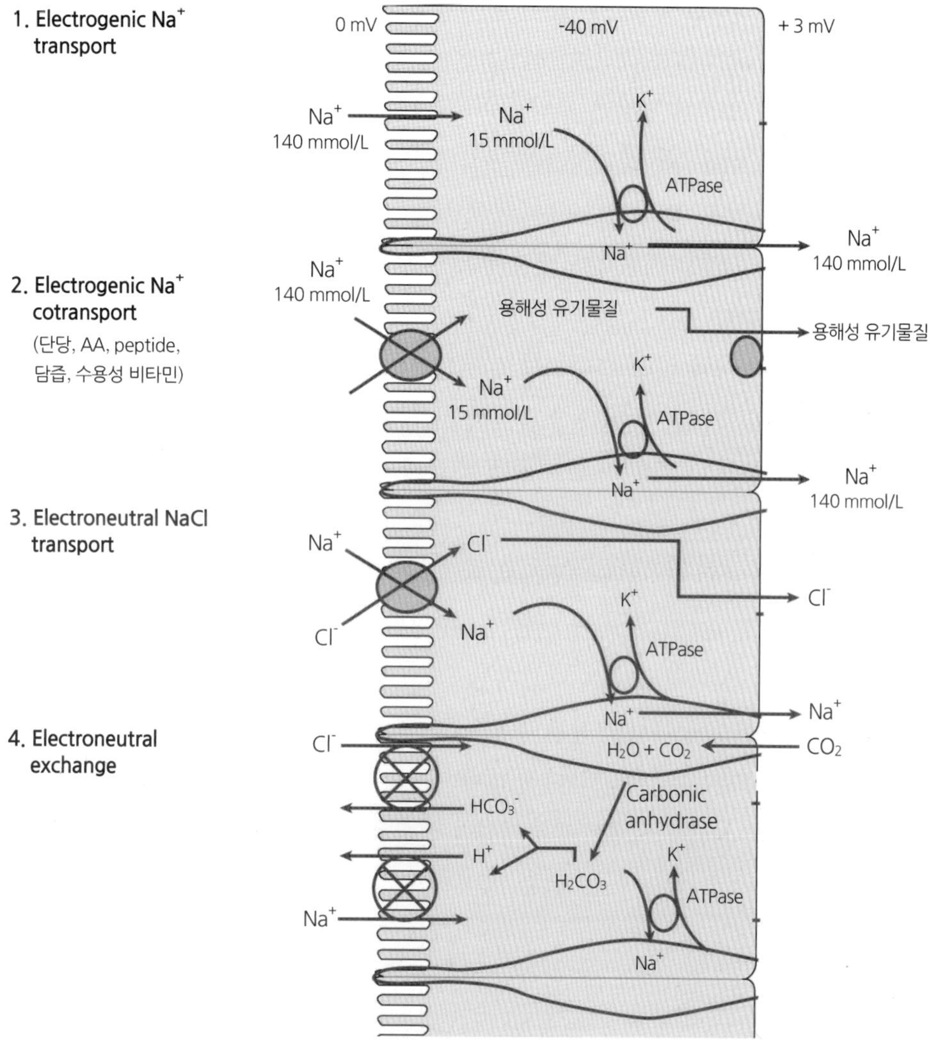

그림 2-55 반추동물 소장에서의 전해질 흡수

Fe의 저장량이 충분할 경우 음와상피세포로 들어오는 혈장으로부터의 Fe은 Fe 결합 단백질의 합성을 촉진한다.

3) 대장

소화된 영양소는 소화관 상부에서 대부분 흡수되지만 소화효소에 분해되지 않거나 흡수되지 않은 소화물은 대장으로 이동된다. 대장에서 미생물에 의해 생성된 VFA나 수분과 전해질은 대장의 상피세포를 통해 흡수되는데, 수분의 흡수가 가장 활발하다. 또한 대장에서도 비타민 B 복합체와 미생물체 단백질이 합성되지만, 이들 영양소의 흡수는 미미하기 때문에 영양적인 의미는 크지 않은 것으로 보인다.

반추동물의 경우 맹장과 결장은 소낭으로 구성되어 있지 않고 위 용적에 비해 크기가 비교적 작은 편이다. 섬유소의 분해작용은 활발하여 VFA를 생산하지만, 말이나 돼지에 비해 영양적 중요성은 낮은 것으로 보인다. 대장으로 들어온 지방은 micelle을 이루고 있지 않기 때문에 흡수되지 않고 대변으로 배설된다. 지방산은 대장에서 대장 운동을 촉진하며 전해질 흡수를 방해한다.

수분은 삼투압 경사에 따라 흡수되므로 전해질이나 용질이 많이 흡수되는 부위에서 많이 흡수된다. 따라서 대장에 비해 소장에서 더 많은 수분 흡수가 이루어진다. 즉 개가 하루 동안 섭취하는 양(600mL)과 소화관에서 분비되는 수분의 양(2,100mL)을 합한 양(2,700mL) 중에서 2,350mL나 되는 많은 양이 소장에서 흡수된다. 한편 대장으로 들어가는 수분의 양이 350mL인 데 비해 대변으로 배설되는 수분은 35mL에 불과하여 대장에서 흡수효율이 높음을 볼 수 있다. 이와 같은 현상은 대부분의 동물에서도 마찬가지다. 그러나 소장의 수분 흡수가 어려울 때는 대장에서도 상당량의 수분이 흡수된다. 한편 말과 같은 비반추 초식동물은 대장에서 영양분의 흡수는 물론이고 수분의 흡수가 많다. 하루 동안 말의 대장에서 흡수되는 수분량은 대단히 많아 약 30L에 이른다. 이것은 세포외액량에 버금가는 양이다. 따라서 심한 장폐색이나 격심한 설사로 대장에서의 수분 흡수가 어려워지면 순환 부전으로 생명을 잃을 수도 있다.

4. 분과 요의 배출

분은 항문을 통해 대장에서 배설되는 노폐물로 수분, 사료의 미소화 물질, 미흡수 소화액, 소화관 벽의 탈락상피세포, 담즙, 무기염 및 미생물 등을 포함하고 있다. 분 성분 중 담즙, 소화액, 효소, 탈락상피세포 및 미생물 등에서 유래된 질소는 **대사분질소**(metabolic fecal nitrogen 또는 endogenous nitrogen)라 한다.

한편 요는 혈액으로부터 노폐물이 신장을 통해 배설되는 체액으로, 수분, 질소화합물, 아황산 화합물(sulphurous compounds) 및 전해질을 함유하고 있다. 신장은 매일 필요에 따라 이들 물질을 제거하여 혈중 농도를 항상 일정하게 유지하는 기능을 한다. 매일 배출되는 소변의 양은 음수량, 수분섭취량, 사료를 통한 질소와 전해질 섭취량 및 호흡률에 따라 달라진다.

포유류에서 소변으로 배설되는 질소화합물에는 요소가 가장 많고, 조류의 경우 요의 주성분은 uric acid이다. 요소는 체내 단백질 대사에 의해 생성되는 질소의 최종분해산물이고, uric acid는 핵산의 산화에 의해 형성되는 것으로, 반추동물의 조직에서는 산화되어 allantoin으로서 배설된다. 이 외에도 동물의 소변에는 소량이지만 질소화합물로서 NH_3, creatinine, hippuric acid와 phenaceturic acid 등이 배설된다. Hippuric acid와 phenaceturic acid는 phenylalanine의 미생물 대사에 의해 유도되며, 이 두 물질은 다른 동물보다 반추동물과 말의 소변에 훨씬 많은 양이 들어 있다. 요는 보통 Cl, P, K 및 Na 같은 광물질의 주요 배설 통로 역할을 한다. 요의 pH는 섭취하는 사료에 따라 달라지는데, 조사료를 섭취하는 반추동물의 경우는 식물에 다량 존재하는 K 때문에 pH 7.4~8.4의 약알칼리성을 유지하며, 단백질 함량이 많은 사료를 급여하면 요중에 존재하는 HSO_4^-와 HPO_4^{2-} 때문에 요의 pH는 5~7의 약산성을 나타낸다. 요의 색깔은 urochrome이라는 담즙색소의 대사산물에 의해 결정된다.

참고문헌

Alexander, M. (1979). *Advances in Microbial Ecology*, Vol. 3. Plenum Press, NY, USA.

Allee, G. L. et al. (1972). *J. Nutr.* 102:1115.

Annison, E. T. and D. Lewis (1962). *Metabolism in the Rumen.* Methuen & Co. Ltd., London, UK.

Bailey, R. W. (1973). *Structural Carbohydrates.* Blackie, Glasgow, UK.

Bailey, C. B. and C. C. Balch (1961). *Brit. J. Nutr.* 15:371.

Beauchemin, K. A. (1991). *J. Dairy Sci.* 74:31.

Bondi, A. B. (1987). *Animal Nutrition.* John Wiley & Sons, NY, USA.

Broderick, G. A. and R. J. Wallace (1988). *J. Anim. Sci.* 66:2233.

Christine, W. W. and S. F. Williams (1976). *Practical Guide to Laboratory Animals.* Mosby, St. Louis, USA.

Church, D. C. (1977). *Digestive Physiology and Nutrition of Ruminants.* Corvallis, USA.

Church, D. C. (1988). *The Ruminant Animal: Digestive Physiology and Nutrition.* Prentice-Hall, Englewood Cliffs, NJ, USA.

Church, D. C. and W. G. Pond (1982). *Basic Animal Nutrition and Feeding.* 2nd ed. John Wiley & Sons, NY, USA.

Church, D. C. and W. G. Pond (1988). *Basic Animal Nutrition and Feeding.* 3rd ed. John Wiley & Sons, NY, USA.

Cronie, P. B. (2000). *Ruminant Physiology.* CABI Publishing, Wallingford, UK.

Cullison, A. E. and R. S. Lowrey (1987). *Feeds and Feeding.* Prentice-Hall, Englewood Cliffs, NJ, USA.

Czerkawski, J. W. (1986). *An Introduction to Rumen Studies.* Pergamon Press, NY, USA.

Davenport, H. W. (1982). *Physiology of the Digestive Tract.* 5th ed. Yearbook Medical Publishers Inc., Chicago, IL, USA.

Dong, Y. (1990). MS thesis. Univ. of Guelph, Canada.

Drennan, M. J. et al. (1970). *Brit. J. Nutr.* 24:961.

Faichney, G. J. (1980). *J. Agric. Sci. Camb.* 94:313-318.

Harrison, H. N. et al. (1960). *J. Dairy Sci.* 43:1301.

Hecher, J. F. (1974). *Experimental Surgery on Small Ruminants.* Butterworths, London, UK.

Isaacson, H. R. et al. (1975). *J. Dairy Sci.* 58:1645.

Lassiter, J. W. and H. M. Edwards, Jr. (1982). *Animal Nutrition.* A Reston Publishing Co.

Inc., VA, USA.

Leek, B. F. (1993). Chap. 21. In: *Duke's Physiology of Domestic Animals.* 11th ed. Cornell Univ. Press, Ithaca, NY, USA.

Maynard, L. A. et al. (1979). *Animal Nutrition.* 7th ed. McGraw-Hill, London, UK.

McDonald, P. et al. (1981). *Animal Nutrition.* 3rd ed. Longman Group Ltd., London, UK.

Mehrez, A. Z. et al. (1977). *Brit. J. Nutr.* 38:447.

NRC (1985). National Academy Press, Washington DC, USA.

Robinson, P. H. et al. (1985). *J. Dairy Sci.* 68:986.

Rodrigue, C. B. and N. H. Allen (1960). *Can. J. Anim. Sci.* 40:23.

Ruckebusch Y. and P. Thivend (1980). *Digestive Physiology and Metabolism in Ruminants.* MTP Press LTD, Lancaster, UK.

Scott, W. N. (1978). *The Care and Management of Farm Animals.* Bailliere Tindall, London, UK.

Sisson, S. and J. D. Grossman (1953). *The Anatomy of the Domestic Animals.* 4th ed. W. B. Saunders Co., Philadelphia, USA.

Smith, R. H. et al. (1978). *J. Agric. Sci. Camb.* 90:557.

Stevens, C. E. (1977). *Comparative Physiology of Digestive System.* Cornell Univ. Press, Ithaca, NY, USA.

Stobo, I. J. F. et al. (1966). *Brit. J. Nutr.* 20:171.

Swenson, M. J. and W. O. Reece (1993). *Duke's Physiology of Domestic Animals.* 11th ed. Cornell Univ. Press, Ithaca, NY, USA.

Visek, W. J. (1984). *Ann. Rev. Nutr.* 4:137.

Warner, R. G. and W. P. Flatt (1965). *Physiology of Digestion in the Ruminant.* Butterworths, Washington, DC, USA.

Webster, J. (1993). *Understanding the Dairy Cow.* BSP Professional Books, Oxford, UK.

Zalipas, C. and R. A. Beck (1985). *Food Chemistry and Nutritional Biochemistry.* John Wiley & Sons, NY, USA.

제3장

반추위와 반추위 미생물

제1절 반추위 미생물의 종류와 역할

1. 반추위 박테리아(rumen bacteria)

1) 반추위 박테리아의 일반적 특징

(1) 크기와 수

반추위 박테리아는 혐기성 원핵세포(prokaryotic)로서 현재까지 약 200여 종이 분류되었다. 대부분이 구균(cocci)과 단간균(short rod)으로 지름이 0.4~1.0μm, 길이가 1~3μm 정도 되며 크기는 0.3~5μm의 범위로서 평균 크기는 1.5μm 정도 된다. 반추위 내에는 위액 1mL당 약 10^{10}~10^{12}마리의 박테리아가 살고 있다(표 3-1).

표 3-1 반추위내 혐기성 미생물의 분포

미생물	크기(μm)	종(species)	동정된 속(genera)/종(species)	미생물 농도 (cells/위액 mL)
박테리아	0.3~5.0	>200	22/63	10^{10}~10^{12}
프로토조아	25~250	>400	6/16	10^{5}~10^{6}
곰팡이	25~250	> 19	5/19	10^{3}~10^{4}

(2) 영양소의 섭취방법

반추위 박테리아는 생물계의 5분류체계상 Monera계에 해당하는 단세포의 원핵세포로, 세포 외부로부터 영양소를 흡수하는 방식(exo-cellular type)으로 영양소를 섭취한다. 따라서 미생물체 외부에 용해되어 있는 가용성 물질들을 세포벽을 통해 흡수하여 영양소로

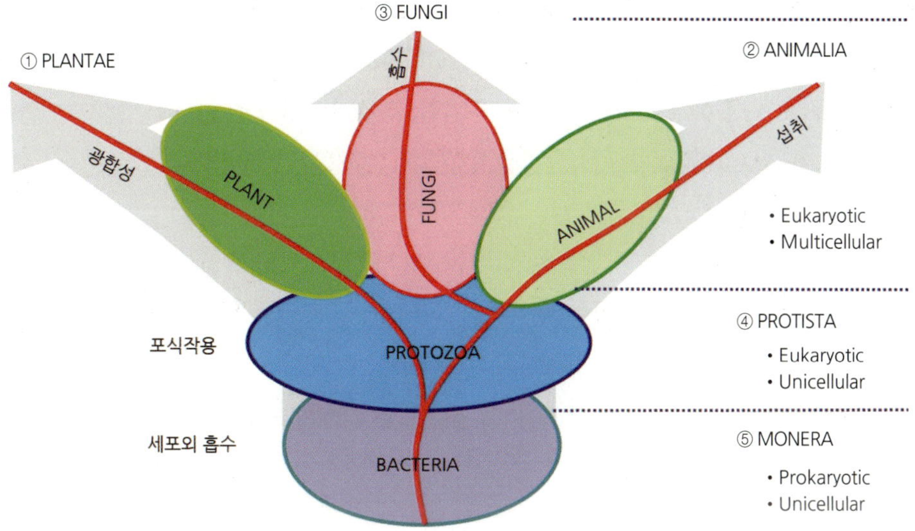

그림 3-1 생물계의 5분류체계와 영양소 섭취 방법

이용한다(그림 3-1). 이에 반해 protista계로 분류되는 반추위 프로토조아(protozoa)는 동물상으로서 포식작용(ingestion, predation)에 의해 영양소를 섭취하며, 반추위 곰팡이는 식물상으로서 가근(rhizoid)을 통한 흡수작용으로 영양소를 섭취한다. 이러한 미생물의 다양한 영양소 섭취형태는 반추위 미생물의 상호작용과 사료 분해 양상을 이해하고 반추위 미생물을 인위적으로 조절할 때 아주 중요한 역할을 한다.

(3) 기타의 특징

대부분의 반추위 박테리아는 성장을 위해 O_2를 요구하지 않고 O_2가 있는 조건에서는 사멸하는 절대혐기성 미생물(strictly anaerobes)이지만, 약 1% 정도의 박테리아는 통성혐기성 미생물(facultative anaerobes)로 O_2가 존재해도 사멸하지 않으며 주로 반추위 벽에 붙어서 산다. 대표적인 통성혐기성 박테리아로는 *Fusobacterium*속이 있다.

2) 반추위 박테리아의 분류

(1) 물리적 형태(모양)에 따른 분류

반추위 박테리아는 형태에 따라 둥근 모양의 **구균**(coccus), 긴 모양의 **간균**(bacillus), 구부러진 모양의 **나선균**(spirilla) 등으로 구분할 수 있다(그림 3-2). 이러한 형태는 반추위 박테리아를 분류하고 동정하는 가장 기본적인 요소가 된다.

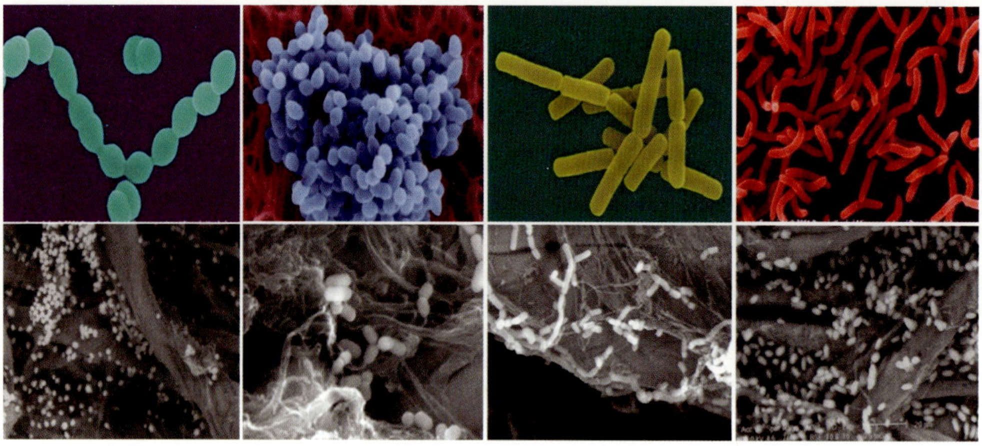

그림 3-2 몇 가지 반추위 박테리아의 광학(위) 및 전자(아래) 현미경 사진

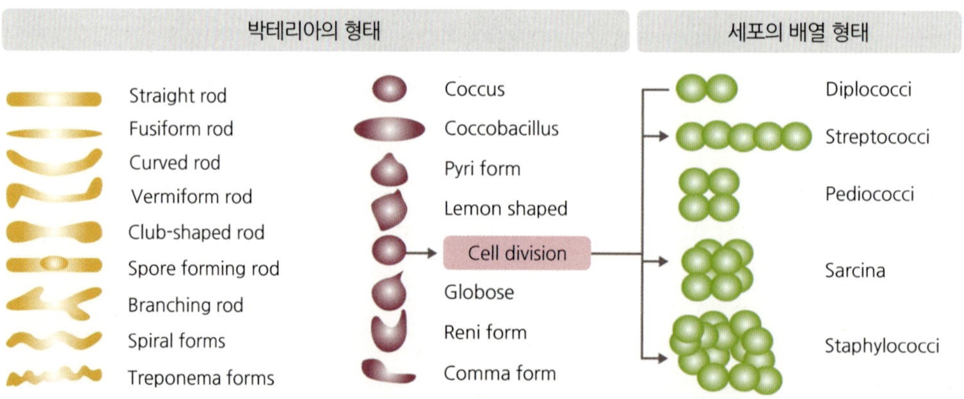

그림 3-3 물리적 형태(모양)에 따른 반추위 박테리아의 분류

이러한 기본형태를 지니고 있는 박테리아는 세포분열 후의 모습을 기준으로 다시 세분한다. 구균 중에서도 세포분열 후 세포가 각각 떨어져 존재하는 단구균(monococcus), 세포분열 후 2개씩 짝을 이루어 연결된 쌍구균(diplococcus), 한 방향으로만 분열하여 길게 연결되어 있는 연쇄상구균(streptococcus), 2방향으로 분열이 일어나 4개가 짝을 이루는 4련구균(pediococcus, tetracoccus), 3방향으로 분열이 일어나 8세포가 짝을 이루는 8련구균(sarcina) 그리고 분열방향이 불규칙해서 포도송이와 같은 모양을 갖는 포도상구균(staphylococcus) 등으로 나눈다. 또한 긴 모양을 하고 있는 간균은 길이가 폭의 2배 이상이 되는 장간균(long rod), 길이가 폭의 2배 이하인 단간균(short rod), 간균이 한 방향으

로 길게 연결된 형태의 연쇄상간균(streptobacillus), 그리고 박테리아 세포가 V, Y, L자 등의 모양으로 연결되어 존재하는 coryne형 등으로 나눈다. 구부러진 나선균(spirilla)은 짧은 쉼표 모양의 호균(vibrio)과 긴 나선 모양의 나선균 등으로 세분하는데 반추위에는 위에서 설명한 모든 형태의 박테리아가 존재한다(그림 3-3).

(2) 박테리아의 세포막(cell wall) 구조에 따른 분류

덴마크의 세균학자인 Hans Christian Gram에 의해서 1844년 발견된 그람 염색법은 미생물학에 있어서 가장 중요한 염색기술이자 박테리아의 동정을 위해서 가장 먼저 수행하는 절차이다(그림 3-4). 그람 양성 박테리아의 세포벽에는 그람 음성 박테리아보다 peptidoglycan 층이 두껍고 지질의 함량도 훨씬 적다. 그람 양성 박테리아의 peptidoglycan은 세포 건조 중량의 약 10%, 세포벽 건조 중량의 약 50%를 차지한다. 또한 peptidoglycan의 외층에 존재하는 teichoic acid는 박테리아 세포벽을 보호하는 역할을 한다. Teichoic acid가 지방과 결합하면 lipoteichoic acid가 형성된다. 그람 음성 박테리아의 peptidoglycan 층은 세포벽 건조 중량의 10% 정도밖에 되지 않고 lipoteichoic acid 대신에 lipopolysaccharide(LPS)가 존재하는데, 이 LPS는 polysaccharide가 lipid A(glucosamine 2분자가 β-1,6 결합되어 인산과 지방산이 결합된 상태)와 결합된 상태로 존재한다. 세포벽의 차이를 나타내는 그람 염색법은 반추위 박테리아를 분류하고 동정하는 데 가장 기본적인 요소이며 반추위내에는 그람 양성균보다 그람 음성균이 더 많다.

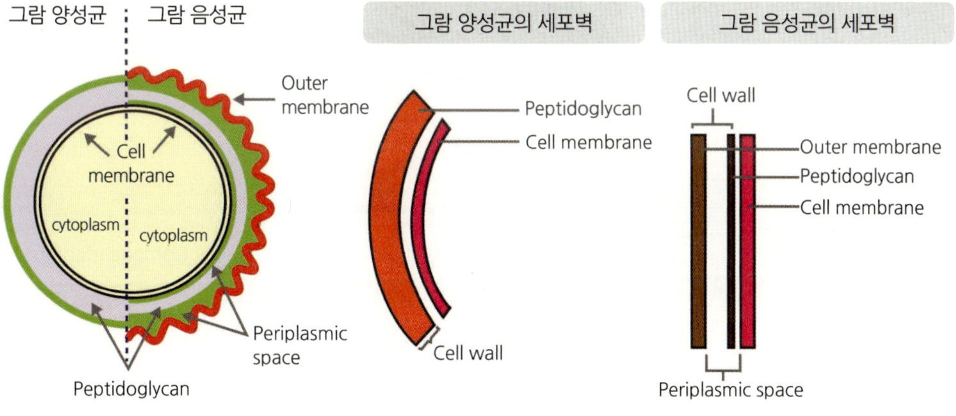

그림 3-4 그람 염색법에 따른 세포벽의 구조

(3) 반추위내 상존위치에 따른 분류

반추위 박테리아는 반추위내 상존위치에 따라 ① 위액 부유 미생물군, ② 사료 밀착 미생물군, ③ 사료 부착 미생물군, ④ 반추위벽 부착 미생물, ⑤ 미생물(프로토조아 및 곰팡이) 부착 미생물군의 5가지 형태로 분류된다(그림 3-5).

① 위액 부유 미생물군(Compartment 1 미생물군)

위액 중에 부유되어 다니는 미생물들로서, 수용성 영양소를 주로 이용한다. *Bacteroides*, *Streptococcus*, *Megasphaera*속이 이 군에 속한다. 반추위 프로토조아와 곰팡이의 유주자는 운동성이 있기 때문에 위액 부유 미생물군으로 분류할 수 있으며 이 미생물들은 프로토조아의 포식작용의 주요 대상이 된다.

② 사료 밀착 미생물군(Compartment 2 미생물군)

사료 입자에 느슨하게 붙어 있는 미생물들로서, 사료 입자로부터 쉽게 떨어져 나올 수 있는 특징을 지닌 군이며, 대표적으로 *Lachnospira*, *Ruminococcus albus*와 *Butyrivibrio fibrisolvens* 등이 있다. 사료 밀착 미생물군은 일단 사료에 부착하여 쉽게 이용할 수 있는 영양소를 섭취하고 나면 신선한 다른 사료로 이동(shuttle service)하는 특징이 있다. 반추위내에서 쉽게 분해되는 전분이나 올리고당 등을 이용하여 성장한다.

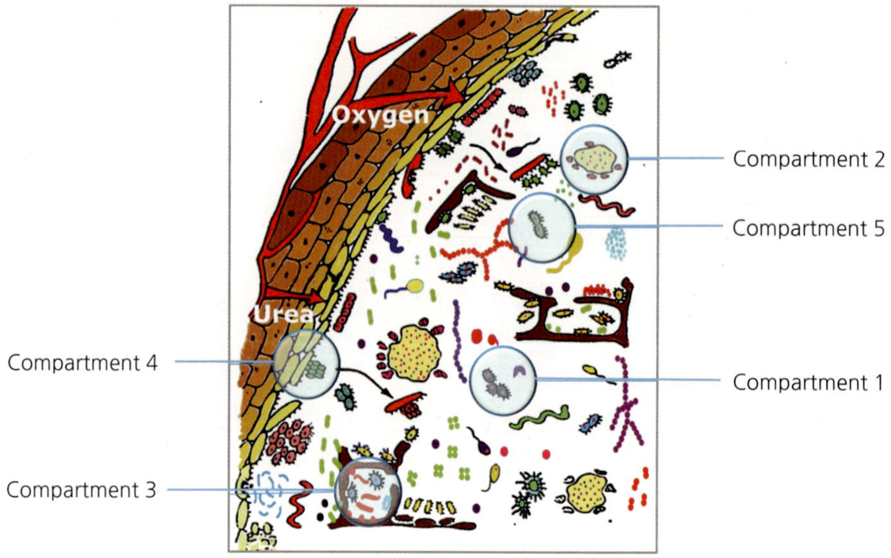

그림 3-5 반추위 내부에 상존하는 미생물의 모습

표 3-2 반추동물의 반추위 상존위치별 미생물 농도 비교

구분	Compartment		
	1	2	3
미생물 농도(mg/mL)	0.7~1.0	20~30	40~60
프로토조아(전체 미생물 건물의 %)	10~20	30~40	40~50
미생물(전체 건물의 %)	10	56	34
반전율/일*	1.7	0.8	0.5

* 하루에 반추위를 떠나는 횟수(turnover rate).

③ 사료 부착 미생물군(Compartment 3 미생물군)

사료 입자에 아주 단단하게 부착되어 있는 미생물들로서, 사료 입자로부터 쉽게 떼어내지 못하는 특성이 있다. *Fibrobacter succinogenes*, *Ruminococcus flavefaciens* 등과 같은 섬유소 분해 미생물들이 대부분 이 군에 속한다. 이 박테리아들은 반추위에서 쉽게 분해되지 않고 분해에 요구되는 시간이 비교적 긴 섬유소를 이용하여 성장한다. 위액 부유 미생물군과는 달리 이들은 프로토조아의 포식작용으로부터 비교적 안전하다. 영양성장기의 반추위 혐기성 곰팡이들은 사료 부착 미생물군으로 분류할 수 있다.

④ 반추위벽 부착 미생물군(Compartment 4 미생물군)

반추위벽에 붙어살고 있는 미생물들로서, 반추위벽으로 들어오는 소량의 O_2를 이용하는 통성혐기성 박테리아들이다. 대표적으로는 *Fusobacterium*속이 있다. 이 미생물들은 반추위벽에서 떨어져 나오는 상피세포들을 이용하거나 반추위벽으로 들어오는 재순환 요소(recycling urea)를 주로 이용하는 단백질 분해 박테리아들이다. 그렇지만 그 수는 총 미생물 수의 1% 미만으로 극히 적다. 상존위치별 미생물의 농도를 보면 표 3-2와 같다.

⑤ 미생물(프로토조아 및 곰팡이) 부착 미생물군(Compartment 5 미생물군)

반추위내에서 프로토조아나 곰팡이의 표면에 붙어서 살고 있는 미생물들로서(그림 3-12 참조), 프로토조아와 곰팡이가 hydrogenosome이라는 기관에서 분비하는 H^+를 이용하는 박테리아들이다. 최근에 이 군에 속하는 미생물 대부분은 CH_4 생성 박테리아(methanogen)로서 지구온난화 방지를 위한 CH_4 생성 억제와 관련된 연구 소재로 각광을 받고 있다.

(4) 기질이용성과 발효생성물에 따른 분류

반추위에 존재하는 수많은 종류의 박테리아는 기질이용성과 발효생성물에 따라 표 3-3과 같이 분류할 수 있다. 그중에서 가장 중요한 미생물군은 ① 섬유소(세포벽, cellulose 및 hemicellulose) 분해 박테리아, ② 전분 및 당 분해 박테리아, ③ 단백질 분해 박테리아, ④ 유기산(organic acid) 이용 박테리아, ⑤ CH_4 생성 박테리아 등이다.

표 3-3 기질이용성과 발효생성물에 따른 반추위 박테리아의 분류

1. Cellulose 분해 박테리아
Fibrobacter succinogenes
Ruminococcus flavefaciens
Ruminococcus albus
Butyrivibrio fibrisolvens

2. Hemicellulose 분해 박테리아
Butyrivibrio fibrisolvens
Prevotella ruminicola
Ruminococcus sp.

3. Pectin 분해 박테리아
Butyrivibrio fibrisolvens
Bacteroides ruminicola
Lachnospira multiparus
Succinivibrio dextrinosolvens
Treponema bryantii
Streptococcus bovis

4. 전분 분해 박테리아
Ruminobacter amylophilus
Streptococcus bovis
Succinimonas amylolytica
Prevotella ruminicola

5. 요소 이용 박테리아
Succinivibrio dextrinosolvens
Selenomonas sp.
Prevotella ruminicola
Ruminococcus bromii
Butyrivibrio sp.
Treponema sp.

6. CH_4 생성 박테리아
Methanobrevibacter ruminantium
Methanobacterium formicicum
Methanomicrobium mobile

7. 당 이용 박테리아
Treponema bryantii
Lactobacillus vitulinus
Lactobacillus ruminus

8. 산 이용 박테리아
Megasphaera elsdenii
Selenomonas ruminantium

9. 단백질 분해 박테리아
Ruminobacter amylophilus
Prevotella ruminicola
Butyrivibrio fibrisolvens
Streptococcus bovis

10. NH_3 생성 박테리아
Prevotella ruminicola
Selenomonas ruminantium

11. 지방 이용 박테리아
Anaerovibrio lipolytica
Butyrivibrio fibrisolvens
Treponema bryantii
Eubacterium sp.
Fusocillus sp.
Micrococcus sp.

① 섬유소 분해 박테리아

반추위내에서 섬유소를 소화할 수 있는 미생물로는 박테리아, 프로토조아, 곰팡이 등이 있지만 그중에서도 섬유소 분해 박테리아(cellulolytic bacteria)의 역할이 가장 중요하다. 반추위에 존재하는 섬유소 분해 박테리아 중에서 가장 중요한 것은 *Fibrobacter (Bacteroides) succinogenes*, *Ruminococcus albus*와 *Ruminococcus flavefaciens*이다. 이 외에도 2차 섬유소 분해 박테리아(secondary cellulolytic bacteria)에는 *Butyrivibrio fibrisolvens*, *Clostridium longisporium*과 *Clostridium locheadii*가 있다. 섬유소 분해 박테리아에 따라서는 생산하는 섬유소분해효소(cellulolytic enzyme)가 cellulosome과 유사한 다효소군(multi-enzyme complex)으로 작용하는 경우도 있으나 대개는 단일 효소체계를 가지고 있다. 대부분의 섬유소분해효소는 cellulose나 xylan에 부착하는 데 필요한 단백질을 동시에 가지고 있는 경우가 있다. 섬유소 분해 박테리아의 부착 기전은 매우 복잡하고 아직 밝혀지지 않은 부분도 많이 있다. 섬유소의 표면에 섬유소 분해 박테리아가 강하게 부착하는 것은 여러 가지 면에서 이점이 있다. 즉, 부착 부위에 많은 양의 효소가 분비되고 이로 인해 가수분해된 생산물은 섬유소 분해 박테리아 자체가 바로 이용할 수 있으며, 반추위액 중에 존재하는 여러 종류의 단백질분해효소의 작용을 받지 않을 뿐만 아니라 프로토조아의 포식작용으로부터도 안전할 수 있다.

② 전분 및 당 분해 박테리아

주요 전분 분해 박테리아와 당 분해 박테리아는 모두 amylase를 가지고 있기 때문에 전분을 분해하여 glucose를 생성한다. *Ruminobacter amylophilus*와 *Prevotella ruminicola*는 최종 발효산물로 acetate와 더불어 succinate를 생성하고 succinate는 *Selenomonas ruminantium*과 같은 유기산 이용 박테리아에 의해 다시 propionate로 전환된다. *Streptococcus bovis*는 조사료를 급여하면 반추위에 소수가 존재하며 섬유소 분해 박테리아의 활동으로 생성되는 glucose를 이용하여 겨우 증식할 뿐이다. 일반적으로 반추위내에는 섬유소를 분해할 수 있는 박테리아보다는 전분을 분해할 수 있는 박테리아의 종류가 훨씬 더 많다.

③ 단백질 분해 박테리아

단백질 분해 박테리아는 단백질을 분해하여 peptide를 생성하거나 peptide를 분해하여 아미노산을 생성하는 박테리아들이다. 반추위에 존재하는 대표적인 단백질 분해 박테리아는 *Ruminobacter amylophilus*, *Prevotella ruminicola*, *Butyrivibrio fibrisolvens*와 *Streptococcus bovis* 등이다.

④ 유기산 이용 박테리아

반추위에서는 박테리아의 발효작용에 의해 많은 양의 VFA가 생성된다. 유기산 이용 박테리아는 lactate와 succinate, fumarate와 malate 등을 발효시켜 최종적으로 propionate와 acetate로 전환시킨다. 유기산 이용 박테리아인 *Selenomonas ruminantium*, *Megasphaera elsdenii* 및 *Veillonella alcalescens*는 lactate만으로도 성장할 수 있으며, lactate를 이용하여 propionate와 acetate를 최종 산물로 생성한다. 또한 *Selenomonas ruminantium*은 glucose 또는 lactate를 이용하여 성장할 수 있으며, succinate 과정을 거쳐 최종 산물로 propionate를 생성한다.

⑤ CH_4 생성 박테리아(methanogen 또는 methanogenic bacteria)

CH_4 생성 박테리아는 극도의 혐기성으로서 반추위에서 CO_2와 H_2를 이용해 CH_4를 발생시키며 성장률은 H_2의 공급 수준에 따라 달라진다. 반추위에 존재하는 주요 CH_4 생성 박테리아로는 *Methanobrevibacter ruminantium*, *Methanobacterium formicicum*과 *Methanomicrobium mobile* 등이 있다.

3) 반추위 박테리아의 성장률과 성장곡선

반추위내에서 성장 조건이 양호할 경우에 박테리아는 기하급수적으로 증식한다(2^n : 1 → 2 → 4 → 8 → 16 → 32). 예를 들어 반추위 미생물인 *Streptococcus bovis*의 세대간격(generation time: 1마리의 박테리아가 2마리로 되는 데 소요되는 시간)은 12분이다. 1시간이 지나면 5번의 분할이 이루어져 32(=2^5)마리로 불어나고, 48시간이 지나면 240회의 분열이 일어나 이론상으로는 2^{240}마리가 된다. 이 정도의 미생물이면 지구 무게의 2배가 훨씬 넘는다. 바꾸어 말하면 반추위 혐기성 미생물인 *Streptococcus bovis* 1마리를 이틀 동안 키우면 지구 무게의 2배에 해당하는 무게로 늘어난다는 것이다. 물론 미생물은 그렇게 한없이 성장하는 것은 아니고 일정한 성장곡선을 나타내는데, 그림 3-6은 *Ruminococcus albus*를 정치배양시켰을 경우에 성장률(growth rate: 단위 시간당 세포 수와 질량의 변화)에 기초한 성장곡선이다. 미생물의 성장곡선은 크게 유도기, 대수생장기, 정지기 및 사멸기의 네 부분으로 나누어 볼 수 있다.

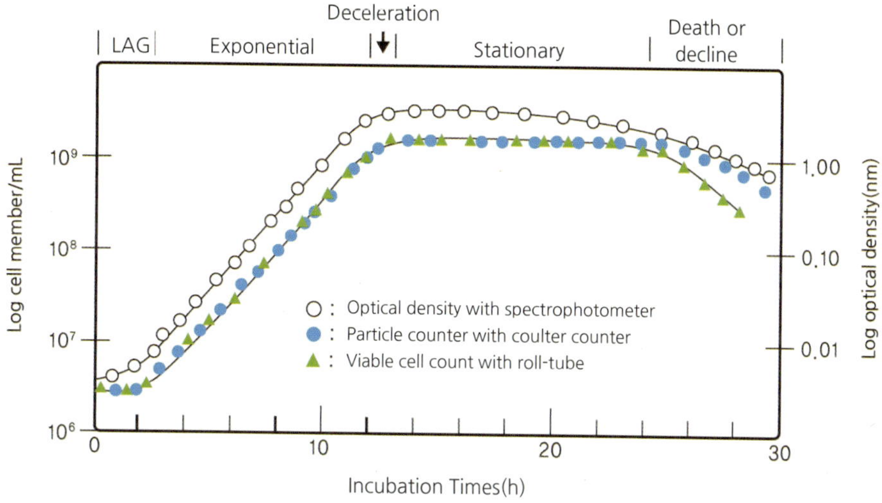

그림 3-6 반추위 혐기성 박테리아(*Ruminococcus albus*)의 성장곡선

(1) 유도기(lag phases 혹은 introduction period)

반추위 박테리아를 새로운 배지에 접종하면 즉시 생장하지 않고 일정 시간이 지난 후에 생장이 시작되는데 이 시기를 유도기라 한다. 이 시기는 효소가 합성되며 새로운 환경에 적응하는 시기이다. 또한 세포 수가 증가하지는 않고 세포의 크기가 비대해진다. 유도기는 배양 조건에 따라 짧을 수도 있고 길 수도 있다.

(2) 대수생장기(증식기, log phases 혹은 exponential period)

단위 시간당 세포의 수가 배로 증가하는 시기로서, 반추위 박테리아는 이분법에 의해 세포 수가 기하급수적으로 증가한다. 대수생장(증식)속도는 미생물 자체의 특징에 의해 결정되며 환경조건(온도, pH, 배지조성, O_2)에 의해서도 영향을 받는다. 진핵세포 미생물보다는 세균이 빨리 증가하고, 크기가 큰 것보다 작은 것이 빨리 자란다.

(3) 정지기(stationary phases)

배지에 영양소가 고갈되거나 미생물 생장에서 발생된 노폐물이 생장을 저해할 정도로 축적되면 정지기에 도달한다. 내생포자를 형성하는 균은 이 시기에 포자를 형성한다. 2차 대사산물인 항생물질(penicillin, streptomycin)과 효소가 주로 이때 생성된다.

(4) 사멸기(death phases)
박테리아의 총수는 일정하지만 생균의 수는 감소한다. 영양분의 고갈에 의한 사멸세포 수가 증가하고 세포구조의 파괴, 효소 단백질의 변성, 세포내 에너지 물질의 고갈 등이 동반되며 세포사멸과 함께 용균(lysis)이 일어나 세포 수와 세균 수가 감소하지만 흡광도는 일정하게 유지되는 경우도 있다.

미생물의 성장곡선을 기준으로 1차 대사산물은 대수생장기에, 2차 대사산물은 정지기에 생성되는 물질들을 말한다. 미생물이 생산하는 2차 대사산물의 역할은 확실히 밝혀져 있지는 않지만, 이들 중에는 항생제, 의약품의 원료, 향료(정유 성분), 색소 등 인간의 생활과 밀접한 연관을 가지고 있는 것이 많다. 따라서 산업적으로 이용 가능한 2차 대사산물을 찾으려는 노력들이 진행 중이며 반추위 미생물 역시 산업화가 가능한 2차 대사산물들을 많이 분비하는 것으로 밝혀지고 있다. 반추위 혐기성 미생물은 이러한 유용물질 생산의 보고로 알려지고 있으며 반추동물의 반추위를 산업화의 '블랙박스'라 부르기도 한다.

4) 반추위 박테리아의 기능과 역할
반추위에서 반추위 박테리아가 담당하는 주된 기능은 **대사 기능**(당질 대사작용, 단백질 대사작용, 지질 및 지단백질 대사작용, 핵산 대사작용, 해독 기능 등)이다. **물질대사**(metabolism)란 살아 있는 세포에서 일어나는 유기화합물의 모든 화학반응과 에너지 변환을 말한다. 이러한 대사는 크게 두 양상으로 구분할 수 있다. 즉 고분자화합물이 저분자화합물로 분해되는 과정인 **이화작용**(catabolism)과 저분자화합물로부터 고분자화합물이 합성되는 과정인 **동화작용**(anabolism)으로 구분할 수 있다. 사료의 형태로 반추위에 유입된 영양소들(단백질, 탄수화물, 지방 등)은 반추위 박테리아에 의해 기본 구성물질(아미노산, 단당류와 glycerol)로 분해되고(이화작용), 분해된 기본 구성물질들은 미생물 세포벽을 통해 세포질 안으로 유입되어 미생물체의 성장에 필요한 단백질과 지방 등으로 재합성되며(동화작용), 최종적으로 VFA와 가스 등을 생성하는데 이 과정을 **발효**(fermentation)라고 한다. 따라서 반추위 혐기성 미생물에 의한 대사작용 중에서 이화작용은 세포 밖에서 일어나고 동화작용과 발효작용은 세포 안에서 일어난다.

(1) 탄수화물의 분해
반추위 박테리아는 섬유소를 비롯한 여러 종류의 탄수화물을 분해하여 VFA를 생성한다.

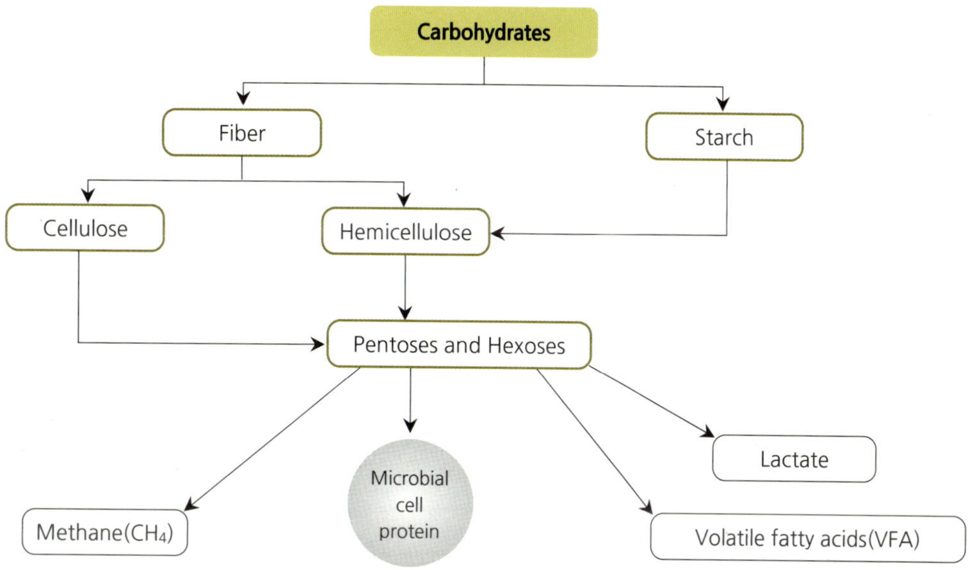

그림 3-7 반추위 혐기성 미생물에 의한 탄수화물의 분해

포유동물의 체내에서 분비되는 소화효소 중에는 섬유소를 소화할 수 있는 것이 없는데, 반추위 미생물이 분비하는 **섬유소분해효소**(cellulase, xylanase, pectinase 등) 때문에 반추동물은 섬유소를 이용할 수 있다. 반추위 미생물은 섬유소뿐만 아니라 전분, 과당류, 단당류 등의 여러 가지 탄수화물을 분해하여 VFA를 생성하며, 이들이 흡수되어 에너지원으로 사용되거나 체조직의 합성 또는 생산 등에 이용된다. 반추위 미생물의 발효에 의해 생성된 VFA는 숙주동물이 필요로 하는 에너지의 대부분(약 75% 이상)을 충당한다. 그림 3-7은 반추위에서 미생물에 의한 탄수화물의 분해 과정을 간단히 요약한 것으로, 구체적인 내용은 제3절에 설명되어 있다.

(2) 질소화합물의 분해

반추위 박테리아는 사료 단백질이나 NPN을 분해하여 NH_3를 생성하고, 생성된 NH_3를 이용하여 단백질을 합성한다(그림 3-8). 반추위 박테리아는 제4위와 소장으로 흘러 내려가 소화·흡수되므로 숙주동물이 필요로 하는 단백질 요구량의 상당 부분을 충당한다. 사료 단백질 중에서 반추위 미생물에 의해 분해되는 부분을 RDP(rumen degradable protein)라고 하고, 반추위 미생물에 의해 분해되지 않고 제4위와 소장으로 흘러 내려가는 사료 단백질을 RUP(rumen undegradable protein)라고 한다.

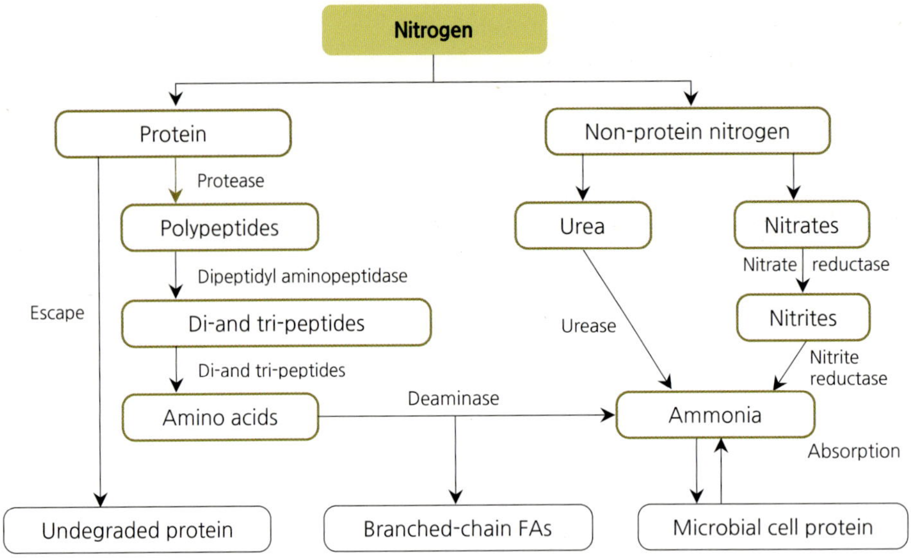

그림 3-8 반추위 혐기성 미생물에 의한 질소화합물의 분해

(3) 사료 지방의 분해

사료 지방은 반추위내에 무수히 존재하는 지방 분해 박테리아(*Anaerovibrio lipolytica, Butyrivibrio fibrisolvens, Treponema bryantii, Eubacterium sp., Fusocillus sp., Micrococcus sp.* 등)가 분비하는 지방분해효소인 lipase에 의해 지질이 지방산과 glycerol로 분해되며, glycerol은 다시 VFA 생성의 전구물질로 이용된다(그림 3-9). 또한 불포화지방산은 반추위에서 수소첨가반응에 의해 포화지방산으로 바뀐다. 구체적인 기전들은 제3절에 소개되어 있다.

(4) 독성 물질의 분해

반추위 미생물들은 사료와 함께 반추위로 유입되는 많은 종류의 독성 물질(미모신 독소, mycotoxin 등)이나 중독물질들(NO_3^- 등)을 불활성화시킨다. 반추위 미생물은 반추동물에게 유익한 여러 가지 기능을 수행하지만 경우에 따라서는 불리한 작용도 하는데, 그 대표적인 것이 NH_3와 CH_4의 생성이다. 반추동물이 섭취한 단백질이나 NPN은 상당 부분이 반추위에서 분해되어 NH_3를 생성한다. 생성된 NH_3의 일부는 미생물체 단백질로 전환되나, 요소(urea)와 같이 쉽게 분해되는 질소화합물을 다량으로 섭취하면 NH_3가 지나치게 많이 생성되고 이것이 흡수되면 요소 중독을 일으킬 수 있다.

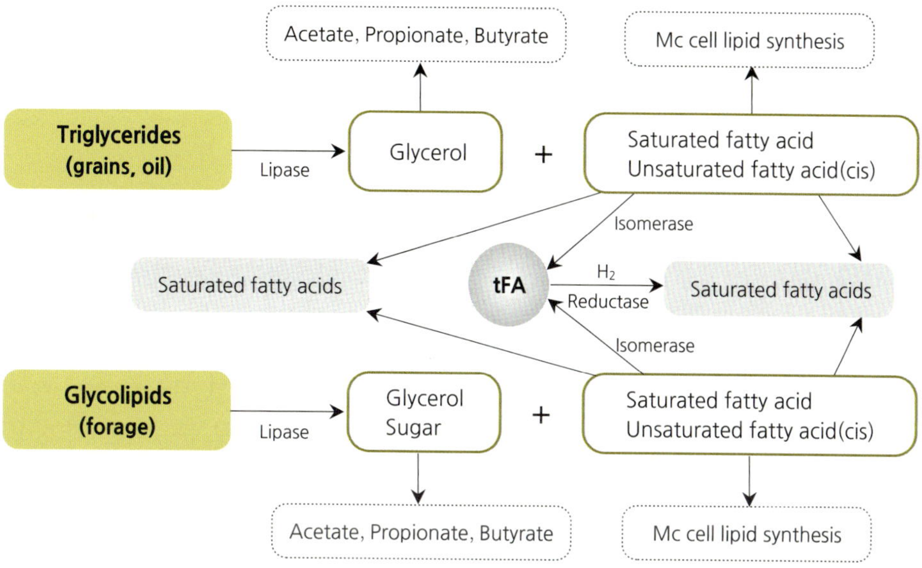

그림 3-9 반추위 혐기성 미생물에 의한 지방 분해와 수소첨가

(5) 비타민의 합성

반추위 박테리아들은 반추동물에게 필요한 비타민을 합성한다. 반추동물도 단위동물과 마찬가지로 체내에서 대사작용을 수행하기 위해 각종 비타민을 필요로 하지만, 반추위 미생물들은 대부분의 비타민 B군과 K를 합성하기 때문에 반추위가 충분히 발달한 동물에게는 이를 공급하지 않아도 된다. 그러나 어떤 이유에서든지 반추위 미생물의 기능이 저하된 경우에는 비타민 B군과 K를 공급해주어야 한다.

2. 반추위 프로토조아(rumen protozoa)

1) 반추위 프로토조아의 일반적 특징

(1) 종류와 수

반추위에 서식하는 프로토조아의 종류는 현재까지 400여 종이 넘는 것으로 알려져 있다. 프로토조아는 길이 38~195μm, 너비 15~109μm 정도로서 박테리아에 비해 상당히 크다. 반추위에는 위액 1mL당 10^5~10^6개 정도의 프로토조아가 상존한다. 수적인 면에서는 박테리아보다 훨씬 적어서 반추위 미생물 총수(microbial population)의 약 2%밖에 되지 않지만, 용적이 커서 반추위 미생물 총량(microbial mass, 전체 용적)의 약 40~50%를 차지한다.

(2) 운동성

반추위내에 서식하는 프로토조아는 이름에서 유추할 수 있듯이(proto: 최초의, 근본적인, 원시의+zoo: 동물) 원생동물로서 생태계의 이분법상 동물상으로 분류된다. 먹이를 직접 포획해야 하는 생물들에게 당연하기는 하지만 원생동물은 섬모나 편모를 통한 운동성을 대부분 갖고 있다. 운동성의 기작은 원생동물을 크게 4그룹으로 분류하는 데 중요한 특징이 된다. 아메바성 운동을 하는 원생동물(sarcodina), 편모(flagella)로 운동을 하는 원생동물(mastigophora), 섬모(cilia)를 운동기관으로 이용하는 원생동물(ciliophora) 그리고 4번째 그룹인 sporozoa는 일반적으로 비운동성이며 고등동물에 기생한다. 반추위 프로토조아는 대부분 섬모가 있는 섬모충(cilliates)이며, 소수이지만 편모를 갖고 있는 편모충(flagellates)도 있다. 프로토조아는 진핵세포(eukaryotics)의 일반적 특징을 가지고 있고 세포의 크기 때문에 박테리아와 쉽게 구별된다. 또 조류와는 엽록소가 없기 때문에, 효모 및 그 밖의 균류와는 세포벽이 없고 뚜렷한 운동성 때문에, 그리고 점균과는 자실체를 만들지 못하는 점에서 쉽게 구별된다.

(3) 영양소의 섭취방법과 번식방법

반추위 프로토조아는 분류학상 동물계로서 포식작용(engulf, predation)으로 영양소를 섭취한다. 그림 3-10에서 보는 바와 같이 프로토조아는 박테리아(A)와 크기가 작은 프로토조아(B)뿐만 아니라 볏짚과 같은 사료 입자(C), 곰팡이 포자와 입자가 작은 모든 유기물을 포식하며 성장한다. 대부분의 반추위 프로토조아는 식세포작용을 통해 입자 상태의 물질을 삼킬 수 있다. 반추위 프로토조아는 동물계로 분류되지만 번식은 그림 3-10의 D에서 보듯이 이분법(binary fission)으로 일어난다.

(4) 기타 특징

반추위의 모든 프로토조아는 절대혐기성 미생물이며, 반추위 미생물들(박테리아, 프로토조아, 곰팡이) 중에서 pH에 가장 민감하다. 또한 프로토조아는 전분을 섭취하여 동물성 탄수화물인 glycogen을 합성하는 능력도 지니고 있다. 반추위에 상존하는 위치에 따라 분

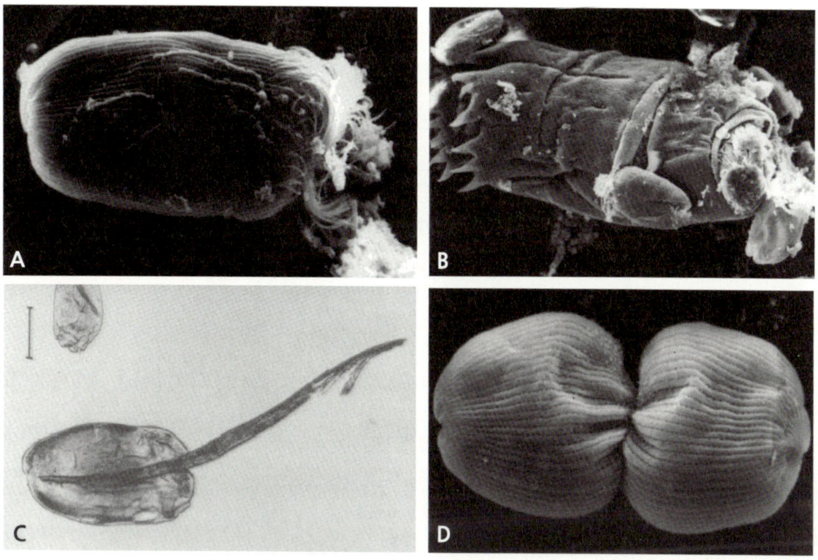

그림 3-10 반추위 프로토조아의 영양소 섭취형태(포식작용)와 번식형태

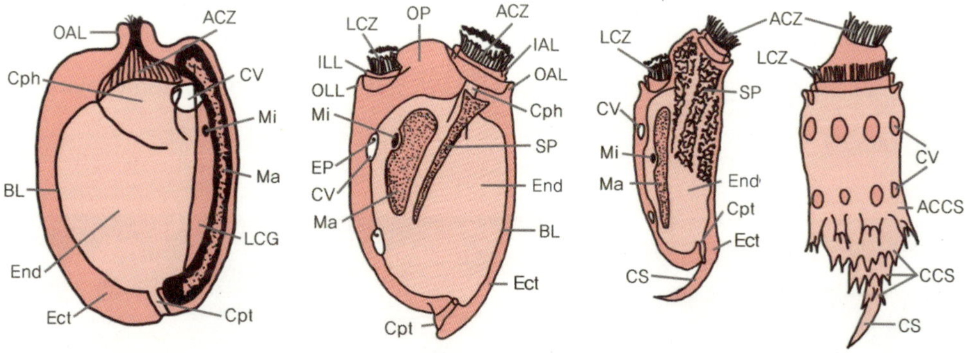

ACCS: anterio circlet of secondary caudal spines, **ACZ**: adoral ciliary zone, **BL**: boundary layer, **CCS**: additional circlets of secondary caudal spines, **Cph**: cytopharynx or esophagus, **Cpt**: cytoproct or rectum, **CS**: caudal spine, **CV**: contractile vacuole, **Ect**: ectoplasm, **End**: endoplasm, **EP**: excretory pore, **IAL**: inner adoral lip, **ILL**: inner left lip, **LCG**: longitudinal cuticular groove, **LCZ**: left ciliary zone, **Ma**: macronucleus, **Mi**: micronucleus, **OAL**: outer adoral lip, **OLL**: outer left lip, **OP**: operculum, **SP**: skeletal plate.

그림 3-11 반추위 프로토조아의 내부 및 외부기관의 명칭

류하면 프로토조아는 위액 부유 미생물군(Compartment 1 미생물군)에 속한다. 프로토조아는 상당히 진화된 미생물로 여러 소기관들을 갖고 있으며(그림 3-11), 돋보기로 관찰이 가능할 정도로 다른 미생물에 비해 상당히 크기 때문에 아주 오래 전부터 반추위에는 프로

토조아가 존재하고 있다는 사실이 밝혀진 바 있다. 이미 1843년에 Gruby와 Delafond가 면양의 반추위에서 프로토조아를 분리했으며 1858년에는 *Isotricha*, *Ophryoscolecidae*, *Entodinium* 등의 프로토조아가 순수 분리되었다. 그러나 아직까지도 반추위 프로토조아의 순수 배양은 어려운데, 이는 박테리아 없이는 프로토조아를 배양할 수 없기 때문이다. 따라서 아직까지 제1위의 대사와 소화에 관여하는 중요도는 분명하지 않다.

2) 반추위 프로토조아의 분류

반추위 프로토조아는 상당히 오래 전인 1843년에 최초로 발견되었는데, 현재까지 분리된 프로토조아의 종류만도 400여 종이 넘는다. 따라서 프로토조아를 분류하는 방법에도 학자들 간에 많은 차이를 보이고 있지만, 반추위 곰팡이와 마찬가지로 형태를 기준으로 분류하는 데는 이견이 없다. 반추위 프로토조아는 그림 3-12에서 보는 바와 같이 아주 다양한 형태를 취하고 있다. 반추위 프로토조아는 운동성의 기작에 따라 크게 2그룹으로 분류되며 독립된 강(class)을 구성한다. 즉 편모로 운동하는 프로토조아인 **편모충 강**(mastigophora)과 섬모로 운동하는 프로토조아인 **섬모충 강**(ciliophora)이다. 섬모충 강은 다시 몸 전체가 섬모로 덮여 있는 Holotricha 아강(sub-class)과 표면 일부에 술 모양의 섬모를 갖고 있는 Entodiniomorpha 아강으로 나뉜다(그림 3-13 참조). Entodiniomorpha 아강은 Holotricha 아강과의 관계 때문에 Oligotrichia 아강으로도 흔히 불린다.

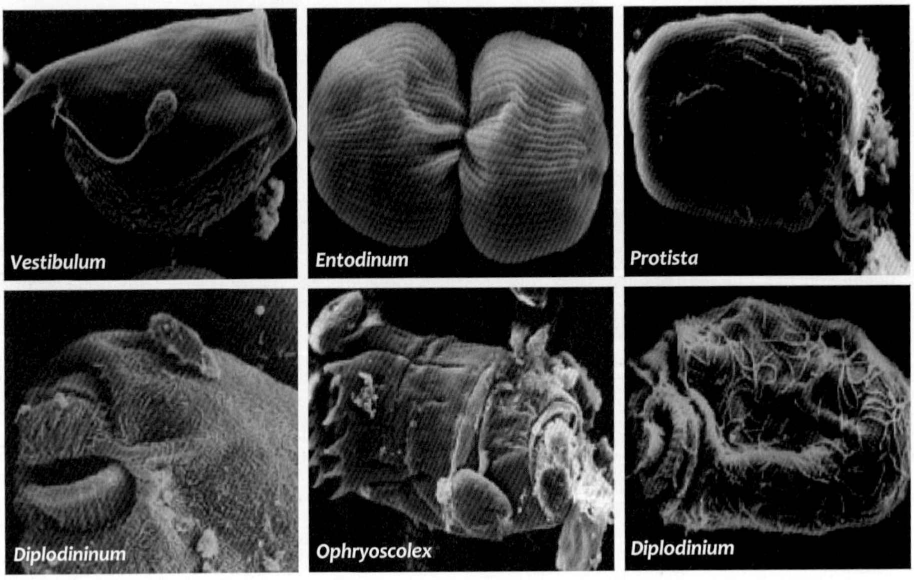

그림 3-12 반추위 혐기성 프로토조아의 여러 형태

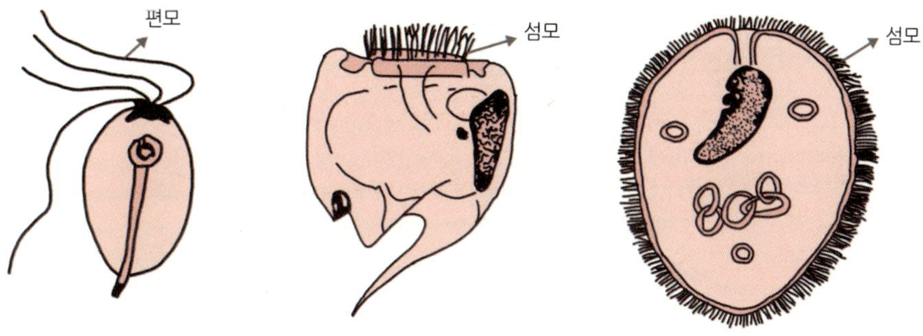

그림 3-13 반추위 프로토조아의 2개 강(편모충, 섬모충)

(1) 편모성 프로토조아(편모충, flagellates)

반추위에는 현재까지 알려져 있는 순수 편모충 가운데 5종(species) 정도가 있으며, 과거에 편모충이라고 알려져 있던 대부분은 사실 편모충이 아니라 오늘날 혐기성 곰팡이로 밝혀진 *Neocallimastix* 종이었다. 프로토조아 중에서 편모충의 비중은 1% 미만으로 매우 적지만 어린 소에서 섬모충이 증식되기 이전에 다소 많은 편모충이 발견된다. 그러나 성축이 된 반추동물의 반추위에 존재하는 프로토조아는 거의 대부분이 섬모충이다. 편모충의 반추위내 정착은 섬모충과 유사한 방법으로 이루어진다.

(2) 섬모성 프로토조아(섬모충, cilliates)

반추위 섬모충 강에는 Holotricha(Vestibuliferida) 아강과 Entodiniomorpha 아강이 있다(그림 3-14 참조). Holotricha 아강은 크기가 비교적 작고 원시적 형태이며, 섬모가 프로토조아 표면을 모두 덮고 있으며 운동성이 Entodiniomorpha보다 빠르다. 형태는 달걀 모양이며 이들은 반추위에서 주로 가용성 탄수화물을 이용하는데, 대표적인 속으로 *Isotricha* 속(genera)과 *Dasytricha* 속이 있다. 이에 반해 Entodiniomorpha 아강은 크기가 비교적 크고, 입 주위에 섬모가 띠(band) 모양을 이루고 있으며, 좀 더 진화된 형태이다. 그러나 Holotricha보다 운동성은 느린 편이다. 모양은 달걀 모양에서부터 길쭉한 모양까지 아주 다양하며, 반추위에서 주로 사료 입자를 분해한다. *Entodinium, Diplodinium, Epidinium, Ophryoscolex, Opisthotrichum, Caloscolex* 속 등이 여기에 속한다. Holotricha 아강에는 대표적인 속(genera)인 *Isotricha*와 *Dasytricha*가 있다. 그 밖에 *Blepharocorys, Charon, Buetschilla*이 있으나 말에서 아주 간헐적으로 발견되기

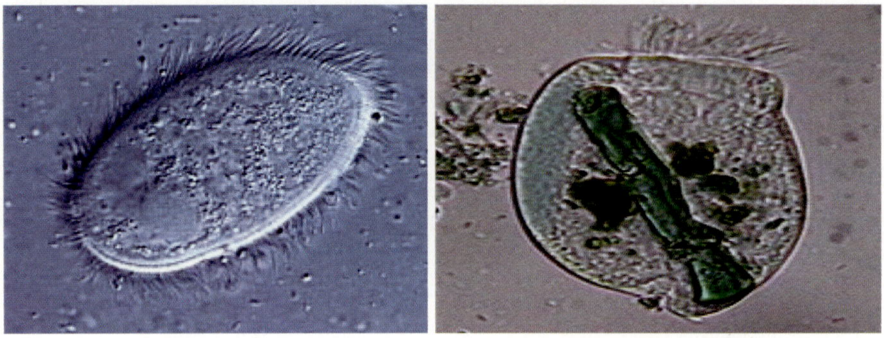

Holotricha 아강　　　　　　　　　　　Entodiniomorpha 아강

그림 3-14 반추위 섬모충의 2개 아강(Holotricha, Entodiniomorpha)

때문에 결국 반추위에 존재하는 주요한 프로토조아는 8속(genera)이라고 할 수 있다.

3) 반추위 프로토조아의 동정(identification)

(1) 반추위 편모충의 동정

과거에 *Callimastix*, *Sphaeromonas*, *Piromonas* 등의 3속(genera)은 편모성 프로토조아로 알려져 왔으나 Orpin(1975)에 의해 프로토조아가 아닌 혐기성 곰팡이의 유주자(zoospore)로 확인되었다. 따라서 현재까지 반추동물의 반추위에서 발견된 편모성 프로토조아는 5속뿐이다. 편모충은 섬모충에 비해 크기가 상대적으로 작아서 동정하기가 매우 어렵다. 이들을 동정하기 위해서는 김자 용액(Giemsa's solution)으로 염색하여 표본을 만든 다음 ① **편모**의 개수와 형태, ② **파동막**(undulating membrane)의 유무, ③ **축간**(axostyle)의 유무, ④ **개구부**(cytostomal groove)의 유무 등에 주의하여 관찰해야 한다. 편모충 동정의 지표가 되는 이 4가지 미세구조에 따라 반추위의 편모충을 동정하면 그림 3-15와 같다. 축간은 편모성 프로토조아에서 그 장축을 따라 내려가는 가느다란 지지간상체로서, 때에 따라서는 뒤로 돌출되기도 하는 기관이다. 파동막은 운동성을 부여하는 기관이며, 개구부는 아주 원시상태의 입에 해당하는 기관으로 개구부가 있는 *Chilomastix*는 다른 속에 비해 진화가 많이 이루어졌음을 의미한다.

(2) 반추위 섬모충의 동정

대부분의 반추위 섬모충은 길이가 20~200μm로서 100~400배 배율의 광학현미경으로도 쉽게 관찰할 수 있다. 섬모충은 크게 Entodiniomorpha와 Holotricha로 나눌 수 있는

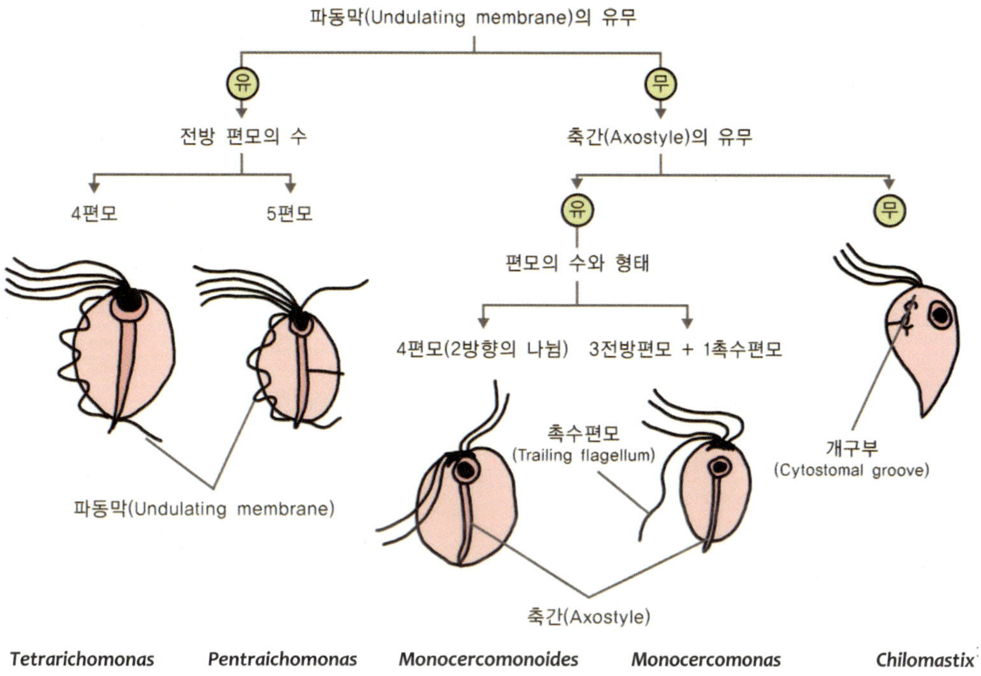

그림 3-15 미세구조 형태에 따른 반추위 편모충의 분류

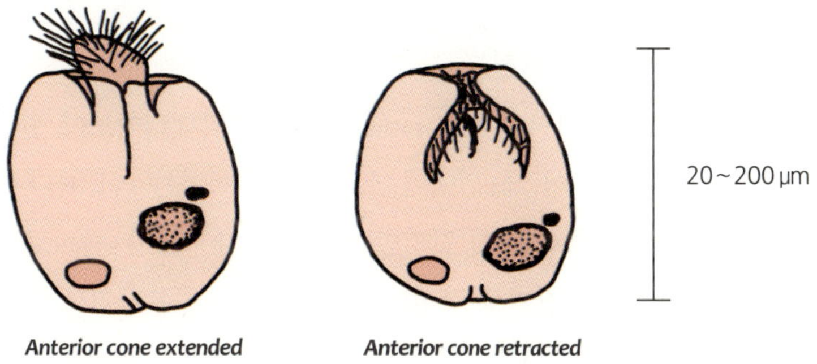

그림 3-16 Entodiniomorpha의 섬모대 모양과 프로토조아의 크기

데, 전자는 섬모가 대부분 앞면에만 있고 후자는 프로토조아 전체에 섬모가 돋아 있다. Entodiniomorpha의 섬모대(ciliary zone)는 몸체 안으로 감춰지는 종도 있다(그림 3-16).

프로토조아 체내의 소기관들(macronucleus, skeletal plates, contractile vacuoles)은 관찰하기 매우 어렵지만, 숙주동물이 사료를 섭취한 후에 표본을 만들어 검사하면 쉽게 관

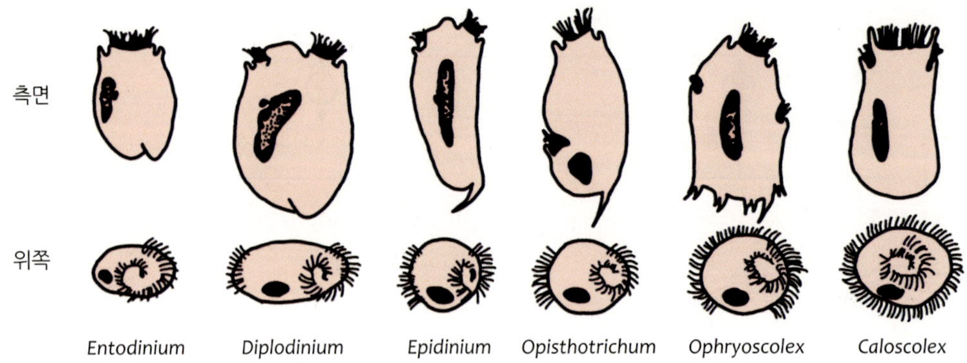

그림 3-17 섬모대의 위치와 형태에 따른 반추위 섬모충의 분류

찰된다. 프로토조아의 소기관인 skeletal plates는 다당류(polysaccharides)로 구성되어 있어서 iodine으로 염색하여 관찰할 수 있다. 광학현미경으로 섬모성 프로토조아를 동정할 때는 ① 섬모대의 위치와 형태, ② concretion vacuole와 operculum의 유무와 개수, ③ skeletal plate의 유무, 위치, 개수 및 모양, ④ macronucleus의 형태와 위치, ⑤ caudal spines의 개수 같은 형태적 특징에 유의하여 관찰한다. 우선 섬모대의 위치와 형태에 따라 반추위의 섬모충을 동정하면 그림 3-17과 같다.

4) 반추위내의 프로토조아 수 변화

반추위에서 프로토조아의 증식시간(generation time)은 박테리아보다 훨씬 느려서 12~48시간 정도 걸린다. 이와 같이 제1위액이 소장으로 넘어가는 속도보다 느리기 때문에 이론상으로 그 수가 급격히 줄어들 것 같지만 실제로는 대부분이 큰 사료 입자와 밀착되어 있거나 운동성 때문에 하부장기로 잘 넘어가지 않는다. 하부장기로 넘어가는 양은 반추위내 프로토조아의 20%에 불과하며 약 70%가 제1위 안에서 사멸한다. 즉 제1위내 프로토조아의 용적량은 박테리아와 거의 동일하지만 제3위내 프로토조아의 용적량은 제1위의 10%에 불과하다. 따라서 반추동물의 단백질 공급원으로 기여하는 양은 매우 적고 오히려 박테리아를 포식하여 박테리아의 반전율(turnover rate)에 큰 영향을 미친다.

반추위내에서 프로토조아의 수는 여러 가지 요인에 의해서 영향을 받을 수 있다. *Entodinium*은 사료를 섭취한 후 6~8시간 동안에 그 수가 줄었다가 그 후에는 다시 증가한다. 반면에 면양의 반추위에서 Holotricha는 사료섭취시간에 최고 수치를 보이다가 그 이후 계속 하강하지만, 소의 반추위에서 Holotricha는 사료를 섭취한 이후 계속적으로 증가한다. 반추동물이 조사료보다 농후사료를 많이 십취하면 일반적으로 반추위에서 프로토조아의 수는 증가하는 경향을 보이고, 사료 중 조사료의 수준이 40~50% 정도 될 때 프로토조아의 수는 최대가 된다. 일반적인 사양조건하에서 반추위내 프로토조아의 농도는 위액 1mL당 10^5~10^6마리 정도이지만, 농후사료를 너무 많이 섭취하면 반추위내의 pH가 떨어지고 이에 따라 pH에 민감한 프로토조아는 위액 1mL당 10^2~10^3마리 정도로 급격히 감소한다.

반추위에 서식하는 대표적인 프로토조아는 *Entodinium*으로서, 농후사료를 급여하면 프로토조아의 90~98%가 *Entodinium*이지만 조사료를 많이 급여하면 그 비율이 떨어져 40~90% 정도 된다. 사료섭취량이 증가하면 그에 따라 반추위의 프로토조아 수도 증가하지만, 일정 섭취량을 넘어서면 프로토조아의 수가 더 이상 증가하지 않는다. 유지 수준의 1.8배 이상으로 에너지를 섭취할 경우 반추위의 프로토조아 수는 급격히 감소하고, 프로토조아의 식작용 특성 때문에 사료의 입자도(particle size)와 반추위내 프로토조아의 수는 서로 반비례한다. 또한 사료의 섭취 빈도를 높이면 반추위내의 pH가 정상적으로 유지되기 때문에 pH에 민감한 프로토조아의 수는 증가한다. 계절적으로도 급여하는 사료의 종류가 변하기 때문에 그에 따라 프로토조아의 수도 변한다.

여러 연구 결과를 종합해보면 반추동물이 살고 있는 지역에 따라서도 반추위내 프로토조아의 수나 그 종류가 많은 영향을 받는다. 한편 반추동물의 축종에 따라서도 반추위내 프로토조아의 수와 종류에 큰 차이가 있다. 예를 들어 사슴이나 caribou 등의 반추위에는 아주 독특한 프로토조아가 있다고 한다. 반추위내 편모충은 송아지의 반추위에는 많이 발견되다가 성축이 되면 그 수가 급격히 줄어들고, 성축에서도 농후사료를 급여하면 편모충은 거의 발견되지 않는다. 또한 프로토조아 간의 경쟁에 의해서도 군집이 영향을 받아서, *Ophryoscolex*와 *Epidinium*을 같이 배양하면 *Epidinium*만 생존하는 것을 볼 수 있다.

5) 프로토조아의 군락 형성(faunation)과 제거(defaunation)

(1) 반추위내 프로토조아의 군락 형성

어린 반추동물의 경우 성숙한 동물과의 직접 접촉이나 사료 등을 통해서 반추위 내부에 프로토조아가 군락을 형성한다. *Entodinium*은 생후 15~20일경에 반추위내에 정착하고, *Polyplastron*, *Eudiplodinium*과 *Epidinium*은 생후 20~25일경에, Isotricha는 생후 50일 이후에 반추위내에 정착한다. 이러한 프로토조아의 정착은 반추위내 pH와도 밀접한 관계가 있어서 *Entodinium*은 반추위 pH 6.0에서, *Diplodinium*과 Holotricha는 pH 6.5 또는 그 이상일 때 어린 가축에게 잘 정착된다. 한편, 반추위에 프로토조아가 없는 성숙한 동물(protozoa-free ruminants, defaunated ruminants)에게 2~50마리의 프로토조아를 반추위에 접종하면 5~7주 후에는 정상적인 군락이 형성되며, 프로토조아가 없는 성숙한 면양(defaunated sheep)에게 반추위액을 접종하면 약 7일 후에는 정상적인 군락이 형성된다.

(2) 반추위내 프로토조아의 제거(defaunation)

제1위에서 미생물 총량의 약 절반을 차지하는 프로토조아는 반추동물에게 여러 가지 중요한 영향을 끼치고 있지만 실제로 필수적인 것은 아니다. 제1위에서 프로토조아가 담당하는 역할에 대해서는 많은 논란이 있다. 프로토조아에 의한 박테리아의 포식과 프로토조아의 제1위내 체류시간은 제1위에서 박테리아 단백질의 반전율에 영향을 끼치는 중요한 요인으로 작용한다. 따라서 프로토조아를 제거하면 박테리아의 성장량과 단백질의 합성량이 증가한다. 제1위 내부의 프로토조아를 제거할 때 나타날 수 있는 영향을 요약하면 ① 반추위내 박테리아 수의 증가, ② 곰팡이 수의 증가, ③ 박테리아 단백질 합성량의 증가, ④ 비가용성 단백질 분해의 감소, ⑤ 섬유소 소화율의 감소, ⑥ 전분 소화량의 증가, ⑦ 지방산에 대한 수소첨가의 감소, ⑧ CH_4 생성량의 감소, ⑨ Cu와 미량무기물 공급의 증가, ⑩ 제1위액의 소장 이행량의 변화 등이 있다.

① 제거 방법

제1위에서 프로토조아를 제거하기 위해 사용하는 방법에는 여러 가지가 있다. 첫째, 분만과 동시에 어미 소와 분리하는 방법이다. 그러나 72시간은 어미 소와 같이 있어야 혐기성 섬유소 분해 박테리아가 정착할 수 있다. 둘째, $CuSO_4$ 등과 같은 화학약품(defaunation agents)으로 프로토조아를 제거할 수 있다. 이 경우에는 특히 Cu 중독을 조심해야 하며 단기간만 사용해야 한다. 셋째, 제1위 내용물을 모두 꺼내어 다음과 같이 처리하고 제1위벽을 깨끗이 씻은 후 다시 넣는다. 제1위의 내용물을 50°C에서 15분 동안 처리하면 Holotricha는 모두 사멸하고, 냉동시키면 프로토조아를 모두 제거할 수 있다. 전체 미생물에 영향을 주지 않는 가장 무난한 방법은 냉동시킨 제1위액을 사용하는 것인데, 이와 같은 냉동방법을 사용하면 프로토조아는 모두 사멸되지만 박테리아와 곰팡이는 사멸되지 않는다.

② 제거 효과

반추위에서 프로토조아를 제거하면 박테리아의 수가 급격히 증가한다. 특히 그람 음성 구균, 그람 음성 간균과 *Selenomonas*의 수가 증가하며 그람 양성균에는 큰 변화가 없다. 하루에 프로토조아가 포식하는 박테리아는 건물량으로 약 90g이나 된다. 따라서 프로토조아를 제거하면 전분 분해 박테리아 수가 증가하는데, 이는 프로토조아가 전분 입자와 더불어 전분 분해 박테리아를 더 많이 포식하기 때문으로 생각된다. Methanogen의 대부분은 프로토조아의 벽에 붙어 있기 때문에 프로토조아의 제거로 CH_4 생성량이 줄어든다. 프로토조아는 대사 과정에서 많은 양의 H_2를 발생시키기 때문에 methanogen이 프로토조아와 밀접히 붙어 있는 것으로 생각되며 H_2를 이용하여 CH_4로 전환시키기 때문이다. 따라서 프로토조아를 제거하면 제1위에서 H_2 생성량이 감소되고 methanogen의 증식이 억제되며, 이로써 CH_4 생성에 따른 에너지의 손실을 막을 수 있다.

박테리아와는 달리 프로토조아는 urease가 없으며, NH_3를 질소원으로 이용할 수 없다. 단지 박테리아와 사료 단백질을 섭취하고 섭취한 단백질의 약 50%를 다시 아미노산과 NH_3의 형태로 체외로 배출한다. 또한 가용성 단백질을 이용할 수 없기 때문에 불용성 단백질을 공급하지 않으면 성장하지 못한다. 프로토조아는 박테리아보다 peptidase와 deaminase의 활력은 더 높지만 protease와 dipeptidase의 활력은 동일하다. 그러나 casein을 사용했을 때 NH_3의 생성에는 차이가 없는데, 이는 프로토조아의 99%를 차지하는 Entodiniomorpha는 불용성 단백질을 섭취하여 소화시킬 수 있지만 casein과 같은 가용성 단백질은 이용할 수 없기 때문이다. 전반적으로 프로토조아를 제거하면 사료단백질의 분해율이 감소된다. 프로토조아를 제거하면 박테리아 단백질의 제1위내 분해를 방지할 수 있으므로 박테리아 단백질의 합성량이 증가하고 소장으로의 이전량이 증가한다. 그러나 때로는 유기물의 소화율이 감소되고 NH_3의 생성량이 줄어들므로 사료 중 가용성 단백질 수준을 약 2배로 높여주어야 한다. 프로토조아 중에서 가장 큰 Entodiniomorpha는 여러 유형의 cellulose를 소화시킬 수 있으나 *Entodinium*은 cellulose의 소화력이 없다. Hemicellulose는 Holotricha와 *Entodinium*보다도 Entodiniomorpha에 의해서 더 많이 소화된다. 따라서 프로토조아의 제거는 구조탄수화물의 소화율을 감소시킨다.

6) 프로토조아의 기능과 역할

반추위내에서 프로토조아의 특징과 기능을 요약하면 다음과 같다. 첫째, 프로토조아는 수가 적어도 운동성이 있어서 새로 섭취한 사료에 박테리아보다 빨리 접근한다. 둘째, 프로토조아는 과다한 전분을 저장탄수화물(storage polysaccharide)로 비축한다. 셋째, 박테리아보다도 산성에서 더 쉽게 사멸한다. 특히 Holotricha는 산성에 가장 민감하고 소형 Entodiniomorpha는 가장 덜 민감하다. 넷째, 박테리아와는 달리 단순 질소원으로부터는 아미노산을 합성하지 못하고, 섭취한 박테리아를 분해하여 아미노산을 공급받는다. 다섯째, 박테리아와는 달리 섬모성 프로토조아는 제1위내 발효에 필수적인 것은 아니다.

(1) 섬유소의 분해

생체 외(*in vitro*) 실험의 결과이긴 하지만 반추위내 cellulase의 19~28%를 프로토조아가 분비하며, 프로토조아는 반추위내 섬유소의 약 25~30%를 분해한다. *Entodinium* 종은 효소를 체외로 분비해 식물 조직의 세포벽을 직접 파괴시키기도 한다. 다른 프로토조아에 비해 상대적으로 큰 Entodiniomorpha는 사료 입자들을 삼켜 체내에서 직접 소화시킨다. Holotricha는 cellulose를 분해하는 능력이 약하지만, Entodiniomorpha는 상당히 강력한 cellulase를 분비한다. 경우에 따라서는 제1위내 cellulase 활력의 50% 이상이 프로토조아와 관련되어 있기도 하다. 따라서 상당량에 달하는 반추위내 섬유소가 프로토조아가 분비하는 cellulase에 의해 분해되기 때문에 프로토조아를 제거하면 섬유소 소화율이 저하된다. 프로토조아는 cellulase 외에도 xylanase와 여러 종류의 glucosidase를 생성할 수 있다.

(2) 전분의 분해

반추위에 전분의 양이 많으면 프로토조아의 수가 증가한다. 모든 Entodiniomorpha는 전분을 이용하고 전분 입자를 삼켜서 체내에서 분해하거나, 전분이 과다할 때에는 amylopectin의 형태로 체내에 저장하기도 한다. 전분 분해 프로토조아의 수는 가축, 급여사료 및 사료섭취량에 따라 다르며, 반추위액 1L당 0~10^9마리로 아주 다양하게 변한다. 사료급여 후 일정 기간 제1위내의 pH가 지나치게 낮아지면 pH에 민감한 프로토조아는 증식되지 않아 pH 6 이하에서 사멸한다. 농후사료를 급여하면 전분 분해에 2가지 방법으로 영향을 끼친다. 즉 ① 제1위에서 전분의 분해에 영향을 끼칠 정도로 박테리아를 포식하며, ② 전분 입자와 가용성 당을 삼킴으로써 당 분해 박테리아에 의해 일어나는 발효를 저해시키거나 현저히 늦춘다. 특히 프로토조아에 의한 전분이 lactate로 전환되는 속도는 박테리아가 전환시키는 속도보다 훨씬 느리다. Lindsay(1970)는 면양을 이용한 실험에서 하루에 20~30g의 전분만이 소장에 도달하는데, 이것은 면양이 섭취하는 전체 전분량의 약 10%에 불과한 것으로 이것은 프로토조아가 전분을 섭취하기 때문이라고 하였다.

(3) 가용성 당의 분해

대부분의 Entodiniomorpha는 반추위액 중의 가용성 탄수화물(soluble carbohydrate)을 흡수·이용하고 Holotricha도 가용성 탄수화물에 의존한다. Holotricha가 분해한 가용성 탄수화물은 glucose, fructose, sucrose, cellobiose 등이다. 이들 당이 충분할 경우에는 총 프로토조아의 수가 크게 증가하는데 이는 Entodiniomorpha보다도 Holotricha가 증가하기 때문이다.

(4) 지방의 분해

프로토조아는 반추위내 지방 분해의 약 30~40%를 담당한다. Entodiniomorpha는 지방입자(oil droplet)를 삼키고 고급 지방산(long-chain fatty acid)을 흡수한다. 그리고 불포화지방산의 수소첨가로 포화지방산의 양을 증가시킨다. 약 75%의 미생물 지방은 프로토조아와 관련되어 있으므로 이들의 지방 공급은 매우 중요하다.

(5) 단백질 및 독성 물질의 분해

프로토조아는 단백질의 가수분해에는 크게 중요하지 않다. 즉 프로토조아의 단백질 분해활동은 박테리아의 10%에 불과하다. 그러나 프로토조아는 반추위에서 독성 물질로 작용하는 NO_3^-를 줄이거나 일부 mycotoxin을 제거하기도 한다.

(6) 발효산물

프로토조아는 상당량의 acetate, butyrate, lactate, H_2, CO_2 등을 생성하지만 propionate는 거의 생성하지 않는다. 이러한 현상은 반추위 곰팡이에서도 동일하다. Holotricha는 lactate를 많이 생성하는 데 반하여 Entodiniomorpha는 주로 butyrate와 acetate를 생성한다. 프로토조아는 반추위의 lactate 대사를 조절하고 과산증(acidosis)을 예방하는 등 반추위 발효 안정화에 중요한 역할을 한다. 표 3-4에 반추위 프로토조아가 이용하는 주요 기질과 분해산물을 나타내었다.

표 3-4 반추위 섬모성 프로토조아의 기질과 최종분해산물

종	기질	최종분해산물[a]
Isotricha		
intestinalis	전분, sucrose, glucose, pectin	A, p, B, L, H, Li
prostoma	전분, sucrose, glucose, pectin	A, p, B, L, H, Li, C
Dasytricha		
ruminantium	전분, maltose, cellobiose, glucose	A, B, L, H, C
Entodinium		
bursa	전분, hemicellulose	–
caudatum	전분, cellobiose, glucose, maltose, sucrose	A, P, B, L, H, Li, C
furca bilobum	-	Li
simplex	전분	Li
Diplodinium		
polyplastron	Cellulose, glucose, 전분, sucrose	A, P, B, L, H, C
diplodinium	Cellulose, hemicellulose, 전분	–
diploplastron	Cellulose, hemicellulose, 전분	–
eudiplodinium	Cellulose, hemicellulose, 전분	A, p, B, L, H, f, C
ostracodinium	Cellulose, hemicellulose, 전분	–
eremoplastron	Cellulose, hemicellulose, 전분	–
Epidinium		
ecaudatum caudatum	Cellulose, hemicellulose, 전분, sucrose, maltose	A, P, B, I, H, F, Li
Ophryoscolex		
caudatus	Cellulose, hemicellulose, 전분	A, p, B, H

[a] 대문자는 주요 발효산물, 소문자는 미량으로 생산되는 발효산물임. Acetate(A), propionate(P or p), butyrate(B), lactate(L or l), hydrogen(H), formate(F or f), Lipids(Li), CO_2(C).

3. 반추위 곰팡이(rumen fungi)

1) 반추위 곰팡이의 일반적 특징

(1) 크기와 수

반추위 곰팡이는 절대편성혐기성의 진핵세포(eukaryotes)로서 비교적 최근에 그 존재가 밝혀졌다. 반추위 혐기성 곰팡이의 크기는 영양성장기에는 약 25~250μm(평균 크기 약 150μm)로서 섬모성 프로토조아와 크기가 비슷하고, 번식기의 유주자(zoospore)는 그 크기가 2.0~20μm로서 편모성 프로토조아와 비슷한 크기를 갖고 있다. 사료 급여 형태나 급여량, 급여시기, 조사방법 등에 따라 달라지기는 하지만 반추위액 1mL당 곰팡이의 수는 약 10^3~10^4마리 정도 된다. 반추위 곰팡이는 반추위 총미생물 수(microbial population)의 약 0.1%밖에 되지 않으며 미생물 총량(microbial mass)으로는 약 8~12% 정도 된다.

(2) 영양소 섭취 형태와 번식방법

반추위 곰팡이의 영양소 섭취 형태는 가근을 통한 흡수 기전(absorption by rhizoid)이며, 유주자를 통한 포자법으로 번식한다. 반추위내 상존위치에 따라 분류하면 프로토조아의 편모충은 위액 부유 미생물군(Compartment 1 미생물군)에 속하고 섬모충은 사료 부착 미생물군(Compartment 3 미생물군)에 속하는 데 반해, 영양성장기의 반추위 곰팡이는 사료 부착 미생물군(Compartment 3 미생물군)에 속하고, 곰팡이의 유주자는 프로토조아와 마찬가지로 위액 부유 미생물군(Compartment 1 미생물군)에 속한다.

(3) 분류학적 위치

반추위 곰팡이는 절대혐기성 미생물로서 배양하기 매우 까다로울 뿐만 아니라 가장 최근에 발견된 미생물(1975년; Orpin)로서 현재 가장 많이 연구되고 있다. 사실 반추위에서 곰팡이가 발견될 시점까지도 자연계에는 혐기성 곰팡이가 존재하지 않는다는 것이 미생물학의 정설이었다. 최근에 반추위 혐기성 곰팡이는 Neocallimastigales라는 하나의 강(class)으로 독립되었다(그림 3-18). 따라서 초식동물의 소화기관에서 분리된 혐기성 곰팡이는 독립된 하나의 목(order)과 과(family)를 구성하여 Neocallimasticaceae과로 분류된다. 지금까지 반추동물과 비반추 초식동물의 소화기관에서 분리된 혐기성 곰팡이에서는 *Neocallimastix*, *Piromyces*, *Caecomyces*, *Orpinomyces*, *Anaeromyces*, *Callamyces* 등 6속(genus)이 있다.

- **Division:** Eumycotina
- **Sub-division:** Mastigomycotina
- **Class:** Chytridiomycetes (Neocallimastigales)
- **Order:** Spizellomycetales
- **Family:** Neocallimasticaceae
- **Genera:** *Neocallimastix*, *Piromyces*, *Caecomyces*, *Orpinomyces*, *Anaeromyces*, *Cyllamyces*

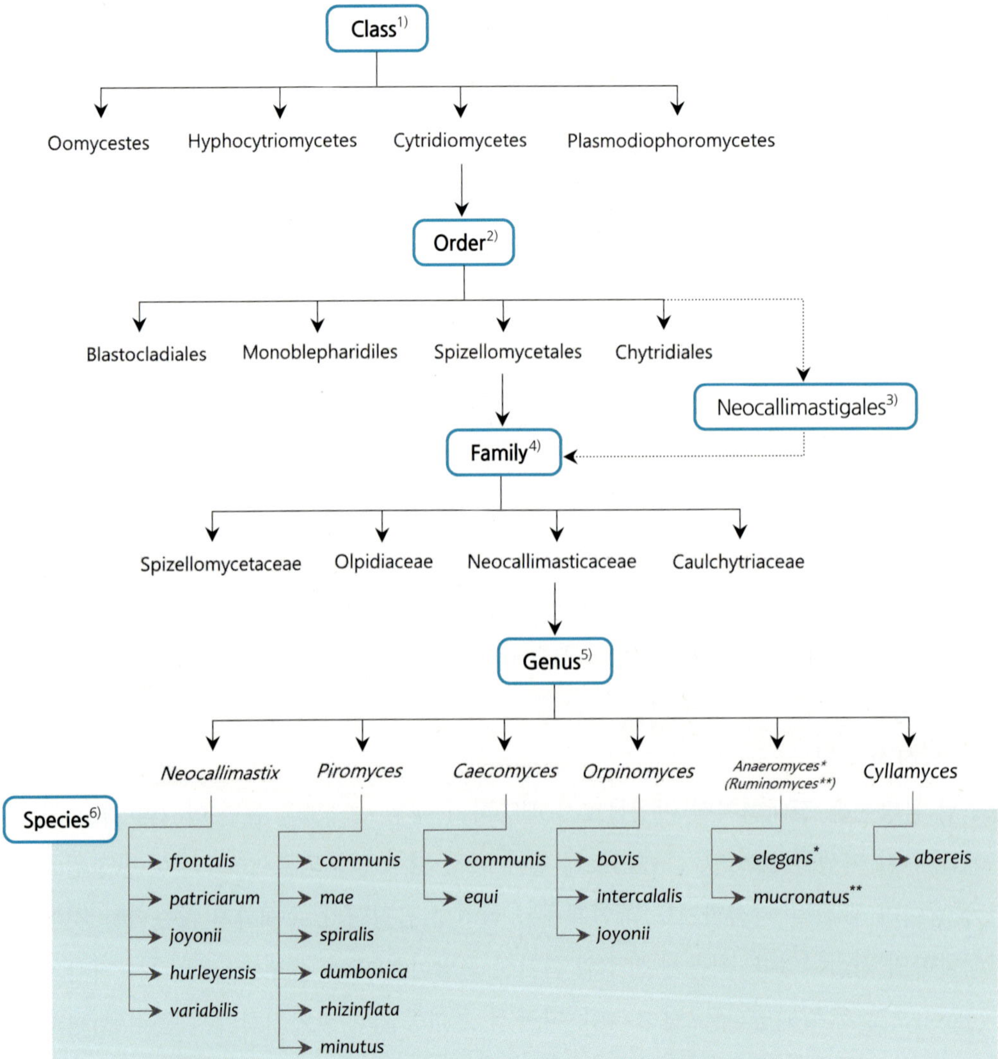

[1] Sparrow(1973), [2] Barr(1980), [3] Li 등(1993), [4] Heath 등(1988), [5][6] Each identificators(1975~1995)

*Ruminomyces elegans and **Anaeromyces mucronatus were described independently and appear to be synonymous.

그림 3-18 반추위 혐기성 곰팡이의 분류학적 위치

(4) 기타 특징

반추위 프로토조아는 생물의 2분법 체계에 따라 분류하면 동물계(fauna)임에 반해 반추위 곰팡이는 식물계(flora)로서 식물의 뿌리에 해당하는 가근(rhizoid), 씨방에 해당하는 포자낭(sporangia)과 씨앗에 해당하는 유주자를 갖고 있다. 가근과 포자낭 그리고 유주자는 반추위 혐기성 곰팡이를 구성하는 기본 단위로서 이들 소기관의 형태와 크기 등은 동정의 지표로 사용된다(그림 3-19).

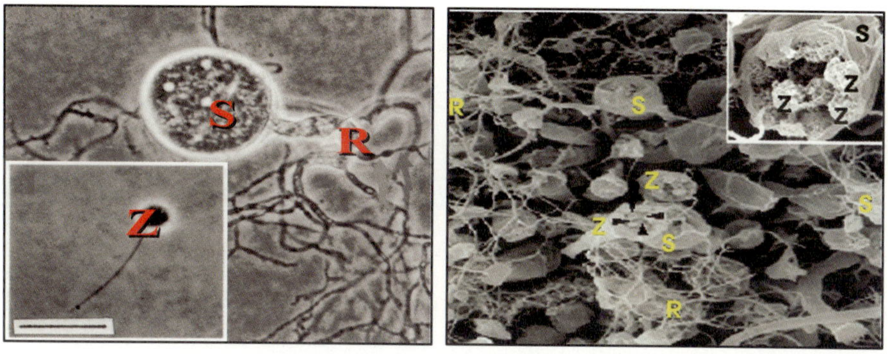

S: 포자낭(sporangia), Z: 유주자(zoospore), R: 가근(rhizoid)

그림 3-19 반추위 혐기성 곰팡이를 구성하는 3가지 주요 부위(포자낭, 유주자, 가근)

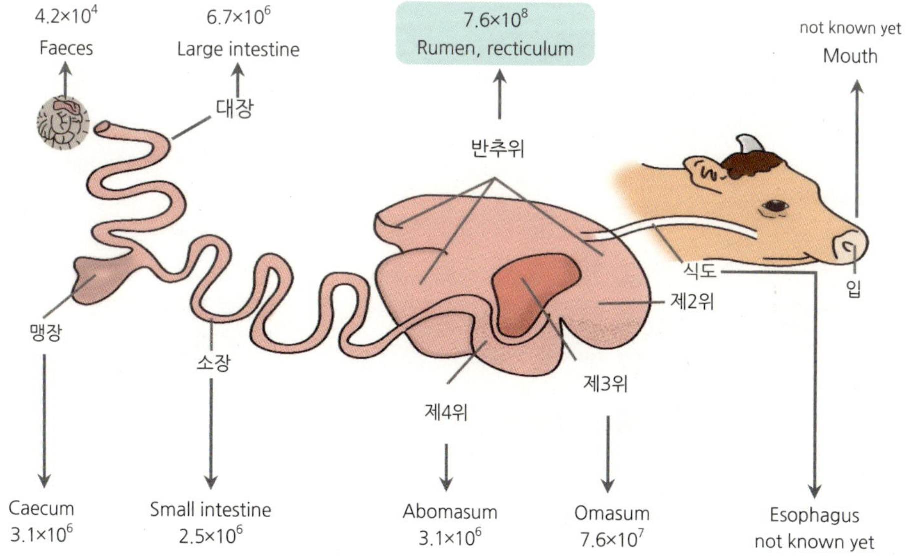

그림 3-20 반추동물(소)의 소화장기별 곰팡이 분포

한편 반추위 프로토조아나 박테리아가 반추위를 제외한 다른 소화기관에서는 발견되지 않는 반면에 반추위 혐기성 곰팡이는 반추위에서 시작하여 제2위, 제3위, 제4위, 소장, 맹장과 대장에 이르기까지, 심지어는 반추동물의 분에서도 아주 높은 농도로 존재한다. 또한 연료로 이용하기 위해 햇볕에 말려놓은 반추동물의 분에서까지 혐기성 곰팡이가 분리되고 있다. 그림 3-20은 해당 장기에 서식하는 전체 곰팡이의 수를 나타낸다.

2) 반추위 곰팡이의 분류

초식동물의 소화장관에서 분리된 총 5속 21종의 곰팡이들은 성장 특성과 미세구조가 서로 다르다. 곰팡이를 구성하는 부위들의 미세구조와 형태 및 크기는 속과 종을 분류·동정하는 지표가 된다. 또한 이들이 생성하는 발효산물에도 차이가 있고, DNA의 guanine과 cytosine의 함량도 다를 뿐만 아니라 지방산의 조성도 서로 다르지만, 동정의 지표로 사용하기에는 아직 체계적인 연구가 이루어지지 않았다. 최근에는 ^{18}S RNA의 분석을 통한 분자유전학적인 방법을 이용하여 장내 혐기성 곰팡이와 Spizellomycetales 목 간의 차이점에 관한 연구들이 진행되었으나 속과 종을 분류·동정하기 위한 연구는 아직까지 이루어지지 않았다. 따라서 반추위 곰팡이는 물리적인 형태에 근거하여 분류한다.

반추위 곰팡이의 속(genera)을 동정하는 요인에는 포자낭의 성장 형태, 가근의 성장 형태, 유주자의 편모 수가 있다. 반추위 곰팡이는 성장 형태에 따라서 monocentric(그림

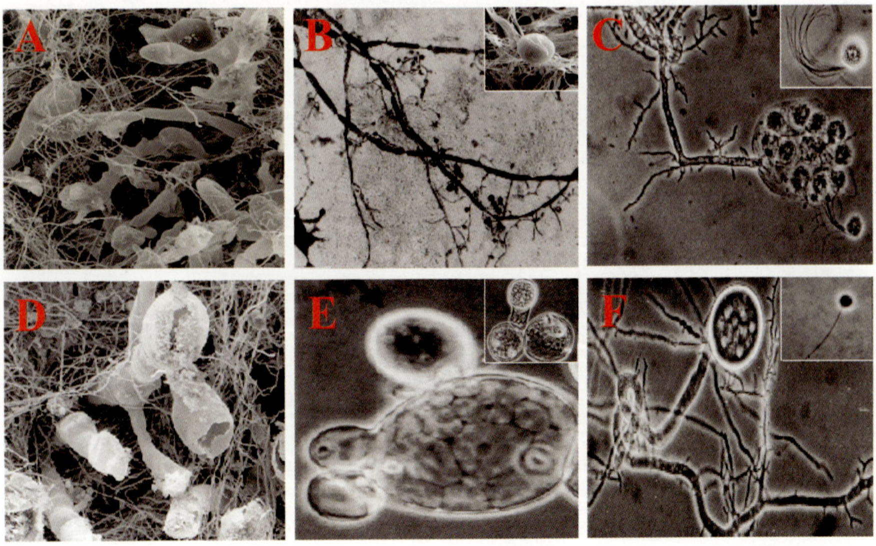

그림 3-21 반추위 혐기성 곰팡이의 성장 형태, 가근의 구조 및 유주자의 모습

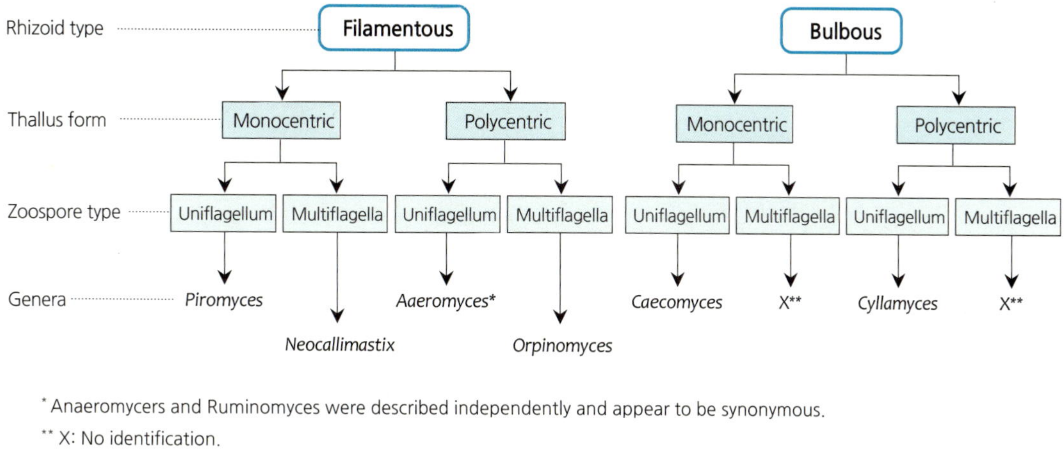

그림 3-22 형태적 특성에 따른 반추위 혐기성 곰팡이의 분류

3-21의 A)과 polycentric(그림 3-21의 D) 곰팡이로 크게 구별하는데, 전자는 엽상체(stalk)당 1개의 포자낭을 갖고 후자는 엽상체당 다수의 포자낭을 갖는다. 영양성장(vegetative stage) 말기에 있는 곰팡이는 하나의 포자낭마다 1~114개의 유주자가 방출되어 활동기(motile stage)로 접어든다. 활동기에 있는 유주자는 flagella의 수에 따라 나뉘는데, *Neocallimastix* 속과 *Orpinomyces* 속은 multiflagellate(그림 3-21의 C) 형태이고 *Piromonas* 속과 *Caecomyces* 속은 uniflagellate(그림 3-21의 F) 형태이다. 가근은 일반적으로 유주자낭(zoosporangium)의 성장에 필요한 영양소를 공급하는 역할을 하고 식물 입자를 물리적으로 붕괴(disrupting)시키거나 섬유소를 가늘게 하는 작용(fibrillating)을 한다. 그 형태에는 filamentous형(그림 3-21의 B)과 bulbous형(그림 3-21의 E)이 있다. 위의 3가지를 기준으로 반추위 곰팡이를 분류하면 그림 3-22와 같다.

3) 반추위 곰팡이의 생활주기

그림 3-23은 반추위 filamentous형 곰팡이의 생활주기(life cycle)를 모식화한 것이다. 반추동물이 사료를 섭취하고 15분에서 1시간이 지나면 반추위에는 영양성장기 말기에 있는 곰팡이의 포자낭으로부터 유주자가 방출되어 활동기로 접어들게 되는데, 활동기의 유주자는 사료로부터 유래되는 수용성 탄수화물에 대하여 주화성(chemotaxis)을 가지고 있기 때문에 사료 입자에 부착(attachment)하여 다시 영양성장기로 접어든다. 사료 입자에 부착된 유주자는 편모가 끊어지고 피낭을 형성(encystment)한 다음 가근을 형성하기 위해

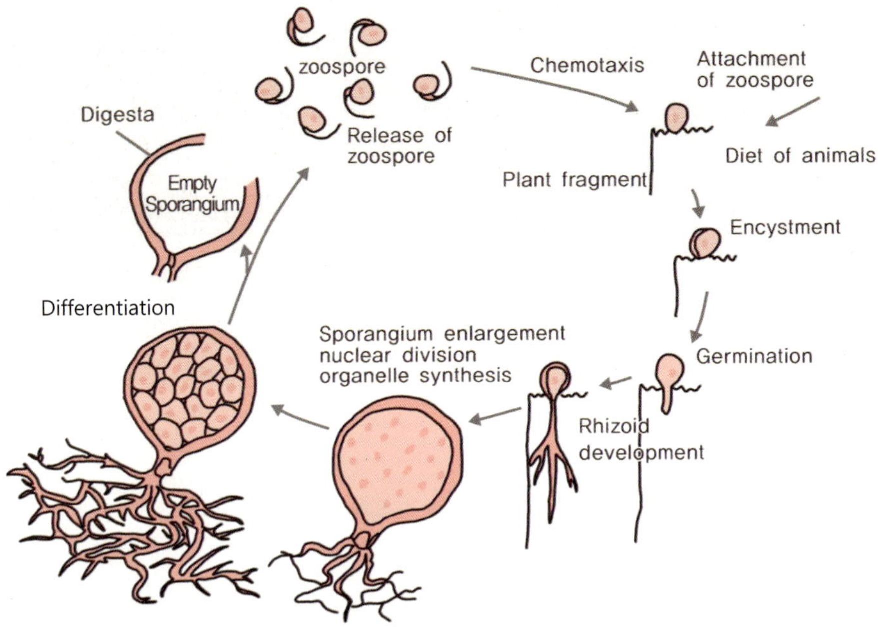

그림 3-23 반추위 filamentous형 곰팡이의 생활주기

피낭이 발아(germination)한다. 발아 후 가근이 성장함에 따라 사료 입자는 더욱 깊이 (450μm) 침입을 받게 되고 그 결과 사료 입자가 붕괴됨으로써 섬유성 사료의 물리적 분해 (붕괴) 효과를 나타내게 된다. 배양한 후 약 10시간이 지나면 *N. hurleyensis* 종의 주 가근 (main rhizoid)은 발육을 중지하고 부착된 식물체에 존재하는 영양분을 흡수하여 유주자낭에 영양소를 공급함으로써 유주자낭이 기하급수적으로 발달하기 시작하는데 성장배가 시간(doubling time)은 1.5시간 정도 된다. 그러나 14~20시간 배양 후에는 유주자낭의 발육이 억제되기 시작하며 20시간 후에는 매우 느리게 성장한다. 성장이 완료된 유주자낭의 최종 크기는 약 $2.5\times10^5 \cdot \mu m^3$ 정도 된다.

피낭이 형성된 후 21시간이 지나면 유주자낭의 밑부분에 격막(septum)이 형성되는데, 이것이 유주자낭의 성장 중지와 피낭 형성 약 27시간 후에 개시되는 유주자의 방출 (zoosporogenesis)과도 깊은 관련이 있을 것으로 추정하고 있다. 곰팡이의 포자낭이 성장함에 따라서 포자낭에서는 핵분열(nuclear division)이 일어나고 분화(differentiation)되어 포자낭이 파괴됨으로써 유주자가 방출되는 생활주기를 갖는다. *N. frontalis*의 경우 반추위에서 이러한 생활주기에는 약 24~30시간이 소요된다. *In vitro*상에서는 29~32시간이 소요되지만 성장조건이 아주 양호할 경우에는 8시간 이내에 생활주기를 마치는 경우도 있다. 그리고 24~30%의 단백질을 함유한 포자낭들은 생활주기를 종료하면 반추동물의 영양소 공급원이 된다.

4) 반추위내의 곰팡이 수 변화

반추위액 1mL당 약 10^3~10^4개 정도의 곰팡이가 존재하지만, 조사료를 많이 급여한 반추동물의 반추위에서는 프로토조아와 비슷한 10^5~10^6개 정도가 관찰된다. 경우에 따라서는 제1위내 미생물 총량의 25%까지 차지하는 경우도 있다. 반추위 박테리아와 프로토조아는 이분법으로 분열하는 데 반해 반추위 곰팡이는 포자법으로 번식함에도 불구하고 곰팡이가 반추위에 많이 존재하지 못하는 것은 성장배가시간이 박테리아의 경우 0.5~3.5시간인 데 비해 곰팡이는 6~9시간으로 길 뿐만 아니라 반추위 박테리아, 특히 *Ruminococcus*에 의해 성장이 저해되기 때문이다. 반추위 곰팡이도 다른 미생물군과 마찬가지로 급여사료의 종류와 사료의 가공방법, 사양방법 등에 따라 그 수가 많은 영향을 받는다(표 3-5).

어린 목초나 연한 잎을 섭취한 동물의 반추위에서 곰팡이 군집이 적은 이유는 반추위내에서 turnover time이 아주 짧은 반면에 곰팡이의 성장률은 상대적으로 느려서 곰팡이가 부착하여 영양성장을 하기 전에 사료가 하부장기로 이행되기 때문이다. 한편 곡류 사료를 급여할 때는 약알칼리에서 최대 성장률을 보이는 곰팡이가 낮은 pH 때문에 적응성을 상실하기 때문이다.

표 3-5 사료의 종류와 처리 및 급여방법에 따른 반추위내 곰팡이 수 변화

(단위: × 10^3/mL rumen fluid)

사료 종류	곰팡이 수	사료 종류	곰팡이 수
Grass silage[1)]	40	Lucerne hay (day 4)[2)]	1
Rye grass (ear emergence stage)[1)]	40	Lucerne hay (day 8)[2)]	11.1
Rice straw + beet pulp + brewer's[3)]	25	Corn silage + monensin[2)]	2.9
Barley straw[1)]	20	Lucerne hay + whey (week 3)[2)]	3.7
Rice straw + beet pulp[3)]	17.8	Lucerne hay + whey (week 4)[2)]	0.7
Corn silage + hay[3)]	17.3	Lucerne hay + monensin[2)]	3.2
Orchard grass hay[3)]	13.7	Rye grass : leafy stage[1)]	4
Lucerne hay[2)]	11.1	Beets (six meals/day)[1)]	1.5
Maize silage + concentrate[1)]	8	Beets (one meal/day)[1)]	0.2
Maize silage[1)]	7	Barley[1)]	0
Lucerne hay[1)]	6	Whey[1)]	0

[1)]Grenet 등(1989a), [2)]Grenet 등(1989b), [3)]이성실 등(1995a,b).

5) 반추위 곰팡이의 기능과 역할

곰팡이가 제1위에서 사료의 발효에 기여한다는 사실은 최근에 밝혀졌다. 곰팡이는 제1위 내 미생물 용적의 약 8%를 차지하고 농후사료를 급여했을 때에는 그 수가 매우 적어진다. 반추위에서 이들의 기능과 역할에 대해서는 아직 구체적으로 밝혀지지 않았으나, 물리적 기능(가근 발달과 이를 통한 기질의 물리적 붕괴)과 화학적 기능(강력한 효소의 분비)을 통해 저질 조사료나 섬유소 소화에 밀접하게 관여하는 것으로 보인다. 지금까지 연구된 반추위 곰팡이의 중요한 특징은 아주 강력한 섬유소분해효소(cellulase, xylanase, pectinase 및 glucoside-hydrolase)를 분비한다는 것이다. 예를 들어 *Neocallimastix patriciarum*은 지금까지 가장 강력한 섬유소분해효소를 분비하는 곰팡이로 알려져 왔고 산업적으로 널리 이용되고 있는 호기성 곰팡이인 *Tricoderma reesei*(strain C-3)보다도 10배 정도 더 강한 것으로 알려져 있다. 따라서 반추위 혐기성 곰팡이나 이들이 분비하는 효소를 이용한 생균제의 개발, 농후사료, 사일리지 혹은 TMR 등에 이용할 수 있는 첨가제, 유용한 효소의 생산 등과 같은 시도가 많이 이루어지고 있으며, 이에 생물공학적 방법을 응용하려는 관심이 높아지고 있다. 사료를 섭취한 후 2시간 이내에 식물조직의 손상 부위에 집락(colony)을 형성하여 점차 가용성 물질로 만들고, 22시간 이내에 큰 사료 입자의 30%가 곰팡이의 가근에 의해 침투를 받게 됨으로써 사료의 물리적 분해 효과가 동반된다. 특히 이들 곰팡이는 거친 조사료가 많은 구조탄수화물의 분해에 크게 기여한다. 즉 곰팡이가 보릿짚의 37~50%를 소화시키는 데 비해 제1위내 박테리아는 14~25%만을 소화시킨다.

4. 기타 반추위 미생물

1) 박테리오파아지(bacteriophase)

박테리아 바이러스라고 불리는 박테리오파아지가 반추위에 존재한다는 것이 최근 밝혀졌는데 위액 1mL당 최소한 5×10^7개가 존재하며 형태학적으로 125종 정도가 확인되고 있다. 이들의 대부분은 입방형 머리와 수축성 꼬리를 가지고 있으며 전체 길이는 0.07~0.8μm에, 머리의 직경은 0.03~0.15μm 정도이다. 반추위에서 이들이 갖는 특이성이나 중요성, 기능 등에 대해서는 아직 밝혀진 바가 없다.

2) 마이코플라즈마(mycoplasma)

반추위에서 혐기성 마이코플라즈마가 1973년에 최초로 분리되었는데 용균성 마이코플라즈마는 반추위액 1mL당 10^5~10^7개 정도가 존재한다. Robinson과 그의 동료들이 1973, 1975, 1987 및 1987년에 반추위로부터 *Anaeroplasma bactoclasticum*, *A. abactoclasticum*, *A. intermedium* 및 *A. varium*의 4종의 마이코플라즈마를 각각 분리하였다.

제2절 반추위 미생물과 효소

1. 식물체 탄수화물의 구조와 분해효소

1) 식물체 탄수화물의 구조

식물체에 함유되어 있는 탄수화물은 세포내(cell content)에 존재하는 탄수화물인 **비구조탄수화물**(non-structural carbohydrate; NSC)과 세포벽을 구성하는 탄수화물(cell wall carbohydrate)인 **구조탄수화물**(structural carbohydrate; SC)로 대별할 수 있다. 비구조탄수화물에는 당, 전분, fructan 등이 있고, 구조탄수화물에는 cellulose, hemicellulose, pectin, lignin 등이 있다(그림 3-24).

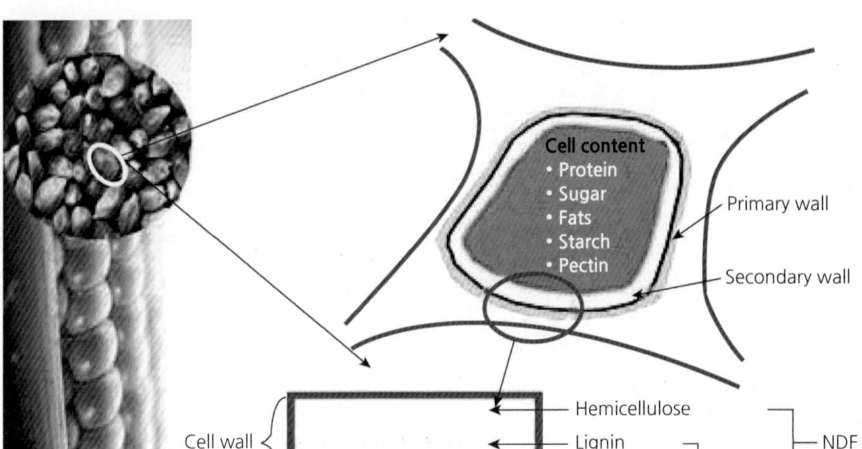

그림 3-24 옥수수 알곡의 물리적 구조와 화학성분 분포

(1) 비구조탄수화물

비구조탄수화물 또는 비섬유성 탄수화물(non-fiber carbohydrate; NFC)은 화학적으로 분석할 경우에 NDSC(neutral detergent soluble carbohydrate)에 포함되는데, 엄격한 의미로는 다소 차이가 있다. 즉 pectin은 구조탄수화물에 속하지만 NDSC에도 포함되기 때문이다. 비구조탄수화물은 반추동물의 농후사료를 구성하는 주요 물질이다. NDSC는 소화가 잘 되고 소화속도도 매우 빠르며, 사료의 총량에서 NDF와 비탄수화물을 감하여 계산한다. 즉 계산식은 100 - (조단백질 + NDF + 조지방 + 조회분) 이다. 사료 곡물에서 전분은 탄수화물의 70~80%를 차지하고 amylose와 amylopectin으로 구성되어 있다. Amylose는 glucose가 α-1,4 연결로 이어진 직선중합체(linear polymer)이고, amylopectin은 glucose가 α-1,4와 α-1,6 연결로 구성된 분지중합체(branched polymer)이다.

(2) 구조탄수화물

구조탄수화물[SC, 세포벽구성물질(cell wall constituent; CWC)]인 cellulose와 hemicellulose는 자연계에서 가장 풍부한 유기물이며 반추동물의 조사료를 구성하는 주요 물질이다. 반추동물에 있어서 반추위 미생물에 의한 구조탄수화물의 분해 과정은 소화작용에 있어서 rate-limiting step이다. 식물 세포벽의 표면은 cuticular층으로 되어 있는데 반추위 미생물들이 쉽게 이용할 수 없는 물질들이 많이 존재하며 그중에서도 cutin과 silica가 섬유소의 이용에 가장 많은 장애요소가 되고 있다. 그림 3-25는 식물체 세포벽의 물리적·화학적 구조를 도해한 것이다. 상당히 복잡하게 구성되어 있지만 기본 골격은 모두 단순한 당들의 결합이다.

Cellulose는 6탄당인 glucose가 β-1,4 결합으로 되어 있는 아주 단순한 구조이며, hemicellulose 역시 아주 간단한 구조로서 5탄당인 xylose가 β-1,4 결합으로 연결되어 xylan을 만든다. 그러나 이 xylan에는 arabinose, acetic acid, phenolic acid, glucuronic acid, ρ-coumaroyl acid, feruloyl acid 등의 잔기들이 측쇄로 연결되어 상당한 복잡성을 보이고 있다. 실제로 순수 xylan은 cellulose보다 반추위 미생물에 의해 더 빠르고 쉽게 분해되는 물질이지만, 이러한 복잡하게 얽힌 잔기들 때문에 분해가 늦게 진행된다.

더 나아가 xylan에 arabinose가 측쇄로 붙어 있는 구조를 arabinoxylan이라고 하며 이 arabinoxylan의 arabinose에 phenolic acid, glucuronic acid, ρ-coumaroyl acid 그리고 feruloyl acid 등의 잔기가 붙어 있는 구조를 통칭하여 lignin complex라고 한다(그림 3-26). 따라서 lignin은 가수분해에 의해 phenolic acid, glucuronic acid, ρ-coumaroyl

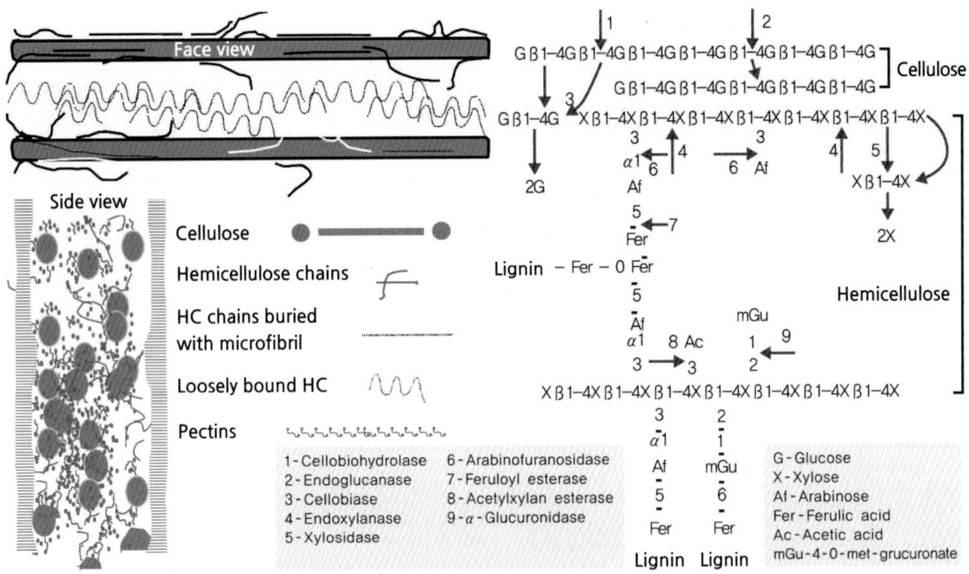

그림 3-25 식물체 세포벽의 물리적 구조(좌측)와 화학적 구조(우측)

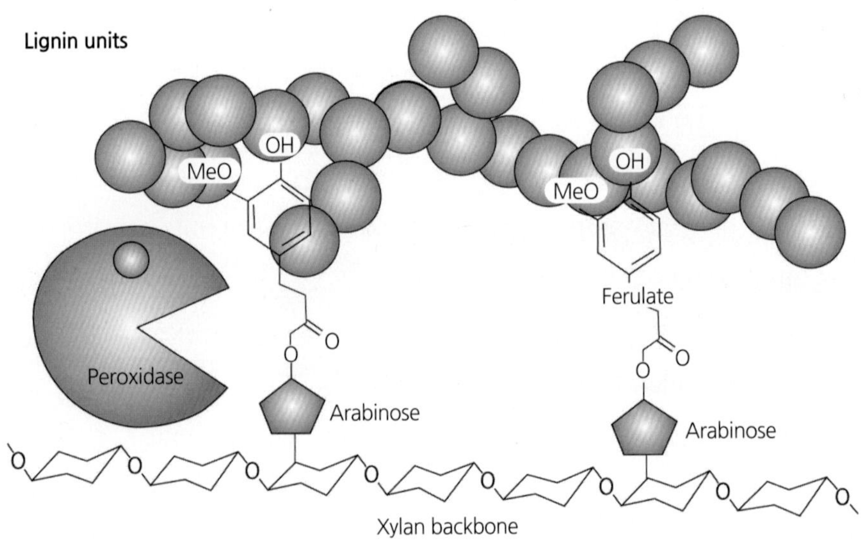

그림 3-26 식물 세포벽의 lignin complex를 구성하는 기본단위

acid와 feruloyl acid(그림 3-27)가 검출되는 부분을 통칭하기 때문에 lignin은 궁극적으로 탄수화물이 아니다. 그리고 탄수화물과 결합하여 세포벽을 구성하는 lignin은 사료의 소화율을 떨어뜨리는 역할을 한다.

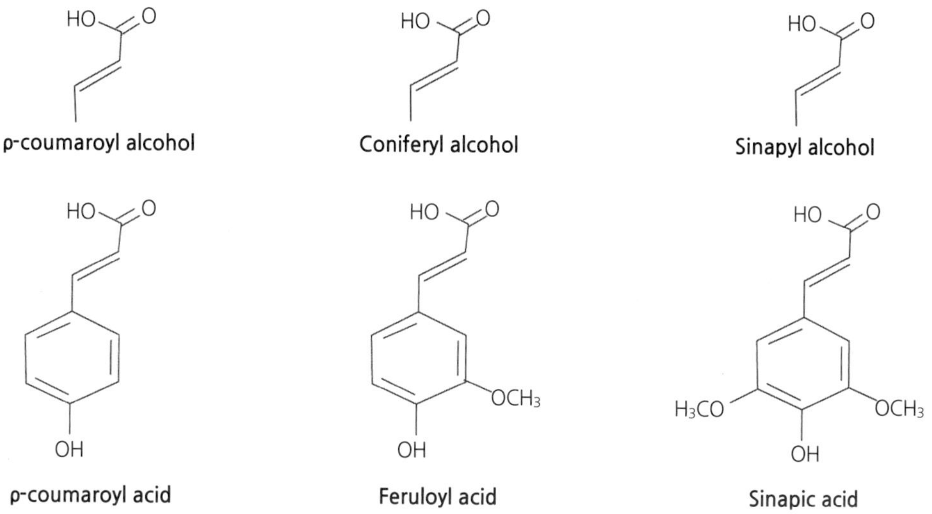

그림 3-27 Arabinoxylan과 결합하여 lignin complex를 형성하는 물질들

Pectin은 점질성 구조탄수화물로 세포벽을 형성하는 데 결합재(cementing agent) 역할을 하며 구조탄수화물의 약 5%를 차지한다. Pectin은 galacturonic acid가 α-1,4 결합에 의해 직선적으로 연결된 polygalacturonide이고, carboxyl기의 약 75%가 methyl ester로 되어 있다. 이 methyl ester의 함량이 낮은 것을 pectinic acid라고 하고 methyl ester가 거의 없는 것을 pectic acid라고 한다.

2) 반추위 미생물이 분비하는 탄수화물 분해효소

(1) 비구조탄수화물의 분해효소

전분은 식물체가 합성하는 가장 보편적인 저장물질로서, glucose가 α-1,4 결합으로 연결된 직쇄상의 amylose와 이 amylose에 α-1,6 결합으로 측쇄를 형성하는 amylopectin으로 이루어져 있다. 반추위 미생물들은 전분을 분해하는 효소인 amylase를 생산한다. α-amylase는 α-1,4 결합을 무작위로 가수분해하는 endoglucanase로서 α-1,6 결합에는 작용하지 못하며 전분을 dextrin, maltose, glucose 등의 혼합물로 분해한다(표 3-6). β-amylase는 amylose의 비환원성 말단으로부터 glucose 2분자, 즉 maltose 단위로 분해하는 exoglucanase로서 α-amylase와 동시에 작용하면 그 활성이 높아진다. Glucoamylase는 amylose의 비환원성 말단으로부터 glucose를 제거하는 exoglucanase이다. α-1,6 결합을 분해하는 효소에는 pullulanase와 iso-amylase가 있는데, 이들은 다같이 α-1,6 결합

표 3-6 주요 전분분해효소의 종류와 특징

효소명	EC 번호	최적 pH	생성물	결합 부위	전분 분해도
Amylo(1,4)dextrinase (α-amylase, 액화형 amylase)	EC 3.2.1.1	4~7	Maltose Dextrin	α-1,4	40~70%
Amylo(1,4)maltosidase (β-amylase, 당화형 amylase)	EC 3.2.1.2	5~6	Maltose	α-1,4	30%
Amylo(1,4, 1,6)glucosidase (ɣ-amylase, 당화형 amylase)	EC 3.2.1.3	4~5	Glucose	α-1,4 α-1,6	80~100%

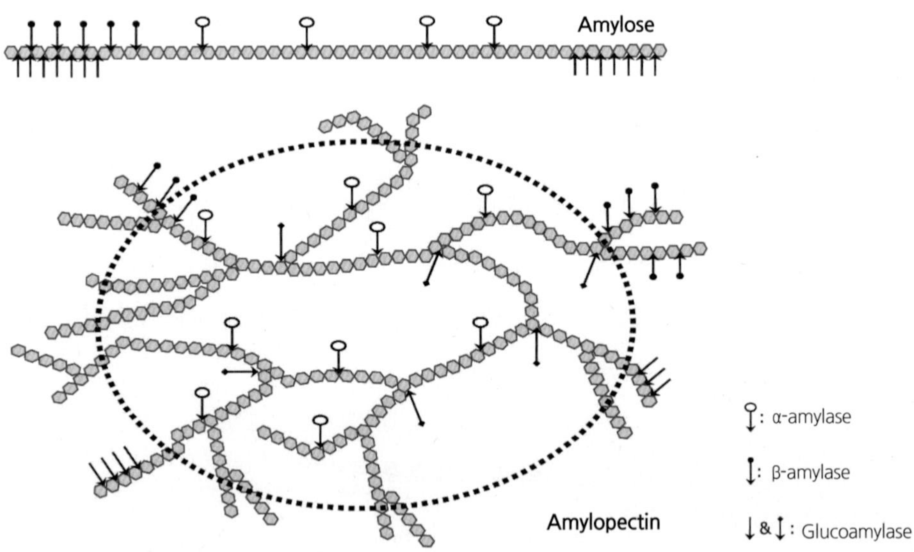

그림 3-28 Amylose와 amylopectin의 구조와 전분분해효소의 작용부위

을 가수분해하며 debranching enzyme이라고도 한다(그림 3-28).

Pullulanase(EC 3.2.1.41)는 pullulan을 분해하며 iso-amylase는 amylopectin과 glycogen을 잘 분해한다. 한편 혐기성 고온 세균인 *Thermoanaerobacter ethanolicus*(예전에 *Clostridium thermohydrosulfuricum*으로 명명)는 α-1,4 결합과 α-1,6 결합을 다 같이 분해할 수 있는 새로운 amylase를 생산하는데 이러한 효소를 amylopullulanase라고 한다. Amylopullulanase는 아직 반추동물의 반추위 미생물을 대상으로는 연구가 수행되지

않았지만 이 enzyme은 전분공업 분야 등에 이용하기 위한 개발·연구가 진행 중이므로 이러한 enzyme이 반추위 미생물에 의해 분비되는지에 관한 검토가 필요하다.

Amylase를 분비하는 반추위 미생물로는 *Butyrivibrio fibrisolvens*, *Prevotella*(이전의 *Bacteroides*) *ruminicola*, *Ruminobacter*(이전의 *Bacteroides*) *amylophilus*, *Streptococcus bovis*, *Succinomonas amylolytica* 그리고 *Lactobacilli* 속의 박테리아와 *Selenomonas ruminantium*의 몇몇 변종들이 있다. Dextrin과 maltose를 발효시키는 미생물로는 *Butyrivibrio fibrisolvens*, *Prevotella ruminicola*, *R. amylophilus*, *S. ruminantium*, *S. bovis*, *S. amylolytica*, *F. succinogenes*, *M. elsdenii*, *E. ruminantium*, *S. dextrinosolvens*와 *Lactobacilli* 속의 박테리아가 있다.

전분 분해 박테리아는 섬유소 분해 박테리아와 비교하여 세포의 크기가 다소 크고 주로 간균이며 그람 양성균이 대부분이다. 1종의 전분 분해 박테리아가 곡류를 독립적으로 완전히 분해하는 데 필요한 모든 효소를 생산하지는 못하고, 생리적으로 상보적인 여러 박테리아 종들이 곡류 사료의 표면에 컨소시엄을 형성할 때 곡류 사료가 효과적으로 분해된다. 미생물 컨소시엄은 단계적으로 이루어지는데, 먼저 amylolytic bacteria가 전분 표면에 부착하여 분해를 시작하고, 이들이 분할하여 숫자가 증가하면서 소화효소들이 수용성 영양소를 만들며 전분 표면에 구멍(pit)을 만든다. 이것은 후속으로 부착할 미생물들이 소화할 수 있는 공간을 확보하는 작용을 한다. 결국 이 시기에 미생물 군집이 최고치에 도달하게 된다. 사료의 가공이나 처리 등은 이러한 순차적인 소화를 단축 또는 변경시키므로 반추위내의 소화율에 큰 영향을 준다.

반추위 프로토조아도 전분분해효소를 분비하며 전분 입자를 빠르게 포식하는데, 포식률은 전분 입자의 크기와 부(-)의 관계가 있다. 반추위에서 전분 분해율의 약 20~40%를 프로토조아가 담당한다. 조사료의 비율이 높은 사료에 농후사료를 보충 급여하면 반추위내 프로토조아의 수가 증가하지만 사료 중 곡류 사료의 비율이 80~90% 정도 되면 낮은 pH 때문에 프로토조아의 수가 현저히 감소되거나 사멸한다. 포식된 전분 입자가 반추위 프로토조아에 의해 완전히 대사되기 위해서는 36시간 이상의 시간이 소요되며, 프로토조아는 포식작용을 통해 전분 분해 박테리아의 수를 감소시키는 역할을 한다. 프로토조아의 이러한 역할은 전분 발효율을 감소시키는 작용을 하며 사료 급여 후에 반추위의 pH가 급격하게 떨어지는 것을 지연시키는 작용도 한다. 반추위 곰팡이에 대한 연구의 대부분은 구조탄수화물에 초점이 맞추어져 있지만, 곰팡이도 곡류 사료를 분해하는 능력을 갖는다.

표 3-7 반추위 미생물과 산업용 미생물이 분비하는 섬유소분해효소의 특성

Xylanase 분리원	분자량 (KDa)[1]	적정		발효산물[2]	K_m (mg/mL)	V_{max} (IU/mg)	V_{max}/K_m
		pH	℃				
반추위 미생물							
Piromyces sp.	12.5	6.0	50	X_2, X_3, X_n[3]	3.00	2,600	866.7
Neocallimastix frontalis	14.5	6.0	55	ND[6]	1.22	317	259.8
Fibrobacter succinogenes	53.7	7.0	55	$X_{1\text{-}6}$, A[5]	2.6	33.6	12.9
	66.0	6.3	55	$X_{1\text{-}6}$, A[5]	1.3	118	90.8
산업용 미생물							
Chaetomium thermophile	25.0	5.7	70	X_2, X_3[3]	0.55	58.6	106.5
Lentinulaedodes	41.0	4.8	60	$X_{1\text{-}4}$[5]	0.66	310	496.7
Aspergillus niger	20.8	5.0	55	X_1, X_2[3]	ND	ND	-
Aspergillus ochraceus	48.0	6.0	50	X_2, X_2[3]	1.0	19.6	19.6
Trichoderma aurantiacus	32.0	5.1	80	X_n[3]	1.7	61.0	35.9
Trichoderma viride	22.0	5.0	53	X_1, X_2[4]	4.5	160	35.6

1) SDS-PAGE로 분석한 수치임.
2) 발효산물의 X_1, X_2, X_3, X_4, X_5, X_6는 각각 xylose, xylabiose, xylotetraose, xylopentaose, xylohexaose임.
3) 발효산물, K_m 및 V_{max}는 larch wood xylan을 기질로 사용함.
4) 발효산물, K_m 및 V_{max}는 oat spelts xylan을 기질로 사용함.
5) 발효산물, K_m 및 V_{max}는 aspen glucuronoxylan을 기질로 사용함.
6) ND: not determined.

(2) 구조탄수화물의 분해효소

구조탄수화물을 분해하는 효소들은 동물의 체내에서 분비되지 않기 때문에 반드시 반추위 미생물들이 분비하는 효소의 도움을 받아야 한다. 반추위내 박테리아와 프로토조아 및 곰팡이는 모두 cellulose, hemicellulose와 pectin을 분해하는 모든 효소를 분비하지만, 분비되는 효소의 상대적인 역가는 각 미생물군, 미생물의 종류 및 사료원 등에 따라 매우 다양하다(표 3-7).

① Cellulose 분해효소

Cellulose가 이를 구성하고 있는 glucose로 완전히 가수분해되기 위해서는 endoglucanase, exoglucanase, β-glucosidase 등 3가지 효소가 필요하다.

Endoglucanase(endo-β-1,4-glucanase, EC 3.2.1.4)는 비결정형 섬유소, carboxy methyl cellulose(CMC)와 같은 가용성 섬유소 유도체, phosphoric acid-swollen cellulose, cellooligosaccharide 등과 같은 기질에 무작위로 작용하여 cellooligosaccharide를 생성

하는 효소이다. 반면에 exoglucanase[cellobiohydrolase(CBH), exocellohydrolase, 1,4-β-D-glucan cellobiohydrolase, exocellulase, EC 3.2.1.91]는 cellulose의 비환원성 말단에 작용하여 cellobiose 단위를 가수분해하는 효소인데, CBH에는 CBH I과 CBH II의 2종류가 있다.

CBH I은 효소단백질의 N-말단이 기질에 작용하고, CBH II는 C-말단이 작용하며, CBH I과 CBH II는 서로 상보적으로 작용하여 cellulose를 효과적으로 분해한다. CBH I과 CBH II에 의해 exo-exo 상승 효과가 나타나는 것은 cellulose 자체의 구조가 비대칭으로 구성되어 있기 때문이다. 입체적으로 서로 다른 2개의 glycosidic 결합을 분해하기 위해서는 서로 다른 형태의 CBH(CBH I과 CBH II)가 필요하며, 이들의 상승작용은 CBH I에 의해서 cellulose의 비환원성 말단의 한쪽으로부터 연속적으로 cellobiose가 분해되어 나갈 때 이웃하고 있는 chain에서는 CBH II에 의해 역방향으로 cellobiose가 유리됨으로써 일어난다(그림 3-29).

β-Glucosidase(cellobiase, β-D-glucoside glucohydrolase, EC 3.2.1.21)는 endo-gucanase와 exoglucanase의 작용으로 cellulose가 cellobiose(glucose 2분자가 연결됨)로 분해되면 최종적으로 cellobiose를 2분자의 glucose로 분해하는 효소이다.

반추위 미생물은 섬유소의 분해에 관여하는 endoglucanase, exoglucanase 및 β-glucosidase를 모두 분비하며, 특히 반추위 곰팡이가 분비하는 효소의 역가는 산업적으로 이용되고 있는 *Aspergillus oryzae*보다 더 높다. Cellulose는 자연계에서 가장 풍부한 자원임에도 불구하고 cellulase를 분비하는 미생물의 종류는 예상외로 매우 적은데 이들 중에는 호기성의 *Trichoderma spp.*와 *Aspergillus spp.* 그리고 반추위 미생물들이 고작이다. 특히 반추위 혐기성 곰팡이로부터 정제된 cellulase는 아주 놀랄 만한 특성과 활력을 갖고 있다. 예를 들어 반추위 곰팡이 *N. frontalis*와 methanogen을 같이 배양하면 아주 단단히 결합되어 있는 cotton cellulose를 98%까지 분해하는 능력이 있을 뿐만 아니라, 반추위 곰팡이가 분비하는 cellulase의 활력은 지금까지 가장 강력한 cellulase를 분비하는 곰팡이로 알려진 호기성 곰팡이 *Trichoderma reesei*(strain C-3)보다도 훨씬 더 강력하다.

반추위 박테리아, 프로토조아, 곰팡이와 같은 미생물들은 모두 섬유소 분해에 관여하지만 반추위에서 일어나는 cellulolysis는 우선적으로 반추위에 존재하는 cellulolytic bacteria(*Fibrobacter succinogenes*, *Ruminococcus flavefaciens* 및 *Ruminococcus albus*)에 의해 진행된다. 이 밖에도 섬유소 분해를 담당하는 박테리아에는 *Butyrivibrio*

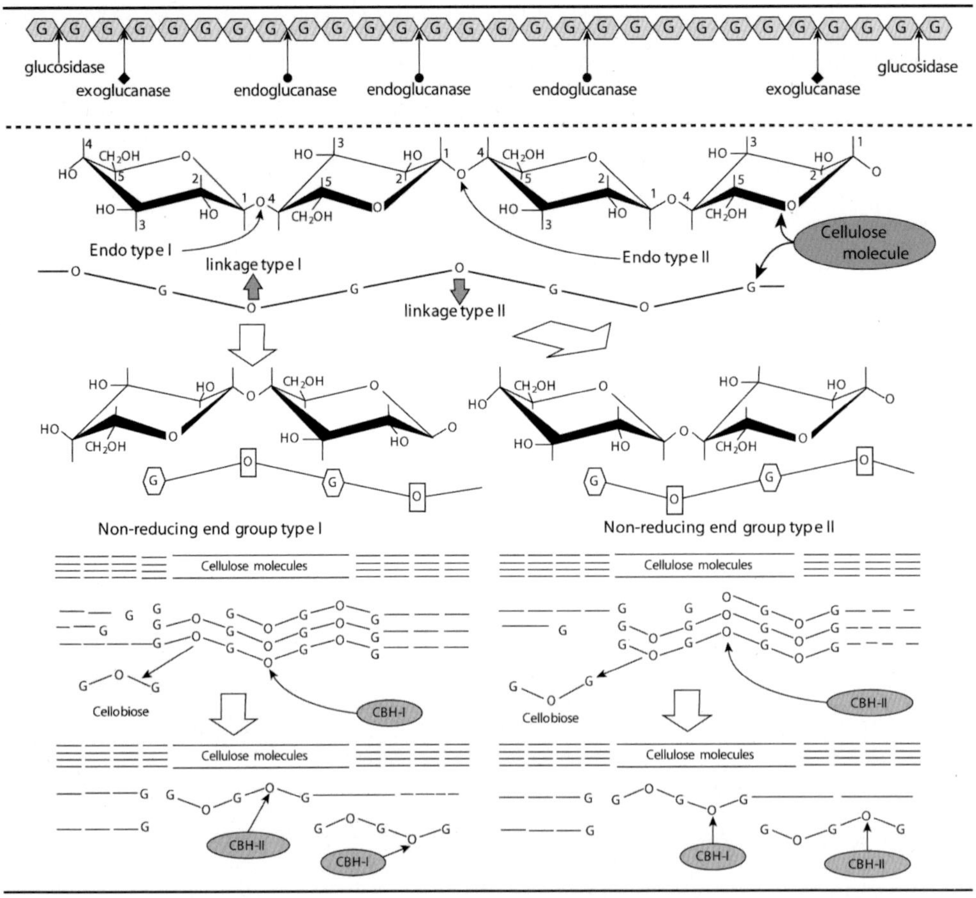

그림 3-29 Cellulose의 구조와 cellulose 분해효소의 작용부위

fibrisolvens, *Clostridium longisporum*, *Clostridium locheadii* 등이 있는데, 이들을 2차 섬유소 분해균(secondary cellulolytic bacteria)이라 한다.

② Hemicellulose 분해효소

Hemicellulose가 xylose로 완전히 가수분해되기 위해서는 xylose 연결을 분해하는 endoxylanase와 β-xylosidase뿐만 아니라 측쇄들을 유리시키기 위한 acetylxylan esterase, arabinofuranosidase, glucuronidase, ferulic acid esterase 등의 debranching enzyme이 추가적으로 필요하다(그림 3-30). 반추위 미생물들은 hemicellulose를 분해하는 데 필요한 모든 효소들을 분비한다.

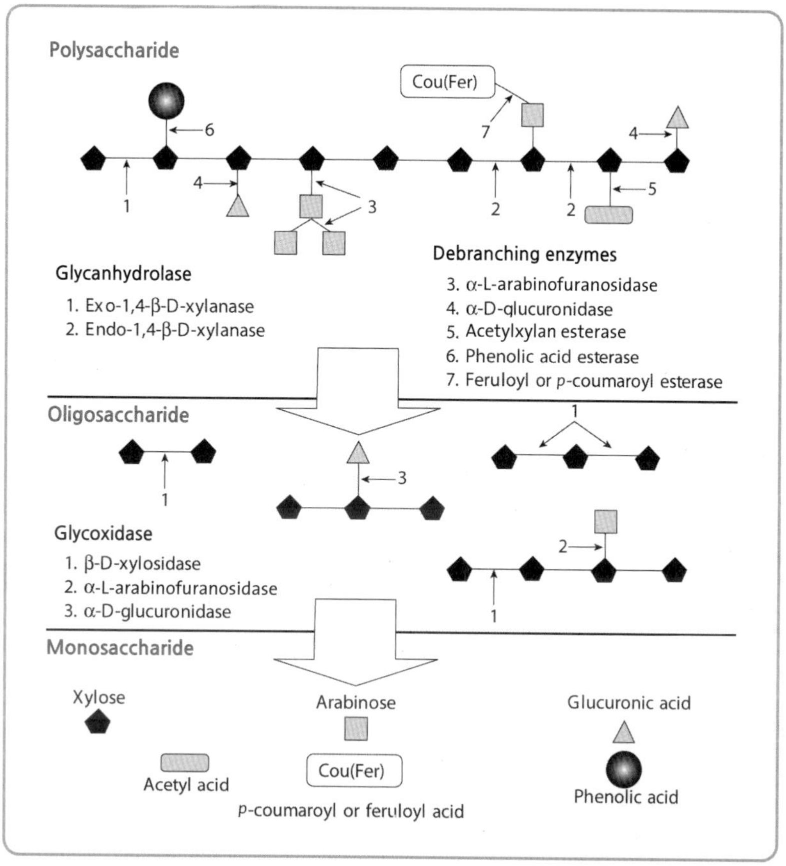

그림 3-30 Hemicellulose의 구조와 분해효소의 작용부위

③ Pectin 분해효소

Pectin esterase(PE, pectin pectyl hydrolase)는 pectin methyl ester를 가수분해하여 pectic acid를 생산하는 효소로서 pectase, pectin methoxylase, pectinide methoxylase, pectolipase 및 pectin methyl esterase 등으로도 불린다. Pectin polygalacturonase (PG)는 pectic acid에는 작용하나 methyl ester를 다량으로 함유한 pectin에는 작용하지 못하므로 pectin을 완전히 분해하기 위해서는 PE에 의한 반응이 선행되어야 한다. Polygalacturonase(PG, poly-L-1,4-galacturonide glycohydrolase)는 polygalacturonic acid의 α-1,4 결합을 분해하는 효소로서 pectinase, pectolase, pectin polymerase, pectin methyl galacturonase 등으로도 불린다. 또한 PG는 pectin의 구조적 다양성에 따라 endo polygalacturonase(endo PG), exo polygalacturonase(exo PG), endo

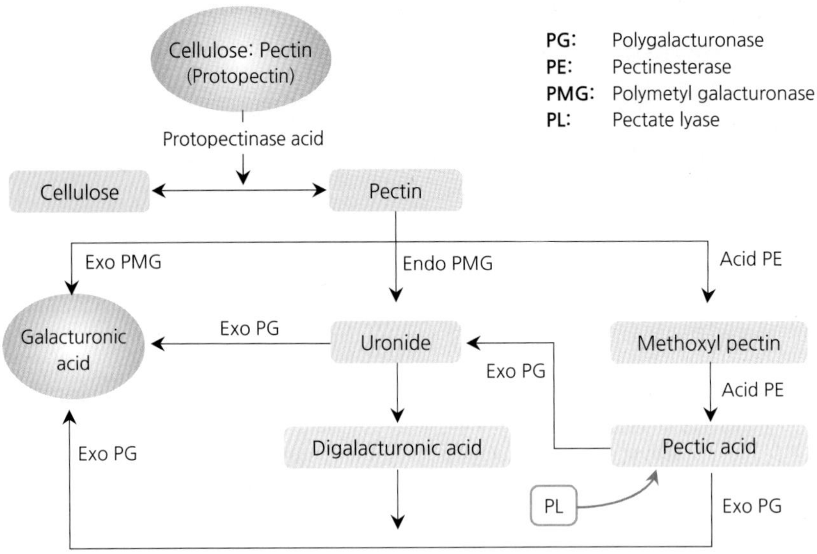

그림 3-31 반추위 미생물에 의한 pectin의 가수분해

polymethyl galacturonase(endo PMG), exo polymethyl galacturonase(exo PMG) 등의 4종으로 대별된다. Pectate lyase(poly-α-1,4-galacturonide lyase)는 pectin transeliminase라고도 하는데, 가수분해효소는 아니지만 기질의 배당체의 당 이외의 성분에 작용하여 그의 C_4와 C_5에서 H_2 원자를 이전 소실시켜 glucoside 결합을 분리하는 효소이다.

그림 3-31은 galacturonic acid가 α-1,4 결합에 의해 직선적으로 연결되어 있는 pectin이 효소에 의해서 galacturonic acid로 다시 가수분해되는 과정을 모식화한 것이다.

반추위 곰팡이가 분비하는 pectinolytic enzyme 중에서 pectin lyase와 polygalacturonase가 주요 pectin 분해효소이며 endo 형의 분비형태를 취하고, Ca이 이 효소의 역가에 억제인자로 작용하며 최적 pH는 6.0이다. 또한 모든 종의 반추위 곰팡이들은 pectate lyase는 분비하지만 pectin esterase는 분비하지 않는다. 한편 반추위내에서는 박테리아나 프로토조아에 의해서도 pectin이 분해되는데, 이 미생물들은 주로 exo-polygalacturonase, endo-와 exo- pectate lyase 및 pectin esterase를 분비한다. Pectin은 반추위내에서 미생물이 분비하는 pectinolytic enzyme에 의해서 pectic acid와 galacturonic acid로 분해되며 곧바로 xylose를 통해 fructose와 triose로 전변된다. Fructose는 hemicellulose의 분해 과정과 동일한 경로인 fructose-6-P를 통해, triose는

glyceraldehyde-3-P를 통해 pyruvate로 전변된다.

④ Chitin 분해효소

프로토조아는 chitinase를 분비해 곰팡이의 성장이나 곰팡이가 분비하는 효소의 활력을 저하시킨다. 한편 반추위 곰팡이는 필요에 따라 chitin을 합성하기도 하며 endochitinase의 활성을 나타내기도 한다. 1996년에는 반추위내에서 chitinolytic bacteria가 분리되고 그 특성이 밝혀졌는데, 분리된 박테리아 ChK5는 spore를 형성하고 형태적으로는 *Clostridium tertium*과 아주 유사하며 0.5% colloidal chitin(w/v)이 함유된 agar 배지에서 반추위액 1mL당 5×10^4~2×10^8개의 colony가 형성되었다고 한다(Kopečný 등, 1996b). 분리된 박테리아(*Clostridium* sp. ChK5)를 반추위 곰팡이 *Orpinomyces joyonii*와 혼합배양했을 경우 반추위 곰팡이에 의한 섬유소 분해율, VFA의 생성량, 곰팡이에 의한 endoglucanase의 분비량이 급격히 감소했다고 하였다. 또한 β-1,4-poly-*N*-acetylglucosamine의 구조를 갖는 chitin이 단당류로 분해되기 위해서는 최소 2종류의 효소, 즉 endochitinase[poly(1,4-9N-acetyl-β-D-glucosaminide) glycanohydrolase, EC 3.2.1.14]와 chitobiase(EC 3.2.1.29)가 연속적으로 작용해야 한다. Chitin은 chitinase에 의해 β-1,4 결합이 가수분해되어 *N*-acetylglucosamine이 생성되며 chitin deacetylase의 작용을 통해 chitosan으로 탈아세틸화된 다음 chitobiase에 의해 최종산물인 glucosamine으로 가수분해된다. Chitinolytic enzyme은 *Pseudomonas chitinovorans*와 *Chromobacterium violaceum*과 같은 토양 미생물에 의해 주로 생산된다고 알려져 왔지만 위에서 언급된 것과 같이 반추위내의 박테리아, 프로토조아와 곰팡이도 chitinase를 생성한다.

⑤ 볏짚의 분해

우리나라에서 조사료 자원으로 가장 많이 이용되고 있는 볏짚(rice straw)은 목질화된 구조탄수화물이 80% 정도를 차지하고 있으며 이들의 세포벽은 주로 cellulose, hemicellulose, lignin, silica 등으로 이루어져 있다. 반추동물에 있어서 목질화된 세포벽 구성물질의 이용성이 낮은 이유는 lignin과 탄수화물이 매우 단단한 물리적·화학적 결합을 이루고 있을 뿐만 아니라 cellulose가 결정화되어 있기 때문이다. 따라서 사료의 화학적 분석만을 통해서는 반추동물에 의한 조사료 소화의 모든 면을 설명할 수 없으며, 조사료 소화를 보다 근본적으로 이해하기 위해서는 반추위 미생물과 식물체 조직의 분해에 영향

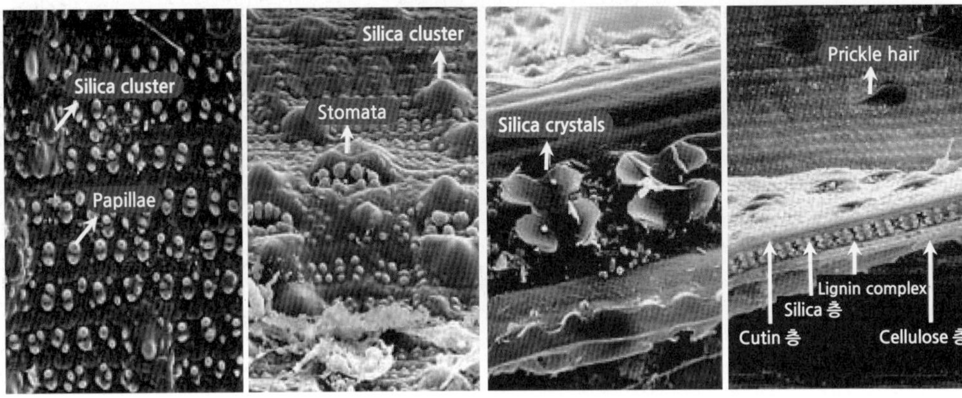

그림 3-32 전자현미경으로 관찰한 볏짚 줄기의 표면

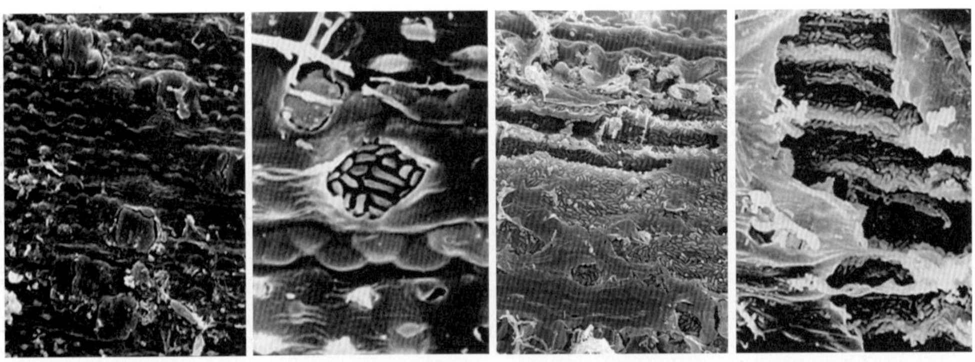

무처리 볏짚 | 암모니아(NH_3) 처리 | 가성소다(NaOH) 처리 | 과산화수소수(H_2O_2) 처리

그림 3-33 화학 처리 볏짚에 *Fibrobacter succinogenes*의 부착 양상

을 미치는 각 조직의 구조적 특징에 대한 정확한 정보가 필요하다. 이러한 정보는 조사료의 사료 가치를 향상시키는 데 유용하게 쓰일 수 있다.

전자현미경을 이용하여 관찰한 볏짚의 표면 구조는 그림 3-32에서 보는 바와 같이 줄기의 외피는 cutin막으로 덮여 있고, 그 바로 아래에는 세포벽이 존재한다. 볏짚의 세포벽은 주로 cellulose, hemicellulose, lignin, silica 등으로 이루어져 있다.

볏짚의 표면에는 수많은 돌기가 일정한 배열로 돌출되어 있고, 가시 모양의 prickle hair가 볏짚의 줄기 표면에 존재하고 있으며 나비 모양의 silica 결정구조가 줄기의 표피와 표피 아래 부분에 일정한 모습으로 배열되어 있다.

식물체의 표피에 존재하는 cutin막은 반추위 미생물에 의한 조직의 분해를 제한하는 방해물로 작용하며, silica가 혼입된 경우에는 미생물에 의한 이러한 cutin막의 파괴는 더욱 어렵게 된다. 볏짚의 줄기는 silica의 침착에 의해 상당한 정도로 규화(silification)되어 있는데 볏짚내의 silica 함량은 건물 중 12~16%로서 다른 짚류의 3~5%에 비해 매우 높다. 그러므로 볏짚과 같이 표피가 silica의 침착에 의해 규화되어 있고 가용성 탄수화물의 함량이 극히 낮은 반면에 구조탄수화물의 함량이 매우 높은 경우에는 내부조직으로 미생물의 접근 가능 여부가 볏짚의 분해 정도를 결정하는 중요한 요인이 된다.

그림 3-33은 볏짚을 기질로 *Fibrobacter succinogenes*를 12시간 동안 *in vitro* 배양한 다음 전자현미경으로 촬영한 모습이다. 처리를 하지 않은 볏짚에는 박테리아가 전혀 부착되어 있지 않지만 NH_3, 가성소다(NaOH) 그리고 과산화수소수(H_2O_2)로 처리한 볏짚에는 많은 수의 박테리아가 부착되어 있음을 볼 수 있다. 그렇지만 처리한 볏짚에도 cutin막으로 이루어진 표피조직에는 박테리아가 부착되어 있지 않다.

2. 식물체 단백질과 지방의 구조와 분해효소

1) 식물체 단백질과 지방의 구조

식물성 단백질과 지방의 주급원인 곡류 사료 알곡의 일반적인 모형은 그림 3-34에서 보는 바와 같다. 알곡은 배(germ)와 배유(endosperm) 주위로 두껍고 여러 겹인 호분립층(aleurone)이 있고 그 주위의 과피(husk)로 구성되어 있다. 연맥과 보리 알곡에는 과피 외에 섬유소 외피로도 둘러싸여 있다. 이런 외부구조는 전체 알곡의 5%를 차지하며, 미생물 소화를 억제하는 역할을 한다. 과피와 외피는 약 90%가 섬유소로 구성되어 있으며, 보릿짚과 같은 저질 조사료와 동등한 사료 가치가 있다.

이에 반해 대두 알곡은 외피 표면이 wax cuticle로 덮여 있고 배유가 전혀 발달되지 않은 독특한 구조로 되어 있다. 배아가 알곡 전체 무게의 약 80% 정도를 차지하며 배아(germ)의 세포벽은 단백질 입자와 전분 입자가 matrix 구조로 되어 있고 과피 부분에는 단백질과 지방 입자들이 서로 엉켜 있다. 또한 보리, 밀, 연맥 등의 배유 세포벽에는 많은 양의 β-glucan이 있다. β-glucan은 단위동물에 의해서는 쉽게 소화되지 못하지만, 반추위 섬유소 분해 박테리아에 의해서는 쉽게 분해된다. 보리와 밀의 배유는 균질하고, 내부의 전분 입자는 아주 약하게 단백질과 matrix 결합을 하고 있다. 반면에 옥수수나 사탕수수의 배유는 분말 부위와 각질 부위 2가지로 구분되어 있다. 분말상의 배유의 전분과 단백질의 결합은 보리나 밀에서와 같지만, 각질 부분은 전분이 단백질 matrix에 강하게 결합되

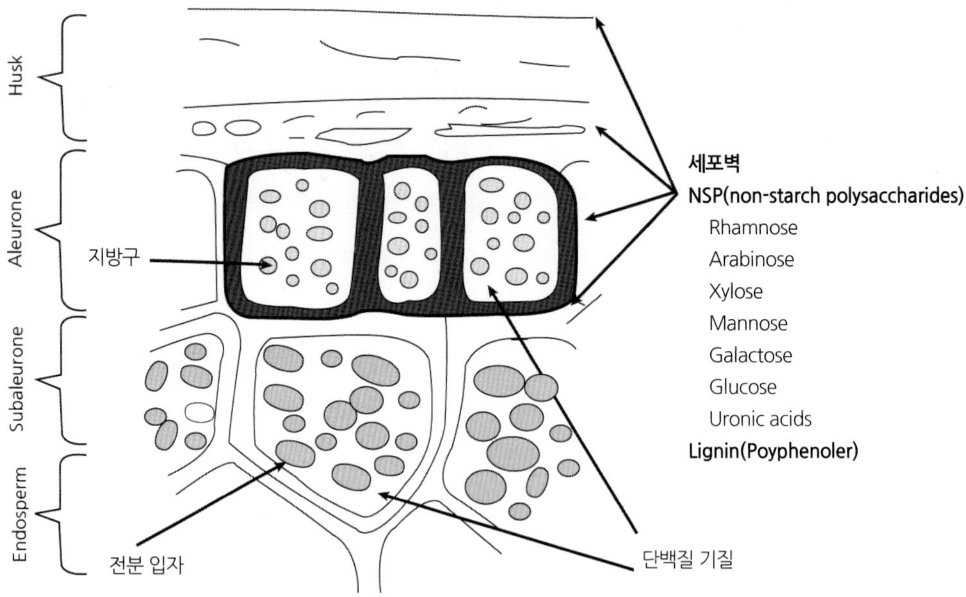

그림 3-34 알곡 사료의 일반적 구조

어 있다. 배아는 보리와 밀의 경우 2.5~3.5% 정도를 차지하고, 옥수수 알곡에서는 10~14%를 차지하며 배아단백질은 보리와 밀 전체 단백질의 25%를 차지하고, 옥수수 단백질의 20%를 차지한다.

알곡 중에 함유된 단백질·지방·전분의 분해율은 미생물의 접근 용이성에 따라 달라진다. 알곡의 종류에 따라 곡류를 둘러싸고 있는 세포벽의 두께와 화학적 조성 그리고 단백질과 결합하고 있는 전분 그리고 단백질과 결합하고 있는 지방의 종류와 조성에 따라 분해율이 달라진다. 예를 들어, 옥수수와 수수의 경우에는 전분을 덮고 있는 단백질이 미생물의 접근을 대단히 어렵게 만들기 때문에 반추위내 소화율이 낮은 반면에, 호밀과 보리 전분은 미생물 군락이 형성되기 쉬운 단백질로 덮여 있기 때문에 반추위에서 쉽게 소화된다. 전분 자체의 구조에서도 호밀이나 보리 전분의 경우에는 그 구조가 치밀하지 못하여 반추위 미생물의 공격이 용이할 뿐만 아니라 amylose와 환원당의 함량이 옥수수나 수수보다 상대적으로 높으므로 반추위 미생물에 의한 분해율도 옥수수나 수수보다 약 35% 정도 높다. 옥수수 단백질은 zein이 대표적인데, 이 단백질은 물과 알칼리에는 용해되지 않으나 알코올에는 가용성이고, 반추위에서 분해될 수 있는 부분은 약 40%로서 일반 반추동물용 사료 단백질 중에서 분해율이 가장 낮은 편이다. 옥수수 glutelin은 단백질체 안팎에 축적되어 있어 분해가 대체로 용이한 편이지만, 이 또한 zein과 비슷한 subfraction으로서, 알코올과 sodium lauryl sulphate에 용해되는 부분이 많아 분해가 덜 일어난다.

호밀이나 보리가 옥수수보다 분해율이 높은 이유로는 두 곡류 간의 단백질 fractions의 차이, 즉 호밀이나 보리에는 신속하게 분해되는 단백질인 albumin과 globulin이 상대적으로 많이 함유되어 있음을 들 수 있다. 또 단백질을 형성하는 4차 구조의 차이, 즉 보리 prolamine은 quaternary 구조를 가지고 있지 않아 단백질분해효소에 의한 분해가 활발히 일어날 수 있기 때문이다. 이에 반해 옥수수 zein과 glutelin은 분해를 저지하는 disulphide bond가 많으며 보리 prolamine은 느슨하게 분리된 입자가 많이 배치되어 있어 효소에 의한 공격이 용이한 반면에, 옥수수의 prolamine은 각 단백질체에 단단한 형태로 축적되어 있기 때문이다.

반추위 미생물에 의한 단백질 분해 속도는 사료에 함유된 단백질 자체의 특징에 의해 좌우된다. 밀과 옥수수의 경우에는 총단백질 함량 중에서 각각 14.5%와 26%가 수용성 단백질로 구성되어 있고, albumin과 globulin의 함량이 24.1%와 15.4%, prolamine이 27.4%와 22.8%, glutelin이 48.5%와 47.5%로 구성되어 있다. 따라서 수용성 단백질의 함량이 높고 미생물에 의해 빠르게 분해될 수 있는 albumin과 globulin의 함량이 상대적으로 높은 밀이 분해되기 어려운 prolamine과 glutelin이 상대적으로 높게 함유된 옥수수보다 분해율이 빠르다.

한편 반추동물이 섭취하는 지방은 곡류나 유실류 중에 들어 있는 저장지방(주로 triglyceride)과 식물의 잎에 들어 있는 지방(주로 galactolipid와 phospholipid)이고 wax, carotenoid, chlorophyll 등으로 구성된다. 중성지방(triglyceride)은 농후사료에 들어 있는 주요 지방으로, 조사료에는 거의 들어 있지 않다. 조사료에 함유된 지방의 48%는 galactose와 glycerol, 색소(pigment), steroid 등의 비누화 지방(non-saponifiable lipid)인데, 이들 중에서 galactose와 glycerol은 가수분해된 후 발효되지만, 색소와 steroid는 소화가 되지 않기 때문에 에너지를 공급하지 못한다. 알팔파와 청예 옥수수의 조지방은 70~80%가 galactolipid이고 나머지는 중성지방이다. Galactolipid와 종실 중의 중성지방을 구성하고 있는 지방산은 비교적 불포화지방산인 linoleic acid와 linolenic acid의 함량이 높다. 반추동물의 사료에 들어 있는 지방은 일반적으로 5% 미만이지만 10% 이상을 첨가하면 소화장애를 일으킬 수 있고, 특히 지방이 섬유소를 감싸기 때문에 반추위 미생물의 접근을 방해하여 소화율을 떨어뜨린다. 또한 장쇄유리지방산(long-chain free fatty acid)은 Ca이나 Mg과 결합하며 비누(soap)를 형성하여 지방산의 해로운 영향을 감소시키기도 하지만, 동시에 이들 무기물의 이용률을 떨어뜨린다.

2) 반추위 미생물이 분비하는 단백질분해효소

단백질분해효소(protease)를 분류하는 여러 가지 방법들 중에서 peptide 결합의 작용 위치에 따라 분류하면 protease는 endopeptidase와 exopeptidase로 대별된다(표 3-8). Endopeptidase는 peptide 결합의 중간에 작용하여 2개의 peptide를 생성한다. 이것은 천연단백질이나 peptide를 잘 분해하는 형이다. 여기에는 제2장에서 설명했던 pepsin, trypsin, chymotrypsin이 포함됨은 물론이고 동물 조직의 protease인 cathepsin과 미생물 기원의 효소들이 여기에 속한다. 종래에는 proteinase라 불렀던 것이다. Exopeptidase는 말단의 α-amino기 또는 말단의 carboxyl기에 특별히 촉매성을 나타내는 효소이다. 여기에는 aminopeptidase와 carboxypeptidase가 있는데 이것이 종래의 peptidase이다. 명칭에서와 같이 aminopeptidase는 단백질의 amino기 쪽을 순차적으로 가수분해하며, carboxypeptidase는 carboxyl기 쪽을 순차적으로 가수분해한다. 그리고 Dipeptidase는 endopeptidase와 exopeptidase의 가수분해작용으로 생성된 dipeptide을 가수분해하여 최종적으로 아미노산을 생성하는 효소이다.

반추위의 대표적인 단백질 분해 박테리아는 *Ruminobacter amylophilus*, *Prevotella ruminicola*, *Butyrivibrio fibrisolvens*, *Streptococcus bovis* 등이다. 이들은 endopeptidase와 exopeptidase를 분비하여 사료에 함유된 단백질을 분해하여 peptide를 생성하고

표 3-8 단백질분해효소의 종류와 특징

효소명	성질	국제생화학연합 분류명	
		효소번호	계통명
Endopeptidase (Proteinase)	• Peptide 결합 중간에 작용 • 2개의 peptide 생성	EC 3.4.21~3.4.24	Peptide peptidohydrolase
Exopeptidase	• Peptide 말단에 작용 • 아미노산 생성	EC 3.4.11~3.4.19	
Aminopeptidase	• N 말단에 작용	EC 3.4.11	α-aminopeptide Aminoacidohydrolase
Carboxypeptidase	• C 말단에서 작용	EC 3.4.16~3.4.18	α-carboxypeptide Aminoacidohydrolase
Dipeptidase	• Dipeptide에만 작용	EC 3.4.13	Dipeptide hydrolase

dipeptidase를 분비해 최종적으로 peptide를 아미노산으로 분해한다.

3) 반추위 미생물이 분비하는 지방분해효소

지방분해효소(lipase; EC 3.1.1.3)는 triglyceride의 ester 결합을 분해하는 효소의 총칭이다. 주로 지방산의 glyceride를 가수분해하는 효소로 이것을 침의 lipase라고 한다. 제2절에서 설명된 송아지 타액에서의 lipase 또는 췌장 lipase, 반추위 미생물이 분비하는 미생물 lipase 등이 지방분해효소의 예들이다. 이것들에 비해 간이나 근육에 있는 lipase는 주로 저급 지방산과 1가 알코올의 ester에도 작용하는데, 이들은 좁은 의미로 esterase라고도 한다. Lipase도 간단한 ester를 분해하므로 이들의 차이는 본질적인 것은 아니다.

한편 *Anaerovibrio lipolytica*, *Butyrivibrio fibrisolvens*, *Treponema bryantii*, *Eubacterium sp.*, *Fusocillus sp.*, *Micrococcus sp.* 등이 반추위에서 지방분해효소를 분비하는 대표적인 미생물들이다. 반추동물이 섭취하는 사료의 지방 함량은 약 3% 미만으로 상당히 적다. 만약 사료 중의 지방이 5% 이상 수준으로 급여되면 지방의 점성물질이 사료입자를 둘러싸고 미생물이 사료에 접근하는 것을 차단하여 섬유소 소화율을 급격히 떨어뜨릴 뿐만 아니라 미생물 자체에도 독성을 나타낸다. 따라서 지방의 공급이 필수적인 고능력우에게는 지방을 코팅하여(보호지방) 반추위 미생물들을 우회시켜 소장으로 내려 보낸다. 이러한 이유들 때문에 반추위내에서 지방의 소화나 지방 분해 미생물에 관한 연구들은 탄수화물이나 단백질에 비해 극히 미미하다.

제3절
반추위 미생물의 영양소 대사

반추동물의 사료를 구성하는 대표적인 중합체(polymer)에는 cellulose, hemicellulose, pectin, fructan, 전분 등과 같은 다당류와 핵산을 포함한 여러 종류의 단백질과 지방 등이 있다. 사료의 형태로 반추위로 유입된 이 고분자 물질들은 반추위 미생물이 그대로 흡수할 수 없으므로 체외 효소로 이들을 분해하여 단량체(monomer) 혹은 oligomer 형태로 흡수·이용한다. 즉, 첫째는 중합체는 원형질막을 통과하여 세포 안으로 흡수되기에는 너무 크다. 둘째 반추위 미생물이 필요로 하는 중합체를 합성하는 데 단량체가 필요하다. 사료에 포함된 대부분의 중합체들(예: 대두박 단백질이나 볏짚 cellulose)은 미생물체나 숙주동물의 몸을 이루고 있는 중합체와는 전혀 다르다. 따라서 각각의 생물들은 먹이를 단량체로 전환하여 자신에게 필요한 중합체로 만든다. 사실 모든 생명체는 같은 단량체를 이용한다. 예를 들어 코끼리, 고래나 식물체, 심지어 사람과 미생물까지도 모두 동일한 20여 종의 아미노산으로 단백질(생체는 5만 종 이상의 단백질로 구성됨)을 만들고 에너지원으로는 glucose와 같은 단당류를 이용한다. 소화는 사료 속에 포함된 고분자를 단량체로 나누는 과정이다. 단백질은 아미노산으로, 다당류와 이당류는 단당류로, 지방은 glycerol과 지방산으로 그리고 핵산은 nucleotide로 분해된다. 반추위 미생물들은 이용하는 물질에 관계없이 그들의 이화작용 과정에서 여러 종류의 중간대사산물을 생산하고, 이들을 원료로 미생물체 구성성분인 핵산, 단백질, 지질, 당류 등을 합성한다.

1. 반추위 미생물의 탄수화물 대사

사료 중의 탄수화물은 반추위 미생물이 분비하는 cellulase와 amylase에 의해 6탄당(hexose) 또는 5탄당(pentose)과 같은 단량체로 가수분해된 다음, 미생물 세포 안으로 들어가 pyruvate를 거쳐 VFA까지 분해된다(그림 3-35).

1) 탄수화물의 분해 과정

사료 중의 탄수화물이 반추위 미생물이 분비하는 cellulase, xylanase, pectinase와 amylase에 의해 glucose, fructose 그리고 galactose와 같은 6탄당이나 xylose와 같은 5탄당으로 가수분해되는 과정은 제2절에서 충분히 설명하였다. 따라서 여기서는 이러한 당들이 어떻게 pyruvate로 분해되는지 살펴본다. 우선, 반추위 미생물의 작용으로 생성된 탄수화물 단량체들은 미생물 세포 안으로 진입하여 발효 과정을 시작한다. 대부분의 단량체들이 미생물 세포벽을 통과하여 원형질 안으로 진입하기 위해서는 복잡한 과정을 거쳐야 한다. 단량체의 세포막 통과는 에너지를 필요로 하는 능동수송 기전에 따른다.

(1) 단량체 세포 안으로의 진입

미생물 세포의 바깥쪽에 존재하는 용질의 농도가 내부보다 높은 경우에는 에너지가 필요 없는 촉진확산에 의해 효과적으로 물질을 흡수할 수 있다. 그러나 용질이 세포 안에 더 많이 존재하는 경우에는 촉진확산으로 농도구배에 역행하여 흡수될 수는 없다. 미생물은 보통 영양물질이 매우 희박한 환경에서 살아가기 때문에 빨리 성장하려면 이들 영양물질을 수송하여 농축시켜야 한다. 따라서 촉진확산 이외의 다른 방법, 즉 능동수송과 같은 에너지가 필요한 영양소 수송 방법을 동원한다.

① 능동수송(active transport)

능동수송은 대사 에너지를 사용해 농도구배에 역행하여 용질을 수송하는 과정이다. 능동수송 역시 수송단백질이 작용하기 때문에 어떤 면에서는 촉진확산(facilitated diffusion)과 비슷하다. 수송단백질, 즉 투과효소는 수송하려는 분자에 선택적으로 결합한다. 촉진확산과 능동수송에 관여하는 수송단백질에는 유사한 용질 분자가 경쟁적으로 결합할 수 있다. 능동수송 과정도 용질의 농도가 아주 높을 때 수송단백질이 포화되는 양상을 보인다. 그럼에도 능동수송은 대사에너지를 사용하고 물질을 농축시킬 수 있다는 면에서 촉

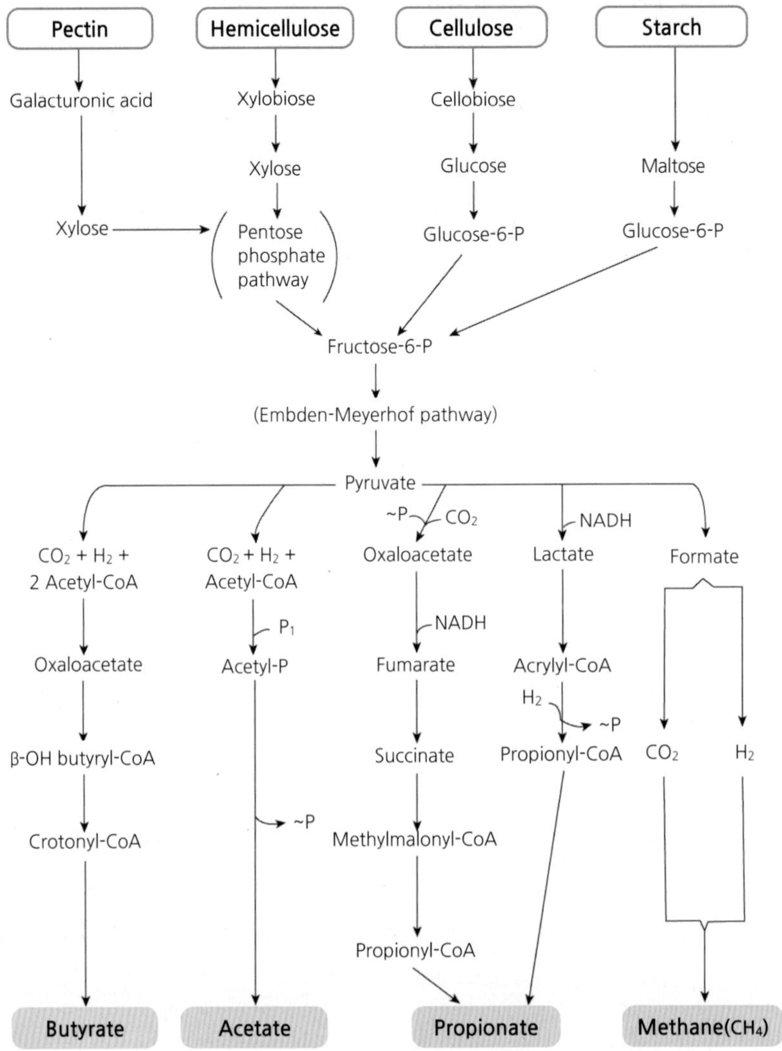

그림 3-35 반추위 미생물에 의한 탄수화물 대사의 개요

진확산과 구별된다. 에너지 합성을 억제하는 대사억제제는 능동수송 과정은 억제하지만 촉진확산에는 영향을 주지 않는다. 결합단백질 수송체계(binding protein transport system) 또는 ABC 수송체(ATP-binding cassette transporters, ABC transport)라 불리는 수송체계는 진정세균, 고세균, 진핵생물 모두에 존재한다. 수송단백질에는 대개 막을 관통하는 소수성 영역이 2군데 있고, 세포질 표면 쪽에는 2개의 nucleotide 결합 영역이 있다(그림 3-36). 막을 관통하는 영역은 막에 채널을 형성하고 nucleotide 결합 영역에서는 ATP를 가수분해하여 물질이 농도에 역행하여 들어올 수 있는 에너지를 제공한다.

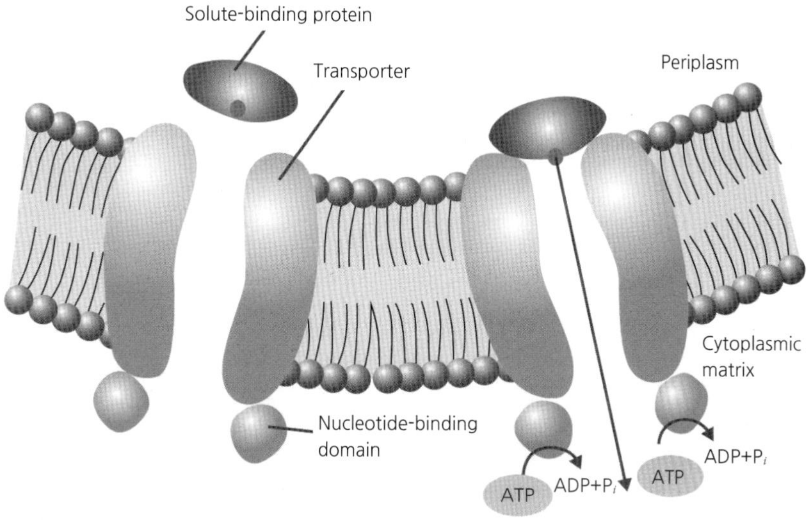

그림 3-36 능동수송기전(ABC 수용체)에 의한 단량체의 세포막 통과

ABC 수송체는 특수한 기질 결합단백질을 사용한다. 그람 음성균에서는 결합단백질이 주변 세포질에 존재하고, 그람 양성균에는 세포막의 외부에 부착되어 있다. 이러한 결합단백질들은 화학주성(반추위 곰팡이의 유주자가 사료 입자에서 분비되는 탄수화물에 대한 주화성 등)에도 관여하며, 수송될 분자에 결합한 다음 막수송 단백질과 상호작용하여 용질 분자를 세포 안으로 수송한다. 여러 종류의 당(arabinose, maltose, galactose, ribose)과 아미노산(glutamic acid, histidine, leucine)이 이러한 방법으로 수송된다. 능동수송이 이루어질 때 용질분자는 변형되지 않은 채로 막을 통과한다.

② 작용기 전달(group translocation)

박테리아에서는 작용기 전달 방법으로 분자를 수송하는 경우가 많으며, 이 과정에서 물질이 수송되면서 화학적으로 변형된다. 가장 잘 알려진 작용기 전달 과정은 PTS (phosphoenolpyruvate; sugar phosphotransferase system)이다. PTS 과정으로 여러 종류의 당류가 phosphoenolpyruvate(PEP)를 인산 공여체로 하여 당분자를 인산화하면서 세포 안쪽으로 이동된다. 반추위 혐기성 미생물에 존재하는 이 PTS는 2개의 효소와 분자량이 작은 열에 강한 단백질(HPr)로 구성되어 있다. HPr과 효소 I(EI)은 세포질에 있는데, 효소 II(EII)는 구조상에 변화가 많고 보통 3개의 소단위 또는 영역으로 이루어져 있다. EIIA(이전에는 EIII라고 했음)는 세포질에 존재하는 수용성 단백질이고, EIIB도 친

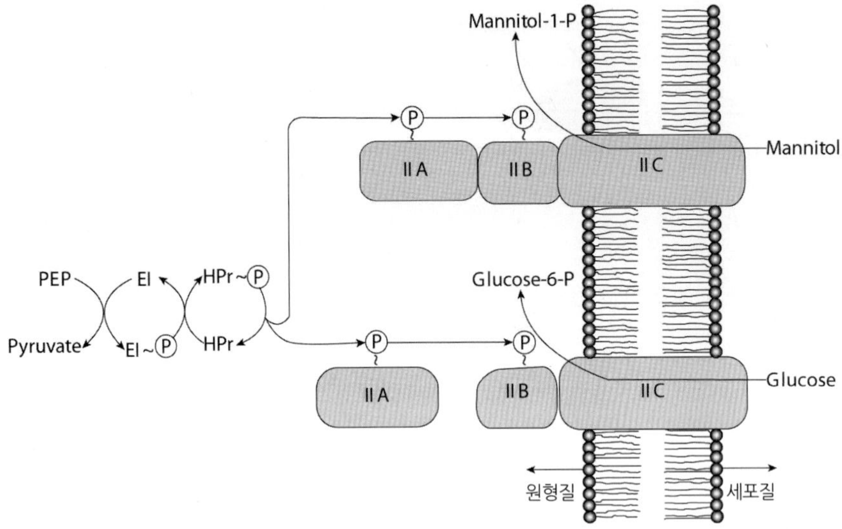

그림 3-37 능동적 수송기전에 따른 glucose 단량체의 미생물 세포내 진입

수성이지만 EIIC에 부착되어 있는 경우가 많으며, EIIC는 소수성 단백질로 막에 삽입되어 있다. 효소 I과 HPr의 작용을 통해 고에너지 인산기가 PEP에서 효소 II에 전달된다(그림 3-37).

인산화된 효소 II는 당분자를 세포 안으로 수송하면서 당분자에 인산기를 전달한다. 효소 II는 반드시 특정한 당분자만을 수송할 수 있으며, PTS마다 다르지만 효소 I과 HPr은 모든 PTS에 공통으로 작용한다. 원핵세포에는 PTS 체계가 아주 널리 분포되어 있다. 해당과정과 PTS를 둘 다 지니는 *Bacillus* 속 몇 종을 제외하면 호기성 세균에는 PTS가 존재하지 않는 것으로 보이며, 조건부 혐기성 세균에도 PTS가 존재한다. *Clostridium*과 같은 절대 혐기성 반추위 박테리아에도 PTS가 존재한다.

(2) 단량체에서 pyruvate로의 분해

Glucose, fructose, galactose와 같은 6탄당이나 xylose와 같은 5탄당은 해당과정(glycolysis)과 5탄당 인산경로(pentose phosphate pathway)를 거쳐 3탄당인 pyruvate로 분해된다. 그림 3-38에는 galactose, mannose, glucose와 fructose가 각각 해당과정으로 진입하는 경로를 도식화하였다.

해당과정(또는 Embden-Meyerhof pathway)은 glucose가 pyruvate로 분해되는 가장 일반적인 대사과정이다. 해당과정은 거의 모든 미생물들에서 일어나며 반추위 박테리

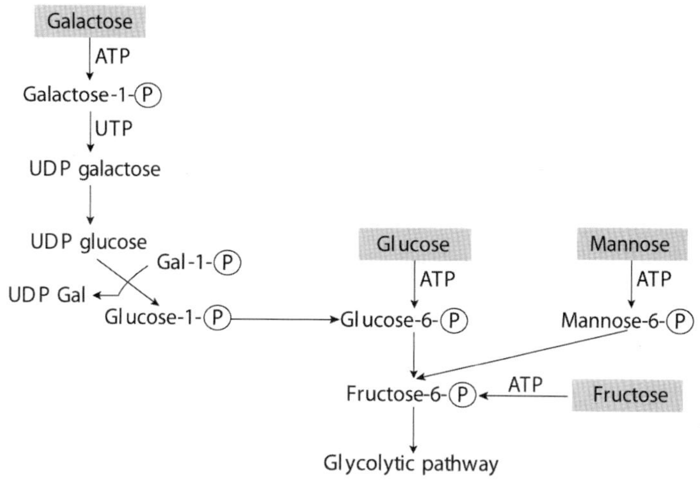

1. Maltose + H_2O $\xrightarrow{\text{Maltase}}$ 2 glucose

   Maltose + P_i $\xrightarrow{\text{Maltose phosphorylase}}$ β-D-glucose-1-(P) + glucose

2. Cellobiose + P_i $\xrightarrow{\text{Cellobiose phosphorylase}}$ α-D-glucose-1-(P) + glucose

3. Sucrose + H_2O $\xrightarrow{\text{Sucrase}}$ glucose + fructose

   Sucrose + P_i $\xrightarrow{\text{Sucrose phosphorylase}}$ α-D-glucose-1-(P) + fructose

4. Lactose + H_2O $\xrightarrow{\beta\text{-galactosidase}}$ galactose + glucose

그림 3-38 단당류의 상호작용과 해당과정으로의 진입

아와 같은 원핵생물이나 프로토조아나 곰팡이와 같은 진핵생물이나 모두 세포질에서 일어난다. 반추위 미생물에 의한 6탄당의 발효 과정은 전적으로 Embden-Meyerhof glycolytic pathway에 의해 pyruvate까지 분해되며 이 과정에서 2 ATP와 2 pyruvate 및 2 $NADH_2$가 생성된다(그림 3-39).

반추위에서 hemicellulose의 분해산물로 생성된 xylose와 같은 5탄당은 5탄당 회로의 transketolase와 transaldolase의 작용으로 6탄당 인산과 3탄당 인산으로 전환된다. 그림 3-40은 반추위내에서 hemicellulose 중합체가 미생물에 의해서 어떻게 분해되고, 또 생성된 5탄당이 어떤 경로를 통해 해당과정으로 진입하는지를 보여준다. Xylan은 반추위 미생물이 분비하는 endoxylanase의 작용으로 xylooligosaccharides로 분해되고 xylose와 5탄당으로 전변된다. 그리고 transketolase와 transaldolase의 작용으로 최종적으로는 fructose

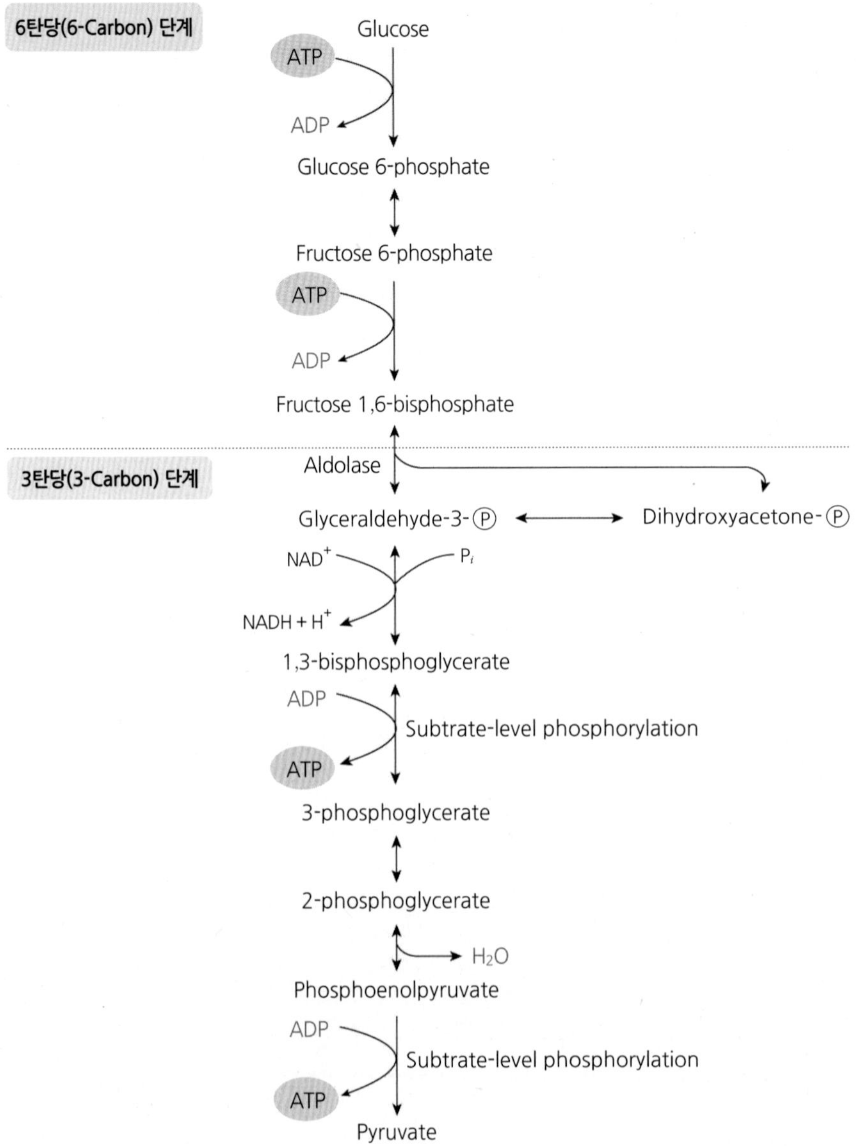

그림 3-39 Glucose가 pyruvate로 분해되는 해당과정

와 3탄당으로 전변된 다음, fructose는 fructose-6-P의 경로를 통해 pyruvate를 생성한다. 3탄당은 glyceraldehyde-3-P를 통해 pyruvate로 전변되는데 그 경로는 다음과 같다. β-xylosidase에 의해 생성된 단당류 xylose는 원형질막에 존재하는 xylose permease에 의해 미생물의 원형질 안으로 진입한 후, xylose isomerase 작용으로 xylulose로 전환된 다음 xylulokinase의 도움으로 인산기를 붙여 활성화된 glyceraldehyde-3-PO_4와 acetyl-

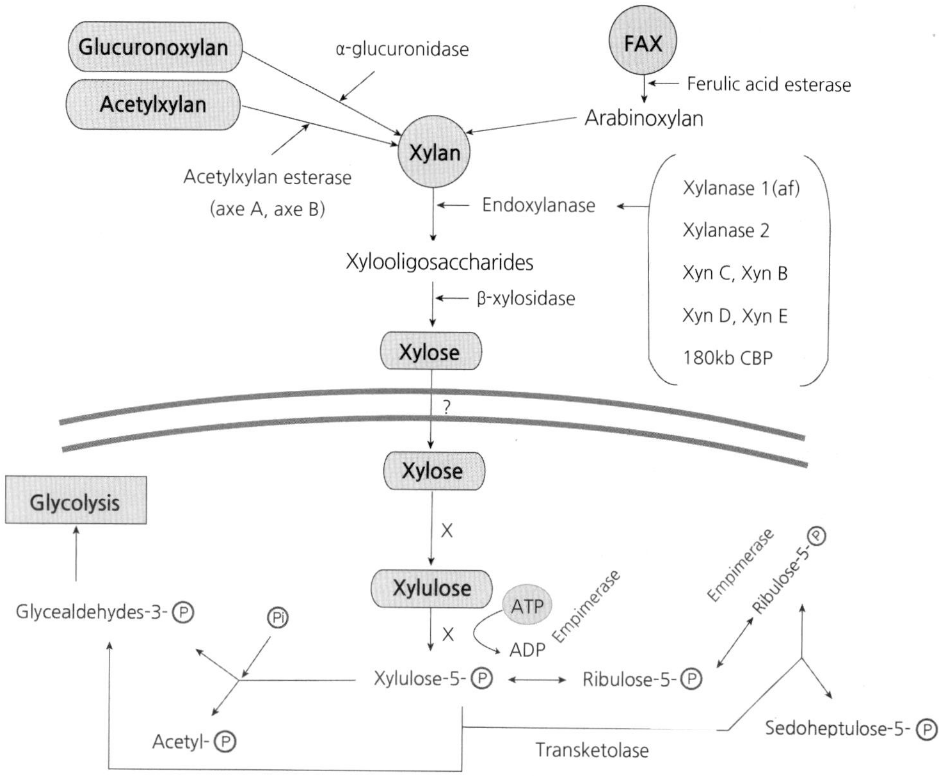

그림 3-40 Hemicellulose의 분해와 xylose의 해당과정 진입

PO_4로 분해되면서 glyceraldehyde-3-PO_4를 생산한다. 또 활성화된 xylose-5-PO_4는 ribulose-5-PO_4, ribose-5-PO_4로 계속적으로 분해된 후 transketolase에 의해 xylulose-5-PO_4와 ribose-5-PO_4의 합성작용으로 glyceraldehyde-3-PO_4가 생성되기도 한다.

6탄당과 5탄당의 발효에 의해 생성된 pyruvate와 $NADH_2$는 관여 미생물의 종류에 따라 이용 과정이 서로 다르다. 즉 반추위액의 산화-환원 균형을 유지하기 위해 만약 CH_4 생성이 활발하게 일어나면 결과적으로 H_2의 분압이 감소되기 때문에 hydrogenase를 보유하고 있는 미생물이 $NADH_2$로부터 H_2 원자를 제거하여 H_2를 생성한다. 그러나 반추위 내 H_2 농도가 높아지면 pyruvate를 lactate 또는 propionate로 전환시킨다. 해당과정으로 생성된 3탄당 pyruvate는 VFA로 전환된다.

2) VFA의 생성

반추위에서 탄수화물 중합체들이 단량체(monomer)로 분해된 다음 해당과정을 거쳐

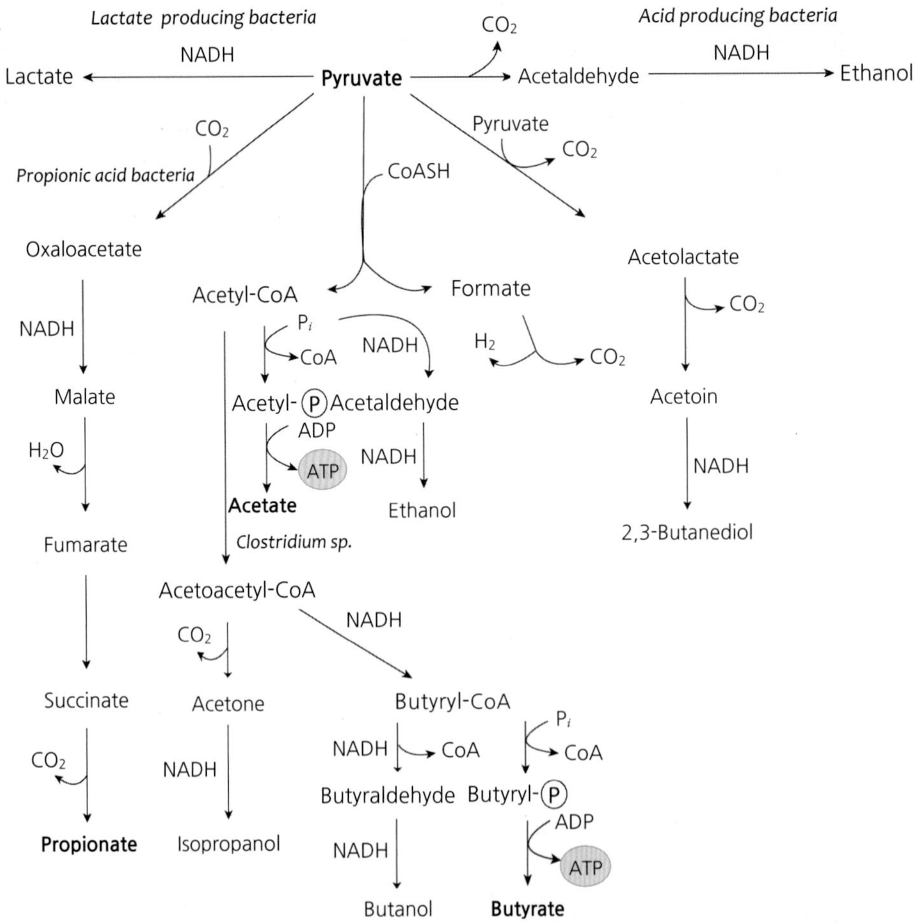

그림 3-41 Pyruvate로부터 VFA가 생성되는 과정

3탄당인 pyruvate로 전환되면 여기서 미생물에 의한 발효작용으로 다양한 종류의 VFA와 에너지가 생성된다(그림 3-41). 개별 VFA가 생성되는 과정을 요약하면 다음과 같다.

(1) Acetate의 생성

Pyruvate로부터 acetate가 생성되는 데에는 2가지 경로가 있다. 그중 가장 흔한 경로가 pyruvate-formate lyase에 의해 중간생성물질인 formate와 acetyl-CoA가 생성되는 것이다(그림 3-42). Formate는 다른 미생물에 의해 CO_2와 H_2로 전환된다. 따라서 순수배양 시에는 미생물에 의한 최종 산물로 formate가 생성되나, 실제 반추위에서는 발견되지 않는 이유이다.

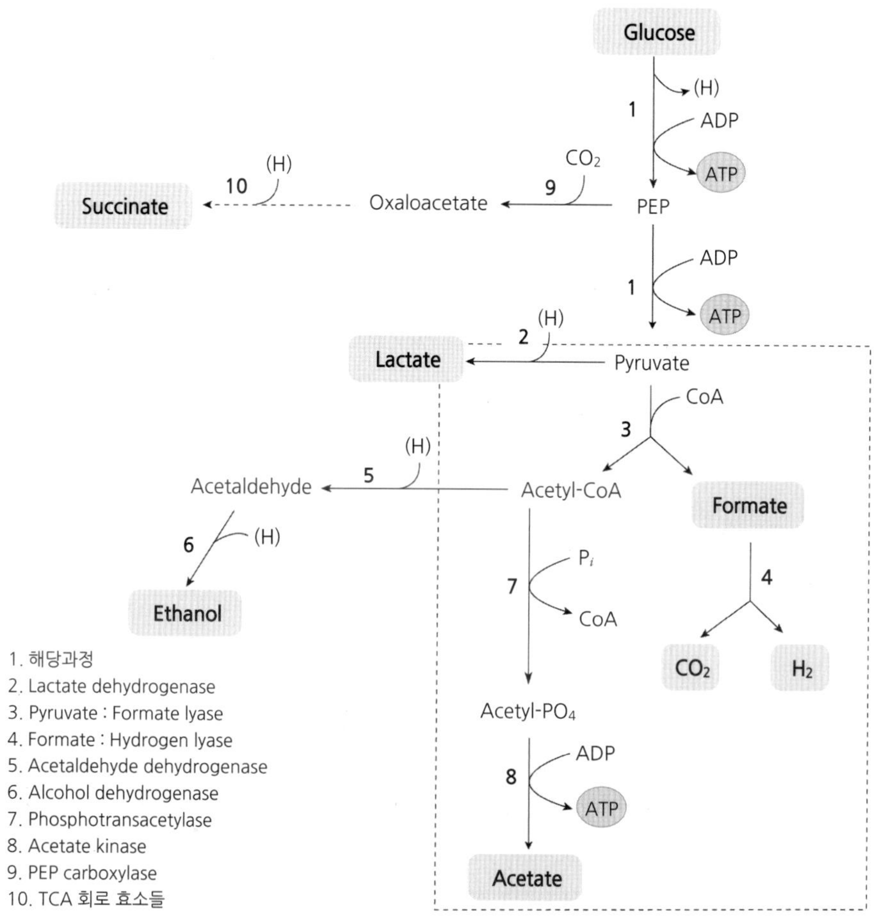

그림 3-42 반추위 혐기 미생물에 의한 acetate 생성

$$\text{Pyruvate} + PO_4 \xrightarrow[Mn^+,\ Fe^+]{CoA,\ NAD^+} \text{formate} + \text{acetyl}-PO_4$$

$$\text{Acetyl}-PO_4 + \text{ADP} \xrightarrow[\text{Acetokinase}]{} \text{Acetate} + \text{ATP}$$

$$\text{Formate} \xrightarrow[\text{Formate : Hydrogen lyase}]{} CO_2 + H_2$$

두 번째는 pyruvate ferredoxin oxidoreductase에 의해 pyruvate가 CO_2와 acetyl-

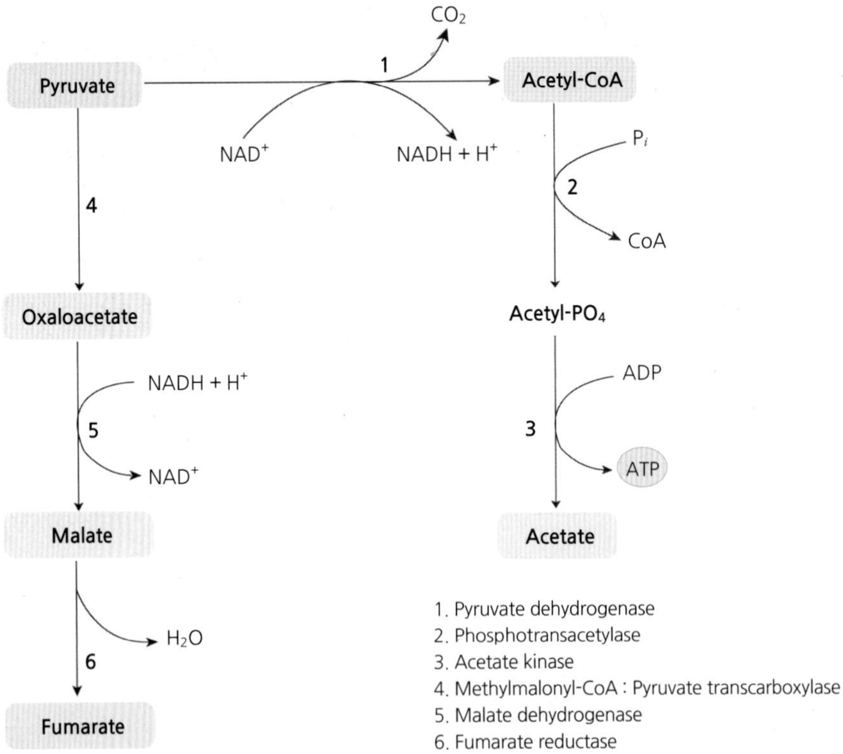

그림 3-43 Phosphotransacetylase와 acetokinase에 의한 acetate의 생성

CoA 그리고 환원된 ferredoxin(FD)으로 전환되고, 환원된 ferredoxin은 다시 산화되어 H_2를 발생시킨다(그림 3-43). 그리고 acetyl-CoA는 phosphotransacetylase와 acetokinase에 의해 acetate와 ATP를 생성한다.

$$\text{Pyruvate} + \text{CoA} + \text{FD} \xrightarrow[\text{Fe}^{2+}]{\text{PO}_4,\ \text{NAD}^+} \text{CO}_2 + \text{acetyl-CoA} + \text{FDH}_2$$

$$\text{Acetyl-CoA} + \text{PO}_4 \xrightarrow[\text{Phosphotransacetylase}]{} \text{Acetyl-PO}_4 + \text{CoA}$$

$$\text{Acetyl-PO}_4 + \text{ADP} \xrightarrow[\text{Acetate kinase}]{} \text{Acetate} + \text{ATP}$$

$$\text{FDH}_2 \rightarrow \text{H}_2 + \text{FD}$$

$$\text{FDH}_2 \rightarrow \text{NADH}_2 + \text{FD}$$

위의 대사 과정에서 보듯이, 미생물 대사에서 $NADP^+$가 가장 보편적으로 이용되는 전자전달체이며, 발효 대사 과정에서 NADPH로 환원된다. 그리고 세포 안의 $NADP^+$ 농도는 일정하므로 NADPH가 다시 산화되어야 대사가 계속될 수 있다. 그러므로 NADPH/$NADP^+$ 비율이 중요한 대사조절인자로 작용한다. 따라서 발효에서 H_2 또는 전자의 대사도 대단히 중요한 연구 대상이 되며, 혐기성 미생물에서 적당한 전자수용체가 없으면 생장이 중단되는 것도 이 때문이다.

발효로 생장하는 미생물 중에는 단일 발효산물을 생산하는 경우와 복수의 발효산물을 생산하는 경우가 있다. 전자의 예로는 효모에 의한 ethanol 발효를 들 수 있으며, 후자의 예로는 *Ruminococcus albus*에 의한 ethanol 발효와 acetate 발효를 들 수 있다. 복수의 산물을 생산하는 발효에서 NADPH의 산화 경로는 유전정보와 생장조건에 따라 여러 형태로 나타나는데, 전 대사 과정에서 합성되는 ATP의 수율도 NADPH의 산화 경로에 따라 결정되며, 주어진 환경조건에서 가장 높은 ATP 수율을 얻기 위해 대사를 조절한다. 발효에서 발생하는 환원력이 분자 상태의 H_2 생산에 이용되면 더 많은 ATP가 합성된다. H_2를 소비하는 혐기성 호흡 세균이 생장하는 혐기 생태계는 H_2 분압이 낮게 유지된다. 이러한 조건에서 발효 세균에 의한 H_2 생산이 많아지기 때문에 발효 세균의 균체 수율이 높아진다.

그림 3-44는 반추위 우점균인 *Ruminococcus albus*에 의한 단일 발효산물과 복수 발

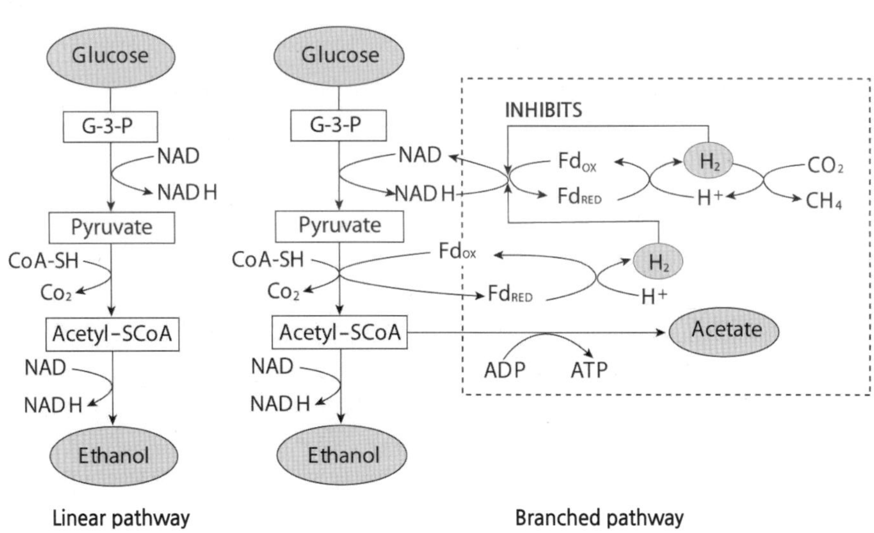

그림 3-44 *Ruminococcus albus*의 단독배양 및 *Wolinella succinogenes* 혼합배양 시의 발효 양상

효산물을 비교해본 것이다. Ethanol 발효는 하나의 발효산물을 생산하는 linear pathway의 예이며, ethanol-acetate 발효는 branched pathway의 예이다. 복수 산물을 생산하는 발효균은 주어진 조건에서 가장 잘 생장할 수 있는 경로를 선택할 수 있는 기작을 갖고 있다. 이러한 변화는 미생물 성장에 필요한 ATP를 더 많이 생산하기 위해서인데, 혼합 미생물 배양 시에 이러한 현상이 더 뚜렷하다. 예를 들어 *Ruminococcus albus*를 단독배양하면 1mol의 glucose에서 3.3ATP가 생산되지만 *Wolinella succinogenes*와 혼합배양하면 4 ATP가 생성된다(Bryant, 1973). 또한 개별 VFA는 일관된 경로를 통해 일정량 생산되는 것이 아니라 미생물과 기질의 종류, 반추위내 환경 등에 따라 다양한 대사경로를 통해 생산된다.

(2) Propionate의 생성

Propionibacterium, Clostridium propionicum, Megasphaera elsdenii 등은 당이나 lactate를 발효하여 propionate, acetate와 CO_2를 생산한다. 대부분의 propionate 발효 미생물들은 lactate를 glucose보다 더 쉽게 이용한다. Propionate 생성 박테리아는 acrylate 경로나 succinate-propionate 경로를 통해 propionate를 생산한다.

$$3\ \text{glucose} \longrightarrow 4\ \text{propionate} + 2\ \text{acetate} + 2\ CO_2$$

$$3\ \text{lactate} \longrightarrow 2\ \text{propionate} + \text{acetate} + CO_2$$

① Succinate-propionate 경로

*Propionibacterium*속의 박테리아는 succinate-propionate 경로를 통해 lactate로부터 succinate를 거쳐 propionate를 생산한다(그림 3-45).

첫 단계로 3분자의 lactate는 탈수소효소에 의해 pyruvate로 산화된다. 이 가운데 1분자의 pyruvate는 acetyl-CoA를 거쳐 acetate로 분해되면서 CO_2, NADH와 ATP를 각각 1분자씩 생산하고, 나머지 2분자의 pyruvate는 3분자의 lactate와 1분자의 pyruvate가 탈수소되면서 발생한 환원력을 소비해 2분자의 propionate로 환원된다. 이 경로에서 특이한 효소는 biotin을 조효소로 이용하는 transcarboxylase, ATP가 합성되는 fumarate reductase, 조효소 B_{12}가 함유된 methylmalonyl-CoA mutase 등이다.

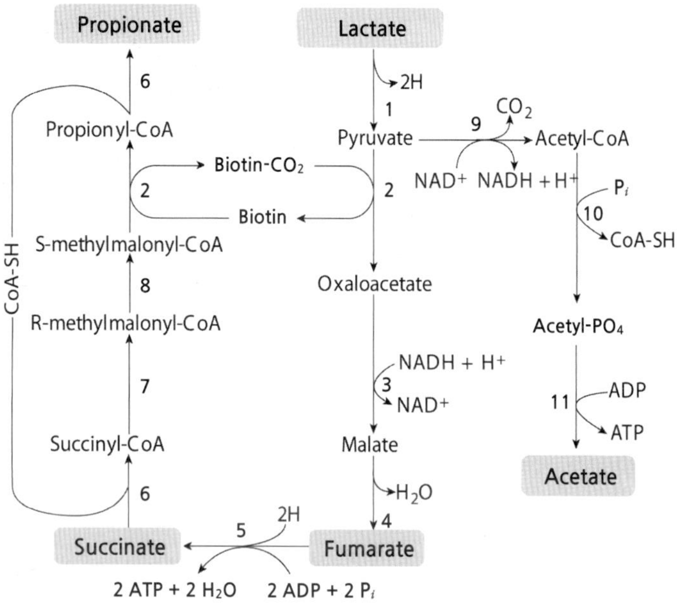

1. Lactate dehydrogenase, 2. Methylmalony-CoA : Pyruvate transcarboxylase, 3. malate dehydrogenase
4. Fumarase, 5. Fumarate reductase, 6. Coenzyme A transferase, 7. Methylmalonyl-CoA mutase
8. Methylmalonyl-CoA racemase, 9. Pyruvate dehydrogenase, 10. Phosphotransacetylase, 11. Acetate kinase

그림 3-45 *Propionibacterium* 속 박테리아의 succinate-propionate 경로

- Methylmalonyl-CoA, pyruvate transcarboxylase : methylmalonyl-CoA와 pyruvate에 작용하여 oxaloacatate를 생산하는 이 효소는 CO_2의 전달체로 이용되는 biotin을 prosthetic group으로 보유하고 있다.
- Fumarate reductase : Fumarate reductase는 NADH의 전자를 fumarate로 전달하면서 발생하는 free energy를 이용하여 ATP를 합성한다. 이 반응에 NADH 외에 H_2, formate 등의 전자도 이용된다. Fumarate reductase의 조효소로서 menaquinone과 cytochrome b가 관여하며 이들은 막에 존재한다.
- Methylmalonyl-CoA Mutase : Succinyl-CoA의 카르복시기를 분자 안에서 이동시켜 methylmalonyl-CoA를 합성하는 이 효소는 coenzyme B_{12}를 조효소로 이용한다.

Succinate-propionate 경로를 통한 propionate 발효 과정에서 생성된 succinate는 미생물 세포 밖으로 소량 수송된다. Succinate가 세포 밖으로 분비되면 methylmalonyl-CoA의 농도가 낮아지므로 methylmalonyl-CoA : pyruvate transcarboxylase가 계속 작

용할 수 없다(그림 3-45의 오른쪽 반응). 이를 보충하기 위해 PEP 또는 pyruvate가 직접 CO_2와 작용하여 oxaloacetate로 합성된다.

$$\text{Pyruvate + ATP + P}_i \xrightarrow{\text{Pyruvate orthophosphate dikinase}} \text{PEP + AMP + PP}_i$$

$$\text{PEP + CO}_2\text{ + ADP} \xrightarrow{\text{PEP carboxykinase}} \text{Oxaloacetate + ATP}$$

$$\text{PEP + CO}_2\text{ + P}_i \xrightarrow{\text{Carboxytransphosphorylase}} \text{Oxaloacetate + PP}_i$$

② Acrylate 경로

또 다른 propionate의 생성 과정은 lactate의 직접환원 경로(direct reductive pathway)로서, lactate가 phospholactyl-CoA를 거쳐 acrylyl-CoA로 전환되고, acrylyl-CoA가 $NADH_2$-crotonyl(acrylyl)-CoA reductase에 의해 환원되어 propionyl-CoA로 전환되는 acrylate 경로이다.

대부분의 propionate 발효균은 succinate-propionate 경로로 propionate를 생산하지만, *Clostridium propionicum*, *Megasphaera elsdenii*와 *Fibrobacter succinogenes*는 lactate로부터 lactyl-CoA, acrylyl-CoA를 거쳐 propionate를 생산한다. 이때 필요한 환원력은 lactate가 acetate로 산화될 때 발생하는 것을 이용한다(그림 3-46). 이 경로에서 ATP 수율은 1ATP/3lactate로서 succinate-propionate의 그것보다 훨씬 낮다. 농후사료의 급여 수준을 높이면 전체 propionate 생성량의 15%에서 30%가 이 경로를 통해 생성된다.

Cellulose가 발효될 경우에는 carboxyltransferase에 의한 탄소의 재순환이 거의 일어나지 않으며, 이는 cellulolytic bacteria의 최종분해산물이 succinate이기 때문이다. 그러므로 cellulolytic bacteria에 의해 생성되는 succinate는 다른 박테리아에 의해 propionate로 전환된다. Glucose의 발효 과정에서는 carboxyltransferase에 의한 단일탄소(one carbon unit)의 재순환 과정이 활발하게 일어난다.

Propionate가 어떤 과정을 거쳐 생성되는가에 따라 미생물의 성장에 필요한 ATP의 생

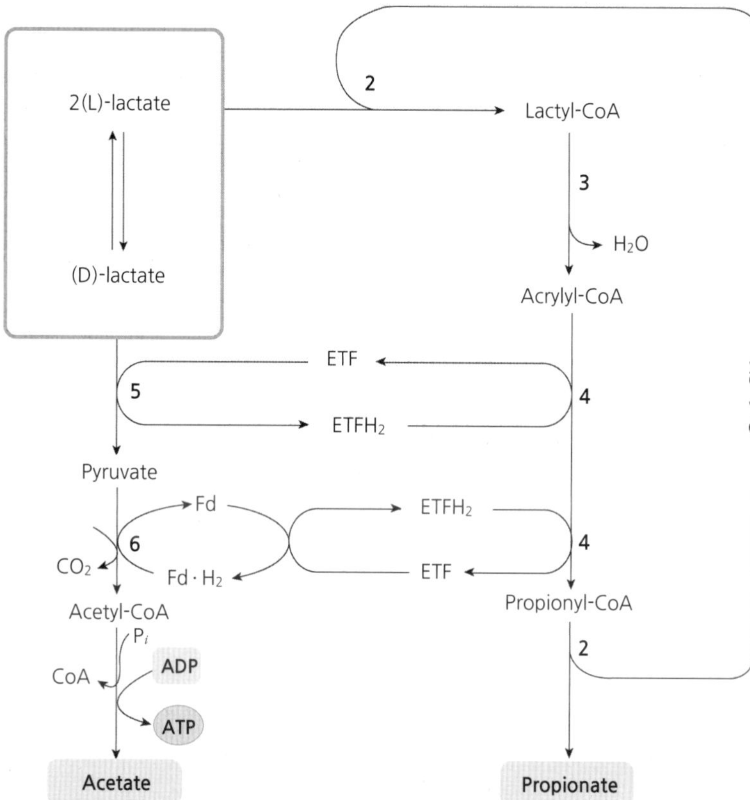

1. Lactate racemase, **2.** Coenzyme A transferase, **3.** Lactyl-CoA-dehydratase, **4.** 확실하지 않은 효소
5. Lactate dehydrogenase, **6.** Pyruvate : Ferredoxin oxidoreductase, **7.** Transhydrogenase
8. Phosphotransacetylase와 Acetate kinase, **ETF:** unknown electron transfer factor

그림 3-46 *M. elsdenii*와 *Clostridium propionicum*이 lactate를 propionate와 acetate로 발효시키는 Acrylate 경로

성량이 달라진다. 즉 percarboxylkinase와 transcarboxylase의 작용이 아닌 pyruvate-carboxylase에 의해 propionate가 생성되는 경우에는 1 ATP를 감해주어야 한다.

(3) Butyrate의 생성

Butyrate를 주된 발효산물로 생산하는 반추위 혐기성 박테리아에는 *Butyribacterium methylophicum*, *Butyrivibrio fibrisolvens*, *Clostridium butyricum*, *Eubacterium limosum*, 그리고 반추위벽에 붙어서 사는 *Fusobacterium nudeatum* 등이 있다.

Butyrate($CH_3CH_2CH_2COOH$)는 주로 β-oxidation의 역경로를 통해 형성되지만, 때

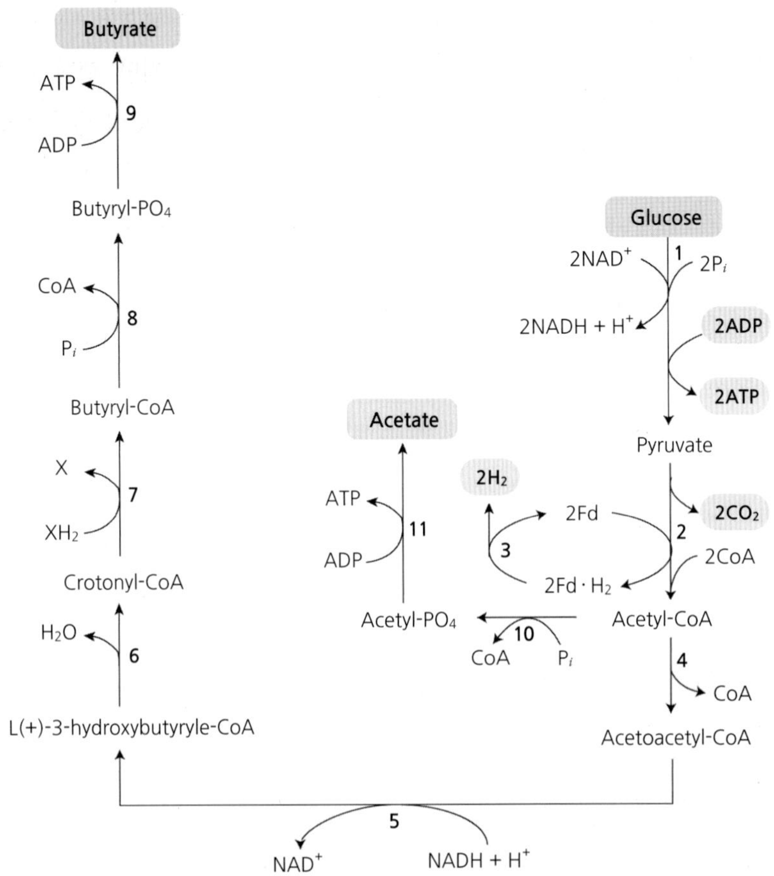

1. EMP 경로, **2.** Pyruvate : Ferredoxin oxidoreductase, **3.** Hydrogenase,
4. Acetyl-CoA-acetyltransferase (thiolase), **5.** L(+)-3-hydroxybutyryl-CoA dehydrogenase,
6. 3-hydroxyacyl-CoA hydrolase(crotonase), **7.** Butyryl-CoA dehydrogenase,
8. Phosphotransbutyrase, **9.** Butyrate kinase, **10.** Phosphotransacetylase, **11.** Acetate kinase

그림 3–47 Glucose를 기질로 이용하는 butyrate–acetate의 발효 경로(*Butyrivibrio*에서)

로는 장쇄지방산(long-chain fatty acid)을 합성하는 과정인 malonyl-CoA 경로를 통해 합성되기도 한다(그림 3-47). Phosphoroclastic reaction으로 합성된 acetyl-CoA는 acetyl-phosphate를 거쳐 acetate로 분해되거나, 2분자가 acetoacetyl-CoA로 축합되어 butyrate로 환원된다(그림 3-47). EMP 경로에서 발생하는 NADH는 butyrate를 생산할 때는 acetoacetyl-CoA를 환원하는 데 이용되며, acetate로 발효될 때는 ferredoxin: NADP$^+$ oxidoreductase의 작용으로 NADH의 전자가 ferredoxin으로 전달되어 H_2 생산에 이용된다.

반추위 박테리아인 *Clostridium butyricum*이 정상적으로 발효될 때에는 100 mol의 glucose로부터 76 mol의 butyrate와 42 mol의 acetate가 생산되지만, 생장 환경에서 H_2를 제거하면 acetate와 butyrate의 생산 비율이 1 : 1까지 되어 acetate의 생산량이 증가한다. 그 이유는 H^+의 농도가 낮으면 다음 반응식에서 hydrogenase의 반응이 정방향으로 기울고, 그 결과 NADH에 의한 ferredoxin의 환원이 쉽게 일어나기 때문이다.

$$\mathrm{NADH + H^+} \xleftrightarrow{\text{NADH Fd oxidoreductase}} \mathrm{Fd \cdot H_2} \xleftrightarrow{\text{Hydrogenase}} \mathrm{H_2}$$

Glucose로부터 acetate만을 생산하면 EMP 경로에서 2 ATP, acetate kinase의 작용으로 2 ATP, 총 4 ATP를 생산하게 되며, butyrate를 생산하는 경로에서는 3 ATP밖에 생산하지 못한다.

(4) 기타 VFA의 생성

n-valerate($CH_3(CH_2)_3COOH$)는 acetyl-CoA와 propionyl-CoA가 결합하여 생성되고 caproic acid($CH_3(CH_2)4COOH$)는 butyryl-CoA와 acetyl-CoA가 결합하여 생성된다. Iso-butyrate[$(CH_3)_2CHCOOH$], iso-valerate[$(CH_3)_2CHCH_2COOH$] 그리고 2-methyl-butyrate[$CH_3CH_2CH(CH_3)COOH$]는 측쇄(branched chain) 아미노산인 valine, leucine과 iso-leucine으로부터 형성된다.

$$\text{valine} + 2H_2O \longrightarrow \text{iso-butyrate} + NH_3 + CO_2$$

$$\text{leucine} + 2H_2O \longrightarrow \text{iso-valerate} + NH_3 + CO_2$$

$$\text{iso-leucine} + 2H_2O \longrightarrow \text{2-methylbutyrate} + NH_3 + CO_2$$

특히 이들 지방산은 섬유소 분해미생물의 성장요소로 중요한 역할을 하며, 미생물의 측쇄 아미노산의 합성에 주로 관여한다.

(5) Lactate의 생성

많은 종류의 미생물들이 발효 산물로 lactate를 생산한다. 특히 일부 박테리아들은 많은 양의 lactate를 생산하기도 하는데, 이들을 젖산 생성 박테리아(lactate producing bacteria; LAB)라 한다. LAB는 일반적으로 세포를 구성하는 여러 종류의 구성성분(monomer)을 합성하는 능력이 없기 때문에 많은 종류의 성장인자를 필요로 하는 특징이 있다. LAB는 통성 혐기성 균이며 O_2가 있어도 생장할 수 있는 aerotolerant anaerobe들도 있다. Lactate dehydrogenase는 산성에서 활성이 가장 강하다. 발효가 진행되면 lactate가 축적되어 주위 환경의 pH가 내려가면서 세포 안의 pH도 내려가게 된다. 따라서 lactate dehydrogenase의 활성이 강하게 유지된다. 그러나 세포 안의 pH가 높게 유지되는 조건에서 LAB를 배양하면 lactate dehydrogenase의 활성이 낮아져서 homofermentative 박테리아가 다량의 acetate를 생산하게 된다.

사일리지는 lactate 발효로 만들어지는 저장 사료이다. 관리가 잘못된 사일리지는 butyrate가 생산되어 사료로서의 가치가 떨어지는 예가 많다. 이는 lactate와 acetate를 기질로 butyrate를 생산하는 *Clostridium butyricum*과 *C. tyrobutyricum*이 생장하기 때문이다. 반추위에서도 발견되는 이들 butyrate 발효균은 lactate만은 발효할 수 없으나 acetate를 첨가하면 lactate를 발효하여 butyrate를 생산한다.

*Clostridium butyricum*에 의한 lactate-acetate 발효의 조절은 다음과 같다.

$$\text{acetate} + 3\ \text{lactate} + \text{ADP} + \text{P}_i \longrightarrow 2\ \text{butyate} + 2\text{H}_2 + \text{ATP}$$

*C. butyricum*이 lactate만으로는 생장하지 못하는 이유는 lactate dehydrogenase의 작용으로 발생하는 환원력이 H_2 생산이나 acetoacetyl-CoA 또는 crotonyl-CoA 환원에 이용되지 못하기 때문이다.

(6) CH_4의 생성

성장에 필요한 에너지를 얻기 위해 많은 양의 CH_4를 생산하는 편성 혐기성인 고세균(archaebacteria)을 **메탄 생성 박테리아**(methanogen)라고 한다. 이들은 O_2에 대한 내성이 극히 약한 혐기성 세균이기 때문에 분리하기가 어렵다. 따라서 앞으로 더 많은 methanogen이 분리될 것으로 생각된다. 지금까지 분리된 박테리아의 특성도 잘 밝혀지지 않아 분류학적으로 분명하지 않은 점이 있다. Methanogen은 그들이 이용하는 기질에 따라 분류할 수 있다. Methanogen이 이용할 수 있는 탄소원은 CO_2, methyl기를 갖는 일탄소 화합물 그리고 acetate로 나눌 수 있다.

CO_2 **환원 박테리아**는 지금까지 확인된 methanogen 중에서 가장 많이 알려진 군으로 H_2를 이용하여 CO_2를 CH_4로 환원하여 발생하는 free energy를 이용하여 성장한다. 이들을 obligate chemolithotrophic methanogen이라 하며, 이때 얻어지는 free energy의 변화는 다음과 같다.

$$CO_2 + 4H_2 \longrightarrow CH_4 + 2H_2O \quad \Delta G^{o'} = -136\text{kJ/반응}$$

Formate나 CO도 이들에 의해 이용된다. Formate는 CO_2와 H_2로 분해되어 다시 이용되며, CO는 CO_2로 산화된 다음 이용된다.

$$4HCOOHCO_2 \longrightarrow CH_4 + 3CO_2 + 2H_2O \quad \Delta G^{o'} = -144\text{kJ/반응}$$

$$4CO + 2H_2O \longrightarrow CH_4 + 3CO_2 \quad \Delta G^{o'} = -211\text{kJ/반응}$$

Methylrotrophic methanogen은 methanol과 methylamines 등 methyl기를 갖는 유기물을 기질로 CH_4와 균체를 합성하는 methanogen을 말하며, 이들 중에서 *Methanolobus*는 methyl sulfide를 이용하는 성질이 있다.

Aceticlastic methanogen 중에서 사슬 모양으로 성장하는 *Methanosaeta*(*Methanothrix*) 속 박테리아는 acetate를 유일한 탄소원으로 이용하는 세균으로 다른 기질을 이용하지 못한다. Acetate를 이용하는 *Methanosarcina* 속은 secondary alcohol을 제외한 모든 CH_4 생산 기질을 이용할 수 있다.

Archaebacteria인 methanogen은 다른 생물에서 발견되지 않은 이들 특유의 조효소를 대사에 이용한다. 이처럼 특유의 조효소를 보유하고 있는 것은 대사 경로가 다른 생물과 다르며, 이들이 진화 과정의 초기에 분리되었기 때문으로 판단된다.

Methanogen 자체가 O_2에 아주 민감할 뿐 아니라 CH_4 생산에 작용하는 여러 종류의 효소가 O_2에 의해 불활성화되기 때문에 CH_4 생산의 효소학적 연구에 큰 지장을 초래하고 있다. 특히 CO_2가 formyl-MF로 합성되는 과정과 methyl-CoM methylreductase가 촉매하는 마지막 단계에서 많은 종류의 단백질이 관여하기 때문에 아직 정확하게 ATP의 소비와 생산이 어떻게 이루어지는지 알려지지 않고 있다.

① CO_2의 환원에 의한 CH_4의 생성

CO_2는 methanofuran의 furan 환에 있는 aminomethyl기에 결합하면서 환원된 coenzyme F_{420}의 환원력을 이용하여 formyl-MF로 환원된다. 이어서 formyl기는 THMP로 전달되어 methyl기까지 환원된다. Methyl기는 transferase의 작용으로 methyl-CoM으로 합성된다. 생합성에 필요한 탄소 골격을 공급하기 위해서는 methyl-THMP가 carbon monoxide-dehydrogenase의 작용을 받아 acetyl-CoA로 합성된다. CH_4 생산의 마지막 단계인 methyl-CoM 환원은 최소한 4종류의 단백질과 3종류의 조효소가 관여하는 복잡한 반응이다(그림 3-48).

그림 3-48에서 CO_2가 CH_4로 환원될 때 모든 중간대사산물은 methanofuran(MF), tetra-hydromethanopterin(THMP) 또는 coenzyme M(CoM-SH)에 결합된 상태로 대사되며, 필요한 환원력은 coenzyme F_{420}으로부터 공급된다. 알려지지 않은 효소에 의해 촉매되는 반응(1)에서 proton motive force 형태의 에너지가 소비되며, methylene-THMP reductase(5)와 methyl-CoM methylreductase(7)가 촉매하는 반응에서 Na^+ 또는 수소가 원형질막 밖으로 방출된다. 일부의 methyl-THMP는 methyl-CoM methylreductase(7)의 작용에 필요한 환원력을 공급하기 위해 CO_2로 산화되는데, 그림에서 점선으로 표시하였다.

CO_2를 CH_4로 환원하는 methanogen은 methylene-THMP reductase의 작용으로 Na^+를 세포 밖으로 방출하고, methyl-CoM methylreductase의 작용을 통해 H_2를 세포 밖으로 방출하여 생장에 필요한 에너지를 공급한다(그림 3-49). 막단백질인 methylene-THMP reductase(1)가 작용하면서 sodium motive force를 형성하고 methyl-CoM methylreductase(2)는 proton motive force를 형성한다.

② Acetic acid로부터 CH_4의 생성

*Methanosarcina*와 *Methatnosaeta(Methanothrix)*속의 박테리아만이 acetate를 이용할 수 있다. Acetate에 대한 친화성이 높은 *Methatnosaeta*는 acetyl-CoA synthetase의 작용으로 acetate를 acetyl-CoA로 활성화시키며, *Methatnosaeta*는 acetate kinase와 phospho-

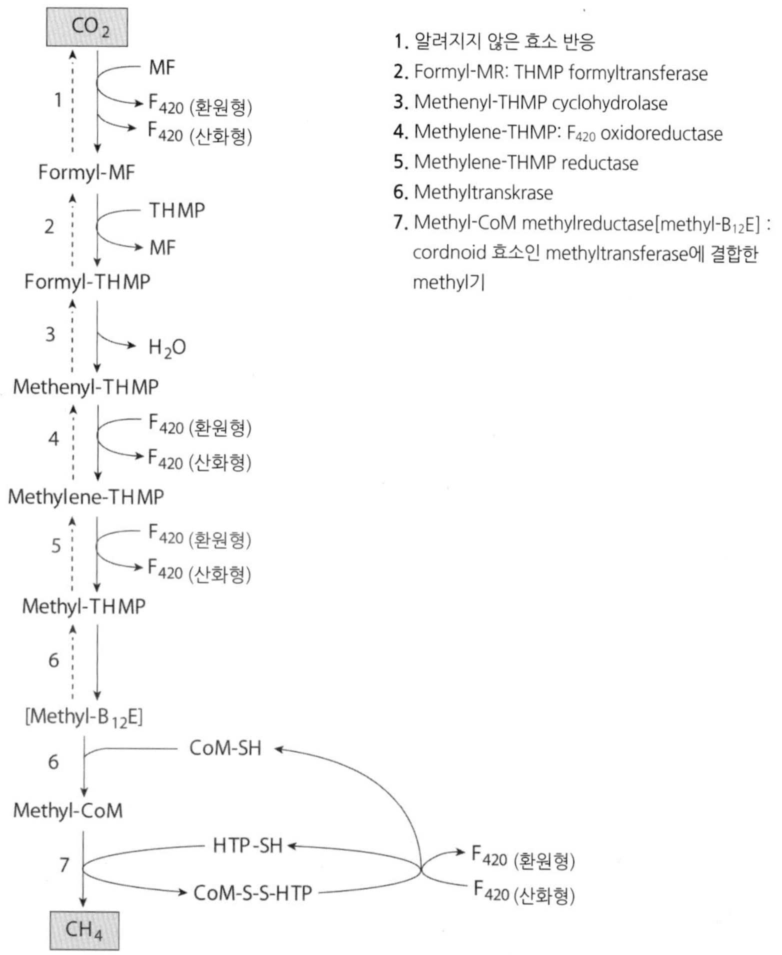

그림 3-48 CO_2가 CH_4로 환원되는 경로

transacetylase의 작용으로 acetate를 활성화시킨다. Acetyl-CoA는 carbon monoxide dehydrogenase의 작용에 의해, methyl기는 corrinoid 단백질을 거쳐 methyl-CoM으로 합성되고, carbonyl기는 효소에 결합된 상태로 산화되면서 coenzyme F_{420}을 환원시킨다. 환원된 coenzyme F_{430}은 methyl-CoM methylreductase에 의해 산화된다(그림 3-50). 그림에서 보는 것처럼 acetate는 acetate kinase/phosphotransacetylase(Methanosarcina) 또는 acetyl-CoA synthetase(*Methatnosaeta*)에 의해 acetyl-CoA로 활성화된다(1). 이어서 acetyl-CoA는 carbon monoxide dehydrogenase(2)의 작용으로, methyl기는 corrinoid 단백질로 이전되고 carbonyl기는 CO_2로 산화된다. Methyl-CoM methylreductase(3)는 이때 발생하는 환원력을 이용하여 methyl-CoM을 CH_4로 환원한다.

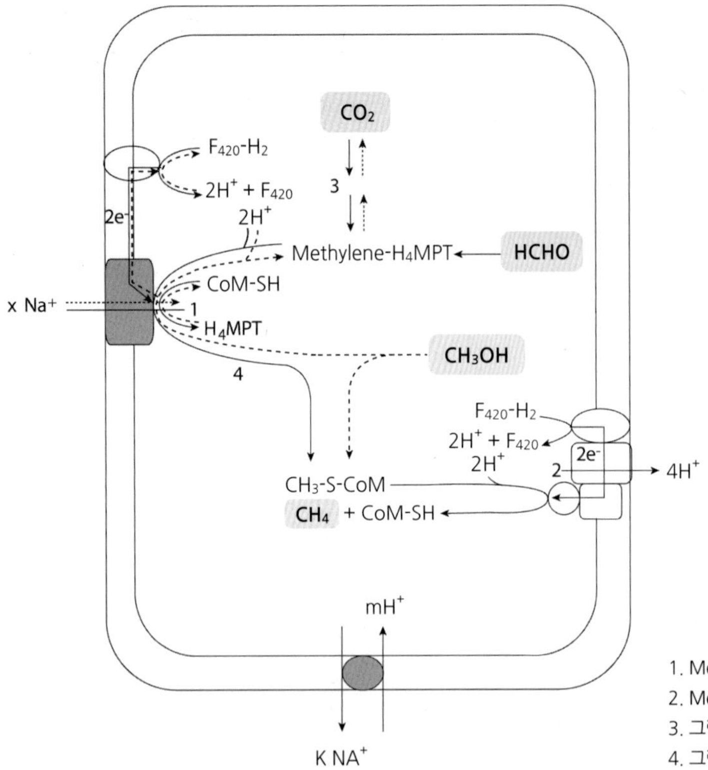

1. Methylene-THMP reductase
2. Methyl-CoM methylreductase
3. 그림 3-48의 1~3번 반응
4. 그림 3-48의 5~6반응

그림 3-49 CO_2를 CH_4로 환원하는 methanogen의 에너지 대사

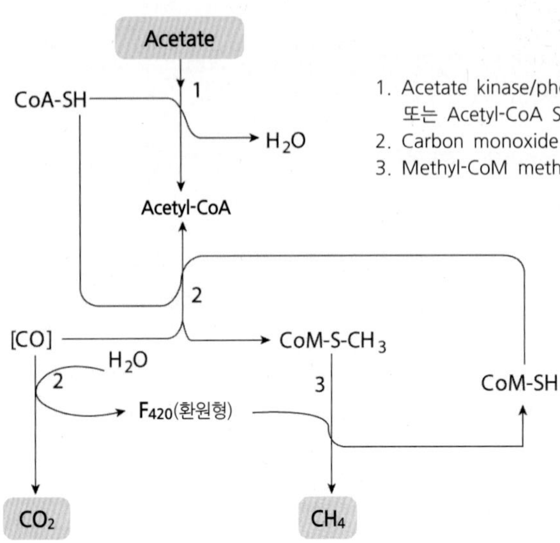

1. Acetate kinase/phosphotransacetylase(Methanosarcina) 또는 Acetyl-CoA Synthetase(Methanosaeta)
2. Carbon monoxide dehydrogenase
3. Methyl-CoM methylreductase

그림 3-50 Acetate가 CH_4로 분해되는 대사 경로

(7) 반추위 곰팡이와 프로토조아에서의 대사작용

혐기상태에 적응된 많은 종류의 진핵세포(eukaryotes)에서와 마찬가지로 반추위 혐기성 곰팡이와 프로토조아도 cytochrome, menaquinone, mitochondria 등의 기관이 없는데, 이것은 반추위 프로토조아와 곰팡이가 완전히 종속영양체계를 갖고 있음을 의미한다. 반추위 프로토조아나 곰팡이와 같은 혐기성의 진핵세포에는 mitochondria가 없는 반면에 원형질 안에 'hydrogenosome'이라고 명명된 특별한 기관을 갖고 있다. 프로토조아의 hydrogenosome은 이중막으로 싸여 있고 곰팡이의 hydrogenosome은 단일막으로 싸여 있다. 이 기관에서 H_2, CO_2, acetate 등의 발효산물이 생성되고 SLP 기작을 통해 ATP가 생성되는 대사가 일어난다. 한편, 반추위 프로토조아가 탄수화물을 발효시켜 lactate와 VFA를 생성하는 경로는 그림 3-51에서 보는 바와 같다.

반추위 프로토조아와 곰팡이는 탄수화물을 발효시켜 다양한 중간대사산물을 생성하며

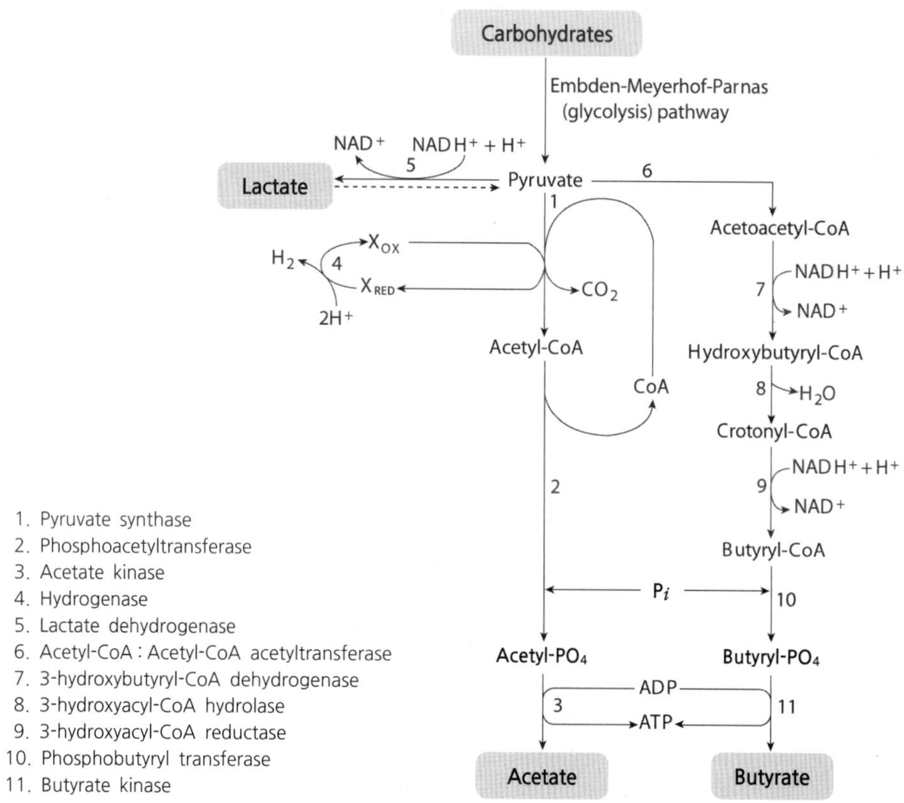

그림 3-51 반추위 프로토조아(*Dasytricha ruminantium*과 *Isotricha spp.*)에 의한 acetate, butyrate와 lactate의 생성 과정

표 3-9 혐기성 미생물이 이용하는 전자 공여체(기질) 및 최종 전자수용체

발효/미생물	전자공여체	최종 전자수용체
발효		
Alcohol fermenting microorganism	당	Pyruvate
Lactate fermenting microorganism	당	Pyruvate
Saccharolytic clostridia	당	H^+, acetyl-CoA
Proteolytic clostridia	아미노산	아미노산
Propionate fermentation	Lactate	Lactate
호흡		
Methane 생산	H_2	CO_2
	CO(+H_2O)	CO
	Methanol	Methanol
	Formate	Formate
	Acetate	Acetate
Acetate 생산	당, CO	CO_2
	H_2	Acetyl-CoA
황화수소 생산	Lactate	황산염
	Acetate	유황
탈질소 반응	유기물	질산염
금속 이온 환원	유기물	Fe^{3+}, Mn^{4+} 등

전자수용체와 전자공여체로서의 역할을 한다. 혐기발효 시에는 에너지 부분이 ethanol, lactate, formate 같은 발효산물의 형태로 존재하는 반면에, 호기호흡 시에는 기질이 H_2O와 CO_2로 완전히 산화되기 때문에 혐기발효는 호기호흡에 비해 에너지 수율이 매우 낮다. 호기호흡 시에는 1mol의 glucose가 산화되어 36mol의 ATP를 생성하지만, 혐기발효 시에는 2mol의 ATP만이 생성될 뿐이다. 미생물의 성장수율(mg의 microbial biomass 합성량/mg의 glucose 이용량)도 호기상태에서 성장한 토양 곰팡이인 *Geotricum candidum*은 0.45인 반면에, 혐기상태에서 성장한 반추위 곰팡이인 *Neocallimastix hurleyensis*는 0.14로서 매우 낮다.

일반적으로 호기성 미생물이 기질을 산화할 때, 생성되는 NADH 등의 전자전달체는 최종 전자수용체인 O_2를 이용하여 산화적 인산화(oxidative phosphorylation) 과정을 통해 ATP를 생산하는데, 이 과정을 **호흡**(respiration)이라 한다. 그러나 반추위와 같이 완전한 혐기적 조건에서는 외부에서 공급되는 O_2 이외의 전자수용체를 이용한 산화적 인산화

과정을 통해 ATP를 생산하는데, 이를 **혐기적 호흡**(anaerobic respiration)이라 한다. 따라서 발효는 SLP 기작으로 ATP를 생산하며, 이때 발생하는 전자는 대사에서 발생하는 중간대사산물을 전자수용체로 이용하는 과정을 의미하며, 혐기적 호흡은 electron transport phosphorylation(ETP) 기작이 주가 되는 ATP 생산 경로로서 이때 이용되는 최종 전자수용체는 대사의 외부에서 공급된다(표 3-9). 혐기상태에서 성장하는 미생물이 이용하는 최종 전자수용체에는 pyruvate, acetyl-CoA, lactate, 아미노산, CO, CO_2, methanol, formate, acetate 등이 있다.

3) 탄수화물의 합성 과정

반추위 미생물은 광합성을 하지 못하기 때문에 CO_2가 아닌 환원 유기분자로부터 당을 합성해야 하는 종속영양생물체이다. 비탄수화물 전구체로부터 glucose를 합성하는 것을 **glucose 신생합성**(gluconeogenesis)이라 한다. Glucose 신생합성 과정은 해당과정의 역과정과 동일하지는 않지만 7가지 효소를 공유한다(그림 3-52).

세포 안에서 해당과정의 ① phosphoenol pyruvate서 pyruvate로의 전환, ② fructose-6-phosphate에서 fructose-1,6-phosphate의 형성, ③ glucose의 인산화 등 세 부분은 비가역적이다. 전체 반응이 생합성 방향으로 진행되면 이 단계는 우회경로를 거쳐야 한다. 예를 들어, phosphofructokinase에 의한 fructose-1,6-phosphate의 형성 과정은 fructose-1,6-phosphate에서 가수분해에 의해 인산기를 제거하는 fructose biphosphatase에 의해 역전된다. Pyruvate는 적어도 2가지 효소에 의해 phosphenol-pyruvate로 전환된다(pyruvatekinase의 역과정). 그림 3-52에서와 같이 이 과정은 glucose뿐만 아니라 fructose도 합성한다. 일단 glucose와 fructose가 형성되면 다른 당은 쉽게 제조할 수 있다. 예를 들어 mannose는 fructose를 간단히 재배열하여 얻을 수 있다.

몇 가지 당들은 nucleoside diphosphate를 첨가함으로써 만들어진다. 가장 중요한 nucleoside diphosphate sugar는 uridine diphosphate glucose(UDPG)이다. Glucose는 uridine triphosphate와의 반응을 통해 uridine diphosphate의 인산기와 연결되면서 활성화된다. UDPG의 UDP 부분이 효소에 의해 인지되고 세포 안의 효소반응에 참여하도록 glucose를 전달한다. UDP-galactose는 UDPG에서 수산기 하나를 재배열하여 만들어진다(그림 3-53).

Nucleoside diphosphate sugar는 전분과 glycogen 같은 다당류 합성에도 중심적 역할을 한다. Glycogen과 전분의 이화작용은 유리당을 형성하기 위한 가수분해나 중합체에

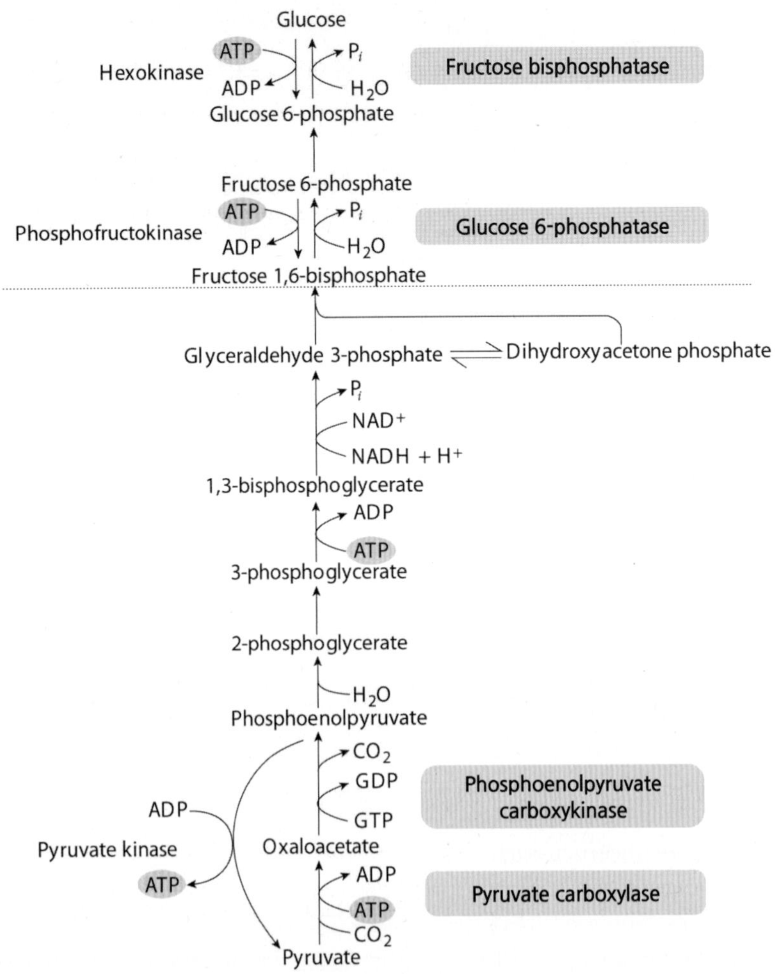

그림 3-52 반추위 미생물에 의한 glucose 신생합성(gluconeogenesis) 경로

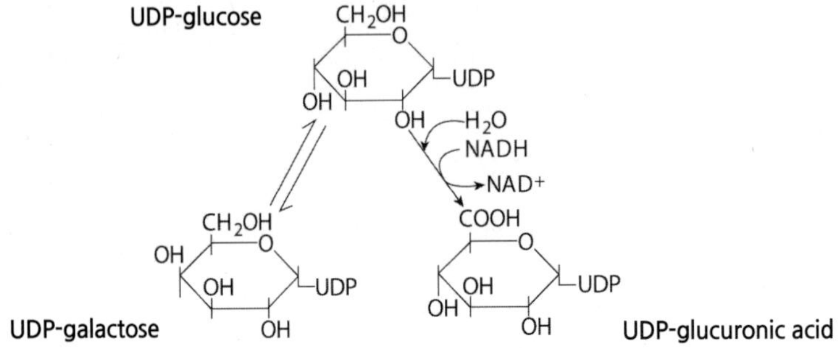

그림 3-53 Uridine diphosphate galactose와 glucuronic acid의 합성

인산기를 첨가하여 glucose-1-phosphate를 형성하는 반응에 의해 진행되며, Nucleoside diphosphate sugar는 이 과정에 참여하지 않는다. 반면에 전분과 glycogen이 합성되는 과정에서는 glucose-1-phosphate에서 adenosine diphosphate-glucose가 형성된 다음 glucose를 신장하는 glycogen과 전분의 사슬 끝에 glucose를 전달한다. Nucleoside diphosphate sugar는 박테리아의 세포벽의 복잡한 분자 합성에도 이용된다.

$$UTP + glucose\text{-}1\text{-}phosphate \longrightarrow UDP\text{-}glucose + PP_i$$

$$(glucose)_n + UPP\text{-}glucose \longrightarrow (glucose)_{n+1} + UDP$$

한편 반추위에서는 반추위 미생물에 의한 glucose 신생합성이 일어나지만, 미생물의 숙주동물의 경우 탄수화물의 대부분은 반추위에서 분해되어 VFA로 전환되기 때문에 소장으로 내려가 소화될 수 있는 탄수화물의 양은 매우 미미하다. 그러나 반추동물도 단위동물과 마찬가지로 단당류, 특히 glucose를 에너지원으로 이용하기 때문에 소장에서 흡수되지 못하는 많은 양의 glucose를 공급하기 위해 glucose가 체내에서 직접 합성되어 이용된다. 이때의 전구물질은 propionate, lactate, 비필수아미노산과 glycerol이 된다. 반추위에서 흡수된 propionate는 glucose 합성의 60% 정도를 차지하고 나머지 20%는 아미노산에서, 15% 정도가 유산으로부터, 그리고 5% 정도는 glycerol에 합성된다. 반추동물의 glucose 신생합성은 주로 간에서 이루어지며, 신장에서도 일부 이루어지는데, 합성경로는 반추위 미생물 세포에서와 동일하다.

4) VFA와 ATP의 생산

(1) VFA의 생성과 ATP의 생성

반추위 미생물이 성장하기 위해서는 생물에너지인 ATP(adenosine triphosphate) 형태의 에너지를 필요로 하며, 이는 주로 탄수화물의 발효에 의해 얻어진다. 그러나 탄수화물의 발효에 의해 생성되는 최종산물(VFA, lactate, CO_2, H_2, CH_4 등)의 종류에 따라 ATP 생성량이 달라진다. 즉, 표 3-10에서와 같이 일반적으로 acetate가 생성될 때는 2ATP, propionate가 dicarboxylic acid 경로를 통해 생성될 때는 3ATP가 생성되지만, acrylate 경로를 통해 생성될 때는 1ATP가 생성된다. 그리고 butyric acid가 생성될 때는 3ATP가

표 3-10 VFA 종류에 따른 ATP 생성량(glucose 1mol당)

구분	Acetate	Propionate		Butyrate	CH_4
		Dicarboxylic acid	Acrylate		
ATP 생성량	2	3	1	3	1

Isaacson 등(1975).

생성되며, CH_4가 생성될 때는 1 ATP가 생성된다.

반추위내 ATP의 생성량은 VFA의 mol 비율에 따라 다르지만, 일반적으로 1 mol의 glucose가 분해되면 2 mol의 VFA가 생성되고, 이 과정에서 4 ATP가 생성된다. 그리고 1 ATP는 고형물 기준으로 평균 15~20g의 미생물이 생성되므로 1 mol의 glucose가 분해됨으로써 총 60~80g(15~20g×4 ATP)의 미생물이 얻어진다.

(2) VFA의 에너지 공급과 생성효율

반추동물이 섭취하는 사료 에너지의 약 70~80%가 VFA로 전환되고 발효열로 6%, CH_4로 3~15%가 전환된다. VFA는 반추위 미생물에게는 쓸모없는 최종 발효산물이지만 반추위 벽을 통해 흡수된 후 숙주동물의 주요 에너지원으로 이용되는데, 이것이 총가소화에너지 섭취량의 50~70%를 차지하며, 일부 에너지는 소장에서 흡수된 glucose에 의해 공급받는다. 반추동물 외에도 말과 토끼 같은 초식동물도 하부 소화기관에서 미생물의 발효에 의해 생성된 VFA가 총에너지요구량의 약 30% 정도를 공급한다. 반추위 미생물의 발효에 의해 생성된 CO_2는 에너지가 포함되어 있지 않고, CH_4는 이용되지 못하며 가스의 형태로 트림에 의해 체외로 배출된다.

(3) VFA의 생성량과 비율

반추위 미생물 발효에 의해 생성되는 VFA의 함량이 많은 순으로 나열하면 acetate, propionate, butyrate, iso-butyrate, valerate, iso-valerate 및 기타 산이다. 이들 VFA는 반추동물의 체내로 흡수되어 에너지를 공급한다.

Acetate는 총 VFA의 50~60% 정도를 차지하고, 섬유소가 발효될 때 주로 생성되며, 체내로 흡수된 후에는 지방 합성이나 에너지 발생에 이용된다. 그리고 acetate는 비유 중인 젖소의 경우에는 적정 유지율을 유지하는 데에도 중요하다. Propionate는 총 VFA의 18~20%를 차지하고, 농후사료의 급여량이 증가하면 생성 비율이 증가한다. Propionate

는 숙주동물의 체내로 흡수된 후, 간에서 glucose로 전환되어 뇌와 신경조직 등의 에너지원으로 쓰이거나 또는 우유 중의 lactose 합성의 전구물질로 사용된다. Butyrate는 총 VFA의 12~18%를 차지하고, 주로 흡수 과정에서 반추위 상피세포에서 ketone, 즉 β-hydroxybutyrate(HBA)로 전환되고, 지방조직과 유방에서 지방산의 합성에 이용된다.

반추위내의 발효상태는 acetate와 propionate의 생성 비율(A : P의 비율)로 평가되기도 한다. 일반적으로 최적 발효상태에서는 A : P의 비율이 2 : 1 이상으로 유지되어야 한다. Acetate의 비율이 높으면 섬유소의 함량이 높은 사료를 급여한 것이고, propionate의 생성 비율이 높으면 농후사료의 급여 수준이 높은 것이며, 지나칠 경우에는 섬유소의 소화율이 떨어지며 산중독증(acidosis)이 유발된다. Propionate의 생성 비율이 높으면 CH_4 생성량이 줄어 에너지의 낭비를 줄일 수 있고 에너지의 이용효율을 높일 수 있는 반면에 지나치게 높으면 젖소의 경우 insulin 분비를 촉진시켜 지방 함량을 억제한다.

반추위내의 총 VFA의 농도는 낮게는 30mM, 높게는 200mM에 달하지만 정상적으로는 70~130mM 수준이다. 개별 VFA의 농도는 발효상태와 급여하는 사료에 따라 달라진다. 조사료의 급여 수준이 높으면 acetate 생성 박테리아의 성장을 촉진하여 acetate, propionate, butyrate의 생성 비율이 70, 20, 10을 나타내지만 농후사료의 급여 수준이 높으면 propionate 생성 박테리아의 성장을 촉진하여 acetate의 생성 비율이 감소하고 propionate가 증가한다. 그리고 급여하는 탄수화물의 종류와 마찬가지로 사료의 물리적 형태, 사료섭취량, 급여 횟수, 사료첨가제가 VFA의 조성과 생산량에 영향을 준다.

2. 반추위 미생물의 단백질 대사

1) 반추위 미생물에 의한 단백질의 분해

반추위로 유입되는 단백질에는 ① 사료로서 공급되는 단백질, ② 타액 또는 반추위벽을 통해 유입되는 재순환 질소(recycling nitrogen), ③ 반추위벽에서 떨어져 나온 상피세포와 같은 내인성 단백질 등이 있다. 그리고 반추위에는 많은 양의 용해(lysis)된 미생물체 단백질이 존재한다. 조단백질은 가수분해에 의해 아미노산으로 전변되는 **순단백질**(true protein)과 아미노산으로 전변되지는 않지만 질소를 함유하고 있는 **비단백태 질소화합물**(NPN)로 분류할 수 있다. 사료 단백질이나 NPN은 먼저 반추위 박테리아가 이용하여 peptide, 아미노산, NH_3로 분해한 다음, 반추동물이 이를 소화·이용하는 2단계의 대사 과

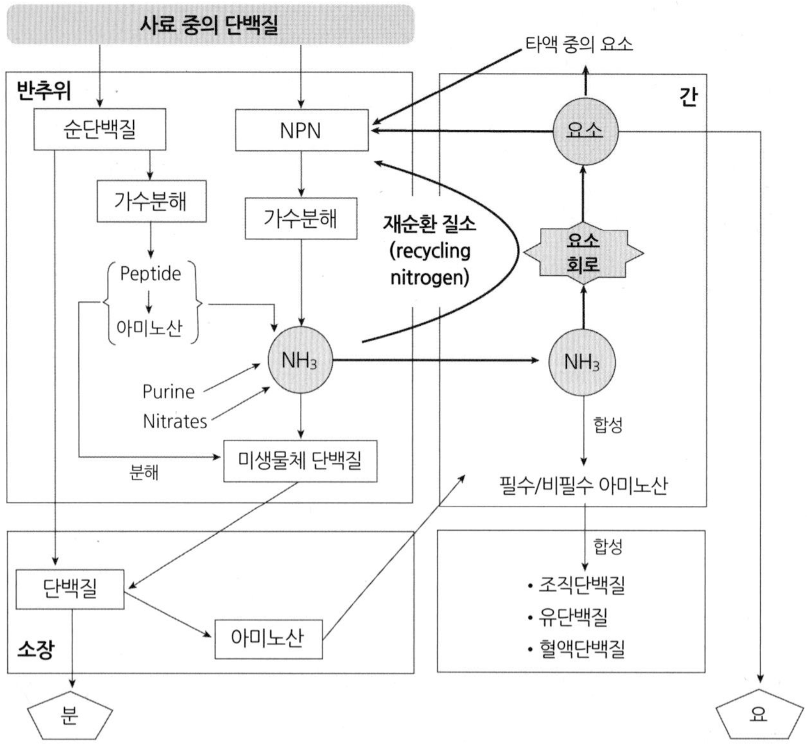

그림 3-54 반추동물 체내에서 사료 단백질의 분해와 합성 모델

정을 거친다. 순단백질과 NPN이 반추위에서 미생물에 의해 분해되는 모델을 도식화하면 그림 3-54와 같다.

사료 단백질이 반추위로 유입되면 proteolytic 박테리아가 분비하는 protease에 의해 빠르게 분해되기 시작한다. 반추위내에서 미생물이 분비하는 protease에 의해 단백질이 분해되는 과정은 제2절에서 이미 상세히 다루었으므로 여기서는 NPN이 반추위 미생물에 의해서 분해되는 과정만 설명한다.

(1) NPN의 분해

반추동물은 NPN을 질소원으로 이용할 수 있으므로 값비싼 단백질 사료를 대체할 수 있는 능력을 갖고 있다. NPN은 조사료에는 많은 양이 함유되어 있지만 종자나 농후사료에는 적은 양이 함유되어 있다. 즉 NPN은 청초 중에 10~15% 정도 함유되어 있고 근채류에는 이보다 더 많은 양이 함유되어 있다. 반추동물이 섭취하는 농후사료에도 값비싼 단백질원을 절약하기 위해서 요소(urea)와 같은 NPN을 첨가한다. NPN의 종류는 amine, betain,

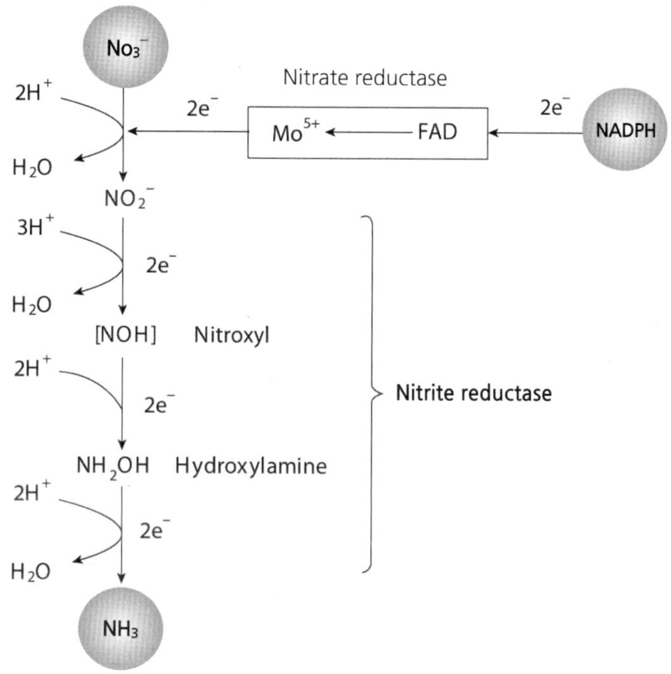

그림 3-55 질산염으로부터의 NH_3 생성

amide, urea, uric acid, allantoin, nitrate, alkaloid, purine, pyrimidine 등 다양하지만 사료 중에 주로 함유된 NPN은 요소와 질산염(nitrate, NO_3^-)이다.

반추동물이 NPN을 이용할 수 있는 것은 반추위 미생물에 의한 동화적 질산염 환원 작용 때문이다. 요소는 urease에 의해 NH_3로 쉽게 전환된다. 질산염의 질소는 NH_3의 질소에 비해 훨씬 산화된 형태이다. 질소가 유기 형태로 전환되기 전에 질산염은 NH_3로 반드시 환원되어야 한다. 이런 질산염의 환원을 **동화적 질산염 환원**(assimilatory nitrate reduction)이라 하며 무기호흡 동안에 일어나는 **이화적 질산염 환원**(dissimilatory nitrate reduction)과는 다르다(그림 3-55). 동화적 질산염 환원에서 질산염은 유기물로 통합되고 에너지 생성에는 관여하지 않는다.

동화적 질산염 환원은 반추위 미생물의 세포질에서 일어난다. 질산염 동화의 첫 단계로 질산염은 FAD와 Mo을 가진 질산염환원효소(nitrate reductase)에 의해 아질산염으로 환원되는데(그림 3-55), 여기서 NADPH는 전자원이다.

$$NO_3^- + NADPH + H^+ \longrightarrow NO_2^- + NADP^+ + H_2O$$

아질산염은 아질산염 환원효소(nitrite reductase)와 다른 효소에 의해 전자가 2개씩 첨가되는 일련의 반응을 거쳐 NH_3로 환원되며, 수산화 amine이 이 과정의 중간물질이다. NH_3는 다음에 서술한 경로에 의해 아미노산으로 통합된다. 질산염이 환원된 아질산염은 상당한 독성을 갖는 물질이다.

(2) NH_3의 행방

요소의 분해 또는 질산염의 동화적 환원작용에 의해 생성된 NH_3는 우선적으로 반추위 미생물이 이용한다. 반추위 미생물이 이용할 수 없을 만큼 많은 양의 NH_3가 발생하면 NH_3는 반추위벽을 통해 숙주동물의 혈액으로 이동한다.

① 미생물에 의한 이용

NH_3 유래 질소는 다른 형태의 무기 질소보다 더 환원된 형태이기 때문에 비교적 쉽고 직접적으로 유기물로 합성된다. 반추위 박테리아 중 *M. elsdenii, S. ruminantium, Veillonella alcalesence Bacteroises spp., Succinovibrio dextrinosolvens*뿐만 아니라 methanogen인 *Metanobrevibacter ruminantium* 등은 alanine 탈수소효소(alanine dehydrogenase)에 의해 촉진되는 환원적 아미노화 반응으로 NH_3로부터 alanine을 형성한다.

$$\text{pyruvate} + NH_4 + NADH(NADPH) + H^+ \longrightarrow \text{L-alanine} + NAD^+(NADP^+) + H_2O$$

NH_3 이용의 주요 경로는 α-ketoglutarate로부터 glutamate를 형성하는 것인데, 반추위 미생물들은 반추위내 NH_3 농도가 높을 때 glutamate dehydrogenase를 이용한다.

$$\alpha\text{-ketoglutarate} + NH_4 + NADPH(NADH) + H^+ \longrightarrow \text{glutamate} + NADP^+(NAP^+) + H_2O$$

Glutamate 합성의 환원제로 NADPH와 NADH를 이용하는 능력은 반추위 미생물의 종류에 따라 서로 다르다. Alanine이나 glutamate가 합성되면 새로 형성된 α-아미노기 전

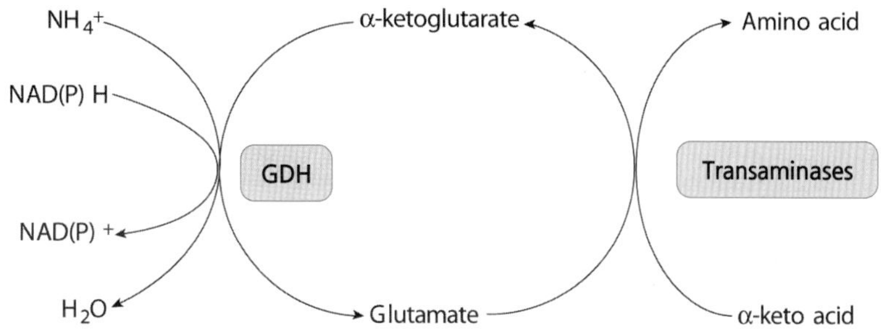

그림 3-56 NH_3 동화과정에 의한 반추위 미생물의 아미노산 합성

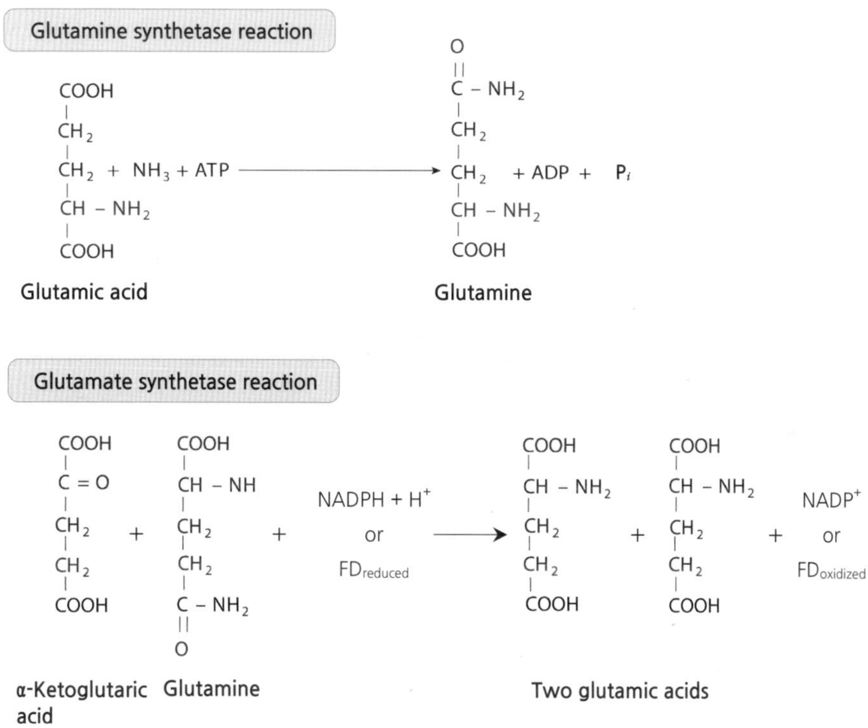

그림 3-57 Glutamine과 glutamate의 합성 과정

이반응(transamination reaction)에 의해 다른 탄소골격으로 전달되어 다른 아미노산을 형성할 수 있으며, 이를 위해서는 조효소인 pyridoxal phosphate가 필요하다. 반추위 미생물에는 많은 종류의 아미노기 전이효소가 있는데 각기 같은 아미노산을 아미노기 공여체로 이용해 많은 종류의 아미노산을 형성한다. 이와 같이 alanine dehydrogenase와 transaminase가 같이 작용하여 NH_3로부터 다양한 아미노산이 합성된다(그림 3-56).

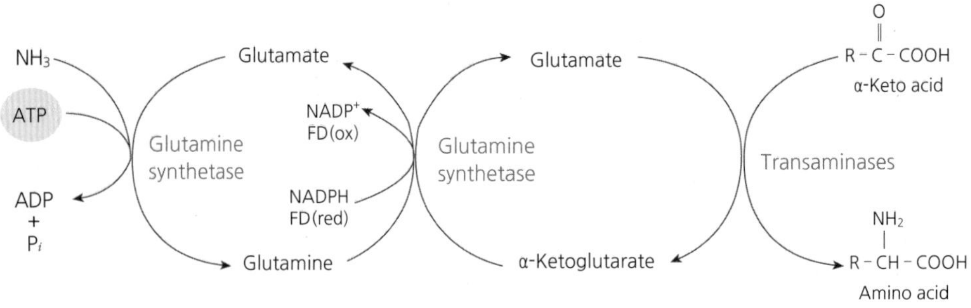

그림 3-58 NH_3로부터 각종 아미노산의 합성 경로

NH_3 이용의 두 번째 경로에는 글루타민 합성효소(glutamine synthetase)와 글루탐산 합성효소(glutamate synthetase)가 순차적으로 작용한다(그림 3-57). Glutamate에서 glutamine을 합성하기 위해 NH_3가 이용되고 glutamine의 amide 질소는 α-ketoglutarate에 전달되어 새로운 glutamate 분자를 형성한다. 아미노기 전이반응에서 glutamate가 아미노기 공여체로 작용하기 때문에 적당한 아미노기 전이효소가 있으면 NH_3는 모든 아미노산을 합성하는 데 이용될 수 있다. 이러한 과정에 ATP와 NADPH 또는 환원형 ferredoxin과 같은 전자원이 모두 요구된다.

Glutamate dehydrogenase와는 달리 그림 3-58의 체계는 NH_3 농도가 낮아도 매우 효율적으로 작동하기 때문에 이 경로는 반추위의 NH_3 농도가 낮을 때 활성이 가장 높다(그림 3-58).

② 숙주동물에 의한 이용

반추위내에서 미생물이 이용하고 남은 NH_3는 반추위 점막을 통해 혈액으로 이행되어 최종적으로는 간으로 들어가 ornitine 회로를 거쳐 요소로 전변되어 오줌으로 배출되거나 타액 또는 반추위벽을 통해 직접 반추위로 다시 유입되는데 이를 **재순환 질소**(recycling nitrogen)라 한다(그림 3-54 참조).

반추위내 미생물들이 NPN을 이용하여 미생물체 단백질을 합성하기 때문에 단백질 사료의 일부를 요소와 같은 NPN으로 대체 이용할 수 있다는 것은 반추동물의 뚜렷한 생리적 특성이다. 그러나 간에 이상이 있거나 요소회로가 감당할 수 없을 정도의 NH_3가 흡수되면 혈중 NH_3 농도가 증가하여 중독증상을 유발하는데, 특히 신경계통에 중독을 일으켜 경련, 음성의 떨림, 시력 감소 등을 초래하며, 중독증상이 심한 경우에는 혼수상태에 빠져

폐사의 원인이 된다. NH_3 중독에서 중요한 것은 NH_3의 생성 속도와 위벽을 통한 NH_3의 흡수 속도이다. 요소의 분해 속도뿐만 아니라 NH_3의 흡수 속도에 영향을 가장 크게 영향을 미치는 요인은 반추위액의 pH이다. 반추위액의 pH가 7.0 이하일 때에는 NH_3의 흡수량이 적기 때문에 반추위내 적정 pH인 6.4~6.8을 유지하는 것이 매우 중요하다. 문맥 중의 NH_3 농도는 반추위내 NH_3 농도와 밀접한 관련이 있으며, 말초혈액 중의 NH_3 농도는 반추위내의 NH_3 농도가 60mM/L를 초과해야 비로소 증가하기 시작한다.

미생물체 단백질 합성을 위한 최적 암모니아태 질소의 함량은 연구자에 따라 다소 차이는 있으나, 낮게는 5~8mg/100mL에서 높게는 29mg/100mL로 보고 있다. 특히 Stiles 등(1970)은 반추위내 암모니아태 질소의 농도가 84mg/100mL 이상일 경우에는 간에서의 처리능력이 한계에 도달하게 되며, 사료급여 후 30분 이내에 중독증상이 나타난다고 하였다. 한편, 혈중 NH_3 농도가 1mg/100mL 이상일 때에는 급성 중독 증상이 나타나고, 2~4mg/100mL일 때에는 사망하는데, 혈중 NH_3의 중독 수준은 동물의 개체에 따라 변이가 심하기 때문에 1mg/100mL 이하에서도 중독증상을 일으킬 수 있다.

2) 반추위 미생물에 의한 단백질의 합성

반추위 미생물들이 이용하는 질소원은 매우 다양하지만 대부분은 몇 가지 형태의 무기질소가 이용된다. 반추위 미생물에 의한 아미노산 합성 과정에는 적절한 탄소골격이 있어야 하며 여러 단계로 이루어진 복잡한 과정을 거쳐 합성된다. 개별적 아미노산 합성 과정을 여기서 자세히 설명하지 않겠지만 아미노산 합성의 일반적 양상을 살펴볼 필요는 있다. 자세한 아미노산 합성 과정은 생화학 교과서를 참고하기 바란다. 당 대사와 관련하여 아미노산 합성의 경로를 보면 그림 3-59와 같다.

아미노산을 합성하는 골격들은 acetyl-CoA, VFA의 대사, 해당과정, 5탄당 인산경로에서 생성되는 중간대사물질인데, 합성의 효율성과 경제성을 극대화하기 위해 소수의 물질을 이용하여 여러 가지 아미노산이 합성된다. Alanine, aspartate와 glutamate는 전이반응에 의해 pyruvate, oxaloacetate와 a-ketoglutarate로부터 직접 만들어진다. 방향족 아미노산인 phenylalanine, thyrosine과 tryptophane은 동일한 물질에서 출발하여 합성된다(그림 3-59). 또한 lysine, threonine, isoleusine, methionine은 동화과정의 한 가지를 통해 oxaloacetate로부터 모두 만들어진다(그림 3-60).

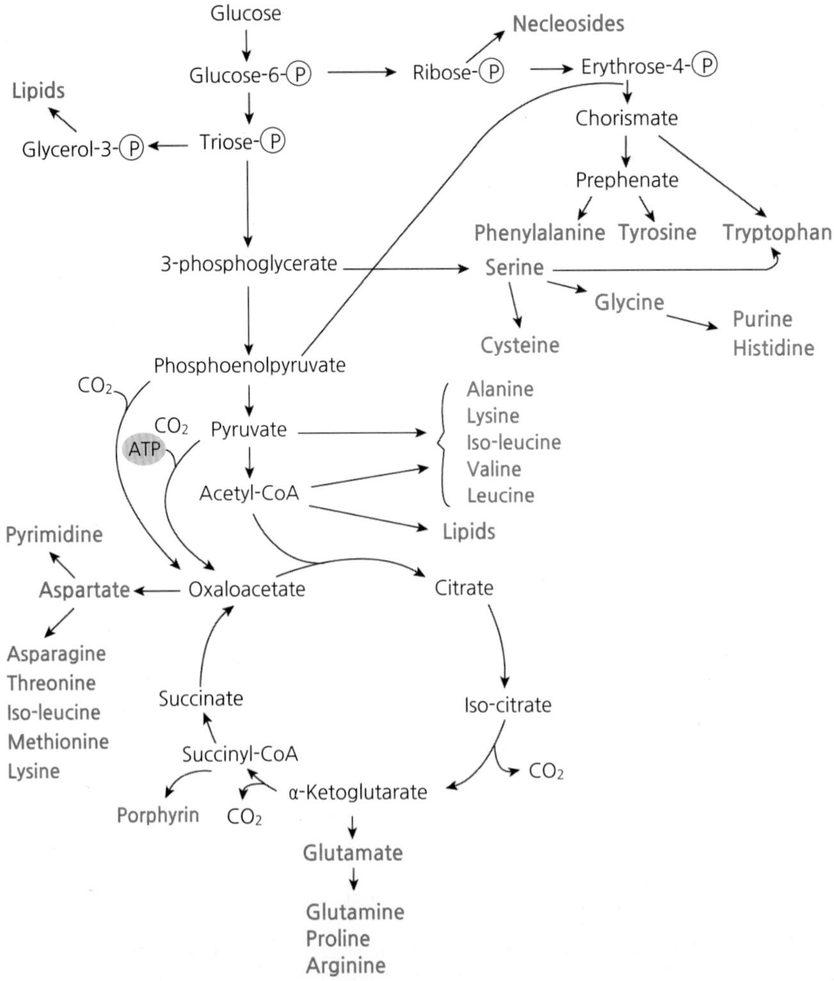

그림 3-59 반추위 미생물에 의한 아미노산 동화작용의 모식

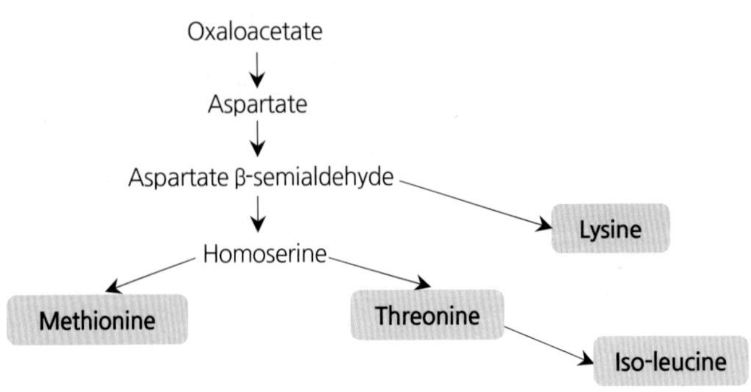

그림 3-60 아미노산 합성의 분지 과정

3) 반추위에서의 단백질 대사

(1) 미생물체 단백질의 합성

반추위 미생물은 암모니아태 질소(NH_3-N)를 이용하여 미생물체 단백질을 합성할 수 있으며, 탄수화물의 대사와 밀접한 관계가 있다(그림 3-61). 반추위 미생물의 대부분은 NH_3를 질소원으로 하여 단백질을 합성할 수 있는 점으로 보아 미생물체 단백질의 합성에서 NH_3가 가장 중요한 질소원으로 보인다. 그러나 다소의 아미노산과 peptide도 미생물체 단백질의 합성에 기여하며, 특히 NH_3-N과 amino acid-N의 비율이 미생물의 성장에 중요한 역할을 한다. 즉 표 3-11에서와 같이 요소-N과 amino acid-N의 비율이 75 : 25일 때 반추위 미생물의 성장이 가장 활발하다.

반추위에 서식하는 미생물의 양이나 조성뿐 아니라 이들의 단백질 함량도 동물의 종류와 섭취하는 사료에 따라 크게 차이가 있으나, 일반적인 미생물체 단백질의 함량은 표 3-12와 같다.

반추위 미생물의 합성량은 glucose 1mol당 미생물 건조 중량(g cell DM/mol glucose)

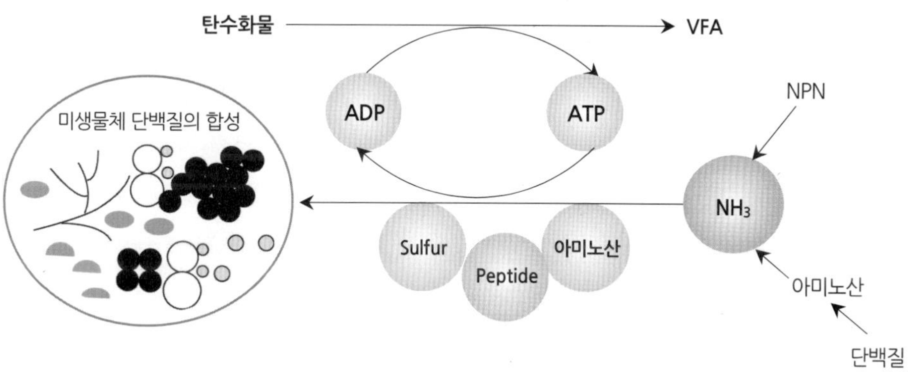

그림 3-61 반추위내 탄수화물의 대사와 미생물체 단백질의 합성

표 3-11 요소-N와 amino acid-N의 비율이 *in vitro* 미생물의 성장에 미치는 영향

구분	요소-N / amino acid-N				
	100 : 0	75 : 25	50 : 50	25 : 75	0 : 100
미생물 고형물(mg/100mL)	137.6	246.4	238.3	228.0	174.0
미생물 질소(mg/100mL)	8.2	17.7	17.2	17.1	10.7

Maeng과 Baldwin(1976).

표 3-12 반추위 박테리아와 프로토조아의 단백질 함량 (단위: g)

구분	박테리아		구분	프로토조아	
	소	면양		소	면양
총량(건물)	399	28.5	총량(건물)	315	22.5
단백질	217	15.5	단백질	172	12.5

[1] 총 박테리아: 0.57g(건물)/100mL(3.1×10[10]세포/mL), 총 프로토조아: 0.45g(건물) /100mL(2.4×10[5]세포/mL), 미생물 단백질 함량: 미생물 건물의 54.5% 기준.

[2] 소의 반추위 내용물 총량: 70L 기준.

[3] 면양의 반추위 내용물 총량: 5L 기준.

Wolin(1979).

표 3-13 반추위 미생물의 성장량 (단위 : g microbial cell / ATP)

연구자	Y_{ATP}	연구자	Y_{ATP}
Hobson과 Summers(1967)	15~20	Satter와 Slyter(1974)	15.6
Moustafa와 Collins(1968)	17	Isaacson 등(1975)	10.0~13.6
Baldwin(1970)	23	Maeng과 Baldwin(1976)	15.4~20.6
Al-Rabbat 등(1971)	20.9	Stouthamer(1977)	19.9~25.4
Van Nevel과 Demeyer(1973)	15.9~16.7	Hespell과 Bryant(1979)	19~20

또는 발효된 탄수화물 100g당 미생물 건조 중량(g cell DM/100g fermented carbohydrate)으로 나타내며, 이 수치는 미생물의 성장에 필요한 단백질원, 에너지, 광물질, 비타민 등과 같은 영양소 공급 능력에 따라 약간씩 다르다.

Glucose 1mol당 미생물의 성장량(g)을 $Y_{glucose}$라 나타내며, ATP 1mol당 생성된 미생물의 양을 Y_{ATP}(g cell DM/ATP)로 나타낸다. ATP 1mol당 미생물의 성장량(Y_{ATP})은 연구자에 따라 다르나, 요소가 유일한 질소원인 정제사료에 아미노산의 첨가 수준을 달리하였을 때 Y_{ATP}는 15.4~20.6g까지 변화되며(Maeng과 Baldwin, 1976), Stouthamer(1977)는 19.9~25.4g, Hespell과 Bryant(1979)는 19~20g이라고 하였다(표 3-13).

(2) 반추위 미생물에 의한 사료 단백질의 분해

① 사료 단백질의 분해에 미치는 요인

반추위 미생물에 의한 사료 단백질의 분해량과 분해속도는 단백질의 공급원에 따라 크게 차이가 나고, 또 반추위내 pH와 미생물의 종류 및 단백질 분해 활동에 따라서도 각각 다르다. 청초 중에 들어 있는 상당량의 단백질과 가용성 당은 단백질 분해 박테리아의 성장을 촉진시키기 때문에 단백질 함량이 낮은 건초를 급여한 가축보다도 더 높은 단백질 분해력을 갖는다. 반면에 곡물에 들어 있는 단백질은 분해가 느린데, 육분이나 열처리한 단백질은 분해율이 더욱 느리다. 열, formaldehyde, tannin 또는 알칼리 처리를 하거나 지방으로 코팅한 단백질은 반추위 미생물에 의한 분해가 느리고 상당량이 소장으로 이전되어 소화·흡수된다. 대두박을 xylose나 lignosulfonate로 처리하면 반추위 미생물에 의한 분해율이 낮아지나 소장에서의 소화율에는 영향을 끼치지 않는다. 그러나 지나친 열처리는 maillard 반응을 일으켜 소장에서의 단백질 소화율을 감소시킨다.

② 사료 단백질의 분해율과 분해속도

반추동물에서 흔히 사용되는 단백질원으로서 반추위내 분해율과 분해속도가 다른 대두박, 면실박 및 혈분을 비교해보면, 대두박은 반추위에서 평균 65%가 분해되고 35%가 소장으로 이전되는 데 비해 면실박은 각각 55%와 45% 그리고 혈분은 18%와 82%이다. 반추위에서의 분해속도는 대두박이 1시간당 6%이고 면실박은 4%, 혈분은 1%로서 단백질 공급원에 따라 크게 차이가 있다. 사료 곡물 중의 단백질은 귀리(98%), 밀(95%), 보리(91%), 옥수수(70%), 수수(57%)의 순으로 이용된다. 반추위에서 단백질의 분해는 단백질의 가수분해 정도와 소장으로의 이전율에 따라 영향을 받는다. NPN 함량이 높은 가용성 단백질은 매우 빨리 분해되고 NDF와 결합된 불용성 단백질의 분해율은 NDF의 분해율에 따라 달라지며, ADF와 결합된 단백질의 분해율은 매우 느리다.

③ 사료 단백질의 분해율과 반추위 정체시간

반추위내 단백질의 분해에 미치는 중요한 또 다른 요인 중의 하나는 반추위 정체시간(retention time)이다. 반추위액 및 사료입자의 정체시간은 사료 자체와 사료급여방법에 따라 큰 차이가 나는데, 입자가 큰 조사료는 반추작용과 미생물의 분해에 의해 입자가 감소되어야 하기 때문에 반추위에 오래 머물러 있다. 농후사료의 정체시간은 짧고 특히 가용성 물질의 정체시간은 매우 짧다. 단백질분해효소는 여러 종류의 반추위 박테리아에 의해 분비되고, 반추위 박테리아의 약 10%를 차지하는 *Peptostreptococcus*는 아미노산과 peptide를 분해하여 에너지원으로 이용할 수 있다.

프로토조아는 반추위내 단백질의 약 10~20%를 분해하는데, 박테리아를 섭취하거나 단백질 입자를 삼켜 단백질을 분해한다. 프로토조아 중에서 Holotricha는 가용성 단백질과 단백질 입자를 포식하여 분해하고, Entodiniomorpha는 박테리아와 엽록체(chloroplast)

를 포함한 불용성 단백질도 이용한다. 혐기성 곰팡이인 *Neocallimastix frontalis*는 단백질 분해력이 높지만 실제로 사료 단백질 분해에 기여하는 정도에 대해서는 아직 밝혀진 바 없다.

④ 반추위 분해 단백질과 미분해 단백질

사료 단백질은 위에서 사료, 미생물, 동물의 위내 체류, 시간 등의 조건에 따라 다양하게 소화된다. 반추동물이 섭취하는 단백질은 반추위에서 분해되는 부분(rumen degradable protein; RDP)과 분해되지 않는 부분(rumen undegradable protein; RUP)으로 나눌 수 있는데, 반추위에서 소화되지 않고 제4위 등으로 유입되는 사료 단백질을 우회(by-pass) 혹은 통과(escape) 단백질이라 한다. 이들은 하부장기에서 소화되거나 분으로 배설된다. 단백질이 분해된다는 말은 사료 단백질이 용해된 후 아미노산으로 peptide 결합이 끊어지고 다시 미생물에 의해 아미노산이 NH_3와 탄소골격으로 분해되는 것을 말한다. 반면 미생물에 의해 분해되지 않는 단백질은 제4위를 거쳐 소장 등 하부장기에서 소화효소에 의해 소화·흡수되거나 분으로 배설된다. 성장하는 동물이나 생산능력이 높은 반추동물의 경우 반추위에서 합성되는 미생물체 단백질로는 최대 생산에 필요한 단백질을 모두 공급할 수 없으므로 반추위에서 분해되지 않는 사료 단백질을 보충해주어야 한다.

(3) 반추위내 단백질 분해 모델

반추위로 유입되는 단백질은 사료로서 공급되는 단백질과 타액 또는 반추위벽을 통해 유입되는 단백질이다. 사료를 통해 반추위로 유입되는 단백질은 소화불능 단백질, 불해성 단백질, 빨리 분해되는 단백질(신속 분해 단백질), 천천히 분해되는 단백질(완속 분해 단백질) 및 NPN으로 세분할 수 있다(그림 3-62).

① 소화불능 단백질

소화불능 단백질은 lignin과 결합된 단백질과 열에 의해 변성되어 maillard 반응을 일으킨 단백질로서, 반추위에서 분해되지 않을 뿐만 아니라 소장에서도 전혀 소화되지 못하고 분으로 배설된다.

② 미분해 단백질

미분해 단백질은 반추위에서는 분해되지 않았지만 소장으로 넘어가 소화·흡수될 수 있다.

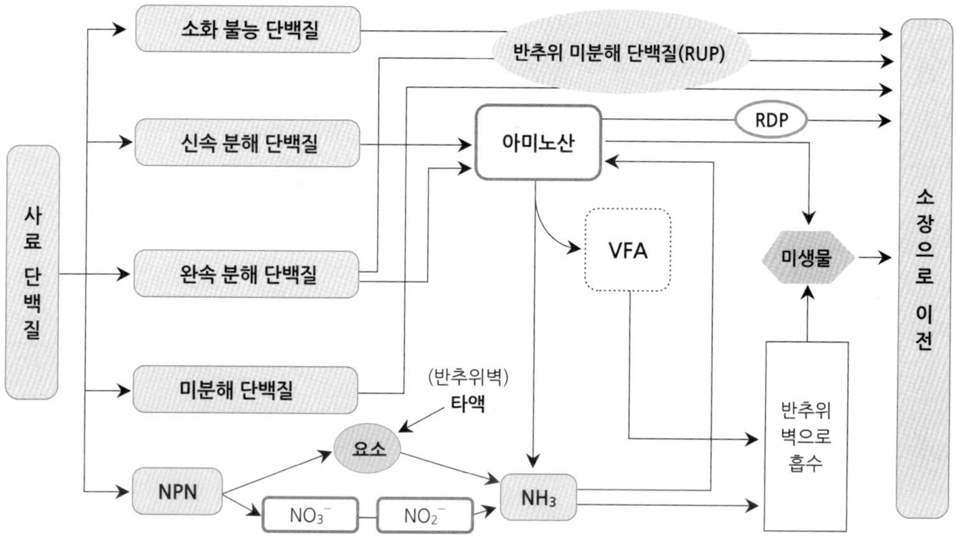

그림 3-62 반추위 미생물에 의한 반추위내 질소 대사

③ 완속 분해 단백질

사료를 통해 유입된 단백질의 일부는 반추위 미생물이 분비하는 단백질분해효소에 의해 peptide와 아미노산으로 분해되고, 일부는 반추위에서 분해되지 않고 소장으로 넘어간다.

④ 신속 분해 단백질

반추위에서 신속히 분해되는 단백질은 사료 중 일부 가용성 단백질이거나 천천히 분해되는 단백질(완속 분해 단백질)의 일부가 가수분해되어 생성된 것이다. 이와 같이 생성된 신속 분해 단백질은 반추위 미생물체 단백질의 합성에 이용되거나, 발효되어 NH_3와 VFA로 전환되거나, 또는 반추위액과 같이 소장으로 넘어간다.

⑤ NPN 또는 NH_3

반추위에서 생성되는 NH_3는 사료의 형태로 공급되는 NPN이 가수분해된 것, 반추위벽 또는 타액을 통해 유입된 요소가 가수분해된 것, 아미노산이 발효될 때 생성되는 NH_3 등으로 구성된다. 타액과 반추위벽을 통해 재유입되는 요소(recycling nitrogen)의 양은 반추위의 NH_3 농도와 사료를 통해 섭취한 단백질의 양에 의해서 좌우되며, 반추위에서 탄수화물의 발효가 왕성할 때에도 반추위벽을 통해 유입되는 요소의 양이 증가한다. 요소의 재순환(urea recycling)은 단백질 섭취량이 부족할 때 반추위 미생물의 성장을 촉진하는 데 매우 중요한 역할을 한다. 반추위에서 생성된 NH_3는 3가지 과정을 통해 이용된다. 즉 ① 반추위내 미생물체 단백질의 합성에 이용되거나, ② 일부 NH_3는 반추위벽을 통해 체내로 유입되며, 마지막으로 ③ 반추위액과 같이 소장으로 넘어간다. 반추위로 다시 유입되는 요소의 양은 반추위의 유기물 소화율과 혈장의 요소 농도와는 정(+)의 상관관계가 있고, 반추위의 NH_3 농도와는 부(-)의 상관관계가 있다.

3. 반추위 미생물의 지방대사

1) 반추위 미생물에 의한 지방의 분해

반추동물이 섭취하는 사료에는 지방이 약 2~4%로 매우 적게 들어 있고, 또 반추위에서 지방의 분해와 수소첨가 등 여러 가지 변화가 일어나기 때문에 실제로 사료를 통해 섭취한 지방과 소장에서 흡수되는 지방과는 많은 차이가 있다. 사료 중 지방이 반추위로 유입되면 가수분해되어 지방산과 glycerol로 분리된다. 유리된 불포화지방산은 반추위 미생물에 의해 수소첨가(hydrogenation) 과정을 거쳐 포화지방산(saturated fatty acid), 즉 palmitic acid와 stearic acid 그리고 다양한 이성체 지방산으로 변하고, 지방의 가수분해로 인해 생성된 glycerol은 발효되어 VFA를 생성한다(제1절 그림 3-9 참조).

(1) 사료 지방의 분해

사료 지방 1kg이 반추위 미생물에 의해 가수분해되면 150g의 glycerol과 800g의 지방산, 50g의 기타 물질이 생성되므로 급여한 지방의 80%가 지방산이다. 이렇게 생성된 지방산은 반추위 미생물의 체지방 합성에 이용되거나 소장으로 넘어가 소화·흡수되는데, 사료로 급여한 지방의 87%는 소장으로 넘어간다. 소장에는 ① 반추위에서 분해되지 않는 사료 지방, ② 사료 지방으로서 반추위 미생물에 의해 수소가 첨가된 지방, ③ 반추위 미생물체 지방 등 3가지의 지방이 존재한다. 건초를 급여한 반추동물의 경우 소장으로 이전된 지방 중에서 사료 중의 불포화지방산이 그대로 이전된 것은 총지방의 5%에 불과하고 나머지 60%가 포화지방산으로 전환된 지방이며, 주로 포화지방산으로 구성된 미생물 지방이 35%를 차지한다(Jenkins, 1994).

(2) 불포화지방산의 수소첨가

반추위에서 불포화지방산에 수소가 첨가되는 과정에서 상당량의 트랜스 지방산(trans fatty acid)이 생성되어(그림 3-63), 이들에 의해 흡수된 후 피하지방에 5~10%의 트랜스 지방산이 포함되고, 동시에 유선에서 유지방의 합성이 저해되기도 한다. 소장내 trans 18:1 지방산 중에서 57%가 trans-11 단일불포화지방산(trans-11-mono-unsaturated fatty acid)이고, 나머지는 12번과 16번 탄소에 이중결합이 있는 trans형 불포화지방산이다. 그리고 미생물 지방 중에도 주로 11번 탄소에 이중결합이 있는 trans형 지방산이 포함되어 있다.

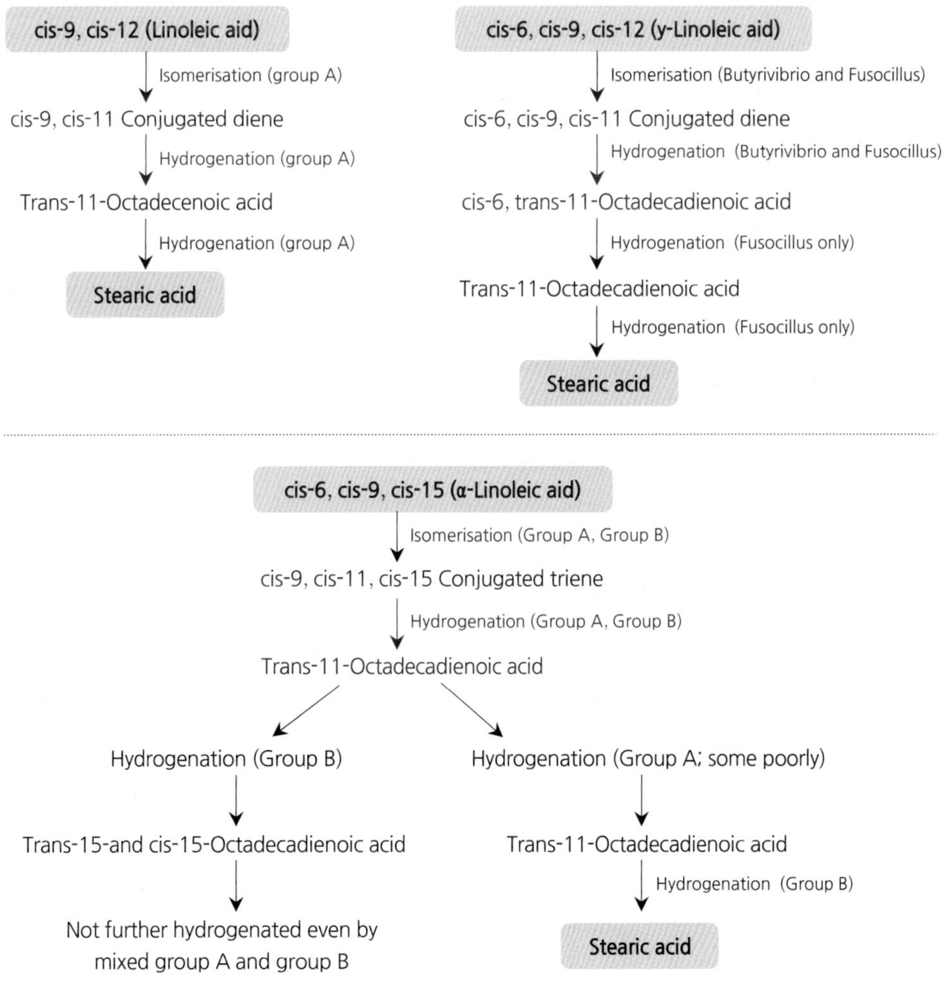

그림 3-63 반추위 미생물에 의한 불포화지방산의 수소첨가와 트랜스 지방산의 생성

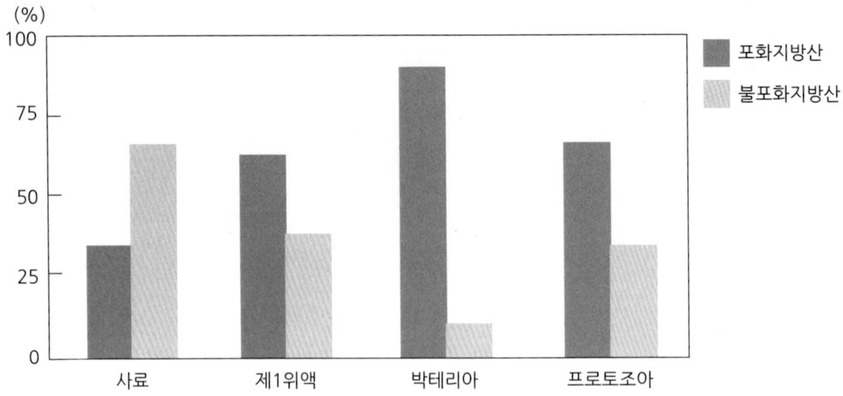

그림 3-64 제1위에서 지방산의 수소첨가 효과(Viviani, 1970)

일반적으로 젖소에게 급여하는 사료 중에는 포화지방산보다는 불포화지방산이 2배 정도 높지만 반추위액 중의 지방산은 그 비율이 반대가 된다(그림 3-64). 그리고 반추위내 박테리아의 지방산 분포를 보면 불포화지방산이 10%이고 포화지방산이 90%이며, 프로토조아는 불포화지방산이 35%를 차지한다. 어떤 사료를 급여하는가에 따라서도 소장으로 이전되는 지방산과 미생물체 지방산의 구성성분이 달라진다. 농후사료(특히 옥수수)의 급여수준이 높으면 지방 분해 박테리아의 수가 감소하여 불포화지방산의 수소첨가가 줄어들고 불포화지방산, 특히 옥수수 중의 주요 지방산인 18:1(n-9)과 18:2(n-6) 지방산의 흡수가 증가한다. 그리고 젖소에서도 옥수수의 급여 수준이 높으면 반추위의 trans-18:1 지방산의 함량이 증가하고 유지방 중에도 그 함량이 증가한다.

사료 중 지방의 종류와 수준도 trans형 지방산과 미생물 지방산의 조성에 영향을 끼친다. 즉 18 : 2(n-6) 지방산의 섭취량이 많으면 18 : 2(n-6) 지방산이 18 : 0 지방산으로 전환되는 비율이 감소하고, 반면에 trans-11-18 : 1 및 cis-9, trans-11-18 : 2 지방산의 양이 증가한다. 그리고 사료 중에 유지(oil)의 급여 수준이 높으면 반추위 미생물의 지방산 및 총 지방 함량이 증가한다. 우지(lard)보다 채종유를 첨가했을 때 미생물 지방 중 분지지방산의 양이 감소되는데, 이는 채종유가 미생물의 지방 합성을 저해하기 때문이다.

반추위에 지방산이 많으면 acetate의 생성 수준을 낮추고 propionate의 생성 비율을 증가시키기 때문에 유지율을 감소시키기도 한다. 그리고 지방은 반추위에서 사료 단백질의 분해를 감소시켜서 소장으로 이전되는 양을 증가시키고, 반면 반추위 미생물의 성장효율을 감소시킨다.

2) 반추위 미생물에 의한 지방의 합성

반추위 미생물의 세포막에서는 다양한 형태의 지질이 있는데, 대부분이 지방산 또는 그 유도체로 구성되어 있다. 지방산은 일반적으로 짝수의 탄소로 된 긴 알킬 사슬을 가진 monocarboxylate이다. 대부분의 미생물 지방산은 직선형이지만 몇몇 종류는 가지가 있다. 반추위 그람 음성균은 cyclopropane 지방산(사슬에 하나 이상의 cyclopropane 고리가 있음)을 포함하고 있다. 지방산 합성은 acetyl-CoA와 malonyl-CoA를 기질로, NADPH를 환원제로 하여 지방산 합성효소에 의해 일어나는데, malonyl-CoA는 ATP에 의해 작동되는 acetyl-CoA의 카르복실화에 의해 만들어진다(그림 3-65).

지방산 합성은 malonate가 지방산 운반 단백질인 아실기 전달 단백질(acyl carrier protein; ACP)과 결합하면서 시작된다. 먼저 malonyl-ACP가 fatty acyl-ACP와 반응하여 CO_2와 탄소 2개가 늘어난 fatty acyl-ACP를 만든다. Acetyl-CoA에 CO_2를 더해 malonyl-CoA를 형성하는 데에는 ATP가 요구된다. Malonyl-ACP가 사슬에 탄소를 줄 때 CO_2를 잃어버린다. 따라서 CO_2는 지방산 합성에 필수이긴 하지만 영구적으로 그 안에서 통합되지는 않는다. 실제로 어떤 미생물은 생장을 위해 CO_2를 필요로 하지만 oleic acid

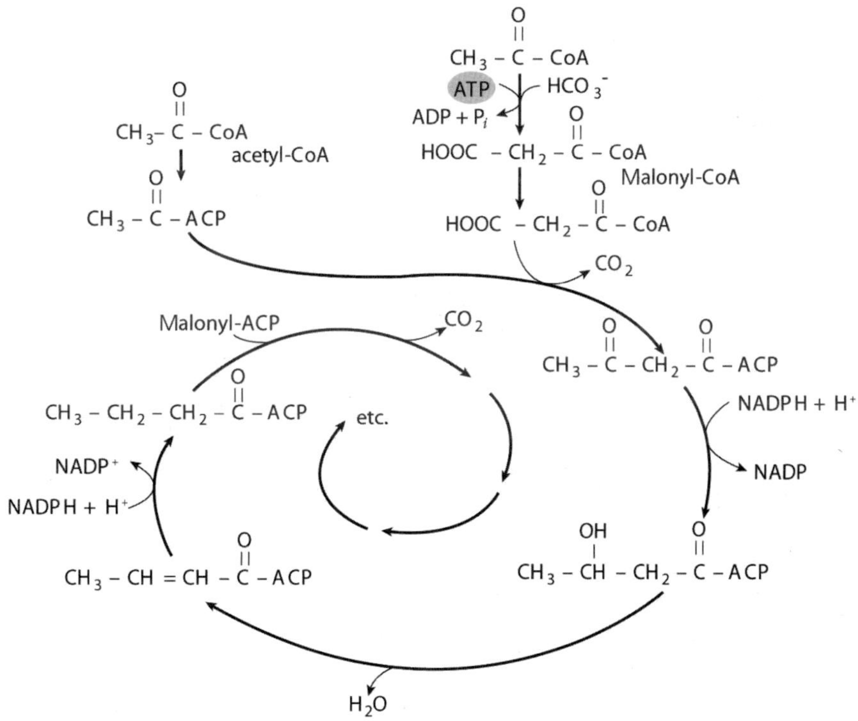

그림 3-65 반추위 미생물에 의한 지방의 생합성

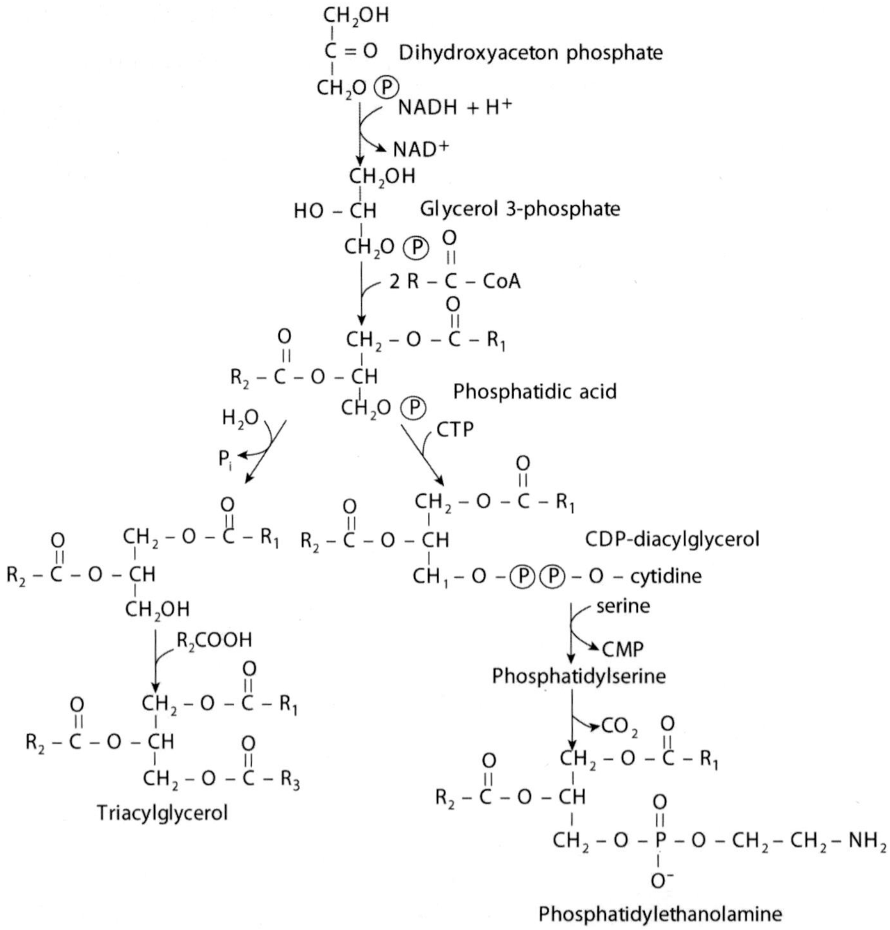

그림 3-66 반추위 미생물에 의한 triacylgrycerol과 인지질의 합성 경로

같은 지방산이 있는 경우 CO_2 없이도 성장할 수 있다. 합성의 두 번째 단계는 처음의 축합 반응에서 생긴 β-keto기를 3단계 과정을 거쳐 제거하는데, 이때 두 번의 환원과 한 번의 탈수가 일어난다.

그 다음 지방산은 다시 탄소 2개를 받을 수 있는 상태가 된다. 반추위 미생물은 대개 탄소와 에너지를 glycerol의 3개 지방산 에스테르형인 triacylgrycerol의 형태로 저장한다. Glycerol은 해당과정 중간물질인 dihydroxyacetone phosphate가 glycerol-3-phosphate로 환원되고, 이는 다시 2개의 지방산으로 에스테르화되어 phosphatidic acid를 형성한다(그림 3-66).

Phosphatidic acid의 인산기는 가수분해되어 diacylgrycerol이 되고 다시 3번째 지방산에 결합되어 triacylgrycerol을 만든다. 인지질은 미생물 세포막의 주요 구성성분이다. 일반적으로 인지질 합성은 phosphatidic acid 합성 뒤에 일어난다. 반추위 박테리아는 주요 세포막 성분인 phosphatidylethanolamine을 처음 CDP-diacylglycerol의 형성을 통해서 만든다(그림 3-66). 이 CDP 유도체는 serine과 반응하여 인지질 phosphatidylserine을 만들고, 탈카르복실화에 의해 phosphatidylethanolamine을 만든다. 이런 식으로 복잡한 세포막지질이 해당작용, 지방산 합성, 아미노산 생합성의 산물에서부터 만들어진다.

반추위 미생물이 합성되는 지방은 홀수지방산(odd-chain fatty acid)과 분지지방산(branched-chain fatty acid)의 함량이 높다. 홀수지방산을 합성하기 위해서는 n-valerate와 propionate를 이용하여, 분지지방산은 iso-butyrate, iso-valerate 및 2-methyl butyrate로부터 합성되며, 이들이 미생물지방산의 15~20%를 차지하고 미생물인지질(microbial phospholipid)이 지방산의 30%를 차지한다. 반추위 미생물의 지방 함량은 약 11.5%이고 그중에서 70%가 지방산이며, 소장에서의 소화율은 90% 정도이다. 반추위에서 합성되는 미생물 지방의 양은 하루에 약 100~200g 정도 된다.

제4절
반추위 미생물의 생태와 발효조절

국가의 주인을 국민이라고 한다면 지구의 주인은 미생물이라고 할 수 있다. 미생물은 지구 생물체 총량의 60%를 차지하기 때문이다. 또한 미생물은 그들 사이에 또는 식물, 동물 등 다른 생물군과 다양한 관계를 맺으며 지구의 생태계를 유지시키고 있다. 한 예로 우리 몸에는 우리 몸을 구성하는 세포 수보다 10배나 더 많은 미생물이 살고 있고, 건물량 기준으로 분 중의 절반 이상이 미생물로 구성되어 있으며, 이들이 우리 몸의 정상적인 기능을 돕고 있다. 38억 년이라는 지구의 나이 대부분에 해당하는 오랜 기간 동안 번성하면서, 미생물은 어떤 환경조건에서도 생존할 수 있도록 다양하게 진화해왔다. 따라서 미생물은 극한 환경을 포함한 지구상의 어떤 서식지에서도 적응할 수 있고, 그 종류뿐만 아니라 그들이 가지고 있는 유전자 또한 다양하여 어떤 화학반응도 가능한 효율 높은 작은 화학공장이라 할 수 있다.

O_2의 공급이 여의치 않은 반추동물의 반추위와 같은 혐기 상태의 환경에서도 많은 종류의 유기물이 분해된다. 따라서 외부에서 유입되거나 생태계 안에서 생산되는 유기물이 혐기 상태에서도 축적되지 않는다. 발효로 생장하는 미생물과 혐기적 호흡(anaerobic respiration)으로 생장하는 미생물의 작용을 통해서 유기물이 혐기 상태에서 분해된다. 호흡으로 생육하는 미생물은 유기물을 완전히 CO_2로 산화시키지만 발효균은 발효 산물을 생산한다.

반추동물의 반추위에서 서식하는 미생물들에는 지구가 생성될 무렵부터 존재하였다는 시원세균을 포함한 수많은 박테리아와 생명계의 3분법상 동물계로 분류되는 프로토조아, 식물계로 분류되는 곰팡이 그리고 미생물계로 분류되는 수많은 박테리아가 있다. 이 미생물들은 숙주동물인 반추동물과 공생하며 진화해왔다. 반추위는 소화액이나 소화효소를 분비하지 않는 것으로 알려져 있기 때문에 이곳에서 일어나는 사료의 소화는 모두 미생물이나 미생물이 분비하는 효소의 작용이라고 할 수 있다. 미생물은 사료를 발효시킴으로써 에너지와 그 밖의 주요 영양소를 얻어 성장한다. 또한 반추동물은 혐기성 미생물이 서식하기에 적합한 환경을 제공하는 대신 미생물로부터 에너지와 단백질, 그리고 그 밖의 영양소(비타민 등)를 공급받아 생산과 성장에 이용한다. 이러한 면에서 반추동물과 반추위 미생물은 전형적인 공생관계를 이루고 있음을 알 수 있다. 이 절에서는 반추위 미생물의 생태, 숙주동물과의 공생관계 그리고 숙주동물의 생산성을 향상시키기 위한 반추위 발효의 조절 방법에 관하여 설명하기로 한다.

1. 반추위 미생물의 생태

생태학〔ecology: oikos(서식지)+logos(법칙)=the law of the household(서식지의 법칙)〕이란 Haeckel(1869)에 의하면 "생물과 환경 간의 상호작용을 연구하는 과학"이라고 정의되며, Krebs(1985)에 의하면 "생물의 분포와 양을 결정짓는 상호작용에 관한 과학적 연구"라고 정의된다. 생태계(ecosystem)란 ① 생명체가 종(species) → 군집(population) → 군락(consortium) → 공동체(community)를 형성하는 생물적 요소(biotic component), ② 무생물적 요소(abiotic component), ③ 환경적 요인(environment factor; physical, chemical)을 모두 포함한 개념이다. 자연계에는 토양생태계, 수서생태계, 해양생태계, 산림생태계, 반추위 생태계 등 셀 수 없을 정도로 다양한 생태계가 존재하며 여기에 군락을 형성하고 있는 미생물들에 대해 연구하는 학문분야를 토양미생물학, 수서미생물학, 해양미생물학, 산림미생물학 그리고 반추위미생물학이라고 한다. 따라서 반추위 미생물학(rumen microbiology)이란 응용미생물학의 한 분야로서 반추동물의 반추위에 서식하는 미생물의 생태를 숙주동물과 관련지어 연구하는 학문이다. 이 절에서는 반추위 미생물 서식지로서의 반추위 환경, 반추위 미생물의 다양성, 반추위 미생물과 숙주동물의 상호관계, 반추위 생태계에서 생물적 요소를 구성하는 미생물의 상호관계 등을 살펴보기로 한다.

1) 반추위 환경과 반추위 미생물의 다양성

(1) 미생물 서식지로서의 반추위 환경

반추동물의 반추위는 자연계에서 혐기성 미생물이 서식하기에 가장 적합한 환경적 조건을 가지고 있다. 그래서 반추위는 자연 상태에서 가장 다양하고 많은 종류의 혐기성 미생물을 보유하고 있다. 반추위 자체는 항온을 유지하려는 생리적 작용으로 언제나 미생물이 성장하기에 적합한 38.5~41°C의 온도를 유지하고 위내의 수소 이온 농도(pH)는 5.5~7.0의 상태가 일정하게 유지된다. 삼투압 역시 이온화 물질의 희석, 흡수 및 통과에 의해 조절되므로 300~400mosmol 정도로 혈액과 커다란 변화가 없는 셈이다. 또한 산화·환원 전위(redox potential)가 -300~-350mV라는 점은 반추위에는 O_2가 전혀 없는 완전 혐기상태라는 것이다(그림 3-67). 미생물이 이용할 수 있는 영양소가 반추동물의 입을 통해 사료나 침의 형태로 계속적으로 공급되고 미생물의 발효산물인 여러 가지 종류의 산들은 트림을 통해 생태계 외부로 배출되거나 반추위벽을 통해 흡수되거나 하부 소화기관으로 유입되며, 일부는 침에 의해 중화되어 일정한 상태로 유지된다. 따라서 반추위 혐기성 미생물의 발효 환경으로서의 균형이 깨어지지 않는다. 반추위의 수축작용은 미생물의 기질로 이용될 사료, 물, 침이 잘 혼합되도록 해주고 미생물의 이동을 돕는다. 그러므로 반추위는 혐기성 미생물이 서식하기에 가장 이상적인 환경이라 할 수 있다.

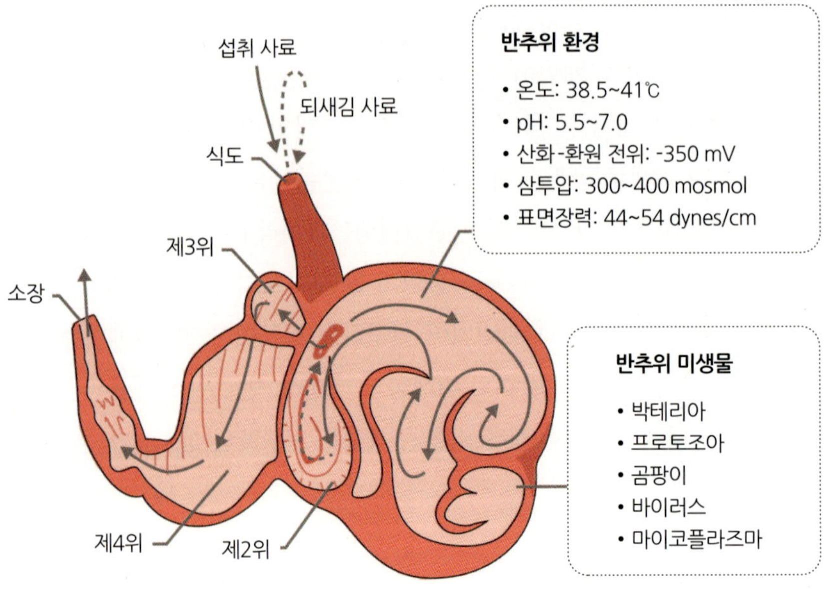

그림 3-67 미생물 서식처로서의 반추위내 물리적 환경

(2) 반추위 미생물의 다양성

적어도 35억 년 동안 지구상의 생물진화를 주도해온 미생물들은 수심 1천 미터 이상의 바다 밑바닥에서부터 끓어오르는 온천수에 이르기까지, 소의 반추위에서 흰개미의 소화관까지 모든 생태계에 퍼져 있다. 이들은 자연 생태계에서 분해자로서, 인간을 비롯한 다양한 생물에게 질병을 유발하는 병원체로서, 또는 인간에게 유익함을 부여하는 유용 생물로서의 기능을 수행한다. 세균이 질병의 원인이라는 사실이 밝혀진 이래 사람들은 세균을 지저분하고 더러운 존재이며 성급하게 '인류의 적'으로 간주하기도 했지만, 사실 세균이 없다면 사람은 물론 자연생태계조차도 유지되기 어렵다. 실제로 사람이나 동물을 병들게 하는 해로운 세균보다는 섬유소를 분해하는 반추위 미생물처럼 이로운 세균이 훨씬 더 많다. 해로운 세균 1마리에 대해 해가 없거나 유용하며 심지어 꼭 있어야 하는 세균은 3만 마리에 이른다고 한다. 또한 공기 $1m^3$ 중에도 미생물이 10^4개 정도 존재하고, 토양 1g 중에는 10^6~10^7개, 반추동물의 반추위액 중에는 토양에서보다 수십만 배나 더 많은 10^{11}~10^{12}개의 미생물이 분포되어 있다.

현재 생물계의 구분은 Whittaker의 5계(Kingdom system) 분류법에 따르고 있으며 미생물은 **박테리아**(bacteria), **곰팡이**(fungi), **프로토조아**(protozoa), **조류**(algae), **바이러스**(virus)의 5가지로 분류한다(그림 3-68). 반추위에서는 ① Plantae(진핵 다세포-다핵생물), ② Animalia(진핵 다세포-다핵생물), ③ Fungi(진핵 다세포-다핵생물), ④ Protista (진핵-단세포생물), ⑤ Monera(원핵-단세포 생물)의 5계 중 3계가 있으며 미생물군에서

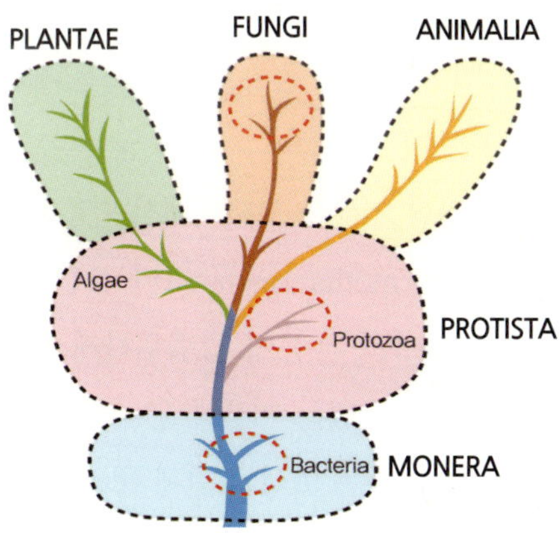

생물계의 분류(점선 안은 반추위에서 발견)

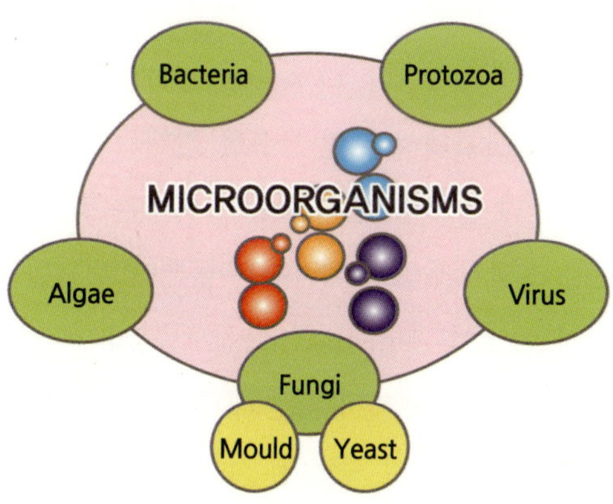

미생물의 구분

그림 3-68 생물계의 분류와 미생물의 구분

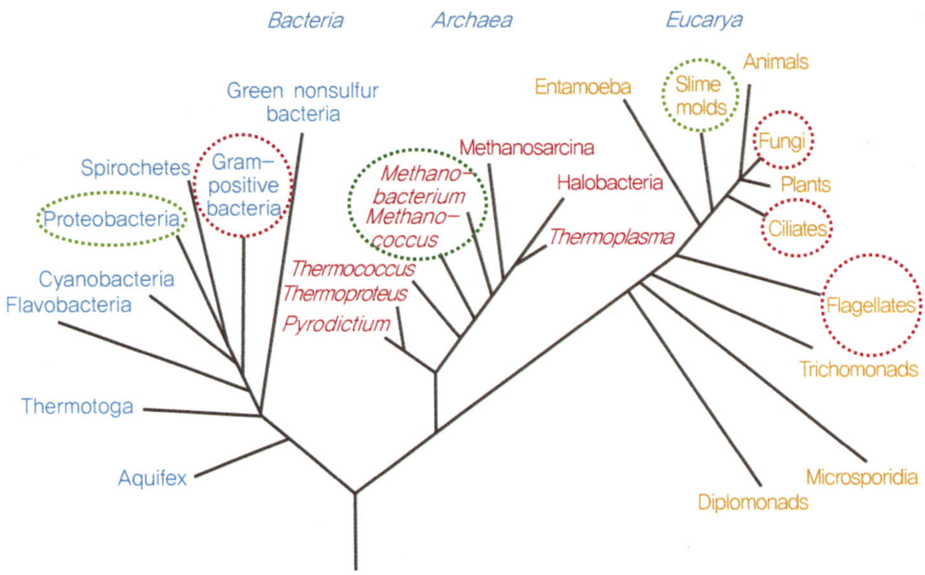

그림 3-69 계통수의 예로 본 미생물의 다양성(점선 안은 반추위에서 발견)

도 algae를 제외한 모든 미생물이 아주 다양하게 생존하고 있다.

미생물에는 원핵생물(prokaryote)인 박테리아와 고세균뿐만 아니라 진균과 일부 하등 동식물과 같은 진핵생물(eukaryote)도 포함된다. 그림 3-69는 small subunit ribosomal RNA 유전자의 염기서열을 이용하여 만든 계통수(phylogenetic tree)이다. 미생물은 지구상에서 가장 오랫동안 진화해온 생명체이다. 따라서 미생물의 유전체 연구는 생명의 기원, 생명현상의 원리, 생물의 다양성과 진화를 이해하는 기초가 되며, 미생물의 유전자 풀은 엄청나게 방대하다. Genome의 70% 이상이 상동성이 있어야 같은 종으로 인정하는 세균 분류의 관점에서 보면 포유류 전체는 그림 3-69에서 보듯이 1~2종에 지나지 않는다. 즉 사람이나 돌고래, 뱀이 같은 종이라는 것이다. 이렇게 다양한 미생물 생태계에서 반추위내에는 원핵세포의 박테리아는 물론이고 고세균으로 분류되는 methanogen, 그리고 진핵세포인 곰팡이, slim molds, 섬모충(cilliates)과 편모충(flagellates) 등이 광범위하게 살고 있다(그림 3-69에서 점선의 동그라미는 반추위에서 발견되고 있는 미생물임). 지금까지 인간에 의해 분리·동정된 적이 있는 미생물은 지구상에 존재하는 미생물 전체 종의 1%에 지나지 않는다고 한다. 또한 새로운 미생물종의 유전체를 해독할 때마다 전체의 약 25% 정도가 이전까지 전혀 알려진 바 없는 새로운 유전자이다. 따라서 반추위는 다양한 미생물과 유전자 자원을 찾아낼 수 있는 보물창고와도 같다.

2) 반추위 미생물과 반추동물

(1) 반추위 미생물과 반추동물의 관계

반추동물은 위가 네 부분으로 나뉘어 있고 일부 소화된 음식물을 게워내어 되새김을 하는 초식동물이다. 예를 들면 소, 사슴, 고라니, 낙타, 버펄로, 양, 염소, 기린 등이 반추동물에 속한다. 이러한 섭식방법은 많은 양의 음식을 단시간에 먹을 필요가 있는 동물에게서 발달했다. 다시 씹어서 소화하기 쉬운 형태로 사료를 분쇄하는 것은 나중에 좀 더 편하고 안전한 지역에서 하는 것이다. 더 중요한 것은 미생물이 풀이나 다른 사료의 두꺼운 세포벽을 분해함으로써 반추동물이 아마 다른 방법으로는 사용할 수 없었을 많은 양의 마른 풀을 소화하도록 돕는다. 반추동물은 식물의 세포막 구성성분을 분해하는 효소들을 합성하지 못하므로, 대신 이 효소를 만들 수 있는 혐기성 미생물과의 상리공생적 관계를 정착시켰을 것으로 보인다. 다양한 종류의 반추위 미생물들이 세포막 구성성분을 거의 완벽하게 분해하는데, 세포벽 구성물질들은 반추위 미생물이 분비하는 효소에 의해 가수분해되어 단당류로 전환되고 이것을 다시 발효시켜 acetate, butyrate, propionate, lactate와 같은 유기산으로 변화시키고, 이 유기산들이 바로 반추동물의 에너지원이 된다.

일반적으로 반추동물이 섭취한 사료 중 유기물의 65%, 질소화합물의 25%, 세포막물질의 85%, cellulose의 90% 그리고 가소화탄수화물의 82~90%가 반추위에서 미생물에 의해 소화된다. 특히 조섬유가 많이 함유되어 있는 사료는 제1위에서 소화율이 높고 사료 중의 섬유질은 제1~2위에서 거의 모두 소화가 이루어진다. 이와 같이 급여사료의 약 65%가 반추위에서 소화되므로 반추가축에 있어서 반추위는 가장 중요한 소화기관이라고 할 수 있다. 사실 반추위에서의 소화작용은 반추동물의 고유한 생리적 작용에 의한 것이 아니고 반추위라는 혐기적 생태계에서 공생하고 있는 수많은 종류의 미생물에 의해 일어나는 것이다. 반추위에서는 인간이나 동물에 의해 소화될 수 없는 풀 사료들이 각종 미생물의 공격을 받아 소의 위벽을 통해 흡수될 수 있는 크기로 분해되고 생성된 미생물들은 다시 소장으로 들어가 단백질분해효소에 의해 분해되어 영양소로 이용된다.

반추위에는 양적으로나 수적으로 매우 많고 다양한 종류의 미생물들이 살고 있다. 반추위 미생물은 반추동물의 소화작용을 돕고 여러 가지 영양소를 합성하여 반추동물이 이용할 수 있도록 한다. 반추위 미생물은 영양소, 특히 섬유소의 분해, 아미노산의 합성, 비타민 B군과 K의 합성, 미생물체 영양소 공급 등의 역할을 한다. 따라서 반추위는 거대한 발효조와 같은 역할을 한다고 할 수 있다. 표 3-14에는 반추위 미생물과 반추동물의 상호관계를 요약하였다.

표 3-14 반추위 미생물과 반추동물의 상호관계 요약

소화 과정	효과
타액 분비(salivation)	• 소화물의 희석과 이동 • 중화력의 부여 • 질소원의 지속적 공급
반추(rumination)	• 사료의 물리적 분쇄 • 통기성의 부여 • 타액 분비량의 증가
반추위 운동(rumen movement)	• 소화물의 혼합 • 반추위 소화물의 제거 • 사료의 물리적 분해
가스 생성(gas production)	• 트림 • 표면장력 효과 • 흡수 • 적정 온도의 유지
반추위벽을 통한 흡수(absorption by rumen wall)	• 발효산물의 제거 • pH의 유지 • 적정 온도의 유지

(2) 반추위 미생물 간의 상호관계

반추위액 한 방울(1mL)에는 약 100억 마리의 박테리아, 10만 마리의 프로토조아 그리고 수천여 마리의 곰팡이가 존재하며, 이 외에도 바이러스, 마이코플라즈마 등의 미생물이 살고 있다. 또한 반추위에는 박테리아는 200여 종, 동물로 분류할 수 있는 프로토조아는 300여 종, 식물로 분류할 수 있는 곰팡이는 19종 이상이 있다. 단지 반추위액 한 방울 속에는 지구상에 생존하고 있는 사람의 수보다 훨씬 많은 미생물들이 있음을 알 수 있다. 이렇게 다양한 종류와 많은 수의 미생물이 서로 상승작용과 협동작용 그리고 억제작용을 하면서 반추위 혐기성 미생물 생태계를 형성하고 있다.

표 3-15는 반추위 미생물 상호 간의 관계를 요약한 것이다. 표 3-15에서 보듯이 반추위 미생물들은 서로 유익한 관계일 수도 있고[상리공생(mutualism), 원시적 협동관계(protocooperation), 편리공생(commensalism)], 해로운 관계[(포식작용(predation), 기생(parasitism), 편해작용(amensalism), 경쟁(competition)]일 수도 있다. 여기서는 반추동물과 반추위 미생물들의 상호작용을 보다 구체적으로 살펴보기로 한다.

표 3-15 반추위 미생물 상호 간의 상승작용과 억제작용 양상

상호작용	작용 형태	작용의 예
양성적 (positive)	상리공생(mutualism)	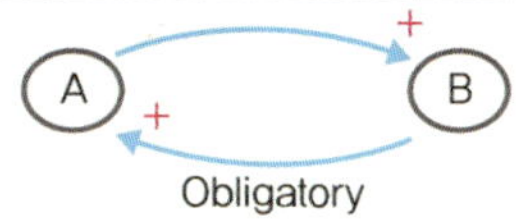
	원시적 협동(protocooperation)	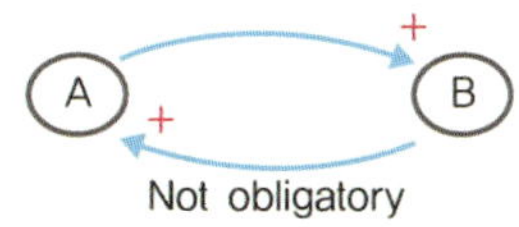
	편리공생(commensalism)	
음성적 (negative)	포식(predation)	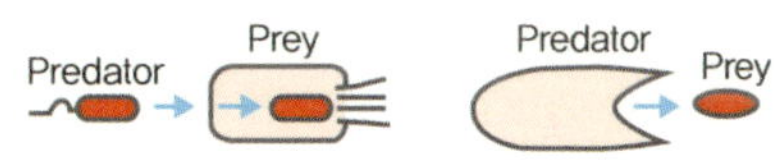
	기생(parasitism)	
	편해공생(amensalism)	
	경쟁(competition)	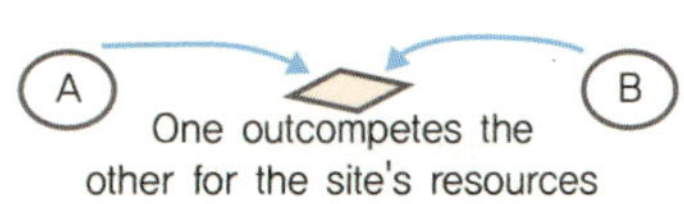

① 상리공생(mutualism, 라틴어로 *mutuus*는 '빌려옴' 또는 '호혜적'이라는 뜻)

상호 이로운 관계를 지칭하는 것으로서 상리공생자(mutualist)나 숙주의 대사는 서로 의존적이고 절대적인 관계이다. 반추동물과 반추위 미생물과의 관계는 상리공생의 전형적인 예이다. 반추동물은 반추위 미생물이 성장할 수 있는 가장 적당한 환경을 제공하고 미생물들이 생성한 영양소와 에너지를 이용한다. 이 상호관계는 서로 절대적인 구속관계에 있기 때문에 반추위 속에 미생물이 없으면 숙주동물은 죽게 된다.

② 원시적 협동관계(protocooperation)

상리공생과 비슷하게 상호 유익한 관계이다. 그러나 원시적 협동관계에서의 상호관계는 서로 구속적이 아니다. 유익하고 보완적인 자원을 짝지어진 미생물 간에 제공하기는 하지

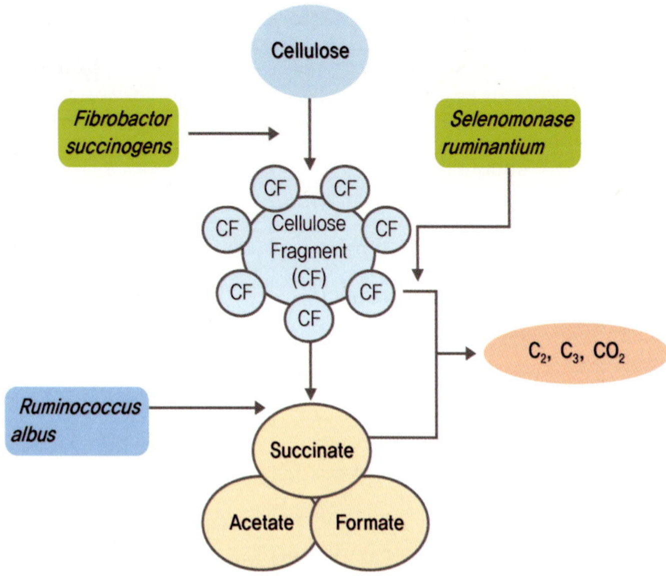

그림 3-70 반추위 미생물 상호 간의 원시적 협동관계의 예

만, 이 관계에 있는 생물체들은 별도의 생존 방안을 가지고 있어서 각 미생물들은 독립적으로 생활이 가능하다. 반추위에서 일어나는 발효 과정은 매우 복잡하고 수많은 미생물들이 관여하고 있기 때문에 반추위 미생물들은 가장 많은 원시적 협동관계를 맺고 있다. 예를 들어, 섬유소 분해 미생물들 ↔ 당 이용 미생물들 ↔ 산 이용 미생물들은 서로 원시적 협동관계를 맺고 있다(그림 3-70).

그림에서 보듯이 섬유소 분해 미생물(*F. succinogenes*)의 분해산물인 당을 당 이용 미생물(*S. ruminantium*)이 이용하고 산 이용 미생물(*R. albus*)은 다시 당을 이용한다(그림 3-70). 반대로 섬유소 분해 미생물 쪽에서 보면 당 이용 미생물과 산 이용 미생물이 분해산물들을 빠르게 제거해줌으로써 보다 적절한 환경을 제공받는 셈이다. 이러한 흐름의 전체적인 관계로 보아서는 물론 상리공생적 관계이지만 섬유소와 당, 산을 이용하는 박테리아, 프로토조아와 곰팡이는 수적으로 너무나 많기 때문에 미생물 하나하나를 두고 보면 원시적 협동관계라 보는 것이 합당하다.

③ 편리공생(commensalism, 라틴어로 *com*은 '같이', *mensa*는 '식탁'을 의미)

하나의 공생자가 이익을 얻는 반면, 편리공생하는 다른 생물(일반적으로 숙주라고 함)은 이익을 얻지도 해를 입지도 않는 관계를 말한다. 반추위 미생물들에서 methanogen과 숙주인 프로토조아는 상호 편리공생관계에 있다. 반추위 methanogen의 약 85% 이상은 프로토조아의 몸에 붙어서 살면서 프로토조아가 생성한 수소를 이용하여 CH_4를 생성한다. 아직까지 methanogen이 프로토조아에 어떤 이익을 주고 해를 주는지에 관해서는 정확하게 밝혀지지 않았다.

④ 포식작용(predation)

포식자가 먹이를 삼키거나 공격하는 현상을 말한다. 생태계에서 먹이는 포식자보다 클 수도 있고 작을 수도 있으며, 일반적으로 당하는 입장이다. 반추위 생태계에서 프로토조아는 대표적인 포식자(predator; 프로토조아 → 박테리아, 큰 프로토조아 → 작은 프로토조아, 프로토조아 → 곰팡이 유주자)이다. 그리고 chitinolytic 박테리아들은 cithinase를 분비해 곰팡이의 성장을 방해하므로 이들도 숙주보다 크기는 작지만 포식자라 할 수 있다. 종류에 따라 다르지만 1마리의 프로토조아는 1시간당 200마리에서 10만 마리의 박테리아를 먹어 삼킨다. 따라서 1분마다 제1위에 있는 박테리아의 약 1%를 잡아먹는 셈이다.

⑤ 기생(parasitism)

미생물계에서 가장 복잡한 상호작용 중의 하나이다. 기생과 포식작용을 정확하게 구별하기는 쉽지 않다. 기생관계에 있는 미생물들의 한 쌍은 한 개체가 다른 쪽으로부터 이익을 얻고 다른 쪽인 숙주는 해를 입는다. 기생은 숙주의 세포내에서 혹은 숙주에 붙어서 영양원을 얻는다.

⑥ 편해작용(amensalism, 라틴어로 *a*는 '아님(not)', *mensa*는 '식탁'의 뜻을 지니므로 '동일 식탁에서 가 아님'을 의미함)

한 개체가 다른 개체에 해를 입히는 것을 말한다. 이것은 한 개체가 분비하는 화합물이 다른 개체에 해를 입히는 일방적인 작용이다. 대표적인 예는 다른 미생물을 억제하거나 죽이는 항생제 생성 같은 것이다. 반추위 생태계에서 대표적인 예는 박테리오신(bacteriocin)을 생성하는 미생물을 들 수 있다. Bacteriocin은 유사한 박테리아에 작용하여 그 세균을 죽이는(bactericidal) 단백질이다. 예를 들어, 반추위 미생물 *Streptococcus* 속과 섬유소 분해 박테리아 일부 속의 미생물은 bacteriocin으로 분류되는 소수성(hydrophobic)의 작은 단백질인 nisin을 생성한다. 이것은 반추동물에게는 해가 없지만 경쟁관계에 있는 미생물 세포의 특수한 부분에 결합하여 세포막의 형태와 기능에 영향을 미친다.

⑦ 경쟁(competition)

문자 그대로 한 집단이나 공동체에서 서로 다른 미생물들이 물리적 위치나 한정된 특정 영양물질 등의 동일한 자원을 획득하고자 할 때 일어난다. 경쟁의 원리는 1934년 Gause에 의해 경쟁적 배타 원리(competitive exclusion principles)로 처음 설명되었다. 그는 2종의 경쟁적인 프로토조아가 동일 생태계에서 동일 자원을 지나치게 공유하는 경우 하나의 프로토조아 집단이 도태되는 것을 관찰하였다. 반추위에서도 반추위가 발달할 무렵에는 성장률과 활동성이 비교적 빠른 편모충들이 군락을 형성하다가 일정한 시간이 지나 섬모충들이 군락을 형성하면 편모충이 빠르게 도태되는 현상을 관찰할 수 있다. 따라서 성축인 반추동물의 반추위에는 대부분 섬모충만 발견된다. 그 외에도 반추위 미생물들은 이용하는 기질의 종류에 따라서 cellulose 분해 미생물군, hemicellulose 분해 미생물군, 당 이용 미생물군, 단백질 분해 미생물군, 지방 분해 미생물군 등 여러 가지로 나눌 수 있는데, 동일한 군에 포함되어 있는 미생물들은 대부분 이용하는 기질에 대하여 경쟁관계에 있다.

앞에서 설명한 미생물의 상호작용은 반추위에서 독립적으로 일어나는 것이 아니라, 매 순간마다 하나의 미생물은 다른 개체나 환경에 영향을 미치고, 연속적인 반응에 의해 더 큰 생물계에 영향을 미치며, 결과적으로 반추위 생태계의 다른 부분에도 영향을 미친다. 예를 들어 반추동물이 사료로 섭취하는 볏짚과 같이 큰 고분자의 중합체가 눈에 보이지도 않는 단량체나 CO_2나 H_2로 변화되는 데에는 48시간이 채 소요되지 않는다. 이러한 미생물의 분해작용에는 수많은 반추위 생태계를 유지하고 있는 수많은 미생물들의 연속적인

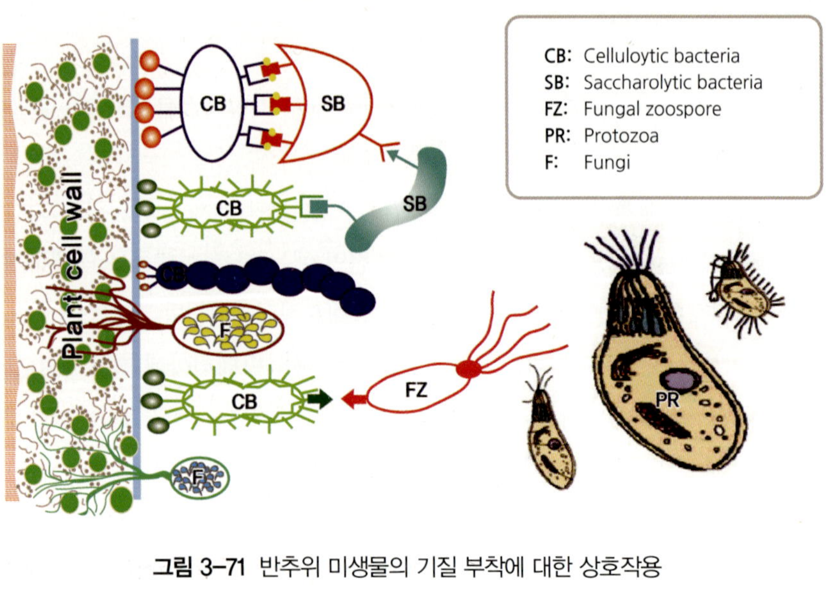

그림 3-71 반추위 미생물의 기질 부착에 대한 상호작용

표 3-16 반추위 미생물(박테리아, 프로토조아 및 곰팡이)의 화학적 조성

Items	Protozoa[1)]	Bacteria[2)]	Fungus		
			Neocallimastix frontalis	*Piromyces communis*	*Caecomyces communis*
일반 조성분(g/kg DM)					
Nitrogen	63.6	77.7	70.4[3)]	–	–
Carbohydrates	381.0	155.2	–	80~220[4)]	76.8[3)]
Lipids	91.0	101.1	–	130[5)]	–
Ash	64.5	168.5	–	–	–
아미노산 조성(g/100g AA)					
Arginine	4.6	5.2	3.79[6)]	3.83[6)]	4.0
Histidine	1.8	2.1	1.70	1.66	1.8
Isoleucine	6.3	5.7	5.40	5.20	6.7
Leucine	7.8	7.6	7.69	7.75	ND
Lysine	10.2	8.5	8.28	7.88	9.1
Methionine	2.1	2.4	2.01	2.23	1.4
Cysteine	1.3	1.2	1.20	0.60	1.0
Phenylalanine	5.3	4.9	3.93	3.86	6.4
Tyrosine	4.4	4.4	3.45	3.16	ND
Threonine	5.2	5.4	7.17	6.65	5.7
Tryptophane	1.4	1.3	ND	ND	ND
Alanine	4.9	7.1	18.78	8.96	3.9
Asparagine	14.3	11.2	11.38	11.02	11.7
Glycine	4.6	5.5	8.16	8.90	9.0
Proline	3.7	3.5	3.10	5.35	4.4
Serine	4.3	4.1	8.85	7.13	6.3
총 아미노산(mM/mg)	0.78	1.84	0.49	0.30	0.38
지방산 조성(g/kg DM)					
12 : 0	0.6	1.6	6.8	7.7	9.9
13 : 0	0.8	1.1	–	–	–
14 : 0	2.0	6.0	13.6	10.1	8.4
i15 : 0	-	8.5	–	–	–
15 : 0	1.3	4.2	–	–	–
16 : 0	54.1	31.4	25.5	23.3	33.4
18 : 0	7.6	39.4	12.3	13.8	15.3
18 : 1	21.1	5.3	41.8	45.1	33.2
18 : 2	12.6	–	–	–	–
19 : 0	–	2.5	–	–	–
총 지방산 함량 (mg/g)	12.4	31.4	8.5	11.0	7.8

1),2) Ørskov(1982), 3) Kemp 등(1985), 4) Orpin(1977), 5) Body와 Bauchop(1985), 6) Kemp 등(1985)

상호관계가 모두 관여한다. 즉 어느 한 순간의 반추위 상태는 원시적 협동관계, 포식작용, 경쟁과 같은 연속적인 상호작용의 결과라고 할 수 있다.

미생물은 미생물 상호 간 또는 다른 생물과 물리적으로 다양한 방법으로 연결되어 있다. 어떤 미생물은 다른 생물의 표면에 체외공생자(ectosymbiont)로 존재한다. 체외공생자는 일반적으로 큰 생물의 표면에 존재하는 작은 생물이다(프로토조아의 벽의 methanogen). 때로는 비슷한 크기의 서로 다른 생물이 물리적으로 접촉하고 있는 경우도 있다. 이와 같은 현상을 **공동체**(consortium)라고 한다. 반추위 환경에서도 미생물 공동체가 있어서, 개개의 미생물에 의해서가 아닌 미생물 공동체에 의해 합성, 분해와 같은 다양한 대사작용이 일어난다(그림 3-71).

(3) 반추위 미생물의 영양소 공급 효과

반추위에서 하부장기로 넘어가는 반추위 미생물은 제4위와 십이지장에서 분해되어 숙주동물인 반추동물의 영양소 공급원으로 이용되는데, 십이지장에서의 미생물체 단백질 분해율은 76~78% 정도이다. 반추위 미생물의 화학적 조성은 표 3-16과 같다. 아무튼 반추 미생물의 생물가(Biological Value; BV)는 60 정도로 옥수수와 비슷한 사료적 가치를 가지며, 반추 미생물의 단백가(Protein Value)는 68 정도로 대두박과 비슷한 수준이다. 표 3-17은 미생물체 단백질과 여러 가지 단백질 사료원의 필수아미노산 지수를 비교한 것이다.

표 3-17 여러 가지 단백질 사료의 필수아미노산 지수와 제한아미노산

단백질 사료	필수아미노산 지수[1]	제한아미노산[2]		
		1st	2nd	3rd
혈분	60	ILE-10	ARG-33	MET-44
어분	68	ILE-47	LEU-58	VAL-59
우모분	34	HIS-11	LYS-13	MET-23
육분	53	ILE-36	TRP-39	LEU-46
육골분	51	TRP-32	ILE-35	LEU-46
옥수수 글루텐	52	LYS-18	TRP-30	ARG-36
알팔파, 건초	65	LYS-46	ARG-50	ILE-51
맥주박	67	LYS-34	ARG-53	HIS-56
대두박	71	ILE-55	LEU-56	MET-56
미생물	82	LEU-54	ILE-61	VAL-66

[1] Index: proteins essential amino acid profile compared to that in milk protein.
[2] Chemical score: level of this amino acid as a percentage of its level in milk protein.
Chandler(1989).

2. 반추위 미생물의 발효 조절

반추위내에서 일어나는 발효는 다양한 개개 미생물의 작용과 상호관계의 결과여서 인위적으로 조절하는 것이 쉽지 않다. 그러나 미생물에 대한 연구와 새로운 학문의 접목으로 이런 미생물의 발효 과정도 어느 정도 변화시킬 수 있다. 인위적 조절이 가능한 과정과 인간의 관점에서 유익한 조절방향을 보면 그림 3-72와 같다. 물론 반추위내 발효 과정의 조절에는 미생물 자체를 대상으로 하는 것뿐 아니라, 반추위액의 하부장기로의 유출 속도 조절도 포함될 수 있다. 반추위내 미생물 발효를 조절할 수 있는 대사 과정을 요약해 보면 다음과 같다.

- 반추위내 적정 pH와 희석률(dilution rate)의 유지
- 구조탄수화물의 발효량의 증대와 발효율의 감소
- 비구조탄수화물의 발효량 증가와 발효속도의 감소

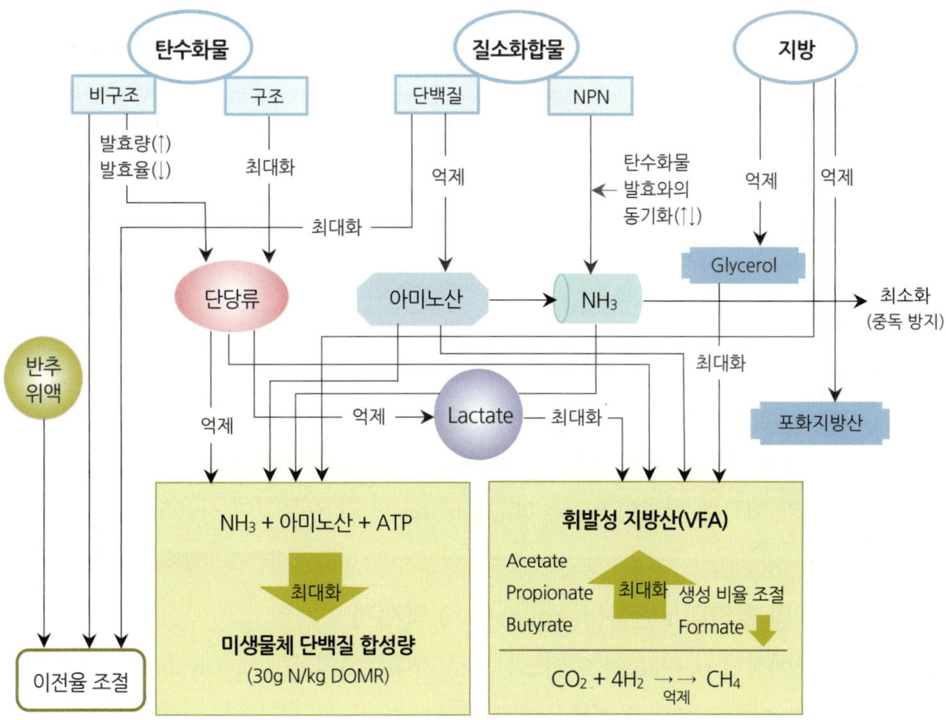

그림 3-72 반추위내 사료의 분해와 미생물 발효의 조절 부위

- VFA 생성량 최대화와 생성 비율 조절
- Lactate 생성량 억제
- 단백질이나 아미노산의 탈아미노 반응 감소
- 반추위 미생물의 단백질 합성 효율 증대와 발효량의 최대화
- 지방 분해 억제와 수소첨가반응 억제
- 탄수화물의 발효속도와 NPN 분해속도의 동기화
- CH_4 생성을 통한 사료에너지 이용효율 향상과 지구 온난화 효과 감소

대표적인 반추위 발효조절제는 다음과 같다.

1) CH_4 생성 억제제

사료 에너지의 약 8% 이상이 반추위 발효 과정에서 생성된 CH_4로 손실되기 때문에 메탄 생성을 억제하는 것은 사료의 이용효율 향상에 매우 중요하다. CH_4 생성 억제제로 고급 지방산(long chain fatty acid), 할로겐화 화합물(halogenated chemicals), nitrate, lasalocid, cysteine 등이 사용되어 왔으며, 이들은 CH_4 생성 억제와 더불어 propionate나 butyrate의 생성을 증가시킨다. 특히 할로겐 화합물은 CH_4 생성 박테리아에 직접 작용하는데, 가장 강력한 CH_4 생성 억제제로는 2-bromoethanesulfonic acid(BES)가 있다. 최근에는 CH_4 생성 박테리아의 대부분이 프로토조아의 벽에 붙어 살고 있다는 사실이 밝혀짐에 따라 프로토조아를 제거하면 CH_4 발생량이 감소하는 이유를 알게 되었다.

2) 프로토조아의 제거(defaunation)

반추위내의 프로토조아를 제거하면 소장으로의 아미노산 공급량이 증가하는데, 이는 프로토조아에 의한 박테리아의 포식작용이 없어지고 사료 단백질의 분해가 억제되기 때문이다. 프로토조아를 제거하기 위해서는 ionophore계 항생물질인 monensin, lasalocid, salinomycin 등과 최근에 개발된 lysocellin, tetronasin 같은 물질이 사용되기도 한다.

3) 단백질 분해 및 탈아미노반응(deamination) 억제제

반추위내에서 단백질이 peptide와 아미노산으로 가수분해되고(proteolysis) 다시 NH_3로 전환(deamination)되는 것은 반추동물에게 이로울 것이 하나도 없다. 왜냐하면 NH_3로부터 미생물체 단백질을 재합성하는 데 에너지가 소모되고, 또 생성된 NH_3가 미생물체

단백질의 합성에 모두 이용되는 것이 아니기 때문이다. 단백질 분해를 억제하기 위해서는 금속이온(Ag^{+}, Cd^{2+}, Cu^{2+}, Hg^{2+} 등)이 강력한 효과가 있는데, 이것은 단백질 분해 효소의 SH^{-}기에 작용하여 효소를 불활성화시키기 때문이다.

또한 Ionophores계 항생제를 반추위에 투여하면 단백질 분해 과정(proteolysis)보다는 peptide 또는 아미노산의 분해를 조절하여 단백질 절약 효과(protein sparing action)가 나타난다. 이들은 탈아미노 과정에 다음 3가지 방법으로 관여한다. 첫째, 메탄 생성 억제(methanogenesis inhibition)와 동시에 B.C.A.A의 탈아미노 반응을 억제시킨다. 둘째, 단백질 대사에 관여하는 주요 박테리아를 제거하는데, 예를 들어 *S. bovis*의 성장을 억제시켜 proteolysis를 억제한다. 그러나 *P. ruminicola*와 *M. elsdenii* 같은 단백질 분해 관련 미생물은 ionophore 항생제에 민감하지 않다. 셋째, 미생물 자체의 성장 억제 효과는 없으나 대사활동에 영향을 준다. 예를 들어, *P. ruminicola*는 ionophore계 항생제에 의해서는 성장에 영향을 받지 않으나 탈아미노 반응은 감소된다.

4) Propionate 생성 촉진제

Monensin, lasalocid, salinomycin, lysocellin, tetronasin 같은 항생물질, 유기산, 식물 추출물 등을 반추위에 투여하면 propionate 생성 비율은 높아지고 acetate 생성 비율이 낮아진다. 그리고 CH_4과 lactate의 생성을 일부 저해하여 소와 면양의 경우 증체율과 사료효율을 향상시킨다. 동시에 반추위에서 아미노산의 분해를 억제하고, lactate의 생성량을 줄여 acidosis와 같은 소화기계 질병을 예방할 수 있다. 또한 이 항생물질들은 methanogen에 직접적인 영향을 끼치지는 않지만 CH_4 생성에 필요한 H_2 생성 박테리아를 저해함으로써 CH_4 생성을 간접적으로 억제한다. 그리고 lactate와 NH_3를 생성하는 그람 양성 박테리아의 성장을 억제한다.

5) 반추위내 pH 및 반전율 조절제

여러 종류의 중화제들($NaHCO_3$, Na_2CO_3, $CaCO_3$, MgO 등)은 반추위내 pH를 조절하여 미생물에 의한 사료의 발효를 정상으로 유지시키며, 인공타액(artificial saliva)과 무기염(mineral salt)의 첨가로 반추위액의 반전율(turnover rate)을 조절할 수 있다. 특히 반추위의 반전율이 높으면 미생물의 성장률과 성장효율이 증가하고, 반추위내 발효와 단백질의 분해에도 좋은 영향을 미친다.

6) 미생물 첨가제(microbial feed additives)

반추동물에 대한 미생물첨가제(microbial feed additives; 생균제, probiotics; direct fed microbes)의 효과에 대한 연구는 많지 않다. 현재 사용되고 있는 미생물 첨가제에는 효모(*Saccharomyces cerevisiae*) 배양물과 곰팡이(*Aspergillus oryzae*) 추출물이 있다. 이들의 작용기전은 아직 확실치 않으나 사료단백질에 영향을 미치기보다는 반추위액의 pH를 정상화시키고, 따라서 cellulolytic bacteria 수를 증가시키며 미생물체 단백질 합성효율 향상 등의 효과로 생산성을 향상시키는 것으로 생각된다.

제5절 반추위 미생물의 유전자 조작과 산업적 이용

반추위에 공생하는 수많은 미생물들은 사료 성분을 발효시켜 성장에 필요한 영양소로 이용하거나, 숙주동물에게 필요한 영양소를 공급하는 역할을 한다. 반추위라는 밀폐된 공간 내에서 공존하는 미생물들은 생존에 필요한 많은 단백질과 효소를 생산할 수 있는 유전정보를 가지고 있으며, 이러한 유전정보는 수평적 이동을 통해 자연적으로 전이되기도 한다. 최근에는 분자생물학 기법을 이용하여 반추위 미생물의 유전자 조작이 가능하게 되었고, 이를 통해 인간에게 유용한 물질을 선발하고 생산하여 이용하는 목적으로 발전하고 있다. 초기 유전자 조작 실험은 주로 특정 유전자 정보를 찾아내고, 이들의 특징을 규명하는 데 집중되었으나, 최근에는 이러한 유용 유전자의 발굴뿐 아니라 형질전환 반추위 미생물의 작출, 미생물의 대사, 생태 연구에 응용하는 등 DNA 기술의 응용 분야가 확대되고 있다.

1. 유용 유전자의 탐색

반추위는 오래전부터 섬유소를 분해하기 위한 환경으로 발전되어 왔다. 따라서 연구 초기에는 반추위 미생물로부터 섬유소분해효소와 연관된 유전자의 분리와 이용에 대한 것이 주를 이루었다. 그리하여 많은 섬유소분해효소의 유전자 특성이 규명되었으며, 그중 몇몇 cellulase와 hemicellulase는 조사료의 소화율 개선 목적으로 첨가제 형태로 개발되어 상용화되었으며, 섬유소분해효소의 활력을 더욱 증진시키는 esterase들도 역시 연구되고 있다. 그리하여 반추동물의 조사료 소화율 개선 방법으로 과거에는 주로 물리적·화학적 방법으로 전처리한 조사료를 이용하던 것에서, 정제된 효소제를 직접 급여하거나 조사료를 효소들로 전처리하는 방법으로 발전되고 있다.

2. 유전자 변형 반추위 미생물 생산

반추위 미생물과 반추동물 자체에 대한 유전공학 기법의 적용은 여러 방향으로 적용되고 있다. 가장 대표적인 기술은 특정 유전자를 클로닝하여 대상 단백질을 대량생산하는 기법이며, 여러 균주에서 이미 많은 섬유소분해효소들이 분리·정제된 바 있다. 뿐만 아니라 1990년대부터는 원하는 효소나 특정 능력을 가진 미생물을 분리하여 미생물원으로 직접 사용하거나, 혹은 유전자를 변형시킨 반추위 미생물을 생산하여 반추위로 재접종하는 연구가 시작되었다. 이러한 기법들을 이용한 예로서 낮은 pH에서도 섬유소를 분해할 수 있는 미생물의 개발, 목초중 독소를 제거할 수 있는 형질전환 미생물의 개발 등을 들 수 있다. 그러나 이러한 시도들은 최근에 불거진 GMO(Genetically Modified Organisms) 문제와 실험방법의 한계로 인해 지금은 사양세로 접어들고 있다.

유전공학 기법을 이용한 최근의 연구 추세는 반추위 미생물의 유전자 정보의 확보

표 3-18 반추미생물의 형질전환에 이용되는 벡터와 유전 정보

기능	Bacterial 미생물	Vecter	목표 유전자
섬유소 분해	*Streptococcus bovis* JB1	pVA838	Endonuclease from *Ruminococcus flavefaciens*
	Prevotella ruminocola 2202	pRH3	Endoglucanase/xylanase from *P. ruminicola*
	Butyrivibrio fibirsolvens OB156	pBHerm	Xylanase from *Neocallimastix patriciarum*
	Butyrivibrio fibirsolvens OB156C	pYK4	Xylanase from *Eubacterium ruminantium*
	Butyrivibrio fibirsolvens OB156C	pYK7	Endoglucanase from *Ruminococcus albus*
퇴비	*Butyrivibrio fibirsolvens* OB156	pBHerm	Dehalogenase from *Moraxella sp.*
아미노산 생산	*Butyrivibrio fibirsolvens* OB156	pBHerm	Synthetic gene of MB-1

(Genome project)를 통해 이들 미생물의 유전과 생태를 보다 정확히 이해하고 이를 동물 사양에 응용하는 방향으로 바뀌고 있다. 지금까지 반추미생물의 형질 전환에 사용된 vector나 목표 유전자의 예를 보면 표 3-18과 같다.

3. 반추미생물 생태 연구 응용

반추위 미생물의 생태는 가장 밀폐된 환경이지만, 급여되는 사료에 의해 쉽게 변할 수 있는 이중성을 가지고 있다. 반추위의 섬유소 분해 미생물들은 대부분 중성에 가까운 pH에서 가장 잘 자라며, 섬유소를 왕성하게 분해한다. 하지만 현재적인 집약적인 사양 시스템 하에서는 조사료보다는 농후사료 위주의 사료 급여를 실시하고 있어서 반추위 pH가 급격히 낮아지는 현상이 쉽게 발생하며, 이는 반추위의 미생물 생태에 크게 영향을 준다. 반추

표 3-19 반추위 박테리아 비배양 정량 분석방법

박테리아	방법	종
Fibrobacter succinogenes	probe hybridization probe hybridization probe hybridization Competitive PCR RT(Real-Time)PCR	*Subsp. Succinogenes* *Subsp. Elongata* *F. Succinogenes* *F. Succinogenes* *F. Succinogenes*
Ruminococcus albus	probe hybridization Competitive PCR	8
Ruminococcus flavefaciens	probe hybridization RT(Real-Time)PCR	FD-1
Prevotella ruminicola	PCR PCR PCR RT(Real-Time)PCR	23 & relatives B14(bryantii) GA33
Butyrivibrio fibrisolvens	probe hybridization	49 & relatives
Eubacterium ruminantium	probe hybridization RT(Real-Time)PCR	GA195
Streptococcus bovis	RT(Real-Time)PCR	

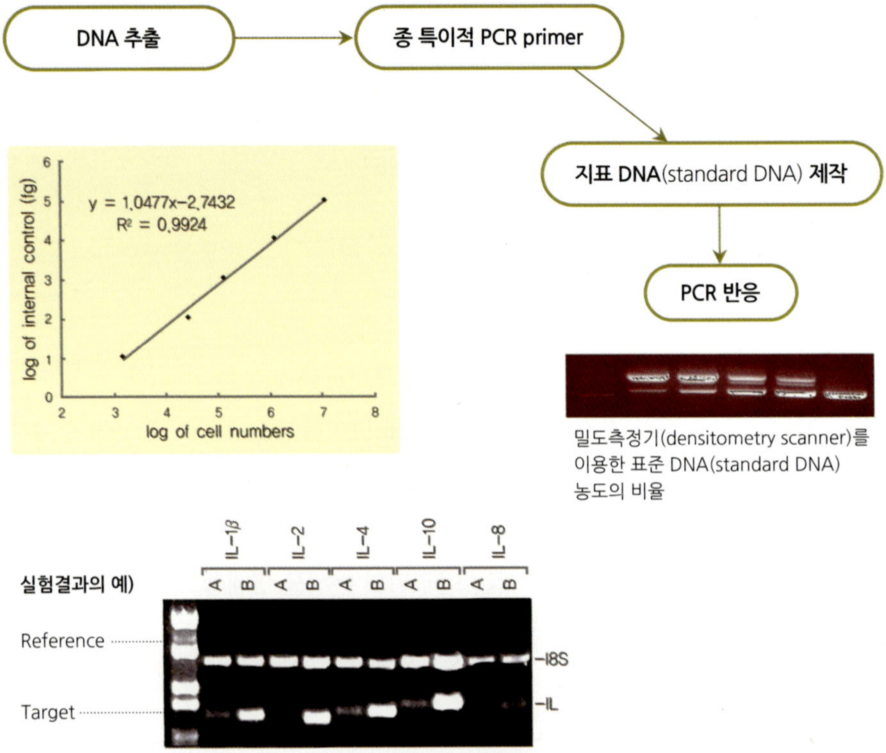

그림 3-73 cPCR 방법을 이용한 반추위 미생물의 정량분석

미생물의 동정, 이들의 상호작용에 관한 연구는 지금까지는 배양방법이 주로 이용되었다. 하지만 최근에는 유전공학 기법을 이용하여, 배양이 필요 없는 상태에서도 이런 연구가 많이 이용되었다. 많이 이용되는 방법은 hybridization과 PCR 방법인데, cPCR(competitive PCR)이나 RT(Real Time)-PCR 방법을 사용하면 배양이 어려운 균도 그 수나 종류를 알 수 있을 뿐 아니라, 새로운 반추위 미생물의 발견도 가능하게 해주기 때문에 앞으로 반추위 생태 연구에 새로운 장을 여는 데 크게 기여할 것으로 기대된다. 참고로 반추위 박테리아의 비배양 정량법은 예를 보면 표 3-19와 같으며, 그림 3-73은 cPCR을 이용한 반추위 미생물 정량 분석방법을 도식화한 것이다.

4. 앞으로의 전망

반추위 생태는 오랜 기간 폐쇄된 공간에서 형성된 거대한 발효조와 같다. 그 안에는 수많은 미생물들이 숙주동물과 공생관계를 형성하여, 섭취한 사료를 분해하고 숙주에게 유용한 물질을 생산하고 있다. 이렇게 형성된 미생물군집은 이러한 기능을 수행하기 위해 유전자군을 형성하고 있다. 지금까지는 주로 하나의 미생물 혹은 특정 미생물 효소의 유전정보를 연구하고, 그것을 이용하기 위해 유전공학 기법이 이용되었다. 하지만 최근에는 특정 미생물의 전체 유전정보(genome project)를 모두 읽거나, 분비하는 단백질과 같은 정보를 전체적으로 분석하는 기법이 많이 개발되었다(DNA chip, proteomic). 반추위 미생물의 경우에는, 실험실에서 배양할 수 있는 미생물 외에도 수많은 종류의 아직 알려지지 않은 미생물들이 반추위 안에 공생하고 있으나, 단지 기술상의 문제 때문에 연구되지 않았을 뿐이다. 유전공학 기법은 이런 미확인 미생물들이 가지고 있는 다양한 종류의 유전정보와 단백질 및 효소들을 분석할 수 있도록 해줄 것이다. 즉, 반추위액에 있는 전체 유전정보를 모두 추출하여, 정보화한 후 특정 효소나 특정 기능에 대한 스크린 방법을 통해 우리가 원하는 목적을 달성할 수 있을 것이다. 이와 같은 것을 metagenome이라 하고 간략하게 설명하면 그림 3-74에서 보는 바와 같다.

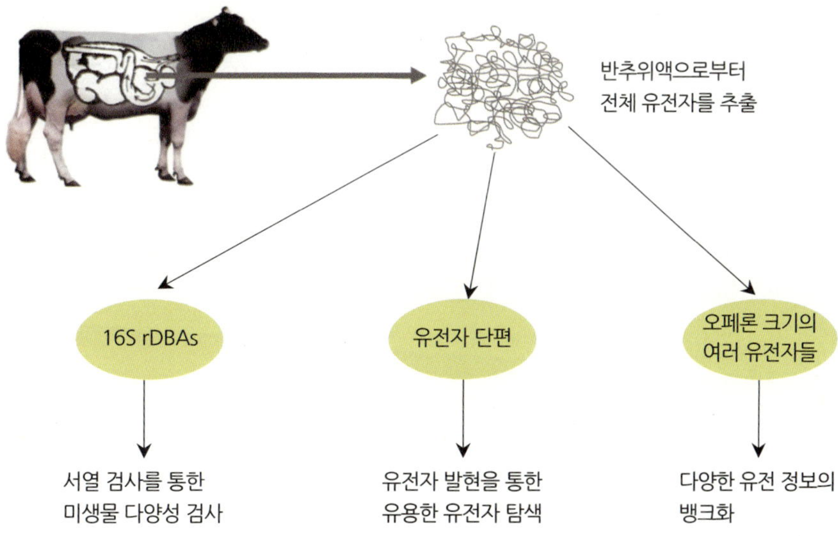

그림 3-74 Metagenome 연구의 개략도

참고문헌

이성실 등(1995a). 『한국영양사료학회지』. 19:399.

이성실 등(1995b). 『한국영양사료학회지』. 19:433.

Akin, D. E. et al. (1983). *J. Anim. Sci.* 56:1434.

Barr, D. J. S. (1988). *BioSystems.* 21:351-356.

Bauchop, T. (1979). *Appl. Environ. Microbiol.* 38:148.

Billon-Gand, G. et al. (1991). *FEMS Microbiol. Lett.* 82:267-270.

Breton, A. et al. (1991). *FEMS Microbiol. Lett.* 82:1.

Bryant, M. P. (1973). *Am. J. Clin. Nutr.* 27:1313-1319.

Chandler, P. T. (1989). *Feedstuffs* 61:24.

Church, D. C. (1977). *Digestive Physiology and Nutrition of Ruminants.* O&B Books, Corvallis, OR, USA.

Church, D. C. et al. (1988). *The Ruminant Animal: Digestive Physiology and Nutrition.* Prentice-Hall, Englewood Cliffs, NJ, USA.

Czerkawski, J. W. (1986). *An Introduction to Rumen Studies.* Permon Press, Oxford, UK.

Davies, D. R. et al. (1993). *J. Gen. Microbiol.* 139:1395-1400.

Dehority, B. A. (2003). *Rumen Microbiology.* Nottinghum Univ. Press, Nottinghum, UK.

Foster, J. W. (1949). *Chemical Activities of Fungi.* Academic Press, New York, NY, USA.

Grenet, E. et al. (1989a). *Anim. Feed Sci. Technol.* 26:55-70.

Grenet, E. et al. (1989b). *Appl. Environ. Microbiol.* 55:2360-2364.

Hespell, R. B. and M. P. Bryant (1979). *J. Anim Sci.* 49:1640-1659.

Hobson, P. and R. J. Wallace (1982). *Crit. Rev. Microbiol.* 9:165-225.

Hobson, P. and C. Stewart (1997). *The Rumen Microbial Ecosystem.* Chapman & Hall, New York, NY, USA.

Holdman, L. V. et al. (1977). *Anaerobic Laboratory Manual.* 4th ed. Virginia Polytech. Inst. and State Univ., Blackburg, VA, USA.

Hungate, R. E. (1966). *The Rumen and Its Microbes.* Academic Press, New York, NY, USA.

Isaacson, H. R. et al. (1975). *J. Dairy Sci.* 58:1645-1659.

Jenkins, T. C. (1994). *J. Nutr.* 124:1372-1376.

Lee, S. S. et al. (2001). *Can. J. Microbiol.* 47:754-760.

Maeng, M. J. and R. L. Baldwin (1976). *J. Dairy Sci.* 59:643.

Madigan, M. T. et al. (1997). *Brock Biology of Microorganisms.* Prentice-Hall, Englewood Cliffs, NJ, USA.

Milligan, L. P. et al. (1986). *Control of Digestion and Metabolism in Ruminants*. Prentice-Hall, Englewood Cliffs, NJ, USA.

Ogimoto, K. and S. Imai (1981). *Atlas of Rumen Microbiology*. Japan Scientific Societies Press, Tokyo, Japan.

Sijtsma, L. and B. Tan. (1993). *Anim. Feed Sci. Technol.* 44:221-236.

Stenesh, J. (1984). *Experimental Biochemistry*. Allyn & Bacon, Boston, USA.

Stiles, D. A. et al. (1970). *J. Dairy Sci.* 53:1436-1441.

Stouthamer, A. H. (1977). *Antonie van Leeuwenhoek*. 43:351-367.

Van Soest, P. J. (1994). *Nutritional Ecology of the Ruminant*. 2nd ed. Cornell Univ. Press, Ithaca, NY, USA.

Viviani, R. (1970). *Adv. Lipid. Res.* 8:267-346.

Wolin, M. J. (1979). *Adv. Microbial. Ecol.* 3:49-77.

제4장

반추동물의 대사생리

제1절
영양소의 체내대사

축산물은 단백질, 지방, 탄수화물 등의 영양소가 동물의 체내에 축적되어 생산된다. 이렇게 동물에 축적되는 영양소의 함량이나 질은 각 영양소 성분의 체내 합성과 분해에 따라 달라지기 때문에 각 영양소의 체내대사 과정을 이해하는 것은 매우 중요하다. 그림 4-1은 반추동물에서 탄수화물, 단백질, 지방의 체내대사 과정의 개요를 나타낸다. 반추동물은 반추위 미생물에 의해 섭취된 영양소의 변환이 일어나기 때문에 흡수되어 대사되는 영양소가 비반추동물과는 다르며, 이에 따라 영양소의 체내대사도 비반추동물과 차이를 보인다. 그러나 체내 영양소의 기본적인 대사 경로와 과정은 비반추동물과 거의 유사하며 이에 관해서는 다른 책에서 충분히 다루고 있기 때문에, 본 절에서는 반추동물 특이적인 영양소 체내대사를 중심으로 설명하고자 한다.

1. 탄수화물의 체내대사

반추동물은 반추위에 존재하는 수많은 미생물의 도움으로 식물의 섬유소를 효과적으로 소화·흡수하여 이용할 수 있도록 진화하였다. 특히 cellulose는 지구상에 존재하는 탄수화물 가운데 가장 많은 부분을 차지하고 있으며, 반추위 미생물에게는 주요 에너지 공급원이 된다. 비반추동물이 섭취하는 탄수화물은 대부분 glucose의 형태로 소화·흡수되지만, 반추동물이 섭취한 탄수화물은 반추위 미생물에 의해 대부분 VFA(volatile fatty acid; 휘발성지방산)로 전변되고, 극히 일부만이 하부 소화기관에서 소화·흡수된다. 흡수된 VFA는 혈액을 통해 지방세포나 간으로 이송되어 지방 합성(lipogenesis)과 glucose 신생합

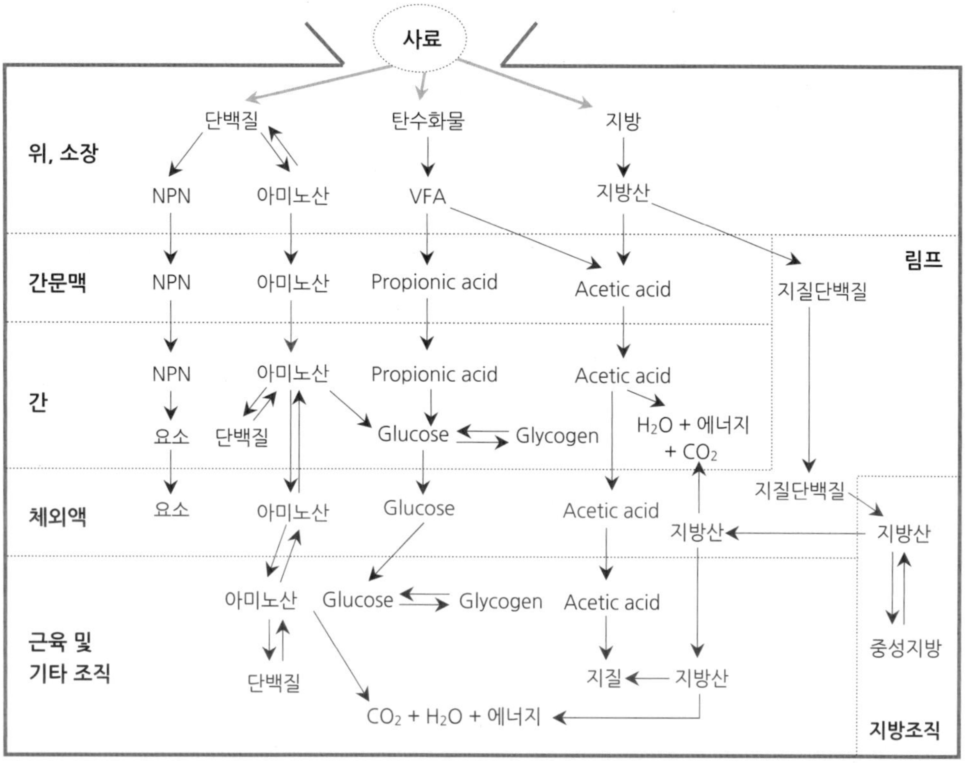

그림 4-1 반추동물에서 주요 영양소의 체내대사 과정 개요

성(gluconeogenesis)의 전구물질로 이용된다. 반추동물이 필요로 하는 glucose의 대부분은 간에서 propionate를 원료로 하는 glucose 신생합성에 의해 공급된다.

1) Glucose

Glucose는 동물의 체내에서 순환하고 있는 탄수화물의 주요 형태로서, 어떤 형태의 당보다도 혈액과 세포외액에 높은 농도로 존재한다. 사람, 쥐, 젖소의 혈중 glucose의 농도는 각각 90~130mg/mL, 110~130mg/mL, 55~64mg/mL 정도로 성숙한 반추동물의 혈장 내 glucose의 농도는 비반추동물에 비해 낮다. 그러나 갓 태어난 반추동물의 혈중 glucose 농도는 비반추동물과 거의 비슷하며, 반추위의 기능이 발달함에 따라 그 농도는 점차 성축의 수준으로 감소한다. Glucose는 세포의 대사에 절대적인 역할을 하기 때문에 적절한 혈중 농도가 유지되어야 한다. 주로 간과 근육에 저장되어 있는 glycogen은 제한된 기간(수 시간) 동안만 glucose를 공급해줄 수 있으며, 그 이후에 필요한 glucose는 주로 간에서 일어나는 glucose 신생합성에 의해 공급된다. 반추동물의 경우에는 탄수화물이 반추위에서 발효되어 VFA(특히 acetate, propionate, butyrate 등)로 전변되고, 따라서 glucose의 흡수량은 매우 미미하다. 그럼에도 불구하고 비반추동물과 마찬가지로 일부 세포(뇌세포, 혈액세포 등)는 glucose를 에너지원으로 필요로 하고, 우유를 생산하는 착유우의 경우 lactose를 생산하기 위해 많은 양의 glucose를 필요로 하기 때문에 사료에서 흡수하는 것만으로는 체내 glucose 요구량을 충족시킬 수 없다. 따라서 반추동물의 간은 'glucose 생산공장'이라 불릴 만큼 glucose 신생합성이 지속적으로 일어나며, glucose 신생합성은 반추동물의 가장 중요한 체내대사 과정의 하나라고 할 수 있다.

2) Glucose의 요구량

Glucose는 최소한 ① 신경조직, ② 근육, ③ 지방의 합성과 이용, ④ 태아, ⑤ 유선 등에 꼭 필요한 영양소이다. 또한 glucose는 많은 조직에서 이성복합탄수화물(hetero-polysaccharide)의 합성, 정소에서의 대사 및 정자 생성, 혈구세포 등을 위해 필요하다.

(1) 신경조직계

신경조직세포 중에서 특히 뇌는 에너지 공급원으로 glucose를 요구한다. 저혈당 상황이 몇 분 동안만 지속되더라도 혼절(coma)을 야기하고 즉각적으로 glucose를 공급하지 않으면 사망 또는 영구적인 뇌손상을 입을 수 있다. 사람의 뇌신경 조직은 하루에 120g의 glucose를 사용하는데, 이는 혈액으로 방출되는 glucose 총량의 약 70%에 해당한다. 장기간의 절식 등으로 인해 glucose가 부족한 경우에는 케톤체(ketone body)가 에너지원으로 이용된다. 이 경우에는 glucose 이용률을 정상상태의 3분의 1 수준으로 떨어뜨려 glucose를 절약하게 된다.

비반추동물과 달리 반추동물은 심각한 저혈당증에서도 큰 손상 없이 지낼 수 있다. 예를 들면, 면양의 경우 1 mM(18 mg/100 mL)의 낮은 혈당 농도에서도 6시간 이상 큰 문제가 없지만, 유사한 조건하에서 대부분의 비반추동물은 혼수상태에 빠진다. 면양의 뇌는 glucose 이외에 다른 물질을 기질로 이용하는 것으로 보이나, 케톤체나 기타 혈액 유래 대사물질이 위와 같은 상황에 이용된다는 증거는 없다. 반추동물의 뇌에서 케톤체의 이용이 없는 것은 뇌 조직에 케톤체 대사를 위한 효소가 없기 때문이며, 혈중 케톤체가 혈관-뇌 장벽을 통과하는 비율이 매우 낮은 것도 그 이유 중의 하나이다.

반추동물이 저혈당에서도 견딜 수 있는 또 하나의 이유는 뇌의 크기 때문이다. 평균적으로 사람의 뇌는 1,400g인 반면, 면양의 뇌는 약 130g에 불과하다. 양은 뇌 조직 100g당

9mg/분(즉 하루에 17g)의 glucose를 필요로 하지만, 사람은 면양의 약 10배에 달하는 glucose를 필요로 한다. 결과적으로 전체 glucose 요구량 측면에서 면양이 신경세포계를 유지하기 위해서 glucose 총량의 15~20%를 사용하는 데 비해 사람은 70~80%를 사용하는 것이다. 개나 쥐 등은 사람과 면양의 중간 정도가 될 것이다.

(2) 근육

Glucose의 일부는 근육에서 직접 산화되어 이용되고, 나머지는 glycogen 합성에 이용된다. 근육내 glycogen은 운동을 할 때나 O_2가 부족할 때 근육의 에너지 공급원이 된다. 혐기상태에서 근육내 glycogen은 대부분 lactate와 pyruvate로 전변되고, 이들은 간과 혈액으로 이동하여 glucose의 합성에 이용된다(Cori cycle). 그러나 일반적인 상황에서 근육내 glycogen은 대사되어 CO_2와 물로 되고, 새로운 glucose가 glycogen의 합성에 이용된다. 휴식상태에서 골격근육이 사용하는 glucose는 전체의 10% 이하인데 운동 시에는 25%로 증가한다. 또한 소화기관 내 장근육도 약 10%의 glucose를 사용한다.

(3) 지방 합성

Glucose는 지방의 합성과 분해에 중요한 역할을 한다. 비반추동물은 glucose로부터 지방산을 합성하지만, 반추동물은 주로 acetate를 이용하기 때문에 지방산 합성을 위한 기질로서의 의미는 작다. 하지만 glucose는 대사 과정을 통해 중성지방(triacylglycerol)을 합성하는 데 필요한 glycerol의 전구물질인 α-glycerophosphate와 지방산 합성에 필요한 NADPH를 5탄당 인산회로(pentose phosphate pathway)를 통해 생성한다.

(4) 태아와 유선

생존을 위해서는 신경계에 glucose를 지속적으로 공급해야 하지만, 가장 많은 양의 glucose는 태아의 성장과 유생산을 위해 이용된다. 태아는 모체로부터 glucose를 지속적으로 공급받아야 한다. 태아기 후반에는 많은 양의 glycogen을 태반과 태아의 간, 폐, 근육 등에 축적한다. 종마다 차이는 있지만 대부분의 동물 태아에서 glycogen의 농도가 간의 경우는 8~10%이고 근육은 4%인데, 이는 성축과 비교할 때 약 2~8배 높은 수치이다. 태아의 glucose 대사량은 임신 후반기 면양의 경우 몸 전체에서 대사되는 glucose 총량의 40~70%를 차지한다. 비유중인 동물은 유생산에 보다 많은 glucose를 필요로 한다. 소의 우유에 들어 있는 lactose는 혈중 glucose보다 약 90배나 많다. 하루 동안 생산되는

lactose의 양만을 볼 때, 착유량이 많은 소의 경우 1일 glucose 요구량이 2,500g 이상이며, 새끼 2마리를 포유하고 있는 어미 면양은 1일 200g의 glucose를 필요로 한다. 젖을 많이 생산하는 종(특히 소, 면양, 염소 등)은 lactose 생산만 볼 때 체내 glucose 대사량의 60~85%를 비유에 이용한다.

3) Glucose의 산화

체내 glucose의 대사율과 CO_2 생성량을 비교해보면 많은 양(35~65%)의 glucose가 직접 CO_2로 산화됨을 알 수 있다. 신경조직계에서는 혈액으로부터 공급받은 glucose의 대부분(70~100%)을 산화시키며, 태아의 경우에도 상당량의 glucose를 산화시킨다. 그러나 지방조직이나 유선에서는 산화되는 glucose의 양이 상대적으로 적으며, 근육은 중간 정도이다. 평균적으로 반추동물의 체내에서 산화되는 glucose(35%)는 비반추동물(50~65%)에 비해 적은 편이다. 이러한 차이점은 반추동물에서 신경조직계에서 이용하는 glucose의 양이 적기 때문이라고 알려져 있다. 비유기에는 산화되는 glucose의 비율이 더욱 줄어드는데(20% 수준), 이는 대부분의 glucose가 lactose 합성에 이용되기 때문이다. 전체 CO_2 배출량의 10~30%는 glucose로부터 유래되는데, 반추동물은 10~15%로 비반추동물(15~30%)에 비해 낮은 편이다.

혈관으로 다량의 glucose를 주입하면 간에서의 glucose 신생합성은 감소하고 여러 경로를 이용해 glucose의 혈중 농도를 낮추게 된다. 저혈당증인 소에게 glucose를 혈관으로 주입하면 10%가 오줌으로 배출되고, 20%는 혈당 농도를 정상적인 수준으로 올리는 데 이용되며, 70%는 간에서 glycogen 합성을 2% 수준까지 올리는 데 이용된다. 그러나 혈중 glucose 농도는 호르몬(특히 insulin, glucagon)의 반응 여부와, 관련 호르몬에 대한 세포조직의 반응 등에 따라 변이가 생길 수 있다.

4) Glucose 신생합성

반추동물에 있어 가장 중요한 glucose의 대사 과정은 glucose 신생합성이다. 사료로 섭취하는 glucose의 양이 동물의 체내에서 필요로 하는 glucose 요구량에 못 미치기 때문에 반추동물은 탄수화물이 아닌 다른 원료를 이용해 끊임없이 glucose를 합성해야 한다.

(1) Glucose 생산기관

Glucose 신생합성은 **간**과 **신장**에서 일어난다. 특히 반추동물에 있어 glucose의 대부분

표 4-1 면양의 각 조직별 glucose의 소비와 생산

상태	소비된 glucose(%)				생산된 glucose(%)			
	소화장기	간	기타 조직	총합	소화장기	간	기타 조직	총합
사료 섭취 후	16	10	74	100	1	87	9	97
절식상태	22	0	84	106	0	84	15	99

Bergman 등(1974).

(85~90%)은 간에서 합성되고 10~15%만이 신장에서 합성된다. 반추동물의 간은 체내에서 가장 많은 양의 glucose를 생산하지만 소비하는 glucose의 양은 적다(표 4-1). 이는 간에서 해당과정(glycolysis)의 첫 단계 효소인 glucokinase가 거의 없기 때문이다. 신장의 glucose 신생합성의 기여도는 절식 시에 25%까지 증가하는데, 이는 간에서 충분한 glucose를 생성하지 못해 심각한 glucose 부족사태가 올 때 동물에게 발생할 수 있는 위험을 줄이는 데 그 목적이 있는 것으로 보인다.

(2) Glucose 신생합성을 위한 중간대사산물의 생산

Glucose 신생합성을 위한 중간대사산물을 생산하는 체내 회로는 ① 지방조직에서의 유리 glycerol 형성, ② 거의 대부분의 세포조직에서 일어나는 lactate의 형성, ③ 근육조직에서의 alanine과 glutamine의 형성 등 최소 3개가 존재한다. 이들 대사산물은 순환계를 거쳐 간으로 들어가서 glucose 합성에 이용된다. 따라서 간 이외의 조직들이 그들 자체 대사를 위해 glucose를 이용하는 동안, 간에서는 비탄수화물 유래 중간대사산물로부터 에너지로 이용할 수 있는 glucose를 합성하는 것이다. 그림 4-2는 간, 혈액, 간 이외의 조직에서 중간대사산물로부터 glucose가 합성되는 회로를 나타낸 것이다. 비반추동물의 경우 보통 생산되는 glucose의 20~25%가 3-탄소화합물(3-carbon unit)의 재이용(recycle)에 의한 것인데, 절식상태에서는 이러한 재이용률이 더욱 증가한다. 그러나 반추동물은 비반추동물과 달리 중간대사산물이나 glycogen을 이용한 glucose의 재생산 비율은 매우 낮다.

(3) Glucose의 전구물질

Glucose 합성에 이용되는 주요 전구물질은 ① propionate, ② glycerol, ③ 아미노산(특히 alanine), ④ lactate이다. 그 밖의 전구물질로는 valerate, ribose, citrate 등 기타 유기화합물이 있으나 이들의 혈중 농도는 매우 낮아 glucose 생성의 전구물질로서의 기여도는

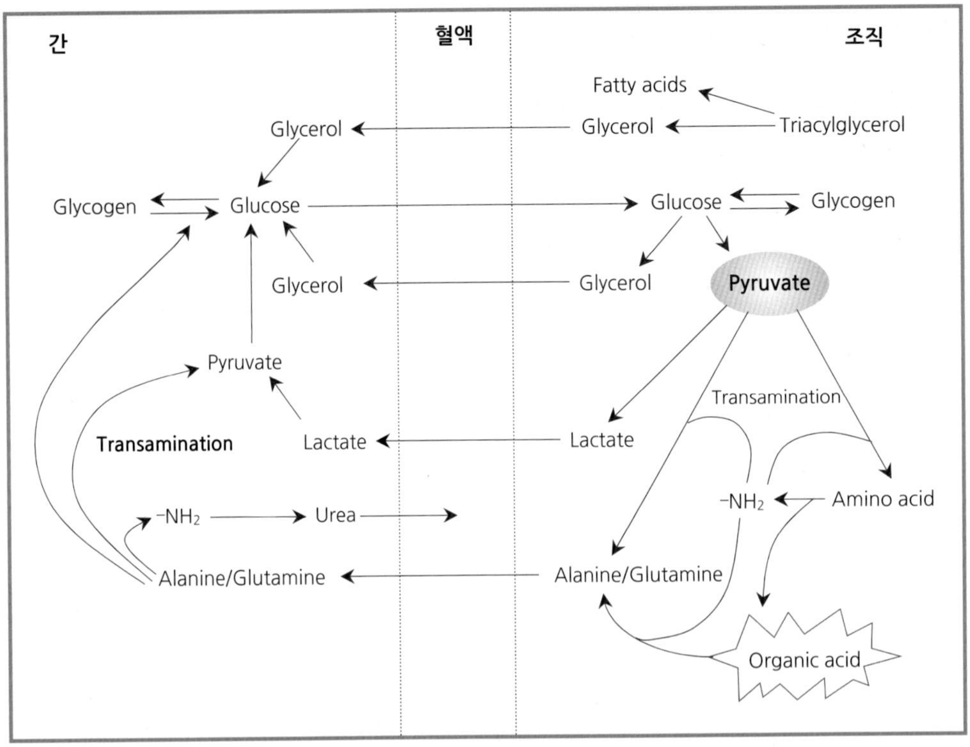

그림 4-2 중간대사산물로부터의 glucose 신생합성 경로

낮다. 간과 신장에서의 주요 glucose 신생합성 과정은 그림 4-3에서 보는 바와 같다.

① Propionate

반추위에서 생성된 모든 VFA는 동물에게 에너지원으로 제공될 수 있지만 propionate는 glucose 생성을 위한 주요 전구물질로 이용된다. 흡수된 propionate의 90% 이상은 간문맥을 통해 간으로 이동되어 glucose 신생합성에 이용된다. 따라서 말초혈관에서의 propionate 농도는 매우 낮고 아주 적은 양의 propionate만이 신장에서 glucose로 전변된다. Acetate, butyrate, 장쇄지방산 등은 탄수화물의 합성에 기여하지 못하는데, 이들은 acetyl-CoA로 전변되어 TCA 회로에서 산화되기 때문이다.

반추위에서 생산된 상당량의 propionate는 흡수되는 과정에서 반추위 상피세포에서 대사되는데, 이에 의한 대사손실이 생산된 propionate의 약 50%에 달한다. 반추위 상피세포에서 대사된 propionate의 일부는 lactate와 CO_2로 전변된다. 섭취하는 사료의 종류와 양이 propionate의 생성량과 흡수량에 영향을 미치고, 이는 propionate로부터 합성되는

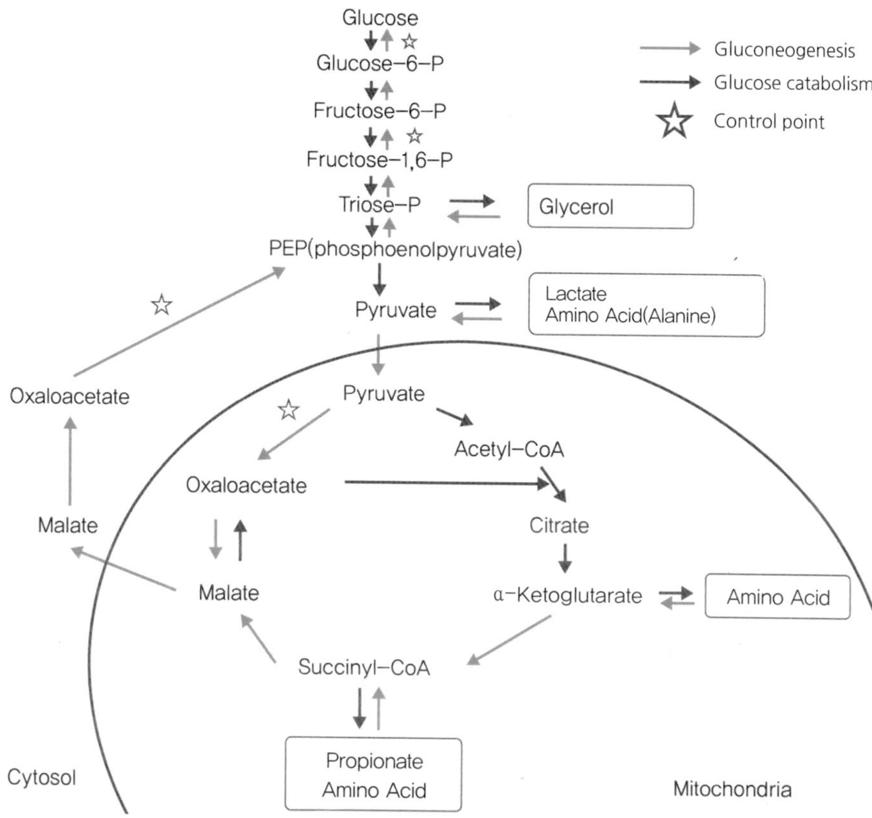

그림 4-3 Glucose 신생합성 과정

glucose의 양에도 영향을 미친다. 건초만 급여받은 면양의 경우 신생합성된 glucose의 약 30%가 흡수된 propionate로부터 유래되고, 사료의 양을 50% 줄일 경우 propionate로부터 합성된 glucose의 비율은 13%로 감소한다. 많은 양의 농후사료를 급여하면 총 glucose의 3분의 2가 propionate로부터 합성된다. 결론적으로 반추동물 체내의 glucose 중 약 27~55%가 propionate를 전구물질로 이용하여 생성된다.

② Glycerol

체내에 있는 대부분의 glycerol은 지방산과 결합하여 **중성지방**의 형태로 존재한다. 지방 분해가 일어나면 유리 glycerol은 유리지방산(free fatty acids)과 같이 방출되고, 일부 유리지방산은 지방이 분해되는 장소에서 다시 중성지방으로 합성된다. Glycerol은 우선적으로 간과 신장으로 이송되고, 그곳에서 glucose 및 중성지방의 합성과 에너지 생성(CO_2로의 산화)에 이용된다. 대부분의 glycerol은 사료 지방이나 glucose로부터 형성되기 때문에 동물의 혈중 유리 glycerol 농도는 일반적으로 낮은 편이다(40~100μM 혹은 1mg/10mL 이하). 또한 동물 체액의 glycerol은 반감기가 10~12분으로 아주 짧다. 영양결핍상태에서는 glucagon 또는 epinephrine이 분비되어 상당한 양의 glycerol이 혈액으로 방출되고, 이러한 상황에서는 혈중 glycerol의 농도가 500μM까지 증가한다. 정상적인 동물에서는 적은 양의 glucose가 glycerol로부터 합성되지만, 절식상태이거나 케톤증(ketosis)에 걸린 동물은 glucose의 20~30%가 glycerol로부터 생성된다. 절식한 면양에서는 propionate의 흡수는 무시할 정도이며, 따라서 glycerol이 glucose 합성의 중요한 전구물질이 된다.

③ 아미노산

Lysine과 leucine을 제외한 대부분의 아미노산은 glucose를 만드는 전구물질이 될 수 있다. 간으로 흡수된 아미노산의 탄소 골격은 glucose 합성에 이용되고 대부분의 질소는 요소로 합성된 후 오줌으로 배출된다. 그러므로 glucose 신생합성과 요소 생성 과정은 서로 연결되어 있다. 일부의 요소는 소화기관으로 재순환되고, 일부 NH_3는 다른 아미노산의 합성에 이용될 수 있다. 근육은 단백질의 주요 저장소이고 아미노산의 흡수와 방출이 일어나는 주요 조절기관이기도 하다. 신장도 glucose 신생합성을 위해 아미노산을 이용하고, NH_3를 생성하여 산-알칼리 균형 유지에 기여하기도 한다.

소와 면양을 이용한 실험에서 10~30%의 glucose가 아미노산으로부터 합성되었으며, 이 가운데 alanine과 glutamine의 기여도가 가장 높았다. 요약하면, 유지 수준의 사료를 급여받은 반추동물은 총 glucose의 약 15%를 아미노산으로부터 합성한다. 간에서는 최고 32%까지, 신장에서는 2~4%의 glucose를 합성한다.

Glucose 신생합성에 이용되는 아미노산들은 골격근육에서 유래된다. 근육에서 많은 아미노산들이 탈아미노반응에 의해 유기산으로 전변되고 이때 유리된 질소는 pyruvate, α-ketoglutarate 혹은 glutamate와 결합하여 alanine과 glutamine을 합성한다(그림 4-2, 4-4). 근육에서의 alanine과 glutamine의 합성은 동물에게 여러 가지 장점을 제공해준다. 즉, 근육은 요소를 합성할 수 없기 때문에 산화를 위해서 아미노산을 이용하되 독성이 있는 NH_3를 방출할 필요 없이 단백질의 정상적인 대사를 가능하게 해준다. 또한 이 과정은 glucose 신생합성을 위해 쉽게 이용되는 기질을 간에게 제공해주며, 신장에는 특히 glutamine을 중화제로서 제공하게 된다. NH_3와 함께 아미노산은 문정맥에서 흡수되는데, 이 가운데 많은 양이 간으로 운송되며 나머지는 말단조직으로 이송되어 체단백질의 대사

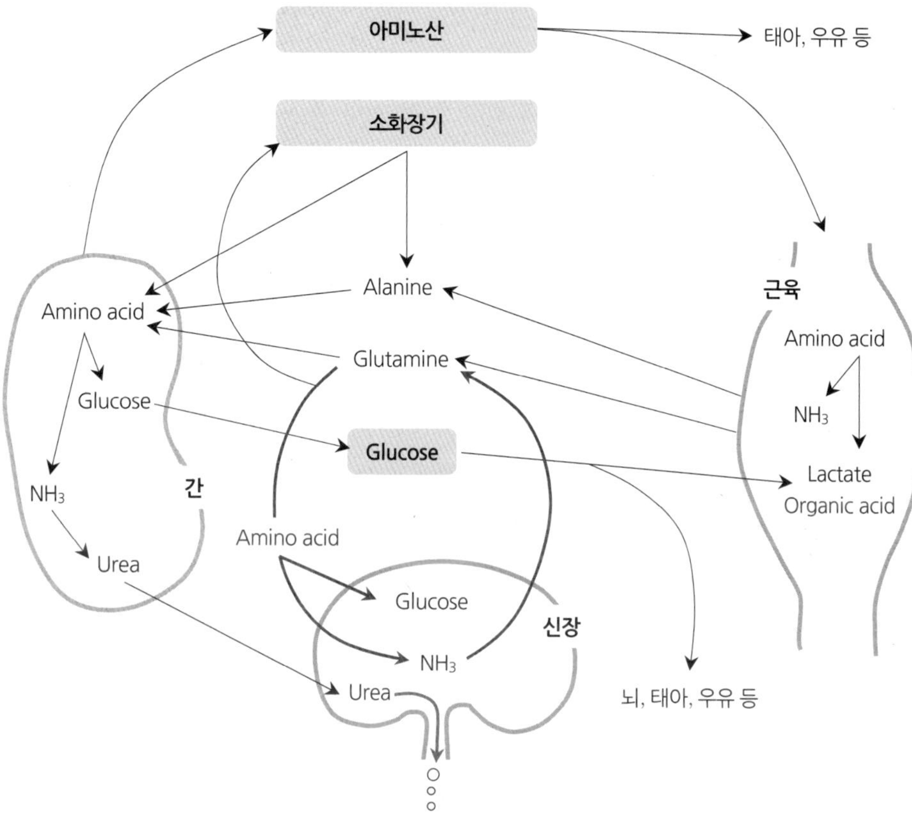

그림 4-4 아미노산으로부터의 glucose 합성 과정

를 위해 쓰인다. Alanine과 glutamine은 근육에서 지속적으로 방출되고 간에서 glucose와 요소의 합성을 위해 이용된다. 유지상태에 있는 동물은 매일 일정량의 아미노산을 필요로 하며 대부분의 아미노산은 결국 glucose와 요소로 전변된다. 사료를 섭취한 초식동물의 신장은 glutamine을 유리시키고 간에서 이용되는 glutamine의 절반 수준을 제공한다. 반면 절식하거나 산중독증(acidosis)이 발생하면 glutamine을 방출하던 신장에서 재흡수하여 NH_3가 생산되도록 하여 요를 중화시킨다. 절식 기간 동안 근육에서 glutamine과 alanine의 방출이 많아지는 것은 신장의 요구량이 증대하고 간에서의 합성 기능을 원활히 해주기 위한 것으로 보인다.

④ Lactate

소량의 pyruvate와 함께 lactate는 glucose의 혐기적 대사 과정에서 생성되며 거의 모든 세포에서 만들어질 수 있다(그림 4-2 참조). 반추동물의 경우 lactate는 소장으로부터도 흡수될 수 있다. 일반적으로 lactate의 혈중 농도는 0.5~1.0mM로 낮지만, 운동이나 O_2가 부족할 때는 5mM 내외로 증가한다. 혈중 lactate의 반감기는 8~14분으로 비교적 짧아서 glycerol과 비슷하다. Lactate는 체내의 다른 조직(보다 호기적인 상태를 유지하는 심장, 간, 신장 등)으로도 운송되어 완전 산화된다. 그러나 lactate의 주요 이용 경로는 간이나 신장에서 glucose로 전변되는 것이다. Glucose에서 lactate로, 그리고 다시 glucose로 전환되는 경로를 Cori cycle이라 하는데, 외관상으로는 glucose의 생산이 없는 것으로 보인다. 그러나 이 회로는 간과 기타 조직들과의 사이에서 에너지를 서로 교환하는데, 이 에너지는 궁극적으로 지방이나 비탄수화물로부터 유래하게 된다. 비반추동물의 경우에 10~15%의 glucose가 Cori cycle에 의해 생성되고 절식 때는 그 비율이 더 높아지는 반면, 반추동물에서는 사료의 섭취와 절식 등과 상관없이 Cori cycle로부터 glucose의 5% 이하가 생성된다. 반추동물에서 lactate는 반추위에서 생성되고, 반추위 상피세포의 propionate로부터도 생성되는데, Cori cycle에서 유래된 lactate와 달리 흡수된 lactate는 체내대사를 위한 새로운 glucose 생산에 이용된다.

⑤ Glucose 신생합성 전구물질의 상대적 기여도

표 4-2는 면양에서 건초 급여 시와 절식 시 glucose 합성 전구물질의 종류와 이용 정도를 비교한 것이다. Glucose 신생합성의 대부분(89~99%)은 간에서 이루어지고, 신장이 차지하는 비율은 10%(사료 급여 시) 또는 15%(절식 시)였다. 절식 시 신장의 역할이 높아졌으며, lactate가 glucose 신생합성의 주된 전구물질로 이용되었다. 사료 섭취 상태에서는 propionate로부터 40%의 glucose가 합성된 반면, 절식할 때에는 propionate로부터 합성되는 glucose는 거의 없고 glycerol이 propionate를 대체하였다. 아미노산으로부터 32%(사료 섭취 시) 또는 45%(절식 시)의 glucose가 합성되었으며, lactate로부터는 사료섭취 상태에서만 glucose가 합성되었다(17%).

표 4-3은 전환기 젖소의 간에서 합성된 glucose를 분만일을 기준으로 일별, 주요 전구물질별로 비교한 것이다. 전환기 젖소의 간에서 합성된 glucose의 44~66%는 propionate로부터 기인했고, 면양과는 달리 lactate로부터 합성된 glucose의 비율이 8~23%로 높았다. 또한 alanine 또는 glycerol에서 합성된 glucose의 비율은 평균 3% 미만이었다. 분만일을 중심으로 lactate의 비율이 높았는데, 섭취량과 유량이 증가함에 따라 그 비율은 낮아졌다. Glucose 신생합성에서 Glycerol과 alanine이 차지하는 비중은 분만일을 기준으로 높아졌다가 낮아지는 경향을 보였다. 젖소와 면양에서 간의 glucose 신생합성에서 각 전

표 4-2 건초 급여 또는 절식(3일간)한 면양에서의 glucose 합성의 전구물질

구분	Glucose 생산(%)	
	간	신장
사료 섭취 시		
Propionate	40	0
Glycerol	10	2
아미노산	32	2
Lactate	17	6
총합	99	10
절식 시		
Propionate	0	0
Glycerol	44	2
아미노산	45	4
Lactate	–	9
총합	89	15

Wolff와 Bergman(1972), Kaufman과 Bergman(1974), Heitmann과 Bergman(1978).

표 4-3 전환기 젖소에서 간의 glucose 신생합성에 이용되는 전구물질의 종류와 상대적 기여도

구분	분만일을 기준으로 한 glucose 생산(%)					
	-19	-9	11	21	33	83
Propionate	55.2	43.5	55.8	49.0	57.6	66.4
Lactate	18.5	22.7	21.1	16.9	15.6	8.0
Alanine	3.1	2.3	5.5	3.0	1.5	1.7
Glycerol	2.3	3.0	3.6	2.4	1.5	0.4
Triacylglycerol	-0.2	1.5	0.2	0.0	0.1	-0.1
총합	78.9	73.0	86.2	71.3	76.3	76.4

Reynolds 등(2003).

구물질의 기여도에 차이가 있는 것은 동물 종 간의 차이 또는 연구자 간 분석방법의 차이 때문인 것으로 보인다.

(4) Glucose 신생합성의 조절

간과 신장에서의 glucose 신생합성은 혈액으로부터 취할 수 있는 전구물질의 양과 미토콘드리아 막을 통과하는 전구물질의 양, 대사경로 등에 의해 조절되며 이 과정에는 여러 종류의 호르몬과 효소가 관여한다. 특히 체내 glucose의 합성에 영향을 미치는 가장 중요한 요인은 **간으로 공급되는 전구물질의 양**이다. 반추동물에서 glucose 신생합성은 사료를 섭취한 후에 증가하고 절식하면 감소하는데(비반추동물의 경우 최대의 glucose 신생합성은 절식 중일 때 일어난다), 이는 전구물질의 공급량 차이 때문이다. 반추동물의 glucose 합성의 주요 전구물질인 propionate와 아미노산들은 대부분 사료를 통해 공급된다.

지방조직과 근육으로부터 glycerol과 아미노산이 유리되는 것은 호르몬의 단기 혹은 장기적인 조절을 받는다. 혈중 glucose 농도가 떨어지면 간에서 glycogen의 분해가 일어나고 glucose가 간에서 혈액으로 방출된다. 이와 동시에 췌장에서 insulin의 분비는 감소하고 glucagon의 분비는 증가한다. 만약에 이러한 변화가 급성으로 일어나면 시상하부의 glucose 수용체가 신장에 신호를 주도록 자극하며 신장에서는 epinephrine의 분비가 증가한다. 분비가 감소된 insulin과 분비가 증가한 glucagon과 epinephrine은 glycogen의 분해를 더욱 증대시키며, 이와 동시에 지방조직에서 빠른 지방 분해를 유도하여 glycerol과 지방산을 유리시킨다. Glycerol의 공급 증가는 glucose 신생합성을 증가시키며 유리지방산은 체내 산화에 필요한 에너지원으로 이용된다. 또한 증가된 glucagon 혹은 증가된 glucagon과 insulin의 비율은 근육으로부터 아미노산의 방출을 자극하며, 추가적인 glucose 합성의 전구물질인 아미노산(특히 alanine과 glutamine)이 glucose 신생합성에 이용되도록 한다. 즉, glucagon은 근육으로부터 아미노산의 방출을 증가시키고, epinephrine과 함께 지방으로부터 glycerol의 방출을 증가시킨다. 이에 비해 insulin은 근육과 지방세포에 작용하여 전구물질들의 공급을 감소시키며, 에너지의 저장과 합성에 관여한다. 만약에 장기적인 glucose의 부족이 일어나면 보다 장기간에 걸쳐 작용하는 호르몬이 관여하게 된다. 뇌하수체에서 분비되는 성장호르몬과 부신피질자극호르몬(ACTH)이 신장에서 glucocorticoid의 분비를 증가시키고, 이러한 상태에서는 지방조직에서 많은 양의 glycerol과 유리지방산이 방출, 유지되며 근육에서도 아미노산의 방출이 증가한다. Glucocorticoid는 glucose의 이용을 억제하는 기능도 하는데 이는 체내에서 glucose를 보존하고 유리지방산과 케톤체를 산화시키도록 한다.

Glucose 신생합성 경로에는 주요 조절부위로 ① glucose를 최종 합성하는 glucose-6-phosphatase, ② fructose-1,6-bisphosphatase, ③ pyruvate로부터 oxaloacetate를 형성

하는 pyruvate carboxylase, ④ oxaloacetate에서 phosphoenolpyruvate(PEP)로의 전환을 위한 PEP carboxylase가 있다(그림 4-3 참조). 이 4곳의 조절부위는 효소의 활성이나 기타 여러 요인(사료, 절식, 비유, 운동, 임신, 호르몬의 투여 혹은 결핍 등)에 의해 영향을 받는다. Glucocorticoid와 glucagon은 이 모든 효소의 활성을 증대시키고, insulin은 이 효소들을 억제한다. Oxaloacetate는 간에서 glucose 신생합성과 acetyl-CoA의 산화를 위한 중간대사산물이기 때문에 glucose 신생합성과 지방산 대사를 연결하는 중요한 연결 고리이다. 만약에 oxaloacetate가 부족해지면 glucose의 생성이 감소하고 지방산이 CO_2로 산화되는 정도도 감소한다. 이 경우 **저혈당증**이 발생하는데, 일반적으로 가장 많이 발생하는 저혈당증은 glucose 신생합성에 필요한 전구물질들의 부족에서 연유된다.

(5) Glycogen

동물의 근육과 간에 저장되어 있는 glycogen은 양적으로 가장 중요한 탄수화물이다. 포유류의 골격근육에서 glycogen의 정상적인 평균농도는 근육량의 0.5~1%이다. 이것은 간에서의 2~8%에 비하면 낮은 수치이지만, 근육의 양이 많기 때문에 체내 glycogen의 약 80%는 근육에 존재한다. 간의 glycogen 함량은 변이가 많으나 사료 섭취 후에는 체내 glycogen의 15% 정도를 차지한다. 나머지 약 5%의 glycogen은 신장과 다른 조직에 존재한다. 간 glycogen은 사료 또는 탄수화물 섭취가 없을 때 혈당을 조절하는 주요 장치이다. 그러나 일반적으로 저장되어 있는 glycogen은 수 시간 이내에 고갈되어버린다. 간, 신장과 달리 근육과 다른 조직에서의 glycogen은 조직 자체를 위해 이용되며 농도도 비교적 안정적으로 유지된다. 조직 내의 glycogen은 호기적 혹은 혐기적으로 대사될 수 있고, CO_2로 완전히 산화될 수도 있으며 부분적으로 lactate로 대사될 수도 있다.

Glycogen은 glucose의 공급원으로서 중요한 역할을 하기 때문에 간에서의 농도는 상황에 따라 변이가 크다. 표 4-4는 젖소의 생리 상태에 따른 간 glycogen의 농도를 보여준

표 4-4 젖소의 생리 상태에 따른 간 glycogen의 농도 변화 (단위: %/간 무게)

생리 상태	채식 직후	절식 1~4일 후
비착유우	5.0	0.7
착유우	2.6	0.6
착유우(2kg glucose를 2일간 투여)	5.8	6.2
착유우(케톤증)	0.7	–

Baird와 Heitzman(1970), Treacher 등(1976).

다. 급격한 절식은 간 glycogen의 양을 간 무게의 1% 이하로 감소시키며, 혈관에 glucose를 투여하면 간의 glycogen 함량을 정상상태인 5~6%로 높여준다. 최고비유기에 있는 젖소는 많은 양의 lactose를 생산하기 때문에 glycogen 농도가 중간 정도의 수치(2~3%)를 보인다. 케톤증이 있는 소는 많은 스트레스와 적은 사료섭취로 인해 간의 glycogen 함량이 낮다. 정상적인 생리상태에서도 간의 glycogen은 빠른 속도로 회전(turning over)되어 끊임없이 생성과 분해가 일어난다. 반추동물에 있어 glycogen의 합성 및 분해 경로와 이의 조절 기작은 비반추동물과 동일하기 때문에 여기서는 생략한다.

2. 지방의 체내대사

지질(lipid) 혹은 지방(fat)으로 대변되는 지방은 기능적으로 세포나 조직의 구성성분이 되는 **구조지방**과 주요 에너지를 저장하는 **저장성 지방**로 구분된다. 구조지방의 주요 형태는 세포막에 존재하는 cholesterol, glycerophospholipid, sphingolipid 등이고, 저장지방의 대부분은 중성지방이다. Glycogen의 형태로 근육과 간에 저장되는 탄수화물성 에너지는 그 양이 제한적인 반면에 중성지방 형태의 에너지 저장은 거의 무제한적이다. 성인의 경우 전체 에너지 저장량 중 탄수화물은 1% 이하이고 지방이 80% 이상을 차지한다.

반추동물에서는 사료에 함유된 불포화지방산이 반추위 미생물에 의한 가수소작용(biohydrogenation)에 의해 포화지방산으로 전변되고 일부만 불포화지방산으로 남게 된다. 즉, 비반추동물과는 달리 반추동물에서는 사료에 함유된 지방 성분과 지방조직에 축적되는 지방의 조성이 다르다.

최근 10여 년의 연구결과에 의하면 지방조직은 위에 열거한 기능 이외에 leptin, adiponectin, ADSF/resistin 등의 호르몬과 adipsin, angiotensinogen, TNF-α, interleukin-6 등 20가지 이상의 대사 조절 인자들을 생성·분비하는 주요 내분비 기관의 역할도 한다. 여기서는 내분비적 기능에 대한 내용은 생략한다. 동물의 체내 지방대사의 전체 흐름은 그림 4-5에서 보는 바와 같다.

1) 지방의 저장과 분포

일반적으로 **저장성 지방**은 그 조성이 간단한 반면, **구조지방**(특히 뇌 등을 구성하고 있는 지방)의 조성은 매우 복잡하다. 가장 대표적인 저장성 지방은 중성지방인 반면, 주요 구조

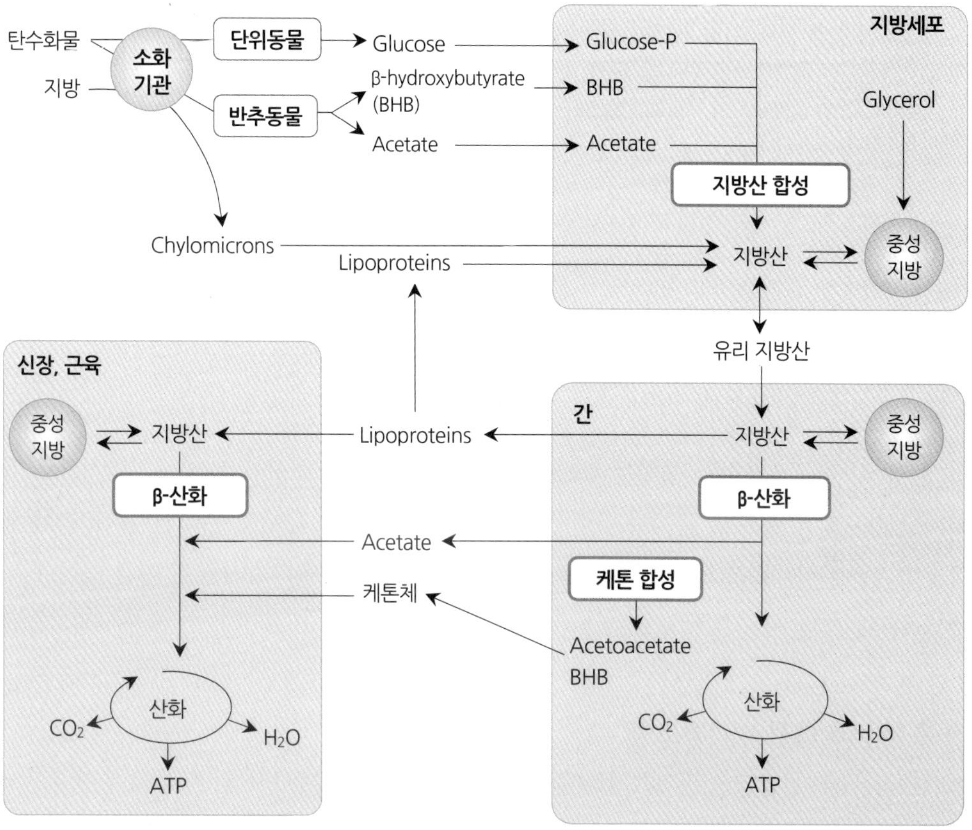

그림 4-5 동물의 체내 기관별 지방대사의 개요

지방은 세포막의 주요 구성성분인 cholesterol, phospholipid, sphingolipid 등이다. 가장 대표적인 체내 지방의 풀(pool)은 지방조직, 간, 혈액, 골격근육, 뇌와 신경조직 등이다. 지방조직은 체내 에너지의 가장 중요한 저장 형태로 성숙한 동물 체중의 10~30%를 차지한다. 건조된 지방조직의 90% 이상은 지방이며, 약 5%가 단백질이다. 지방조직의 주요 지방은 중성지방(90~98%)이며, 1~2%의 diglyceride, 그리고 1% 이하의 phospholipid와 cholesterol이 포함된다.

정상적인 간은 72%의 물, 19%의 단백질, 6%의 지방으로 구성되어 있다. 간의 지방은 50%의 중성지방, 45%의 phospholipid, 5% 내외의 cholesterol과 cholesteryl ester로 구성되어 있다. 반추동물의 간은 지방을 합성·저장·수송하는 능력이 비반추동물에 비해 떨어지는데, 혈액 중 유리지방산의 함량이 높으면 지방간이 생길 수 있고 이때 간의 중성지방 함량이 증가한다. 그러나 일반적으로 phospholipid의 절대량은 변하지 않는다.

표 4-5 동물별 혈중 지방 농도 (단위: mg/ml)

종	중성지방	유리 cholesterol	Cholesteryl ester	Phospholipid
토끼	23	11	41	71
면양	29	15	71	80
말	18	23	95	115
소	18	32	116	123
산양	35	24	125	127
인간	79	69	295	227

Leat(1983).

혈장 지방의 대표적인 형태는 cholesteryl ester와 phospholipid이다. 일반적으로 유리지방산은 낮은 농도로 존재하지만 절식상태에서는 지방조직에서 유래된 유리지방산의 함량이 높아진다. 혈중 지방 농도는 동물종마다 큰 차이를 보이며, 사람이 다른 동물에 비해 높다(표 4-5).

2) 출생 전후 동물의 지방조성

지방조직은 태아 발달 기간 중 가장 중요한 조직 가운데 하나로서 임신 후기에 대부분이 형성된다. 출생 시의 체지방량은 동물종에 따라 차이가 많은데, 사람은 체중의 16%, 기니피그는 체중의 10%, 반추동물은 체중의 2~4%, 돼지는 1% 이하로서 대부분이 체조직을 형성하는 지방이다. 출생 시 동물의 체지방은 **갈색지방**(brown adipose tissue)과 **흰색지방**(white adipose tissue)으로 구성되어 있다. 갈색지방은 체온 유지를 위한 지엽적인 열 생산에 관여하여 출생 직후 어미의 태반 속과 외부의 급격한 온도 차이에서 오는 환경적 변화에 적응하기 위해 필요한 지방이다. 지속적으로 저온에 노출시키면 갈색지방이 고갈되는데, 면양의 경우 3°C에서 2일간 절식시키면 갈색지방이 대부분 고갈된다. 출생 시 갈색지방과 백색지방의 양은 동물종에 따라 차이가 있다. 면양을 포함한 반추동물은 갈색지방이 지방조직의 대부분을 차지하지만, 토끼와 사람은 갈색지방과 백색지방이 비슷하게 분포한다. 돼지의 경우 출생 시에는 갈색지방이 거의 발견되지 않는데 이 때문에 갓 태어난 새끼돼지는 온도와 영양에 민감하게 반응한다. 젖을 먹이지 않을 경우 새끼돼지는 생존기간이 1일 정도이지만, 갓 태어난 면양은 젖을 먹지 않고도 13일, 사람은 49일 동안 생존할 수 있다. 대부분의 동물에서 출생 후 성장하면서 갈색지방은 점차 사라지게 된다. 면양의 경우 출생 후 처음 몇 주 동안 갈색지방이 점차 흰색지방으로 대체되고, 32일령이 되면 흰색지방만 남게 된다. 사람의 경우는 생후 4~6개월 이전에 갈색지방은 대부분 사라진다. 그러나 환경온도가 낮으면 갈색지방이 흰색지방으로 전환되는 것이 지연된다. 쥐의 경우 성장한 후에도 갈색지방이 존재하며 저온에 노출되면 갈색지방이 증가한다.

3) 동물의 성장과 지방조성

미성숙 지방조직은 지방을 거의 함유하고 있지 않지만, 어린 동물이 성장함에 따라 지방의 축적이 급격히 일어난다. Phospholipid 성분은 약 5%인데, 성장에 따른 변화가 거의 없다. 지방세포의 용적도 나이가 증가함에 따라 점차 증가한다. 정육(carcass) 속에 있는 지방은 수분이 감소하고 단백질이 일정한 비율을 유지함으로써 상대적으로 증가하게 된다. 정육 중의 지방은 동물이 성장함에 따라 증가하여, 과다하게 비육된 동물의 경우 약 40~50%까지 이른다. 뼈는 근육보다 먼저 성장하는 조직이며, 근육의 성장은 지방조직의 성장보다 먼저 일어난다.

소는 생후 처음 1년간은 지방 축적이 비교적 적게 일어나지만 이후 비육기에 접어들면 지방의 축적이 급격히 증가하게 된다. 또 성장 초기에는 신장과 복강에 지방의 축적이 일어나고 그 후에는 지방이 근육들 사이(intermuscular)에 축적되며, 마지막 비육 단계에는 근육내(intramuscular)에 지방의 축적이 일어나면서 마블링(marbling)이 형성된다. 마블링 상태가 높은 것은 과다한 지방축적과 연관이 매우 높으며, 특히 피하지방의 축적과 관계가 깊다. 체내 지방의 축적은 동물의 품종, 성, 영양상태(사양관리) 등에 따라 영향을 받게 된다.

4) 단쇄지방산(short-chain fatty acids)

단쇄지방산에는 formic acid, acetic acid, propionic acid, butyric acid, valeric acid 등이 있는데, 분자량이 작아 휘발성을 지니기 때문에 반추동물영양학에서는 통상적으로 VFA(volatile fatty acid; 휘발성지방산)라고 한다. VFA는 동물의 대장이나 반추동물의 반추위에서 미생물에 의한 영양소의 발효에 의해 생성되며, 특히 acetate, propionate, butyrate가 주로 생성된다. 반추동물에 있어 반추위에서 생성된 VFA는 동물 에너지 요구량의 50% 이상을 제공하고 있다. VFA의 반추위내 생성량과 흡수는 섭취하는 사료의 종류에 따라 영향을 받게 된다.

전체 VFA 생산의 60~70%를 차지하는 acetate는 구조적인 변화 없이 혈관으로 들어가서 체내의 acetate와 섞이게 된다. 혈청 중에는 acetate가 전체 VFA의 90%를 차지하고

표 4-6 반추동물 혈중 acetate의 체내대사[1)]

동물	처리	체중 (kg)	농도 (μmol/L)	유입량 (mmol/h · $kg^{0.75}$)	반감기 (분)	산화 (% CO_2 배출)
소	낮은 조사료	454	833	18	0.45	19
비유소	높은 조사료	454	1,233	32	0.38	34
면양	사료급여 1일 절식	40 37	1,000 470	11 6	0.48 0.41	32 22

[1)] 반추동물의 혈액이 몸무게의 5%임을 가정한 것임.
Annison 등(1974).

있다. 대부분의 acetate는 에너지 생성과 지방 합성을 목적으로 이용된다. 사료를 섭취한 반추동물의 혈중 acetate는 1 mmol/L 정도로서 반추위내 acetate의 1~1.5% 수준이다(표 4-6). 케톤증에 걸린 소는 혈중 acetate의 농도가 3.33 mmol/L까지 증가할 수 있다. 착유우의 경우 혈액으로 유입된 acetate의 약 절반은 에너지 생산 목적으로, 그리고 나머지 절반은 생합성 목적으로 이용된다. 반추위로부터의 유입을 제외한 체내 acetate의 생성원과 turnover는 명확하지 않지만 유리지방산 혹은 중성지방으로부터 생성되기도 한다. 면양이 절식하면 acetate의 혈액 유입 및 농도는 감소하고(표 4-6), 이 가운데 약 80%가 체내 합성으로 생성되고 20%는 간에서 유래된 것으로 추정된다. 반추동물에서는 비유중인 산양의 유선뿐만 아니라 면양의 심근육에서도 acetate가 생성된다.

Propionate, iso-butyrate, valerate 등은 glucose 합성의 원료로 이용될 수도 있지만 대부분의 경우 propionate만이 실질적으로 이용된다. 문맥으로 들어간 propionate의 대부분은 간에서 glucose 신생합성에 이용된다. Valine으로부터 유래된 iso-butyrate도 glucose의 신생합성을 위해 쓰일 수 있지만 대부분의 사양조건에서는 소량만이 생성되므로 큰 의미는 없다. Butyrate와 iso-valerate는 일반적으로 많은 양이 혈류로 들어가지 않지만 이들 상당 부분이 반추위내 상피세포를 통과하면서 케톤체로 전변되는데, butyrate는 D(-)3-hydroxybutyrate(BHB)로, iso-valerate는 acetoacetate와 acetone으로 전변된다. 반추위 상피세포에서 전변되지 않고 남은 butyrate는 간에서 케톤체로 전변된다.

5) 장쇄유리지방산(long-chain free fatty acids)

혈중 유리지방산의 대부분은 지방세포조직으로부터 유래되고, 반추위 상피세포로 흡수된 사료 유래 중쇄지방산(C6-C12)이 일부 포함된다. 반추동물과 돼지는 대부분의 지방산(90% 이상)이 지방조직에서 합성된다. 이들 지방조직에서 지방분해작용의 결과로 유리된 지방이 이동하여 혈액으로 유입되는 것이다. 유리지방산의 대부분은 albumin과 결합되어 있지만 일부(특히 면양의 경우)는 LDL(low density lipoprotein)과 결합되어 있다.

혈중 유리지방산의 조성은 생리적인 상태, 지방조직의 활성 정도, 소화장기에서의 흡수 등에 따라 차이가 있다. 특히 고능력 젖소의 경우 비유 초기에 에너지 음균형 상태가 발생하여 혈중 유리지방산의 농도가 높아지는데, 과도한 혈중 유리지방산은 지방간(fatty liver)이나 케톤증을 유발할 수 있다.

혈중 유리지방산의 조성을 면양과 젖소에서 비교해보면, 면양은 palmitic acid, stearic acid, oleic acid가 전체 유리지방산의 84%를 차지하고 홀수 지방산도 약 10%를 함유하고 있다. 고능력 젖소의 경우 palmitic acid, stearic acid, oleic acid가 68%, linoleic acid가 18.6% 정도를 차지한다고 한다.

6) 반추동물의 체내 지방산 회전 및 산화율

비반추동물과 달리 반추동물은 glucose가 산화(즉 CO_2 생산)에 기여하는 정도는 아주 미미하다. 따라서 에너지 공급을 위해 지방산이 지속적으로 제공되어야 하며, 혈중 유리지방산과 glucose의 농도는 서로 역의 상관관계를 나타낸다(그림 4-6).

반추동물에서 유리지방산의 농도가 가장 낮을 때는 사료급여 3~4시간 후이며, 가장 높은 시기는 아침 사료를 급여하기 직전이다. 비반추동물에 비해 반추동물은 영양소가 지속적으로 장에 흡수되므로 단위동물에 비해 유리지방산의 혈중 농도는 비교적 일정하고, 낮다. 예를 들어 비반추동물인 돼지의 경우 사료 섭취 후 유리지방산의 농도는 330μmol COOH/L이지만 16시간 절식 후에는 1,080 μmol COOH/L까지 증가한다. 반면, 일반적으로 사료를 섭취한 면양의 혈중 유리지방산의 농도는 100~200 μmol COOH/L이며, 절식 24시간 후에는 약 500 μmol COOH/L까지 증가한다. 절식에 의해 혈중 지방산이 증가하지만 전체 풀의 크기는 여전히 작은 상태를 유지한다. 만약 비유, 임신 후기 등 생리적 상태에 따라 에너지 요구량이 증가하면 유리지방산의 수준도 1,000~2,000 μmol COOH/L로 증가하게 된다. 유리지방산은 에너지 요구량의 충족에 주로 이용되고(3분의 2 정도), 나머지 산화되지 못한 지방산은 acetate나 지단백질(lipoprotein) 등으로 전환되어 지방으

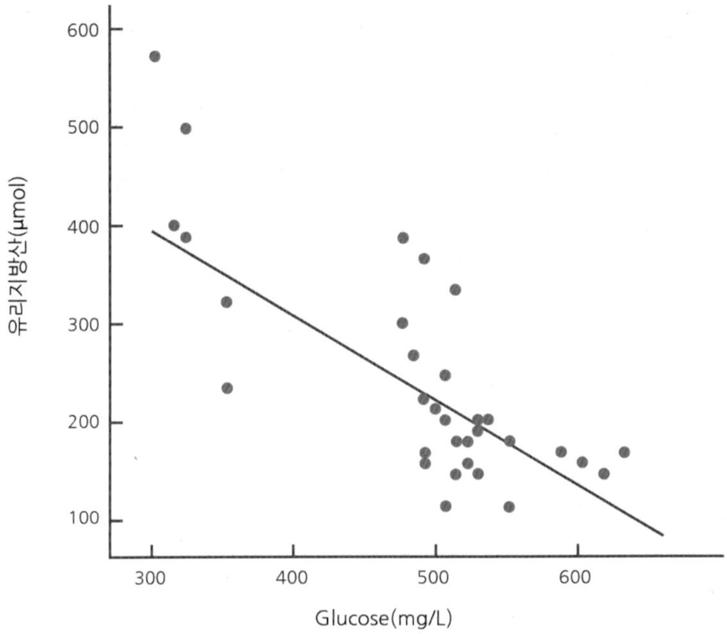

그림 4-6 면양에서 혈중 유리지방산과 glucose의 상관관계 (Gunzel과 Giesecke, 1974)

로 축적된다.

영양상태, 사료의 종류, 생리적 상태(임신, 비유 등), 품종, 개체 차이 등의 요인들이 지방산의 대사량에 영향을 미친다. 비유중인 550kg의 젖소를 이용한 실험의 경우 1일 유리지방산의 대사량은 정상적인 사양조건하에서는 약 2kg(80 MJ 혹은 19 Mcal)이지만, 3~4일 동안 절식시키면 약 9kg(355 MJ 혹은 85 Mcal)으로 증가하였다. 조사료 위주의 사료를 급여받은 젖소의 경우 palmitic acid의 유입률이 1.0 mmol/(h · $kg^{0.75}$)이며, 조사료를 적게 섭취한 젖소는 0.35 mmol/(h · $kg^{0.75}$)이었다고 한다. 동물의 생리적인 상태도 지방산의 대사량에 영향을 주어 예컨대 임신 후반기와 비유기간에는 많은 에너지가 요구되기 때문에 혈중 유리지방산과 glucose의 급격한 변화가 일어난다. 면양의 경우 분만 후 약 60일, 고능력우는 분만 후 약 1개월이 넘도록 유리지방산의 농도가 높게 지속된다. 유리지방산은 분만 전에 비해 분만 후에는 약 5배 정도 증가하나, glucose의 수준은 오히려 감소한다. 혈중 유리지방산의 농도는 영양적인 요인보다도 호르몬의 변화가 더 큰 영향을 미치는 것으로 보인다. 면양의 경우 유리지방산의 농도는 겨울과 봄에 가장 낮고(100~200 μmol COOH/L), 여름과 가을에 높다(최고 600 μmol COOH/L).

동물에 따라서 우선적으로 산화에 이용하는 지방산의 종류는 차이가 있다. 면양을 1~3일 동안 절식시키면 유리지방산 중 oleic acid보다 palmitic acid를 우선적으로 산화시키고, 반대로 돼지는 oleic acid를 먼저 산화시킨다. 에너지 요구량이 매우 높은 상태에서는 유리지방산의 유입률과 유리지방산으로부터 CO_2의 생산이 약 2배로 증가한다. 따라서 절식한 면양에서는 유리지방산 유래 CO_2 생산이 35~40%까지 높아지며, 돼지의 경우 16시간 절식시키면 유리지방산 유래 CO_2 생산이 25% 정도이지만 절식 기간을 연장하면 이 수치는 40%까지 높아질 수 있다.

7) 조직 및 기관에서의 지방대사

유리지방산은 간에서 흡수되며, 또 이곳에서 중성지방으로 전변되거나 다른 기관으로 운반되기 위해 지단백질로 전변된다. 간은 유리지방산을 완전히 CO_2로 산화시키거나, 케톤체 또는 acetate로 전변시키기도 한다. 착유우의 경우 흡수된 약 1.2mol의 지방산 중 약 0.07mol(6% 내외)이 간에서 매일 산화되고 0.15mol(13% 내외)은 근육에서 산화된다. 대사물이 분해(catabolic)되는 생리상태에서는 간에 흡수된 많은 양의 유리지방산은 케톤체로 전변된다. 즉, 절식한 면양은 정상적으로 사료를 섭취한 면양에 비해 지방산에서 유래된 케톤체(β-hydroxybutyrate)의 비중이 더 증가하며, 간에서 흡수된 유리지방산의 약 70%가 케톤체로 변하는 때도 있다. 간에서 케톤체가 생성되는 것은 생리적으로 매우 중요한데, 이는 지방산은 혈중 albumin 혹은 carnitine과 같은 운반체를 필요로 하지만 케톤체는 이런 것 없이도 쉽게 용해되어 기질로 이용되기 때문이다. 24시간 절식한 면양은 β-hydroxybutyrate가 전체 CO_2 생산(산화)의 2~8%를 차지하며, 케톤증일 경우는 약 20%를 상회할 것으로 추정된다.

신장과 심장에서 유리지방산은 대부분 에너지원으로 이용된다. 그러나 반추동물의 유선조직에서는 에너지원이나 지방 합성의 전구물질로 이용되지 않으며, 유리지방산보다는 β-hydroxybutyrate를 우선적으로 이용한다. 비반추동물과 달리 반추동물은 케톤체가 정상적인 혈중 성분이지만, 반추동물의 뇌에서는 그 이용성이 매우 낮은 대신에 glucose가 중요한 에너지원이 된다.

8) 지방의 합성(lipogenesis)과 분해(lipolysis)

(1) 지방의 합성

전구물질(glucose 또는 acetate)로부터 지방산을 합성하는 과정을 **지방 합성 과정**이라 하고, 넓은 의미에서는 중성지방의 형성까지를 포함한다. 지방산을 합성하기 위해서는 전구물질인 NADPH와 ATP가 필요하다. NADPH와 ATP는 주로 glucose 또는 acetate의 산화에 의해 생성된다.

표 4-7에는 각 동물별 주요 지방산 합성 장소와 지방산 합성을 위한 전구물질을 정리하였다. 사람과 쥐는 지방산의 제1합성 장소가 간인 반면에 반추동물, 돼지, 개, 고양이는 지방세포이다. 지방산 합성의 주요 전구물질도 동물에 따라 다른 양상을 보여서 반추동물은 acetate인 반면에 사람, 쥐, 돼지에서는 glucose이다.

지방산 합성 과정의 몇 가지 사항을 정리하면, ① 지방산의 합성은 세포질에서 일어나고, ② 지방산 합성의 시작물질은 acetyl-CoA이고, ③ acetyl-CoA가 지방산의 탄소고리를 연장하는 데 이용되기 위해서는 우선 acetyl-CoA carboxylase에 의해 malonyl-CoA로 전변되어야 하고, ④ fatty acid synthase에 의해 탄소 고리가 2개씩 증가하면서 지방산이 합성된다. 여기서 또 중요한 것은 ⑤ 한정된 물질만이 미토콘드리아의 막을 통과할 수 있고, 따라서 세포질과 미토콘드리아에서 일어나는 반응이 서로 다르게 연결되어 있다는 점이다.

우선 glucose를 이용한 지방산 합성 경로를 설명하고자 한다. 그림 4-7에 나타난 바와 같이, glucose가 지방산 합성의 기질로 사용될 때에는 해당과정을 통해 생성된 pyruvate가 미토콘드리아로 이송된 후 pyruvate dehydrogenase에 의해 acetyl-CoA로 전환된다.

표 4-7 동물별 주요 지방산 합성 장소와 전구물질

동물	지방산 합성 장소			지방산 합성의 전구물질
	제1장소	제2장소	기타	
소/양	지방세포	유선	근육	Acetate
사람	간	지방세포	유선, 근육	Glucose
쥐	간	지방세포	유선, 근육	Glucose
돼지	지방세포	–	유선, 근육	Glucose
개/고양이	지방세포	간	유선, 근육	Acetate/Glucose

Bergen과 Mersmann(2005).

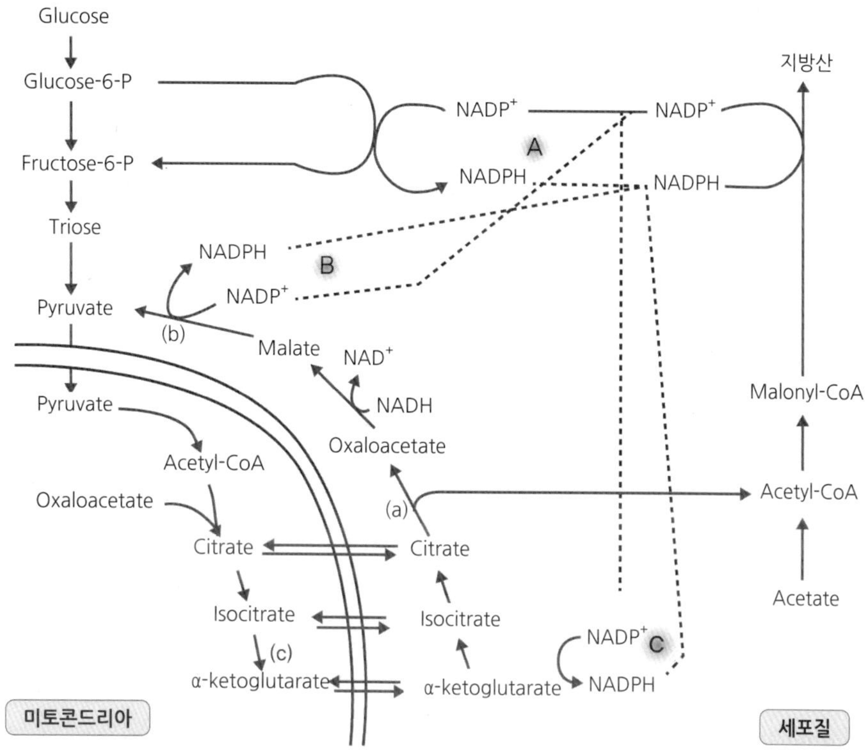

그림 4-7 지방산 합성과 NADPH 생성의 대사경로 (Bauman 등, 1973)

미토콘드리아의 acetyl-CoA는 mitochodrial citrate synthase에 의해 oxaloacetate와 결합하여 citrate를 형성하는데, 이 citrate는 미토콘드리아 막을 통과하여 세포질로 이동한다. 세포질의 citrate는 세포질의 ATP-citrate lyase에 의해 oxaloacetate와 acetyl-CoA로 나뉜다. 이때 형성된 acetyl-CoA가 세포질에서 지방산 합성원으로 이용된다. 지방산 합성을 위해 필요한 NADPH는 ① 5탄당 인산회로(pentose phosphate pathway, A), ② 세포질의 malate가 pyruvate로 전변되는 반응(B), ③ 세포질의 isocitrate가 α-ketoglutarate로 전변되는 반응(C) 등 3가지 대사경로에 의해 생성된다(그림 4-7).

반추동물의 지방 합성 대사는 glucose를 이용한 지방산 합성 경로와는 매우 다르다. 반추동물의 지방세포와 유선에서는 ATP-citrate lyase(a)의 활성도가 매우 낮다. 따라서 세포질의 citrate가 oxaloacetate와 acetyl-CoA로 분리될 수 없으므로 glucose로부터 세포질 acetyl-CoA를 생성하지 않고, acetate를 이용하여 지방산 합성에 쓰일 acetyl-CoA를 생성한다. 에너지가 많이 소모되는 체내의 glucose 신생합성을 통해 glucose를 합성하는 반추동물로서는 지방산 합성에 glucose를 이용하는 대신 반추위 발효 과정을 통해 풍부하게 공급받는 acetate를 이용해 지방산을 합성하는 것은 당연한 일이라고 할 수 있다. 또 반추동물은 세포질에서 malate를 pyruvate로 전변하는(B) NADP malate dehydrogenase(b)의 활성이 매우 낮다. 따라서 이 반응을 통해 NADPH를 생성하지 않고, 5탄당 인산회로(pentose phosphate pathway, A)와 세포질의 isocitrate가 α-ketoglutarate로 전변되는 반응(C)을 통해 NADPH를 생성한다.

(2) 지방의 분해

지방세포에서 중성지방(triacylglyceride)이 가수분해되는 과정을 **지방 분해**라 한다. 이 과정은 **세포질**에서 일어나며, 지방분해효소에 의해 중성지방이 지방산과 glycerol로 분해된다(그림 4-8). 분해된 지방산은 세포내 지방산 풀 또는 세포외 유리지방산 풀로 유입된다. Glycerol은 glycerol kinase가 지방세포에 없기 때문에 재이용될 수는 없으며 혈액에 의해 간으로 운송되어 대사된다. 중성지방의 분해는 triglyceride lipase, diglyceride lipase, monoglyceride lipase 등 3가지 지방분해효소에 의해 일어난다.

반추동물의 지방조직에서 일어나는 지방 분해는 호르몬이나 기타 영양적인 요인에 의해 조절된다(그림 4-8). 지방세포에 있는 불활성형 lipase는 protein kinase의 작용에 의해 활성화되는데, 이 kinase는 cyclic AMP에 민감하게 반응한다. 따라서 지방 분해의 활성도는 지방세포의 adenylate cyclase system에 영향을 미치는 호르몬에 의해 좌우된다. Epinephrine과 norepinephrine은 지방의 분해를 촉진한다. 소의 혈중 epinephrine 농도는 0.001~0.1μg/mL로서 변이가 크다. 동물이 스트레스를 받게 되면 epinephrine의 분비가 증가하여 지방의 분해가 촉진된다. Insulin은 지방조직의 cyclic AMP 수준을 떨어뜨리기 때문에 지방 분해를 억제하는 역할을 한다. Glucagon은 토끼와 조류 등에서는 지방 분해를 촉진하지만 반추동물의 지방조직에서는 활성이 없는 것으로 알려져 있다. 성장호르몬도 지방조직으로부터 지방산과 glycerol의 방출을 촉진한다.

지방조직으로부터의 호르몬에 의한 자극뿐만 아니라 지방조직의 기초분해율, 유리지방산의 재에스테르화(re-esterification)율, 유리지방산의 albumin과의 포화 정도 등에 따라 영향을 받는다. 지방 분해의 산물인 지방산과 glycerol은 혈액으로 방출되는데, 유리된 지방산은 혈중 albumin과 결합하여 체내 모든 조직으로 운반되고 그곳에서 에너지 생산을 위해 산화 또는 이용되고, glycerol은 간으로 운반되어 중성지방 합성 혹은 glucose 신생합성에 이용된다. 특히 소의 지방조직으로부터 유리지방산의 방출에 대한 조사를 보면,

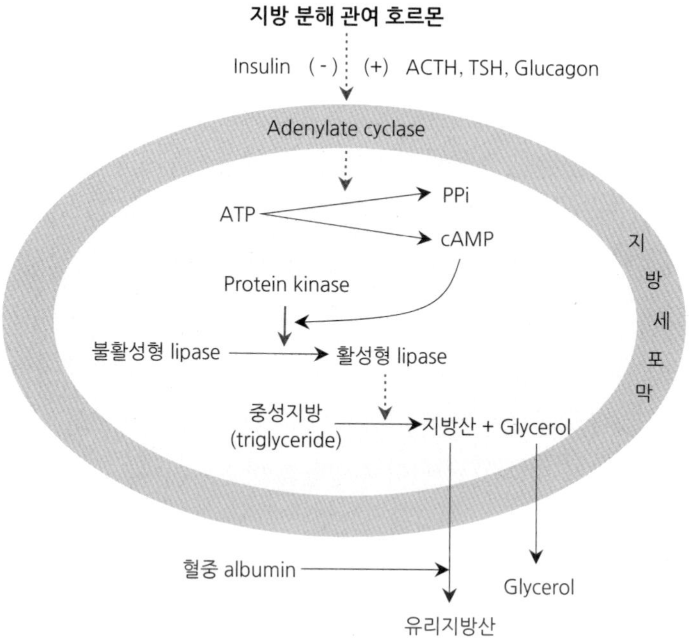

그림 4-8 지방세포에서의 지방 분해 과정

지방조직으로부터 지방산의 방출은 유리지방산과 albumin의 비율이 0.1에서 7까지 점차적으로 증가함에 따라 억제되고, 1분자의 albumin에 7개의 지방산이 결합할 수 있기 때문에 이 비율이 4 이상일 때는 유리지방산의 방출은 상당히 억제된다. 따라서 유용 가능한 albumin의 양이 지방조직으로부터 지방산의 유리(방출)에 큰 요소로 작용한다. 반추위 상피세포에서 생산되는 케톤체인 3-hydroxybuytrate도 지방의 분해를 억제하는 물질로서 피드백 기작의 일환으로 작용하는 것으로 보인다. 혈중 유리지방산의 농도가 증가하면 지방 합성은 감소한다.

지방산을 이용해 에너지를 생성하기 위해서는 주로 세포의 미토콘드리아와 peroxisome에서 일어나는 β-산화의 과정을 거쳐야 한다. 반추동물의 지방산 산화는 비반추동물의 대사와 동일하기 때문에 생략한다.

3. 단백질 및 질소화합물의 체내대사

단백질은 생물의 조직을 구성하는 기본 성분으로, 동물의 성장 및 생산과 밀접한 관계를 지닌다. 일반적으로 성장 중인 동물의 체중과 체단백질의 변화는 거의 일직선에 가까운 양(+)의 상관관계를 가지고 있다. 성숙한 동물의 단백질 함량은 체중의 15~28%인데(그림 4-9), 이 수치에는 총근육질소의 10%를 차지하고 있는 비단백태 질소화합물(NPN)을 포함한 것이다. 다른 모든 체내 구성 성분과 마찬가지로 단백질도 분해와 재합성이 지속적으로 일어난다. 따라서 체축적 단백질의 양은 아미노산의 공급량과 단백질의 회전율 또는 대사율(turnover rate)에 의해 결정된다. 이러한 단백질의 체내 회전(turnover)은 동물의 생리적 상태, 나이, 영양 등 많은 요인에 의해 영향을 받는다. 생체내 단백질 대사 과정에는 단백질 합성, 에너지 발생(산화), 비단백질 물질(glucose, 호르몬, 핵산 등)의 합성 등이 있다.

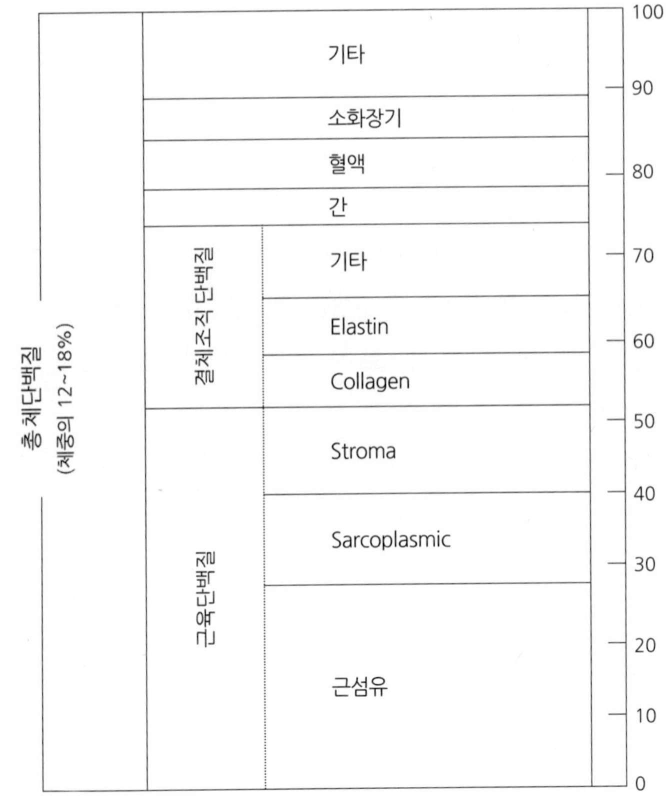

그림 4-9 성숙한 동물의 체내 단백질 분포

1) 단백질/질소화합물 대사

(1) 체단백질의 변화

섭취된 사료단백질은 소화기관에서 아미노산의 형태로 소화·흡수되어 체내에서 효소와 체조직 합성(유지, 성장) 및 우유, 털, 가죽 생산 등 다양한 목적에 이용된다. 아미노산은 비필수아미노산을 합성하는 데 이용되고, 산화되어 에너지를 발생시키거나 glucose와 체지방 합성을 위한 원료로 사용되기도 한다. 아미노산의 분해로 생성된 NH_3는 요소회로(urea cycle)를 거쳐 요소로 합성된 후 배설되거나 재흡수되어 반추위 미생물의 질소공급원으로 이용된다(그림 4-10). 모든 체조직의 구성 성분과 마찬가지로 단백질도 지속적으로 분해와 재합성이 일어난다. 체단백질의 대사율은 개체의 나이와 영양상태의 영향을 받으며, 각 체단백질 풀에 따라 다르다. 예를 들어 간과 소화장기의 단백질의 대사율은 각각 14.3~23.3%/일과 28.1~47.4%/일로 근단백질에 비해 10~30배 높다. 하지만 근단백질이 차지하는 풀 크기가 가장 크기 때문에 전체 체단백질의 대사율은 근단백질의 대사율과 유사하다. 간과 소화장기의 단백질 풀의 크기는 작지만 단백질 합성 속도가 빨라서 체단백질

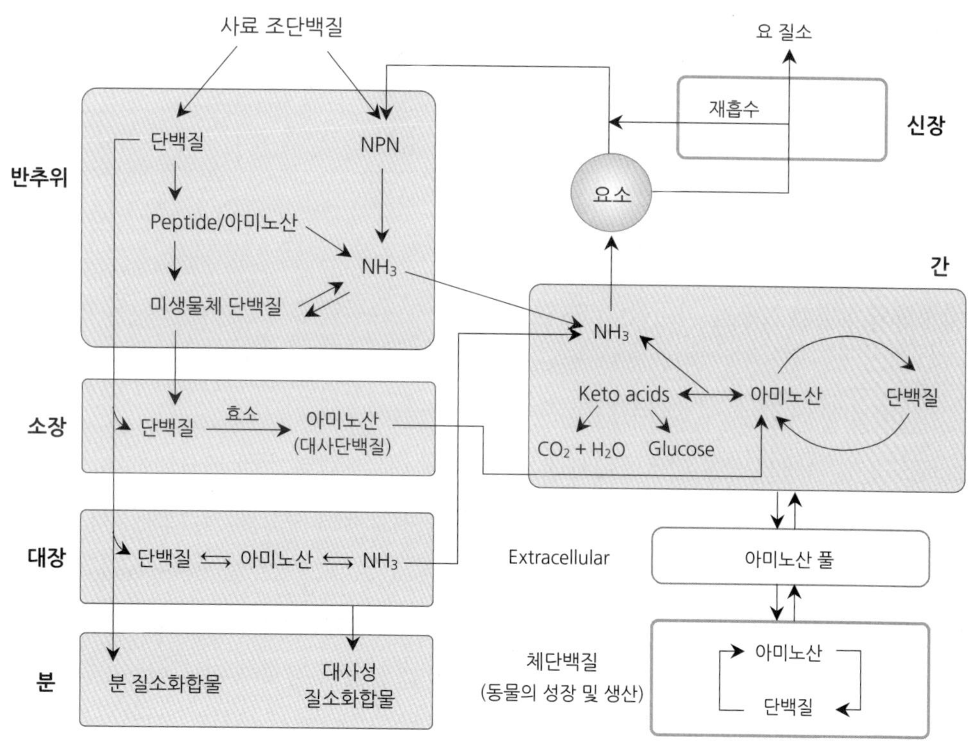

그림 4-10 반추동물의 질소화합물 대사 과정 모식도

표 4-8 소의 주요 조직별 단백질 합성과 조성

단백질 종류	구분	Hereford × Friesian 처녀우 (10.5개월령/263kg)	Friesian 경산우 (8년생/628kg)
근 단백질	풀 크기(kg)	17.3	48.0
	합성량(kg/일)	0.37	0.44
	전체중 비율(%)	14	17
	대사율(%/일)	2.1	0.9
간 단백질	풀 크기(kg)	0.6	1.4
	합성량(kg/일)	0.14	0.20
	전체중 비율(%)	5	8
	대사율(%/일)	23.3	14.3
소화장기단백질	풀 크기(kg)	1.9	4.8
	합성량(kg/일)	0.90	1.35
	전체중 비율(%)	33	54
	대사율(%/일)	47.4	28.1
가죽 단백질	풀 크기(kg)	7.4	11.3
	합성량(kg/일)	0.35	0.44
	전체중 비율(%)	13	17
	대사율(%/일)	4.7	3.9
기타	합성량(kg/일)	0.95	0.09
	전체중 비율(%)	35	4
합계	합성량(kg/일)	2.71	2.52

Lobley 등(1978).

합성량의 상당한 부분을 차지한다(표 4-8).

(2) 단백질 합성(protein synthesis)

단백질 합성 과정은 세포핵막 안에서 유전체의 DNA를 모체로 하여 전사체인 mRNA가 만들어지고, 그 mRNA는 핵막을 통과하여 세포질로 이동하는 것으로 시작된다. 세포질에서 mRNA가 소포체(ribosome)와 결합하면 mRNA에 있는 유전정보(genetic code)에 따라 tRNA(아미노산 운반체)는 해당 아미노산을 소포체로 이동시켜, 주어진 유전정보의 순서대로 polypeptide(단백질)를 합성한다. 이때 단백질 합성에 필요한 모든 아미노산은 동시에 존재해야 하며 필요한 아미노산이 하나라도 부족하면 단백질 합성은 중단된다. 단백질 합성에 대한 보다 구체적인 내용은 제2절 '영양과 유전자'에서 언급한다. 근육세포에서 단

표 4-9 쥐와 면양에서 체단백질의 성장기여도와 근육단백질 합성률

종	나이	총체단백질의 성장기여도(%)[1]	근육단백질 합성률(%)[2]
쥐	23일	6.5	29
	46일	3.0	16
	65일	1.7	12
	130일	0.7	5
	330일	0.3	4
면양	1주	5.5	25
	5주	1.6	12
	10주	0.7	3
	16주	0.5	4

[1] 총체단백질 중에서 일일 실제 단백질 증가량(합성량 - 분해량)이 차지하는 비율.
[2] 총단백질 합성 중에서 근육에서 합성되는 단백질 비율.
Lobley 등(1978).

백질 합성의 주 조절요소는 RNA 수준, 전사율(transcription rate), 아미노산, 이용 가능한 ATP 등이다. 간세포에서도 RNA의 함량이 단백질 합성의 가장 주요한 조절요소이다. 간에서 에너지와 기질의 공급 수준은 정상적인 사양조건에서는 단백질 합성의 제한요소가 되지 않지만, 불량한 사양조건(절식)에서는 단백질 합성의 제한요소로 작용한다.

단백질 합성률은 출생 초기에는 매우 높지만 이후 시간이 지남에 따라 급격히 낮아지며, 이러한 변화는 모든 동물에서 동일하다(표 4-9). 1주령이 된 면양의 경우 단백질의 성장 기여도가 1일 5.5%로 비교적 높지만, 5주령이 되면 1.6%로 낮아진다. 성장이 완료된 동물에서도 손실된 조직을 보충하고 생명현상을 유지하기 위해 계속적인 단백질의 합성과 분해가 일어나야 한다. 이와 같이 단백질의 지속적인 합성을 위해서는 체내 단백질의 분해로 생성된 아미노산을 재합성에 이용해야 하며, 부족한 양은 사료단백질의 형태로 외부에서 공급해주어야 한다. 그러나 과잉 공급된 단백질은 체내에 축적되지 않고 탄소골격이나 NH_3로 분해, 산화되어 에너지원으로 이용되거나 요소로 배출된다. 따라서 필요량보다 많은 단백질을 공급하는 것은 경제적 손실을 초래할 수 있다.

반추동물의 경우 반추위에 서식하는 미생물의 단백질분해효소에 의해 사료단백질이 분해되어 아미노산 혹은 NH_3로 변한다(그림 4-10 참조). 따라서 반추동물에게 사료단백질뿐만 아니라 반추위에서 합성된 미생물체 단백질도 아미노산의 좋은 공급원이 될 수 있

다. 사료 또는 미생물 유래 단백질은 소장에서 아미노산의 형태로 소화·흡수되는데 이를 **대사단백질**(metabolisable protein; MP)이라고 한다. 흡수된 아미노산들은 간에서 단백질 합성에 이용되거나 산화 혹은 glucose 신생합성에 이용되기도 하며, 세포외액 풀(extracellular pool)에 유입된 아미노산들은 근육, 결체조직, 지방조직, 기타 조직에서 단백질 합성에 이용된다.

(3) 단백질 분해(proteolysis)

체단백질의 양은 단백질의 합성과 분해 사이에 일어나는 평형의 결과이다. 위에서 언급했듯이 단백질의 연속적인 분해와 생합성을 **단백질 회전**이라 한다. 사람의 경우 하루에 전체 체단백질의 약 1~2%가 새롭게 합성되고 분해된다. 이때 유리된 아미노산의 75~80%는 다시 단백질 합성에 이용되고 나머지 20~25%는 요소로 전변되어 체외로 배출된다. 단백질의 분해는 세포내 주요 조절효소, 호르몬과 그 수용체들의 농도 등에 의해 조절된다.

정상적인 생명현상을 유지하기 위해서는 비정상적인 단백질이나 노화된 단백질을 지속적으로 분해하여 체내에 축적되는 것을 방지해야 한다. 한번 생성된 단백질은 언젠가는 분해되어 제거되어야 한다. 이때 특정 단백질의 양이 50% 분해되는 데 필요한 시간을 **반감기**(half life)라고 한다. 단백질마다 생리적인 요구 정도에 따라서 그 반감기가 다르다. 결체조직 단백질인 collagen과 같은 구조단백질은 반감기가 몇 년으로 길며, tryptophan oxygenase, HMG-CoA reductase 등과 같은 조절 효소(regulatory enzyme)의 반감기는 짧다(표 4-10). 단백질 분해는 **단백질분해효소**(protease)에 의해서 일어나며 소화기관과 마찬가지로 간에 있는 단백질분해효소들도 endoenzyme과 exoenzyme으로 나눈다. Endoenzyme은 단백질을 보다 작은 크기인 peptide로 분해하고, exoenzyme은 분해된 peptide를 아미노산 단위까지 분해한다. 간에 있는 주요 endopeptidase로는 cathepsin B와 D가 있으며 이들 모두 lysozyme에 있다. 이들의 주요 기질은 albumin을 포함한 간세포 내의 단백질들이다. 간에 존재하는 주요 exopeptidase에는 aminopeptidase B와 alanine aminopeptidase가 있으며 이들은 세포질에 있다. 이들 효소들은 peptide의 N-말단 아미노산을 절단한다.

단백질의 N-말단잔기는 단백질 분해에 매우 민감하다. 즉, 단백질의 N-말단에 있는 아미노산의 종류에 따라 단백질의 분해속도에 차이가 난다. 예를 들면, methionine과 alanine을 N-말단잔기로 갖고 있는 단백질은 leucine이나 lysine을 가진 단백질보다 반감기가 더 길다. 또한 특정 아미노산을 갖고 있는 단백질도 분해속도가 빠르다. 예를 들면,

표 4-10 단백질 종류에 따른 반감기

단백질	반감기(시간)
Ornithine decarboxylase	0.5
Tyrosine aminotransferase	2
Tryptophan oxygenase	2
HMG-CoA reductase	2
PEP carboxykinase	5
Arginase	96
Lactate dehydrogenase	100
Cytochrome	100
Aldolase	118
Glyceraldehyde-3-phosphate dehydrogenase	130
Hemoglobin	2,880

proline, glutamate, serine, threonine 등의 아미노산이 많은 단백질은 속히 분해시켜야 할 대상이 된다. 산화효소 등의 공격에 의해 변형된 아미노산 잔기도 단백질 분해를 증진시킨다. 단백질분해효소에 의해 분해된 아미노산들은 체단백질 합성에 재이용되거나, 탈아미노반응(deamination)을 거쳐 NH_3로 분해되고, 아미노전이반응(transamination)을 거쳐 다른 아미노산으로 전변되기도 한다.

(4) 요소의 형성(ureagenesis)

Glucose 신생합성, 케톤체 형성, 산화 등을 위해 간에서 아미노산들이 이용될 때 생성되는 아미노(amino) 그룹들은 요소로 전변된다. 따라서 총요소생산량은 아미노산의 생체내 산화 정도를 측정하는 수단이 되기도 한다. 요소의 생성은 **요소회로**를 통해 일어난다. 간에서 특정 아미노산의 분해 혹은 glutamate의 α-ketoglutarate로의 전환에 의해 생성된 NH_3는 간의 미토콘드리아에서 carbamoyl phosphate로 전환되고 ornithine과 결합하여 citrulline이 된다. 미토콘드리아의 citrulline은 세포질로 이동하여 aspartate와 결합하여 argininosuccinate가 되는데, 요소 합성에 필요한 또 하나의 질소 원자는 aspartate로부터 온다(그림 4-11). Aspartate는 transamination을 통해 oxaloacetate가 특정 아미노산으로부터 아미노기(NH_3^+)를 전달받아 생성된다. 요소회로에서 aspartate의 탄소골격은 fumarate의 형태로 요소회로를 떠나 NADH을 이용하면서 다시 oxaloacetate를 생성한다. 요소회로 관련 주요 효소는 ornithine transcarbamoylase, argininosuccinate synthetase,

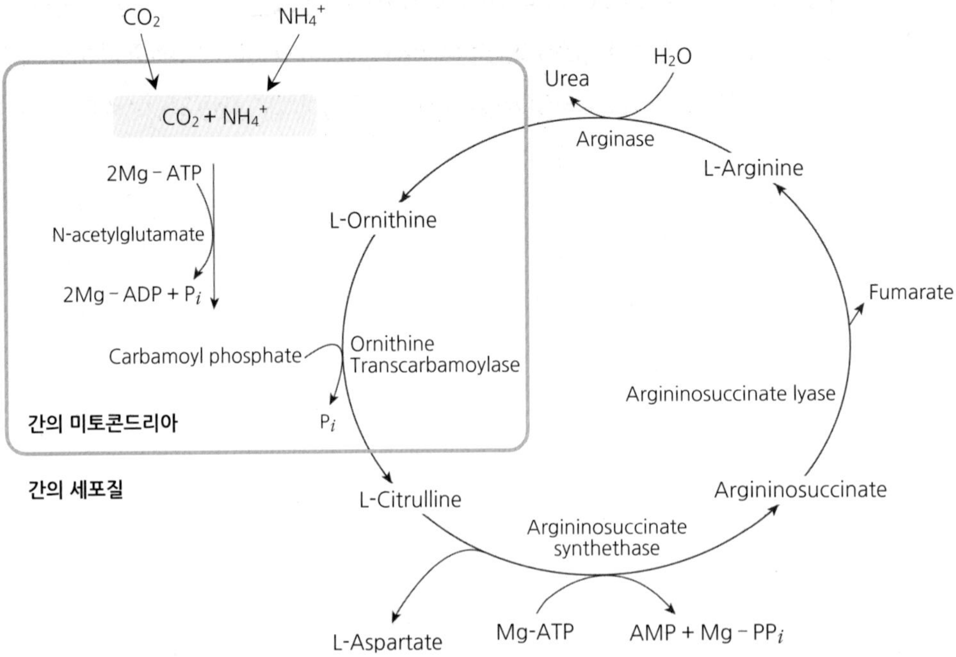

그림 4-11 요소회로

argininosuccinate lyase, arginase이다. 면양에서 유리 NH_3의 공급을 증가시킨다고 해도 요소회로 관련 효소들의 활성도가 높아지지는 않는다. 따라서 요소회로의 처리 용량을 초과하는 NH_3 공급은 NH_3 중독을 초래할 수 있다.

2) 체성장과 단백질 대사

동물의 성장은 그 크기뿐만 아니라 단백질과 같이 체내 구성성분의 변화를 수반한다. 동물의 체중과 체단백질 변화는 높은 정(+)의 상관관계를 가지고 있으므로 체내 단백질의 함량은 동물의 성장과 밀접한 관계가 있다. 돼지의 경우 단백질의 함량과 분포에 빠른 변화가 일어나는 기간은 생후 3주령에 종료되고, 전체 단백질 함량은 2개월령에 이르기까지 점차 증가하나 그 후에는 단백질 함량에 거의 변화가 없다. 돼지와는 달리 송아지의 경우는 출생 시 이미 성숙한 개체의 화학적 조성과 유사한데, 이는 체내 단백질 함량의 변화가 출생 전의 마지막 달에 대부분 일어나기 때문이다. 성장기간 동안 지방 축적이 증가하면서 단백질 농도는 점차 감소하지만 체중과 총단백질 함량의 정의 상관관계는 유지된다(그림 4-12).

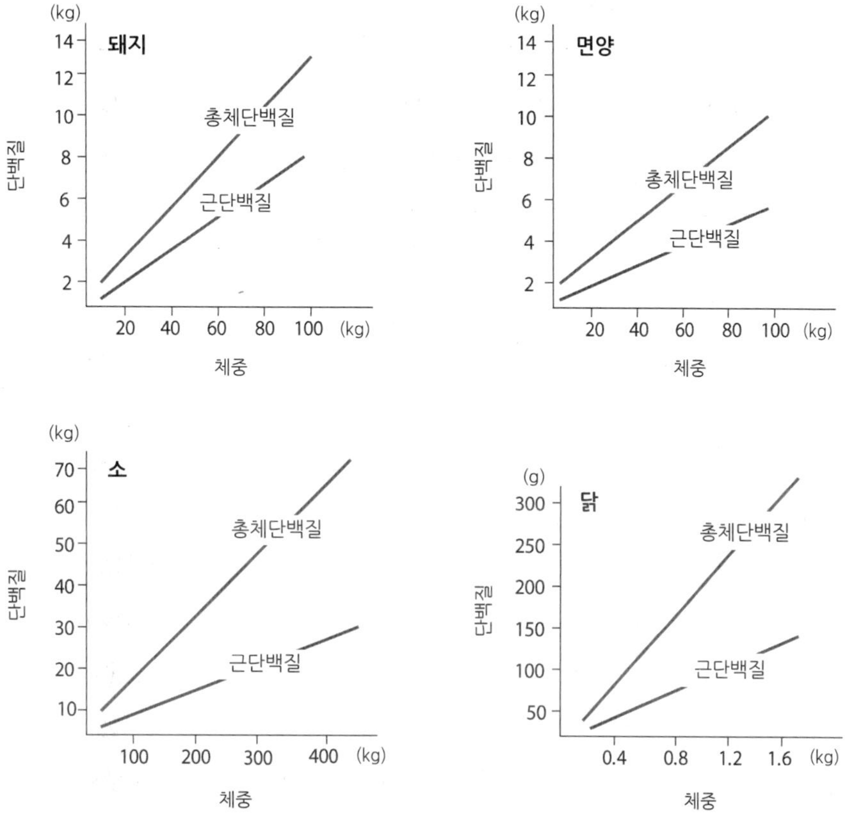

그림 4-12 동물의 성장에 따른 체중과 총단백질량 및 근단백질량의 상관관계

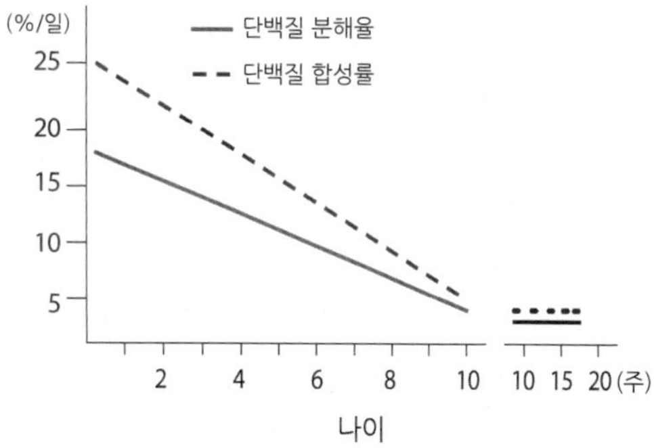

그림 4-13 면양의 성장에 따른 근육단백질의 합성과 분해

체내에 단백질이 많이 축적되기 위해서는 **단백질 대사율**(합성률－분해율)이 높아야 한다. 단백질 합성률은 출생 직후 어린 동물에서 가장 높고 이후 급격히 떨어진다. 예를 들면 1주일령 면양의 총체단백질의 순수한 증가는 하루에 약 5%이지만, 4~5주령이 되면 1.5%로 줄어든다(그림 4-13). 근육내 단백질 합성률은 나이가 들면서 급격히 떨어지며 단백질 축적률도 같은 경향을 보이는데, 이는 호르몬(특히 somatomedin, insulin, thyroxine 등 단백질 합성을 촉진하는 호르몬)의 효과가 저하되기 때문이다.

3) 영양과 단백질 대사율

단백질 축적률은 유전적 한계 수준 안에서는 에너지, 단백질, 기타 영양소의 공급량이 증가함에 따라 높아진다. 성숙한 동물의 체중과 총체단백질량의 관계에는 사료의 영양 수준이 큰 영향을 미치지 못하지만, 성장 초기에는 단백질 공급 부족으로 체단백질 함량이 감소할 수 있다. 특히 가장 큰 단백질 풀인 근단백질 풀은 단백질 혹은 에너지 공급 변화에 따라 단백질 축적에 큰 차이가 생길 수 있다. 간단백질 풀의 크기 변화는 주로 단백질 분해율에 의해 좌우된다. 만약에 주어진 시간 동안 단백질 합성률은 변함이 없는데 간단백질의 풀 크기가 증가했다면 이는 단백질 분해율이 낮았기 때문이다. 단백질이 제외된 사료를 급여하거나 절식을 시키면 초기에는 간단백질 풀의 대사율이 증가한다. 그러나 이와 같은 상태가 지속되면 간단백질의 대사율은 근단백질과 마찬가지로 감소하게 된다.

4) 호르몬과 단백질 대사율

성장호르몬을 투여하면 단백질 축적이 증가하고 지방 합성은 감소하여 사료 이용성이 향상된다. 성장호르몬은 somatomedin의 생성과 분비를 증가시킴으로써 동물의 성장을 유도하므로 정상적인 성장에 필수적인 호르몬이다. 어린 동물에서 혈중 somatomedin의 활성도와 연골 및 근육 조직의 DNA, 단백질 합성 등은 동물의 성장에 절대적인 영향을 미친다. Somatomedin은 이들 조직의 합성을 촉진하는 성장을 위한 단백질 합성의 주요 조절요소이다. 절식기간 동안에는 근육단백질의 합성이 감소하는데 이때 성장호르몬의 수준은 높음에도 불구하고 somatomedin의 수준은 낮은 것으로 보아 성장과 직접적으로 관련이 있는 것은 somatomedin인 것으로 나타났다.

Insulin은 근육, 간, 지방조직 등에서 단백질 합성을 촉진한다. 지방조직의 단백질 풀은 아주 미미한 수준이다. 그러나 근육조직에서의 단백질 합성을 위해서는 insulin의 작용은 필수적이다. Insulin은 근육세포에서 RNA 농도와 polysome의 안전성에 중요한 영향을 주고, 단백질 연쇄작용 개시(chain initiation) 작용자를 활성화시킨다. Insulin은 단백질 합성의 번역 과정에 직접 관여하는데, insulin의 RNA 발현에 대한 영향은 근육세포에서의 단백질 형성 능력에 영향을 주기 때문에 insulin은 성장 조절에 중요한 요소가 되며, 영양소 공급 수준의 변화에 따라 단백질 대사율이 적응하는 데도 중요한 역할을 한다.

거의 모든 체조직들은 adrenal corticoid receptor를 가지고 있다. **Glucocorticoid**는 RNA와 단백질 합성을 감소시키는 역할을 한다. 이 호르몬의 일반적인 효과는 DNA의 합성 감소에 의한 단백질 합성 제한이다. 따라서 glucocorticoid는 모든 조직세포에서 단백

표 4-11 단백질 대사에 관여하는 주요 호르몬과 그 기능

호르몬	작용 조직	기능
Insulin	근육, 간, 지방조직	각 조직의 세포막에서 아미노산 수송과 단백질 합성 촉진
Glucagon	간	아미노산 산화와 glucose 신생합성(gluconeogenesis) 촉진
성장호르몬	근육, 결체조직	단백질 합성 촉진
갑상선호르몬	대부분 조직	아미노산 산화 및 단백질 회전 촉진
Cortisol / Glucocorticoid	모든 조직	아미노산 분해 촉진
Prolactin	유선	유단백질 합성 촉진

질 풀 사이즈를 감소시키는 역할을 한다. **Glucagon**은 간에서 glucose 분해와 합성의 중요한 조절자이다. Glucagon은 간과 지방에 주로 한정되어 작용하며, 간에서는 아미노산 흡수를 촉진하므로 단백질 회전에 영향을 줄 것으로 보이지만, 이 호르몬이 전체 체단백질의 균형에 직접적으로 주는 영향은 미미하다. 표 4-11은 단백질 대사에 관여하는 주요 호르몬과 그 기능을 요약한 것이다.

5) 사료에 의한 반추동물 혈중 아미노산의 영향

필수아미노산의 혈중 농도는 고단백질 사료를 섭취한 착유우가 NPN만 유일한 질소원으로 급여받은 착유우에 비해 25~100% 높다. 하지만 질소원이 비필수아미노산의 혈중 농도에 미치는 영향은 일정하지 않다. 사료내 질소의 수준과 종류는 반추동물의 혈중 유리아미노산 조성에 영향을 미치며, 이는 동물의 체내대사와 생산 반응에 영향을 준다. 성장과 유생산량이 증가하면 비록 아미노산 섭취량이 증가하더라도 혈중 아미노산 농도는 감소한다. 착유우의 경우 methionine, valine, lysine 등이 제한아미노산이지만, 제한아미노산의 보충이 항상 생산 증가로 이어지지는 않는다. 즉 methionine, lysine, threonine 등의 제한아미노산을 주사로 직접 공급하더라도 다른 아미노산이 동시에 공급되지 않으면 유생산에 영향을 미치지 못한다.

혈중의 유리 아미노산 농도는 세포외액의 아미노산 풀 간의 균형을 반영한다. 제한아미노산의 혈중 농도는 주로 단백질 합성률에 의해 결정되는 데 비해, 다른 아미노산들의 농도는 내생 및 외부 유래 아미노산의 공급에 의해 결정된다. 단백질 합성률이 낮은 것은 특정 제한아미노산의 혈중 농도가 너무 높거나 낮은 경우에 나타나며, 사료섭취량이 너무 적거나 사료 중 아미노산의 이용률이 낮은 경우에도 특정 아미노산의 적정 혈중 농도가 떨

어진다. 유생산을 위해 많은 단백질이 합성되면 착유우의 혈중 필수아미노산 농도가 감소할 수 있다.

4. 비타민과 광물질의 체내대사

1) 비타민의 체내대사

비타민은 유기화합물로서 μg 혹은 mg 단위의 적은 양만 필요한 영양소이나, 동물의 정상적인 기능을 위한 필수영양소이므로 결핍되면 심각한 결핍증을 유발한다. 비타민의 결핍증상은 일반적인 사양조건하에서는 잘 일어나지 않지만 식욕저하, 사료효율 감소 등이 생길 수 있어서 약간의 결핍이 발생하더라도 동물의 건강과 생산성에 심각한 문제를 초래할 수 있다. 오늘날 대부분의 비타민은 비교적 저렴한 비용으로 화학적 합성이 가능하므로 비타민의 체내대사와 동물의 요구량을 이해한다면 필요 시 합성된 비타민을 공급해줌으로써 동물의 성장과 생산을 극대화시킬 수 있다. 그러나 비타민의 과다한 공급은 심각한 비타민 중독증을 유발할 수 있다. 이는 해당 동물에게도 유해하지만 이를 섭취하는 소비자에게도 영향을 미칠 수 있으므로 유의해야 한다.

(1) 비타민의 종류

동물 영양에서 언급되는 비타민은 비타민 A, D, E, K, B군(thiamin, riboflavin, niacin, 비타민 B_6, pantothenic acid, biotin, folacin, 비타민 B_{12}) 등 약 12가지이다. 비타민 C는 일반적으로 적절한 양이 조직에서 합성되지만(사람, 원숭이, 기니피그 제외) 특정 상황에서 결핍이 초래될 수 있으므로 유의해야 한다. 비타민은 편의상 지용성 비타민(비타민 A, D, E, K)과 수용성 비타민(비타민 B군, 비타민 C)으로 나눈다.

반추동물은 반추위에서 비타민 B군과 K가 미생물에 의해 합성되어 생리적 요구량을 충족시키기 때문에 일반적으로 사료에 첨가하지 않는다. 하지만 비반추동물은 자가분식성(coprophagy) 동물을 제외하고는 대장에서 미생물에 의해 합성된 비타민을 이용할 수 없으므로 사료로부터 공급받아야 한다.

비타민 A, D, E는 미생물에 의해 장에서 합성되지 않는다. 그중 비타민 D는 햇빛에 노출된 피부에서 일부 합성된다. 결국 동물은 비타민에 대한 합성 능력과 내성이 다르기 때문에 사료를 통한 비타민 공급은 동물종, 사료 조성, 사양관리 조건 등에 따라 달라질 수 있다. 특히 반추동물에게는 비타민 A의 공급원으로 프로비타민(provitamin) 형태인 β-carotene을 공급해주는 것이 좋은 반면, 비반추동물은 비타민 A의 형태로 공급해주어야 한다. 비타민에 대한 자세한 설명은 동물영양학 책에 충분히 제시되어 있으므로, 본 절에서는 반추동물의 사료에 일반적으로 첨가하는 지용성 비타민 A, D, E의 대사에 관해서만 간략히 설명하도록 한다.

(2) 지용성 비타민

① 비타민 A

비타민 A는 β-ionone의 유도체이며 retinol의 생물적 활성이 가장 높은 것은 프로비타민 A carotenoid이다. 비타민 A는 동물에만 있는 반면 프로비타민인 α-, β-, γ-carotene, cryptoxanthine은 식물에만 존재한다. 프로비타민 A가 비타민 A로 전변되는 주요 장소는 소장의 점막세포(mucosal cell)이며, 특히 송아지의 경우 이곳이 유일한 전변장소이다. 다른 동물들의 경우는 장에서 흡수된 이후 각 조직에서도 전변이 일어난다. β-carotene이 비타민 A로 전변되는 효율은 반추동물이 비반추동물에 비해 낮은데, 쥐에서 1mg의 β-carotene은 1,667IU의 비타민 A 역가를 가지는 반면 반추동물에서는 400IU의 역가를 가진다.

섭취된 동물성 비타민 A와 식물과 과일 유래 프로비타민 A carotenoid는 위에서는 pepsin에 의해, 소장에서는 단백질분해효소 등에 의해 단백질로부터 유리된다. 유리 carotenoid와 retinyl ester는 지방구(fatty globules)와 결합된 후 십이지장으로 이동한다. 담즙의 도움으로 지방구복합체는 pancreatic lipase, retinyl ester hydrolase, cholesteryl ester hydrolase 등에 의해 보다 작은 지방 입자로 분해된다. 분해되어 형성된 micelle들은 retinol과 carotenoid, sterol, phospholipid, monoglyceride, diglyceride, 지방산 등을 함유하고 있다. Micelle을 구성하고 있는 작은 입자들은 소장 상단부의 점막세포로 흡수된다. 사료 유래 비타민 A의 흡수율은 약 80~90%이며, 식물 유래 β-carotene은 약 50~60%이다. 장점막에서 흡수된 retinyl ester를 포함한 작은 입자들은 림프에서 chylomicron의 형태로 존재하며, 혈중 lipoprotein lipase에 의해 chylomicron에 있는 중성지방은 부분적으로 분해된다. 분해되고 남은 chylomicron은 retinyl ester, cholesteryl ester와 일부 지방을 여전히 함유하고 있으며 간이나 다른 조직으로 흡수된다. 간에서는 retinol binding protein(RBP)과 retinol이 결합한 후 저장되거나 혈액으로 방출된다.

비타민 A는 적은 양이지만 모든 조직에서 발견된다. 정상적인 조건에서는 비타민 A의

90% 이상은 동물의 간에 저장되며 일부는 신장과 부신에 저장된다. 앞에서 언급한 바와 같이 chylomicron 안의 retinyl ester는 간세포에서 pinocytosis 작용에 의해 흡수된다. 비타민 A 복합체의 약 96%는 retinyl ester이고 나머지 약 4%는 unesterified retinol로 구성되어 있다. 프로비타민 A carotenoid는 소장 점막에 있는 15'-β-carotene dioxygenase에 의해 retinaldehyde로 분해된다. 그러나 사람과 소의 경우는 상당한 양의 carotenoid가 위의 효소작용을 받지 않고 점막세포를 통과하여 chylomicron으로 유입되어 신체의 각 조직에 저장된다. 이 가운데 상당한 부분이 hydrocarbon carotenoid로 지방조직에 저장되고 소량의 carotenoid는 간에 흡수되어 간에 있는 β-carotene dioxygenase에 의해 분해된다. 일단 β-carotene과 다른 프로비타민들이 소장세포로 유입되면 retinaldehyde로 분해된다. β-carotene은 2분자의 retinaldehyde로 되며 carotenoid는 1분자의 retinaldehyde를 생성한다. Retinaldehyde은 NADH의 존재하에 소장세포의 세포질에서 환원되어 retinol로 전환된 후 retinyl ester로 에스테르화된다. 이들 두 물질은 소장, 간, 부신에서 서로 전변이 가능하다. Retinol은 간에서 β-glucuronide로 전환되어 담즙과 함께 분으로 배설되기도 한다. Retinaldehyde은 간과 장에서 retinoic acid로 산화될 수 있는데 이는 비가역적 반응이다. Retinoic acid는 간과 기타 조직에 저장되지 않으며 생물학적 활성은 낮다. Retinoic acid는 β-glucuronide로 전변되어 담즙과 함께 배설된다.

② 비타민 D

사료에 함유된 비타민 D는 소장에서 담즙의 도움으로 흡수된다. 그러나 주요 공급원은 피부에서 7-dehydrocholesterol로부터 자외선 작용으로 합성되는 것이다. 생성된 비타민 D는 순환계에 의해 간으로 수송되며 이곳에서 여러 형태로 활성화된다. 동물의 종에 따라 차이는 있지만 비타민 D의 주요 저장 장소는 **지방조직**과 **근육**이다. 비타민 D는 화학적으로 비타민 D_2(ergocalciferol)와 D_3(cholecalciferol) 외에 여러 비타민 D 유도체(D_4~D_7)가 발견되었으나 생리활성 면에서 중요한 것은 D_2와 D_3뿐이다. 식물체에서 발견되는 것은 비타민 D_2(ergosterol)이며, 동물체에서 발견되는 것은 D_3(7-dehydrocholesterol, cholecalciferol)이다.

비타민 D가 생리적 활성을 나타내려면 체내에서 활성된 형태로 전환되어야 한다. 비타민 D_3를 예로 들면, 비타민 D_3 전구체는 피부조직에서 태양의 자외선에 의해 7-dehydrocholesterol에서 cholecalciferol로 전변된다. 사료 유래 cholecalciferol은 혈액을 통해 간으로 운송된다. 간에서 cholecalciferol은 25-hydroxylation 단계를 거쳐 25-

hydroxycholecalciferol 혹은 25-(OH)D_3가 된다. 25-(OH)D_3는 다시 혈액을 거쳐 신장으로 이동해 이곳의 미토콘드리아에서 1, 25-(OH)2D_3(1, 25-dihydroxycholecalciferol)로 전환되고, 이렇게 활성화된 비타민 D_3는 혈액으로 유입되어 소장, 뼈, 신장, 골격근 등에서 대사적 기능을 수행한다.

③ 비타민 E

비타민 E의 활성을 나타내는 유도체는 식물에 최소한 8개 이상 존재하며, 비타민 E는 기본적으로 tocol 구조 혹은 trinol 구조를 함유하고 있는 화합물이다. 비타민 E 중에는 α-, β-, γ-, δ-tocopherol 등 여러 이성체가 있으나 가장 활성이 있는 것은 α-tocopherol이다.

경구로 투입된 tocopherol은 20~40%만 흡수되며 투입량을 증가시키면 흡수율은 감소한다. 흡수율을 증가시키기 위해서는 식이성 지방의 소화·흡수율을 증가시키면 된다. 특히 중간사슬지방(medium-chain triglyceride)에 의해 비타민 E의 흡수율이 높아지는 반면, 불포화지방산은 오히려 흡수를 저해한다. 담즙과 췌장액은 비타민 E의 효율적인 흡수를 위해 꼭 필요한 요소이다. 비타민 E도 비타민 A와 유사한 방법으로 소장에서 흡수된다. 흡수된 비타민 E는 지단백질과 결합하여 림프와 혈액을 순환하는데, 이때 가장 많이 이용되는 운반체는 β-lipoprotein이다. 비타민 E는 적혈구에 의해서도 운반될 수 있다. 적혈구의 비타민 E 농도는 혈장에 있는 농도의 약 20%에 달한다. 혈장과 적혈구 간에는 비타민 E의 교환이 매우 빠르게 일어나기 때문에 적혈구내 비타민 E의 농도는 혈장 비타민 E의 수준을 반영한다고 할 수 있다. 조직마다 비타민 E의 농도는 매우 다양하다. 부신, 뇌하수체, 혈소판에는 농도가 매우 높다. 특히 미토콘드리아, microsome 등의 막(membrane)에 매우 높은 농도로 분포하고 있다. 세포의 세포질에는 α-tocopherol과 결합할 수 있는 단백질이 존재하며 이 단백질은 tocopherol을 미토콘드리아와 microsome의 막으로 운송하는 역할을 한다. 비록 γ-tocopherol도 흡수와 저장은 되지만 α-tocopherol에 비해 그 정도가 제한적이다.

지방조직, 간, 근육은 지용성 비타민을 저장하는 주요 저장소이다. Tocopherol을 제거한 사료를 급여하면 tocopherol은 혈장과 간에서 가장 빠르게 고갈되고, 골격근과 심장근에서는 비교적 느리게 고갈되며, 지방조직에서 가장 천천히 고갈된다. α-tocopherol은 경구로 섭취된 양의 1% 이하만 요로 배출되며, 대부분은 분을 통해 배출된다.

2) 광물질의 체내대사

식물이나 동물조직을 고온에서 연소시키면 남게 되는 물질이 있는데 이를 회분, 광물질 혹은 무기원소라 한다. 오늘날까지 4천 종 이상의 다양한 광물질이 발견되었는데, 그중에서 일반적으로 볼 수 있는 광물질은 약 100여 종에 달한다. 이들은 체내 함유량에 따라 **다량광물질**, **미량광물질**, **극미량광물질**로 구분되고, 체내에서의 역할에 따라 **필수광물질**, **준필수광물질**, **비필수광물질**로 구분된다(그림 4-14).

광물질의 체내 함량은 동물의 종이나 나이에 따라 차이가 있지만 일반적으로 체중의 약 2~5.5%이다. 광물질의 체내 기능은 골격과 결체조직의 형성과 유지, 산-알칼리의 항상성 유지, 세포막의 투과성 조절, 효소의 정상적 기능 유지, 호르몬의 구성요소 및 작용 보조, 신호전달 매개체 역할, 핵산과 고에너지화합물(ATP 등)의 구성요소, 기타 생체 대사물질의 운송 및 각종 대사 관여 등이 있다. 여기에서는 주요 다량광물질과 미량광물질의 물질대사 측면에서 간략히 언급하고 반추동물에 대한 광물질들의 특수 효과를 소개하고자 한다.

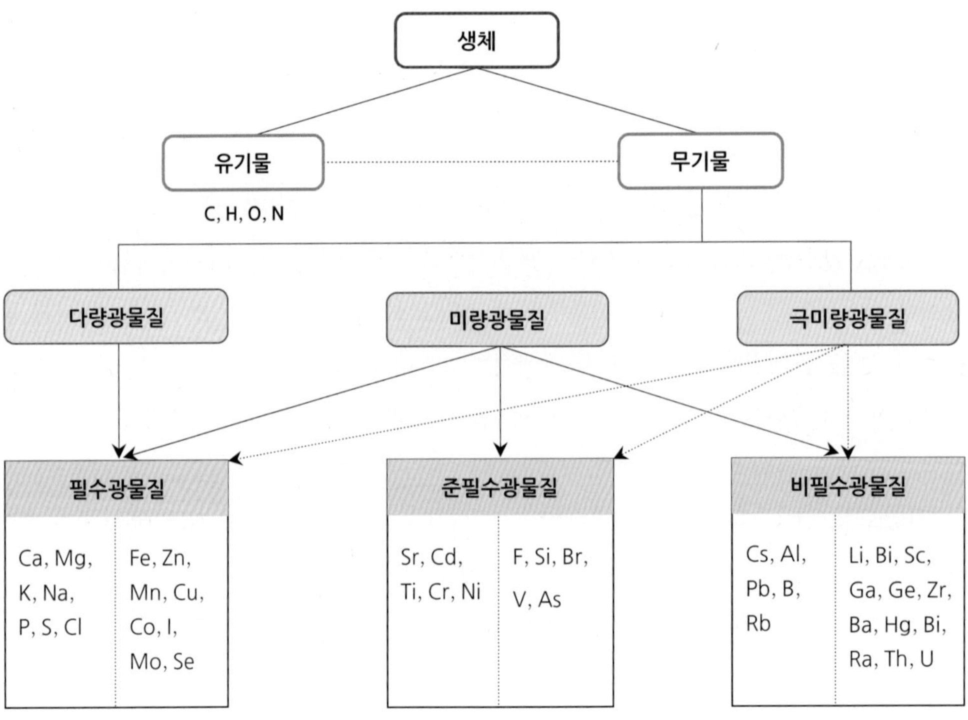

그림 4-14 광물질의 분류

(1) 다량광물질의 대사

① Ca(칼슘)과 P(인)의 대사

Ca은 성숙한 동물 생체조직의 1.2~1.5%, 체내 광물질의 약 26~30%로서 생체내에서 가장 많은 양을 차지하는 무기원소이다. Ca의 체내 함량은 성장함에 따라 증가하며, 이러한 추세는 일반적으로 생리적 성숙이 최고에 이르는 시점까지 이어진다. Ca의 약 99%는 동물의 뼈조직에서 발견되며, 골격내 Ca의 축적은 발생 초기에 가장 강도 있게 일어난다. 600kg인 소는 평균 약 7,000g의 Ca을 체내에 함유하고 있다. Ca과 더불어 뼈에 많이 함유되어 있는 P은 생체조직의 약 0.6~0.75%, 체내 광물질의 약 16~17%를 차지한다. 따라서 600kg인 소의 경우 약 3,600g의 P을 체내에 함유하고 있다. Ca과 P이 동물체에서 차지하는 비율은 출생 후 나이에 따라 차이를 보인다. 갓 태어난 송아지의 경우 Ca과 P의 비율은 약 1.7~1.8 : 1이지만, 출생 후 성장 기간 동안에는 P에 비해 Ca이 더 많이 축적되어 성축의 경우 그 비율은 약 2 : 1이 된다.

Ca의 흡수는 이온 농도에 역행하여 일어나며 에너지가 필요한 과정으로, 십이지장에서 주로 이루어진다. 반추동물도 소장이 Ca의 주요 흡수 부위이나 전위(제1~2위)와 제3위에서도 Ca이 흡수되고 대장에서도 일부 흡수가 일어난다. 그러나 송아지의 경우는 비반추동물과 유사하게 소장에서만 Ca의 흡수가 이루어진다. 사료나 첨가제 형태의 Ca은 단백질, 유기산 혹은 carbonate, phosphate 등과 결합되어 있으나, 소장에서 흡수되기 위해서는 이온상태로 전환되어야 한다. 만약에 Ca이 oxalates, phytates, phosphates, sulfates 등과 결합된 경우에는 장에서의 흡수율이 떨어진다. 그러나 반추동물에서는 제3위에서 HCl이 대부분의 Ca과 Mg을 세포점막을 통과하기 쉬운 형태로 전환해준다. 수용성 Ca 화합물의 상당 부분은 소장에서 용해성이 낮은 phosphate, carbonates 등과 복합체를 형성하거나 지방산(palmitic, stearic, oleic acids)과 Ca-soap를 형성하여 불용성 화합물로 전환되어 Ca의 흡수가 저해된다. Ca 흡수에서 또 하나의 중요한 기능을 하는 것은 담즙이다. 담즙의 cholic acid와 deoxycholic acid는 불포화지방산-Ca염과 복합체를 형성한다. 이렇게 형성된 micelle은 지름이 3~10mm인 입자로서 액상에 잘 분산되고 불포화지방산-Ca염의 분해와 장세포막의 투과를 원활하게 한다.

Ca의 흡수를 저해하는 요소는 과다한 인산염, 지방, Mg, Al 이온 등이다. 반대로 비타민 D_3, 소장의 pH를 저하시키는 물질(lactose 등), Ca과 chelate를 형성하는 가용성 금속이온 등은 소장에서의 Ca 흡수를 도와준다. 소장에서 흡수된 Ca은 문맥을 경유하여 간으로 이송되며 이곳에서 복합체 형태인 Ca은 분해되고 다시 새로운 단백질과 Ca 복합체를

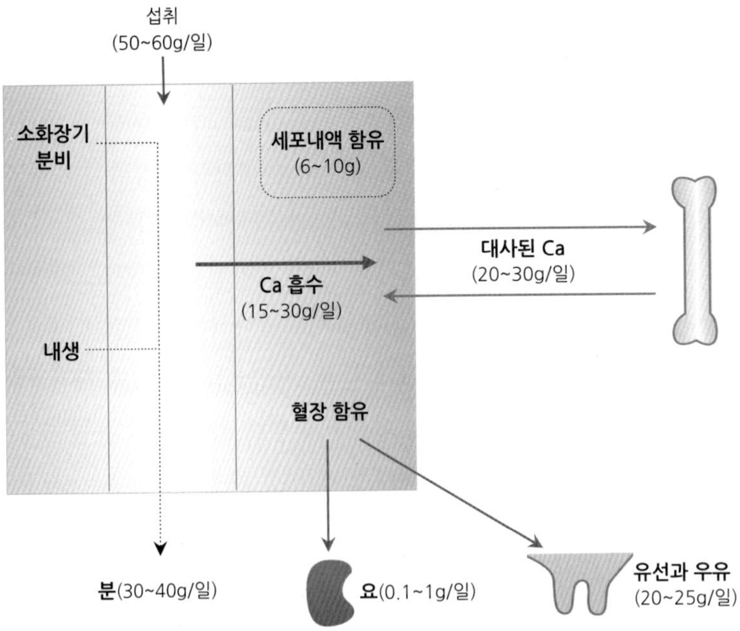

그림 4-15 착유우의 체내 Ca 대사

형성한다. 다른 양이온들과 마찬가지로 Ca은 간에서 일정 시간 체류하면서 말초혈관계로 유입되는 Ca의 양을 일정하게 유지시켜준다.

Ca의 대사는 임신과 비유에 의해 크게 달라진다. 특히 임신 말기와 비유 초기에는 뼈로부터 Ca의 유리, 분으로의 배출, 소장에서의 흡수 등이 증가한다. Ca을 비롯한 많은 광물질들이 초유로 분비되며 이때 Ca의 균형이 음의 상태가 되지만, 최고비유기 이후에는 다시 양의 균형으로 전환되어 골격에 축적된다. 그림 4-15는 착유우의 Ca 대사를 나타낸 것인데, 정상적인 상태에서는 사료 및 내생 Ca이 소화장기를 통해 체내에서 제거된다. 대부분이 소장에서 흡수되고 항상성 대사조절에 이용된 후 체외로 제거되는 일가 양이온들(K^+, Na^+)과는 달리 신장 사구체에 의해 여과된 Ca은 약 99%가 재흡수되므로 오줌으로 배설되는 양은 극히 제한적이다. 오줌으로 배설되는 Ca은 여과가 가능한 비이온(non-ionized) 화합물과 결합되어 배출되고, 이와 같은 기능을 하는 citrate의 혈중 농도가 높으면 오줌으로 배출되는 Ca의 양이 급격히 증가한다. 나이와 종에 따라 차이는 있지만 위와 같은 원리에 의해 돼지, 토끼, 산란계는 오줌으로 상당량의 Ca을 배출한다. 송아지의 경우 생후 2주 이내에는 장으로 배출되는 Ca은 매우 낮고 대부분을 신장을 경유하여 배설하기 때문에 요중 Ca의 함량은 매우 높다. 그러나 대개 반추동물(소)이 오줌으로 배설하는 Ca

의 양은 무시할 수준(0.2~1.0g/일)이다.

체내 P은 유기화합물 혹은 무기화합물의 결합체로 존재하며 이들 형태의 비율은 반추동물은 3~4 : 1, 조류는 10 : 1이다. 무기태 P은 주로 혈장에서 발견되며, 이들 대부분은 투과성이 높은 이온 형태이다. 송아지의 혈장에는 평균 6~8mg/dL의 무기태 P이 있지만 성축에서는 약 4.5~6mg/dL으로 낮아진다. 젖소의 경우 산유량이 많을수록 혈중 P의 농도가 낮다.

동물이 섭취하는 P에는 **무기태 P**(mono-, di-, tri-substituted inorganic phosphates)과 **유기태 P**(phytate, phopholipids, phosphoprotein)이 있는데, 이들 물질은 위산에 의해 용해되거나 일부는 분해된다. 비반추동물(특히 조류)은 phytate(Ca-phytate와 Mg-phytate)를 분해하여 P을 이용하지 못하지만, 반추동물은 미생물 유래 phytases에 의해 반추위에서 phytates를 분해하여 P을 이용할 수 있다. 반추위내 P의 농도는 약 30~40mg/dL이며 주로 첨가된 무기태 P, 유기태 P의 가수분해와 침에서 유래한 것이다. 반추위보다 제3위에서 P의 농도가 높은데 이는 제3위의 수분 흡수 때문인 것으로 보인다. 용해성 P은 위를 통과하여 소장에 도달하면 phosphoric acid로 전환되어 흡수가 용이하게 된다.

비반추동물에서 P은 능동수송에 의해 소장의 중간부위에서 흡수된다. 과다한 광물질, 즉 Fe, Al, Pb, Mg, Ca 등은 불용성 P을 형성하여 장내 흡수를 저해한다. 반추동물의 경우 P의 흡수는 반추위를 포함한 제3~4위에서도 일부 일어나지만 대부분 소장의 상단 부위에서 일어난다.

소와 면양에서 내생 P(endogenous phosphorus)의 약 70~80%는 타액과 함께 소화장기로 유입된다. 예를 들면, 성숙한 면양에서 시간당 180~200mg의 P이 반추위로 유입될 때 20~50mg은 제3위에, 5~30mg은 제4위에, 그리고 10~12mg은 소장에 유입된다. 이는 소화장기로 분비된 총 P의 4분의 3이 타액과 함께 반추위로 유입됨을 의미한다. 반추위의 발달이 미약하고 타액 분비가 적은 어린 반추동물은 내생 P의 대부분이 소장과 제4위로 분비된다.

P의 체내 축적은 전체 사료 중 P의 함량, 조직의 재생률과 동물의 성장률 등에 따라 차이가 있다. P의 체내 조직 간 상호교환율은 나이에 따라 감소하지만 번식활동기간 동안에는 다시 증가한다. 임신 중반 이후에는 P의 흡수와 골격으로의 축적이 증가하며, 내생성 P의 배출은 감소한다. 따라서 모체에 축적되는 P의 양이 증가하고, 이렇게 저장된 P은 태아의 성장과 비유를 위해 이용된다. 비유중인 동물은 골격으로부터 충원하는 P의 양이 증가하는 반면 분 중의 내생성 P의 수준은 최소로 감소하여 실제적 P의 흡수량은 증가한다. 과

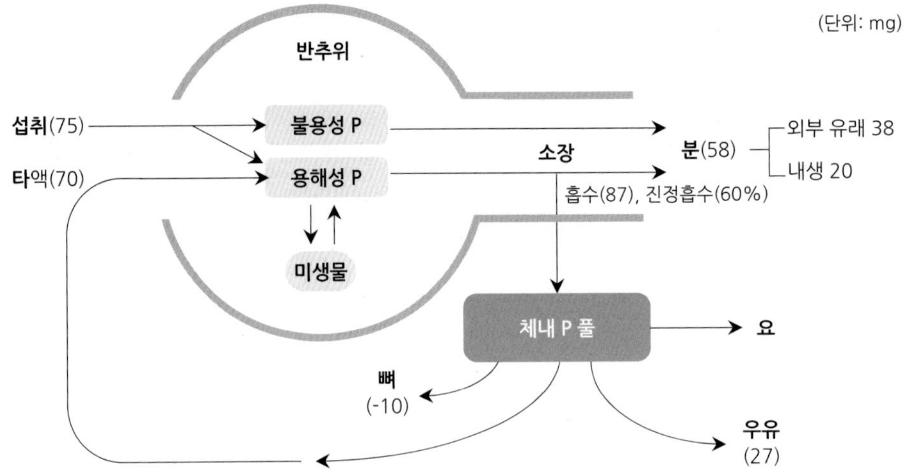

그림 4-16 착유우(유량 30kg/일 기준)의 P 대사

다한 무기태 P은 신장을 통해 체외로 배출된다. 초유와 젖으로 분비되는 P은 태아의 골격 형성이나 임신에 필요로 하는 양보다 2~3배 많다. 따라서 P의 요구량은 동물의 생리적 상태에 따라 적절히 증가시켜야 한다. 그림 4-16은 착유우에서 P의 대사를 나타낸 것이다.

② K(칼륨), Na(나트륨), Cl(염소)의 대사

K은 체내 광물질의 약 5~7%를 차지하며, 성숙한 동물의 생체조직에는 약 0.18~0.27% 함유되어 있다. 예를 들어 체중이 600kg인 소의 조직에 들어 있는 K은 약 1,550g이다. 갓 태어난 동물조직의 K 농도는 성축에 비해 다소 낮은데, 반추동물은 성장하면서 K을 체중 1kg당 1.6~1.7g씩 체내에 축적한다. 소의 체내에 있는 K 중에서 뼈에 있는 K이 차지하는 비율은 체중이 증가함에 따라 감소하는 반면 근육내 K의 비율은 증가한다. K은 세포내액에 존재하는 주요 양이온이며, 총 K의 약 90%는 세포의 원형질(protoplasm)에 있다. 근육조직은 K의 주요 저장 장소이다. 소의 혈중 K 농도는 임신 후반기에 증가한다. K의 혈중 농도는 혈장(plasma)보다 적혈구에서 높으며 이는 일반적인 세포외액과 세포내액의 양이온 분포 양상과 마찬가지이다. 개와 반추동물은 적혈구내 K의 농도가 혈장보다 2.5~3배 높지만 대부분의 비반추동물들은 20배 혹은 그 이상이다. 반추동물과 개의 적혈구에는 K보다 Na이 많이 함유되어 있으며 비반추동물은 이와 반대 양상을 보인다. 어린 반추동물은 비반추동물과 같은 경향을 나타낸다.

K은 주로 단순확산에 의해 소장에서 흡수된다. 반추위액에서 K의 평균 농도는 25~

75mEq/L이며, 이의 일차적인 공급원은 사료이고 타액에 의한 기여도는 매우 낮다. 소 사료에 K의 농도를 높이면 장에서의 소화·흡수량이 증가하며, 체내 K과 물의 양은 증가하고 Na의 함량은 감소한다. 실질적으로 K은 100% 흡수되므로 체내로부터 분비 또는 배설되는 대부분의 K은 내생성이다. 대부분의 동물은 K을 신장을 통해 배설하는데 오줌을 통해 배설되는 K의 비율은 소 75~86%, 면양 85~88%, 돼지 90%이다. 오줌의 K은 인산염, 황산염 등과 무기태 염 혹은 유기산염의 형태로 배출된다.

Na과 Cl는 대사적으로 서로 연계되어 있고 주로 소금(NaCl)의 형태로 섭취가 이루어지며 체외배설도 대개 같이 일어난다. 성숙한 동물의 생체 중에는 약 0.13~0.16%의 Na이 함유되어 있어서, 체중이 600kg인 소라면 약 750g의 Na이 체내에 있는 셈이다. 동물체내 Cl의 농도(40~44mEq/kg 생체 조직)는 Na의 농도(55~68mEq/kg)에 비해 다소 낮다. 소에서 뼈의 Na 함량은 체중이 증가함에 따라 감소하는 반면 근육의 Na은 증가한다. Na의 체내 분포를 보면 뼈 25%, 피부조직(가죽) 22%, 근육 16%, 혈액과 림프 20%, 기타 조직 17% 등이다. 혈장내 Na과 Cl 이온의 농도는 K의 농도보다 매우 높다(약 20 : 1). 체내의 Cl는 세포외액에 주로 존재하며 세포내액에는 전체 Cl의 약 10~16%만이 들어 있다. 또한 Cl는 대사활동이 비교적 낮은 적혈구, 결체조직, 가죽 등에 많이 함유되어 있다. 뼈의 Cl 함량은 수분의 양과 마찬가지로 나이가 증가함에 따라 감소한다(어린 동물, 2.1~ 2.3g/kg 뼈; 성축, 1.0~1.2g/kg).

Na과 Cl는 주로 소장에서 능동수송으로 흡수된다. 이들 이온은 다시 소화장기로 분비되기도 하는데, 이 가운데 일부는 재흡수되기도 하지만 대부분은 분으로 배출된다. 반추동물의 분으로 유실되는 내생성 Na과 Cl의 양은 각각 체중 1kg당 1.3g과 2.5g이다. 반추위액의 Na의 농도는 35~85mEq/L이며, Cl의 농도는 20~40mEq/L이다. 반추동물의 Na의 주요 공급원은 이하선에서 분비되는 타액이지만, Cl의 주요 공급원은 사료이다(표 4-12). 반추위벽과 혈액 사이에는 Na과 Cl의 직접적인 교환도 가능한 것으로 보인다. 흡수된 Na과 Cl는 모세혈관을 통해 동물체 전체에 확산되나, 특정 조직과 기관에 선택적으로 분포하

표 4-12 면양의 반추위로 유입되는 주요 광물질의 양

(단위 : mEq/L)

공급원	Na	K	Ca	Mg	Cl	무기태 P
타액	32	3.4	0.06	0.06	4.8	6.4
사료	2.9	35	7.6	2.2	16	4.7

Georgievskii 등(1982).

지는 않는다. 그러나 예외적으로 일부 조직(피부, 결체조직, 비장)과 뼈에는 저장된다.

대부분의 동물들은 신장을 통해 Na과 Cl를 체외로 배출한다. 오줌으로 배설되는 Na과 Cl의 함량은 비유중인 젖소의 경우 총 배설되는 Na과 Cl의 약 60~70%, 면양은 약 86~92%, 돼지는 약 88~90%, 젖소 송아지는 약 93~95%이다.

③ Mg(마그네슘)과 S(황)의 대사

Mg은 생체조직의 약 0.035~0.04%를 차지하며 갓 태어난 동물에서는 그 농도가 낮지만 성장함에 따라 골격의 성장도 지속되어 그 함량도 비례적으로 증가한다. Mg은 Ca 혹은 P과 함께 주로 뼈(총 Mg의 65~68%)에 축적되며 근육(25~28%)과 기타 조직(7~8%)에도 분포한다. 소의 뼈 속에 있는 Mg의 함량은 6개월령부터 9년생까지 실질적으로 큰 변화는 없다. 성축의 뼈에 있는 Mg은 평균 약 0.2%이며, Ca과 Mg의 비율은 45~55 : 1이다. 혈장 내 Mg의 정상 수준은 동물에 따라 차이는 있지만 1.8~3.2mg/dL이다. 반추동물의 혈장내 Mg 함량이 1.2~1.7mg/dL이면 약한 hypomagnesaemia로 보며, 1.1mg/dL 이하이면 실제적인 hypomagnesaemia로 간주한다. 혈중 Mg 농도가 떨어지면 신경과민, 근육경련, 혈압강하 등의 증세가 나타나고 심한 경우 폐사하기도 한다. 단백질 및 유기산과 결합된 식물 유래 Mg은 위내에서 HCl에 의해 부분적으로 이온화된 다음에 흡수가 이루어진다. 반추위액에는 약 15~20mg/dL의 Mg이 함유되어 있으며 사료 섭취 약 3~4시간 후에 최고의 농도를 나타낸다. Ca과 Mg은 반추위벽을 쉽게 통과할 수 없는 것으로 보이며, 반추동물의 Mg의 주요 흡수부위는 회장과 대장으로 보고되고 있다. 흡수된 Mg은 주로 뼈와 근육에 저장되며, 젖과 알의 생산에도 즉시 이용될 수 있다.

생체내 S의 함량은 체중의 약 0.16~0.23%이며 농도는 나이와 함께 증가한다. 이는 근육단백질의 생합성과 털 혹은 깃털 내에 함유된 S 축적의 증가가 그 원인인 것으로 보인다. 근육조직은 가장 많은(약 50%) S을 함유하고 있다. 또한 S은 가죽과 털에 약 15~17%, 뼈와 연골에 약 9~10%, 혈액에 약 6~7%, 간에 약 5~6%, 기타 조직에 약 10~13%가 함유되어 있다.

동물이 필요로 하는 S의 요구량은 S-함유아미노산과 biotin과 thiamine 등의 형태로 충족시킬 수 있다. 사료로부터 공급되는 무기태 황(sulphate, sulphite)은 양적으로도 불충분하지만 영양적으로도 역할을 다하지 못한다. S은 소장에서 흡수가 이루어진다. 유리아미노산, sulphate, thiamine, pyridoxine, biotin 등은 분해 없이 흡수되며, S-함유아미노산을 가진 단백질은 단백질 분해 과정을 거친 후 흡수된다. 무기태 sulphate도 흡수되지만 흡수율은 매우 낮다. 반추위액내 S의 함량은 섭취되는 사료에 의해 영향을 받아서 50~500mg/L로 변이가 크다. S은 반추위 미생물의 cellulose 소화, NPN의 이용, 비타민 B군 합성 등에 필수적인 광물질이다. 체내에서 형성되는 S-함유화합물은 대부분 methionine과 cysteine으로부터 유래하며, 소량의 sulphate만 S-함유화합물 합성에 관여한다.

(2) 미량광물질 대사

① Fe(철)

Fe은 생체조직에 약 0.005~0.006% 함유되어 있으며 체내에서는 주로 유기화합물과 복합체로 존재하나 일부 무기태 이온 형태도 발견된다. 전체 Fe의 약 70~75%는 heme을 형성하는 porphyrin과 결합된 형태이며, hemoglobin과 myoglobin이 주요 Fe 함유 화합물이다. 반추동물이 섭취하는 Fe 함유 화합물은 위액에 있는 pepsin과 HCl에 의해 분해되어 Fe을 유리시키며, ferric chloride($FeCl_2$) 등은 즉시 이온화된 후 흡수된다. 동물 유래 Fe보다 식물 유래 Fe이 더 쉽게 흡수된다. 특히 동물사료용 혈액 haemal iron의 흡수는 매우 불량하다. Fe의 주요 흡수부위는 십이지장이다. 소장점막에서 Fe이 ferritin의 형태로 전환되어 흡수되며, 사료 중 환원물질과 항산화물질, 즉 ascorbic acid, tocopherol, S-함유아미노산의 -SH group, gluthathion 등에 의해 촉진될 수 있다. 반대로 불용성 Fe염을 형성하는 유기산염(oxalate, citrate, phytate 등)과 인산염 등이 과다하게 함유되어 있으면 Fe의 흡수를 방해한다. 흡수된 Fe은 혈장으로 이동하여 transferritin(Fe^{3+} globulin)으로 각종 기관과 조직으로 운송된다. Fe은 간과 췌장에서 ferritin의 형태로 저장된다. 혈장내 Fe은 hemoglobin, myoglobin, 효소 등을 합성하는 데 이용된다. Fe은 동물의 체내에서 hemoglobin과 myoglobin의 구성성분이 되어 O_2의 운반과 이용, 세포의 호흡작용 등에 관여한다. 또한 Fe은 전자전달 관련 효소들의 구성성분이기도 하다.

② Cu(구리)

Cu의 체내 농도는 Fe에 비해 30배 낮으며, 간에 높은 농도로 함유되어 있다. 갓 태어난 송아지는 평균 13~14mg의 Cu를 함유하여, 돼지의 3.5~4mg, 병아리의 60~80μg에 비하면 높다. 반추동물에서 Cu의 농도는 생후 약 6개월령부터 일정한 수준을 유지한다. 성숙한 면양은 간에 72~79%, 근육에 8~12%, 가죽과 털에 9%, 골격에 2%의 Cu를 함유하고 있다. 골격근, 심장, 내분비선, 신장 등에 함유된 Cu의 농도는 사료의 Cu 함량에 영향을 받지 않지만 간, 비장, 뇌, 뼈 등은 사료의 Cu 함량에 따라 크게 영향을 받는다. Cu의 주요 흡수 부위는 소장이지만 반추동물은 전위에서도 흡수된다는 보고가 있다. 반추동물은 비반추동물에 비해 Cu의 흡수가 잘 일어나는데 이는 생리적으로 Cu의 요구량이 높은 것(특히 비유기간)에 연유한다. Cu는 반추위 미생물의 성장에 필수적인 광물질이다. 반추위의 Cu 농도는 0.1~1.0mg/L으로 변이가 크며, 이의 주요 공급원은 섭취한 사료이다.

③ Co(코발트)

Co는 동물의 생체에 30~60μg/kg 정도 함유되어 있으며 각 조직이나 체내에서의 농도는 나이에 따라 증가한다. Co는 간, 신장, 비장, 뼈에 높은 수준으로 있으나, 골격근에는 비교적 낮다. 정상적인 조건하에서 간에 있는 약 50%의 Co는 비타민 B_{12}의 구성성분으로 이용된다. Co는 사료, 사료첨가제, 비타민 B_{12}의 성분, Co-단백질 복합체 및 무기염 형태로 동물에게 공급된다. 체내(특히 간)의 Co 함량은 다른 광물질보다 사료에 함유되어 있는 Co의 수준에 영향을 크게 받는다. Co는 주로 소장에서 흡수되며 반추동물도 위벽을 통한 Co의 흡수가 용이하지 않으므로 소장에서 흡수된다. 반추동물의 반추위에서는 Co로부터 비타민 B_{12}가 미생물에 의해 합성된다는 것은 잘 알려진 사실이다. 비타민 B_{12} 이외에 Co를 함유하는 약 10여 종의 물질이 미생물에 의해 반추위에서 합성되지만 대부분이 생리적으로 불활성이며 동물 체내에서 이용되지 못하는 형태이다. Co의 배설은 소장과 신장을 통해 이루어진다. 착유우의 경우 약 87%의 Co가 분으로 배출되며 약 1%는 오줌, 그리고 약 12%는 우유로 배출된다. 건유우의 경우는 분으로 Co의 약 98%를, 오줌으로 약 2%를 배출한다.

④ Zn(아연)

Zn은 동물과 식물에게 필수원소로, 특히 tryptophan의 합성과 chlorophyll과 auxin의 형성에 관여한다. Zn의 체내 농도는 출생 후 초기생육기간(송아지: 3개월령)에는 증가하지만 이후에는 일정한 농도(소: 20~22mg/kg)를 유지한다. Zn이 가장 많이 분포하는 생체조직은 뼈, 간, 가죽과 털 등이다. Zn의 흡수는 소장의 상단부에서 주로 일어난다. 성숙한 비반추동물은 Zn의 흡수 정도가 낮으며(섭취량의 7~15%), 흡수율은 섭취량에 반비례한다. 그러나 반추동물은 흡수율이 20~40%로서 높다. 일반적으로 어린 동물일수록 흡수율이 높다. 흡수된 Zn은 골격, 간, 기타 근육조직으로 이송된다. 혈장, 간, 췌장, 골격 등에 저장되어 있는 Zn은 즉시 상호 교환이 가능한 형태이며, 만약 Zn이 결핍된 사료를 공급받게 되면 이들 기관들에서 Zn을 동원해 이용하게 되며 근육과 뇌의 Zn 농도에는 변화를 주지 않는다. 그러나 급성으로 Zn의 결핍이 오게 되면 위와 같은 방법으로 손실을 충족하지 못하여 Zn 결핍증이 유발된다.

⑤ Mn(망간)

Mn은 일반적으로 동물의 체내에 평균 약 480~560μg/kg이 있으며, 생육발달 초기에는 Mn의 체내 농도가 증가하지만 이후 점차 감소한다. 성축의 체내 Mn의 농도는 매우 일정하기 때문에 사료 중의 Mn 함량은 체조직의 함량에 크게 영향을 미치지 못한다. Mn은 뼈 55~57%, 간 17~18%, 근육 10~11%, 가죽 및 털 5~6%, 그리고 기타 조직에 약 10~13% 함유되어 있다. 비반추동물은 사료내 Mn의 흡수율(섭취량의 2~5%)이 매우 낮지만 반추동물은 비교적 높다(10~18%). Mn은 일부 반추위 미생물의 성장에 필수적이며, 특히 cellulose의 분해를 촉진하는 것으로 보인다. Mn의 주요 흡수부위는 비반추동물과 반추동물 모두 십이지장이며, 흡수된 Mn은 혈액을 통해 간, 뼈, 털 등으로 운송된다. Mn은 생체 내에서 산화-환원반응, 조직의 호흡, 뼈의 형성 등에 중요한 기능을 하며 동물의 성장, 번식, 혈액의 형성 및 내분비선의 기능에도 영향을 미친다. Mn은 담즙의 도움을 받아 소장으로 배출된다.

⑥ I(요오드)

I는 동물의 체내에 약 50~200μg/kg 함유되어 있으며 사료에 함유된 I의 함량에 따라 그 변이가 크다. 체내의 I 농도는 나이에 따라 다소 감소하는데 이는 갑상선의 기능적 활성도가 감소하기 때문이다. I는 모든 조직과 체액에 분포하지만 특히 갑상선에 많이 농축되어 있다. 정상적인 상태에서 I는 갑상선에 약 70~80%, 근육에 약 10~12%, 가죽에 약 3~4%, 기타 기관에 약 5~10% 함유되어 있다. I는 물, 사료, 광물질 첨가제 등의 형태로 체내에 유입된다. I의 흡수는 70~80%가 반추위에서 일어나며, 10%는 제3위에서 흡수되고 나머지는 소장에서 흡수된다. 갑상선에서 흡수된 I는 갑상선호르몬(thyroid hormone)의 형태로 혈액으로 이동한다. I의 대사는 갑상선호르몬의 합성과 대사가 그 대부분을 차지한다. I는 주로 신장을 통해 배출되며 적은 양이지만 타액, 소화액, 담즙 등과 함께 소화장기로 배출되기도 한다.

⑦ Mo(몰리브덴)

Mo은 생체 중에 약 1~4mg/kg 함유되어 있으며 나이에 따라 농도가 증가한다. Mo은 반추위 미생물의 성장에 필수원소로 알려져 있다. Mo은 생체내 골격에 60~65%, 가죽에 10~11%, 양털에 5~6%, 근육에 5~6%, 간에 2~3%, 기타 조직에 약 9~18% 함유되어 있다. 수용성 화합물 형태인 sodium 혹은 ammonium molybdates와 일부 불용성 화합물($MgMoO_3$, $CaMoO_3$) 등은 장기에서 쉽게 흡수되며, disulphide형인 MoS_2는 흡수가 불량하다. 체내의 Mo은 주로 효소의 활성제로 작용하며 반추위 미생물에 의한 cellulose의 분해를 촉진시킨다. Mo은 주로 신장을 통해 체외로 배설된다.

⑧ Se(셀레늄)

Se의 동물체내 농도는 약 20~25μg/kg이며, S의 체내 분포 양상과 비슷하게 근육조직에 50~52%, 가죽·털·뿔 등의 조직에 14~15%, 뼈에 10%, 간에 8%, 기타 조직에 약 15~18% 함유되어 있다. Se은 사료와 첨가제의 형태로 공급되며 단위동물과 반추동물에 의해 쉽게 흡수된다. 돼지와 면양의 주요 Se 흡수부위는 소장의 하단부이며 내생성 Se의 배출은 십이지장에서 일어난다. 위(비반추동물)와 제4위, 그리고 대장에서는 Se의 흡수와 분비가 일어나지 않는다. Se의 흡수율은 반추동물(35%)에 비해 비반추동물(85%)이 높다. 분으로 배설되는 Se은 대부분 불용성인데, 반추위에서 Se이 불용성 화합물로 전환되는 것으로 여겨진다. 유기태인 Se-아미노산 형태가 무기태인 Se-selenite 형태보다 흡수가 잘된다. Se-selenite는 오줌으로 많이 배설되기 때문에 혈액과 조직에는 적게 축적된다. 흡수된 Se은 신장, 간, 췌장, 비장 등에 주로 저장되고 적은 양이지만 근육, 뼈, 뇌 등에도 축적된다. 체내에서 Se은 glutathione, thiamine 등의 구성요소로서 glutathione peroxidase와 결합하여 세포의 산화적 피해를 막아준다. Tocopherol과 함께 Se은 항산화제 기능도 하여 세포막을 보호한다.

3) 비타민과 광물질의 특수효과

(1) 비타민의 특수효과

① 비타민 공급에 의한 육질 개선

- **비타민과 육색** 근섬유내 비타민의 함량이 높은 경우 지방의 산화율을 떨어뜨리고, myoglobulin 형성을 지연시키며, 고기의 연도를 증가시킨다. 방목된 소의 고기에는 α-tocopherol과 기타 천연 항산화 물질의 함량이 높아 비타민 E의 첨가효과가 별로 없으

나, 근육내 복합불포화지방산이 높기 때문에 여전히 항산화제를 많이 필요로 한다. 반면에 우사에서 비육되는 비육우는 비타민 E의 추가공급으로 육색이 향상될 수 있다. 비타민 C도 육색의 유지에 도움이 되어서, sodium ascorbate를 도살 10분 전에 투여하면 육색유지기간이 증가되었다는 보고가 있다. 비타민 C와 E는 상승효과가 있는데 비타민 C는 peroxyl radical과 반응하여 비타민 E를 재생시키는 역할을 한다. 하지만 비타민 C는 반추위에서 빠르게 분해되며, 시판되는 제품은 물에 잘 녹지 않고, 또한 도살 직전에 비타민 C를 혼합한 음수용 물을 급여해도 소가 잘 마시지 않는 문제가 있다.

- **비타민과 근내지방도** 한국과 일본에서는 근내지방이 고기의 질을 결정짓는 가장 중요한 잣대이다. 근내지방은 지방의 최종 보관장소로서, 오랜 기간 다량의 농후사료를 섭취했을 때 형성된다. Retinoic acid와 1,25 dihydroxy cholcalciferol은 일본 화우의 지방세포 분화를 막는 것으로 밝혀진 바 있다. 한우에서도 retinoic acid가 지방세포의 분화를 억제하는 것으로 알려져 있다. 또한 수용성 비타민인 biotin과 pantothenic acid도 지방세포의 분화를 줄인다. 즉 비타민 A의 제한급여 시에는 일당증체량이 감소하지만 한국, 일본과 호주에서는 비육우의 마블링을 위해 비타민 A 급여를 제한하여 비육우를 사양하려는 시도가 많이 이루어지고 있다. 특히 비육 말기에는 근내지방도(marbling)와 혈중 비타민 A의 농도는 부의 상관관계가 있다. 비타민 A의 활성 형태인 retinoic acid는 유전자의 발현을 조절하는 물질로서, 결핍 시에는 근내지방을 축적시킨다. 비타민 A가 심하게 결핍될 경우 건강을 해치고 경제적 손실을 초래하므로, 결핍되지 않도록 비육단계별로 비타민 A를 적절히 조절하여 공급하는 기술이 필요하다. 비육 말기에 다량의 농후사료를 장기간 섭취한 소의 반추위 pH는 낮아진다. 그로 인해 반추위 미생물에 의한 biotin의 합성이 줄어들어 동물의 biotin 요구량을 충족시키지 못하는 경우가 발생한다. Biotin은 유전적으로 우수한 소에서는 마블링 개선에 도움이 되지 못하나, 유전적 능력이 낮은 소에서는 마블링을 개선한다. 특히 biotin의 공급은 thyroid(T_3) 호르몬 농도를 유의하게 증가시킨다.

- **비타민과 고기의 연도** 미국과 호주에서는 소비자들이 고기의 연도를 구입의 최고 척도로 고려하고 있다. 고기의 연도는 근육의 myofibril과 기타 단백질 분해에 의해 증가한다. 이들 분해에 관여하는 것으로는 골격근에 존재하는 Ca 의존성 calpain 단백질분해효소가 있다. 그러므로 Ca의 이용률을 증가시키기 위해 비타민 D와 그 대사물질들이 이용된다. 고기의 연도를 개선하기 위해 도축 전 며칠 동안 많은 양의 비타민 D_3를 급여하

기도 하는데 이 경우 사료섭취량과 소의 활동이 다소 저하될 소지도 있다.

- **비타민과 지방색** 지방의 색깔은 소비자가 고기를 평가하는 아주 중요한 기준이다. 대부분의 국가에서 흰색지방이 선호되며, 그러한 이유로 비육우의 경우 단기간(40~60일) 동안 다량의 농후사료를 급여한다. 이 기간 동안 동물의 피하지방은 부피가 증가할 뿐 아니라 색깔도 하얗게 된다. 비육우의 경우 β-carotene도 도체 지방에서 발견되는데, 다량의 농후사료를 섭취한 소의 지방에는 β-carotene 농도가 0.99μg/g에서 0.01μg/g으로 감소한다. 하루에 두당 2,800IU의 α-tocopherol을 첨가 급여한 결과 지방의 β-carotene 농도를 떨어뜨렸는데, 이는 지용성 비타민들이 소장에서 서로 경쟁적으로 흡수되기 때문에 일어난 현상으로 보인다.

② 비타민 공급과 유생산 및 유질 개선

- **유성분과 비타민** 유성분(단백질과 지방의 함량)은 사료에 함유된 섬유소와 탄수화물의 비율에 의해 결정된다. 대부분의 경우 전분이 많고 섬유소가 적을 때 유단백질이 많이 합성된다. 그러나 이러한 사료를 급여하면 반추위 산중독증을 일으킬 수 있고, 미생물에 의한 비타민 B군의 합성을 방해하여 체내 단백질 대사에 영향을 줄 수 있다. Niacin의 첨가 급여(6~12g/일/두)는 유생산량을 증가시키며, 경우에 따라서는 유단백질 함량을 증가시킨다. 근육에 folic acid를 투여하면(60mg/주/두) 유생산량과 유단백질의 함량이 증가하였다. Propionate의 생성량이 많고 반추위가 산성화되면 folic acid와 비타민 B_{12}의 합성이 줄어든다. 흥미로운 사실은 반추위에서 비타민 B_{12}의 부족은 유지방 감소와 연관이 있다. 비타민 B_{12}가 부족하면 propionate가 malonyl CoA를 거쳐 succinyl CoA로 전변되는 양이 줄어들고, methyl malonyl CoA의 전변도 비타민 B_{12}에 의존하기 때문에 methyl malonic acid를 축적시키며, 이는 지방의 합성을 방해한다. 근육 주사로 비타민 B_{12}를 공급하더라도 유지방 합성에는 별다른 영향이 없다.

- **유생산과 비타민** Biotin은 세포 호흡, glucose 신생합성, 아미노산 대사, 지방산 합성 등 다양한 대사작용에 관여한다. 고능력 젖소에게는 propionyl CoA carboxylase의 활성이 biotin 부족에 의해 제한을 받지 않도록 biotin을 추가로 공급해야 한다. Biotin은 젖소에서 유생산량은 증가시키지만 유지방 및 단백질 함량에는 영향을 미치지 않고, 또 체충실지수(body condition score; BCS)를 개선하지는 않았다. 305일간의 비유기 동안 초산우의 경우 구강을 통해 공급한 folic acid가 유생산에 영향을 주지 않았지만 경산우

표 4-13 사료내 folic acid 첨가가 유생산(Kg/일)에 미치는 영향(305일 평균)

구분	사료내 folic acid 첨가량(mg/kg 체중/일)		
	0	2	4
초산우	26.9	25.1	25.2
경산우	27.2	28.0	29.4

Girard와 Matte(1998).

의 경우는 folic acid의 공급량에 따라 유생산이 증가하였다(표 4-13). Folic acid의 공급으로 상당량의 methionine이 유단백질 합성에 쓰일 수 있게 되기 때문인 것으로 생각된다.

③ 번식, 질병 및 면역반응에 대한 비타민의 효과

- **유방염 예방과 면역력 향상을 위한 비타민 A, E 및 β-carotene의 효과** 유방염은 젖소에서 가장 흔히 발생하는 질병이고, 낙농경영에 영향을 크게 주는 질병이다. 지용성 비타민 A, E와 β-carotene은 병원체에 대한 젖소의 면역능력을 향상시켜준다. 수태한 암소의 혈중 비타민 A와 β-carotene의 농도는 분만 전 2~3주경부터 현저하게 감소하여 분만 시에 최저치에 다다르고, 비타민 E의 경우는 분만 며칠 후에 최저치에 도달한다. 이들 비타민들이 평소 수준으로 회복되는 데에는 3~4주가량이 소요된다. 호중구(neutrophil)는 유방염에 대한 방어체계의 핵심인데, 분만 전에 그 기능이 아주 저하된다. 이때 비타민 E를 투여하면 이러한 기능저하를 방지할 수 있다. 즉 분만 직전의 소에 다량의 비타민 E를 투여하면, 혈중 비타민 E의 농도와 호중구가 증가하고, 세포내의 살균 기능도 높아진다. 표 4-14에는 비타민 E 공급이 호중구의 기능에 미치는 효과를 나타내었다. 착우유의 생산성이 향상됨에 따라 유선의 건강유지와 우유의 생산량 증진을 위해 이들 비타민의 요구량이 훨씬 더 필요하다. 비타민 A와 β-carotene은 또한 세균과 바이러스를 파괴하는 단핵구(monocyte)와 대식세포(macrophage)의 능력을 향상시킨다. 또한 비타민 A의 공급이 기생충의 감염을 감소시키기도 한다. 실제로 β-carotene이 비타민 A의 전구체로만 알려져 있었으나, β-carotene은 비타민 A의 전구체 역할과는 별개로 반추동물에는 매우 중요한 항산화 기능도 하는 것으로 밝혀졌다. β-carotene을 공급한 젖소에서 호중구에 의한 *Staphylococcus aureus*의 살균작용이 현저하게 증가하는데, 분만 30일 전부터 분만 후 70일령까지 매일 300mg의 β-carotene과 53,000 IU의 비타민 A

표 4-14 비타민 E 공급이 젖소의 호중구 기능에 미치는 영향

조사시기	공급체계	반응
비유 초기 (비유 30일)	• 건유기 동안 1,000 IU/일 및 비유 30일까지 500 IU/일의 사료를 통한 비타민 E 공급	• Phagocytosis에는 영향 없음 • *Staphylococcus aureus*와 *E. coli* 사멸 효과의 증가
출산 직후 (비유 3일 이내)	• 분만예정일 10일 및 5일째에 3,000 IU의 비타민 E 주사투여	• Phagocytosis에는 영향 없음 • *E. coli* 사멸 효과의 증가
비유 초기	• 분만 4주에서 8주 전에 3,000 IU/일의 사료내 비타민 E 공급 및 분만 1주 전 3,000 IU의 주사투여	• Neutrophil의 감염지역으로 이동성 (chemotaxis) 개선
출산 직후 (비유 7일 이내)	• 분만 4주에서 8주 전에 3,000 IU/일의 사료내 비타민 E 공급 및 분만 1주 전 3,000 IU의 주사투여	• 전반적인 neutrophil의 기능 개선

를 공급한 결과 비타민 A(53,000 IU 또는 173,000 IU)만을 공급한 개체와 비교했을 때, 우유내 체세포 수가 감소했다는 보고가 있다. 다른 비슷한 시험에서도 β-carotene을 공급한 개체가 유방의 감염 발생 빈도가 감소하였다. 또한 축우에 있어 β-carotene은 림프구의 기능을 향상시키는 역할도 한다.

• **발굽 건강과 biotin** 소의 파행(lameness, 절룩거림)은 낙농산업에 있어 가장 심각한 문제 중의 하나로서, 이는 단순한 경제적 손실 문제만이 아니라 동물복지 문제이기도 하다. 영국에서 실시된 조사에 의하면, 연간 파행증의 발병률은 20%가 넘는 것으로 알려졌다. 젖소의 발굽 건강과 지용성 비타민과 수용성 비타민인 biotin과는 밀접한 관계가 있다. Biotin은 각질과 발굽조직의 상피세포 분화에 아주 중요한 물질이다. 따라서 돼지나 말에게 biotin을 공급하면 각질과 말발굽의 건강이 크게 좋아진다. Biotin은 carboxylase의 조효소 역할을 하며, glucose 신생합성과 지방산 합성에 아주 중요한 역할을 한다. 발굽장애를 가진 소는 발굽조직의 지방산이 정상과 다른데, biotin을 첨가하면 점막의 조직과 기능을 향상하여 세포 간 조직의 지방을 정상화시켜 파행의 발생을 예방해준다. 특히 발굽 건강에 대한 biotin의 영향으로 가장 두드러진 증거는 백선병(white line disease)인데, 초산우에 대해 20mg의 biotin을 매일 급여하면 백선병의 감염이 잘 일어나지 않는다.

• **β-carotene과 번식** β-carotene은 비타민 A의 전구체 역할 외에도 소의 번식능력 향상에 중요한 역할을 한다. β-carotene은 비타민 E와 함께 황체의 형성을 돕는다. β-carotene이 결핍된 소에서는 황체형성호르몬의 최고 생산시기와 배란일과의 간격이 증가하고, 적당량의 β-carotene을 공급하면 호르몬을 생산하는 세포의 생존기간과 호르몬의 작용기간을 연장시켜준다. β-carotene의 항산화 능력으로 인해 분만 시 동물의 건강을 유지시키는 데 도움이 될 수 있으며, 또한 후산정체 발생률을 감소시키고 낭포성 난소의 발생률도 감소시킨다. 신선한 녹색 목초를 급여하면 β-carotene의 부족은 일어나지 않으나 옥수수 사일리지, 볏짚은 β-carotene 함량이 매우 낮아서 이러한 사료를 주로 급여하는 경우에는 β-carotene을 보충급여하는 것이 필요하다. 최근에는 사료를 통해 공급하는 β-carotene의 양을 분만 전 21일부터 임신이 확정될 때까지 300mg/두/일로 추천하고 있다.

(2) 광물질의 특수효과

① 광물질별 효과와 기능

• **Ca** Ca은 대부분 뼈의 형성에 사용되나 우유 중에도 상당량 포함되어 있고, 생체내의 연조직에서 중요한 생리적 기능도 수행한다. 송아지에 있어서 Ca의 부족은 뼈뿐 아니라 성장발육에도 영향을 미친다. Ca이 부족할 경우 뼈의 Ca 및 P의 함량이 감소하여 골절상을 입기 쉽다. Ca의 결핍상태가 장기간 계속되면 산유량이 저하된다. 건유기 동안에 급여되는 사료내 Ca과 P의 비율이 맞지 않거나 분만 후 Ca 섭취량이 급격히 감소하면, Ca 대사장애 증상인 유열(milk fever)이 발생할 수 있다. 유열은 보통 고능력우나 5~9년 정도의 비교적 나이가 든 소에서 잘 일어나는데, 유열로 인한 경제적 손실이 크기 때문에 예방에 주의를 기울일 필요가 있다. 유열의 발생을 줄이는 방법으로 건유기 동안 Ca 급여량을 줄이고 P의 급여량을 높이는 방법이 이용되는데, 이로 인해 젖소의 체내 Ca 이용에 필요한 체내대사작용이 저Ca상태에 적응되어 분만 후 다량의 Ca이 필요할 때 적절히 대응할 수 있기 때문이다. 장기간에 걸친 Ca 부족은 골격 형성에 영향을 줄 뿐 아니라 사료섭취량, 증체율 및 산유량을 저하시킨다. 무기태 Ca이 유기태 Ca보다 이용률이 높다. Ca의 흡수는 비타민 D와 P의 섭취량, 산-알칼리의 균형과 같은 요인에 의해 영향을 받는데, 특히 사료 중의 지방 함량이 높으면 Ca염을 형성함으로써 Ca의 이용률이 저하된다. 건유 말기에 Ca의 함량이 낮은 사료를 젖소에게 매일 8g 급여하면, 분만 후에 발생하는 심각한 저Ca혈증상 및 유열의 발병을 감소시킬 수 있다.

• **P** 조사료에는 대체로 P의 함유량이 낮기 때문에 P은 결핍되기 쉬운 무기물 중의 하나로 여겨지고 있다. P의 섭취량이 부족하면 식욕이 크게 감소하고 나무, 뼈, 털 등을 자주 씹는 현상을 볼 수 있다. P의 결핍이 장기화되면 증체율과 유생산량이 감소하고 수태율도 크게 떨어진다. 그러나 우유내 P의 함량은 크게 감소하지 않는다. 또한 송아지와 젖소에서 P이 부족하거나 비타민 D와 Ca, P의 비율이 맞지 않을 때 구루병이 발생하기 쉽다. 그리고 골연증도 P의 공급이 부족할 때 잘 발생하며 Ca의 공급량과도 관련이 있는데, 특히 늙은 소에서 가끔 문제시된다. P은 Ca과는 달리 체내 조절 기능에 의해 잘 조절되지 않으므로 Ca 부족증보다 P의 부족증이 더 빨리 나타난다.

• **Na과 Cl** Na은 다른 어떤 무기영양소보다도 삼투압의 유지, 완충조절작용 및 pH 조절에 중요한 역할을 수행한다. Na의 결핍은 주로 섭취량이 모자라거나, 심한 설사, 신장기능에 이상이 있을 때 그리고 과도하게 땀을 많이 흘렸을 때 올 수 있다. 대부분의 사료에는 Na 함량이 낮기 때문에 요구량을 충족시키기 위해서는 항상 소금을 섭취할 수 있도록 해야 한다. 보통 Na 부족 사료 급여 시 소는 2~3주 이내에 여러 가지 물건을 씹는 행동을 함으로써 소금을 간절히 원하는 표시를 하게 된다. 이러한 상태가 더 진행되면 식욕이 저하되고, 눈에 광택이 없어지며, 털에 윤기가 없어서 엉성하게 되고, 비유중인 소는 유생산량과 체중이 줄어든다. 심할 때는 경련을 일으키며, 걸음이 불안정하고 맥박도 불규칙해진다. 그러나 적절한 양의 소금을 급여하면 그 회복속도가 매우 빠르다. 보통사료 1kg당 3~5g의 소금을 첨가하면 요구량을 충족시키는 데 충분하다. 비유중인 젖소는 건유기보다 Na의 요구량이 더 높고 부족 시에는 사료섭취량이 감소하며 질소의 배설량이 증가한다. Cl도 Na처럼 조직내 pH 유지와 삼투압 조절에 관여하는 무기이온이다. 대부분의 사료에는 Cl의 함유량이 비교적 높아서 Cl만의 결핍증상은 반추동물에 잘 나타나지 않는다. 일반적으로 곡류는 Cl 함량이 0.04~0.15%, 단백질사료는 약 0.1%, 조사료는 0.3~0.7% 정도로 비교적 높다. 소금은 일반적으로 젖소의 Cl 공급제로 널리 사용되고 있고, 조사료의 섭취량이 많은 경우에는 소금의 적절한 공급에 더욱 신경을 써야 한다.

• **K과 Mg** K은 체액 및 체조직의 탄수화물 대사에 관여하는 효소의 작용 및 근육의 수축과 이완에 관여한다. 조직내 K과 Na이 부족할 때는 동물이 무기력해지고 과잉 시에는 자극에 과민해진다. 특히 사료에 K이 부족하면 사료섭취량이 크게 줄어들고, 증체량과 유생산량도 감소하며, 근육이 약화되고 경련을 일으키기도 한다. 또한 K이 부족하면 털

의 광택이 없어지고 털을 자주 핥기도 하며 나무로 된 목책을 밀고 깨물기도 한다. K 부족증에 걸린 소의 혈청내 K 농도는 정상에 비해 낮지만(3.7meq/L), Mg, Cl 및 P의 농도는 증가한다. 그리고 K 부족 사료를 급여하면 소화율이나 질소균형에는 영향을 미치지 않으나 오줌으로 배설되는 NH_3는 증가하기도 한다.

Mg은 여러 가지 효소의 활성 및 에너지 발생작용과 밀접한 관계를 가진다. 체내 Mg의 약 60%는 뼈에 축적되어 있고, 대사되는 속도가 느리므로 Mg의 결핍증세는 17~18일 후에야 나타난다. 실제로는 2가지 형태의 Mg 부족이 일어날 수 있다. 즉 송아지의 경우는 장기간에 걸쳐 우유만 급여할 때에 나타나며, 또 하나는 **그래스테타니**(grass tetany) 증상인데 모두 체내에 축적된 Mg 함량이 저하되어 발생한다. 송아지의 Mg 결핍증 중 최초로 나타나는 증세는 **반궁긴장**(opisthotonos)으로 머리가 작아지고 목이 뒤틀리는 증상을 보인다. 그래스테타니는 이른 봄에 많이 발생하는데, 보통 동절기에 비료를 많이 시비해 너무 빨리 자란 목초지에 방목한 젖소에서 잘 일어나고, 특히 늙은 소는 뼈로부터 Mg을 동원하는 능력이 떨어지므로 그래스테타니가 더 잘 발생할 수 있다. 그래스테타니의 일반적인 증상으로는 식욕감퇴, 충혈, 불안감, 연조직의 경변, 발작, 경력 등을 들 수 있다. Mg이 부족하면 제1위내 미생물 분포에 변화가 오고 cellulose 및 기타 영양소의 소화율이 감소한다. 또한 동물이 설사를 하면 Mg의 흡수율이 크게 떨어지는데 이는 사료의 소화관내 통과속도가 빨라져 Mg의 흡수량이 줄어들기 때문이다. 지방산이 Mg과 염을 형성하면 그 용해도가 낮기 때문에 Mg이 분으로 대량 배설된다. 따라서 송아지의 대용유 중에 소화율이 낮은 지방을 다량 첨가하면 Mg염의 형성이 증가되므로 Mg의 이용률은 떨어진다.

- **S** S은 단백질 구성성분 중 S-함유아미노산(cystine, cysteine, methionine 및 cystathionine)의 구성 성분이며 대부분 단백질에서 S의 총함량은 단백질 함량의 약 1% 정도이다. 그리고 S은 정상적인 생리현상 유지에 필요한 영양소원이며 결핍되면 식욕의 점차적인 감퇴, 쇠약, 체중 감소 등이 일어난다. 또한 S 결핍상태의 동물에게 S 첨가제를 함께 급여하면 비교적 빨리 회복할 수 있다. 일반적인 결핍증상은 눈물을 많이 흘리며, 타액분비량이 증가하고, 쇠약해지며 눈이 흐려지는 현상 등이다. 또한 S이 결핍되면 cellulose의 소화율이 크게 감소되며, 제1위내 VFA 중 propionate와 valerate의 함량이 감소한다. 요소를 첨가할 때는 질소와 S의 급여 비율을 적절하게 유지해야 한다.

- **Co** Co의 부족은 제1위내 박테리아에 의한 비타민 B_{12}의 결핍을 야기하며 Co 결핍증

상은 세계의 많은 지역에서 보고되고 있다. 식욕감퇴, 심한 쇠약, 근육조직의 소모증, 빈혈 등이 주된 결핍증상으로 Fe 결핍증과 비슷한 양상을 보인다. 건강한 소의 간의 평균 Co 함량은 80~120μg/kg이나 결핍증에 걸린 동물의 경우는 그 함량이 40~60μg/kg이다. 또한 비타민 B_{12}를 주사하면 Co가 부족한 동물이라도 간의 Co 함량에 관계없이 정상으로 회복된다. Co 결핍의 좋은 지표는 간의 비타민 B_{12} 함량이다. Co 결핍인 어미에서 태어난 송아지도 대개 허약하며 보통 수 일 이상 살지 못한다. 임신 중인 동물에게 Co를 첨가하면 초유 중의 Co 함량이 100배 정도 증가하는데, 특히 간 및 신장 내 Co 함량이 크게 증가한다. 동물이 Co가 부족하다고 진단되면 황산코발트 용액(6g/L)을 3.5mL 급여하면 정상으로 회복시킬 수 있다.

- **Cu** Cu의 결핍은 젖소의 경우 과다한 방목 시 발생되기 쉬우며, 임신우의 경우 대개 임신기간 동안에 발생한다. 송아지에서는 생후 2~3개월경에 부족증이 나타나며 증체율이 크게 감소한다. Cu의 부족 증상은 Cu 섭취량이 너무 적거나 Mo 섭취량이 너무 많을 때 잘 발생한다. 주된 결핍증상은 걸음걸이가 부자연스럽고 특히 늙은 소는 관절이 굳어지며 뒷다리를 잘못 쓴다. 또한 성장률, 유생산량 등이 감소되고 심한 설사를 수반한다. 그리고 털이 엉성해지고 분만우에서는 후산정체가 발생하고, Cu가 결핍된 소에서 태어난 새끼는 선천성 구루병과 빈혈이 심하다. 그리고 봄에 목초의 생육이 빠를 때는 목초 내 Cu 함량이 낮아지고 Mo은 높아지며 무기태 황산염과 Mo 함량이 많은 사료를 급여하면 Cu의 이용성이 크게 떨어진다.

- **I** I는 에너지 대사를 조절하는 갑상선호르몬의 구성 성분이다. 결핍되면 송아지의 경우 갑상선 비대를 초래하며, 임신우의 경우 임신 말기(보통 분만 2개월 전)에 유산을 일으킬 수 있고, 사산하거나 허약한 송아지를 낳기도 한다. 비유 중인 젖소는 건유기 때보다 I의 요구량이 많아지는데, 이는 I 섭취량의 10% 정도가 우유로 배출되므로 유생산량 때문에 요구량이 증가하기 때문이다. Goitrogen 함유율이 높은 사료를 급여하면 I의 체내 이용성이 방해를 받기 때문에 갑상선이 비대해지며 젖소의 경우 사료의 I 함량이 충분해도 결핍증을 나타낼 수 있다. 혈청내 I 함량이 40μg/L 이하이거나 우유내 I 함량이 10~20μg/L보다 적으면 I가 결핍되었다고 진단할 수 있다. 보통 권장되는 사료내 I 함량은 송아지와 미경산우는 0.5mg/kg, 임신 후반기의 소와 비유중인 소는 1.0 및 0.5mg/kg이다. I의 섭취량이 많으면 눈물을 많이 흘리며, 평상시보다 타액분비량이 증가되고 사료섭취량이 감소하는데 이때 I 섭취량을 줄이면 그 증상이 곧 사라진다.

- **Fe** Fe은 혈구 생성의 필수요소이며 체내 산화 과정에 필요한 O_2의 운반·이용 및 세포 호흡작용에 관여하는 필수무기물이다. 송아지에게 우유만 장기간 급여하거나, 동식물성 지방 및 탈지분유를 기초로 한 대용유 등으로 사육하면 소적혈구성 빈혈 및 청색성 빈혈이 발생하며 더 심해지면 저색소성 빈혈로 진행된다. 병리학적인 빈혈은 혈중 hemoglobin 농도가 80g/L 이하일 때 발생하며, 약한 빈혈은 70g/L, 중도 빈혈은 50~60g/L, 심한 빈혈은 40g/L 혹은 그 이하일 때 발생하나 혈중 hemoglobin 함량이 70g/L 이하인 소는 대개 빈혈 증상을 나타낸다. Fe이 부족하면 모든 영양소의 소화율이 저하되어 사료효율이 나빠지며 식욕도 저하된다. 그리고 외부점막조직이 창백해지고 위장점막의 퇴화, 감염성 질병이나 설사에 대한 감수성이 높아진다. 특히 심한 빈혈에 걸리면 성장률이 크게 떨어지고 성장이 빠른 어린 동물일수록 영향을 많이 받는다. 또한 송아지는 태어나면서부터 빈혈일 수도 있는데, 외국의 경우 출생 시 송아지의 약 30%가 약한 빈혈 증상을 나타냈다고 한다. Fe의 요구량은 젖소의 연령, 성장률, Fe 공급원에 따른 이용률 및 측정방법에 따라 좌우된다. 그리고 어린 송아지의 Fe 요구량이 높은 것은 증체량당 Fe의 함량이 높고 사료요구율이 낮아서 그만큼 단위사료당 더 많은 양의 Fe이 포함되어 있어야 하기 때문이다. Fe 이용률은 섭취량에 따라 다르나 일반적으로 수용성인 ferrous sulfate와 ferric citrate가 ferrous carbonate, ferric oxide 및 iron phytate보다 이용률이 높다. Fe의 공급제 중 제이철 및 제일철 화합물의 이용성은 큰 차이는 없으나, Fe 공급제의 용해도가 중요하다. 황산제일철, 탄산제일철, 염화제이철의 이용성은 큰 차이는 없으나 산화제이철은 이용성이 떨어진다. 실제 젖소 사양 시 Fe의 결핍증상은 가축이 내부기생충에 의해 혈액을 많이 빼앗기지 않으면 잘 나타나지 않는다.

- **Mn** 사료 중 Mn 함량이 부족하면 젖소에서는 불임증, 수태율 저하, 유산 등이 발생하며, 기형인 송아지를 분만하기도 한다. 또한 분만된 기형 송아지는 발굽과 복사뼈 사이가 연약하고, 지관절이 비대하며, 다리가 뒤틀리거나 상완골이 연약하며 쉽게 골절된다. 정상인 송아지와 비교하면 생시체중은 큰 차이가 없으나 성장률은 훨씬 느리다. 그리고 지관절 비대는 Mn 결핍 시 볼 수 있는 아주 일반적인 현상이며, 증상이 약할 경우 이러한 현상은 수일 내에 사라진다. 반대로 과도한 Mn의 섭취는 hemoglobin 함량을 낮추며, 사료섭취량과 증체율을 저하시킨다. 옥수수는 평균 5mg/kg 정도의 Mn을 함유하며 보리 등은 이보다 3배 높은 Mn을 함유하고 있으므로 젖소 사양 시 실제로 Mn 결핍은 잘 일어나지 않는다. 사료 중 Ca과 P의 함량이 높으면 Mn 요구량이 증가한다.

- **Mo** Mo은 우유 및 동물조직에 널리 분포되어 있는 xanthine oxidase의 구성성분이다. 젖소에서 Mo의 결핍 증세는 잘 나타나지 않지만, 방목을 많이 하는 젖소에서는 Mo 중독 문제가 가끔 야기될 수 있다. Mo 급여량이 많으면 Cu와 길항작용을 하여 설사 등 Cu 결핍과 유사한 증상을 나타낸다.

- **Se** 오랫동안 Se은 독성 무기물로 알려져 왔으나, 현재는 필수영양소로 분류되고 있다. Se은 glutathione peroxide의 필수 구성성분인데, 주요 결핍 증상은 근육백화증으로 송아지에서 잘 발생한다. 이 병에 걸린 동물은 세포원형질의 퇴화, 심장 및 근육세포의 괴사현상을 보이며 더 진행되면 심장마비, 뒷다리가 마비되는 신체이상이 일어난다. 그리고 혈청내 glutamic oxalacetic transaminase가 증가하고 수정 능력도 영향을 받는다. 젖소의 Se 요구량은 정확하게 규명되지는 않았으나 약 0.1mg/kg으로 보고 있으며, 이 수준은 Se의 화학적 형태와 Se 이용촉진인자 및 저해인자, 즉 비타민 E, S, 지방, 단백질, 아미노산 및 기타 미량원소의 함량에 따라서 달라진다.

- **Zn** Zn이 결핍되면 송아지의 혈중 carbonic anhydrase 농도가 감소된다. Zn이 결핍되면 대개 송아지의 증체율이 감소되나, 사료의 소화율은 크게 영향을 받지 않는 것으로 보고되고 있다. 젖소의 경우에는 Zn이 부족하면 사료섭취량과 증체율이 저하되고, 결핍이 심하면 타액분비가 많아지고, 입과 눈 주위의 털이 빠지며, 목 주위의 피부와 다리 안쪽 및 발꿈치가 각질화되고, 무릎뼈가 비대해지며 뒷다리를 절름거리는 현상 등을 나타낸다. 암소에서는 수정 능력이 감소되기도 한다. 결핍현상이 계속되면 발목 관절이 부어서 잘 굽힐 수 없게 되고, 콧구멍 주위의 피부가 갈라지고 두꺼워지며, 입술 점막과 잇몸이 각질화되어 비대해지고 이빨을 가는 증상을 보인다. 그리고 송아지에서 Zn이 결핍되면 무기력해지고 2차 감염에 대한 감수성이 높아진다. 젖소에서 Zn의 최대 안전 요구량은 사료 중 Cu와 Fe의 함량에 따라 다르며, Zn을 과다하게 급여하면 Cu와 Fe 등의 이용률을 저하시킨다.

- **F(불소)** 젖소에서는 F의 결핍증보다 주로 중독증이 문제가 된다. 젖소는 F 함량에 아주 예민한 동물이다. 젖소에게 F가 과량 급여되는 경우는 F가 포함된 인광석을 급여했을 때인데, 인광석은 보통 3~4%의 F를 함유하고 있다. 오랜 기간에 걸쳐서 동물의 뼈에 F가 축적되면 만성적인 중독증이 발생한다. 그러나 F를 일시에 과잉섭취하면 뼈와 이빨에 축적되기도 한다. 어린 소(생후 6개월~3년)의 경우 이빨이 형성되는 기간 동안에 일시에 과잉섭취해도 그 반응이 아주 예민해서 이빨의 심한 마모, 부식, 에나멜층의 손상

등이 생긴다. 이 외에도 절름거리거나 사료섭취량이 감소하며 이와 더불어 일반적인 건강상태가 불량해지고 유생산량도 감소한다. 사료에 Al염 및 Ca 수준이 높으면 F 중독 증세를 다소 완화시킬 수 있다.

② 광물질과 유방염 및 면역반응

- **Se과 유방염** Se과 비타민 E는 주로 함께 다루어지는데 그 이유는 세포 항산화 방어 체계에 서로 관련이 있기 때문이다. 비타민 E는 세포내 free radical들을 없애고 지질 과산화(peroxidation) 반응을 보호하는 기능이 있는 반면, Se은 과산화수소(H_2O_2)와 지질 hydroperoxide를 파괴하는 glutathione peroxidase(GSHpx)의 필수 구성요소이다. 이 두 영양소가 비록 비슷한 기능을 가지고 있지만, 용해도와 세포내 분포의 차이로 두 영양소는 완전히 상호 보완적이지는 않다. 그래서 둘 중 하나만 과잉 공급한다고 해서 나머지 영양소를 완전히 대체할 수는 없다. 세포내 주요 free radical인 superoxide, hydrogen peroxide, hydroxyl radical, fatty acid radical 등은 핵산과 반응하여 돌연변이를 야기하며, 효소들과 반응하여 효소를 비활성화시키고 세포막의 지방산과 반응하여 세포막을 불안정화시킨다. 결국 free radical은 세포를 죽이고 조직을 손상시키게 된다. 이들 free radical들은 세포에 독성 작용을 일으키기 때문에 동물체는 이에 대항할 수 있는 정교한 항산화 방어체계를 구축하고 있다. 이들 항산화 방어체계와 관련된 미량영양소들을 보면 표 4-15와 같다. 병원성 항원이 소의 유선에 침입하면 일련의 과정이 발생하는데, 먼저 혈액에서 호중구가 감염부위로 이동하여 병원성 항원을 막아내는 첫 방어

표 4-15 세포의 항산화 방어체계와 관련된 미량영양소의 기능

구성요소	세포내 분포	관련 영양소	기능
Superoxide dismutase	세포질	Cu, Zn, Mn	Superoxide를 hydrogen peroxide로 전환
Glutathione peroxidase	세포질	Se	Hydrogen peroxide를 물로 전환
Catalase	세포질	Fe	간에서 발견되며, hydrogen peroxide를 물로 전환
α-tocopherol	세포막	비타민 E	지방산의 과산화 연쇄반응을 중단시킴
β-carotene	세포막	β-carotene	지방산 과산화 연쇄반응의 시작을 방지

자의 역할을 수행한다. 호중구는 세균을 둘러싸서 죽이는 기능을 가지고 있는데 호중구는 respiratory burst라고 하는 화학반응을 통해 높은 농도의 free radical들을 발생시키고 이들 free radical들이 결국 병원균을 죽이게 된다. 그러나 free radical의 발생이 제어되지 않으면 free radical도 파괴된다. 그러므로 면역반응의 한 부분으로 free radical을 제어하는 데 미량영양소들이 작용할 수 있다. 젖소에게 Se을 공급하면 호중구의 기능을 비타민 E 첨가 시와 유사하게 개선한다. Se을 0.1ppm 공급할 경우 Se을 급여하지 않은 소에 비해 호중구가 유방염 원인균들을 더 많이 사멸시켰다. 또한 건유기 동안 0.3ppm의 Se을 급여했을 때 비유 30일 후의 젖소에서 *E. coli*와 *S. aureus*를 제거하는 능력이 월등히 증가하였다. 따라서 비타민 E와 Se의 공급이 유방염 발생률을 떨어뜨리며, 특히 비타민 E와 Se을 같이 공급하면 각 영양소를 단독 급여한 것보다 유방염 예방에 더 효과적이다.

- **Zn, Cu 및 Mn과 유방염** 유두에 상처가 나거나 동상 및 태양광선에 의한 화상 등으로 유두가 손상되면 유두의 상피조직에 *S. aureus*와 같은 세균이 부착하여 유방염이 발생한다. Zn은 세포의 치료 및 대체 기능이 있어 피부의 건강과 청결을 유지하는 데 중요한 역할을 하고 상처 치료를 가속화시킨다. 우유내 체세포 수를 감소시키는 데 있어서 Zn의 역할은 keratin 형성과 관련이 있다. Keratin은 유두 말단의 유관에 분비되는 왁스와 유사한 물질로서, 유두 내부를 둘러싸고 있어 세균의 접근을 막고 유선 안으로 세균이 이동하는 것을 방지한다. Holstein 젖소의 유두관 속에 있는 약 40%의 keratin이 착유과정에서 제거되기 때문에 이 물질의 계속적인 재생이 필요하다. 이러한 재생, 즉 유두 keratin의 생산을 증가시키는 데 Zn이 중요한 역할을 한다. Zn과 아미노산 복합제를 건유기 초기와 비유기에 급여하면 체세포 수가 감소되고 유방염의 간접적 진단수단인 lactate dehydrogenase의 활성이 낮아졌다. Zn의 공급은 유방부종과 유방염에 의한 스트레스를 감소시키는 기능도 있다. 비유우에게 Cu와 Mn을 높은 수준으로 급여하면 면역반응이 향상되어 체세포 수를 감소시킬 수 있다. Mn은 free radical 중 superoxide를 제거하는 기능이 있는데, superoxide radical은 세포막을 파괴하고 유선의 세포를 손상시켜 유방염균에 노출되게 하고 유생산을 감소시킨다. Mn은 대식세포(macrophage)의 활성을 증가시켜 면역성을 향상시킨다.

제2절
영양과 유전자

현대영양학의 가장 큰 과제 중 하나는 동물의 종별 혹은 개체별 요구량의 차이를 이해하는 것과 건강을 유지하면서 최대의 성장과 생산성을 달성하는 것이다. 이와 같은 목적을 달성하기 위해서는 전통적인 영양학과 내분비학을 연결하는 것뿐만 아니라 영양과 유전자 발현을 서로 연결하는 것도 필요하다. 분자생물학과 유전학의 눈부신 발전은 특정 개체나 종별로 요구되는 영양소와 이들의 생체내 작용을 유전자 수준에서 이해하는 데 지대한 공헌을 해왔다. 20여 년 전만 해도 일부 연구자가 영양과 유전자에 관한 연구에 참여했으나 현재는 많은 연구자가 이 분야에 참여하고 있다. 2002년과 2003년에 생쥐와 인간 유전체 해독사업이 각각 완료되었고 2004년에는 쥐와 닭, 2005년에는 개, 2007년에는 고양이의 유전체 해독 초안이 완료되었다. 2009년에 소에 대한 유전체 해독사업이 완료되었으며, 돼지의 경우에도 최근 유전체 해독이 완료되었다. 따라서 앞으로의 연구는 유전체와 유전자의 기능 연구가 급속히 진행될 것으로 예상된다. 이러한 변화 속에서 유전체와 영양에 관한 연구도 활발하게 진행되고 있다. 위와 같이 연구 환경이 변함에 따라 등장한 새로운 학문이 영양유전체학(nutrigenomics 혹은 nutritional genomics)이다. 최근에는 영양유전체학 기술을 이용한 영양학 분야 연구가 제한적으로 수행되고 있으며, 앞으로는 이 기술을 이용한 영양학 연구가 급속히 증가할 것으로 보인다.

1. 영양과 유전자

영양소들은 각 영양소 고유의 역할, 즉 에너지 발생과 저장, 체구성분의 분해, 합성 등의 역할뿐만 아니라 유전자 발현을 조절하는 기능도 가지고 있다. 그림 4-17은 영양소 섭취와 유전자 발현, 단백질 합성과의 관계, 그리고 영양소 요구량에 대한 유전자 발현의 영향 등의 상호관계를 나타낸 그림이며, 영양소와 유전자 발현은 일방적인 관계가 아닌 서로 영향을 미칠 수 있는 상호관계에 있음을 보여준다.

영양소는 직·간접적으로 유전자 발현에 영향을 미친다. 세포 수준에서는 영양소가 ① 유전자의 전사인자(transcription factor) 수용체의 ligand로서 작용하며, ② 영양소가 1차 또는 2차 대사 과정으로 이용되어 기질 혹은 중간대사산물의 변화를 유도하고, ③ 신호전달체계에서 '촉진자' 혹은 '억제자'로 작용할 수 있다. 이러한 작용은 유전자 발현에 영향을 미치고 궁극적으로는 항상성, 세포주기, 세포분화, 세포사멸, 형질 발현 등의 세포반응이 일어난다(그림 4-18). 예를 들면 지방산은 산화되어 세포를 위한 에너지를 생산하게 된다. 이 경우 세포 간 에너지 균형의 변화는 NAD 항상성 관련 유전자 발현에 간접적으로 영향을 주고, 미토콘드리아의 전자전달 활성도에도 영향을 미치게 된다. 이러한 변화는 유전체의 chromatin 재구성을 유도하고 histone의 아세틸화(acetylation)와 DNA 메틸화(methylation) 반응에 따라 장·단기 유전자 조절이 일어나게 되어 목적으로 하는 최종 유전자의 발현을 조절하게 된다. 영양소의 변화에 의해 유전자 발현이 조절되는 것은 단세포

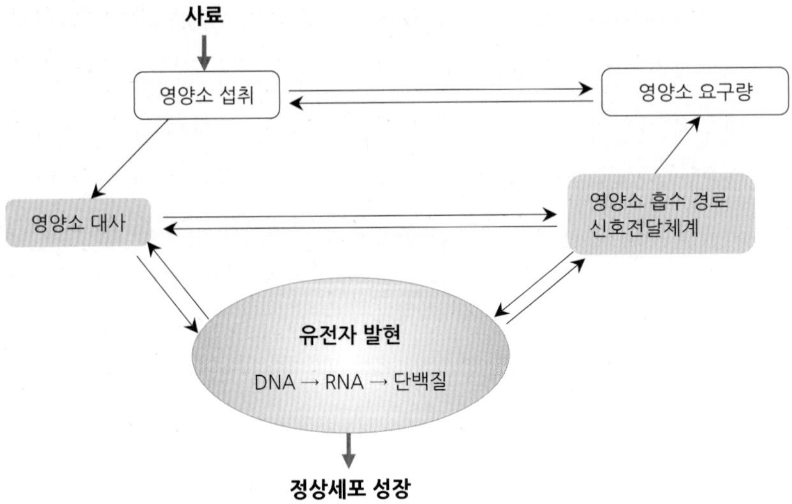

그림 4-17 세포에서 영양과 유전자 발현의 상호관계

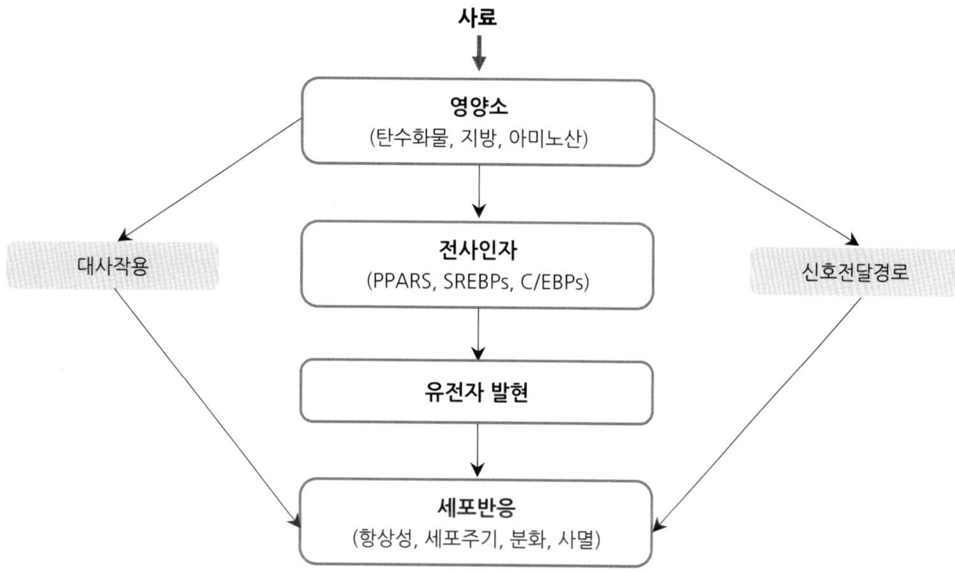

그림 4-18 영양소가 세포내 신호전달, 유전자 발현 및 세포반응에 미치는 과정

미생물이나 하등 진핵생물에서 잘 볼 수 있다. Histidine과 tryptophan operon은 영양 의존적 아미노산 생합성 조절의 좋은 예이다. 그러나 고등생물에서는 영양소에 의한 유전자 발현 조절이 단세포 생물에서처럼 단순하지 않은데, 그 이유는 고등동물에서는 영양소 이외에 호르몬, 신경 등의 여러 요소가 유전자 발현에 영향을 미치기 때문이다.

영양과 유전자에 관련하여 현안이 되는 문제를 보면 다음과 같다.

- 최상의 대사작용을 위해 요구되는 영양소(특히 미량영양소)의 양은?
- 유전적 배경이 다른 각 동물에 대한 최상의 영양소 섭취량은?
- 사료 영양소(dietary chemicals/nutrients)와 장·단기 체내대사 조절의 연관관계는?
- 출생부터 성장단계별 영양소 이용과 변화에 대한 평가 방법은?
- 영양과 유전자의 상호관계 연구에서 얻은 정보를 동물의 사육, 생산, 이용에 적용할 방법은?

2. 분자 수준에서의 영양소

세포의 원형질막(plasma membrane)을 통과하여 운반된 미량영양소들(micronutrients)은 세포 안에서 다양한 종류의 단백질 합성이나 소기관들의 대사활동에 이용된다. 세포에서 일어나는 이러한 영양소 이용 과정에서 생각할 수 있는 점은 다음과 같다. 첫째, 어떻게 세포는 충분한 영양소를 얻을 수 있을까? 둘째, 세포 안으로 운반된 영양소들을 어떻게 적절한 위치의 소기관에 배분하는가? 셋째, 만약에 미량영양소가 제한적으로 공급될 때 대사과정 혹은 효소반응에서 어떠한 영양소를 우선적으로 사용하는가 등이다. 그 첫 번째 질문은 영양소의 세포내로의 수송에 관한 문제인데, 이에는 다양한 종류의 영양소 운반체가 관여함이 밝혀졌고 그 특성도 규명되었다. 그러나 세포 안으로 수송된 이후 특정한 단백질 혹은 대사 과정 등에 영양소가 분배되는 기전에 대해서는 알려진 것이 많지 않다. 세포내 물질의 교통정리나 영양소의 우선적 사용 등에 대한 이해는 영양소의 이용효율 향상 방안을 모색하는 데 매우 중요하다. 각각의 영양소는 서로 다른 고유한 특성을 지니고 있어서 결국 영양소별로 각기 다른 대사 과정을 거치고, 따라서 궁극적으로 각각의 영양소에 대한 요구량도 달라진다. 세포내 영양소 분배체계가 영양소별로 서로 다른 것은 유전자형의 차이에서 찾을 수 있다. 따라서 세포내에서 영양소의 분배와 우선적 이용에는 세포 안의 특정 구성요소가 관여하고 있고 이들과 연관된 유전자들의 조절이 궁극적으로 중요한 역할을 한다. 분자생물학과 유전체학 기법들을 이용하면 주요 유전자 조절에 대한 것뿐만 아니라 영양소와 유전자 발현과의 상관관계를 더욱 쉽게 이해할 수 있다.

3. 유전자 발현

1) 유전자 발현 과정

유전자가 발현되는 과정을 간단히 소개하면 다음과 같다. 세포의 핵에 있는 DNA가 가지고 있는 유전정보는 1차 전사체(primary transcript)인 RNA를 만들고 이는 핵 안에서 적절하게 가공 처리가 된 다음 성숙한 mRNA로 된다. 성숙한 mRNA는 핵에서 세포질로 이동되고 이곳에서 mRNA가 가지고 있는 아미노산 염기 배열에 대한 유전정보에 따라서 단백질이 합성된다(그림 4-19). 위의 과정 중에서 영양소가 유전자 발현에 영향을 미칠 수 있는 단계는 RNA가 만들어지는 전사(transcription) 단계에서부터 최종 활성이 있는 단백

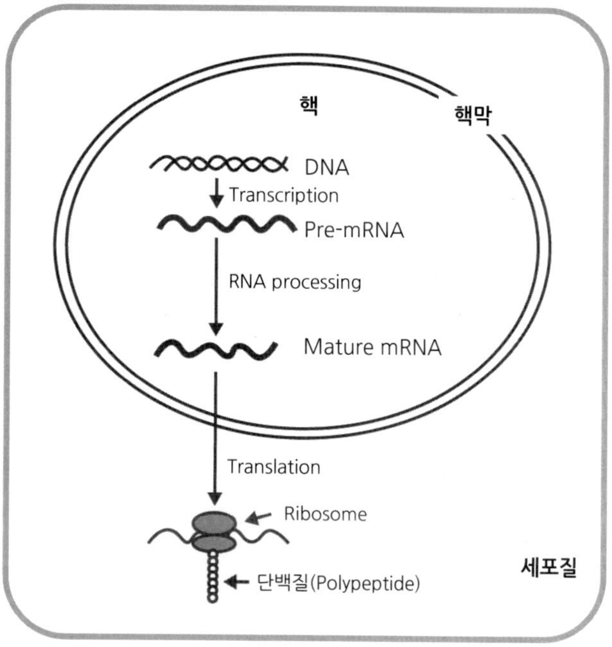

그림 4-19 DNA에서 단백질 합성까지 유전자 발현 과정

질이 만들어지는 단계까지이다. 즉 영양소는 발현되는 기능적 단백질의 양을 전사 단계, 전사후 단계, 번역(translation) 단계, 번역 후 단계 등 여러 곳에서 특정 유전자를 이용하여 조절할 수 있다. 여기에서는 다량영양소(macronutrient; 탄수화물, 지방, 단백질)와 미량영양소(micronutrient; 비타민과 광물질)에 의한 유전자 발현 조절에 대해 소개한다.

2) 영양소에 의한 유전자 발현 조절

유전자 발현은 복잡한 과정을 통해 조절되는데, 영양소와 호르몬들은 유전자의 전사 단계에 직접 관여하거나 간접적으로 조절하게 된다. 비타민 A, 비타민 D, 지방산, sterol, Zn 등은 직접적으로 전사에 관여하는 영양소이다. 반면 사료에 함유된 섬유소는 호르몬의 신호전달체계, 기계적 자극, 장내 미생물 군집 변화를 통한 발효 대사산물 등의 변화를 통해 간접적으로 유전자 발현에 영향을 미칠 수 있다. 모든 개체가 특정 영양소에 대해 나타내는 반응은 동일하지 않다. 경우에 따라서는 동일한 영양소에 대해 반응의 정도나 방향이 달리 나타날 수 있다. 이와 같은 현상은 영양소와 유전자의 상호관계가 매우 복잡하며, 영양소와 유전체 간의 관계가 일방적이 아닌, 즉 양방향의 관계에 있음을 보여준다. 예를 들어 특정 영양소를 과다하게 섭취했다면 그 동물은 그러한 상황에 대비하여 대사기작을 달

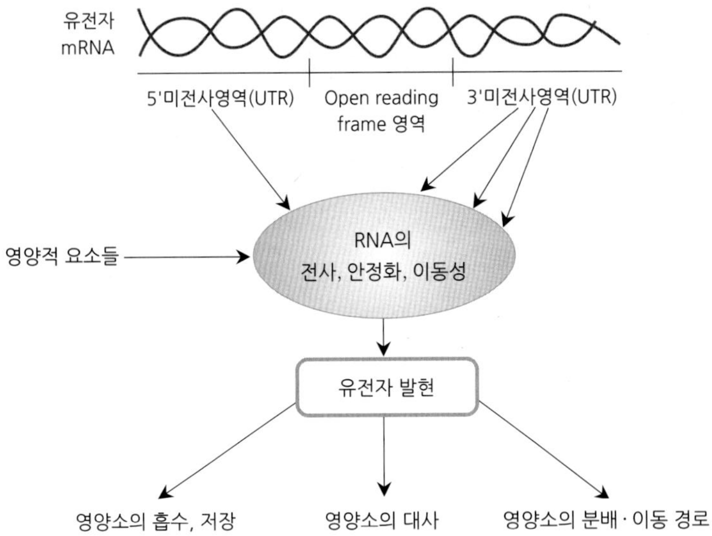

그림 4-20 영양소에 의한 유전자 발현의 조절

표 4-16 영양소와 유전자의 상호작용에 관여하는 전사인자

영양소	종류	전사인자
다량영양소(macronutrient)		
지방	지방산	PPAR, SREBP, LXR, HNF-4, ChREBP
	Cholesterol	SREBP, LXR, FXR
탄수화물	Glucose	USF, SREBP, ChREBP
단백질	아미노산	C/EBP
미량영양소(micronutrient)		
비타민	비타민 A	RAR, RXR
	비타민 D	VDR
	비타민 E	PXR
광물질	Ca	Calcium/NF-AT
	Fe	IRP-1, IRP-2
	Zn	MTF-1
기타 물질들	Flavonoids	ER, NF-κB, AP-1
	Xenobiotics	CAR, PXR

AP-1: activating protein1, **CAR:** constitutively active receptor, **C/EBP:** CAAT/enhancer binding protein, **ChREBP:** carbohydrate responsive element binding protein, **ER:** estrogen receptor, **FXR:** farnesoid X receptor, **HNF:** hepatocyte nuclear factor, **IRP:** iron regulatory protein, **LXR:** liver X receptor, **MTF:** metalresponsive transcription factors, **NF-κB:** nuclear factor κB, **NF-AT:** nuclear factor of activated T cells, **PPAR:** peroxisome proliferator-activated receptor, **PXR:** pregnane X receptor, **RAR:** retinoic acid receptor, **RXR:** retinoid X receptor, **SREBP:** sterol-responsive-element binding protein, **USF:** upstream stimulatory factor, **VDR:** vitamin D receptor.

Muller와 Kersten(2003).

리하며 적응한다. 지방 혹은 탄수화물이 풍부한 사료를 섭취하게 되면 비만으로 이어지고 비insulin형 당뇨병, 고지혈증 등이 유발된다. 이러한 상태에서 동물은 유전자 발현의 전사 단계 조절을 통해 cholesterol을 일정 수준으로 유지하려고 한다. 따라서 과다한 cholesterol은 oxysterol로 전환되고 이와 연관된 유전자 전사요소들을 조절하여 과다한 cholesterol의 축적을 제한하게 한다. 이러한 예는 영양소가 유전자 발현을 조절하여 체내 대사에 관여하고 있음을 보여주는 것이다. 그림 4-20은 영양소에 의한 유전자 발현 조절을 나타낸 것이고, 표 4-16은 영양소와 유전자의 상호작용에 관여하는 전사인자를 요약한 것이다.

4. 영양소 형태에 따른 유전자 발현 조절

다량영양소(지방, 탄수화물, 단백질)의 과부족은 유전자 발현에 영향을 주어 성장, 번식, 생산 등에 영향을 줄 뿐만 아니라 만성적인 질병을 유발할 수도 있다. 아미노산, 지방산, 탄수화물 등은 서로 다른 생물학적 시스템에 관여하면서 여러 작용을 통해 유전자 발현을 조절한다. 같은 사료라도 가공 처리방법과 정도에 따라서 특정 영양소의 양적 혹은 질적인 변화를 일으키기 때문에 자연적인 물질뿐만 아니라 가공 처리에 의해서 생성되는 화학적인 물질들도 세포내 유전자들의 발현에 영향을 미칠 수 있다. 단위동물에 대한 다량영양소 혹은 미량영양소에 의한 유전자 발현 조절은 비교적 연구가 많이 진척되었으나 반추동물을 이용한 연구는 초기단계이다.

1) 아미노산에 의한 유전자 발현 조절

아미노산은 특정 유전자 발현의 영양적 신호(nutritional signals)로 작용한다(표 4-17). 체내 세포들은 아미노산 수준의 변화를 탐지하여 이를 유전자의 전사, mRNA의 안정성 등의 기작에 반영시키고, 아미노산 수준은 전사 개시의 촉진, 억제 등의 조절에도 관여한다. 예를 들면 아미노산에 의한 C/EBP homologous protein(CHOP)의 발현 조절에 관한 연구가 많이 되어 있다. CHOP는 전사조절인자 중의 하나인 C/EBP(CCAAT/enhancer-binding protein)계와 연관되어 있는 하나의 작은 핵단백질을 코딩(coding)하며 광범위한 세포에서 발현되는 유전자이다. CHOP의 유도는 소포체(endoplasmic reticulum)의 작용을 저해하는 요소들에 의해 활성화된다. 사람의 세포주에서 leucine을 제한하면 그 제

표 4-17 아미노산에 의해 조절되는 유전자들

유전자	조절(단계)
아미노산에 결핍에 의해 억제되는 유전자	
Fatty acid synthase	밝혀지지 않음
Prepro-glucagon	밝혀지지 않음
아미노산 첨가에 의해 유도되는 유전자들	
Argininosuccinate synthase	세포 팽창
Ornithine decarboxylase (ODC)	mRNA 안정화, 단백질 대사
Collagenase	Activator protein 1(AP-1) 의존형
Tissue inhibitor of metalloprotenase	밝혀지지 않음
아미노산 결핍에 의해 유도되는 유전자	
Amino acid transporters	밝혀지지 않음
Insulin-like growth factor 1 (IGFBP-1)	밝혀지지 않음
C/EBP homologous protein (CHOP)	전사, mRNA의 안전화
CCAAT/enhancer binding protein beta (C/EBPβ)	밝혀지지 않음
Apolipoprotein B100 (ApoB100)	밝혀지지 않음
Asparagine synthase	전사, 전사 후
Ribosomal proteins	밝혀지지 않음

Farournoux 등(2000).

한 정도에 비례하여 CHOP mRNA와 단백질의 발현이 증가한다. 사람의 세포에서 L-tryptophan이 생체조직 농도 이상으로 존재하면 유전자 전사 수준에서 collagenase의 유전자 발현을 강력하게 유도하는 유도제로서 작용한다. 이 collagenase mRNA의 발현은 L-tryptophan의 농도에 비례한다. 그러나 아미노산에 의한 유전자 발현 조절과 관련된 분자생물학적 기작이나 중간 매개체 등 아직 많은 부분이 알려져 있지 않다.

아미노산에 의한 유전자 조절에 대한 좋은 예로 들 수 있는 것이 필수아미노산 제한에 의한 단백질 결핍과 IGFBP-1(IGF binding protein-1) 조절에 의한 성장 제한이다. 단위동물(돼지)과 가금(닭)에서 필수아미노산은 성장과 밀접한 관련이 있다. 성장은 유전적 요인과 호르몬, 영양적 요소 등에 의해 조절되는 복잡한 현상이다. 성장을 조절하는 주요 인자는 성장호르몬과 IGF인데, IGF의 생리적 활성은 IGFBP라는 단백질에 의해 조절된다. IGFBP는 6종류가 알려져 있으나 그중에서 IGFBP-1이 영양적 상태에 따라 가장 민감하게 발현이 조절된다. 절식 혹은 영양결핍이 일어나면 혈중 IGFBP-1의 농도는 증가하는데 이 단백질은 insulin과 성장호르몬, glucose 등에 의해 간에서 합성되는 양이 조절된다. 따라서 단백질 결핍은 간에서 IGFBP-1의 발현을 증가시키고 동물의 성장을 저하시킨다.

2) 지방산에 의한 유전자 발현 조절

지방산은 유전자 발현 조절을 통해 체내대사 과정의 조절에 관여한다. 지방산의 농도 변화에 반응하여 표적(target) 유전자들의 발현이 개시되거나 종료된다. 지방산 대사에 관여하는 대부분의 유전자들은 PPAR(peroxisome proliferator-activated receptor)계에 의해 조절된다. PPAR은 조절하고자 하는 유전자들의 증폭 부위(enhancer site)에 있는 PPRE(peroxisome proliferator response element)에 결합하여 작동하는 ligand 의존형 전사조절인자이다. Agonist가 PPAR에 결합하면 형태적인 변화가 오고, 이에 따라 전사조절 보조인자와 결합할 수 있는 형태로 전환되며, 이 결과로 유전자의 전사가 증가하는 것이다. PPAR에는 3종류의 PPAR 유사형(isoforms: α, δ, γ)이 존재한다.

PPARα는 지방 감지기(sensor)로서 중요한 역할을 할 뿐만 아니라 세포의 에너지 대사 조절자이기도 하다. PPARα는 지방산 운송 단백질(fatty acid transport protein, FATP)과 지방산 위치이동효소(fatty acid translocase; FAT) 단백질 발현을 자극하므로 세포에서 지방산 흡수와 지방의 항상성(lipid homeostasis)에 중요한 역할을 한다. 또 PPARα의 활성은 장쇄지방산 acyl-CoA synthase와 peroxysomal β-산화 과정의 여러 효소들(acyl-CoA oxidase, acyl-CoA hydratase, acyl-CoA dehydrogenase, keto-acyl CoA thiolase)의 유전자 전사를 증가시키기도 한다.

PPARγ는 PPAR계 중에서 유일하게 지방세포 분화 조절자로서 지방 대사에 관여하는 수많은 유전자들(fatty acid-binding protein, phosphoenolpyruvate carboxykinase, acyl-CoA synthase, lipoprotein lipase)의 발현을 조절한다. PPARγ는 또한 세포의 에너지 항상성을 제어하는 유전자들을 조절한다. PPARγ는 갈색지방조직(brown adipose tissue)에 있는 mitochondrial uncoupling proteins(UCP-1, UCP-2, UCP-3)의 발현을 증가시키기도 한다. PPARγ는 TNFα나 leptin처럼 insulin의 작용에 영향하는 유전자들과도 관계가 있다. 오늘날까지 PPARδ가 관여하는 특이적 유전자의 발현에 대한 연구는 많지 않다.

불포화지방산(poly-unsaturated fatty acids; PUFA)은 간에 존재하는 지방 합성 관련 효소들의 유전자 발현을 강력하게 억제하는 역할을 한다(표 4-18). 특히 불포화지방산은 지방합성효소(fatty acid synthase)의 유전자를 전사 수준에서 억제함으로써 체내 지방 합성을 감소시킨다. 따라서 사료 중의 지방 종류는 직·간접적으로 수많은 유전자들의 발현에 관여하여 체내대사를 조절할 수 있음을 알 수 있다. Chlorophyll에서 유래된 phytol 대사물(특히 phytanic acid)은 초식을 주로 하는 반추동물의 혈액 중에 많이 들어 있는데,

표 4-18 지방의 종류가 지방 합성, 해당과정, glucose 운송과 연관된 효소단백질 유전자 발현에 미치는 영향

기능/유전자	SFA	MUFA	Cholesterol	PUFA
간, 지방 합성				
Fatty acid synthase	↑	↑	↑	↓
Steroyl-CoA desaturase	↑	↑	↑	↓
Acetyl-CoA carboxylase	↑	↑	↑	↓
Malic enzyme	↑	↑	↑	↓
간, 당 분해				
Glucose-6-phosphate dehydrogenase	↑	↑	↑	↓
Glucokinase	↑	↑	↑	↓
Pyruvate kinase	↑	↑	↑	↓
지방세포, glucose 운송				
GLUT4	↑	↑	↑	↓
GLUT1	↑	↑	↑	↓

SFA: saturated fatty acid, **MUFA**: mono-unsaturated fatty acid, **PUFA**: poly-unsaturated fatty acid, **GLUT**: glucose transporter.

이는 핵 수용체의 RXR-type을 활성화시킨다. 활성화된 PPAR/RXR 수용체는 간에서 지방대사에 관여하는 특정 유전자의 발현을 조절하여 장쇄지방산의 대사와 케톤체 생성에 관련된 효소 유전자의 발현은 증가시키고, 지방 합성 관련 유전자의 발현은 감소시킨다.

3) 탄수화물에 의한 유전자 발현 조절

탄수화물에 의한 유전자 발현 조절에 대한 연구는 최근에 많이 이루어지고 있는데 그 대부분이 glucose에 대한 것이다. 높은 농도의 glucose는 탄수화물 분해와 지방 합성 관련 대사와 연관된 유전자들의 전사를 유도한다. 설치류에서는 사료용 glucose가 여러 효소, 즉 phosphofructokinase, acetyl-CoA carboxylase, fatty acid synthase 등의 유전자 발현을 전사 수준에서 조절한다. 또한 glucose는 apolipoprotein B의 mRNA 안정성과 단백질 발현을 조절하는 것으로 알려져 있다. 포유류에서 유전자 발현과 사료 중 glucose의 관계에 관한 연구결과는 insulin, glucagon 등 호르몬의 작용과 혼재되어 있기 때문에 해석에 많은 주의가 필요하다. 따라서 이러한 문제를 피하기 위해 세포배양을 이용하여 glucose에 의한 유전자 발현 조절 연구를 할 수 있다. 높은 농도의 glucose는 간과 췌장 β-세포의 L-pyruvate kinase, 지방과 췌장 β-세포의 지방 합성 조절효소 acetyl-CoA carboxylase

및 간과 지방세포의 지방합성효소(fatty acid synthase) 유전자들의 전사를 증가시킨다. 간과 지방조직에서 이들 유전자 발현에는 insulin도 관여하는 것으로 알려져 있다. 영양소에 의한 유전자 발현 조절 연구들이 최근에 활발하게 이루어지고 있다.

4) 비타민과 미량원소에 의한 유전자 발현 조절

여러 종류의 비타민들이 DNA를 보호하거나 유전체의 안정성에 관여한다. 특정 비타민의 결핍은 DNA의 손상과 이로 인한 세포의 기능 상실을 초래하고 심한 경우는 노화와 암을 유발한다(표 4-19). 비타민 A의 전구물질인 carotenoids는 항산화 성질을 가지고 있어 DNA 손상을 억제한다. 특히 carotenoids는 유전자 connexin43 발현을 증가시켜 세포와 세포 사이의 통신을 활발하게 유도하여 세포 증식을 억제함으로써 비정상적인 세포(암세포)의 증식을 억제한다. 비타민 A의 활성형인 retinoic acid는 proto-oncogene, c-fos, c-myc, tumor growth factor-β1(TGF-β1), interleukin-6(IL-6), 각종 성장 인자 등 여러 가지 유전자의 발현에 관여한다. 비타민 B_{12}와 folate는 DNA 대사에 필수적인 기능을 한다. 세포내에 folic acid가 결핍되면 dUMP(deoxyuridine monophosphate)가 축적되고 uracil이 thymine 대신 DNA에 결합됨으로써 DNA와 염색체의 절단을 초래한다.

또 비타민 B_{12}와 folic acid는 methionine과 S-adenosyl-methionine의 생체내 합성에 중요한데, 이들 성분들은 DNA의 합성, 유지 및 메틸화(methylation)에 필수적이다. 비타민 C는 강한 항산화력을 지니고 있어서 DNA의 산화적 손상 정도를 완화시키는 성질이 있다. 비타민 C는 fra-1, glutathionine S-transferase, p73 등의 유전자 발현에도 관여한

표 4-19 미량원소 결핍과 DNA 손상의 관계

미량원소	DNA 손상	동물에 대한 영향
Folic acid	염색체 절단	결장암, 심장질환, 뇌기능장애
비타민 B_{12}	아직 규명되지 않음	Folic acid와 동일, 신경손상
비타민 B_6	아직 규명되지 않음	Folic acid와 동일
비타민 C	DNA 산화	백내장, 암
비타민 E	DNA 산화	결장암, 심장질환, 면역체계 이상
Fe	DNA 절단	뇌, 면역체계 이상, 암
Zn	염색체 절단	뇌, 면역체계 이상, 암
Niacin	DNA 수리 불가	신경손상, 기억력 상실

Kaput와 Rodriguez(2004).

다. 비타민 D는 항산화제의 역할뿐만 아니라 염색체의 구조를 안정화시키는 기능을 가지고 있다. 이러한 기능은 세포배양시험에서는 잘 증명되었지만 동물에서는 소수의 시험에서만 입증이 되었기 때문에 이러한 목적으로 사료에 비타민 D를 첨가하는 문제는 검정이 더 필요하다. 또한 비타민 D는 잠재적으로 독성이 있기 때문에 사료 첨가제로 이용하려면 부작용도 고려해야 한다. 일반적으로 뼈의 생성, 동맥경화, 고혈압, 암 등에 미치는 영향을 고려한다면 비타민 D를 동물의 요구량에 맞게 공급해주어야 한다. 비타민 D에 의해 많은 유전자가 상승 혹은 억제 작용을 받는 것으로 알려져 있다. 비타민 D가 종양 성장을 억제하는 기능을 하는 것은 종양 생성과 연관 있는 유전자들(bcl-2, proto-oncogene, c-fos, c-myc 등)의 발현에 영향을 미치기 때문이다. 유전자 적출 동물시험에서 비타민 D는 renin 유전자 발현의 조절자로서 작용하며, 비타민 D로 처리한 조골세포에서 수많은 유전자의 발현 변화를 cDNA microarray를 이용하여 관찰할 수 있다.

비타민 E는 지방에서 유래되는 과산화기를 제거함으로써 염색체의 손상을 감소시키는 기능뿐만 아니라 이미 손상된 DNA의 제거를 도와주는 기능도 가지고 있다. 그러나 비타민 E가 첨가된 사료가 암, 심혈관, 부종, 기타 질환의 치료에 유익한지에 대해서는 아직 의견의 일치를 보지 못하고 있다. 비타민 E는 사람의 유방암 등과 관련된 유전자 c-jun의 발현에 영향을 미치고, 사람의 섬유세포에서는 열활성 단백질(heat shock protein)의 합성 조절에 영향을 준다. 또 비타민 E는 사람의 T세포에서 mRNA 수준에서 유전자 IL-4의 발현을 억제한다. 이 외에 전사 수준에서 비타민 E에 의해 조절되는 유전자에는 collagenase, a-tropomysin 등이 있다.

Se은 사람과 동물의 정상적인 성장과 건강을 위해 필수적인 미량원소이다. Se의 결핍은 암 발생, 면역체계 이상, 바이러스성 질환 감염 등을 초래할 수 있다. Se은 아미노산 selenocysteine에 결합하여 주요 체내대사 기능에 참여하고 있다. Se은 일반적으로 selonomethionine, selenocysteine, selenide 등으로 존재한다. 이들은 흡수된 후 selenite로 대사되어 selenomonophosphate로 전변된다. Selenocysteine은 selenomonophosphate와 sery-tRNA에 의해 형성된 selenocysteyl-tRNA에 의해 단백질로 유입된다. Selenocysteine은 유전자의 번역 과정 동안 단백질의 초기 polypeptide chain에 유입되는 것으로 알려져 있으며, 위치는 stop codon인 UGA 이후의 3'UTR(untranslated region)에 작용하여 특정 유전자(예: glutathione peroxidase)의 단백질 합성을 조절한다. 따라서 Se은 glutathione peroxidase의 효소 활성과 mRNA 생성을 조절하고 있다. Fe은 유전자 ferritin과 transferrin receptor의 5'UTR과 3'UTR에 작용하여 mRNA의 번역의 안

표 4-20 영양소에 의한 유전자 전사 후 단계 조절

유전자	영양소 종류	조절 단계	UTR 조절 부위
Ferritin	Fe	번역 안정화	5'UTR
Transferrin receptor	Fe	번역 안정화	3'UTR
세포질 glutathione peroxidase	Se	번역 단계	3'UTR
Metallothionein-2	Zn	번역 단계	?
c-myc	아미노산	번역 안정화	?
Retinol-binding protein	비타민 A	번역 안정화	?

Hesketh 등(1998).

정화에 기여한다. Zn은 유전자 metallothionein-2의 번역 단계에 관여하는 것으로 알려져 있다(표 4-20).

5. 영양과 유전자 연구에 이용되는 방법

1) DNA microarray

1990년대 중반에 등장한 DNA microarray 기법은 유전자 발현에 관련된 분자생물학의 연구 속도를 실질적으로 증가시키는 새롭고 강력한 기술이 되었다. 일반적으로 유전자 발현에 대한 연구는 Northern blot analysis, Dot blotting, Differential display 기법이 주종이었으나 이는 분석할 수 있는 샘플 수가 매우 한정되어 있고 분석에 요구되는 시료의 양이 비교적 많으며, 처리에 대한 결과를 보기 위해서는 비교적 긴 시간이 소요된다. 그러나 컴퓨터의 발달과 현대 분자생물학의 접목은 빠른 시간 안에 수천 개의 유전자의 발현과 분석을 할 수 있게 했다. 초기에는 7×8cm 내외의 nylon 혹은 nitrocellulose membrane에 수천 개의 유전자를 심어 유전자 발현에 대한 연구를 했으나, 현재는 유리 슬라이드(slide glass), 실리콘 등의 고형 지지체(matrix)에 수천에서 수만 개의 유전자를 고밀도로 미세배열하여 부착시킨 미세배열(microarray)법을 이용하여 특정 혹은 임의의 유전자 발현 분석에 이용한다. Oligonucleotide 20~60개의 염기서열은 수만 개를, 유전자 cDNA와 같이 긴 염기서열은 수천 개를 13×13mm의 고형 지지대에 부착할 수 있다.

DNA microarray 기법에 의한 유전자 발현 연구는 고정된 표적 염기서열(oligonucleotide 또는 cDNA)의 고밀도 배열에 mRNA에 상응하는 형광 처리된 특수 유전자의

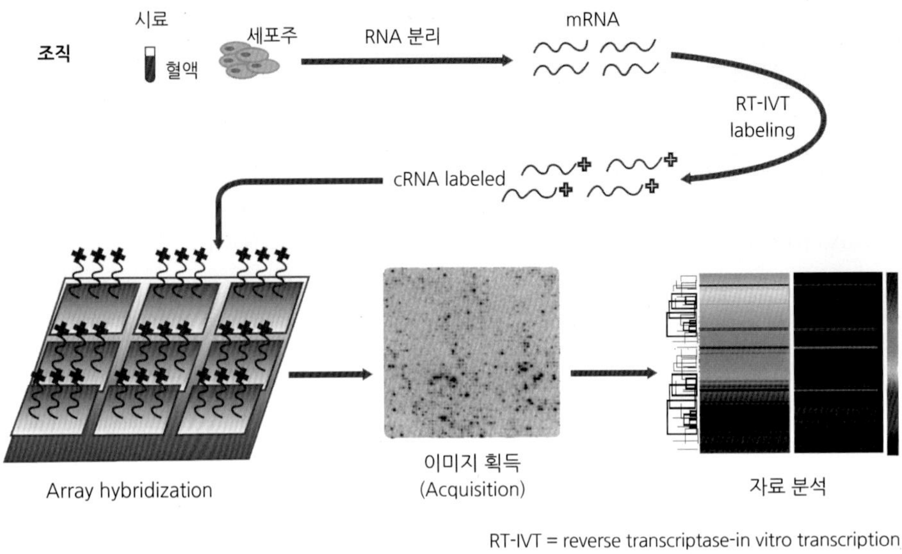

그림 4-21 Microarray 분석 기술 개요 (Masotti 등, 2010)

RNA 혹은 cDNA를 hybridization시키는 것이다. 이렇게 표지된 mRNA 시료들을 array에 hybridization시키면 각각의 형광 처리된 특정 유전자의 염기서열이 상응하는 목표 염기서열에 hybridization된다(그림 4-21). Array 글라스를 세척한 후, 스캐너에 의해서 정량된 색깔의 정도는 직접적으로 특정 유전자의 발현 수준을 나타낸다. 이때 서로 다르게 표지된 mRNA를 사용하면 여러 개 시료의 유전자 발현을 정량적으로 비교할 수도 있다. 이러한 기법을 사용하면 많은 수의 유전자를 동시에 분석할 수 있을 뿐만 아니라 많은 수의 시료들을 비교분석하는 데 용이하다. 따라서 microarray 분석 기법은 유전자 발현 분석 연구의 발전에 크게 기여해왔다. DNA microarray를 이용한 유전자 발현 분석은 세포와 생물체에서 일어나는 영양소의 대사경로와 상호작용을 이해하는 중요한 수단이다. DNA microarray 기술은 영양소의 기능과 독성 효과를 분석하거나, 동물 유전자와 영양소 대사의 관계를 이해하는 데 유용하게 이용될 수 있다.

최근 microarray를 이용한 영양유전체 연구가 다양하게 시도되고 있다(Masotti 등, 2010). 다가불포화지방산(polyunsaturated fatty acid; PUFA)은 중추신경계의 필수적인 구조적 성분으로 학습과 기억을 조절하는 데 중요한 역할을 한다. Microarray를 이용한 실험에서 PUFA가 풍부한 사료 급여에 의해서 쥐(rat)에서 뇌조직 특이적 유전자 발현의 변화를 보여주었다. PUFA가 풍부한 사료는 transthyretin, α-synuclein, calmodulin 등 여러 가지 중추신경계 조직 유전자 발현에 유의적인 변화를 초래하였다. 이러한 유전자들은

synaptic 유연성과 학습에서 중요한 역할을 하는 것으로 알려져 있다.

DNA microarray는 막대한 양의 데이터를 제공하기 때문에 자료 처리를 위한 컴퓨터와 소프트웨어가 필수적이다. 사람을 포함한 많은 동식물 및 미생물의 genome 염기서열 분석 사업을 통해 이미 다량의 염기서열 데이터가 제공되고 있으므로 DNA microarray 기술은 이러한 염기서열의 기능을 구명하는 데에 많은 도움이 될 수 있다. 이 기술은 유전자 변형 동물체, 사료 성분의 독성 분석 또는 신호전달경로 등의 분야에 대한 연구를 가속화시킬 것으로 기대된다. 그러나 DNA microarray 기술은 mRNA 수준의 분석에만 제한되어 있으므로 단백질 수준에서의 분석도 병행되어야 한다. 세포내 단백질의 대량 분석을 기초로 하는 Proteomics 분석 기술도 급속하게 발전하고 있으므로 두 기술을 상호 보완적으로 활용하면 영양소와 유전자 발현 상호작용 분야는 획기적으로 발전할 것으로 기대된다.

2) 단일염기다형(single nucleotide polymorphism; SNP)

각 개체의 유전적인 배경은 영양소 요구량을 결정하는 데 필수적이다. 같은 종(species)이라도 개체마다 변이가 있는데, 이는 DNA 염기배열의 SNP(single nucleotide polymorphism)에서 그 원인을 찾을 수 있다. 사람을 비롯한 여러 가지 동물과 식물의 염기서열 해독이 완료됨에 따라 유전자의 기능에 대한 연구가 집중적으로 진행되고 있다. 그러나 특정 유전자의 기능이 알려지고, 또 그 유전자가 특정 동물 종에 똑같은 기능을 한다고 해도 개체별 차이는 여전히 존재한다. 개체별 SNP를 알게 되면, 개체별 영양소-유전자 간 특이성을 밝혀낼 수 있다. 따라서 SNP 분석을 이용하면 그 개체에만 적용되는 맞춤사료 혹은 맞춤치료 약품의 개발이 가능하고, 이러한 기술은 사람에게도 적용될 수 있다.

3) 특정 유전자 적출(gene knockout)과 형질전환(transgenesis)

표적 유전자 적출 또는 knockout(KO)은 동물 혹은 세포 수준에서 특정 유전자의 기능을 규명하는 데 이용될 수 있다. 가장 일반적인 유전자 KO 기법은 배아의 줄기세포(embryonic stem cells)에서 유전자의 특정 부위를 변형, 결손 혹은 부가시켜 상동염색체 간 유전자 재조합(homologous recombination)이 일어나게 하는 것이다. 유전자 재조합이 일어난 줄기세포는 미세주입기법을 이용하여 배아(embryo)에 주입한 후 대리모에 이식한다. 이식 후 태어난 KO 동물은 특정 유전자가 발현되지 않게 된다. 따라서 사료 중 특정 영양소의 결핍이나 첨가에 대하여 유전자 KO 동물은 정상적인 동물과 다르게 반응할 수 있으며, 그 결과를 분석하면 특정 영양소와 해당 유전자의 상관관계, 즉 유전자의 기능을 알 수 있다. 예를 들면 acyl-CoA cholesterol acyltransferase의 유전자가 KO된 동물은 cholesterol 흡수에 장애가 발생하므로 이 유전자가 cholesterol 흡수 과정에 중요한 역할을 하고 있음을 알 수 있다.

형질전환동물도 유전자 연구에 많이 이용되고 있다. 형질전환은 KO와는 반대 개념으로서 특정 유전자를 개체 혹은 세포에 과다하게 발현시킨 후 그 유전자의 기능을 연구하는 것이다. 형질전환동물을 생산하기 위해서는 특정 유전자를 과다발현시키기 위한 전사조절 부위(promoter)를 선택해야 한다. 실험 목적에 따라서 특정 조직에서만 유전자 발현을 유도할 것인지, 아니면 체내의 광범위한 부위에서 과다발현되도록 유도할 것인가에 따라 전사조절부위의 종류를 선택할 수 있다. 전사조절부위가 결정되면 특정 유전자를 전사조절부위 다음에 연결하고 전사된 RNA의 안정화를 위해 유전자의 끝부분에 poly(A) tail을 부가한다. 이렇게 만들어진 transgenic construct는 미세주입 방법을 이용하여 동물의 수정란에 주입한 후 대리모에 이식을 하여 형질전환동물을 생산한다. 생산된 형질전환동물은 KO 동물과 마찬가지로 영양소와 유전자 간의 상호작용 및 대사 관련 연구에 활용할 수 있다.

4) 에피유전체학(epigenomics)

유전과 환경의 관계는 형질(phenotype) 발현과 질병의 발생 및 진행에 직접적으로 관여하기 때문에 최근 환경적 영향에 대한 관심이 고조되고 있다. 에피유전학(epigenetics: 후성유전학)이란 DNA 염기서열 자체의 변화가 아닌 DNA 주변 환경에 의해 유전자 발현에 영향을 미치는 양상을 연구하는 분야이다. 이를 전체 유전체 차원에서 연구하는 것을 에피유전체학(epigenomics)이라 한다. 경제 형질의 발현이 극대화되기 위해서는 개체가 가지고 있는 유전정보가 최대로 발현될 수 있도록 epigenetic 요소가 적절하게 뒷받침해주어야 한다. SNP 등 유전적 표지를 확보한다 하더라도 이러한 변이가 유전자 발현과 형질 발현에 영향을 미치지 않는다면 중요하지 않다. 반면에 epigenome은 유전자 발현과 직결되므로 이 분야에 대한 연구의 중요성이 더욱 커지고 있다. 이런 측면에서 epigenome은 개체의 형질을 결정하는 데 작용하는 다양한 환경적인 요소(영양소, 사육환경, 스트레스, 질병 등)와 genome의 복잡한 상호작용을 통합(orchestrating)하는 데 핵심 역할을 하는 것으로 인식되고 있다. 전통적인 유전적 요인은 동물에서 30% 정도의 변이를 설명해준다. 따라서 나머지 70% 변이 중의 일부에는 epigenetic 기작이 작용할 것으로 추정된다. 따라서 유전적 및 epigenetic 기작 모두에 대한 이해는 동물의 형질 발현(쇠고기 생산, 유생산성 등)을 극대화하기 위해서 중요하다. 주요 epigenctic 요소는 DNA 메틸화, histone 변형, non-coding microRNAs(miRNA)이다.

(1) DNA 메틸화

① DNA 메틸화

한 개체의 모든 세포는 동일한 genome을 갖고 있지만, 각 세포 및 조직마다 고유한 DNA 메틸화 양상을 갖고 있다. 이러한 고유한 DNA 메틸화 양상은 발생 시기에 형성되고, 조직 특이적 유전자 발현을 위한 DNA 복제(replication) 후에 유지된다. 진핵생물에서 DNA 메틸화는 거의 CpG 염기의 cytosine의 5'-위치에서 일어난다. 대부분의 CpG 서열내에 cytosine은 메틸화되어 있다. 하지만 house-keeping 유전자 프로모터 영역의 CpG 서열 내에 존재하는 cytosine은 보통 메틸화되어 있지 않다(unmethylated). 메틸화된 DNA는 DNA methyltransferase(DNMT) 효소가 메틸 제공자인 S-adenosylmethionine(SAM)을 이용하여 메틸기를 DNA에 추가함으로써 생성된다. DNA 메틸화는 100세대 이상 전달된다. 44회의 세포분열 만에 인체 발생이 이루어짐을 볼 때, DNA 메틸화를 통한 epigenetic 변형은 매우 안정적임을 알 수 있다.

일반적으로 DNA 메틸화는 유전자 발현을 억제하는 것으로 알려져 있다. DNA 메틸화는 histone deacetylase recruitment를 포함한 여러 가지 기작에 의해서 유전자 발현을 억제한다. DNA 메틸화는 전사인자의 결합을 방해함으로써 유전자 발현을 억제할 수 있다. DNA 메틸화는 발생 과정, X 염색체 불활성화, imprinting, 생식세포 특이적 유전자 발현 억제 등의 여러 가지 중요한 생리학적 작용에 영향을 미친다.

② DNA 메틸화에 영향을 미치는 사료 요인

사료 요인은 메틸 공급원에 대한 이용성(availability)과 DNMT 효소 등의 DNA 메틸화 효소 활성의 변화를 통해 DNA 메틸화에 영향을 미치는 것으로 알려져 있다. 이 분야에 대한 구체적인 내용이 McKay와 Mathers(2011)의 논문에 정리되어 있다. DNA 메틸화에 필요한 S-adenosylmethionine(SAM) 합성을 포함하는 세포내 one-carbon 대사의 주요 경로를 보면 영양소 요인이 메틸화에 미치는 영향을 이해할 수 있다(그림 4-22). DNA 메틸화에 영향을 미치는 영양소들은 메틸 공급원과 folic acid, 비타민 B_6, 비타민 B_{12}, choline, Se, methionine을 포함한 one-carbon 대사에 관여하는 효소들에 대한 미량영양소들이다(Johnson과 Belshaw, 2008; Mathers와 Ford, 2009). 이들 영양소들은 one-carbon 대사

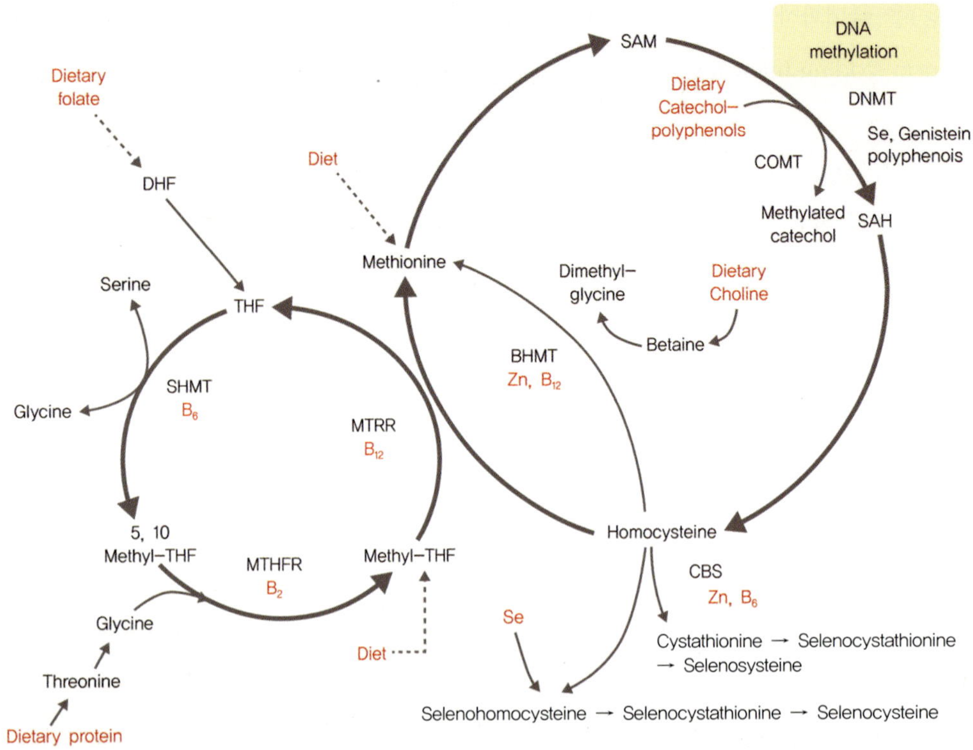

SAM의 이용성에 영향을 주어 에피유전체 변화를 유도할 수 있는 영양소들은 빨간색으로 표시하였다.

BHMT: betaine- homocysteine S-methyltransferase, **CBS**: cystathionine synthase, **COMT**: catechol-O-methyltransferase, **DNMT**: DNA methyltransferase, **DHF**: dihydrofolate, **MTHFR**: methyltetrahydrofolate reductase, **MTRR**: methionine synthase reductase, **SAH**: S-adenosylhomocysteine, **SAM**: S-adenosylmethionine, **SHMT**: serine hydroxymethyltransferase, **THF**: tetrahydrofolate.

그림 4-22 DNA 메틸화에 필요한 SAM 합성을 포함하는 세포내 one-carbon 대사의 주요 경로 (McKay와 Mathers, 2011)

가 정상적으로 작동하는 데 필수적인 작용을 하고 있으며, 이들 중 어느 하나의 결핍 또는 과잉은 methionine 경로로부터 SAM 이용성을 변화시킬 수 있다. SAM은 DNA 메틸화를 위한 메틸 공급원이므로 SAM 이용성의 변화는 직접적으로 DNA 메틸화에 영향을 미친다. 사료 단백질 수준은 methionine뿐만 아니라 threonine을 통해 one-carbon 풀에 영향을 미칠 수 있다. 사료 단백질 수준은 threonine > glycine > methyl-THF 전변을 통해 SAM : SAH 비율을 바꿀 수 있다. 사료에 함유된 Se은 homocysteine 농도를 저하시켜서 메틸화 cycle에 불균형을 유도할 수 있다. Homocysteine은 selenohomocysteine, cystathionine, selenocystathionine, gultathione과 selenocysteine으로 전변됨으로써 methionine cycle에 대한 homocystein의 이용성을 저하시켜서 global DNA 메틸화 수준의 감소를 유도할 수 있다. 녹차의 성분인 polyphenol은 SAM : SAH 비율을 바꾸어줌으로써 DNA 메틸화에 영향을 줄 수 있다. 사료 중 Zn 성분은 one-carbon 대사에 관여하는 효소 활성을 통해 DNA 메틸화 수준에 영향을 줄 수 있다. Betaine-homocysteine S-methyltransferase(BHMT)와 cystathionine synthase(CBS)는 Zn metalloenzyme인데, Zn 이용성의 변화는 이러한 효소 활성에 영향을 주어 homocysteine의 농도를 바꿀 수 있다. Se, genistein 및 polyphenol을 포함한 사료 요인은 DNMT 효소 활성에 영향을 주어 DNA 메틸화 수준을 바꿀 수 있다. DNMT1은 보통 DNA-AP1 전사인자 복합체에서 DNA에 결합하는데, selenite는 AP-1이 DNA에 결합하는 것을 억제함으로써 DNMT1이 DNA에 결합하는 능력을 감소시키고 궁극적으로는 DNA 메틸화 감소를 초래한다. Genistein은 oestrogen receptor에 영향을 주어 DNMT1 활성을 변화시키는 것으로 알려져 있다. Genistein은 membrane mediated oestrogen action의 활성화를 유도하여 c-fos로 하여금 DNMT1 전사를 직접적으로 유발(induction)하도록 한다.

위와 같이 여러 가지 사료의 영양 불균형은 유전체 DNA 메틸화에 영향을 주어 유전자 특이적 DNA 메틸화의 양상에 변화를 초래할 수 있다. 일반적으로 유전자 전사조절부위와 exon 부위의 DNA 메틸화 수준의 증가(hypermethylation)는 유전자 발현 억제를 유도하는 반면, DNA 메틸화 수준의 감소(hypomethylation)는 유전자 발현을 유도하는 것으로 알려져 있다.

영양소 조절에 의한 epigenetic 변화는 유전자 발현과 이에 따른 형질 발현의 변화를 초래할 수 있다. 예를 들어서 모체에 genistein 처리는 아구티 쥐(agouti mice)에서 메틸화 수준을 증가시키며 모색을 노란색에서 갈색으로 변화시킨다.

사료 요인에 의한 DNA 메틸화 수준의 변화는 조직 특이적 양상을 보인다. 예를 들어, folate/methyl 결핍 쥐의 간 조직에서는 global DNA 메틸화 수준이 감소되는 반면, 뇌 조직에서는 메틸화 수준이 증가한다.

③ 모체의 영양조건이 다음 세대 DNA 메틸화에 미치는 영향

발생 초기에는 세포분열이 빠른 속도로 왕성하게 일어나고 epigenome이 아주 유연해서 사료 요인 등 다양한 환경 요인이 커다란 영향을 미칠 수 있다. 최근 utero, 즉 fetal 시기와 같은 발생 초기 단계에서 영양학적인 조절이 epigenetic 변이에 커다란 영향을 준다는 것이 밝혀지고 있다. 인체의 경우, 1944~1945년 네덜란드 기근(Dutch Hunger Winter) 기간에 기아 상태에 있던 산모로부터 태어난 사람들은 기아에 노출되지 않은 산모로부터 태어난 사람보다 imprinted 1GF2 유전자의 메틸화 수준이 감소함이 보고된 바 있다.

동물 모델에서도 모체의 영양조건이 새끼들의 epigenetic 상태에 영향을 줄 수 있다는 근거가 많이 있다. 예를 들어, 어미 쥐의 임신시기 단백질 제한급여 상태에서 태어난 새끼들은 간 조직 PPARγ와 glucocorticoid receptor 유전자들의 프로모터 영역내 DNA 메틸화 수준이 감소한다.

④ DNA 메틸화에 의한 젖소 유선조직내 유단백질 발현 조절

Singh 등(2010)의 논문에 젖소의 유생산에 대한 epigenetic 조절에 대한 내용이 정리되어 있다. 유단백질 유전자에 대한 DNA 메틸화 양상의 변화는 대장균(*Escherichia coli*)에 감염된 유방염(mastitis) 발생 유선조직(udder)에서 관찰할 수 있다. 이 경우 bovine α S1-casein-encoding 유전자의 far upstream 프로모터 영역에서 DNA 메틸화 정도가 증가하고, DNA 염색질 응축(chromatin packing)이 더 심화되며 αS1-casein 유전자 발현이 감소된다. 소의 αS1-casein 유전자는 프로모터 영역 upstream 10kb상에 기능적인 STAT5-결합 lactational enhancer 근처에 3개의 CpG site가 존재한다. 이 CpG site는 비유하는 유선의 상피세포조직에서는 메틸화가 적게 되어 있다. 하지만 대장균 감염에 의한 유방염 발생은 3 CpG site 메틸화의 증가와 염색체 응축의 심화를 유도하고, 궁극적으로는 αS1-casein mRNA 수준이 감소된다.

최근 연구를 보면 유선조직 건유(involution) 모델에서 DNA 메틸화 양상이 젖소 α S1-casein 유전자 발현과 관련성이 있음을 알 수 있다. 젖소 건유기에는 유단백질의 유전자 발현이 급격히 감소되고, 유선상피세포의 사멸이 관찰되며, 상피세포가 지방조직으로 대체되는 등 유선조직의 리모델링이 일어난다. 건유기에 STAT5 전사인자는 빠르게 불활성화되는 반면에 STAT3는 활성화된다. 건유기의 유선상피조직에서 αS1-casein 유전자 프로모터 upstream 10kb상의 STAT5-결합 근처에 위치한 CpG site의 메틸화 수준을 Sequenom mass spectrometry로 분석한 결과에 의하면, 착유 18시간 후보다 착유 192시간 후의 DNA 메틸화 수준이 증가함을 보인다(그림 4-23).

젖소의 임신 중기 동안 에너지 제한 급여 후 임신 후기에 과잉급여(realimentation)를 통한 보상성장 방법은 mammogenesis와 유생산량 증가와 그 다음 산차에 유생산량 향상을 유도한다. 이러한 보상성장 영양소 조절에 의해 DNA 메틸화(5'methyldeoxycytidine) 수준은 감소하고 β-casein mRNA 수준은 증가된다. 따라서 보상성장 영양소 조절을 겪은 젖소가 그 다음 산차에서 유생산 능력이 증가한 데에는 DNA 메틸화 수준 감소 등의

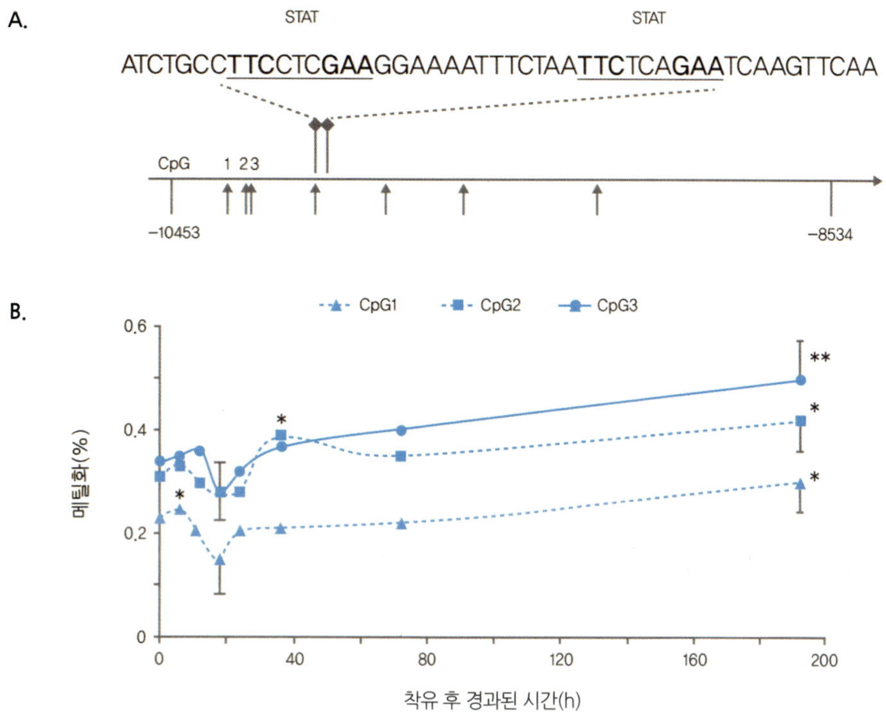

αS1-casein 프로모터 -10,453과 -8,534 사이에 위치하는 doublet STAT5 결합 위치가 위쪽으로 표시되어 있다. 화살표는 CpG dinucleotides 위치를 나타낸다.

그림 4-23 αS1-casein 프로모터 distal 영역의 유전자지도(A)와 착유 후 건유기 시간대별 DNA 메틸화 수준(B) (Singh 등, 2010)

epigenetic 조절이 작용했을 것으로 추정된다.

(2) Histone 변형

① Histone 변형

핵내에서 DNA는 histone octamer globular protein 주위를 둘러싸면서 응축(packing)된다. Histone octamer는 H3, H4, H2A, H2B의 4가지 histone 코어를 2개씩 가지고 있다. 이러한 globular core로부터 뻗어 나온 histone tail은 아세틸화(acetylation; lysine 잔기에 아세틸화)와 ubiquitination, 인산화(serine 잔기에 인산화), 메틸화(lysine과 arginine 잔기에 메틸화)를 포함한 특정 아미노산 잔기들의 해독 후 변형(posttranslational modification)의 형태로 epigenetic 변형이 일어날 수 있다(그림 4-24). Histone에 대한

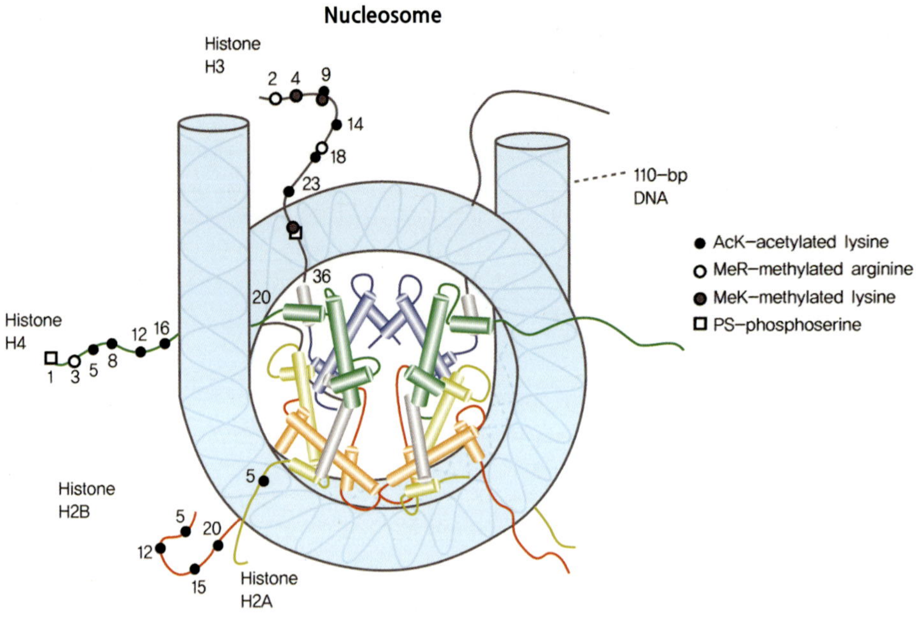

그림 4-24 Histone octamer와 histone 말단의 다양한 위치에 대한 모식도 (Watson 등, 2007)

해독 후 변형은 100가지 이상이 알려져 있으며, 이러한 개개의 histone 변형과 양상이 histone code를 이룬다. 따라서 histone 변형은 DNA 메틸화보다 더 다양하다. 여러 가지 효소가 histone 변형에 관여한다. HATs(histone acetyltransferases)와 HMTs(histone methyltransferases)는 각각 아세틸 및 메틸 그룹을 histone에 첨가시킨다. 반면, HDACs(histone deacetylases)와 HDMs(histone demethylases)는 각각 아세틸 및 메틸 그룹을 제거한다.

일반적으로 DNA 메틸화와 miRNA는 유전자 발현을 억제하는 것으로 알려져 있다. 반면에 histone 변형은 유전자 발현을 촉진 또는 억제할 수 있다. Histone 탈아세틸화(deacetylation)와 histone H3 9번 lysine 잔기 메틸화(H3K9) 및 27번 lysine 잔기 메틸화(H3K27)는 유전자 발현을 억제하는 작용을 하는 것으로 알려져 있다. 반면에 H3K9, H3K27 탈메틸화 및 H3K4 메틸화는 유전자 발현을 활성화하는 작용을 한다.

Histone 변형은 불과 몇 세대의 세포에만 전달되지만, 해당 영역의 DNA 메틸화를 유도할 수 있어서 유전자 발현의 안정적인 변화를 초래한다. Histone의 lysine 잔기 아세틸화는 positive charged lysine 그룹에 negative charged 아세틸 그룹이 첨가되어 histone의 positive charge를 중성화시킴으로써, 탈아세틸화는 histone과 DNA 사이의 친연성

(affinity)을 높여줌으로써 유전자 전사에 필요한 RNA 중합효소의 결합을 방해하는 것으로 알려져 있다.

② Histone 변형에 대한 영양학적 조절

사료 요인은 histone의 해독 후 변형을 변화시킬 수 있으며, 이는 염색질 구조를 변형시켜 전사에 영향을 줄 수 있다. 이 분야에 대한 구체적인 연구 내용이 McKay와 Mathers (2011)의 논문에 정리되어 있다. 예를 들어 butyrate는 인체 암세포주에서 histone H3와 H4의 아세틸화를 증가시킨다. 사료 polyphenol은 HDAC의 활성을 감소시켜 H3 아세틸화를 증가시키고(Druesne 등, 2004), H3 아세틸화와 H3K4 메틸화의 증가를 유도한다. 쥐의 간 조직에서 메틸 공급원 결핍은 H3K9 trimethylation과 아세틸화 및 H2K20 trimethylation을 감소시킨다.

유선 상피세포에서 유생산을 조절하는 데 histone 변형이 관여하는 것으로 보고되고 있다. Histone 변형과 nuclear organization은 생쥐의 유선 상피세포 분화를 유도한다. 또한 histone 아세틸화를 방해하는 물질인 trichostatin A는 nuclear organization을 방해하고 세포를 유생산 단계에서 증식 단계의 형질로 바꾸어준다.

(3) Micro RNA(miRNA)

① miRNA

최근 포유동물의 genome 해독 결과에 의하면 non-coding 유전물질이 전체 genome의 거의 98%에 해당하고, 이들의 대부분은 non-coding RNA로 전사되는 것으로 보고되고 있다. 이들 non-coding RNA는 세포내 다양한 반응을 조절하는 유전자 발현에 관여하는 것으로 밝혀지고 있다. miRNA는 non-coding RNA 그룹에 속하며, miRNA는 발생, 분화, 세포사멸(apoptosis), 대사 등을 포함하는 다양한 생물학적인 작용에서 전사체 발현과 해독 과정을 표적화(targeting)하여 유전자 발현을 조절하는 것으로 알려져 있다.

Primary miRNA는 전사 후에 Drosha와 DGCR8에 의해서 변형된 후 precursor miRNA가 형성되고, 핵에서 세포질로 이동한 후 Dicer에 의해서 더 변형되어 성숙한 miRNA duplex를 만든다. miRNA는 대략 22개 염기서열 길이의 작은 non-coding RNA의 큰 집단이다. 성숙한 mRNA duplex는 miRISC(microRNA-induced silencing complex)로 로드되고, 여기에서 miRNA duplex 중에서 하나의 가닥(strand)은 분해되고, 나머지 다른 가닥은 유지된다. Mature miRNA가 miRISC에 로드되면 이 복합체(complex)는 활성화되고, 복합체내에 miRNA는 표적 mRNA의 발현을 억제한다. 이때 표적 mRNA 발현 억제는 mRNA 분해 또는 해독 억제 작용에 의해서 이루어진다.

인체 genome의 경우 최소 1,046개의 miRNA가 존재하며, 이들은 모든 인체 염색체에서 코딩된다. 예를 들어, X 염색체에는 94개, 21번 염색체에는 12개의 miRNA가 각각 존재한다. 이러한 miRNA는 RNA에 염기서열 특이적 결합을 통해 대략 30%의 모든 단백질 코딩 유전자들의 전사를 조절한다. 각 miRNA는 표적 mRNA의 3'-untranslated 영역에 결합하여 mRNA 안정성(stability)을 저하시키거나 mRNA 분해를 유도하여 발현을 억제한다. miRNA는 인체 mRNA의 약 3분의 1의 발현을 조절함으로써 전사인자, 분비물질, 수용체(receptor)와 수송체(transporter)를 표적화하는 등 거의 모든 유전적 경로에 영향을 미칠 수 있다.

② miRNA에 의한 지방세포 분화조절 기작

설치류와 인체에서 다량영양소(지방, 단백질, 알코올)에서 미량영양소(비타민 E)에 이르기까지 다양한 사료요인들이 많은 miRNA 발현에 영향을 미치는 것으로 보고되고 있다. miRNA는 지방세포 분화 과정은 물론 줄기세포 분화, 심장근육과 골격근육의 발달, insulin 분비, cholesterol 대사, 조혈 과정(hematopiesis), 신경형성 과정(neurogenesis), 면역반응의 조절작용 등의 다양한 생물학적 작용에 관여하는 것으로 보고되고 있다(Romao 등, 2011).

miRNA는 포유동물에서 지방세포 분화 과정의 여러 단계에서 지방세포 분화를 촉진 또는 억제하는 작용을 한다(그림 4-25). MiRNA family 27(miR27a와 miR27b)은 3T3-L1 세포 지방분화 과정에서 발현이 감소되며 PPARγ와 C/EBPα와 같은 주요 지방분화 전사인자 발현을 간접적으로 억제한다. KLF5는 지방세포 분화 과정에 참여하는 중요한 전사인자 중의 하나이다. miRNA miR-448은 KLF5 mRNA를 표적화하여 발현을 억제한다. Wnt-10b 단백질에 의해 매개되는 Wnt 신호전달은 지방분화 조절 전사인자인 C/EBPα와 PPARγ를 억제함으로써 지방세포 분화를 조절한다. Wnt 신호전달은 miR-200c/141과 miR-200b,a/429 클러스터로 구성된 miR-8 family의 조절 아래에 있다. 이 miR-8 family는 Wnt 신호전달을 억제함으로써 지방세포 분화를 촉진한다.

최근 비육우 연구에서도 miRNA의 존재와 지방조직 분화 과정에서의 역할이 밝혀지고 있다(Romao 등, 2011). 소의 복부 피하, 등지방 및 rump 피하지방조직에서 80, 66 및 63개의 miRNA가 각각 존재함이 밝혀졌다. 또한 crossbred steer 이용한 연구 결과에서는 등

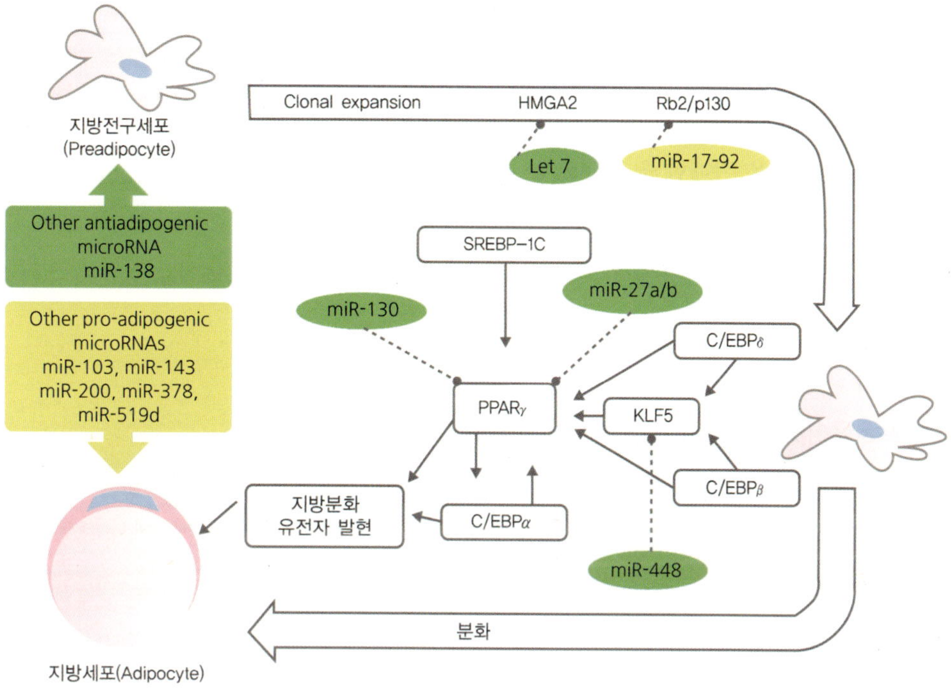

C/EBP: CCAAT/enhancer-binding protein, KLF: Kruppel-like factors, **miRNA**: microRNA, **PPARɣ**: peroxisome proliferator-activated receptor ɣ, **SREBP**: sterol regulatory element-binding protein.

그림 4-25 지방세포 분화 과정에서 분화촉진(노란색 바탕) 또는 분화억제(녹색 바탕)에 영향을 미치는 miRNA들 (Romao 등, 2011)

지방 조직에 89개의 miRNA가 존재함이 밝혀졌다. 이 가운데에서 7개의 miRNA(miR-378, -143, -760, -98, -196a, -196b와 -107)는 등지방 두께가 두꺼운 동물 그룹에서 높게 발현되고, 8개의 miRNA(miR-93, -151-5p, -214, -151-3p, -199a- 3p, -191, -142-5p, -186)는 등지방 두께가 얇은 동물 그룹에서 높게 발현된다. 이들 중에서 miR-378 발현 수준은 두 그룹 간에 가장 큰 발현 차이를 보여주고 있어, 소 등지방 조직에서 지방분화 조절작용에 중요한 역할을 할 것으로 추정된다. 생쥐의 세포에서 miR-378의 과발현은 지방 축적을 높여준다. 따라서 miR-378은 생쥐와 소 등의 여러 종에서 지방분화 촉진 기능이 보존되어 있는 것으로 추정된다.

결론적으로 miRNA는 비교적 새로운 종류의 분자로서 동물에서 지방분화 조절 등을 포함한 여러 가지 중요한 생물학적인 과정에서 중요한 조절자 역할을 하는 것으로 밝혀지고 있다. 이 분야에 대한 계속적인 연구와 이해는 근내지방 축적 기작 등 여러 가지 형질 발현에 대한 이해의 폭을 넓혀줄 것이다.

지금까지 유전적 요인으로 설명되지 못한 동물 형질(육질, 육량, 유생산성 등) 변이의 많은 부분이 epigenetic 조절에서 기인할 가능성이 있다. 젖소의 유생산량을 극대화시키는 새로운 기술을 개발하기 위해서는 여러 가지 환경 조건이 유선상피세포의 epigenome 발현에 미치는 영향을 이해할 필요가 있다. 지금까지의 연구는 주로 현상적인 관찰에 집중되어 왔으므로, 앞으로는 epigenetic 마크에 영향을 크게 줄 수 있는 사료 요인을 발굴하는 연구와 epigenetic 마크 발생 기작을 이해하는 연구를 중점적으로 수행할 필요가 있다.

6. 반추동물에서 영양과 유전자 연구동향

동물의 구조 유전체학, 즉 유전체 염기서열 분석이 사람을 비롯한 일부 동물에서 완료됨에 따라 등장한 학문 분야가 **기능유전체학**(functional genomics)이다. 기능유전체학의 발달은 영양학 분야의 연구에도 활력을 불어넣고 있다. 세포 수준에서 각 영양소의 기능에 대한 연구와 유전자 발현조절에 대한 이해가 축적되면 동물의 사양표준 재작성이 이루어질 수도 있으며 반추동물도 예외일 수는 없다. 앞으로는 분자생물학(molecular biology)과 영양학(nutrition)이 융합된 학문인 **통합영양생물학**(integrative nutritional biology) 등이 필요할 것으로 보인다. 현재 반추동물에 대한 영양과 유전자 발현에 대한 연구는 초기단계이며 단위동물, 실험동물 또는 인체연구에서 얻은 자료를 토대로 활발한 연구가 이루어질 것으로 예상된다. 반추동물의 경우에는 특수한 소화생리 및 대사생리를 고려한 연구가 병행되어야 할 것이다. 영양소가 유전자 발현에 미치는 단계와 관련된 분석 기술에 대하여 요약, 제시하면 그림 4-26과 같다. 최근에 반추동물에서 육질, 육량 및 유생산 조절 유전자의 기능에 대한 연구가 활발하게 진행되고 있다.

1) 육질 조절 유전자

(1) 지방세포 분화 및 근내지방축적 조절 유전자

발생 초기 단계의 지방세포분화(adipogenesis) 조절 기작에 대해서는 Du 등(2010)의 논문에 정리되어 있고, 출생 후 지방세포분화, 지방대사 및 근내지방 축적 조절 기작에 대해서는 여러 논문에 정리되어 있다(Hausman 등, 2009; Hocquette 등, 2010; Smith 등, 2009).

근육세포(muscle cells)와 지방세포(adipocytes)는 발생 초기, 특히 fetal과 neonatal

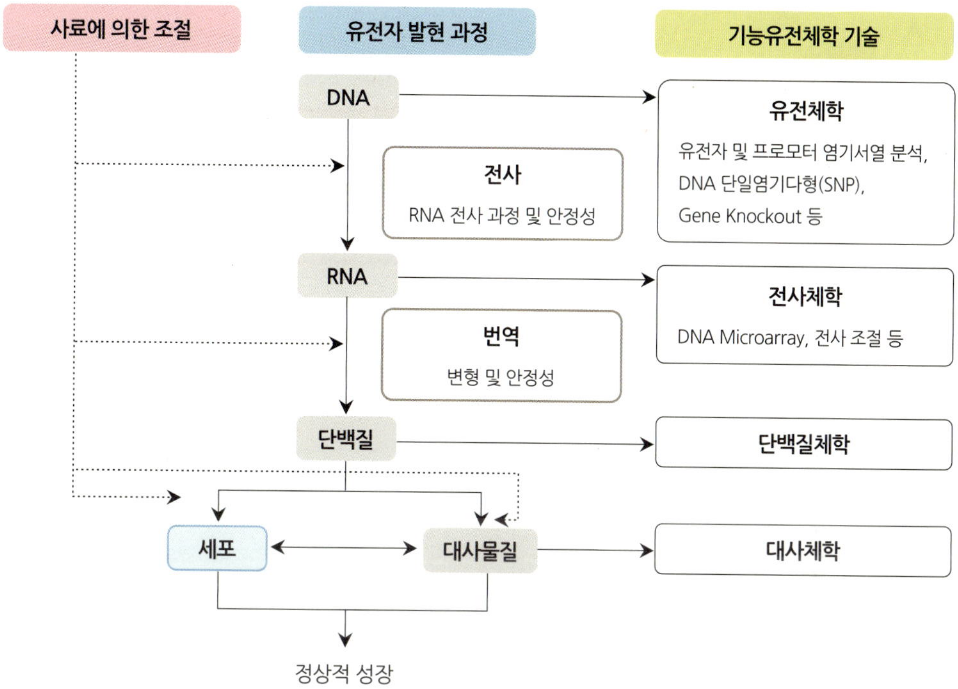

그림 4-26 영양 및 유전자 발현과 관련된 연구 분야(Elliott과 Ong, 2002)

단계에 중배엽세포(mescenchymal stem cells; MSCs)에서 유래한다. 대부분의 중배엽세포는 근육세포로 발달하고 극히 일부분의 중배엽세포만 지방세포로 분화한다. 이 지방세포는 출생 후 성체가 되면 마블링을 형성하게 될 근내지방(intramuscular fat; IMF)의 기원(basis)이 된다. 지방세포분화는 유전적·영양적·환경적 요인 등 다양한 요인에 의해 조절된다. 지방세포분화 조절 과정에서 CAAT/enhancer-binding protein(C/EBP), proxisome proliferator-acitivated recepter γ(PPARγ), adipocyte differentiation and differentiation-dependent factor-1/sterol regulatory element-binding protein-1(ADD-1/SREBP1C) 등의 전사인자가 중요한 역할을 한다. 또한 발생 초기에는 Hedgehog 신호경로, Wnt/β-catein 신호경로, bone morphogenetic protein(BMP), AMP-activated protein kinase(AMPK) 등이 지방세포의 분화를 조절하고 있다.

소의 태아(fetus)에서 1차 근섬유(primary muscle fiber)는 임신 2개월 이내에 형성된다. 소에서 2차 근육분화(secondary myogenesis) 동안 대부분의 근섬유(muscle fiber)는 임신 2~7개월 사이에 형성된다(그림 4-27). 반추동물에서는 지방세포분화도 임신 중기에 시작되어 2차 근육분화 시기와 부분적으로 겹친다. 따라서 소의 경우 임신 중기에서 임신

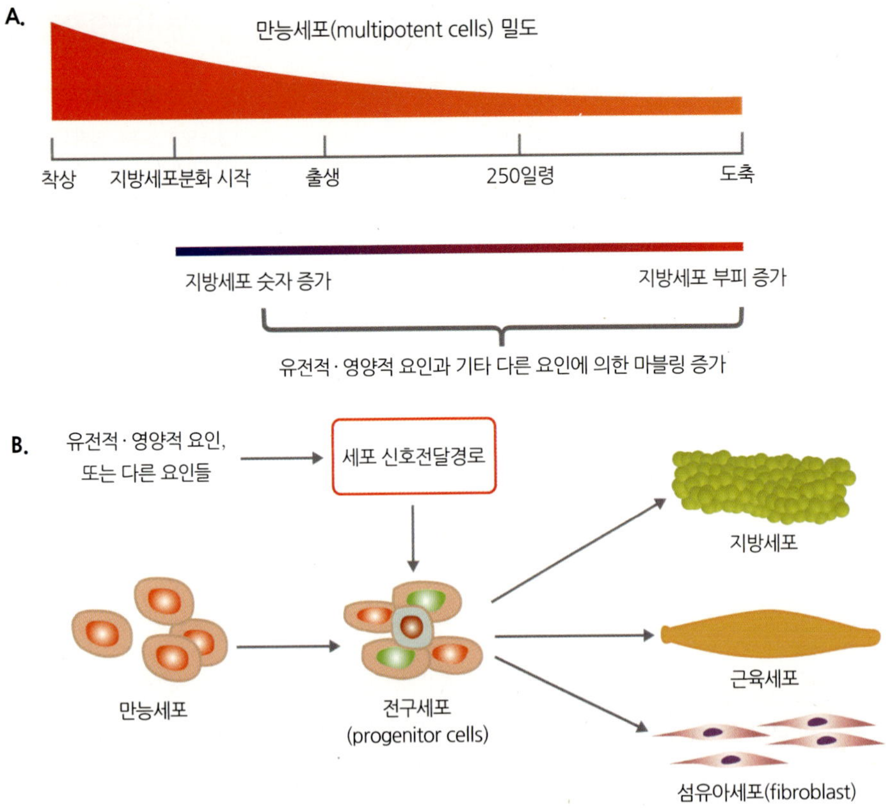

A: 발생 초기 단계에서 근내지방 발달은 만능세포의 지방분화 과정을 통해 지방세포 수를 증가시켜서 일어난다. 반면에 후반기에는 지방세포의 부피 증가에 의해서 근내지방이 증가한다. **B:** 골격근육내 만능세포로부터 지방분화는 복잡한 세포 신호전달경로에 의해서 조절된다. 유전적·영양적 요인과 기타 다른 요인들은 이러한 신호전달경로를 통해 지방분화 과정을 조절한다.

그림 4-27 비육우에서 근내지방 축적 기작 (Du 등, 2010)

후기는 지방세포분화를 위한 중요한 시기이다.

① C/EBP, PPARɣ, ADDI/SREBPIC에 의한 지방세포분화 조절

지방세포분화는 지방전구세포(preadipocyte)가 지방세포로 분화되는 과정이며, 이 과정에는 다양한 지방세포분화 조절 인자들이 관여한다(그림 4-28). 지방세포분화는 C/EBPs와 PPARɣ 같은 여러 전사인자들에 의해서 조절된다. C/EBPβ와 -δ는 adipogenic stimuli에 의해 최초로 발현이 유도되고, 다음으로는 PPARɣ와 C/EBPα의 발현 증가가 뒤따른다. C/EBPα는 지방세포분화의 초기 단계에 발현이 유도되어 PPARɣ promoter에 직접적으로 결합해 PPARɣ의 발현을 유도한다. PPARɣ 발현은 C/EBPα 발현을 더 촉진시켜 self-

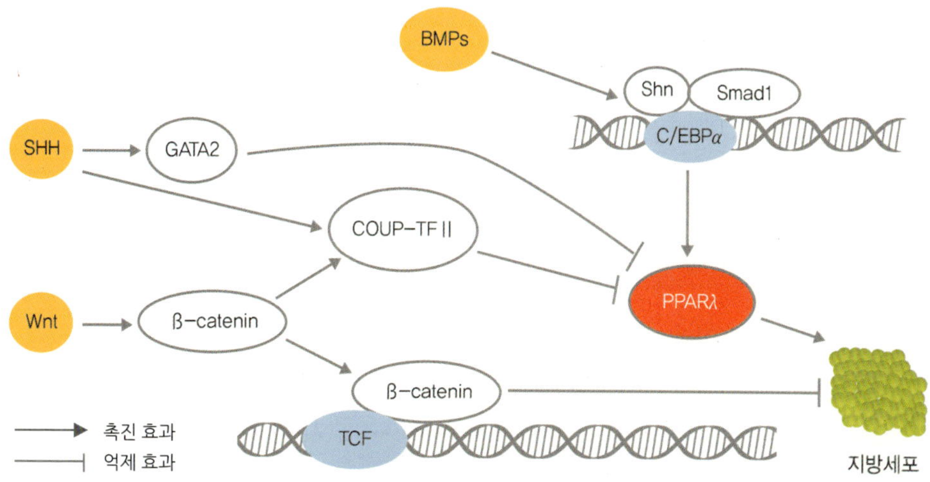

C/EBPα: CAAT/enhancer binding protein α, **COUP-TFII**: chicken ovalbumin upstream promoter-transcription factor II, **GATA2**: GATA binding protein 2, **Shn**: Schnurri protein, **PPARγ**: peroxisome proliferator-activated receptor γ.

그림 4-28 Hedgehog, Wingless and Int(Wnt)/β-catenin, bone morphogenesis proteins(BMPs) 에 의한 지방세포분화 조절(Du 등, 2010)

reinforcing regulatory loop를 제공한다. 지방세포의 최종분화(terminal differentiation)에는 지방 합성과 다른 지방세포 특이적 프로그램의 활성화를 위해서 PPARγ와 C/EBPα의 협동작용이 필요하다. ADD-1/SREBP1C는 지방세포분화의 초기 단계에서 유도되는 중요한 단백질이다. PPARγ의 활성화는 fatty acid-binding protein(aP2), acyl-CoA synthetase, fatty acid transport protein-1, lipoprotein lipase 등 중성지방 축적에 중요한 유전자들의 발현을 유도함으로써 지방세포의 최종분화를 촉진한다. PPARγ는 retinoid X receptor α(RXRα)와 이종이중체(heterodimer)를 이루어 표적 유전자들의 프로모터상 peroxisome proliferator response elements(PPREs)에 결합하여 전사를 촉진한다. 따라서 retinoic acid는 RXRα와 PPARγ의 상호작용을 통해서 지방세포분화에 영향을 미친다.

② Bone morphogenetic protein(BMP)

BMP는 TGF-β super-family에 속한다. Regulatory SMAD인 SMAD1, SMAD5 및 SMAD8이 BMP에 결합하면 이들은 SMAD4와 함께 파트너가 되어 지방세포분화를 촉진시킨다. 포유동물에서 대략 15가지 BMP가 밝혀져 있는데, BMP-2와 BMP-4는 지방세포분화와 osteogenesis 과정을 조절한다(Tseng 등, 2008). TGF-β 신호전달경로는 SMAD2 또는 3를 경유하여 섬유화(fibrosis)를 촉진시킨다. 따라서 세포내 섬유화와 지방분화 과정은 공통적인 TGF-β/SMAD 경로에 의해서 조절됨을 알 수 있다. 섬유화는 결체조직(connective tissue) 축적을 유도하여 고기의 경도(meat toughness)를 높여서 육질을 저하시키는 반면, 근내지방 축적 증가는 육질을 향상시킨다. 따라서 TGF-β/SMAD 경로를 적절하게 조절하면 섬유화는 저하시키고 근내지방 축적은 증가시킴으로써 육질을 향상시킬 수 있을 것이다.

③ AMP-activated protein kinase(AMPK)

AMPK는 serine/threonine kinase의 일원으로 세포내 에너지 상태를 감지하는 '에너지 센서'로 알려져 있는 효소이다. AMPK는 운동이나 저산소증 등 대사성 스트레스 상황과 같은 세포내 에너지가 부족한 상황에서 활성화된다. AMPK의 활성화는 ATP를 소비하는 과정은 억제하고, 지방산 산화와 해당작용 등 ATP를 생산하는 과정의 활성화를 유도한다. AMPK는 에너지 대사와 관련된 간, 근육, 지방, 췌장 조직 등에서 주로 탄수화물 및 지방 대사에 관여한다. 골격근에서 AMPK가 활성화되면 glucose의 수송이 증가하고 지방산의 산화가 촉진된다. 간에서는 cholesterol과 중성지방의 합성과 지질 생성이 감소하고, 지방산 산화와 케톤 생성이 증가한다. AMPK의 활성화는 지방조직에서는 지방 분해와 지방 생성을 감소시키며, 췌장 β 세포에서는 insulin의 분비를 증가시킨다.

비육우의 연구 결과를 볼 때 AMPK는 근육량과는 양의 상관관계, 근내지방도와는 음의 상관관계가 있다(Underwood 등, 2007). AMPK는 중배엽세포를 지방세포분화에서 근육분화로 전변시키는 데 관여하는 것으로 알려져 있다. AMPK의 활성을 자극하는 물질인 5-aminoimidazole-4-carbox amide-ribose(AICAR) 처리는 myogenic enhancer factor-2(MEF2) 발현을 증가시켜 근육의 분화를 증진시킨다. AMPK 활성화는 3T3-LI 세포와 비만 생쥐에서 PPARɣ와 C/EBPs 발현을 억제시킨다. 여러 가지 연구결과를 종합하면 AMPK는 지방세포분화를 억제하는 작용을 한다. AMPK가 지방세포분화를 억제하는 기작은 정확하게는 알려져 있지 않다. 다만 AMPK 억제는 지방 합성을 촉진하는 대신 지방산 산화는 억제함으로써 세포내 지방 축적을 유도하는 것으로 추정하고 있다.

④ 지방산 조성 조절 유전자

근내지방과 같은 지방조직내 지방산 조성은 쇠고기 풍미와 연도에 좋은 영향을 미치므로 육질을 결정하는 중요한 요인이다. Mannen(2011)의 논문에 stearoyl-CoA desaturase(SCD)와 지방산 조성의 관련성에 대한 내용이 정리되어 있다. SCD 유전자의 유전적 다형은 화우의 지방산 조성과 연관이 있는 것으로 알려저 있다. SCD는 포화지방산을 단일불포화지방산(mono-unsaturated fatty acid; MUFA)으로 전변시키는 데 필요한 효소이다. SCD type A 유전자는 MUFA 조성 1.0% 증가와 지방산의 녹는점(melting point)이 1.0°C 낮아지는 효과를 보인다. SREBP-1C 유전자의 인트론 다형도 MUFA에 영향을 미친다. Adipocyte fatty acid binding protein 4(FABP4)와 liver X receptor α(LXRγ)도 지방산 조성에 영향을 미친다. SCD와 FABP4는 화우뿐만 아니라 Holstein 거세우에서도 지방산 조성에 영향을 미치는 것으로 알려져 있다.

(2) 연도 및 섬유화 조절 유전자

근내지방도뿐만 아니라 연도(tenderness)와 섬유화(fibrogenesis) 정도도 한우육의 품질을 결정하는 중요한 척도가 될 전망이다.

① 연도 조절 유전자

연도는 쇠고기를 섭취했을 때 소비자 만족도에 영향을 미치는 가장 중요한 요인 중의 하나로서 육질을 결정하는 중요한 요소이다. 쇠고기의 연화 과정(postmortem meat tenderization process)에 영향을 미치는 중요한 시스템은 calpain proteolytic system으로 알려져 있다. 이 과정에는 2가지 효소가 관여하는데 이들은 CAPN1 gene에 의해서 코딩되는 micromolar calcium-activated neutral protease calpain(CAPN1)과 CAPN1의 inhibitor인 CAST gene에 의해 코딩되는 calpastatin(CAST)이다(Goll 등, 2003). Calpain은 calcium-dependent cysteine proteases이다. Calpain 효소 활성화에 필요한 Ca^{2+} 농도가 micromolar 또는 millimolar이냐에 따라 μ-calpain(calpain I)과 m-calpain(calpain II) 2종류의 calpain으로 구분된다. μ-calpain은 쇠고기 연도에 관여하는 주요 효소이다. 반면, calpastatin은 calpain 활성을 억제하여 근육의 proteolysis를 억제시키는 작용을 한다. 근육내 calpastatin 활성은 영양상태에 의해서 조절된다. 소 근육시료의 calpastatin 활성은 영양소 제한급여에 의해 감소한 반면, 태아의 근육시료에서는 제한급여에 의해서 calpastatin 양이 증가한다(Du 등, 2004).

연도 측정에는 많은 양의 쇠고기가 요구되고 측정 방법이 복잡하므로 연도를 모든 도체에 대해 일상적으로 측정하기는 어렵다. 연도에 대한 분자 표지를 이용해 연도가 우수한 개체를 선발하는 방법이 제시되고 있다. 예를 들어, μ-calpain(CAPN1)과 calpastatin(CAST) gene을 이용한 분자 표지가 연도와 연관성이 있는 것으로 밝혀졌다(Casas 등, 2006).

② 섬유화도 조절 유전자

근육의 성장은 근육세포 분화, 지방세포 분화, 섬유화 정도 조절에 의해서 이루어지므로, 이 3가지 요인의 균형이 근육내 지방 축적, 섬유화 정도 및 근육량을 결정한다(Du 등, 2011). 근육내 섬유화도가 높아지면 collagen cross-linking에 의해 근육의 경도(meat toughness)가 증가하여 고기의 연도가 나빠진다. 섬유화도는 TGF-β 신호전달경로에 의해서 매개된다. TGF-β는 SMAD 신호전달경로를 활성화시켜서 섬유화도를 촉진시킨다. SMAD2 또는 SMAD3의 인산화(phosphorylation)는 SMAD4와 올리고중합화를 유도하고, 올리고중합화된 SMAD는 핵으로 이동되어 fibronectin, type I collagen과 같은 TGF-β 표적 유전자(target genes)의 전사를 활성화시킨다(Tu와 Luo, 2007). Fibronectin과 type I collagen은 결체조직의 주요 성분이며, collagen cross-linking enzymes 발현 증가는 collagen 합성 증가를 유도하여 연도를 저하시킬 수 있다.

2) 육량 조절 유전자

(1) 근육분화(myogenesis) 조절 유전자

근육분화 조절은 Wingless and Int(Wnt)/β-catenin 신호전달경로상의 여러 가지 전사인자들의 작용에 의해서 조절되며, Du 등(2010)의 논문에 구체적으로 정리되어 있다. Wnt protein은 secreted glycoprotein이며, Wnt 신호의 활성화는 β-catenin을 안정화시키는 역할을 한다. β-catenin은 Pax3와 Gli의 발현을 조절한다. 전사인자인 Pax3는 골격근 근육분화에 필수적이고, 골격근 발생 과정에서 myogenic differentiation(MyoD)의 upstream factor로 작용한다. 반면, Gli 인자는 myogenic factor 5(Myf-5)의 발현을 촉진시킨다. 근육분화 인자인 Myf-5는 Wnt/β-catenin의 직접적인 표적이다. Wnt 경로는 근육분화를 활성화시키는 반면, 지방분화는 억제하는 것으로 알려져 있다.

(2) 체성장(body growth) 조절 유전자

체성장과 근육세포의 증진은 somatotropic axis의 중심을 이루는 성장호르몬(GH)-GH receptor(GHR)-IGF-1-IGF-1 receptor(IGF-R) 신호전달경로에 의해서 조절된다(그림 4-29).

간 조직은 GH의 1차 표적 기관이다. 간에서 GH가 growth hormone receptor(GHR)에 결합하면 JAK2가 활성화된다. JAK2의 활성화는 전사인자인 signal transducer and activators of transcription 5(STAT5)의 인산화를 유도한다. 인산화된 STAT5는 세포질에

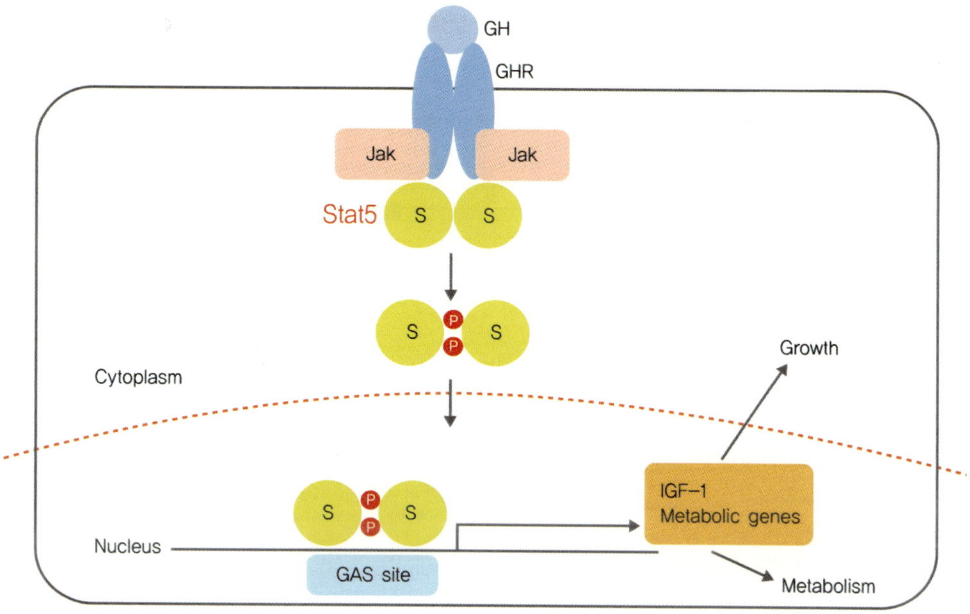

그림 4-29 성장호르몬(GH)-STAT5 신호전달경로 (Baik 등, 2011)

서 핵으로 이동하여 IGF와 같은 표적 유전자 프로모터의 gamma-interferon activation sequence(GAS) 자리에 결합하여 전사 활성화를 유도한다. 간에서 GH-STAT5 신호는 IGF-1 발현을 유도하여 체성장을 촉진한다. 아울러 GH 신호는 대사 유전자의 발현을 촉진하여 지방과 스테로이드 등의 대사를 조절한다.

Myostatin 또는 growth differentiation factor-8(GDF8)은 TGF-β gene superfamily member이다(McPherron 등, 1997). Myostatin은 골격근육의 육량을 조절하는 억제자(negative regulator)로 생쥐에서 최초로 발견되었다. 소에서 myostatin은 double muscling에 관여하는 유전자로 알려져 있으며, myostatin 유전자가 knockout mutation이 되면 골격근육의 발달이 현저하게 증가하는 형질을 보인다(McPherron 등, 1997).

수소를 거세하면 혈중 testosterone 수준이 줄어든다. 수소보다 거세우의 성장이 저하되고 육량이 낮은 이유 중의 하나는 testosterone 수준이 감소하기 때문일 것으로 추정된다. 하지만 이에 대한 구체적인 기작은 알려져 있지 않다. Testosterone의 신호는 androgen receptor에 의해서 매개된다. Testosterone-androgen receptor 신호전달경로가 성장률과 육량의 조절에 중요한 역할을 할 가능성이 있다.

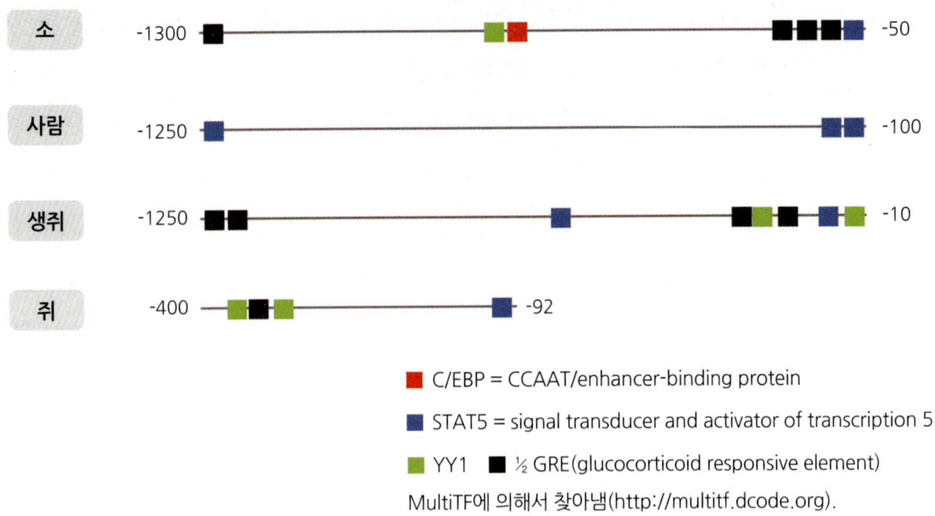

그림 4-30 동물별 α S1-casein 유전자 프로모터에 존재하는 전사인자의 결합위치 (Singh 등, 2010)

3) 유생산(milk production) 조절 유전자

비유기(lactogenesis) 동안 유단백질을 생산하기 위해 유선세포에서 signal transducer and activator of transcription factor 5(STAT5)가 prolactin에 반응하여 활성화된다. STAT5는 유단백질 유전자 발현과 임신시기 유선포(mammary alveolar)의 발달을 위해서 필수적이다. 비유기 동안 prolactin은 insulin과 hydrocortisone 등의 호르몬과 상보적인 작용(synergy)으로 prolactin 수용체와 Janns Kinase-2(JAK2)에 의한 STAT5 인산화를 통해 유단백질 발현을 개시한다. 활성화된 STAT5는 세포질에서 세포핵으로 이동하여 여러 가지 유단백질 유전자의 프로모터상의 conserved DNA sequence motif에 결합함으로써 이들 유전자의 전사를 활성화한다. αS1-casein 프로모터상에 전사인자 결합 부위(site)가 여러 종간에 보존되어 존재한다(그림 4-30). 소의 αS1-casein 프로모터상에는 STAT5, C/EBP, 1/2GRE, YY1 등의 전사인자 결합 부위가 존재한다. 이 가운데 STAT5 결합 부위는 소, 인체, 생쥐 및 쥐 모두에 존재하여 종 간에 보존되어 있다.

4) Glucose 신생합성 조절 유전자

(1) Glucose 신생합성 조절 경로

Propionate가 glucose 신생합성 경로로 유입되는 과정과 그 조절 기작은 단위동물보다 반추동물에서 더 복잡하다. 최근 논문에 젖소의 glucose 신생합성 과정과 유전자 발현 조절

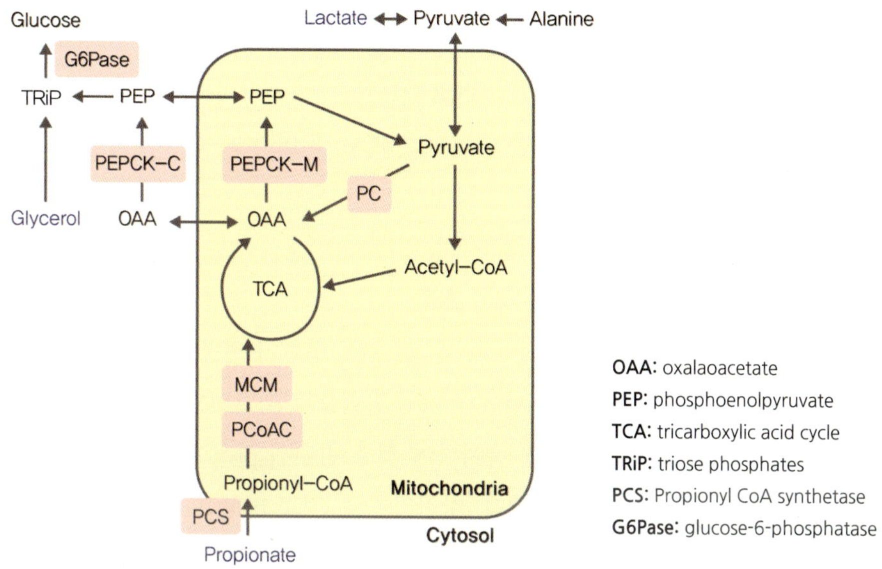

그림 4-31 소 간 조직에서 glucogenic 전구체가 glucose 신생합성 경로로 유입되는 과정 (Aschenbach 등, 2010)

Propionate, lactate, alanine의 상대적인 유입은 pyruvate carboxylase(PC), propionyl-CoA carboxylase(PCoAC), 세포질과 미토콘드리아 phosphoenolpyruvate carboxykinase(PEPCK-C와 PEPCK-M)의 isoforms 발현에 의해서 조절된다. Propionate의 유입은 추가적으로 methyl-malonyl-CoA mutase(MCM)에 대한 coenzyme availability(vitamin B_{12}) 증가에 의해서 변화될 수 있다.

기작이 잘 설명되어 있다(Aschenbach 등, 2010). 대부분의 glucogenic substrate는 미토콘드리아의 oxaloacetate(OAA)를 통해 glucose 신생합성 경로로 유입된다. 하지만 propionate는 미토콘드리아 propionyl-CoA carboxylase(PCoAC), methylmalonyl-CoA mutase(MCM)와 tricarboxylic acid(TCA) 회로의 중간 경로인 succinyl-CoA를 거쳐서 OAA로 전변된다. 반면 lactate와 주요 glucogenic 아미노산인 alanine은 먼저 세포질에서 pyruvate로 전변되고, pyruvate가 미토콘드리아에 유입되어 미토콘드리아 pyruvate carboxylase(PC)에 의해서 OAA로 전변된다. OAA는 그 다음 phosphoenolpyruvate (PEP)로 대사되고, 궁극적으로 glucose 또는 TCA 회로에서 acetyl-CoA acceptor로 작용한다(그림 4-31). 세포질(PEPCK-C)과 미토콘드리아 PEPCK(PEPCK-M)가 존재하여 glucose 신생합성 경로로 전구체가 유입되는 것을 조절한다.

Glucose 신생합성 시 propionate, pyruvate, 일부 아미노산으로부터 phosphoenol-pyruvate의 형성은 1,3-diphosphoglycerate reduction을 위해 세포질에서 NADH 합성

을 요구한다. 아미노산으로부터 glucose 신생합성 시에는 PEPCK-C가, lactate로부터 glucose 신생합성 시에는 PEPCK-M이 더 적절한 것으로 알려져 있다. 따라서 lactate에서 glucose 신생합성 경로로의 유입은 PC와 PEPCK-M 활성으로, 아미노산의 유입은 PC와 PEPCK-C 활성으로, propionate의 유입은 PCoAC, MCM 및 PEPCK-C 활성에 의해 각각 조절된다고 볼 수 있다.

(2) Glucose 신생합성 조절 경로 유전자 발현 조절

소의 PEPCK 유전자 프로모터가 propionate에 의해서 발현이 촉진됨을 볼 때, 간의 glucose 신생합성은 substrate에 대해 feed-forward 방식으로 조절되는 것으로 추정된다. 한 예로, monensin을 prepartum 시기에 급여하여 젖소 반추위 propionate 생산량이 증가되고 간의 PEPCK mRNA 발현이 유도된다. 마찬가지로, 젖소 PEPCK mRNA 발현은 비유기 동안 사료섭취량이 증가함에 따라 증가한다. 보통 단위동물에서는 사료를 제한 급여할 때 PEPCK-C의 발현이 증가한다. 따라서 반추동물에서 PEPCK의 발현 양상은 단위동물과는 상반된 결과를 보여준다.

PEPCK와는 반대 경향으로 PC의 mRNA 수준과 활성은 분만(calving)에 반응하여 증가한다. 이러한 경향은 insulin/glucagon 비율 감소와 관련이 있는 것으로 판단된다. PC는 사료제한 급여 동안에 증가하고 PEPCK는 변화하지 않으나, PEPCK는 bST에 의해 증가하고 PC는 변화하지 않는다. 임신 말기에서 출산으로 전환되는 과정에서 섭취량이 문제가 될 때 PC 발현은 glucose 신생합성 경로로 endogenous precursor의 유입을 촉진하는데 중요한 역할을 한다. 반면에 PEPCK-C 발현은 섭취량이 제한적이지 않을 때 glucose 신생합성 조절에 관여한다. 이러한 차등조절(differential regulation) 양상은 아주 중요한데, 이는 충분한 glucogenic 전구체가 가용하지 않은 상태에서 PEPCK의 활성화는 OAA를 TCA cycle에서 부족하게 할 수 있기 때문이다(그림 4-31 참조). 이렇게 되면 결과적으로는 acetyl-CoA oxidation이 제대로 이루어지지 않게 되고 ketone 합성이 증가하게 될 것이다. 반면에 negative 에너지 균형 시기에 증가된 PC 활성은 pyruvate carbon이 OAA를 통해 흐르도록 함으로써 간의 glucose 생산을 유지시키고 동시에 케톤 형성을 최소화할 것이다. Acetyl-CoA에 의한 PC의 직접적인 allosteric activation은 이러한 조건에서 증가된 PC mRNA 발현의 영향을 더욱 강화시킨다. 출산한 젖소는 종종 ketosis와 간지방 축적을 경험한다. 출산 후 지방간과 ketosis가 생기는 기작은 완전히 이해되지는 않았지만, TCA cycle에서 OAA 부족을 그 원인 중의 하나로 추정하고 있다.

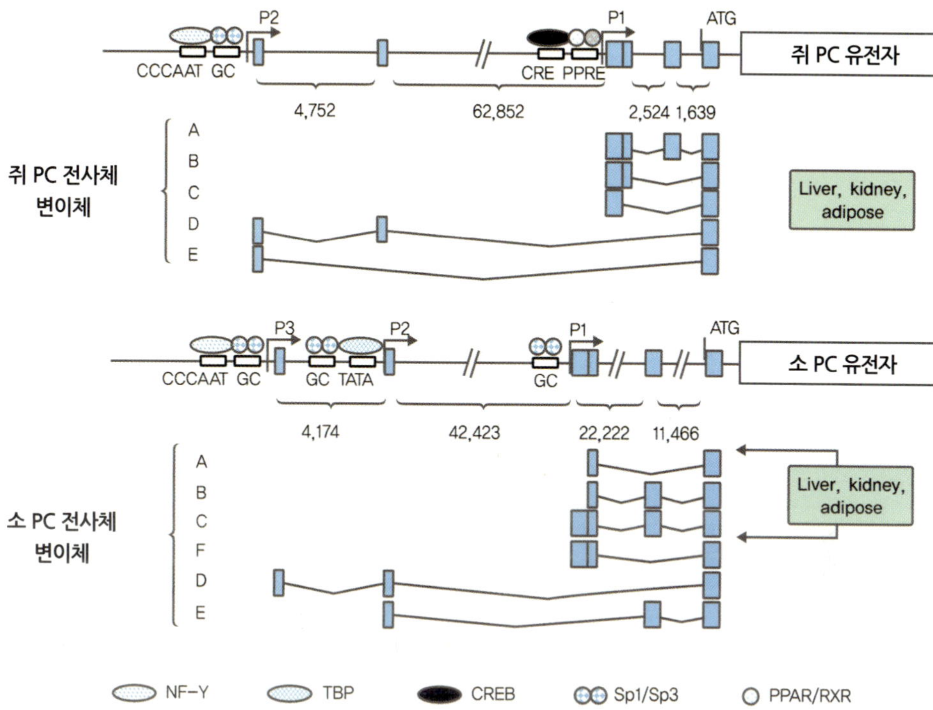

그림 4-32 쥐와 소 PC 유전자의 구조 비교와 5'비해독 영역 변이체의 기원 (Aschenbach 등, 2010)

Alternative 프로모터 P1, P2, P3가 제시되어 있다. 엑손은 하늘색 box로 나타냈고, 엑손 사이의 염기서열은 숫자로 표기되어 있다. 코딩 서열의 시작부위는 ATG이다. 2종 모두에서 P1 프로모터에 의해서 만들어지는 전사체는 간, 신장 및 지방세포에서 중점적으로 발현된다. 전사인자 cAMP-response element-binding protein(CREB), peroxisome proliferator-activated receptor(PPAR) 및 Sp1/Sp3에 대한 프로모터내 결합 부위가 표시되어 있다. 쥐에서는 nuclear factor-Y(NF-Y)에 대한 CCAAT box 결합위치가 P2 upstream에, 소에서는 P3에 각각 위치해 있다. TATA-binding protein(TBP) 결합위치는 소의 P2 upstream에 위치해 있다.

최근 소 PC 유전자 조절 분자기전이 밝혀졌다. 쥐와 소의 PC mRNA는 비슷한 전사해독틀(open reading frame) 구조를 이루고 있다. 소 PC 유전자는 복잡한 구조로 되어 있다(그림 4-32). 6개(A~F)의 서로 다른 고유한 5'untranslated 영역(UTR) 변이체(variant)가 존재하며 소 간 조직에서 모두 동시에 발현된다. 이 변이체들은 3개의 고유한 프로모터와 선택적 스플라이싱(alternative splicing) 작용에 의해서 생긴다. 소 PC 유전자의 proximal promoter(P1)는 A, B, C, F 변이체 발현을 유도한다. Distal promoter(P3)는 변이체 D의 발현을, promoter2(P2)는 변이체 E의 발현을 각각 유도한다. 변이체 A와 F는 간 조직 특이적 발현을 보이고, 변이체 A, D, F는 출산 시 간에서 가장 풍부하게 발현된다. 이러한 발현 양상을 볼 때, PC 프로모터 활성은 대사상태(metabolic status)에 따라서 섬세하게 조절됨을 알 수 있다.

제3절
영양과 면역

1. 면역의 일반적 특징

1) 면역의 정의

면역(immunity)이라는 말은 고대 로마 원로들이 재직 기간 동안 시민으로서 가지는 여러 의무와 법적 기소를 면제받는다는 뜻인 라틴어 *immunitas*에서 유래되었다. 면역은 개체의 질병이나 상처로부터의 감염을 막거나 외래물질을 제거하는 과정이다. 따라서 현대적인 의미의 포괄적인 면역은 '외부 물질(미생물, 단백질, 다당류 등의 거대분자 등을 포함)에 대한 반응'으로 정의된다.

2) 선천면역과 적응면역

감염에 대한 방어는 초기의 **선천면역**(innate immunity, native immunity 또는 natural immunity)과 후기의 **적응면역**(adaptive immunity, acquired immunity 또는 specific immunity) 반응에 의해 일어난다. 선천면역은 감염 이전에 개체에 존재하는 세포성 및 생화학적 방어기전으로 구성되며, 감염에 빠르게 반응한다. **선천면역의 주요 구성**은 ① 물리적·화학적 장벽인 상피세포와 상피세포에서 분비되는 항미생물 물질, ② 혈액이나 세포조직에 있는 포식세포(호중구)나 natural killer(NK) 세포, ③ 보체계의 구성성분과 염증반응에 관여하는 혈액 단백질, ④ 선천면역에 관여하는 세포들의 활성에 영향하는 cytokines 등이 포함된다. 선천면역은 미생물들의 공통적인 구조에 의해 자극되며 미생물에 대한 1차 방어를 담당하고, 외래 물질 간에 미세한 차이를 구별하지 못한다.

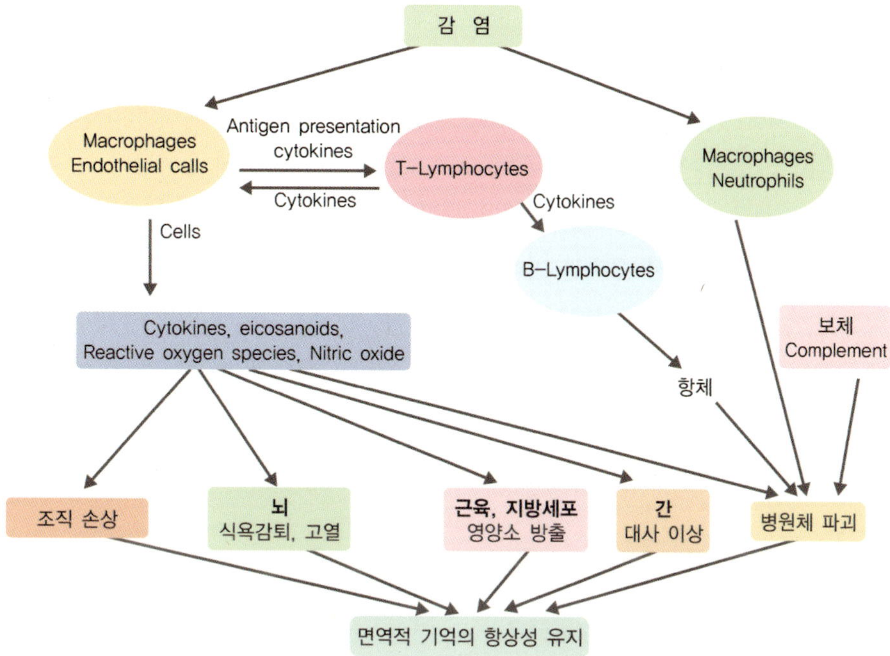

그림 4-33 생체내 면역체계도 (Calder와 Knew, 2002)

적응면역은 감염성 인자에 노출됨으로써 자극되며, 특정 미생물에 계속 노출되어 그 강도와 방어능력이 증가되는 면역반응이다. 적응반응의 특성은 각기 다른 거대 분자들에 대한 정교한 특이성이며, 동일한 미생물에 대한 반복적으로 노출되는 경우 더 강력한 반응을 할 수 있고 이를 기억하는 능력을 가지고 있다. 적응면역계는 대단히 많은 수의 미생물 및 비미생물성 물질들을 인식하고 반응할 수 있다. 적응면역은 각기 다른 미생물과 분자들뿐만 아니라 매우 유사한 미생물과 분자들을 구별할 수 있기 때문에 **특이면역**(specific immunity)이라고도 한다. 또한 잠재적인 보호반응이 경험에 의해 획득되므로 **획득면역**(acquired immunity)이라고도 한다. 면역계와 관련된 모든 세포들은 골수로부터 유래된 것이다. 이들은 혈관을 통해 순환하며 흉선, 지라, 림프절, 기타 림프 연관 조직 등의 림프 기관으로 구성되어 있다. 면역반응체계는 그림 4-33과 같다.

3) 적응면역 반응의 특성

적응면역에는 **체액성 면역**(humoral immunity)과 **세포매개 면역**(cell-mediated immunity)의 두 유형이 있다. 체액성 면역은 혈액과 점막 분비물내 **항체**(antibody)라 불리는 분자에 의해 매개되며, 이들 항체는 B 림프구(B lymphocyte) 세포에 의해 생성된다. 항체는 미생물 항원(antigen)을 인식하여 그 미생물의 감염성을 중화시키고 다양한 작용기전에 의해 미생물을 제거한다. 따라서 체액성 면역은 미생물 및 이로부터 분비된 독소에 대한 주요 방어기전이다. 각 항체는 특수화되어 있어 각기 다른 항체는 각기 다른 작동기전을 활성화시킨다. 세포매개면역은 T 림프구(T lymphocyte) 세포에 의해 매개된다. 바이러스나 일부 박테리아와 같은 세포내 미생물은 세포매개면역 방어기작에 의해 세포 안에 있는 미생물을 파괴하거나 감염된 세포를 사멸시킴으로써 감염의 근원을 제거한다.

4) 영양면역학

영양면역학(nutritional immunology)은 어떤 영양성분이 생체 면역체계를 강화하는지 연구하는 새로운 영역의 학문이다. 영양과 면역의 상호의존적 관계는 1970년대에 영양상태가 면역에 미치는 영향을 측정하는 데 이용되면서 그 중요성이 인식되기 시작하였다. 오늘날에는 면역반응이 여러 질환의 발병과 진행에 필수적으로 관련이 있는 요소로 인식되고 있고, 영양소도 질병의 예방과 치료에 중요한 역할을 한다고 알려져 있다. 식품이나 사료는 열량뿐만 아니라 비타민, 무기질, 호르몬 등 적은 양이지만 생리적 활성물질을 갖고 있기 때문에 면역계를 포함한 체내의 항상성 유지에 중요한 영향을 미친다. 또한 영양 결핍이나 불균형은 체세포의 유지 또는 재생에 영향을 미치고 면역 기능을 저하시킬 수 있다. 따라서 영양과 면역은 상호 밀접한 관계에 있으며 면역 기능은 영양상태를 반영하는 지표라고 할 수 있다.

2. 면역 기능에 영향을 주는 영양적인 요인

일반적으로 동물에게 에너지, 미량광물질, 혹은 각종 영양소를 적절히 공급하면 면역 기능이 증진되므로 영양은 면역반응의 중요한 결정요소로 간주된다. 동물의 전반적인 영양상태와 특정 영양소의 공급은 면역체계에 직접적(면역세포의 활성 자극, 면역세포 간의 상호관계 변화 유도 등) 또는 간접적(DNA 합성에 필요한 기질의 변화, 에너지 대사의 변화, 세포의 생리적 상태 변화, 신호전달체계 및 호르몬의 변화 등의 유도)으로 영향을 미친다. 영양결핍은 병원균에 대한 숙주보호 기능을 하는 면역 기능을 저하시킴으로써 면역 시스템을 손상시킨다. 면역 기능의 저하를 초래하는 것에는 에너지와 다량영양소의 섭취부족 또는 특정 미량영양소(비타민과 무기질)의 결핍 등이 있다. 보통의 경우 이들 둘은 동시에 발생하는 경우가 많다. 위와 같은 영양결핍현상은 사양관리를 제대로 하지 못했거나 질이 낮은 사료를 계속 급여했을 때, 나이든 가축, 사료 섭취 부족인 개체, 특정 질병에 노출된 개체, 미성숙 태아로 분만된 경우 등에서 볼 수 있다. 영양소와 면역의 관계를 조사하기 위한 연구에서 주로 대상이 되어왔던 영양소들에는 필수아미노산, 필수지방산, 비타민류(비타민 A, B_6, B_{12}, C, E, folic acid), 무기질(Zn, Cu, Fe, Se) 등이 있다. 실질적으로 대부분의 면역형태는 하나 혹은 그 이상의 영양소 결핍에 의해 영향을 받으며, 영양소가 결핍된

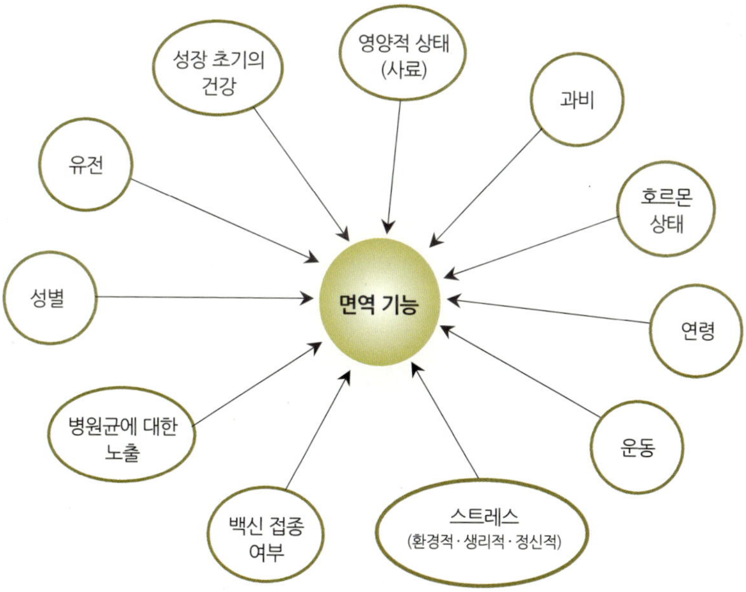

그림 4-34 면역체계에 영향을 미치는 제반 요소들

개체는 감염이 쉽게 일어날 수 있다. 이런 경우에도 결핍된 영양소를 보충해주면 면역 기능과 질병에 대한 저항성이 다시 회복된다. 면역 기능에 영향을 주는 여러 요소를 보면 그림 4-34와 같다.

1) 단백질과 에너지

단백질과 에너지의 결핍은 면역 기능 저하의 주된 요인으로 알려져 있다. Glucose와 glutamine은 면역체계에 관여하는 세포들의 주요한 에너지원이다. 면역세포가 활성화되면 이들 영양소들의 사용이 증가하는데, 면역세포는 이들 영양소 공급 변화에 대단히 민감하게 반응하고, 따라서 림프구의 대사는 많은 영양소의 공급의 적절성을 측정하는 생물표시제(biomarker)이기도 하다. Nucleotide나 arginine 등과 같은 영양소들에 의한 면역 촉진 효과는 이들이 면역의 활성화를 위해, 그리고 관련 세포의 DNA와 RNA의 합성에 필요한 기질로서 사용되기 때문이다. Glucose가 세포의 기능 유지와 증진에 가장 중요한 것으로 잘 알려져 있지만 아미노산인 glutamine도 세포의 기능과 유지에 상당히 중요한 역할을 한다. Glutamine은 비필수아미노산으로서 단백질의 주요 구성 성분일 뿐만 아니라 면역세포에서 glucose와 같은 주요한 에너지원으로서 기능을 한다. 림프구와 macrophage 증식에는 glucose, 장쇄지방산, glutamine 등이 주요 에너지원으로 이용된다. Glutamine의 요구량이 특히 높은 조직이나 세포는 신장, 소장, 간, 중추신경계, 체장의 β세포, 그리고 면역 관련 세포들이다.

Glutamine은 림프구, 식균세포, 백혈구 등의 면역 세포에서 많이 요구되는데, 이들 세포에서 glutamine은 T세포의 증식, B림프구의 분화, 식균세포의 식균작용, 항원생산, cytokine 생산, 세포의 사멸 등을 증진시킨다. Glutamine이 면역세포인 lymphocyte에 관여하는 기능을 보면, 림프구의 증식 촉진, interferon γ 생산 촉진, lymphokine-activated killer-cell의 활성, TNF-α 발현 촉진, 세포사멸 억제, 장(intestinal)면역 강화, 비장에서의 자연살해세포(natural killer cell)의 증가 등에 영향을 준다. Glutamine이 monocyte에 관여하는 기능을 보면, 대식세포의 IL-1생산, 항원제시(antigen presentation) 촉진, surface antigen 발현 촉진, monocyte의 분화 촉진, antioxidant의 방어 기능 증진, 식균작용능력 향상 등에 영향을 미친다. 따라서 혈장에서 적절한 glutamine의 농도는 개체의 면역 시스템을 정상적으로 유지하는 데 매우 중요함을 알 수 있다. 젖소에서 산유량을 증가시킬 목적으로 glutamine을 공급한 경우 산유량과 유단백질에 항상 긍정적인 결과를 보이지는 않았지만, 최근 시도된 rumen-protected glutamine을 사료에 첨가하여 공급한 경우 유단백질의 아미노산 조성과 면역반응을 향상시켰다는 보고도 있다.

단백질과 에너지의 부족은 면역 기능을 저하시키며 감염성 질환의 발생을 증가시킨다. 특히 단백질과 에너지의 결핍은 세포성 면역(cell-mediated immunity)에 크게 영향을 미치나, 체액성 면역(humoral/antibody-mediated immunity)에는 그 영향이 작은 것으로 알려져 있다. 지라, 흉선, 편도선, 림프절 등 면역 기능을 수행하는 조직 등이 이들 영양소의 결핍으로 기능이 저하되고 T-림프구의 수와 그 기능이 저하된다. 면역 기능의 손상 정도는 영양결핍의 정도, 영양결핍시기의 연령, 질병감염 여부 등에 따라 차이가 있다. 그러나 부족한 영양소를 보충해주면 면역능력이 개선되고 감염에 대한 저항성도 증가한다. 어린 동물이나 노쇠한 동물은 면역 기능이 성축에 비해 낮고, 특히 이 시기에 단백질과 에너지의 부족을 동반하게 되면 면역 기능은 더욱 저하되고 감염성 질환에 걸리기 쉽고, 질환은 더 오래 지속된다. 단백질 결핍에 의한 면역 기능 저하를 방지하기 위해서는 단백질을 충분히 동물에게 공급하는 것도 중요하지만 양질의 단백질을 공급하는 것이 더 중요하다.

반추동물에서 특히 문제가 될 수 있는 것은 송아지의 이유 전 영양결핍 여부와 이유 후 스트레스로 인한 섭취량 저하로 인한 영양결핍이다. 이유 전의 영양결핍은 곧 어미로부터 송아지로 전달되는 초유 중 면역글로불린의 흡수 부진으로 이어지고 이는 곧 새로 태어난 송아지의 건강과 생존에도 크게 영향을 미친다. 출생 후 초유의 IgG의 섭취량과 송아지의 혈중 IgG과는 정의 상관관계를 나타내므로(그림 4-35), 갓 태어난 송아지에게는 충분한

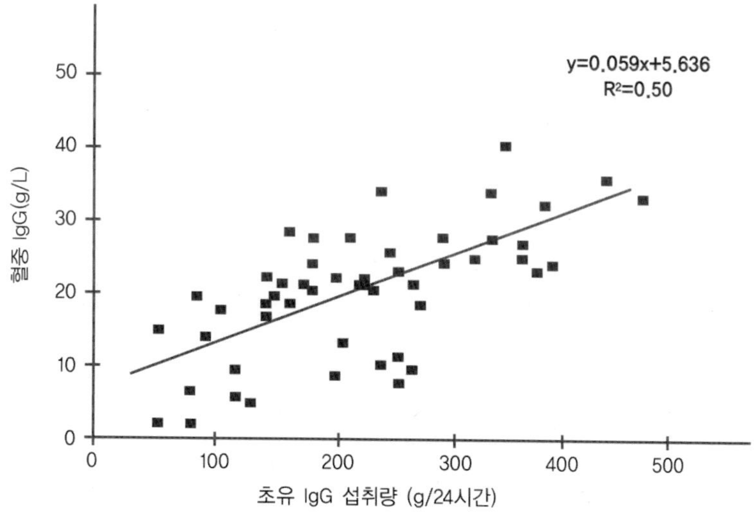

그림 4-35 송아지의 초유 면역단백질 섭취량과 혈중 IgG 함량 (Quigeley와 Drewry, 1998)

초유를 급여하는 것이 송아지의 면역체계 획득에 아주 중요하다. 이유 후 스트레스를 받은 송아지는 사료섭취행동에도 영향을 받는다. 스트레스를 받지 않은 송아지는 일반적으로 양질의 사료를 저에너지 사료와 함께 위의 용적이 허용하는 범위 내에서 섭취하지만, 스트레스를 받은 송아지는 저에너지 사료(조사료)의 섭취보다는 고에너지 사료(농후사료)의 섭취를 선호한다. 이런 송아지는 호흡기 질환을 포함한 각종 질병에 잘 걸리게 된다. 그러나 농후사료의 급여 수준과 면역 기능의 관계에 대한 시험은 아직 보고된 바가 없다. 생육 초기에 에너지를 충분하게 섭취하지 못한 송아지는 체내 단백질의 축적도 낮은 경우가 많으므로 이런 경우에는 보다 많은 단백질의 공급이 필요하다. 특히 일당 섭취량이 낮은 송아지는 이유 초기에 단백질의 함량을 높여주는 것이 좋다. 그러나 사료내 단백질의 함량과 송아지 발병률의 관계는 확실치 않아서 보다 더 연구가 이루어져야 할 것으로 본다.

2) 지방

지방도 다른 영양소와 마찬가지로 면역 기능에 관여하는데, 특히 불포화지방산인 오메가-3와 오메가-6 지방산이 크게 영향을 미친다. 오메가-6 지방산은 숙주동물의 면역 기능을 저해하고 오메가-3 지방산은 면역 기능을 증진시킨다. 오메가-6 계열의 대표적인 지방산인 arachidonic acid는 고열, histamine 등의 증가에 의한 통증 증가, 림프구의 생성 억제 등을 통한 염증 악화를 유도한다. 이에 비해 어유에 많이 들어 있는 오메가-3 지방산은 arachidonic acid에 의해 유도되는 염증 증진 인자(예: prostaglandin, TNF-α, IL-1α 등)의 생성을 억제하고, 식균세포를 포함한 면역 기능 관련 세포들을 활성화하여 염증을 완화시킨다. 이들 지방산이 많이 함유된 어유를 섭취한 동물(쥐)은 CD4, CD8이 증가하여 면역능력이 높아진다. 림프구 원형질막의 신호전달, 세포막 연관 molecule들의 발현, 효소의 활성, 세포의 활성 등에 중요한 역할을 한다. 따라서 원형질막의 지방 조성의 변화는 림프구의 작용도 변화시키게 된다. 면역세포 중 오메가-3와 오메가-6의 함량 변화는 림프구의 증식, 세포와 세포 간의 접촉, 원형질막의 유동성, 막부착 효소의 활성도, cytokine의 생성 등에 영향을 미친다. 최근 연구에 의하면 여름과 같이 고온 환경에 노출된 젖소에게 캡슐화(microencapsulated)된 어유 형태의 오메가-3 지방산을 사료에 첨가하여 급여하면 젖소의 면역력을 향상시킨다는 보고가 있다. CLA(conjugated linoleic acid)도 오메가-3 불포화지방산과 유사한 면역 증진 효과가 있는 것으로 보고되고 있다.

3) 비타민

비타민 E는 체내에서 항산화제로서 그리고 과산화로부터 지질막을 보호하는 데 필수적이다. Free radical과 지방의 과산화는 면역억제요소로 작용하기 때문에 비타민 E는 면역반응을 '최적 상태'로 유지하거나 '증강'시키는 것으로 여겨져왔다. 실험용 동물을 이용한 연구에서 비타민 E의 결핍은 지라의 림프구의 증식과 NK세포의 활성을 감소시키고, 백신 접종 후 생성되는 특정 항체의 생성과 neutrophil에 의한 식균(phagocytosis) 작용도 감소시킨다고 한다. 비타민 E의 결핍은 외부 감염균에 대한 동물의 감염도를 증가시킨다. 실험동물의 사료에 비타민 E를 첨가하면 항체의 생성, 림프구의 증식, NK 세포의 활성, 대식세포의 식균작용 등이 증가한다. 비타민 E는 닭, 칠면조, 생쥐, 돼지, 면양, 소 등의 동물에서 병원균에 대한 저항성을 증가시키며, 경우에 따라서는 면역세포의 기능이 향상된다. 비타민의 첨가에 의한 면역 기능의 향상은 성장 후 나이가 많아질수록 효과가 잘 나타나는 경향이 있다. 비타민 A는 피부의 상피조직을 유지하는 데 중요한 작용을 한다. 비타민 A가 부족하면 상피조직의 손상과 면역능력이 저하되므로 비타민 A가 풍부한 사료를 공급해야 한다. 비타민 C가 결핍되면 피부 형성이 지연되고 면역능력이 떨어지며, 비타민 B군의 결핍에 의해서도 면역반응이 저하된다.

이유한 송아지에 대한 비타민 B의 보충이 발병률 감소와 개체 능력에 미치는 영향을 측정한 연구의 결과들을 종합해보면 그 효과는 매우 다양하다. 그러나 스트레스를 받은 송아지에게 비타민 B군과 비타민 C를 성장기 돼지에 필요한 요구량의 10배에 해당하는 양으로 공급했을 때 증체와 사료효율에는 영향이 없었지만 발병률이 30% 이상 감소했다고 한다. 또한 비타민 B군을 혈관 주사했을 때, 혈청 IgG의 증가와 더불어 소의 감기 바이러스에 대한 면역반응이 증가했다고 한다. 따라서 비타민 B군은 백신 접종이나 바이러스에 감염되었을 때 면역반응을 유도하는 데 도움이 되는 것으로 보인다. 그러나 반추동물을 대상으로 한 비타민 B군 첨가 시험은 다양한 결과를 보여주는데, 이는 반추위에서 생산되는 비타민 B군이 첨가되는 양보다 많아 실험의 결과에 영향을 미치기 때문이다.

4) 광물질

단위동물에서 Zn이 결핍되면 광범위한 면역 기능에 이상이 초래된다. Zn의 결핍은 골수세포의 증식을 저해하며, 림프구 전구물질(lymphoid precursors) 수를 줄이기도 한다. 따라서 Zn의 결핍은 빈혈 관련 질환 유발, NK 세포의 활성 감소 등을 초래하나, Zn 공급을 재개하면 정상으로 회복된다. 어린 동물의 경우 Zn 결핍에 의해 호흡기계 감염이나 소화

표 4-21 Zn 또는 단백질-에너지 결핍이 면역에 미치는 영향

Zn 결핍	단백질-에너지 결핍
림프구 부족증(lymphopenia)	림프구 부족증
흉선 위축증(thymic atrophy)	흉선 위축증
체액성 면역 반응(antibody-mediated responses)	체액성 면역 반응
세포면역 반응(cell-mediated responses)	세포성 면역
외부감염원에 대한 저항성 감소	외부감염원에 대한 저항성 감소
식균작용감소	식균작용 감소
만성적 glucocorticoids 증가	만성적 glucocorticoids 증가
식욕저하	혈중 Zn 저하

Fraker 등(2000).

장기 감염에 의한 설사 발생 사례가 많기 때문에 각별히 주의해야 한다. 표 4-21은 Zn 혹은 단백질-에너지 결핍과 면역의 관계를 나타낸 것이다.

비타민 E와 Zn의 과다 공급은 오히려 면역체계를 교란시킬 수 있으므로 주의해야 한다. 지속적으로 과량의 Zn을 공급하면 림프구의 수가 줄고 식균 기능도 저해되었다는 보고들이 있다. 또한 과량의 Zn 섭취는 Cu의 결핍을 초래하며 이는 곧 면역 기능의 저해와 직결된다.

Zn, Cu, Se, Cr 등은 갓 태어난 송아지의 면역 기능에 영향을 미칠 수 있는 광물질이며, 이들 광물질이 부족한 목초지에서 방목한 소에서 흔히 발생하는 호흡기 질환의 발병률은 이들 광물질의 보충으로 감소시킬 수 있다. Se은 감염성 질환에 대한 젖소의 저항성을 증진시키기도 한다. 특히 유방염에 걸릴 위험성이 높은 개체나 번식장애가 있는 개체에게 Se을 보충해주면 항산화제의 기능과 더불어 면역 기능도 증진시킬 수 있다. 면양에서도 Se과 비타민 E의 결핍으로 인해 번식 및 면역 장애가 발생한다고 보고되고 있다.

5) 생균제

사료첨가제로서 광범위하게 사용되고 있는 항생제가 심각한 문제로 등장하면서 그 대안으로 등장한 것이 '살아 있는 미생물', 즉 생균제(probiotics)이다. 생균제는 단위동물의 장내에 일시적인 군집(colony)을 형성하여 병원성 균의 번식을 억제하여 숙주동물을 보호하는 면역적 기능을 한다. 생균제에는 *Lactobacillus*, *Bifidobacteria*, *Enterococcus* 등의 박테리아와 효모, 곰팡이가 있다. 단위동물에 대한 이들 생균제의 급여는 T 림프구, CD4 세포,

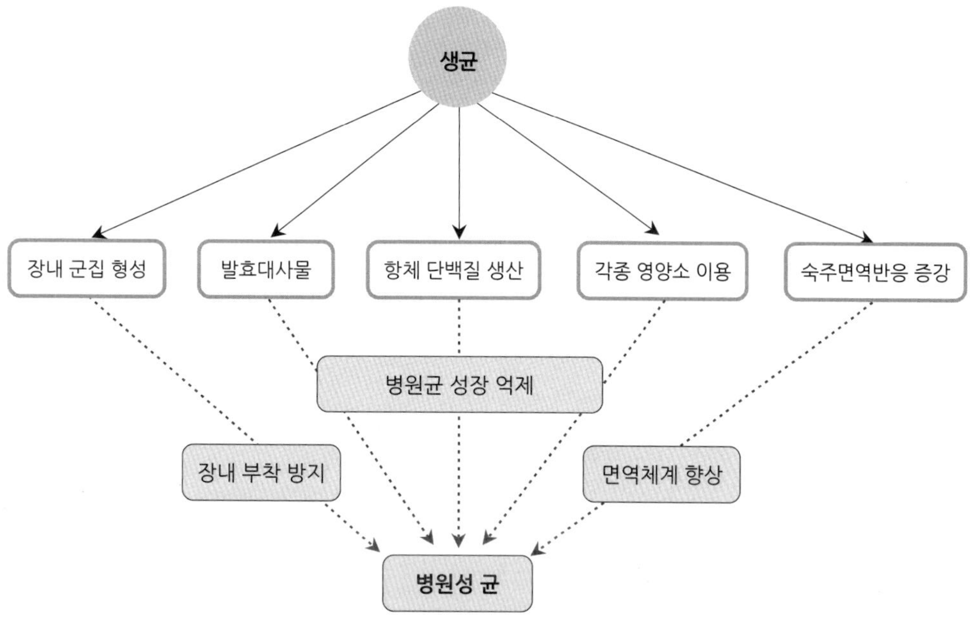

그림 4-36 생균제를 이용한 단위동물의 면역증진

항체 생성세포의 수를 증가시키고, 림프구와 NK세포의 증식을 도우며, 면역 관련 물질인 IL-1, TNF, INF-γ, 항체의 생성 증가 등을 유도한다. 그러나 반추동물에 있어서 면역에 대한 생균제의 효과는 단위동물에서처럼 뚜렷하지 않다. 반추동물에 대한 생균제의 급여는 반추위에서 섬유질의 분해, 미생물체 단백질의 공급, 반추위내 pH의 안정화, 반추위 산중독증의 예방 등에는 좋은 결과를 주지만 면역증진에 대한 연구결과는 거의 없는 실정이다.

3. 기능성 사료와 면역체계

앞에서 언급한 바와 같이 총에너지 혹은 필수영양소 중 하나 혹은 그 이상의 결핍으로 면역 기능이 저하되고, 병원균에 대한 감염도가 증가한다. 이와 같은 현상은 이들 영양소들이 면역체계에 분자 혹은 세포 수준에서 관여하고 있기 때문이다. 이들 개개의 결핍된 영양소를 공급받게 되면 면역 기능은 회복되며, 감염에 대한 저항성도 개선된다. 비타민 E와 같은 영양소들은 권장섭취량보다 많이 섭취할 경우 면역 기능을 상당히 높일 수 있다. 그

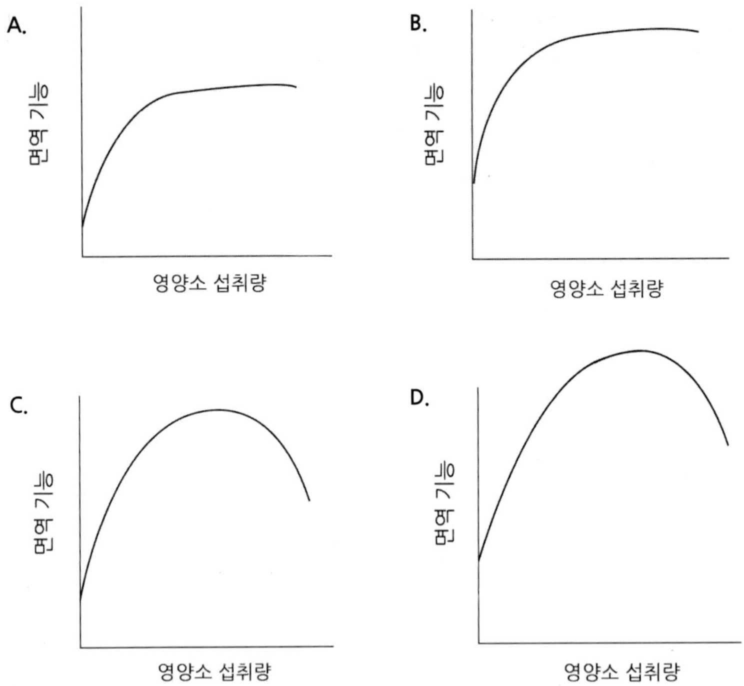

그림 4-37 영양소 섭취량과 면역 기능의 관계

러나 과다한 섭취(비타민 E, Zn)가 오히려 면역반응을 저하시키는 경우도 있다. 따라서 특정 영양소의 섭취량과 면역 기능에는 4가지 잠재적인 상관관계가 존재한다(그림 4-37). 즉, 특정 영양소의 섭취에 의해 면역반응이 비례적으로 증가한 후(B) 추가적인 공급이 면역에 영향을 미치지 못하는 경우(A)와, 영양소 섭취에 의해 면역반응이 증가(D)한 후 추가적인 영양소 공급이 오히려 면역반응의 감소(C)를 유도하는 경우 등이다. 이러한 형태의 상관관계는 영양소간의 상호작용을 반영한 것이다. 즉 특정 영양소의 과도한 급여로 다른 영양소(예: Zn, Cu 등)의 작용에 부정적인 영향을 주었기 때문이다. 모든 영양소에 해당되는 것은 아니지만, 영양소와 면역 기능과의 관계는 면역체계가 주어진 영양소에 농도의존형(기능 B) 반응을 보이는 경우도 있으나, 어떤 면역 기능은 영양소의 공급에 크게 반응하지 않는 경우(기능 A)도 있다(그림 4-38). 외적으로 건강한 개체라도 면역체계가 최적으로 반응하지 않을 수 있다는 것을 고려해봐야 한다.

동물 사양 시 하나 또는 그 이상의 영양소의 부족이 있을 수 있고, 반대로 특정 영양소(예 : 지방)의 과다섭취가 일어나는 경우가 있다. 이러한 경우에 결핍 부분을 보완하는 것

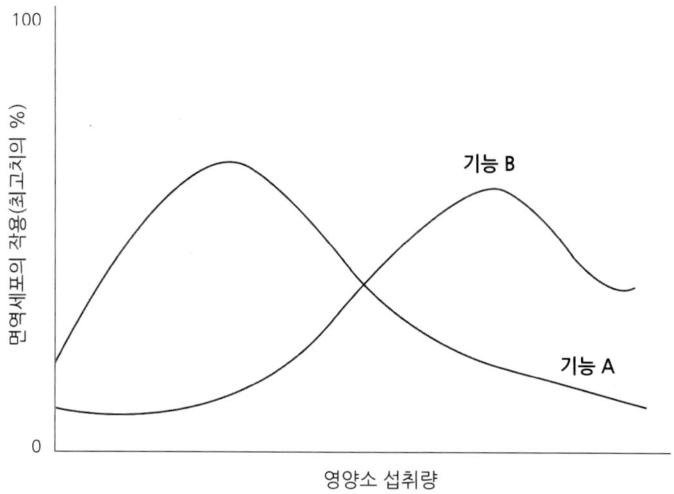

그림 4-38 면역체계와 각 요소의 특정 영양소와의 반응

뿐만 아니라 특정 영양소와 기능성 사료를 공급함으로써 그 개체의 면역반응을 최적화시키는 방안에 대한 연구도 많이 이루어져야 할 것이다. 그러나 면역반응을 향상시키기 위해서는 첨가되는 영양소들의 실제적인 작용부위와 면역의 관계가 밝혀져야 하고, 또 특정 영양소와 다른 영양소의 상호관계가 면역반응에 어떻게 영향하는지, 유전형질, 성별, 연령, 출생초기 면역 정도, 감염에 대한 저항성 등에 대한 다각도의 검토가 필요하다.

제4절 영양과 호르몬

동물이 사료를 섭취하면 이를 구성하는 영양소들은 소화기관에서 소화·흡수된 후 필요한 체내 조직에서 저장 혹은 이용된다. 이러한 일련의 과정에는 많은 요소들이 관련하지만 호르몬도 중요한 요소 중의 하나이다. 영양소의 흡수량은 사료섭취 양상에 따라 일일 변이를 보인다. 하루에 1회 혹은 2회 섭취하는 동물은 흡수량에 있어 변이가 크고, 사료를 자유섭취하는 동물은 변이가 작다. 이러한 변이는 위의 용적과도 관계가 있어서 반추동물과 같이 위의 용적이 크면 소장으로 유입되는 소화물의 양이 비교적 일정하게 유지되고, 영양소의 흡수량도 변이가 적다. 영양소 흡수의 변이는 혈중 영양소의 농도와 세포외액 영양소 풀을 주기적으로 변화시키는 주요한 요인이다. 이런 혈중 영양소의 농도변화는 각 조직 풀의 회전을 조절하는 호르몬의 분비에 즉각적으로 영향을 미친다. 따라서 영양소 흡수의 변이는 여러 호르몬의 분비율이 24시간 주기의 리듬을 나타내는 주요 원인이다. 영양과 호르몬의 관계를 탄수화물(에너지), 단백질, 지방 중심으로 기술하고, 특히 번식에서 어떠한 기능을 하는지 알아본다.

1. 영양과 호르몬의 상호관계

1) Glucose와 호르몬

위에서 언급한 바와 같이 영양과 호르몬은 아주 밀접한 관계에 있다. Insulin과 glucagon의 분비 과정은 혈중 glucose의 수준 변화에 매우 민감하다. 이들 두 호르몬은 glucose와 아미노산의 대사와 직접적인 관련이 있으며, 이들 영양소의 흡수량에 따라 두 호르몬의 분

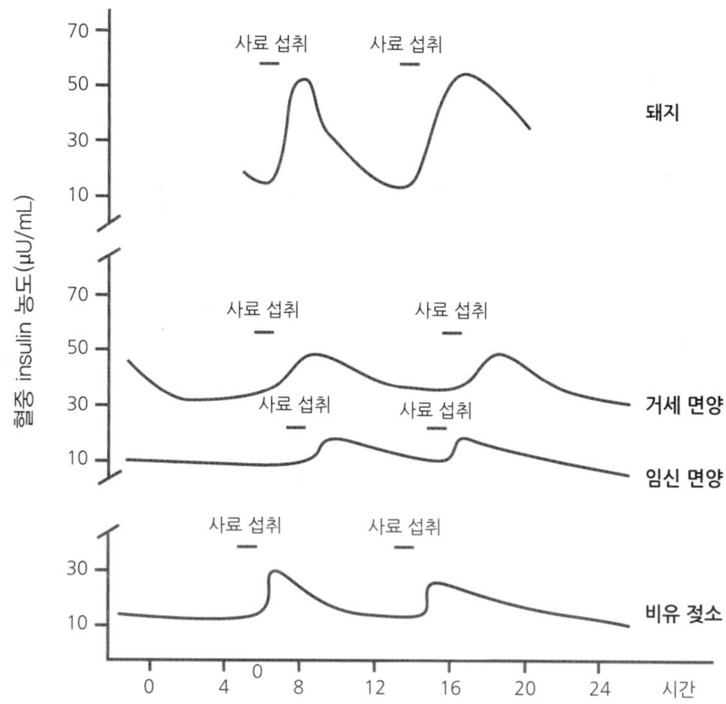

그림 4-39 동물별 사료섭취와 혈중 insulin 농도의 관계

비 패턴도 다르다. 그림 4-39는 돼지, 면양, 소에서 사료를 2회 섭취할 경우 하루 동안 혈중 insulin의 변화를 나타낸 것이다. 동물의 종에 관계없이 사료 섭취 10~30분 후에 insulin은 최고농도에 도달하였다. 아미노산 흡수에 의한 insulin 분비 효과는 glucose 흡수에 의한 것보다 작다.

반추동물은 많은 양의 glucose를 흡수하지 않는다. 따라서 반추동물은 단위동물과 달리 propionate의 유입에 의해 췌장에서 insulin의 분비를 유도할 수 있다. 그러나 이러한 효과를 보기 위해서는 정상적 생리 수준보다 상당히 높은 수준의 propionate를 투여해야 한다. 젖소에서 실험한 결과를 종합하면 반추동물의 혈중 glucose 농도는 혈중 insulin 농도를 높이는 주요 인자이지만 glucose 외에도 다른 요인들이 있을 것으로 보인다. 반추동물에서는 사료를 섭취한 후 insulin과 glucose의 분비 곡선을 비교해보면 insulin의 분비가 glucose와 독립적으로 일어나는 것을 볼 수 있다(그림 4-39와 4-40). Propionate와 기타 VFA의 흡수율 증가가 이 시기의 insulin 분비를 증가시킨 것으로 보인다.

Insulin 농도의 하루 중 변이는 glucose와 지방산 대사의 변이와 관계가 있는 것으로

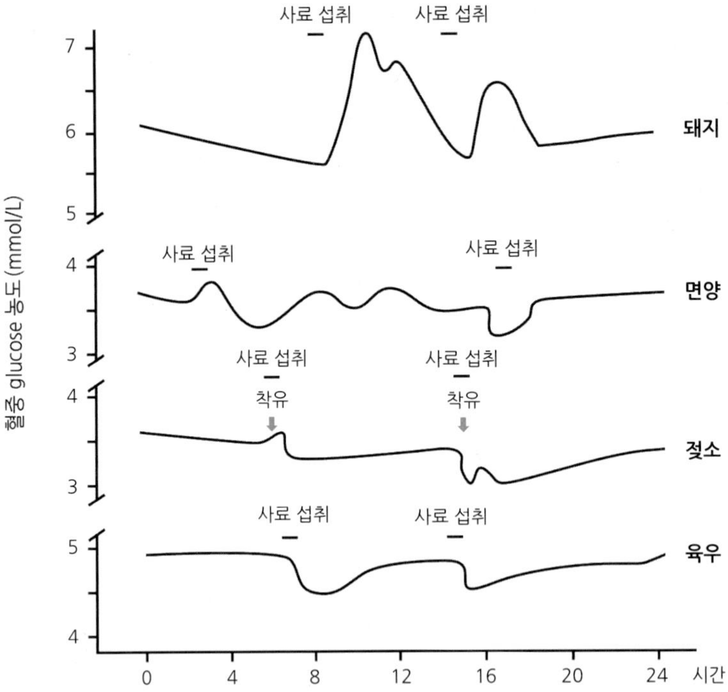

그림 4-40 동물별 사료섭취와 혈중 glucose의 관계

보인다(그림 4-39, 4-40, 4-41). 즉 사료 섭취 후 혈중 유리지방산이 감소하면 insulin의 혈중 농도는 반대로 증가한다. 사료 섭취 후 insulin의 수준이 높아지면 지방의 합성률이 분해율보다 높아진다. 사료 섭취 후 insulin 수준의 변화는 단백질 합성, 즉 근육내 단백질의 합성이 사료 섭취 후 가장 높고 사료 섭취 직전에 가장 낮은 것과도 관계가 있다. 혈중 아미노산의 농도는 단위동물과 비반추 초식동물에서는 일일 변이가 뚜렷이 나타나지만, 반추동물에서는 뚜렷하지 않다(그림 4-42). 혈중 아미노산 농도가 높고 insulin 수준이 함께 높아져야 사료 섭취 직후 단백질 합성이 잘 일어난다. 그림 4-43은 사료 섭취 후 성숙한 거세 면양의 혈중 glucagon의 농도 변화를 나타낸 것이다. 반추동물은 사료 섭취 후 glucagon의 농도가 증가하는데 이는 glucose의 농도 감소에 의한 것이다(그림 4-39 참조). 그러나 단위동물의 경우는 사료 섭취 후 혈중 glucose가 증가하므로 glucagon의 수준이 감소한다. 면양, 소, 개, 사람을 대상으로 glucose 투여와 glucagon의 수준 변화를 조사한 결과를 종합해보면, 단위동물과 반추동물에서 glucagon의 분비를 조절하는 가장 중요한 요소는 혈중 glucose이며, 아미노산은 glucose 합성을 통해 간접적으로 glucagon

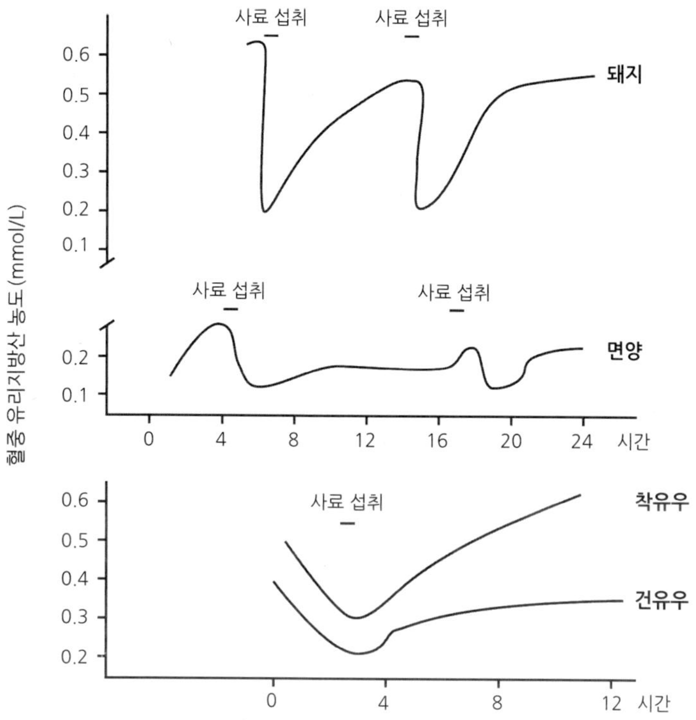

그림 4-41 동물별 사료섭취와 혈중 유리지방산의 변화

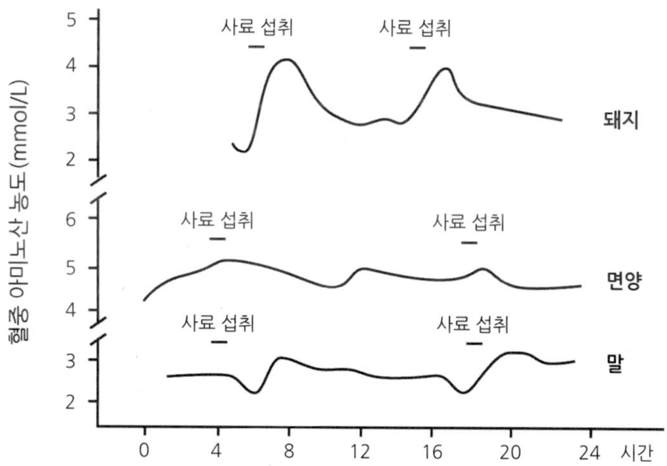

그림 4-42 동물별 사료섭취와 혈중 아미노산의 변화

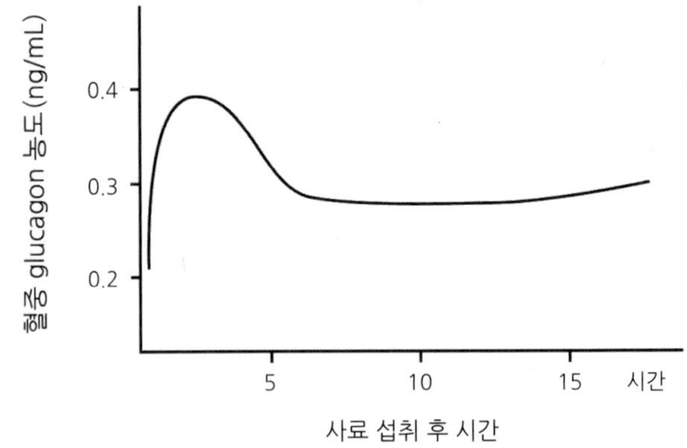

그림 4-43 사료 섭취 후 혈중 glucagon의 농도 변화(거세 면양)

의 분비에 관여한다. Arginine과 alanine은 glucagon의 분비를 유도하는 강력한 요소 중의 하나이다. 따라서 고단백질 사료를 섭취한 후 glucagon이 증가되는 것은 이들 아미노산의 농도 증가에 기인한다.

2) 아미노산과 호르몬

동물은 하루에 체단백질의 약 1~3%의 단백질을 분해하고 또 새로 합성한다. 체단백질의 합성과 분해는 그 개체의 영양적 상태, 호르몬, 기타 많은 요소들에 의해 조절된다. 그중에서 영양적 상태는 체단백질 대사에 가장 큰 영향을 미치는 요소이다. 만약 단백질의 급여량이 부족하거나, 특정 필수아미노산이 부족한 사료를 급여받으면 그 동물은 체단백질의 손실이 초래되고 심각한 영양결핍 현상을 보이게 된다. IGF-I은 체단백질 대사와 성장에 관여하는 중요한 호르몬으로서 주로 간에서 합성되나 소량은 주변 장기에서도 합성된다. 혈중 insulin은 사료 섭취 후 그 수준이 증가하지만, 혈중 IGF-I 수준은 사료의 섭취보다는 사료 중 단백질의 양이나 질에 의해 더 큰 영향을 받는다. 일반적으로 단백질의 양과 질에 문제가 없는 사료를 공급받은 동물은 혈중 IGF-I의 농도가 높으며, 이 농도는 체단백질의 합성률과도 비례한다. IGF-I은 IGFBP에 결합하여 그 기능을 나타내는데 IGFBP-1도 사료 단백질에 의해 조절된다.

대부분의 체내대사에는 아미노산이 관여하기 때문에 아미노산의 대사와 관련 있는 호르몬도 많을 것이다(표 4-16 참조). Insulin은 목표 조직의 막에서 아미노산의 운반을 촉진하고 아미노산이 단백질로 합성되는 과정을 촉진한다. Insulin 분비가 증가하면 아미노산의 총이용률도 증가한다. 미경산 면양에 insulin을 주사한 경우 특정 아미노산(lysine, histidine, serine, asparagine, isoleucine)의 혈중 농도는 증가하지만 일부 아미노산의 농도는 오히려 감소했다는 보고가 있다. 그러나 조직 중에 아미노산을 축적할 수 있는 용적이 제한적이기 때문에 insulin의 투여는 궁극적으로 아미노산의 혈중 농도를 증가시킨다.

Glucagon은 간에서 단백질의 분해를 촉진한다. 이 과정은 glucagon이 glucose 신생합성을 촉진하는 반응의 일부이기도 하다. 이것은 또한 alanine 대사와도 연관되는데 alanine은 glucose 합성을 위한 가장 중요한 아미노산 전구물질이다. Glucagon에 의해 간에서의 아미노산 대사가 촉진되면 혈중 아미노산의 농도가 감소되고 이에 따라 근육세포의 아미노산 유입과 방출에 영향을 준다. Glucagon은 insulin과 반대되는 작용을 한다.

성장호르몬의 효과는 somatomedin에 의해서 나타난다. Somatomedin은 결체조직, 근육조직, 기타 조직에서 단백질 합성을 촉진한다. 그러나 somatomedin이 아미노산 수송을 위한 세포막 통과에 직접 영향을 주지는 않는다. 혈중 somatomedin의 수준은 동물의 성장률과 상관관계가 있어서 빠르게 성장하는 동물에서는 somatomedin의 활성이 높다.

Thyroxine은 조직 단백질의 아미노산 회전속도를 높인다. 이 호르몬은 세포의 산화 과정을 통해 아미노산의 분해를 촉진시킨다. 갑상선호르몬의 분비는 동물의 영양 수준과 양(+)의 상관관계가 있다. 갑상선호르몬의 분비가 저하되면 체내 단백질 분해가 줄어들고 절식 기간 동안에는 근육조직으로부터의 아미노산 방출을 억제한다. Glucocorticoid와 cortisol은 아미노산의 분해를 촉진한다. 이들 호르몬이 부신에서 분비되면 아미노산의 분해가 촉진되므로, 스트레스를 받으면 체내 질소 축적률이 감소한다. 이들 호르몬들은 또한 cAMP를 통해 glucagon과 다른 호르몬들의 작용에 영향을 준다.

동물은 일반적으로 절식할 경우 단백질의 합성과 분해 모두 감소한다. 영양소의 수준이 높으면 단백질의 회전율도 높아지는데 아미노산의 유입과 방출량(유동성)이 증가된 것이 주된 원인이다. 소화기관을 통해 유입된 아미노산의 유동률은 전체 체내 유동 아미노산의 작은 부분만 차지한다. 사료 에너지와 단백질의 공급 증가에 따른 아미노산의 유동성 증가의 주된 원인은 갑상선호르몬과 insulin의 분비 증가이기 때문이다. 이 두 호르몬의 분비는 glucose의 이용성과 높은 관계가 있다. 따라서 사료를 통한 에너지의 공급은 아미노산의 공급보다 아미노산의 유동성에 더 큰 영향을 준다. Insulin과 glucagon의 분비는 소화기관으로부터 유입되는 영양소에 따라 즉각적으로 반응하므로 이 호르몬들의 혈중 농도는 사료 섭취에 따라 하루 중 일정한 양상을 나타낸다(그림 4-39와 그림 4-43 참조). 반추동물에서는 이들 변이가 비교적 낮아 아미노산 유동성 연구는 많이 이루어지지 않고 있다. 그러나 단위동물의 경우는 사료 섭취 후 아미노산 회전율의 변이가 매우 높다. 갑상선호르몬의 분비는 절식기간 동안 감소한다. 절식에 대한 이러한 반응은 아미노산의 유동성을 감소시키고 아미노산의 손실을 최소화하기 위한 것이다. 부신에서 생성되는 steroid 호르몬(예: glucocorticoid)도 에너지와 단백질 대사에 많은 영향을 미친다. 이들 호르몬의 혈중 농도가 높아지면 낮은 질소축적률이 떨어지고 glucose 신생합성률이 높아진다.

3) 지방산과 호르몬

혈중 유리지방산은 모든 동물에서 사료 섭취 직후 감소한다(그림 4-41 참조). 정상적인 생리적 조건하에서는 조직에 의한 유리지방산의 흡수와 이용 정도는 혈중 유리지방산 농도에 의해 좌우된다. 반면에 혈중 농도는 지방조직세포에서의 분해와 합성의 결과를 반영한다. 또한 혈중 지방산 수준의 일일 변이는 혈중 insulin의 수준(그림 4-39 참조)과 부(-)의 상관관계를 나타낸다(그림 4-42 참조). 지방조직에서 지방의 분해와 합성에 관여하는 호르몬과의 작용은 그림 4-44에서 보는 바와 같다. VFA와 케톤체는 반추동물의 세포에 공급되는 전체 에너지원의 많은 부분을 차지한다. VFA와 호르몬의 상관관계 시험을 종합해보면, propionate와 butyrate는 insulin의 혈중 농도를 증가시키나 acetate 공급에 의한 호르몬의 변화는 없다. 반추위에서 전분의 소화율이 높아지거나 propionate의 생성을 증

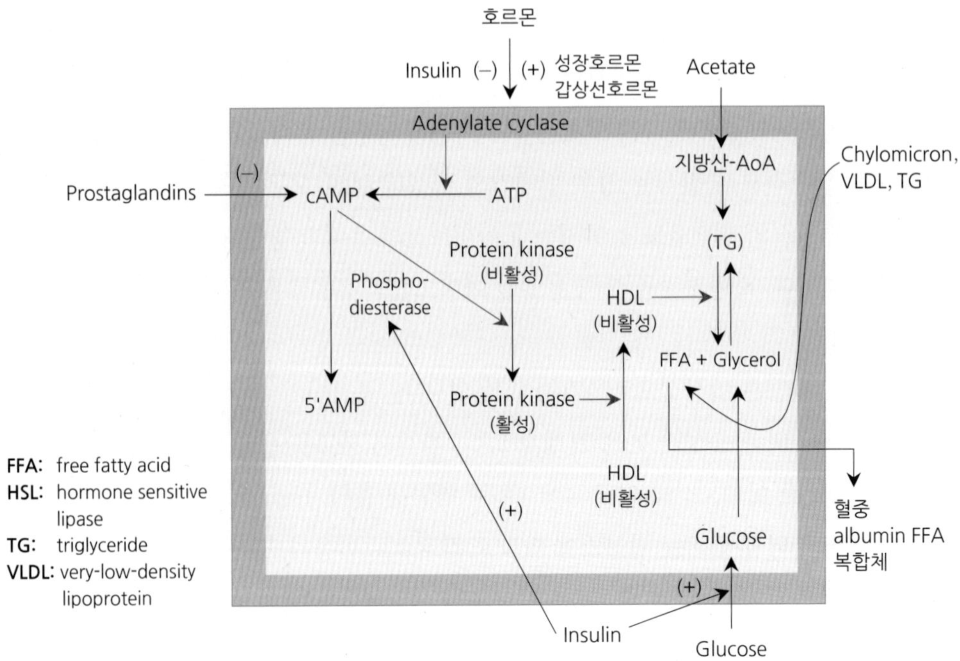

그림 4-44 지방 대사와 호르몬의 관계

가시키면 insulin의 분비는 증가하게 된다. VFA 중에서 propionate 다음으로 췌장 분비 호르몬에 영향을 미치는 것은 butyrate이다. Butyrate의 상당 부분은 흡수되는 과정에 케톤체로 전변되기 때문에 정상적인 생리조건에서 butyrate에 대한 호르몬의 반응을 예측하기에는 어려움이 많다.

4) 영양상태와 호르몬

태아의 영양결핍은 분만 후 insulin 저항성과 glucose 과민성을 유발하여 출생 후 성장을 감소시킨다. 그러나 임신 초기에 면양을 과다비육시키면 섭취한 영양소가 모체의 조직 합성에 많이 이용되고 오히려 태아는 영양결핍이 생긴다. 태아의 성장 조절에는 glucose, insulin, IGF-I 등이 매우 중요하다. 성장하는 태아에 대한 영양소의 절대 공급량뿐만 아니라 영양소의 종류도 중요하다. 태아와 태반이 필요로 하는 필수지방산은 외부 공급에 전적으로 의존하는데, 특히 장쇄 불포화지방산이 어린 태아의 정상적인 성장에 매우 중요하다. 출생 후에는 체단백질의 축적률이 매우 높지만 성장과 더불어 뚜렷이 감소하며 이는 insulin의 민감도와 glucose 이용 반응도의 감소와 병행하여 일어난다.

반추동물의 영양상태(예: 체지방 함량)가 특정 호르몬의 분비에 영향을 미치는 것으로 알려져 있다. 면양에서 체지방 함량이 20% 이하인 경우 혈중 leptin의 양은 큰 변화가 없지만, 체지방 함량이 20% 이상 증가하면 혈중 leptin의 양도 급격하게 증가한다(그림 4-45의 A). 절식이나 만성적인 영양결핍은 leptin의 양을 감소시키며, 사료를 재급여하거나 영양상태가 회복되면 leptin의 양은 다시 증가한다. 성장 중인 면양에서 혈중 leptin은 사료의 급여 수준에 민감하게 반응한다. 체지방 함량이 낮을수록 그 민감도는 낮으며, 체지방 함량이 높으면 급여되는 사료에 의해 혈중 leptin은 크게 증가한다(그림 4-45의 B).

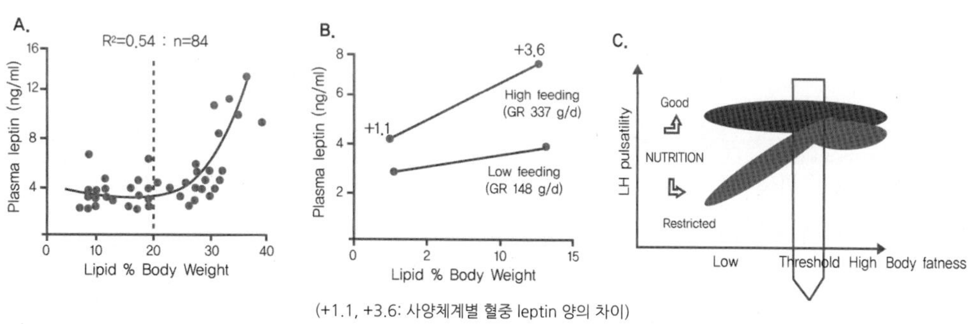

그림 4-45 혈중 leptin과 체지방의 상관관계(A), 체지방 정도와 사양체계에 따른 혈중 leptin의 변화(B), 체지방 정도와 영양 수준에 따른 LH pulse의 관계(C) (Chilliard 등, 2005)

체지방 함량이 낮은 면양의 경우 저급 사료의 급여는 LH pulse를 감소시키지만, 체지방 함량이 15~20% 이상인 경우는 사료의 급여형태가 LH pulse에 거의 영향을 주지 않는다(그림 4-45의 C).

5) 사료의 종류와 호르몬

반추동물의 반추위는 용량이 매우 크고, 반추 같은 생리작용 때문에 하루 중 공급되는 영양소의 양에는 큰 변화가 없다. 반추동물에게 급여한 사료가 50% 이상의 조사료를 함유한 경우, 혈중 영양소와 호르몬의 변이는 실제 반추동물의 성장률과는 큰 상관관계를 볼 수 없다. 고농후사료를 급여하면 사료섭취에 의해 혈중 glucose와 insulin의 농도가 크게 증가한다(그림 4-46). 이와 같이 고농후사료 위주의 사료를 공급받은 반추동물의 에너지 및 단백질 대사는 단위동물인 돼지와 유사한 일일 변이를 보인다. 고농후사료를 섭취한 후 glucose와 insulin이 높아지는 것은 반추동물의 체내에 지방 축적을 높이는 데 중요하다.

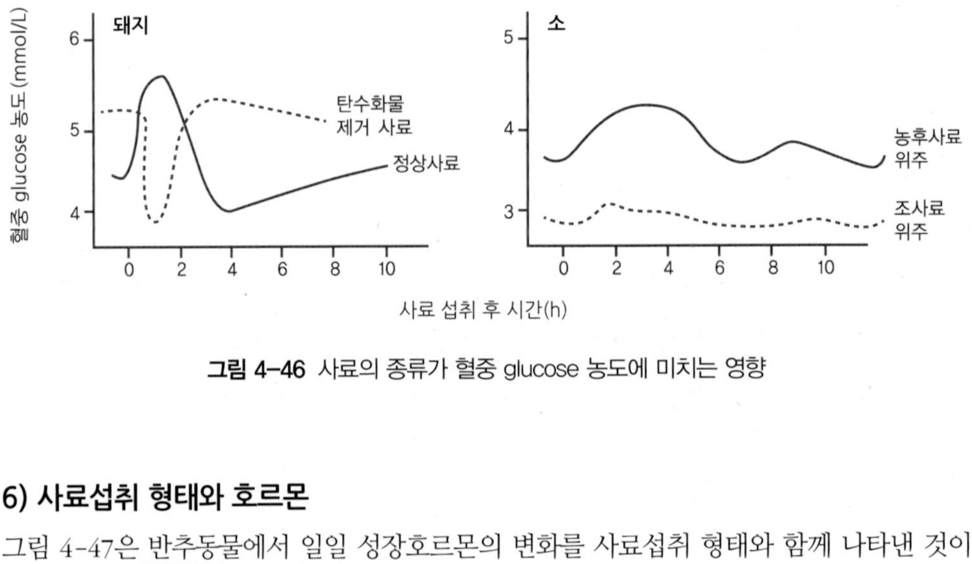

그림 4-46 사료의 종류가 혈중 glucose 농도에 미치는 영향

6) 사료섭취 형태와 호르몬

그림 4-47은 반추동물에서 일일 성장호르몬의 변화를 사료섭취 형태와 함께 나타낸 것이다. 사료섭취 수준이 낮은 경우 성장호르몬의 분비량은 사료를 섭취한 후 시간이 지남에 따라 증가한다. 이에 비해 자유 급식 시에는 성장호르몬의 혈중 농도가 거의 변화하지 않는다. 사료 섭취 수준이 낮은 경우에 혈중 성장호르몬의 농도가 올라가는 것은 영양결핍 상태의 사람에게서도 볼 수 있는데, 이를 통해 성장호르몬이 체조직에 저장된 에너지를 동원하는 데 중요한 기능을 한다. 체조직의 분해에 의한 영양소의 동원은 오직 극한 상황에서만 일어나며 이에는 cortisol과 epinephrine이 관여한다.

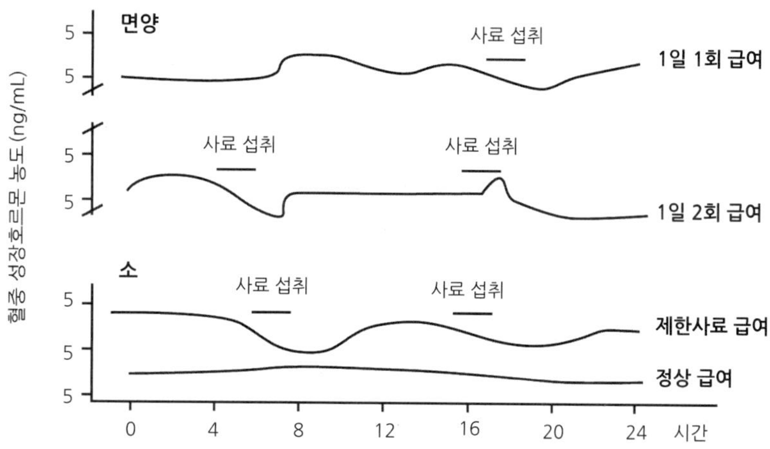

그림 4-47 사료 섭취와 혈중 성장호르몬의 변화

2. 영양소와 호르몬에 의한 지방 합성 조절

지방의 합성은 고탄수화물 섭취에 의해 촉진되고 불포화지방산이나 절식에 의해 억제된다. 이러한 작용에는 호르몬들이 관여하는데, 성장호르몬과 leptin에 의해 저해되고 insulin에 의해 촉진된다. 절식은 혈중 호르몬 농도에 크게 영향을 미치는데 혈중 insulin과 leptin의 농도는 감소하고 성장호르몬과 glucagon은 증가한다. 지방 합성에 가장 크게 영향을 미치는 호르몬은 insulin이다. 세포막에 존재하는 glucose 운반체에 의해 지방세포에 혈중 glucose의 유입이 증가하면 지방 합성과 glucose 분해효소가 활성화되는데 insulin이 이러한 대사 과정을 촉진한다(그림 4-48). Insulin은 장기적으로 전사인자인 SREBP-1(sterol regulatory element binding protein-1)에 의한 지방 합성 관련 유전자의 발현에도 영향을 미친다. 성장호르몬도 지방 합성에 영향을 미치는데, 지방세포에서 지방의 합성을 억제하여 지방의 손실을 유도하는 기능을 한다. 또 insulin의 활성도를 감소시키고, 지방세포에서 지방합성효소(fatty acid synthase)의 발현을 감소시키거나 전사인자들의 인산화를 통한 지방 합성 감소에도 관여한다. Leptin은 사료섭취량을 제한하고, 지방조직 및 기타 조직들의 대사 과정에 영향을 주어 지방 축적을 억제한다. Leptin은 지방산의 산화 촉진과 지방 합성 억제라는 2가지 방법을 통해 지방세포로부터 glycerol의 방출을 촉진한다. 여기서 지방 합성의 억제는 지방산 합성과 중성지방 합성에 관여하는 유전자

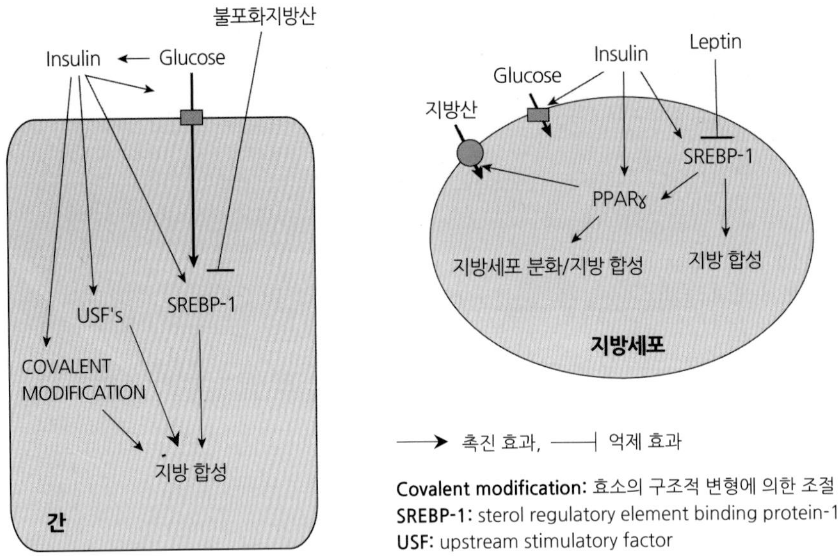

그림 4-48 간과 지방세포에서 영양소와 호르몬에 의한 지방 합성 조절 (Kersten, 2001)

의 발현을 억제함으로써 이루어진다.

불포화지방산은 glucose, insulin과는 달리 지방 합성 유전자의 발현을 억제함으로써 지방 합성을 억제하는 기능을 한다. 이 기작은 불포화지방산이 전사인자인 SREBP-1 mRNA의 발현을 억제하고 이미 생성된 SREBP-1 전구물질의 활성화(효소적 절단 과정)를 방해함으로써 이루어진다. 지방 합성을 억제하는 효과는 일가불포화지방산(mono-unsaturated fatty acid)보다 다가불포화지방산(poly-unsaturated fatty acid)이 더 효과적이다. Glucose는 탄수화물 반응 전사인자(carbohydrate response transcription factor, ChoRF)를 통해 지방 합성 유전자들의 발현을 촉진한다. 지방조직에서 주요 전사인자인 PPARγ(peroxisome proliferator activated receptor γ)은 지방산에 의해 활성화되고 지방전구세포(preadipocyte)를 성숙한 지방세포(mature adipocyte)로 유도하는 데 중요한 역할을 한다. Insulin, glucose와 SREBP-1에 의해 PPARγ가 활성화된 후 지방세포의 분화뿐만 아니라 지방 합성에 관여한다.

3. 영양 및 호르몬과 동물의 번식효율

영양소 공급은 소의 번식효율에 영향을 미치는 가장 큰 요소 중에 하나이다. 장기간에 걸쳐 사료급여량을 제한하면 점차적으로 난포의 성장률과 난포의 크기가 감소하고, 체중이 20~25% 감소하면 동물의 생리가 멈춘다. 반면 유지요구량의 40% 수준까지 심하게 사료급여량을 제한하면 난포의 성장률이 떨어지고 크기가 작아지며, 2주 안에 소의 약 60%에서 생리가 중단된다. 영양에 의해 중단된 생리는 정상적인 사료의 급여로 재개되며, 난포의 크기도 점진적으로 커지게 된다. 이러한 현상은 영양소의 재공급에 의해 IGF-1, LH, estradiol 등의 혈중 농도가 다시 증가하고, 이에 따라 정상적인 난포의 발육이 일어나기 때문이다. 영양적으로 결핍된 소는 LH와 FSH의 고조(surge)가 유도되지 못하여 배란이 일어나지 못한다. LH 농도의 감소와 LH pulse의 빈도 감소가 영양적 결핍에 의해 일어난다는 사실은 소, 돼지, 양에서 입증된 바 있다. 영양이 결핍된 동물에서는 GnRH pulse가 감소하고 이는 LH 분비의 감소로 이어진다. 그러나 이러한 동물에게 정상적으로 영양을 다시 공급해주면 이들 호르몬도 정상적인 수준으로 회복된다. LH와는 달리 FSH는 영양수준에 의해서 크게 양향을 받지 않는 것으로 보이며 FSH의 감소가 배란에 크게 영향을 미치지 않는 것으로 보인다. 난소 기능에 대한 영양의 직접적인 효과는 간과 췌장에서 분비되는 IGF-I과 insulin의 분비 조절을 통해 나타나고, 간접적으로는 GnRH와 연계된 LH의 분비 증가를 유도함으로써 일어난다. 그림 4-49는 영양과 호르몬이 난포에 미치는 영향을 나타낸 것이다.

반추동물에서 번식은 에너지의 공급 및 이용성과 밀접한 관계가 있다. 지방은 동물에게 에너지 공급능력 외에 번식능력 향상에도 기여한다. 지방산은 steroid와 eicosanoid의 합성을 증가시키며 이들은 난소와 자궁의 기능을 향상시키고 임신율을 높여준다. 세포수준에서도 지방산들은 번식 관련 단백질 유전자의 발현에 관여한다. 소나 면양의 사료에 지방을 첨가하면 사료의 에너지 농도를 증가시켜서 에너지 섭취량이 부족한 동물에게는 황체형성호르몬(LH)의 분비를 증가시키고, 특히 난포의 발달을 촉진한다. 소의 사료에 지방을 첨가하면 cholesterol의 혈중 농도가 증가하고 이는 곧 progesterone 합성을 위한 전구물질로 이용된다. 혈중에 증가된 progesterone은 동물의 임신율을 높이는데 기여한다.

젖소 사료에 오메가-3 지방산인 C20:5(EPA)와 C22:6(DHA) 등이 포함된 어유를 첨가하면 자궁에서 prostaglandin의 합성을 억제하여 이의 분비를 줄일 수 있다. 특히 임신 초

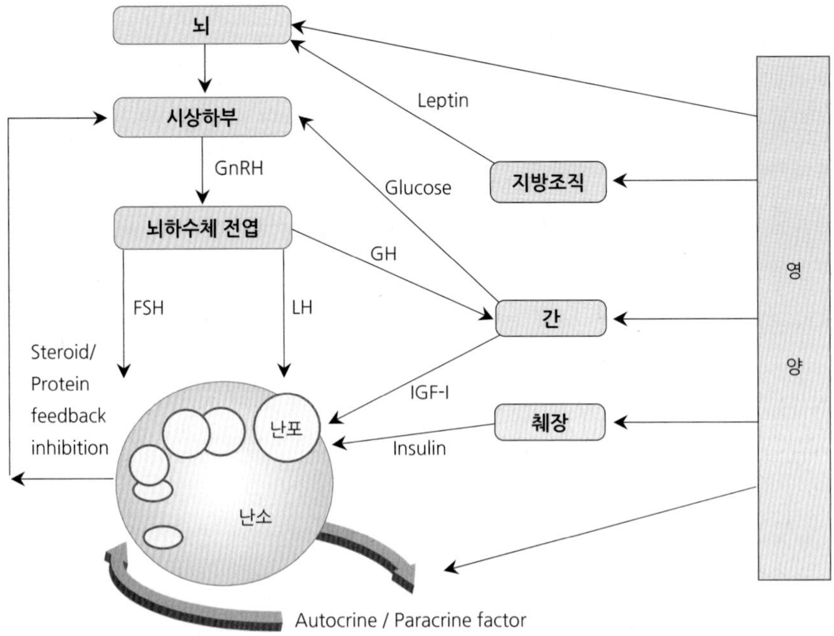

그림 4-49 영양과 호르몬이 난소 난포에 미치는 영향

기 젖소에서 prostaglandin F2α(PGF2α)의 분비 억제와 황체의 유지는 성공적인 임신을 위해 매우 중요한데, 이 시기에 임신이 실패로 되는 비율이 40%에 이른다는 보고도 있다. 따라서 오메가-3 불포화지방산을 급여하여 PGF2α의 분비를 억제하고 이에 의한 태아의 손실을 줄임으로써 번식효율을 향상시킬 수 있다. 불포화지방산이 PGF2α의 합성을 저해하는 기작은 불포화지방산에 의해 PGF2α의 전구물질인 arachidonic acid의 이용성이 감소되고 prostaglandin H 합성효소의 합성이 억제되어 일어난다.

저에너지 사료를 섭취한 착유우는 낮은 난포성장률에 의해 임신율이 저하된다. 따라서 착유우의 사료에 지방 사료를 첨가하면 비유로 인한 에너지 부족을 해결할 수 있을 뿐만 아니라 steroid 호르몬의 전구체로 이용되는 혈중 cholesterol의 증가와 prostaglandin의 수준을 높여줌으로써 번식률을 높일 수 있다. 사료 중 지방 함량을 증진시키기 위한 방법에는 여러 가지가 있을 수 있으며, 한 예로서 목화씨를 젖소 사료에 첨가하면 반추위내 미생물에 미치는 영향을 최소하면서 혈중 고밀도 cholesterol을 증가시키고 progesterone의 혈중 농도를 높일 수 있다.

4. 영양과 호르몬 그리고 성성숙

영양결핍은 성성숙(puberty)의 지연, 생리 중단, 출산 후 무월경 지속 등의 현상을 초래한다. 특히 에너지 사료가 단백질이나 기타 영양소보다 번식효율에 더 큰 영향을 준다. 반추동물에게 저에너지 사료를 급여하면 시상하부에서 LH 방출 호르몬(LHRH)의 분비가 저하되어 발정과 배란에 필수적인 LH의 방출도 감소한다. 반추동물의 사료에 에너지가 충분할 경우에는 propionate가 glucose로 합성되어 뇌에 필요한 에너지를 공급한다. 그러나 에너지 섭취량이 충분하지 못할 경우 지방조직으로부터 유리지방산이 동원되어 간에서 케톤을 생산하는데, 중추신경계는 glucose 외에 케톤도 에너지원으로 이용할 수 있다. 아미노산도 근육으로부터 유리, 산화되어 간에서 glucose 합성에 이용될 수 있으며, 이들 물질들은 결국 LHRH 생성 조직에서 LHRH를 합성·방출하도록 한다(그림 4-50).

반추동물은 단위동물에 비해 단기간에 걸친 사료에너지 섭취량의 변화에 덜 민감하게 반응한다. 건강한 성우의 경우 단기간(2~3일)의 절식이 LHRH의 분비에 영향을 주지 않는다. 이는 절식하더라도 반추위에서 발효가 어느 정도 지속되고 체내에 축적된 지방이 많기 때문이다. 따라서 영양소 혹은 에너지가 결핍된 사료를 급여해도 축우의 경우에는 단시일 내에 호르몬의 변화를 보기 어렵다. 그러나 어린 반추동물이나 비교적 야윈 상태의 성

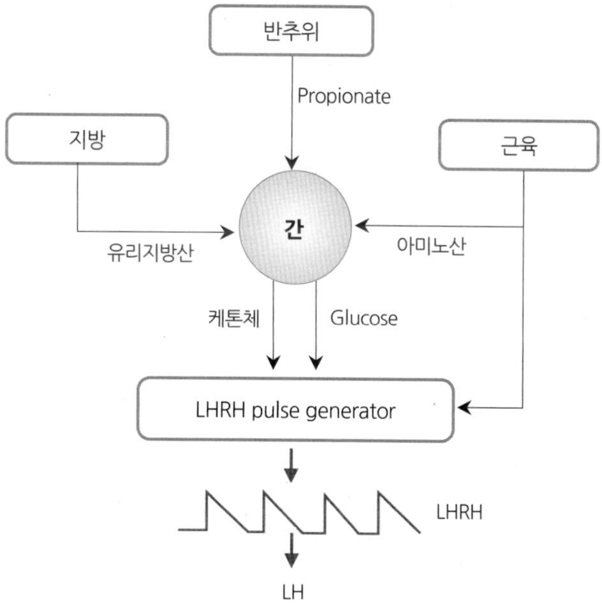

그림 4-50 에너지 기질의 종류와 LHRH 생성의 관계

장기 동물은 성축에 비해 영양적 변화에 민감해질 수 있다. 1년생 소를 약 2일간 사료를 절식시키면 지방조직에서 leptin의 mRNA 발현이 줄어들고 혈중 leptin, IGF-I, insulin도 감소하고, LH pulse의 빈도 또한 줄어든다. GH은 단기간의 절식에 의해 영향을 받지 않는다.

젖소와 면양에서 성성숙 나이는 사료에너지 섭취량, 성장률, 지방 축적 정도 등에 영향을 받는다. 낮은 수준의 에너지 제한 사양은 GnRH의 분비 저하와 이로 인한 LH의 생성감소는 동물의 성성숙을 지연시킨다. 따라서 성성숙과 첫 배란이 일어나는 시기에 영양소의 공급에 부족이 없어야 한다. 그러나 성성숙 이전에 고에너지 사료를 지속적으로 급여하면 지방의 과다축적과 이로 인한 혈중 leptin 농도 증가로 소의 유방 발달을 15~20%까지 저해하므로 주의해야 한다.

5. 영양과 호르몬 작용의 기작

동물의 영양상태는 특정 유전형질의 표현형 발현에 지대한 영향을 미친다. 특히 동물 성장에 관련된 수많은 유전자들에 작용하는 호르몬 수용체들은 영양소의 공급과 밀접한 관계가 있다. 수용성(단백질) 호르몬들은 세포막 부착 수용체에 작용한 후 2차 매개체에 의해 유전자를 조절하지만, 지용성(steroid) 호르몬들은 수용체와 세포질에서 결합하여 복합체를 형성한 다음 핵 안으로 직접 이동하여 DNA와 결합하여 유전자를 조절한다(그림 4-51). 영양상태는 발생, 성장 및 대사에 관여하는 호르몬의 합성과 대사뿐만 아니라 호르몬 수용체에도 영향을 미친다. 영양소에 의한 호르몬 작용 조절은 호르몬 수용체의 조절에 의한 것이다. 특히 중요한 사실은 이러한 영양소의 효과는 조직 특이적이라는 것이다. 예를 들면 출생 직후의 영양결핍은 간에서 성장호르몬 수용체의 유전자 발현을 저하시키고, 반대로 근육에서는 이의 발현을 증가시킨다. 이러한 현상은 성장호르몬/IGF-1에 영향을 미치고 간의 IGF-1 합성을 감소시킴으로써 성장을 저하시키며, 근육에서는 성장호르몬에 의한 지방 합성의 감소와 지방 분해의 촉진 효과를 나타낸다. 중요한 것은 초기 발달 과정에서의 이러한 효과는 동물의 정상적인 발달과 성장에 영구적 또는 장기적으로 영향을 미칠 수 있다는 것이다.

에너지제한(energy restriction)은 시상하부-뇌하수체-부신으로 이어지는 축과 관련된 호르몬에 영향을 주고, 따라서 수명 조절에도 영향을 미친다. 혈중 glucocorticoid 수준

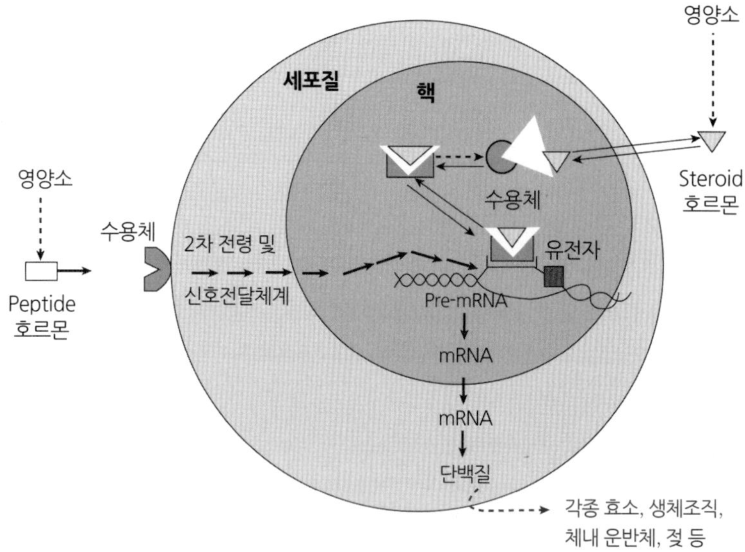

그림 4-51 영양에 의한 호르몬의 작용기작

은 사료섭취량을 줄이면 증가하는 반면 사료를 과다급여하면 감소한다. 영양은 시상하부-뇌하수체-갑상선으로 이어지는 축에 가장 크게 영향을 미치는 요소이다. 저에너지 섭취는 갑상선의 활성, 혈청 갑상선호르몬 수준, 총갑상선수용체의 수 등을 감소시킨다. 에너지의 부족현상은 섭취량의 부족 또는 소비량의 과다에서 유래할 수 있는데, 이 경우 갑상선호르몬의 수용체 수가 감소하고, 이는 곧 갑상선호르몬의 작용을 억제하여 성장과 대사의 감소로 이어진다.

참고문헌

Annison, E. F. et al. (1974). *J. Agric. Sci. Camb.* 82:87.

Arnal, J. F. et al. (1978). Proc. 29th Annual Meeting, pp. 1-6.

Aschenbach, J. R. et al. (2010). *IUBMB Life.* 62:869

Athanasiou, V. N. and R. W. Phillips (1978). *Am. J. Vet. Res.* 39:957.

Baik, M. et al. (2011). *Ann. N. Y. Acad. Sci.* 1229:29-37.

Baird, G. D. and R. J. Heitzman (1970). *Biochem. J.* 116:865.

Bassett, J. M. (1974a). *Aust. J. Biol. Sci.* 27:157.

Bassett, J. M. (1974b). *Aust. J. Biol. Sci.* 27:167.

Bauman, D. E. et al. (1973). *J. Dairy Sci.* 56:1312.

Bergen, W. G. and H. J. Mersmann (2005). *J. Nutr.* 135:2499-2502.

Bergman, E. N. (1973). *Cornell Vet.* 63:341.

Bergman, E. N. and R. N. Heitmann (1978). *Proc. Fed. Am. Soc. Exp. Biol.* 37:1228.

Bergman, E. N. et al. (1974). *Proc. Fed. Am. Socs. Exp. Biol.* 33:1849.

Blom, A. K. et al. (1976). *Acta Endocrinol.* 82:758.

Calder, P. C. and S. Knew (2002). *Brit. J. Nutr.* 88:S165.

Casas, E. et al. (2006). *J. Anim. Sci.* 84:520.

Chilliard, Y. et al. (2005). *Domest. Anim. Endocrinol.* 29:3-22.

Dawes, G. S. (1968). *Foetal and Neonatal Physiology.* Yearbook Medical Publishers, Chicago, IL, USA.

Diskin, M. D. et al. (2003). *Anim. Reprod. Sci.* 78:345.

Druesne, N. et al (2004). *Carcinogenesis.* 25:1227-1236.

Du, M. et al. (2004). *J. Anim. Sci.* 82:2541.

Du, M. et al. (2011). *J. Anim. Sci.* 89:583.

Du, M. et al. (2010). *Meat Sci.* 86:103.

Elliott, R. and T. J. Ong (2002). *BMJ.* 324:1438.

Farournoux, P. et al. (2000). *Biochem. J.* 351:1.

Fraker, P. J. et al. (2000). *J. Nutr.* 130:1399S.

Friso, S. and S. W. Choi (2002). *J. Nutr.* 132:2382S.

Georgievskii, V. I. et al. (1982). *Mineral Nutrition of Animals.* Butterworths, UK.

Girard, C. L. and J. J. Matte (1998). *J. Dairy Sci.* 81:1412-1419.

Goll, D. E. et al. (2003). *Physiol. Rev.* 83:731.

Gunzel, R. and D. Giesecke (1974). *Zentrnlblntt Vetcrincinnedizin.* A 21:279.

Hammond, J. (1971). *Hammond's Farm Animals.* Edward Arnold Publishers, London, UK.

Hart, I. C. et al. (1975). *Life Sci.* 16:1285.

Hausman, G. J. et al. (2009). *J. Anim. Sci.* 87:1218.

Heitmann, R. N. and E. N. Bergman (1978). *Am. J. Physiol.* 234:E193.

Hesketth, J. E. et al. (1998). *Brit. J. Nutr.* 80:307.

Hocquette J. F. et al. (2010). *Anim.* 4:303.

Hove, K. and A. K. Blom (1973). *Acta Endocrinol.* 73:289.

Hove, K. and A. K. Blom (1976). *Acta Endocrinol.* 82:544.

Jenny, B. F. and C. E. Polan (1975). *J. Dairy Sci.* 58:512.

Johnson, I. T. and N. J. Belshaw (2008). *Food Chem. Toxicol.* 46:1346-1359.

Kaput, J. and R. L. Rodriguez (2004). *Physiol. Genomics* 16:166.

Kaufman, C. F. and E. N. Bergman (1974). *Am. J. Physiol.* 226:827.

Kersten, S. (2001). *EMBO reports* 2:282.

Leat, W. M. F. (1983). *Dynamic Biochemistry of Animal Production.* Elsevier, Amsterdam, Holland.

Lobley, G. E. et al. (1978). *Proc. Nutr. Soc.* 37:20A.

Machlin, L. J. et al. (1984). *Handbook of Vitamins.* Marcel Dekker, New York, NY, USA.

Mannen, H. (2011). *Anim. Sci. J.* 82:1.

Masotti, A. et al. (2010). *Crit. Rev. Food Sci. Nutr.* 50:693.

Mathers, J. C. and D. Ford (2009). *Nutrients and Epigenetics.* CRC Press, Boca Raton, FL, USA.

McKay, J. A. and J. C. Mathers (2011). *Acta Physiol.* 202:103.

McPherron, A. C. et al. (1997). *Nature.* 387:83.

Muller, M. and S. Kersten (2003). *Nature Rev. Genetics* 4:315.

Murray, R. K. et al. (2000). *Harper's Biochemistry.* MCGraw-Hill, NY, USA.

Quigeley, J. D. and J. J. Drewry (1998). *J. Dairy Sci.* 81:2779.

Radloff, H. D. et al. (1966). *J. Dairy Sci.* 49:179.

Reynolds, C. K. et al. (2003). *J. Dairy Sci.* 86:1201.

Riis, P. M. et al. (1983). *Dynamic Biochemistry of Animal Production.* Elsevier, Amsterdam, Netherlands.

Romao, J. M. et al. (2011). *Exp. Biol. Med.* 236:997.

Schillo, K. K. (1992). *J. Anim. Sci.* 70:1271.

Searle, T. W. et al. (1972). *J. Agric. Sci.* 79:371.

Singh, K. et al. (2010). *J. Mammary Gland Biol. Neoplasia.* 15:101.

Smith. S. B. et al. (2009). *J. Anim Sci.* 87:E72-E82.

Treacher, R. H. et al. (1976). *Biochem. J.* 158:127.

Tseng, Y. H. et al. (2008). *Nature.* 454:1000-1004.

Tu, A. W. and K. Luo (2007). *J. Biol. Chem.* 282:21187.

Underwood, K. R. et al. (2008). *Meat Sci.* 79:394.

Warner, R. D. et al. (2010). *Meat Sci.* 86:171.

Watson, J. D. et al. (2007). *Recombinant DNA: Genes and Genomes - A Short Course.* 3rd ed. Cold Spring Harbor Laboratory Press, Cold Spring Harbor, NY, USA.

Widdowson, E. M. (1950). *Nature.* 166:626.

Wolff, J. E. and E. N. Bergman (1972). *Am. J. Physiol.* 223:455.

제5장

반추동물의 영양소 공급

제1절 사료의 종류와 특징

사료란 자연적인 것이든 인공적인 것이든 간에 '동물의 생명현상을 유지하고, 생산성 및 이용효율을 높이며, 동물에게 풍미를 제공하고, 스트레스를 감소시키는 등의 목적으로 동물에게 급여하는 모든 종류의 물질'을 말한다. 특히 생산을 목적으로 이용되는 사료는 '성장, 번식, 비유, 산란 등과 동물의 생리적 욕구를 만족시키고 아울러 생산활동을 유효하게 할 수 있으며 목적 달성에 필요한 성분인 단백질, 지방, 탄수화물, 비타민 및 광물질을 함유하는 물질'이라고 정의할 수 있다. 일반적으로 사료는 영양가에 따라 **조사료**(forage, roughage), **농후사료**(concentrate), **보충사료**[supplements 또는 첨가물(additives)]로 분류할 수 있지만, 이러한 분류기준에 맞지 않는 경우도 있고 여러 가지 사료로 분류될 수 있는 것들도 있어 분류하는 데 어려움이 있다.

1. 조사료

1) 조사료의 필요성

조사료는 "지방, 단백질, 전분 등의 함량이 적고 섬유질이 18% 이상 되는 사료, 청초, 건초"(『농업용어사전』, 1997) 또는 "동물의 사료 중 일반적으로 부피에 비하여 가소화영양소 함량이 적고 섬유질이 많은 사료의 총칭, 이에는 각종 짚류, 건초류, 생초류와 청예작물 그리고 사일리지와 근채류 등이 포함된다"(『영양사료용어집』, 1995)라고 규정되어 있다.

반추동물은 원래 초식동물이고, 풀을 채식함으로써 반추위를 발달시켜 반추동물의 특유한 소화생리작용을 획득한다. 따라서 반추동물이 조사료를 필요로 하는 것은 소화관내 조사료를 소화하여 필요한 영양소를 공급받는 데 있다. 영양적·생리적 측면에서 보면 반추동물은 반추위에 서식하는 미생물과 동물의 조직이 필요로 하는 단백질, 에너지, 지방산, 광물질 및 비타민의 많은 부분을 조사료원으로부터 섭취해야 한다.

일반적으로 식물이 성장하고 성숙함에 따라 식물체 성분은 변하게 되므로 식물의 생육기간과 생육단계에 따라 반추동물이 조사료로부터 섭취하는 영양소가 달라진다. 방목한 반추동물 중에서 선택성이 강한 동물은 조사료 자원이 풍부할 경우 단백질이 많고 조섬유가 적은 부분을 가려서 채식하며, 영양소 중 일부 광물질은 조사료 외에도 물이나 토양의 섭취를 통해 상당량이 공급되기도 한다.

한편 조사료는 소화관내 부피를 증가시키는 데 필요한 사료이므로 동물 위의 해부학적 차이와 상대적 크기의 차이가 있기 때문에 반추동물과 유사반추동물 간에 섭취하는 조사료에 있어 차이가 있을 수 있다. 소와 면양의 경우에는 영양소의 밀도가 매우 높은 사료(조섬유 함량 10% 이하)로도 상당 기간 유지될 수 있지만, 적절한 능력을 유지하기 위해서는 반드시 일정 수준 이상의 조사료가 필요하므로 사료를 배합할 때는 이러한 점이 고려되어야 한다. 반추동물에 적당한 양의 비소화성 물질(섬유성 물질)을 공급하면 반추위벽을 물리적으로 자극하여 타액의 분비를 촉진하고 반추작용을 일으키며, 정상적인 위와 장의 운동을 촉진할 뿐만 아니라 소화관내 소화물의 이동을 일정하게 유지하는 데 도움을 준다. 또 분비된 타액은 사료와 잘 혼합되어 반추위내의 pH가 저하되는 것을 방지하며, 반추위 미생물의 성장을 촉진함으로써 소화·흡수를 돕는 작용도 한다.

보통 수확 시기의 조사료는 이와 같은 중요한 생리적 요구를 충족시키는 데 충분한 수준의 조섬유를 함유하고 있다. 전체 영양적 질을 볼 때 조사료는 어린 화본과 식물, 두과식물 및 양질의 사일리지와 같은 대단히 좋은 영양소의 공급원이 되는 것에서부터 짚류, 겨류 및 어린 나뭇가지와 같이 대단히 질이 나쁜 사료에 이르기까지 다양하다. 저질 조사료는 적절한 첨가물을 추가하거나 가공처리하여 영양 가치가 상당히 개선될 수 있다. 따라서 다양한 조사료 중에서 동물에 따라 적절한 조사료를 선택할 필요가 있다.

2) 조사료의 특성

조사료는 비교적 구조탄수화물의 함량이 높고 부피가 큰 사료로서 생초, 건초 또는 사일리지의 형태로 동물에 급여된다. 건조상태에서 조사료는 18% 이상의 조섬유를 함유하고 있으며 소화율이 비교적 낮다. 그러나 조사료는 단위 가소화영양소 총량(TDN)당 생산비가 낮고, 각종 영양소의 공급원으로서뿐만 아니라 소화기관의 정상적인 기능을 유지하기 위해서도 중요하다. 조사료의 일반적인 특성은 다음과 같다.

- **부피(bulk):** 부피가 큰 사료로서 용적당 중량이 적다.
- **조섬유와 에너지:** 18% 이상의 조섬유를 함유하고 농후사료에 비해 가용성 에너지의 함량이 낮다.
- **소화율:** Lignin 함량이 많기 때문에 소화율이 비교적 낮다.
- **광물질:** Ca, K과 미량광물질의 함량은 농후사료보다 많고 P의 함량은 비교적 적다.
- **비타민:** 지용성 비타민 함량이 대부분의 농후사료보다 많으며, 특히 두과 목초는 비타민 A, D의 좋은 공급원이다.
- **단백질:** 단백질 함량은 초종에 따라서 변이가 매우 커서 두과 목초는 조단백질 함량이 20% 또는 그 이상인 데 비해 볏짚과 같은 저질 조사료인 고간류(straws) 등은 3~4%에 불과하다. 따라서 조사료는 종류에 따라 우수한 사료(청초, 두과 목초, 사일리지)이기도 하지만 저질 사료(고간류 등)에 속하기도 한다.

조사료의 성분은 소화가 잘 되는 **세포내용물**(cell contents)과 비교적 소화가 잘 되지 않는 **세포벽 구성물질**(cell wall constituent)로 크게 나눌 수 있다(표 5-1). 세포내용물은 단백질, 당, 전분, 유기산과 pectin(세포벽 구성물질이지만 사료적 특성상 세포내용물에 포함)이 그 구성성분이며, 세포벽 구성물질은 구조탄수화물(cellulose, hemicellulose)과 lignin 등 소화가 잘 되지 않는 성분으로 구성되어 있다. 세포벽물질과 세포물질(cellular

표 5-1 조사료의 성분별 소화율과 동물에 미치는 영향

식물체	분석방법	성분	소화율(%)	동물에 미치는 영향
세포내용물	중성세제 가용성 물질	가용성 탄수화물 전분 유기산 Pectin 단백질	100 90 100 95 90	• 섭취량 • 정체시간 • 섭취량 • 섭취량 • 반추위 발효율
세포벽 구성물질	중성세제 불용성 물질	Cellulose Hemicellulose Lignin Cutin Silica Tannin, polyphenol	0~100 0~80 0 0 0 0	• Lignin, cutin, silica의 함량은 사료의 장내 정체시간을 길게 하며 섬유소와 가용 성분의 소화를 제한함

표 5-2 조사료의 섭취량 및 소화율과 사료 성분의 상관계수(correlation coefficient)

구분	섭취량	소화율
소화율(*in vivo*)	+0.61	-
소화율(*in vitro*)	+0.47	+0.80
Lignin	-0.08	-0.61
ADF	-0.61	-0.75
조단백질	+0.56	+0.44
Cellulose	-0.75	-0.56
NDF	-0.76	-0.45
Hemicellulose	-0.58	-0.12

Van Soest(1982).

contents)의 성분 비율에 의해 조사료의 가치는 크게 달라진다.

조사료의 소화율과 섭취량은 조사료의 화학적 성분 함량과 상관관계가 있다. Lignin의 함량은 섭취량과는 거의 상관관계가 없는 반면에 소화율 감소와 높은 상관관계가 있으며, ADF는 섭취량과 소화율의 감소와 높은 상관관계가 있어서 세포벽 구성물질이 많으면 섭취량과 소화율이 감소한다(표 5-2).

① 탄수화물

식물체의 탄수화물은 보통 비구조(non-structural) 탄수화물과 구조(structural) 탄수화물로 구분된다. **비구조 탄수화물**에 속하는 것은 당류, 전분 및 fructosan과 같이 쉽게 이용할 수 있는 탄수화물이며, 그 함량은 보통 건물 중 20% 이하이지만 아주 어린 식물은 더 많은 양을 함유하고 있다. 이들 화합물은 소화가 용이하며 이용효율이 높다.

구조 탄수화물은 주로 식물체의 세포벽에 존재하는 탄수화물이다. 식물체의 세포벽은 보통 **1차 세포벽**(primary cell wall), **2차 세포벽**(secondary cell wall) 및 세포와 세포 사이의 **중간막** 등 세 부분으로 구분된다. 두께가 얇은 1차 세포벽은 식물체가 성장할 때 형성되는데, 느슨하게 결합된 cellulose가 pectin, hemicellulose, 구조성 단백질 및 hydroxyproline 등과 함께 함유되어 있다. 세포벽의 비대기에 cellulose와 hemicellulose가 1차 세포벽의 안쪽에 축적되어 2차 세포벽을 형성하는데, lignin은 1차 세포벽의 구석에서 형성되기 시작하여 2차 세포벽으로 점차 확산된다. Lignin의 형성은 비대기의 말기에 특히 현저하게 증가하며 세포벽의 목질화가 끝나면 그 식물체의 세포는 죽게 된다.

Cellulose는 조사료에 가장 풍부하게 존재하는 탄수화물로 고등식물의 건물 중 20~

40%를 차지하며, glucose가 β-1,4 결합의 직선연결로 된 다당류이기 때문에 반추위 미생물에 의해 분해되어 이용되는 반추동물의 주요한 영양소이다. 식물체내의 모든 cellulose는 lignin, hemicellulose, cutin 및 무기물과 어느 정도 결합되어 있다. 그러므로 반추동물에 의한 cellulose의 이용성은 소화가 되지 않는 lignin이 얼마나 결합되어 있느냐에 의해 결정된다.

Hemicellulose는 다당류의 이성복합체로서 식물의 종에 따라 그 조성이 다양하며 cellulose보다 화학 시약에 한층 저항력이 약한 pentosan과 hexan을 통틀어 말한다. 이것은 보통 끓는 물에는 녹지 않지만 약알칼리에 녹으며, 약산에 의해 glucuronic acid와 galacturonic acid 등으로 분해되며, lignin과 결합되어 있다. Hemicellulose의 소화율은 cellulose의 소화율과 상관관계가 있고 lignin 함량과 부(-)의 관계를 가지고 있다.

Lignin은 세포벽에 쌓여 표피를 형성하고 hemicellulose와 공유결합을 함으로써 lignin-탄수화물 복합체(ligno-carbohydrate complexes)를 형성한다. Lignin은 그 자체로는 동물에 의해 소화되지 않고 다른 영양소의 소화율을 방해한다. 더욱 중요한 것은 lignin-탄수화물 복합체가 cross-linkage를 이루고 있어 이 결합상태가 효소의 활동을 방해한다는 점이다. 즉, 세포막 구성물질의 소화율을 떨어뜨리는데, lignin의 함량과 소화율 간에는 높은 부(-)의 관계를 나타낸다. 거의 모든 식물에서 lignin 함량은 식물이 성숙함에 따라 증가하지만 어린 식물의 줄기에는 비교적 적게 함유되어 있다. 또 화본과 목초보다 두과 목초에 많고, 온대성 기후의 화본과 목초보다는 열대성 기후에서 자라는 화본과 목초에 lignin 함량이 높다. 식물의 부위별 lignin 함량을 보면 잎보다 줄기에서 더 많은 양이 발견되며, 대부분 식물 잎의 lignin 함량은 증가하지 않지만 식물이 성숙함에 따라 잎과 줄기의 비율이 감소하므로 식물 전체로 보면 lignin의 양이 증가하는 것은 아니다. 일반적으로 조사료의 질이 낮을수록 lignin의 함량이 높은데, 동물사료 중에서는 짚류와 왕겨류가 lignin 함량이 17~20%로 가장 높다.

Cutin과 suberin은 식물체의 세포벽 안에서 탄수화물과 결합되어 있다. 식물체 표피의 cutin 막 등은 식물체 내부조직으로 미생물이 침투하는 것을 방해하는 장애물로 작용하며, silica가 혼입되어 존재하는 경우에는 미생물에 의한 cutin 막의 분해는 더욱 어려워진다. Pectin은 모든 식물의 세포벽과 세포 사이의 층을 이루는 물질로서 α-1,4 결합의 D-galacturonic acid와 1,2 결합의 rhamnose가 주축을 이루며, 뜨거운 물이나 찬물에 의해 추출되고, 겔(gel)을 형성하며 동물이 분비하는 효소에 의해 분해되지 않고, 미생물의 작용에 의해서만 분해된다.

② 단백질

식물 단백질의 질소 함량은 평균 16%이므로 식물체의 질소 함량을 정량하여 6.25를 곱하면 조단백질(crude protein) 함량이 된다. **조단백질**의 70~90%는 순단백질(true protein)이고 나머지는 amide, 유리아미노산, nitrate, alkaloid, NH_3 등과 같은 NPN이다. 조사료는 단백질 함량이 높을수록 질이 좋은데, 일반적으로 화본과 식물보다는 두과 식물의 조단백질 함량이 높고, 성숙기보다는 어린 시기에, 줄기보다는 잎에, 그리고 고온보다는 저온에서 생육한 목초에 조단백질 함량이 많다.

식물내 아미노산 종류는 매우 다양하며, 단백질 중에서 정상적으로 발견되는 20종의 아미노산 외에 200여 종 이상의 비단백태 아미노산(non-protein amino acid)과 이미노산(imino acid)이 존재한다. 식물 단백질의 아미노산 조성은 식물의 종류 간에 큰 차이가 없으며 단백질 함량, 시비 정도, 영양소 결핍, 식물 성숙도 등의 요인에 의해 큰 영향을 받지 않는다.

화본과 식물과 두과 식물의 단백질은 대개 다른 단백질에 비해 arginine의 함량이 대단히 많고, glutamic acid와 lysine도 상당량을 함유하고 있다. 비단백태 아미노산 중 어떤 것은 식물의 맛이나 기호성과 관계가 있는 것으로 생각되며, 가용성 질소 부분(soluble nitrogen fraction)에서 발견되는 유리아미노산은 식물의 성숙기, 식물의 종류 및 기타 요인에 따라 다른데, 특히 식물이 성숙함에 따라 감소된다.

③ 지질

조사료내 지질은 지방산, 왁스, steroid 등의 지질 외에 엽록소, carotenoids 등이 포함된다. β-carotene은 함량도 많아 동물 체내에서 비타민 A로 전환되어 이용되며, steroid 중 ergosterol은 자외선 조사에 의해 비타민 D로 전환된다. 식물 잎의 지질 함량은 3~10%인데, 일반적으로 식물이 성숙함에 따라서 감소한다. 잎의 지질은 여러 가지 성분으로 구성되어 있으며, 그중 주로 엽록체에서 발견되는 galactolipid와 phospholipid가 영양적으로 중요한 것들이다. 이들 지질은 palmitic acid(C16:0), linoleic acid(C18:2), linolenic acid(C18:3) 등의 지방산을 많이 함유하고 있다.

④ 광물질

광물질은 양적으로는 매우 적지만 영양상으로 매우 중요한 역할을 한다. 보통 생초의 1~4%, 건초의 5~9%를 차지하는데, 두과 식물은 Ca과 Mg의 함량이 화본과 식물보다 높고, 화본과 식물은 Si 함량이 높다. 그러나 Si은 식물이나 동물에 꼭 필요한 필수원소는 아니며, Si 함량이 높으면 사료의 소화율이 저하된다. 광물질의 함량은 토양의 비옥도, 시비, 식물의 종류 및 여러 가지 기후적 요인의 영향을 받는다. 대부분의 조사료는 Ca과 Mg의 좋은 공급원이 되며, P의 함량은 적절하거나 낮은 경향이 있고, K 함량은 높다. 대체로 두과 식물은 화본과 식물에 비해 Ca와 Mg의 함량이 많고, P 함량은 약간 많은 정도이지만, K 함량은 두과 식물과 화본과 식물이 비슷한 수준이다.

⑤ 비타민

식물의 푸른 부분에는 비타민 A의 전구물질인 β-carotene이 많다. 비타민 D의 경우 종실과 그 부산물에는 없고, 신선한 목초에도 거의 함유되어 있지 않으며, 단지 이와 같은 조사료가 햇볕에 의해 건조될 때 비타민 D가 생성된다. 특히 햇볕으로 건조한 두과 목초의 잎에는 비타민 D가 풍부하게 함유되어 있는 반면, 기계건조나 옥내건조한 건초에는 비타민 D가 대개 적게 함유되어 있다(표 5-3). 비타민 E는 사료에 널리 분포되어 있다. 즉 곡류, 특히 배아와 배아가 포함되어 있는 부산물에 풍부하게 들어 있고, 푸른 목초와 양질의 건초에도 많이 있으며 특히 알팔파가 훌륭한 공급원이다. 비타민 K_1은 주로 푸른 잎을 지닌 식물의 조직에 풍부하게 함유되어 있으며, 비타민 K_2는 반추위 미생물에 의해 합성되고, 비반추동물의 경우에는 대장에서 합성된다. 비타민 B_1(thiamine)은 곡류에 풍부하게 함유되어 있으며, 주로 배아나 외각 표면에 함유되어 있다. 건초 중의 함량은 늦게 예취한 것일수록 적고, 잎이 넓으며 푸르고 단백질이 많은 것일수록 많이 함유되어 있다. 일반적으로 질이 좋은 건초는 비타민 B_1의 좋은 공급원이 된다. 비타민 B_{12}의 경우에는 식물체에 거의 함유되어 있지 않고 반추위나 장에서 미생물에 의해 생성되는데, 합성되는 비타민 B_{12}의 양은 사료의 Co 함량에 의해 주로 결정된다.

표 5-3 가공방법별 조사료의 비타민 D 함량

구분		비타민 D 함량(IU/kg)
건초	겨울	200~590
	양건법	150~3,780
	발효법	360~1,740
	인공건조법	170~620
사일리지		150~240

3) 사초

(1) 사초의 분류

사초는 형태에 따라 **화본과**(일반 화본과 목초류, 화곡류, 잡곡류 등), **두과**(클로버류, 베치류, 콩과 작물류 등), **국과**(해바라기, 돼지감자), **십자화과**(유채, 근채류 등) 및 고구마와 같은 **근괴류**로 구분한다. 또 이용 형태에 따라서 청예사료작물, 목초 및 다즙질 사료작물로 분류하기도 하고 이를 청예용, 방목용, 건초용, 사일리지용 및 다즙질 사료작물로 구분하기도 한다(표 5-4). 그리고 생존 연수에 따라 1년생, 월년생, 2년생 및 다년생으로 구분한다(표 5-5).

표 5-4 이용형태에 따른 사초의 분류

분류	종류
청예용	옥수수, 수단그래스, 호밀, 연맥, 보리, 피, 강냥콩, 완두, 유채, 해바라기, 돼지감자, 오처드그래스, 이탈리안라이그래스, 알팔파, 레드클로버 등
방목용	오처드그래스, 톨페스큐, 티모시, 켄터키블루그래스, 이탈리안라이그래스, 페레니얼라이그래스, 리이드카나리그래스, 알팔파, 화이트클로버, 버즈풋트레포일 등
건초용	오처드그래스, 티머시, 톨페스큐, 이탈리안라이그래스, 알팔파, 레드클로버, 버즈풋트레포일 등
사일리지용	옥수수, 수수, 이탈리안라이그래스, 호밀, 알팔파 등
기타 다즙질 사료작물	무우, 양배추, 고구마, 돼지감자, 당근, 근채류, 호박, 비트 등

김동암 등(2001).

표 5-5 생존 연한에 따른 사료작물의 분류

분류	종류
1년생	옥수수, 수수, 수단그래스, 청예용 대두, 피, 호박, 돼지감자, 용설채, 근채류 등
월년생	이탈리안라이그래스, 크림손클로버, 호밀, 베치 등
2년생	커먼라이그래스, 알사이크클로버, 스위트클로버, 레드클로버 등
다년생	오처드그래스, 브롬그래스, 톨페스큐, 리이드카나리그래스, 티머시, 레드톱, 화이트클로버, 알팔파, 버즈풋트레포일, 잔디, 칡 등

김동암 등(2001).

표 5-6 주요 사초의 세포막 구성물질 함량(%)

초종	시기	NDF	ADF	Hemicellulose	Lignin	Cellulose	Silica
오처드그래스	수잉기	56.10	27.65	28.45	3.12	23.92	0.89
	출수기	65.84	37.11	28.73	6.15	29.75	0.73
	개화기	68.56	39.26	29.30	7.17	31.28	0.57
	결실기	75.11	47.28	27.83	8.63	37.66	0.95
티모시	수잉기	59.38	33.17	26.21	5.68	26.16	0.86
	출수기	66.48	35.66	30.83	5.43	29.24	0.77
	개화기	66.22	34.86	31.36	4.03	29.91	0.55
	결실기	70.54	39.83	30.71	7.41	30.75	1.25
알팔파	수잉기	33.66	24.63	8.93	4.98	19.60	0.10
	출수기	45.93	37.79	8.14	8.44	28.91	0.34
	개화기	47.36	38.78	8.58	9.73	29.62	0.32
	결실기	49.32	39.56	7.35	9.12	29.62	0.32

축산기술연구소(2002).

(2) 사초의 영양소 함량

목초의 영양소 함량은 토양조건, 기후조건, 생육상태, 시비조건, 예취시기, 초종, 품종 및 관리상태에 따라 크게 달라진다. 주요 목초류의 세포막 구성물질은 생육시기가 진행됨에 따라 ADF, NDF, cellulose의 함량이 증가하며 두과는 화본과에 비해 ADF, NDF, cellulose의 함량은 낮으나 lignin의 함량이 높다(표 5-6 참조). 영양소 함량도 그 종류에 따라 큰 차이를 나타내는데 조단백질 함량은 두과 목초, 화본과 목초, 사료작물의 순이고 사료가치는 화본과 목초의 오처드그래스, 티머시가 우수하고, 두과에서는 알팔파와 라디노클로버, 사료작물에서는 옥수수와 유채가 우수하다. 생육시기별로는 옥수수를 제외한 모든 초종에서 식물이 성숙함에 따라 영양소 함량이 낮아진다.

(3) 사초의 종류

① 청예사료

야초, 목초, 청예작물, 근채류 등을 건조하지 않은 상태로 급여할 때 이를 청예사료(soilage, green crop, green forage)라고 한다. 청예사료는 즙이 많아 80% 내외의 수분을 함유하며 가공하지 않은 것을 동물에 급여한다. 청예작물은 청예사초를 집약적으로 생산할 수 있고, 방목에 비해 사초의 허실이 적고 동물의 에너지 손실을 막을 수 있다는 장점이 있다. 그러나 수확하여 축사까지 운반해야 하고, 수확에 노동력이 든다는 점, 그리고 수

확이나 운반에 기계장비가 필요하고 이를 구입하기 위해서는 자금이 많이 소요된다는 점 등의 결점이 있다.

청예사료를 동물에 급여할 때 유의할 사항은 에너지의 보충이 필요하다는 것이다. 또 생육시기에 따라 영양가가 다르므로 이에 맞게 모자라는 영양소를 보충 급여해야 한다. 마지막으로 사초의 생산량은 어릴 때와 성숙했을 때 그 양에서 많은 차이가 나므로 이를 예견하여 사초 소요량을 추정해야 하며 과부족에 대한 대책을 세워야 한다. 따라서 남는 것은 건초나 사일리지의 형태로 저장하고 모자라는 경우에는 대체 조사료를 준비해야 한다.

② 건초

건초는 목초를 말려 조사료를 구하기 어려운 시기에 이용하기 위해 만든 것을 말한다. 햇볕에 말린 것을 **양건초**, 전기나 인공적인 통풍장치를 이용하여 만든 것을 **인공건초**라 한다. 어떤 방법을 이용하든 간에 재료의 수분을 14% 이하로 한 것인데, 겨울철 만복감을 채우고 유지사양을 할 목적으로 초식동물에 급여한다. 뿐만 아니라 여름철에 설사를 치료하거나 고창증 방지에도 쓸 수 있다.

건초 제조 과정에서 잎의 탈락, 발효, 일광조사 및 공기접촉, 비, 식물의 호흡 등에 의해 영양소가 손실될 수 있다. 그러므로 양질의 건초를 만들기 위해서는 재료를 적기에 예취하는 것이 중요하다. 어린 시기에 예취하면 질은 좋지만 양이 적고, 너무 성숙한 것을 예취하면 질은 떨어지나 양이 많아진다. 건초용 사초의 예취 적기는 단위면적당 가소화영양소의 함량이 최고에 달했을 때로, 화본과 목초는 출수 직전이고 두과 목초는 개화 직전부터 개화 초기이다. 또한 예취 적기를 결정할 때에는 가소화영양소의 수량만이 아니라 예취 후의 재생에도 관심을 가져야 한다.

③ 사일리지

사일리지(silage)는 **담근먹이**라고도 하며, 다즙질의 목초, 사료작물 또는 근채류를 신선한 상태로 보존할 목적으로 적당한 용기에 넣어 lactate 발효를 일으켜 일정 기간 저장한 사료를 말한다. 생초가 부족한 겨울 동안 생초 대용으로 이용할 수 있는 가장 유용한 사료이다. 저장 중 영양소의 손실이 비교적 적고 동물의 기호성도 좋으며 양질의 사일리지를 적량 급여하면 반추동물의 식욕이 증진되고, 특히 젖소의 경우 비유량도 많아진다. 사일리지의 장단점은 표 5-7과 같다.

사일리지의 재료는 수분이 65~70%이고, 당이나 가용무질소물이 많은 것이 좋다. 가

표 5-7 사일리지의 장단점

장점	단점
• 단위면적당 가장 많은 건물과 β-carotene을 생산한다. • 생초나 청예사료의 상태로 연중 급여가 가능하다. • 사료의 손실이 적다. • 동물 사육의 기계화에 유리하며 저장면적을 적게 차지한다. • 수분의 함량이 많아 젖소의 산유량이 많아진다.	• 조제에 필요한 장비를 구입하는 데 자본이 많이 든다. • 조제하는 데 노동력이 단시일 안에 집중적으로 요구된다. • 어린 송아지에게 급여하면 설사를 일으킨다.

장 좋은 재료로는 황숙기 옥수수이며, 이때는 옥수숫대와 자루의 비율이 50 : 50이 되고 건물 소화율은 65% 정도이다. 그리고 화본과 목초인 경우는 개화기에서 출수기 사이에, 두과 목초는 개화 초기나 중기에 수확하여 사일로에 충진시킨다. 사일리지를 제조하는 과정에서는 재료 손실이 생기기 마련인데, 이에는 포장손실, 발효에 의한 손실, 삼출액에 의한 손실, 부패에 의한 손실, 급여손실 등이 있다. 사일리지의 품질은 재료의 수분 함량, 가용탄수화물 함량, 재료 식물의 성장단계 등에 따라 달라진다.

④ 헤일리지

일명 **저수분 사일리지**(haylage)라고 하는데, 목초를 건초로 만들 때 수분 50%까지는 쉽게 건조되나 수분 15%까지 건조시키는 데에는 많은 시간이 걸릴 뿐만 아니라 두과 목초인 경우에 목초지에서 건초를 만들면 영양소가 많이 함유된 잎이 탈락하여 손실이 크므로 반건조 상태에서 저장해보려는 의도에서 시작되었다. 헤일리지의 장점으로는 lactate 발효와 단백질 분해가 감소함에 따라 영양소의 손실이 줄어들고, 건물섭취량이 많아지며 즙액손실이 없다는 점이다. 그러나 결점으로는 밀폐가 잘 되지 않아 곰팡이가 생기기 쉽다는 것, 수분 함량이 50%가 되도록 건조시키는 데 시간과 노력이 든다는 점, 2차 발효의 가능성이 높다는 점, 기밀사일로를 이용해야 한다는 점 등이 있다.

(3) 저질 조사료

저질 조사료는 일반적으로 영양소 함량이 적고 소화율이 낮다. 표 5-8에는 여러 가지 농산부산물인 저질 조사료의 영양소 함량이 비교되어 있다. 양질의 조사료에 비해 저질 조사료는 조단백질, Ca, β-carotene, 가소화에너지의 함량이 낮다. 또한 각종 광물질 함량도 상

표 5-8 주요 농산부산물의 영양소 함량(원물 기준, % 또는 kg)

사료	일반조성분						가소화영양소	
	수분	조단백질	조지방	가용무질소물	조섬유	조회분	DCP	TDN
고구마덩굴	87.5	1.5	0.5	6.3	3.0	1.2	1.0	7.5
무우잎	89.4	2.6	0.4	4.9	1.1	1.6	2.3	8.5
배추외엽	93.6	1.8	0.2	2.1	0.6	1.7	1.2	3.7
볏짚	12.1	4.2	1.7	38.0	28.6	15.4	0.3	37.1
보릿짚	20.1	3.4	1.1	32.9	35.2	7.3	0.2	35.9
밀짚	8.6	3.8	1.3	42.2	38.2	5.9	0.4	37.0
연맥짚	15.9	2.8	1.3	36.1	37.2	6.7	0.2	34.2
호밀짚	11.4	1.9	0.6	37.1	44.5	4.5	0.0	41.2
피짚	14.7	3.8	1.3	39.4	32.1	8.7	1.3	40.1

하종규(1994), 축산기술연구소(2002), INRA(2004).

당히 적어서 일부 보고에 의하면 저질 조사료를 장기간 급여하면 Zn 결핍증이 일어나고, 월동용으로 급여를 계속할 경우 Mg 결핍 증세가 나타날 수도 있다고 한다. 저질 조사료의 영양적 특성을 요약하면 다음과 같다.

- 에너지와 단백질의 함량이 낮다.
- 건물 소화율과 에너지 이용률이 낮다.
- Ca, P과 같은 일부 광물질 함량이 낮다.
- β-carotene의 함량이 낮다.
- 조섬유, ADF, cellulose, hemicellulose, lignin의 함량이 높다.
- Silica의 함량이 높다.

(4) TMR

TMR(total mixed ration)은 우리말로 섬유질 배합사료, 완전혼합사료 또는 완전배합사료라고 할 수 있다. 비록 TMR이 순수한 조사료는 아니지만 조사료를 효율적으로 공급할 목적으로 조제된 사료이므로 여기서 설명하고자 한다. TMR은 반추동물, 특히 젖소가 필요로 하는 모든 영양소를 하나의 사료로 충족시킬 수 있도록 농후사료, 조사료, 광물질, 비타민, 기타 사료첨가제를 배합하여 자유채식시키는 형태를 말한다.

TMR 급여 시의 장점을 요약하면 다음과 같다.

- 선택적 채식을 방지할 수 있다.
- 농후사료와 조사료를 분리 급여하는 것보다 건물섭취량이 증가된다.
- 동물이 섭취하는 건물량을 정확히 알아 사료급여량 관리가 용이하며 사료효율을 높임으로써 사료비용이 절감된다.
- 자유채식 체계로 공급되기 때문에 채식 횟수가 하루 10~20회 이상이 되어 한 번에 많이 섭취하지 않으므로 반추위내 발효가 안정되어 대사성 질병 발생률과 소화장애의 빈도가 낮다. 대사성 질병의 감소로 동물의 번식효율과 건강이 개선된다.
- 균형 잡힌 적정 수준의 조섬유가 섭취되므로 반추위내 pH가 안정되고 VFA의 생산이 안정되어 유지율의 저하를 최소화할 수 있다.
- 기호성이 좋지 못한 사료나 값이 저렴한 부산물 사료를 사용할 수 있기 때문에 사료의 선택 폭이 넓어지고, 사료가격을 낮출 수 있다.
- 사료급여에 소요되는 노동시간을 줄일 수 있다.

TMR 급여 시의 단점은 다음과 같다.

- 잘못 제조할 경우 영양소 요구량에 맞는 각종 영양소의 공급이 제대로 이루어지지 않아 대사장애나 번식장애가 생기는 등 경제적 피해가 클 수 있다.
- 베일(bale) 형태의 긴 건초(볏짚 포함)는 TMR 배합기에 넣기 전에 세절해야 하므로 세절기, 배합기 구입 등 시설투자비가 많이 소요된다.
- 동물의 영양생리적 단계에 따라 그룹으로 분리 사양해야 과비나 영양결핍이 일어나지 않는다.

TMR은 균일한 영양소를 공급하기 위해 배합 시의 균일도가 매우 중요하다. TMR 배합 시에는 원료 사료의 입자도, 비중, 모양, 형태 등을 고려해야 한다. 원료 사료와 배합기의 종류에 따라 배합시간이 달라지며 배합을 너무 오래하면 조사료의 입자도가 감소할 수 있어 기능적인 섬유소 함량이 줄어든다.

TMR의 수분 함량은 건물섭취량의 증감을 결정하는 중요한 요인이다. 수분이 적은 경우는 사료의 배합이 어려우며, 수분이 너무 많은 경우는 하절기에 2차 발효와 곰팡이에 의한 변질이 일어나서 기호성이 저하된다. 특히 사일리지를 주성분으로 하는 TMR의 경우 수분 함량이 건물섭취량을 결정하는 가장 큰 요인이며, 사료 전체의 수분 함량이 45~50% 이상으로 증가하면 건물섭취량이 감소한다.

2. 농후사료

1) 곡류 사료

(1) 곡류 사료의 정의와 특성

곡류 사료(grain, cereals)는 전분질의 식물 종자를 일컫는다. 따라서 밀, 보리, 연맥, 귀리, 옥수수, 쌀, 수수 등이 모두 여기에 속한다. 비록 축산업의 구조, 생산조건, 생산수준 등 각 나라마다 다양한 변이조건이 있지만 일반적으로 가금류, 돼지, 젖소 및 면양의 사료에 에너지원의 60~80%, 40~85%, 10~40% 및 5~25%를 곡류 사료가 차지하고 있다.

생산성이 높은 동물들은 높은 에너지가를 가진 사료를 공급받아야 한다. 저질 조사료 함량이 높은 사료와 같이 낮은 에너지가를 가진 사료를 급여했을 때 동물은 부피의 제한 때문에 생산에 필요한 충분한 에너지를 충족시킬 만큼의 양을 섭취할 수 없고, 따라서 동물의 생산능력이 저하된다. 에너지 함량이 높은 사료는 적은 양을 섭취하더라도 에너지 요구량을 충족시킬 수 있는데 곡류의 NE(건물)는 저질 조사료보다 1.2~5배 더 높다.

곡류 사료는 에너지 함량이 높다는 장점에도 불구하고 산중독증 또는 고창증과 같은 문제 때문에 반추동물에게 과잉급여하는 것은 불가능하다. 현재까지 알려진 바에 의하면 젖소 사료의 전분 함량은 최고 30~35%(건물)로 제한하고 있다. 즉 젖소 사료 중 곡류 사료의 양이 50~60%(건물)를 초과하지 않아야 한다는 것이다. 이상적인 조건하에서 곡류 사료는 비육 말기에는 전체 사료의 75~80%(건물)까지 공급할 수 있다.

(2) 곡류 사료의 영양적 특성

곡류 사료는 탄수화물이 풍부하여 에너지 공급원으로 이용되는 농후사료이다. 비록 단백질과 일부 광물질이 부족하지만 이것은 단백질, 광물질 및 비타민 보충사료로 쉽게 보충할 수 있다. 곡류는 전분질이 많고 조섬유 함량이 낮아 다른 사료에 비해 에너지 함량이 높고 기호성도 우수해 호밀을 제외하고는 그 사용량이 큰 제한을 받지 않는다. 곡류를 **에너지 공급능력**(곡류를 구성하는 탄수화물의 품질)에 따라 분류하면 **고에너지 곡류**에는 쌀, 옥수수, 밀, 수수, 조 등이 있고, **중에너지 곡류**에는 보리, 연맥, 호밀 등이 있다. 일반적으로 곡류의 단백질은 필수아미노산의 함량과 구성이 좋지 못하기 때문에 대두박, 어분 등 양질의 단백질 사료로 보완해주어야 한다. 그러나 곡류에 들어 있는 각종 영양소의 소화율은 비교적 높아 동물에 의해 효율적으로 이용될 수 있다. 곡류 성분의 조성 변이는 조사료와 비교할 때 훨씬 작아서, 사료의 동질성과 생산성을 높은 수준으로 일정하게 유지할 수 있다. 곡

표 5-9 주요 곡류 사류의 영양소 함량(건물 기준, % 또는 Kg 중 함량)

영양소	단위	옥수수	수수	밀	보리	귀리	호밀	조	쌀
일반성분									
수분	%	13.6	13.5	12.4	13.3	11.9	12.7	12.6	13.8
조단백질	%	8.1	9.4	14.5	10.1	9.8	9.0	11.5	8.1
조지방	%	3.7	2.9	1.8	1.8	4.8	1.2	4.2	1.3
조섬유	%	2.2	2.4	2.7	4.6	12.2	1.9	4.8	0.3
가용무질소물	%	71.2	71.8	66.7	68.0	58.6	73.4	63.7	75.0
조회분	%	1.2	1.4	1.9	2.2	2.7	1.8	3.2	1.5
광물질									
Ca	%	0.04	0.03	0.08	0.07	0.11	0.10	0.40	0.02
P	%	0.26	0.28	0.34	0.34	0.32	0.30	0.34	0.11
비타민									
비타민 A	IU	2,320	110	334	2,220	2,030	–	–	–
β-carotene	mg/kg	5.51	1.4	0.2	–	0.1	–	–	–
비타민 E	mg/kg	17.00	10.00	20.87	16.00	12.00	15.00	–	3.50

축산기술연구소(2002), INRA(2004).

류의 영양소 함량은 품종과 재배지역에 따라 차이가 있고 기후와 재배방법에 따라서도 달라진다. 주요 곡류 사료의 영양소 함량은 표 5-9에 나타내었다.

곡류 사료의 영양적 특성을 요약하면 다음과 같다.

- 에너지 함량이 높고 조섬유 함량이 낮다.
- 단백질 함량이 낮고 아미노산 조성도 좋지 못하다.
- 영양소 소화율이 높고 기호성이 좋다.
- 일반적으로 Ca과 P의 함량이 낮다.
- 황색 옥수수 이외의 다른 곡류 사료는 비타민 A의 전구물질인 β-carotene의 함량이 매우 낮으며, 비타민 D도 부족한 편이다.
- Thiamine은 풍부하나 riboflavin은 부족하고, niacin(nicotinic acid)의 함량도 낮은 편이다.
- 대부분의 곡류는 비타민 E의 함량이 비교적 높다.

① 전분

곡류 사료 중 전분의 함량은 연맥의 경우 45%(건물)로서 비교적 낮지만 수수는 73%에 이른다. 전분의 소화율은 약 90~98%로 높으며 조섬유의 함량은 전분 함량과 반대의 관계에 있다. 옥수수는 NE가 곡류 중 가장 높고 그 다음으로 수수, 밀, 보리 및 호밀 순이다. 귀리는 두꺼운 외피(hull) 때문에 조섬유질이 많아서 NE가 다른 곡류 사료에 비해 낮다. 당 함량은 sucrose가 0.9~1.2%, maltose가 0.03~0.06%, glucofructose가 0.1~0.6%, raffinose가 0.12~0.29%로 전체 곡류 건물 함량의 1.2~2.5%를 차지한다.

② 단백질

곡류에 함유된 단백질 수준은 낮은 편이어서 대부분 요구량 이하이다. 조단백질은 건물의 10~13% 수준인데, 일부 밀 품종은 이보다 많은 조단백질을 포함하고 있다. 건조한 시기에는 곡류의 단백질 함량이 정상보다 많아진다. 질소 함량의 85~95%가 단백질로 되어 있다. 일부 필수아미노산이 부족한데, 특히 lysine과 methionine이 부족하다. Glutamic acid는 곡류에 가장 풍부하며 그 다음으로 leucine과 proline이 많이 존재한다.

③ 지방

지방의 함량은 품종에 따라 다양한데 연맥과 옥수수는 밀과 보리에 비해 2~3배 이상 높은 4~6%이다. 곡류의 배아는 지방 함량이 1~2%인 배유와 비교하여 훨씬 많은 10~20%의 지방을 함유하고 있다. 곡류의 지방은 불포화지방산이 높아서 주로 linoleic acid와 oleic acid가 많이 있다. 옥수수, 연맥 및 유실류의 종자는 동물에게 필수지방산을 공급하는 주요 공급원이다.

④ Ca과 P

모든 식물의 종자는 Ca 함량이 0.16% 이하로서 낮으며, P의 함량은 0.3~0.5% 정도이다. 반면에 조사료는 Ca이 풍부하고 P이 부족하다. 곡류에 함유된 P의 50~80% 정도가 피틴태(phytic acid form)로 결합되어 있는데, 이들은 대개 phytate의 Ca- 또는 Mg-salt의 형태이다. 이러한 유기태 P은 가금류에게는 가치가 거의 없지만 반추동물의 반추위에서는 가수분해가 용이하게 일어나기 때문에, 유기태 P이라도 무기태 P과 비슷하게 이용된다. 일반적으로 옥수수, 보리와 밀에 포함된 피틴태 P의 함량은 총 P 함량의 각각 63, 65 및 55%이다.

⑤ 비타민

곡류는 황색 옥수수를 제외하고 비타민 D가 부족하며 프로비타민 A인 β-carotene이 부족하다. 비타민 E는 모든 곡류에 비교적 많이 들어 있다. 곡류를 가공하면 비타민 E와 β-carotene이 파괴되므로 비타민의 공급능력이 떨어진다. Thiamine의 함량은 약간 풍부하지만 riboflavin은 부족한 편이다. 밀, 보리 및 수수는 상당량의 niacin을 포함하고 있으나 옥수수, 연맥 및 호밀은 niacin의 함량이 비교적 낮다.

2) 강피류 사료

곡류를 도정·제분할 때 생산되는 농산가공부산물을 말한다. 곡류에 비해 단백질, 조섬유, 비타민 B군의 함량이 많으나 에너지원인 전분은 적으며 광물질 중 P의 함량이 많은 것이 특징이다. 부피가 크기 때문에 변비 방지용이나 영양소 희석재로 쓸 수 있다. 그러나 과다한 사용은 사료의 효율적인 이용을 저해하며 동물의 생산능력을 충분히 발휘할 수 없게 하므로 피해야 한다. 강피류의 특징은 아래와 같이 요약될 수 있다.

- 조섬유와 전분의 함량이 많아 에너지 공급이라는 측면에서 곡물보다 못하지만 강피류 중 전분박, 등외 밀가루, 정강 등은 곡류와 유사한 영양소를 함유하고 있다.
- 조단백질과 P의 함량은 곡류보다 높다.
- Riboflavin, thiamine, niacin 등 비타민 B군은 비교적 풍부하다.
- 부피가 있어 영양소 희석재로 쓸 수 있다.
- 제한아미노산은 lysine, methionine 그리고 tryptophan이다.

표 5-10은 주요 강피류 사료의 영양소 특성을 나타내고 있다. 이 가운데 밀기울은 배합사료 제조에 많이 쓰이는 대표적인 강피류 사료로 밀의 과피, 외배유, 호분층 및 배아 등이 포함되며, 그 양과 질은 밀의 품종과 제분 비율 등에 따라 달라지며, 제분 비율이 높아지면 생산량이 줄어들고 사료적 가치도 낮아진다.

밀기울은 젖소의 농후사료에 25~30% 정도 사용하는 것이 좋으며, 그 이상 급여하면 사료효율이 저하한다고 한다. 밀기울은 부피가 크고 배변을 좋게 하며, 기호성이 좋아서 분만 전후 및 비유중인 젖소에 적당량 공급하면 특히 효과가 좋다. 말분 및 중분도 밀기울의 대용으로 젖소에 사용할 수 있다. 밀기울은 육우의 사료로서도 좋은 편으로 번식우나 육성우 등에 사용하나, 비육우에게는 고단백질 및 고에너지 사료와 혼합하여 급여해야 한

표 5-10 주요 강피류 사료의 영양소 함량(건물 기준, % 또는 kg 중 함량)

영양소명	단위	밀기울	말분	쌀겨 (생미강)	쌀겨 (탈지강)	대두피 (건)	옥수수겨
일반성분							
수분	%	12.9	12.1	9.9	9.8	10.6	12.2
조단백질	%	14.8	14.9	13.8	14.4	12.0	10.8
조지방	%	3.4	3.5	16.4	3.1	2.2	3.6
조섬유	%	9.2	4.9	7.8	9.3	34.2	12.8
가용무질소물	%	54.7	61.2	43.9	51.9	36.3	54.6
조회분	%	5.0	3.4	8.2	11.5	4.7	6.0
광물질							
Ca	%	0.14	0.12	0.08	0.22	0.49	0.47
P	%	0.99	0.71	1.61	1.77	0.14	0.29
비타민							
비타민 A	IU	480	–	–	–	–	1,800
β-carotene	mg/kg	2.99	–	–	–	–	6.80
비타민 E	mg/kg	18	54	35	60	–	–

축산기술연구소(2002), 한인규(1993), INRA(2004).

다. 밀기울은 젖소에 1일 2.5kg, 육우에 3~4kg 정도 급여하는 것이 좋다. 밀기울은 면양과 산양에게 좋은 사료이지만, 비육양에게는 사료의 15% 정도까지만 배합하여 이용할 수 있다.

미강은 쌀겨라고도 하며 현미를 정백하는 도정 공정에서 분리되는 것으로 과피, 종피, 외배유 및 호분층 등이 혼합된 부산물이며, 현미의 5~6% 정도 생산된다. 탈지강이란 생미강에서 지방을 뽑아낸 것으로, 탈지방법은 압착에 의한 방법과 유기용매로 추출하는 방법 등이 있다. 탈지강은 저장성과 기호성에 있어서 생미강보다 우수하다. 젖소의 사료로서 신선한 미강은 농후사료의 20%까지 사용해도 좋으나 오래된 것은 변질되어 잘 먹지 않는다. 젖소의 경우 농후사료의 30% 이하로 사용하면 밀기울과 거의 같은 사료가치를 가지나, 그 이상 급여하면 설사를 일으키고 유지방이 연화된다. 그러나 미강은 에너지 함량이 높아서 육우나 양의 사료로서 30% 정도 급여할 때 에너지 공급 측면에서 수수의 75~80%의 사료 가치를 가진다. 한편 육우에 미강을 다량으로 급여할 때는 체지방이 연화되며 다소 황색을 띠게 되므로 주의해야 한다.

3) 단백질 사료

동물의 성장은 골격의 신장과 더불어 체세포의 증가 및 성장에 의해 이루어지는데 체세포를 구성하는 물질은 대부분 단백질이다. 뿐만 아니라 젖을 구성하는 유단백질을 만들기 위해서도 단백질의 공급은 필요하다. 단백질 사료란 단백질 함량이 20% 이상인 사료를 말한다.

식물성 단백질 사료는 유박류, 제조부산박류, 종실 등으로 나눌 수 있는데 주종을 이루는 것은 유박류로서 유지 함량이 많은 종실로부터 채유하고 남은 부산물이다. 전 세계에서 생산되는 식물성 박류 중 대두박이 60% 이상을 차지하고, 다음으로 면실박, 채종박, 해바라기박의 순이며, 코프라나 팜의 대부분은 동남아 열대지역에서 생산된다.

대두박, 채종박, 면실박, 아마박, 임자박, 호마박 등은 비교적 많이 쓰이는 유박류로서 일반적으로 제조부산박류에 비해 아미노산의 조성이 우수하다. 제조부산박류에는 전분제조부산물인 글루텐류의 주정박 등이 속하며, 루핀은 종실로서 최근에 단백질 사료자원으로 많이 이용되고 있다.

대두박은 젖소에 좋은 단백질 사료이며 송아지의 이유사료로 탈지유와 대등하게 사용할 수 있다. 특히 압착대두박은 지방 함량이 낮은 사료에 사용할 경우 유생산량 및 유지방 생산에 효과적이다. 비육우에 대해서도 우수한 단백질 공급 사료로 알려져 있다.

육골분, 우모분 및 어분 등 **동물성 단백질 사료**는 식물성에 비해 높은 미분해성 단백질을 함유하고 있어서 반추동물용 사료로도 이용되어 왔으나 최근 유럽, 미국 및 일본에서 발생한 광우병 파동 때문에 우리나라에서는 2002년부터 반추동물용 사료로 사용하는 것이 전면 금지되었다.

(1) 단백질 사료의 화학적 조성

주요 식물성 단백질 사료의 영양소 함량을 비교해보면 표 5-11과 같다. 일반적으로 조단백질 함량이 높고 lysine과 methionine의 함량이 낮으며, Ca과 P의 함량이 낮은 반면 K과 Mg의 함량이 높은 편이다.

(2) 단백질의 품질과 아미노산 이용률

단백질의 품질 면에서 식물성 단백질 사료 중에서는 대두박이 가장 좋고 낙화생이 가장 품질이 낮다. 단백질 품질의 차이는 여러 가지 요인에 의해 발생하지만 가장 중요한 요인은 필수아미노산의 함량과 균형의 차이에 기인한다. 사료 원료에 들어 있는 아미노산은 여러

표 5-11 주요 식물성 단백질 사료의 영양소 함량(건물 기준, % 또는 kg 중 함량)

영양소	단위	대두박	임자박	야자박	채종박	아마박	면실박	옥수수 글루텐	쌀
일반성분									
수분	%	12.2	11.2	10.8	11.3	9.6	9.9	10.5	13.8
조단백질	%	45.3	43.9	20.5	33.7	30.9	36.3	60.6	8.1
조지방	%	1.9	6.7	8.2	2.3	8.1	2.7	2.5	1.3
조섬유	%	6.0	21.1	12.8	12.4	10.2	16.9	1.1	0.3
가용무질소물	%	28.2	18.6	41.5	33.3	35.3	27.7	23.5	75.0
조회분	%	6.4	9.8	6.2	7.0	5.9	6.5	1.8	1.5
광물질									
Ca	%	0.34	0.56	0.12	0.83	0.42	0.24	0.07	0.02
P	%	0.62	1.54	0.54	1.14	0.82	1.14	0.50	0.11
비타민									
비타민 A	IU	453.63	–	–	–	–	–	14,000	–
β-carotene	mg/kg	0.23	–	–	–	–	–	18.13	–
비타민 E	mg/kg	4	–	8	14	8	16.84	24	3.50

한인규(1993), INRA(2004).

가지 가공 과정에서 상당한 부분이 변성된다. 따라서 아미노산의 이용률(즉 가용아미노산의 함량)로 원료 사료의 가치를 평가하는 것이 필요하다. 특히 아미노산 이용률은 가공 과정 중 열처리의 정도에 따라 차이가 많이 난다. 열처리가 과도하면 lysine이나 arginine과 같은 염기성 아미노산들이 탄수화물과 결합하여 불용성이 되므로 탄수화물 함량이 적은 동물성 단백질보다 탄수화물이 많은 식물성 단백질이 과열처리에 의해 아미노산 불용화 정도가 더욱 심하게 일어난다.

3. 보충사료

보충사료는 **사료첨가제**라고도 하며 농림부 사료관리법령(2002)에서 규정하기를 비타민제, 프로비타민제, 항생물질, 항균제, 항산화제, 항곰팡이제, 효소제, 생균제, 아미노산제 및 미량광물질 등 사료에 첨가하여 질병의 예방, 결핍물의 보충, 사료효율의 증진 및 성장 촉진 등을 목적으로 사용하는 물질을 말한다. 동물은 유지 및 생산을 위해 에너지와 단백질 이외에도 비록 소량이지만 비타민, 광물질과 같은 영양소가 충분히 공급되어야 한다. 보충사료는 일반적으로 사용량이 적은 것이 특징이나, 패분이나 당밀과 같이 경우에 따라서는 5~7%까지 비교적 많이 사용하는 것이 있는가 하면, 인산칼슘제, 요소, 효모와 같이 1~2% 정도 사용하는 것도 있다. 비타민제, 미량광물질제, 방향제, 항곰팡이제, 착색제, 항산화제, 아미노산제, 항생제 등은 0.5% 미만을 사용하는 것이 대부분이다.

이와 같이 보충사료는 동물의 사료에 부족하기 쉬운 영양소를 공급하기 위해 보편적으로 소량을 사용하고 있지만, 동물의 생산능력이 개량됨에 따라 요구량이 늘어나고 있다. 또 고효율사료의 사용으로 사료섭취량도 상당히 감소되었기 때문에 보충사료의 중요성이 더욱 강조되고 있다.

제2절 사료의 영양가치 평가

반추동물의 사료로 이용할 수 있는 물질에는 여러 종류가 있고 그 이용성도 광범위해서 그들을 어떻게 구별하고 얼마나 급여하는 것이 가장 경제적이며 영양 면에서도 합리적인가를 구명한다는 것은, 매우 어려운 일이지만, 가장 중요한 일이다. 그러므로 각종 사료의 영양가치를 정확히 알고 유리한 사료를 선택하는 것이 동물사육의 기본이다. 사료의 가치는 사료 중에 함유되어 있는 여러 가지 영양소의 양과 질에 의해 평가하는 것이 일반적인 방법이다. 여기에서는 영양적으로 중요하고 사료 중에 많이 함유되어 있는 영양소를 평가하는 방법을 살펴보기로 한다.

1. 물리적 평가방법

일반적으로 사료는 수확, 저장, 운반 등의 여러 과정을 거치는 동안 사료가 지니고 있던 고유한 성질이 취급 부주위로 인해 변화를 일으키기도 한다. 따라서 사료가 고유한 성질을 어느 정도 유지하고 있는가를 판별하는 것은 매우 중요하다. 물리적 평가방법은 사료를 판별하는 하나의 방법으로서 여기에는 경험적 방법과 이학적 방법이 있다.

1) 경험적 방법

경험적 방법은 매우 간단하고 쉽게 할 수 있지만 오감을 이용하는 방법이어서 사료의 특징에 대한 오랜 경험이 필요하다.

(1) 농후사료

- 알곡은 원형을 유지해야 한다.
- 알곡은 수분 함량이 적어야 하며, 보통 건물량이 88% 이상이어야 한다.
- 알곡은 품종의 특징적인 색깔을 지니고 있어야 한다.
- 사료 특유의 향기가 나야 하며 곰팡이 냄새나 악취, 기타 자극적인 냄새가 없어야 한다.
- 자극적인 나쁜 맛이나 쓴맛 등이 없어야 한다.
- 촉감이 부드러우며, 굳거나 발효된 흔적이 없어야 하고, 이물질이 만져지지 않아야 한다.

(2) 건초

- 이른 예취로 단백질, 무기질, 비타민 등의 함량이 많고 소화율이 높아야 한다.
- 잎의 비율이 높아 단백질과 기타 영양소의 함량이 많아야 한다.
- 잎은 밝은 녹색으로, carotene의 함량이 많고, 기호성이 좋아야 한다.
- 야초나 기타 이물질이 없어야 한다.
- 부드럽고 연해야 하며, 건초 고유의 냄새가 나야 한다.

(3) 사일리지

- 수분과 색깔이 균일해야 한다.
- 특유의 신 냄새가 나고 상큼한 산미를 느낄 수 있어야 한다.
- 곰팡이 냄새와 끈적거림이 없어야 한다.

2) 이학적 방법

이학적 방법은 기구나 시약을 사용하여 사료의 특성을 감정하는 방법이다.

(1) 체별법

여러 가지 크기의 표준체를 이용해 사료의 입자도를 구별하고 각 부분별 이물질의 혼합 정도를 파악함으로써 경험적 방법에 의해 구별되지 않은 이물질의 혼합 정도를 알 수 있다.

(2) 용적중칭량법

모든 사료는 일정한 용적에 정해진 중량을 가지고 있으며, 검사하고자 하는 사료 1L의 무

표 5-12 사료의 용적중

사료명	용적중(g/L)	사료명	용적중(g/L)
대맥(피맥)	580	대두박	340
대맥(파쇄)	460	대두박(분말)	520
소맥(파쇄)	590	면실박	480
연맥	440	아마박	500
옥수수	730	야자박	350
옥수수(파쇄)	580	전분박	340
밀기울	350	어분	700
미강	360	탄산칼슘	850
탈지강	426	소금	830

게를 측정하여 그 사료의 표준중량과 비교함으로써 이물질의 혼입 정도를 파악할 수 있다. 각종 사료 고유의 용적중은 표 5-12에서 보는 바와 같다.

(3) 비중선발법

비중이 서로 다른 액체에 공시하고자 하는 사료를 넣어 침적하는 것과 부유하는 정도를 파악하여 이물질의 혼합 유무, 종류, 비율 등을 표준과 비교하여 사료의 가치를 파악할 수 있다. 이때 사용하는 액체로는 benzene(비중 0.88), 증류수(비중 1), chloroform(비중 1.50), trichloric carbonate(비중 1.59), bromoform(비중 1.59) 등이 있다. 비중선별법은 매우 간편하고 실용적이어서 실제로 많이 이용되고 있다. 예를 들어 모래의 혼합도를 파악하기 위해서는 시험관에 공시사료의 5배 정도 되는 증류수를 넣은 다음 사료를 넣고 흔든 후 잠시 정치하면 모래와 같은 혼입물은 비중이 무거워 가라앉게 되므로 쉽게 평가할 수 있다.

(4) 확대경과 현미경에 의한 방법

확대경과 현미경을 사용하여 관찰하면 사료의 종류와 상태 및 이물질의 혼합 정도를 파악할 수 있다. 이와 같은 방법으로 사료를 감정하는 것을 **검경검사**(microscopic analysis)라고 한다. 검경검사를 하는 검사자는 사전에 표준사료의 외형적 특징이나 조직학적 특징을 정확히 숙지하고 있어야 한다.

2. 화학적 평가방법

화학적 평가방법은 화공약품을 이용하여 사료를 화학적으로 분석하여 사료의 영양성분을 분석하는 방법으로서 사료의 가치판단방법으로 확실한 방법이다. 사료의 화학적 평가방법에는 정성분석과 정량분석이 있다.

1) 정성분석

사료에 특정한 약품을 첨가할 때 성분에 따라 독특한 정색반응이 나타나는 것을 이용하여 특정 성분의 존재 유무를 파악할 수 있는데, 이러한 방법에 의한 분석법을 정성분석이라고 한다. 여러 가지 시약을 준비한 다음 검사하고자 하는 시료에 시약을 떨어뜨려 특정한 약품과 반응하도록 하여 나타나는 색상의 변화를 현미경이나 육안으로 관찰함으로써 성분의 함유 여부를 판단한다. 사료의 정성분석 결과는 표 5-13과 같으며, 예를 들어 요오드-요오드화칼륨 용액으로 처리하여 청남색을 띠면 시료에 전분이 함유되었다고 판단하는 것과 같이 정색반응으로 시료의 특정 성분의 함유 여부를 파악한다.

표 5-13 사료의 정성분석

성분	처리 시약	반응
전분	요오드-요오드화칼륨 용액	청남색
Lignin	Phloroglucine 용액 + 짙은 Hcl	진한 적색
요소	Dimethylaminobenzaldehyde + methyl alcohol + 짙은 HCL	황색
비타민 A	Sakaguchi reagent	청색에서 갈색으로
비타민 C	Silver nitrate + alcohol	청흑색 침전
Ca	HCl + ammonium oxalate + NH_4OH	백색 침전
S	Barium chloride	백색 침전
P	Ammonium molybdate + benzidine + sodium acetate + NH_3	청색 반점이나 고리
Zn	2N NaOH + dithizone + carbon tetrachloride	적색
Penicillin	Erlich's reagent + acetate buffer 짙은 H_2SO_4	짙은 황색 강한 냄새
Terramycin	짙은 H_2SO_4 붕산 + 짙은 H_2SO_4	농적색에서 갈색으로 적색

2) 정량분석

정량분석은 화학적 방법으로 사료에 함유되어 있는 특정 영양성분의 정확한 양을 분석하여 사료의 영양적 가치를 평가하는 방법으로서 사료의 가치를 비교적 잘 알 수 있다. 그러나 이 방법은 동물의 기호성이나 소화율 등을 고려하지 않기 때문에 실제 동물이 이용할 때의 영양적 가치와는 차이가 있다. 정량분석에 의한 평가방법에는 일반성분 분석(proximate analysis), Van Soest 법 및 미량성분분석법이 있다.

(1) 일반성분 분석

사료 및 식품의 영양가치평가를 위해 일반적으로 널리 분석하는 일반성분은 수분, 조단백질(crude protein; CP), 조지방(crude fat 또는 ether extract; EE), 조회분(crude ash), 조섬유(crude fiber; CF), 가용무질소물(nitrogen-free extract; NFE) 등이며, 이들의 분석법을 요약해보면 그림 5-1, 표 5-14와 같다.

일반성분 분석의 장점을 요약하면 아래와 같다.

- 일반성분 분석에 이용되는 장비는 대체로 저렴하고 이용하는 데 복잡하지 않다.
- 분석된 일반성분 각각은 동물에 대한 사료의 유용성을 평가하는 데 손쉽고 우수한 자료가 된다.

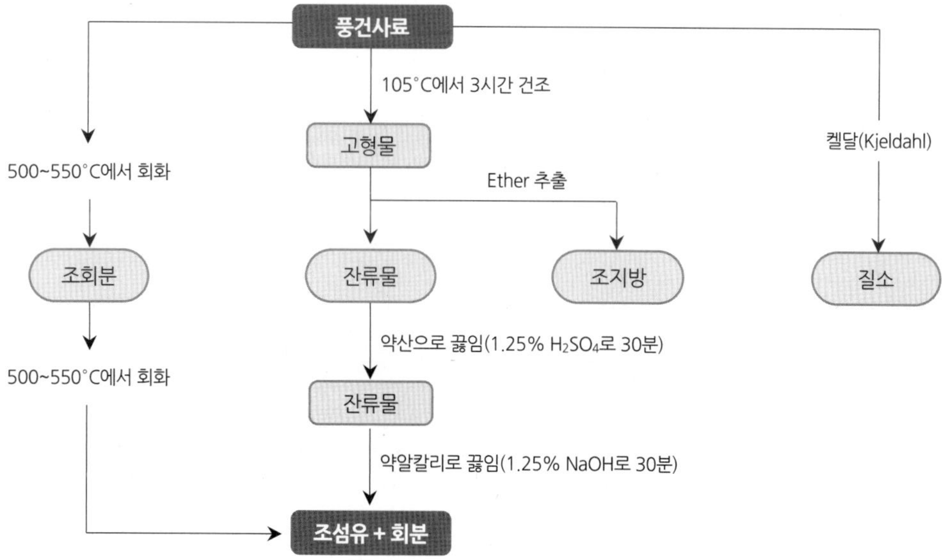

그림 5-1 일반성분 분석도

표 5-14 일반성분 분석의 분류, 과정 및 중요 구성물질

분류	과정	중요 구성물질
① 수분(건물)	물의 비등점 바로 위의 온도(102~105℃)에서 시료를 18시간 이상 건조시킨 다음 무게의 손실량을 수분으로 계산하고, 남은 양을 건물로 계산한다.	물과 휘발성 물질 100% - 수분% = 건물%
② 조회분(광물질)	500~550℃에서 2시간 이상 연소시켜 모든 유기물이 타서 없어진 후 남는 무기물을 말한다.	광물질 원소들
③ 조단백질	켈달의 방법에 의해 질소를 검정한다. 일반적으로 단백질의 질소 함량이 평균 16%이기 때문에 질소의 함량을 얻은 후 N × 6.25의 계산에 의해 조단백질을 구한다.	단백질, NPN
④ 조지방	시료를 ether에 10~12시간 동안 추출한 후 ether를 휘발시키고 무게의 차이를 계산하여 조지방으로 환산한다.	지방, 유지, 왁스, 각종 색소
⑤ 조섬유	약산과 약알칼리에서 각각 30분씩 끓인 후 남는 물질을 조섬유로 환산한다.	일부 cellulose, hemicellulose, lignin
⑥ 가용무질소물	시료를 100으로 하고 위에서 얻어진 각종 영양소(①~⑤)를 합하여 뺀 값을 말한다. 따라서 가용무질소물은 실험실 분석에서 이루어진 것이 아니라 계산에 의해서 얻어진 값이다.	전분, 당, 약간의 cellulose와 hemicellulose, lignin

- TDN가를 산출하는 기초 자료이다.
- 현재까지 나와 있는 거의 모든 사료성분표상의 사료영양소 함량은 일반성분 분석의 결과로 얻어진 것이다.

일반성분 분석의 단점을 요약하면 아래와 같다.

- 사료의 일반성분 분석에서는 조성분(예: 조단백질, 조지방, 조섬유, 조회분 등)만을 나타내고 있어서 개별적인 순영양소를 정량하지 못한다.
- NFE는 정량분석에 의하지 않고 계산에 의존한다.
- 시간이 많이 소요된다.
- 다른 화학적인 분석에서와 마찬가지로 일반성분 분석에서도 동물이 소화할 수 있는 실제적인 양을 나타내지 못한다.

- 일반성분 분석으로는 각종 사료들에 대한 기호성, 조직, 독성, 소화장애, 사료의 상호작용, 영양효율 등에 대한 정보를 제공하지 못한다.

(2) Van Soest 분석법

일반성분 분석법은 사료의 영양가치평가에 좋은 방법이긴 하지만 섬유소의 함량이 많은 조사료의 분석에 있어서 영양가치를 정확하게 평가하기가 힘들다. 이와 같은 모순점을 개선하기 위해 Van Soest 분석법이 개발되었는데, 이 분석법에서는 세제(detergent) 용액을 사용하여 소화율이 높은 부분과 소화율이 낮거나 불소화 부분으로 분류하여 평가한다. 이 방법은 조섬유 함량이 많은 사료의 가치평가에는 좋지만 단백질 함량이 많고 조섬유 함량이 적은 사료의 가치평가에는 좋지 않다. Van Soest 분석법을 요약하면 다음과 같

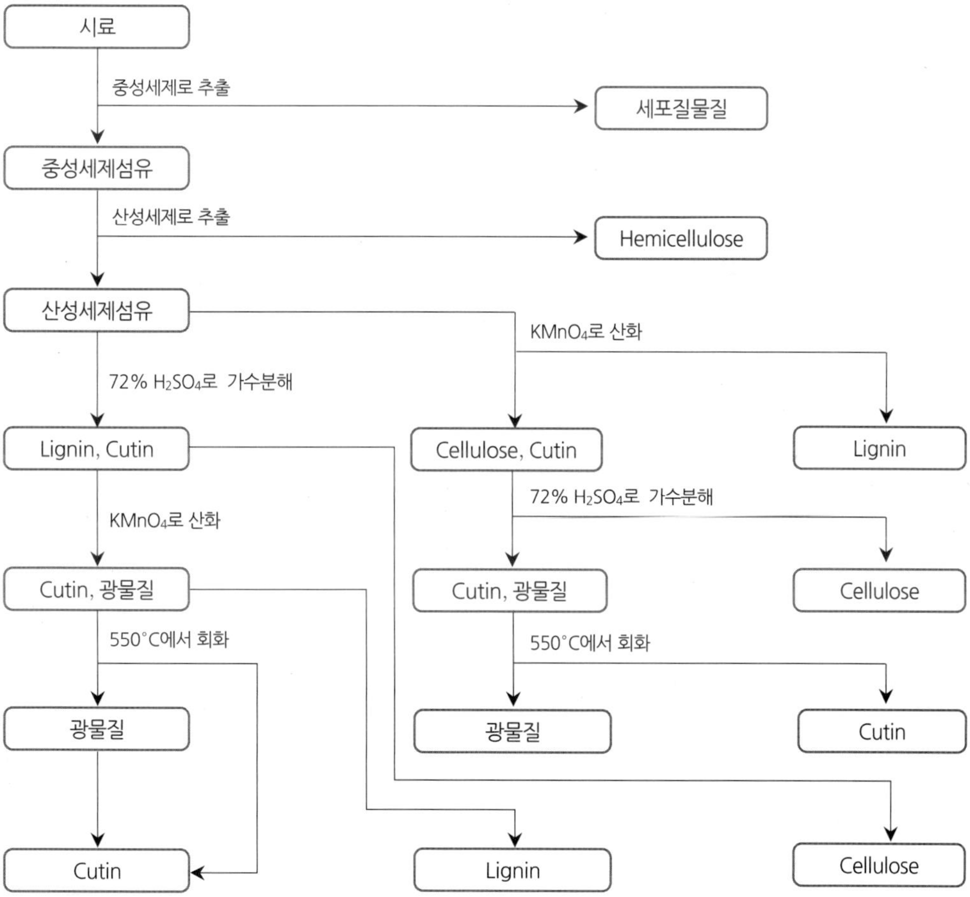

그림 5-2 Van Soest 분석법에 의한 분석모형(Robertson과 Van Soest, 1981)

다(그림 5-2).

① 중성세제섬유(NDF) 분석

NDF(neutral detergent fiber) 분석은 사료에 함유되어 있는 섬유소(CHO-subfraction)의 함량을 측정하기 위한 가장 빠른 방법으로서, 중성세제로 시료를 약 60분 동안 끓인 다음 여기에 용해되지 않는 부분을 측정한다. 하지만 전분의 함량이 높은 사료의 경우에는 분석 과정 중의 여과 부분에서 많은 어려움이 있는데, 전분을 미리 효소(amylase)로 분해시키는 등 이러한 단점을 극복하기 위한 여러 가지 변형된 방법들이 사용되고 있다. 중성세제에 용해되는 물질은 주로 당, 전분, NPN, 지방 등으로서 **세포질물질**이라고도 부르며, 100% 소화시킬 수 있는 물질이다. NDF는 **세포벽구성물질**(cell wall constituent; CWC)이라고도 부르며, cellulose, hemicellulose 및 lignin이 주성분이다.

② 산성세제섬유(ADF) 분석

ADF(acid detergent fiber)는 조사료의 lignin-cellulose(ligno-cellulose)의 함량을 결정하는 가장 빠른 방법으로 시료를 산성세제용액에서 60분간 끓였을 때 용해되지 않는 부분을 말한다. ADF의 주성분은 조사료의 cellulose, lignin, silica 등이고, NDF는 여기에 hemicellulose가 포함되어 있으므로 ADF와 NDF의 차이가 hemicellulose의 양이 된다.

③ Lignin(ADL) 분석

먼저 ADF를 구한 다음 72%의 H_2SO_4로 처리하면 cellulose는 용해되고 lignin과 산성세제 불용성 회분만 남게 된다. 그것을 회화시키면 회분만 남고 lignin은 없어지므로 감소된 중량의 차이로써 lignin의 함량을 구한다. 시료 중에 cutin이 많이 함유되어 있을 때에는 그것 역시 lignin과 함께 존재하므로 $KMnO_4$로 처리하여 lignin의 함량을 구하는 것이 좋다.

④ Permanganate lignin, cellulose 및 silica 분석

동일 시료를 가지고 lignin과 cellulose 및 불용성 회분 중의 대부분을 차지하는 silica 함량까지 구할 수 있다. Lignin을 Fe^{2+}와 Ag^{+}를 촉매로 하여 $KMnO_4$로 산화시켜 lignin의 함량을 구한다.

(3) 각종 크로마토그래피와 비색법 및 분광광도법

사료평가를 위한 정확성과 함께 신속성 그리고 각종 미량영양소의 정량, 약제 잔류물, 호르몬제, 살충제 등을 정량하고 검출하기 위해 많은 종류의 기기들이 이용되고 있다. **크로마토그래피**는 2개의 서로 다른 상(고정상과 이동상)을 통해 화합물을 분리한다. 여러 가지 크로마토그래피들 간의 차이는 상에 사용한 물질들의 차이에 있다. 고정상은 고체나 액체 물질을 사용하고 있지만 이동상 또는 운반체는 기체 또는 액체를 사용한다. **비색법**과 **분광광도법**은 시료용액에 광선을 통과시켜 어떤 시료에 관한 영양성분의 농도를 알 수 있도록 하는 화학적 분석법이다. 특히 원자흡수 분광광도계(atomic absorption spectro-photometry)는 광물질 분석에 가장 널리 사용되는 기구이며, 많은 광물질을 10억 분의 1 (μg/kg) 농도까지 분석할 수 있다.

(4) 아미노산 분석

공기가 없는 상태에서 단백질의 peptide 결합을 끊기 위해 염산(6N HCl)으로 시료 단백질의 peptide 결합을 가수분해하여 아미노산을 생성시키고, 분리된 개개의 아미노산은 아미노산분석기(amino acid analyzer)나 HPLC의 column을 거쳐 기록계에 나타나게 함으로써 함량을 구한다.

(5) 근적외선 반사분광법(near infrared reflectance spectroscopy; NIRS)

사료에 대한 일반성분 분석 및 다른 분석방법들을 **습식분석방법**(wet chemistry)이라고 한다면 근적외선 반사분광법은 **건식분석방법**(dry chemistry)이라고 할 수 있다. 이 분석방법에서는 화학약품이나 물을 쓰지 않고 근적외선을 이용하여 분자결합이 서로 다른 여러 가지 종류의 시료에 투과시키면 근적외선의 흡수 형태가 달라지는데, 이 정보는 컴퓨터로 보내져 시료내 영양소 함량이 자동적으로 계산된다. 그러나 시료의 종류에 따라서는 정확한 정량치 제시에 실패하는 경우도 있어서 일반 실험실에서는 이러한 경우 다시 습식분석방법에 의해 정량을 해야 하는 단점이 있다.

3. 생물학적 평가방법

1) *In vivo* 소화율

사료의 영양적 가치는 화학적 방법으로 평가할 수 있지만 실제 동물이 이용할 때 여러 가지 조건에 의해 이용효과가 달라진다. 따라서 영양학적으로 사료의 성분이 어느 정도 소화되는지를 알 필요가 있는데, 사료의 소화되는 비율을 나타낸 것이 **소화율**(digestibility, digestion coefficient)이다. 소화율은 크게 **외관상 소화율**(apparent digestibly)과 **순소화율**(true digestibility)로 구별할 수 있다.

외관상 소화율은 섭취한 성분 중에서 분으로 배설된 성분량을 뺀 후 백분율로 나타낸 것을 말하는데, 여기에는 몇 가지 문제점이 있다. 즉, 배설된 영양성분 중에는 섭취한 사료에서 유래된 영양소가 아닌, 소화기관에서 분비된 소화액 등이 포함되어 있다. 따라서 이러한 문제점을 감안하여 분 중 사료로부터 유래되지 않은 성분을 제외한 후 백분율로 계산하여 나타낸 것이 순소화율이다. 그러나 일반적으로 사료의 소화율을 생각할 경우 사실상의 불소화물 이외의 소화액, 미생물, 소화관 벽세포 등을 정확하게 구분한다는 것은 곤란하기 때문에 사료의 순소화율을 구한다는 것은 매우 어렵다. 또한 반추동물의 경우 장내 발효에 의해 생긴 CH_4나 Co_2 등은 흡수되지 않고 소실되지만 이것은 소화·흡수된 것으로 간주한다. 이러한 소화율을 측정하는 방법은 직접측정법(전분채취법)과 간접측정법으로 구분할 수 있다.

(1) 직접측정법

직접적인 방법으로 소화율을 측정하고자 할 때에는 섭취한 사료의 정확한 양의 기록과 배설된 분의 양 측정 및 사료와 분의 영양성분을 정확히 분석하는 것이 중요하다. 소화시험은 예비기간(preliminary period)과 채집기간(collection period)으로 나눌 수 있는데, 예비기간은 일정량의 시험사료를 급여하여 이전에 급여하던 사료의 섭취로 인한 장 내용물을 깨끗이 배설하게 하고 대사 틀에 익숙하게 하여 실험 시 문제점을 제거하기 위한 기간으로서 반추동물의 경우 10~12일이 필요하다. 채집기간에는 계속 일정한 양의 사료를 급여하며 분을 정량적으로 수집하되 오줌에 오염되지 않도록 해야 한다. 그림 5-3은 대사 틀에서 소화율 시험 중인 한우 거세우를 보여준다.

사료의 급여량과 섭취량, 분의 양과 성분 함량을 구하면 그 동물에 대한 각 영양소 소화율을 구할 수 있다. 소화율을 구하는 계산식은 아래와 같으며, 표 5-15는 소에 대한 건

그림 5-3 한우를 위한 대사시험장치

표 5-15 건초의 소화율 산출(소의 1일 평균치)

구분	건물	유기물	조단백질	조지방	가용 무질소물	조섬유	순단백질
공시사료 성분(%) 섭취량(7.956kg)	 83.79 6.669	 77.41 6.159	 6.50 0.517	 1.76 0.140	 36.65 2.916	 32.50 2.586	 5.71 0.454
배설분 성분(%) 배설량(19.159kg)	 17.22 3.299	 15.18 2.908	 15.18 2.908	 0.39 0.75	 7.26 1.391	 6.07 1.163	 1.30 0.249
가소화량(kg)	3.367	3.251	3.251	0.65	1.521	1.423	0.205
소화율(%)	50.5	52.8	52.8	46.4	52.3	55.0	45.2

초 급여 시 영양소 소화율을 계산한 예이다.

$$\text{소화율} = \frac{\text{섭취한 영양소} - \text{분으로 배설된 영양소}}{\text{섭취한 영양소}} \times 100$$

(2) 간접측정법

표시법(index method) 또는 **지시물질법**(indicator method)이라고도 하며 직접측정법의 소화시험은 배설분 전부를 채집할 필요가 있기 때문에 복잡한 장치가 필요하고 일이 상당히 많다. 그러나 표시물을 이용하는 방법은 배설분 전부를 수집하지 않고서도 소화율을 간단히 측정할 수 있다. 즉, 급여사료에 표시물을 혼합하여 사료 및 분 중의 표시물과 소화율을 구하고자 하는 성분의 비율을 산출하여 그 성분의 소화율을 구할 수 있다. 이때 사용되는 표시제는 소화 또는 흡수되지 않아야 하며, 소화기관에서 약리적 작용이 없어야 하고, 일정한 비율로 소화기관을 통과해야 하며, 화학적으로 쉽게 평가할 수 있는 것이어야 한다. 표시물로는 산화철, 황산바륨, 산화크롬 또는 사료 중에 존재하는 lignin 등을 사용할 수 있으며, 또한 목초류 이외의 사료에 천연적으로 존재하는 색소원(chromogen)도 이용할 수 있다.

표시법에 의한 사료 성분의 소화율 계산방법의 예를 들어보면 다음과 같다.

$$\text{사료 성분의 소화율} = 100 - 100 \times \left(\frac{\text{사료 중의 표시물 함량(\%)}}{\text{분 중의 표시물 함량(\%)}} \times \frac{\text{분 중의 성분 함량(\%)}}{\text{사료 중의 성분 함량(\%)}}\right)$$

(3) 부분소화율

부분소화란 전체 소화관 중 특정 부위에서의 소화를 말하며, 소화관의 각 부분으로부터 소화 내용물을 채취하여 화학적인 변화를 관찰함으로써 측정하거나, 간접적으로 표시제를 사용하여 측정하기도 한다. 그러나 소화란 연속 과정이고 제1위내 타액이 섞여 들어가며 소화관 상피세포 등이 제4위나 장에 혼입되는 등 여러 가지 요인들에 의해 영향을 받기 때문에 부분소화율은 상당한 변이가 있다.

부분소화율 측정의 성공 유무는 캐뉼라의 설치 및 유지, 이동률(flow rate)의 정확한 측정에 달려 있다. 캐뉼라의 설치부위는 대개 제1위, 제4위 혹은 소장 상단부, 회장 말단부이며, 이러한 캐뉼라가 동일 동물에 설치되었을 경우 사료의 소화율을 제1위, 소장, 대장, 전체 소화기관으로 나누어 계산할 수 있다. 표 5-16은 면양의 소화 과정 중 각 소화기관에 남아 있는 내용물의 양을 제시하였는데, 이를 통해 소화와 흡수의 상황을 알 수 있다. 예를 들면, lignin의 함량(%)이 제1위에서 제3위로 오면서 증가한 것은 이 부분에서 유기물과 무기물의 손실이 일어났음을 의미하며, 제3위에서 소장으로 갈수록 줄어든 것은 제4위액

표 5-16 면양에 있어서 소화관 내용물의 성분

구분	소화관									
	사료	제1위	제2위	제3위	제4위	소장	맹장	결장	직장	분
건초 600g										
건물 함량(%)		10.1	11.5	18.8	15.5	9.8	13.5	14.6	25.8	
건물량(g)		350.1	34.5	59.5	19.0	62.0	43.1	69.1	31.0	
유기물(%, 전체중)		52.4	5.2	8.9	2.8	9.3	6.4	10.3	4.6	
내용물의 성분										
Lignin(%)	11.33	19.73	15.49	23.78	18.52	12.38	20.86	21.18	21.04	22.16
조단백질(%)	6.90	8.46	10.32	9.33	12.25	17.96	8.38	8.19	8.58	7.76
조섬유(%)	41.12	37.98	30.14	32.56	29.29	20.93	26.74	22.96	28.13	32.06
에너지(kcal/g)	4.46	4.30	4.34	4.36	4.46	4.59	4.23	4.36	4.44	4.57
가용무기물(%)	5.34	7.21	4.89	4.87	4.15	10.36	8.33	6.92	5.13	4.47

Rogerson(1958).

과 소장액의 생산을 의미한다.

2) *In vitro* 소화율

소화율은 종종 소화 과정을 모방한 *in vitro* 반추위 발효기술을 이용하여 측정된다. 동물을 직접 이용하는 *in vivo*에서는 미생물과 그 효소들이 소화율과 소화량에 영향을 미칠 수 있는 다양한 인자들의 영향을 받을 수 있기 때문에 *in vitro* 방법이 더욱 정확할 수 있다. *In vitro* 반추위 분석법은 반추위의 상황과 반추동물 소화의 연속적 과정을 얼마나 정확하게 반영하는지에 의해 성공적인 결과를 얻을 수 있다.

(1) Tilley-Terry의 *in vitro* 소화율 측정법

Tilley-Terry의 *in vitro* 소화율 측정법은 2단계의 과정으로 구성된다. 48시간 동안의 반추위 미생물에 의한 발효 과정 후 48시간 약산(약 pH 2) 조건에서 pepsin으로 미생물과 잔여 사료단백질을 소화하여 소화율을 측정한다. 본 방법은 미분해 세포벽 물질의 회수율과 반추동물의 소화 과정에서 유사성 때문에 많이 이용되고 있다. 그림 5-4는 *in vitro* 소화율 측정을 위한 인공 반추위의 모형도이다.

Tilley-Terry법의 주요 단점은 분석시간이 길고 많은 처리단계가 필요하다는 것이다. Tilley-Terry법을 짧고 단순화하기 위해서 여러 가지 변형 및 대안 방법이 개발되었는데, 그중에 phosphate buffer로 McDougall 용액(인공타액)을 대체하고 두 번째 단계에서

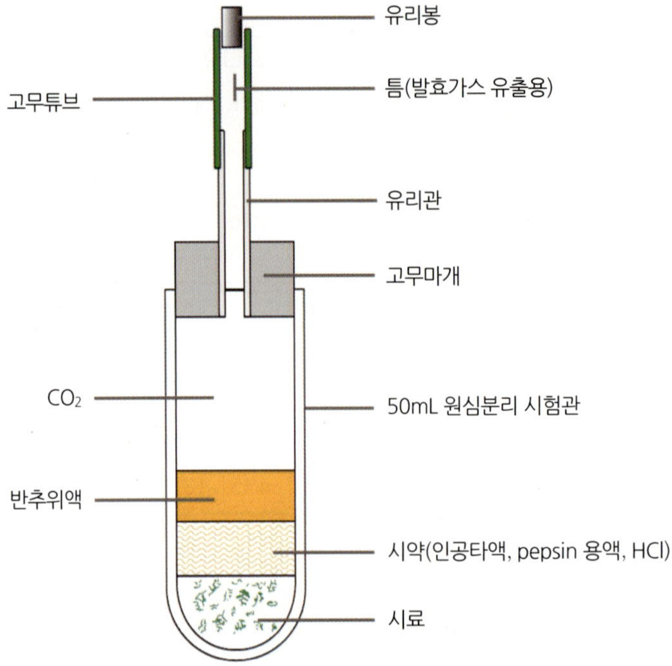

그림 5-4 인공반추위의 모형도

pepsin 소화를 하루로 줄이거나 중성세제추출법으로 두 번째 단계를 대체하는 방법 등이 있다. 중성세제추출법은 소화에 포함되지 않는 미생물을 제거하고 소화되지 않은 식물 세포벽물질만을 남게 한다. 이 방법은 Tilley-Terry의 *in vitro*법에서 pepsin의 이용만큼 정확하면서도 시간을 반으로 단축할 수 있다.

(2) 가스발생량 측정법

발효에 의해 생산되는 가스는 일반적으로 미생물의 대사 정도에 비례하므로 소화율 측정과 관계가 있을 수 있다. 초기의 가스발생량 측정법은 온도와 압력으로 작동하는 압력계를 이용하였다. Menke 등(1979)은 소화율이 서로 다른 사료를 밀폐된 주사기 형태의 시험관에 넣어 반추위액으로 발효시킨 결과 서로 다른 양의 가스가 발생되고, 결과의 변이차도 적으면서 Tilley-Terry의 *in vitro*법보다 빠르고 정확하게 사료가치를 평가할 수 있는 방법을 개발하였다(그림 5-5 참조). 이 방법은 유기물 발효로 생성된 가스와 연계하여 소화율과 ME를 예측하는 데 성공하였다. 최근에는 전기적으로 작동하는 작은 압력변환기와 컴퓨터를 조합시켜 가스발생량을 연속적으로 기록할 수 있게 되었다.

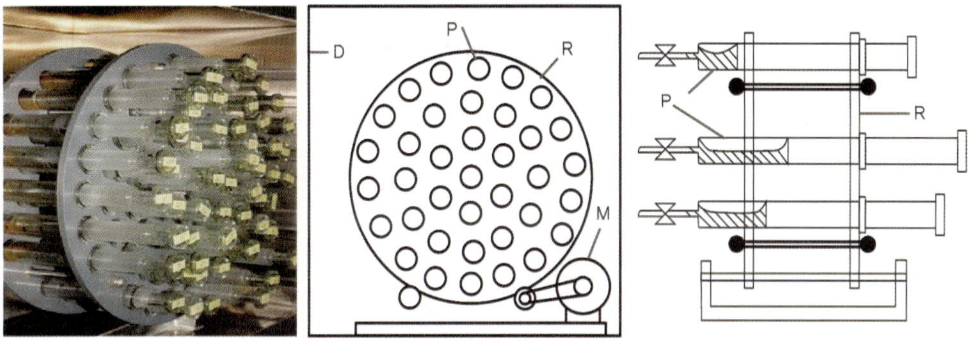

P: piston-syringes, R: rotor, M: electric motor, D: drying oven

그림 5-5 가스 생성량 측정장치와 모형도 (Menke 등, 1979)

(3) 섬유소분해효소 이용법

소화율을 측정하기 위해 섬유소분해효소를 사용하는 방법은 곰팡이 효소가 상업적으로 판매됨으로써 쉽게 이용할 수 있게 되었다. 섬유소분해효소법은 혐기적인 기술을 필요로 하지 않는 장점은 있지만 정확성은 반추위 미생물을 이용하는 방법들보다는 낮다. 섬유소분해효소법이 완벽하지 못한 것은 효소가 섬유소 기질을 분해하기 위해 기질에 부착해야 하는데, 단백질이나 전분에 의해 방해를 받기 때문에 효과적인 분석을 위해서는 먼저 탈단백질 및 탈전분 등과 같은 처리가 필요하기 때문이다. 또한 상업적으로 판매되는 섬유소분해효소의 질이 다양하여 분석결과가 다양하다는 단점이 있다. 이러한 문제점을 해결하기 위해 2가지 이상의 효소를 이용하는 연속적 방법이 개발되어 이용되고 있다. 더욱 심각한 문제는 대부분의 효소들이 hemicellulose 분해력이 낮다는 것이다. 모든 효소법은 사료에 tannin의 함량이 많을 경우에도 성공적인 결과를 얻을 수 없다.

3) *In situ* 소화율

이 방법은 나일론 백(또는 dacron bag) 안에 시료를 넣고 이것을 반추위에서 일정 시간 발효시킨 후 꺼낸 뒤 소화되지 않은 고형물, 유기물, 단백질 등의 양을 측정함으로써 소화율을 측정하는 것이다(그림 5-6 참조). 특히 이 방법은 반추위내에서 직접 배양하기 때문에 *in vitro* 방법에서의 복잡한 작업을 피하고자 할 때 유용하다. 전체적으로 이 방법은 Tilley-Terry *in vitro*법보다 결과에 변이가 많은 것이 결점인데, 그 이유로는 나일론 백의 구멍 크기(pore size)에 따라 lignin과 같은 불용성 물질이 나일론 백으로 유입되어 축적되어 소화율이 낮거나 또는 높은 결과를 야기할 수 있다는 것이다. 또 소화되지 않은 물질

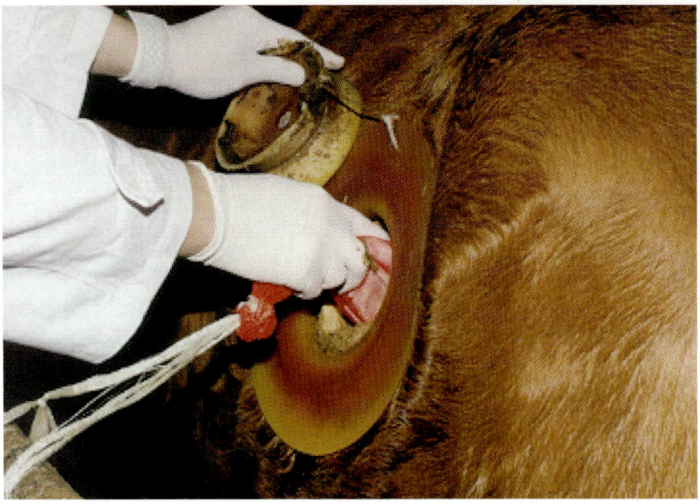

그림 5-6
소의 반추위 fistula를 통한 나일론 백의 투입

도 나일론 백으로부터 유출되어 소화율이 과대평가될 가능성도 있다. 특정한 구멍 크기의 천을 이용하고 나일론 백의 표면적과 시료 무게의 비율을 조절함으로써 이 방법의 문제점을 최소화할 수 있다. 최적의 구멍 크기는 약 30μm이며 구멍이 이보다 더 작으면 미생물이 나일론 백 내부로 출입할 수 없고 그에 따라 발효를 억제할 수 있다. 반면 구멍의 크기가 너무 크면 lignin화된 입자가 백 내부로 유입될 수 있다. 또 *in vitro*법에서와는 달리 고섬유질 사료에 붙어 있는 박테리아를 분리하지 못해 소화율이 실제보다 낮게 측정될 수 있다는 단점이 있다. 이 방법으로는 반추위의 사료 소화율만 평가할 수 있지만 반추동물의 소화관을 통과하여 분에서 회수함으로써 하부장기에서의 단백질 소화를 측정할 수도 있는데, 이때는 작은 이동성 나일론 백(mobile bag)을 이용한다.

4. 사료에너지 평가법

에너지는 동물의 생명현상 유지와 생산활동에 필수적이다. 사료 성분 중 탄수화물과 지방, 단백질 등 유기영양소는 모두 에너지를 생성하나 그중에도 탄수화물은 사료의 구성 비중이나 경제적인 측면을 고려할 때 중심적인 에너지 원료이다. 에너지의 단위로는 calorie와 joule이 주로 사용된다. Calorie는 물 1g을 14.5°C에서 15.5°C로 올리는 데 소요되는 열량을 한 단위로 하고 있는 데 비해, joule은 1kg의 물체를 1 뉴턴의 힘으로 1m 옮기는 데 소요되는 에너지, 즉 동물의 이동과 같은 일을 토대로 하고 있다. 두 단위는 현재 같이 사용

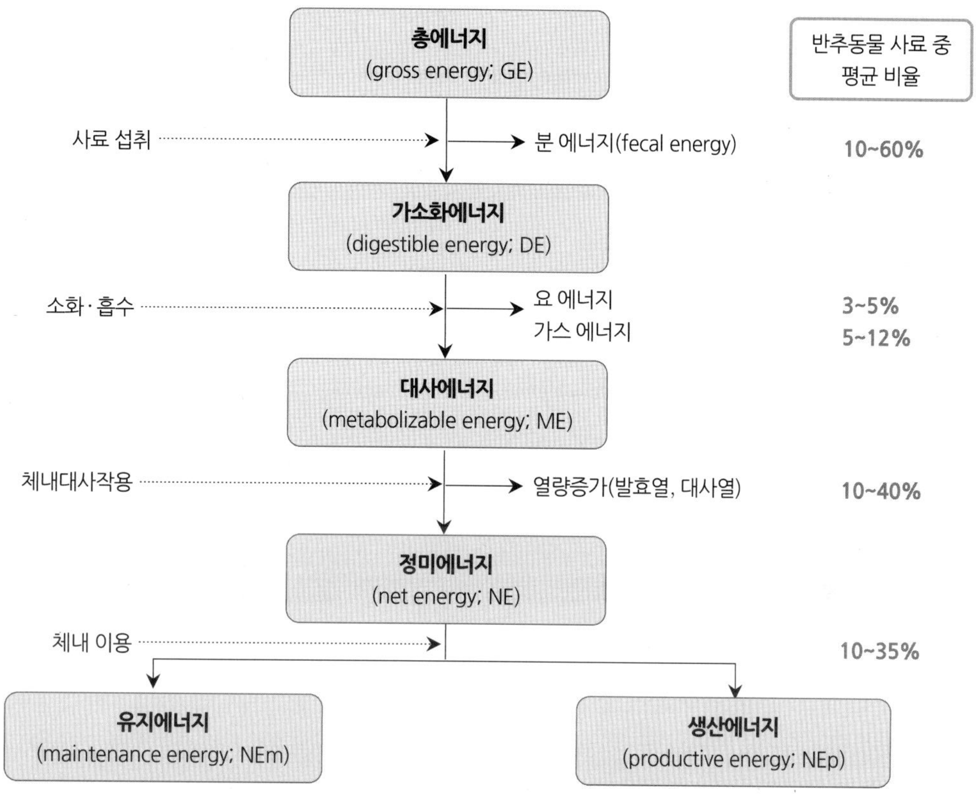

그림 5-7 에너지의 이용경로와 이용률

되고 있는데 1calorie는 4.18joule에 해당하므로 단위 간에 상호 전환이 가능하다. 사료가 가지고 있는 에너지의 이용경로를 보면 그림 5-7과 같다.

1) 총에너지

사료가 가지고 있는 에너지의 총량을 총에너지(gross energy; GE)라고 하며, 이것을 측정하기 위해 열량계(calorimeter)를 사용한다. 사료를 완전히 산화시키면 사료 중의 에너지는 Co_2와 여러 종류의 가스로 분해되면서 일정량의 열을 발생시키는데, 이것은 총에너지 또는 연소열가(heat of combustion)라고 한다. 총에너지 함량은 영양소에 따라 차이가 있는데, 이는 각 영양소를 구성하고 있는 원소의 비율이 다르기 때문이다.

2) 가소화에너지

가소화에너지(digestible energy; DE)는 GE에서 소화되지 않고 분으로 배설되는 에너지를 제외한 나머지이다. 가소화에너지는 다시 **외관상 가소화에너지**(apparent digestible energy)와 **진정 가소화에너지**(true digestible energy)로 구분된다. 전자는 분으로 배설되는 에너지 모두를 사료에서 유래한 것으로 간주하는 경우이고, 후자는 배설 분에 포함되어 있는 효소, 미생물, 기타 장 점막 등 대사성 에너지를 제외한 순수한 사료 유래의 소화에너지를 의미한다.

DE를 측정하려면 소화시험을 거친 후 섭취한 사료의 열량가와 분으로 배설된 열량가를 열량계로 측정하여 계산하기도 하고 TDN으로부터 환산하기도 한다. TDN 1kg의 총에너지는 4,409kcal이므로 이를 토대로 아래와 같은 공식으로 DE를 산출할 수 있다.

$$DE(Mcal/kg) = 0.04409 \times TDN(\%)$$

그러나 영양소들은 종류에 따라 각기 연소열가가 다르기 때문에 사료의 TDN도 일정하지 않다. 예를 들어, 단백질이 풍부한 사료의 경우는 TDN에 비례하는 총에너지가 4.409보다 크며, 반대로 탄수화물과 지방이 TDN의 중심이 되는 경우는 총에너지가 4.409보다 작다. 따라서 NRC(2001) 젖소 사양표준에서는 탄수화물 4.2Mcal/kg, 단백질 5.6Mcal/kg, 지방의 경우 지방산은 9.4Mcal, glycerol의 경우는 4.3Mcal/kg을 토대로 DE를 산출하도록 하고 있으며 대사 분뇨의 DE 값은 분의 연소열가 4.4Mcal/kg을 토대로 산출한 값인 0.3Mcal/kg(7×0.044)을 적용하고 있다.

3) 대사에너지

총에너지에서 분에너지, 요에너지와 장내 발효 과정에서 CH_4를 주로 한 H_2나 황화수소와 같은 가스에너지(energy in gaseous products of digestion; GPD)를 뺀 나머지 에너지를 **대사에너지**(metabolizable energy; ME)라고 한다. 사료의 ME는 동물의 **질소균형**(nitrogen balance)에 따라 크게 영향을 받기 때문에 질소균형에 정정계수를 곱하여 대사에너지를 측정하는데, 이것을 **질소정정대사에너지**(nitrogen corrected metabolizable energy; MEn)라고 하며, 이때 사용되는 정정계수는 질소 1g당 반추동물은 7.45kcal 또는 8.73kcal(평균 질소량 기준)이다.

한편, 대사에너지는 가스에너지에 의해서도 영향을 받는데, 발효열에 대한 부분을 보정한 **정정대사에너지**(corrected metabolizable energy; MEc)를 구할 수 있다. 가스의 대

표 5-17 동물 및 사료별 분, 요 및 CH_4로 손실되는 에너지의 양(kcal/100kcal 사료)

동물	사료	분	요	CH_4	ME
면양	보릿짚	60.6	2.2	6.7	30.6
	보리알곡	16.7	3.3	10.6	69.6
수소	40% 건초, 60% 곡물	26.0	2.7	6.2	64.4
말	건초와 연맥	35.1	4.4	1.9	58.6
	밀짚	61.0	4.0	3.2	31.8

Blaxter(1989).

부분을 차지하는 것은 CH_4이며, 사료의 섭취량이나 종류에 따라 다르지만 일반적으로 CH_4는 1g당 13.34kcal의 에너지를 함유하고 있다. ME를 측정하는 데는 어려움이 많기 때문에 간접적인 방법인 DE로부터 계산할 수 있다. 일반사료, 조사료, 농후사료 등의 ME는 DE에 0.81, 0.82 및 0.85와 같은 요인을 곱하여 산출할 수 있다. 표 5-17은 동물 및 사료의 종류에 따라 분, 요 및 CH_4를 통해 없어지는 에너지를 제시한 것이다.

한편, ME의 이용효율은 사료와 동물 체내의 이용목적 및 기타 여러 요인에 의해 좌우되는데, 영향을 미치는 주요 요인은 다음과 같다.

- **동물의 생리적 상태:** 유지 시에는 ME의 이용효율이 68%인데, 비육 시에는 40%이고 비유 시에는 66%이다.
- **사료의 성상:** 저단백질 사료나 NPN의 섭취량이 증가하면 ME가 감소한다.
- **영양소의 균형:** 영양소의 상보효과(associative effect)에 의해 각 영양소가 균형 있게 배합된 사료가 ME의 효율이 높다.
- **사료의 가공:** 사료를 분쇄, 마쇄, 박편처리 등 여러 형태로 가공하여 이용하는데, 가공 정도에 따라 ME가 달라진다.
- **사료의 급여 수준:** 사료섭취량이 많으면 분에너지의 양이 증가함에 따라 ME가 낮아진다.

4) 정미에너지

대사에너지에서 사료를 섭취하고 이용하기 위해 소모한 에너지, 즉 열량증가(heat increment; HI)를 뺀 나머지를 정미에너지(net energy; NE)라고 한다. 정미에너지는 동물의 유지 및 젖, 고기, 알, 털 등의 생산을 위해 사용되는 에너지를 말한다. 이 가운데 유

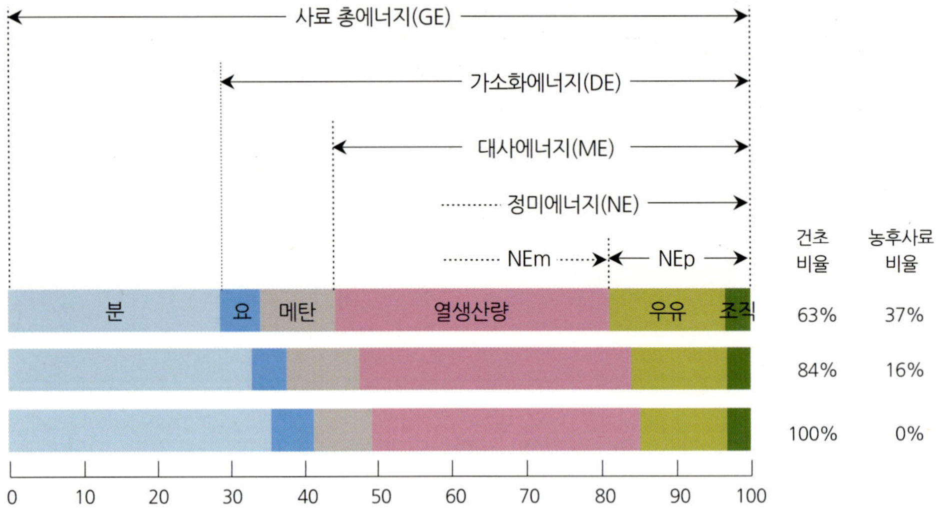

그림 5-8 사료의 조성에 따른 젖소의 에너지 이용 (Flatt과 Moe, 1969)

표 5-18 영양소에 따른 반추동물의 열량증가[1)]

(단위: cal/cal)

영양소	영양소 공급	
	유지 이하	유지 이상
Glucose	0.0	0.27
단백질	0.19	0.35
Acetic acid	0.15	0.67
Propionic acid	0.14	0.44
n-Butyric acid	0.09	0.38
Linoleic acid	-	0.38

1) 제시된 결과는 소화관내 투여실험에서 얻어진 것으로 섭취행동에 의한 열량증가는 제외되었음.
Blaxter(1989).

지를 위해 사용되는 NE(net energy for maintenance; NEm)는 대부분 열의 형태로 체외로 발산되어 없어지지만, 생산을 위한 NE(net energy for production; NEp)는 화학에너지의 형태로 체내에 축적된다. 그림 5-8은 건초와 농후사료의 공급비율에 따른 젖소의 에너지 이용을 나타내고 있으며 NEp가 체내에 축적되는 에너지이다.

NE에 중요한 영향을 끼치는 **열량증가**는 대사열, 발효열, 사료의 저작·소화·흡수·배설, 소화액의 분은작용, 소화기관의 연동운동 등에서 발생하는 에너지로 구성되는데, 이때 발생한 열에너지는 추운 환경에서는 체온을 유지하는 데 이용되지만 더울 때에는 체외로 손실된다. 그리고 열량증가는 동물의 종류, 생산 기능, 연령, 성별 및 사료의 성상·배합비율·급여량, 환경온도, 영양소의 종류 및 균형 등 여러 가지 요인에 의해 크게 달라질 수 있다. 표 5-18은 영양소에 따른 반추동물의 열량증가를 제시한 것인데 이를 통해 영양소와 영양상태에 따라 열량증가가 다름을 알 수 있다.

5) 가소화영양소 총량

가소화영양소 총량(total digestible nutrient; TDN)은 가소화 유기영양소 열량을 모두 합한 것으로서, 각 영양소의 소화율을 가지고 산출한 열량이 기초가 된다. 그중 지방은 열량이 탄수화물이나 단백질에 비해 높은 점을 고려하여 2.25배를 해서 합산한다. TDN은 소화율 시험을 거쳐 다음과 같이 계산한다.

$$TDN(\%) = DCP + DCFiber + DNFE + DCFat \times 2.25$$

그동안 기존의 TDN 방법은 산출이 용이하고 응용하기 쉽다는 장점을 가지고 있어 오랫동안 널리 이용되어 왔으나, 실제 사용하면서 야기되는 몇 가지 문제점 있다. 그중 하나가 단백질과 탄수화물의 열량가를 동일시하고 있는 점이다. 생리열가(physiological fuel value)가 탄수화물은 4.15 kcal이고 단백질은 5.56 kcal인데도 이들 두 영양소의 열량가를 동일시했다는 것이다. 또 다른 문제점으로는 조사료와 농후사료의 TDN가를 동일시하고 있는 점을 들 수 있다. 조사료와 농후사료는 조성분에서 기본적 구성이 차이를 보이고 있고 그 이용효율도 단위동물과 반추동물 간에 차이가 나는데도 이를 구분하지 않고 있는 것이다. 반추동물은 사료 이용 시 열량증가와 가스로 손실되는 양이 단위동물보다 많다(표 5-17 참조). NRC(2001) 젖소 사양표준에서는 이와 같은 기존의 문제점들을 개선한 수정 TDN을 아래와 같이 제시하고 있다.

$$TDN(\%) = tdNFC + tdCP + (tdFA \times 2.25) + tdNDF - 7$$

위의 공식에서 진정 가소화 비섬유성 탄수화물(tdNFC)은 가소화 전분으로, 산출에는 전분의 실소화율과 여기에 전분의 가공처리에 따른 사료의 입자도, 밀도 등에 따른 가공조

정요소(PAF)를 고려한 것이다. 진정 가소화 단백질(tdCP)에서는 사료단백질원에 따른 조사료와 농후사료 단백질로 구분하고 있으며 가소화 지방산(tdFA)은 지방산을 토대로 산출하였다. 진정 가소화 NDF(tdNDF)의 산출에는 NDF의 실소화율을 적용하며 대사분의 TDN까지 고려하였다. 위의 공식에서 숫자 7은 대사분 TDN이다.

6) 전분가와 사료단위

전분가(starch value; SV)는 동물이 체유지 이상으로 가소화영양소를 섭취했을 때 여분의 영양소가 체지방으로 축적된다는 것을 기준한 것으로서, 가소화 전분 1kg은 0.248kg의 체지방을 합성한다는 것을 기준으로 전분가를 정하였다. **사료단위**(feed unit; FU)는 일종의 NE 측정법이라고 할 수 있는데, 사료가치를 절대치로 표시하지 않고 대표 사료를 정하여 그 사료와 비교하여 상대적 가치로서 평가한다. 사료단위로는 주로 스칸디나비아 사료단위, Mollgaard 사료단위 및 소련의 사료단위가 사용되고 있다. 스칸디나비아 사료단위는 보리 1g 생산가를 1단위로 정하여 그것을 기준으로 다른 사료의 가치를 정한 것이고, Mollgaard 사료단위는 소의 비육에 있어서 NE의 kcal를 NKF라는 단위로 나타내었으며, 1kg의 SV는 2,365 kcal의 NE에 해당하므로 1FU = 2,365 NKF로 설정하였다. 한편 소련의 사료단위는 연맥 1kg을 1FU로 정하였다.

5. 사료단백질 평가법

반추위에서 사료단백질이 분해되는 정도는 반추위 발효와 아미노산 공급에 영향을 주는 중요한 요인이다. 사료단백질은 반추위에서 이용되는 특성에 따라 **반추위 분해 단백질**(rumen degradable protein; RDP)과 **반추위 미분해 단백질**(rumen undegradable protein; RUP)로 구분된다.

1) 용해도 측정법

단백질의 용해도(solubility)를 통해 사료단백질의 분해율을 간접적으로 추정할 수 있다. 용해도는 일정 시간 동안 사료를 용매에 배양한 후 여과지를 통해 여과 후 미용해된 부분으로부터 계산하거나, 배양 후 액상 부분으로 이행된 질소량을 추정함으로써 측정한다. Prolamin과 glutelin보다 albumin과 globulin이 많이 들어 있는 사료의 단백질 분해도가

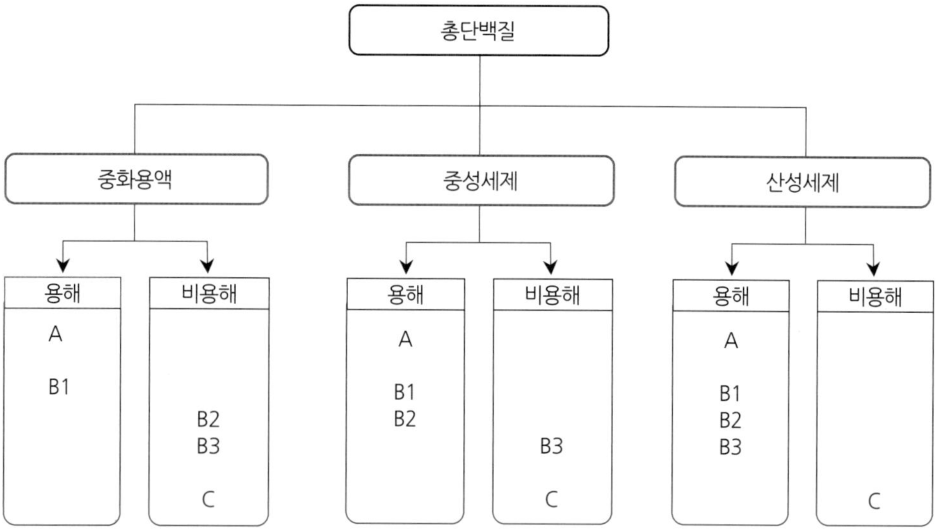

그림 5-9 Borate 중화용액과 산성 및 중성 세제 용액을 이용한 사료내 조단백질의 분획
(Roe 등, 1990; Sniffen 등, 1992)

더 높다.

그림 5-9는 반추동물 사양표준의 하나인 Cornell Net Carbohydrate Protein Systems (CNCPS)에서 단백질 평가 시 사용하는 사료단백질의 분획방법을 도식화한 것이다. 본 방법은 사료단백질을 5개의 분획(A, B1, B2, B3 및 C)으로 구분하였다. 각 단백질 분획들은 서로 다른 반추위 분해도를 가지고 있는데, A는 반추위에서 즉시(0시간) 용해되는 단백질로서 분해율(kd)이 무한대이고, borate-phosphate 중화용액에 용해되지만 탈단백질제제(trichloroacetic acid; TCA)에 의해 침전되지 않는 단백질 부분이다. 단백질 분획 C는 화학적으로 총단백질 중 ADF(즉 acid detergent insoluble nitrogen; ADIN)와 함께 회수되는 부분인데, 분해되지 않는 단백질로 분류된다. C는 lignin과 tannin 및 Maillard 반응 산물과 같이 열에 의해 손상된 단백질 등이다. 남아 있는 B는 잠재적으로 분해 가능성이 있는 진정 단백질을 의미한다. 반추위에서 분해되는 3가지 B 분획들 각각의 양은 단백질의 분해율(kd)과 통과속도(kp)에 의해 결정이 된다. B1은 borate-phosphate buffer에는 용해되고 TCA에는 침전되는 단백질 부분이다. B3는 NDF(즉 neurtal detergent insoluble nitrogen; NDIN)로 회수되는 부분의 단백질과 ADF(즉 단백질 분획 C) 부분의 단백질의 차이로 계산된 부분이다. B2는 나머지 단백질이며 총단백질에서 단백질 분획 A, B1, B3 및 C의 합계를 감한 부분이다. 이들 B 분획들의 분해율은 B1이 120~400%/h, B2는

3~16%/h이며 B3는 0.06~0.55%/h이다.

2) 분해율 측정법

사료단백질이 반추위에서 NH_3로 분해되는 정도를 **분해율**(degradability)이라 한다. 분해율은 동일한 사료라 하더라도 사양조건, 반추위 미생물, 사료단백질의 구조와 특성, 통과속도, 용해도에 따라 다르기 때문에 한 가지 단백질에 대해 모든 조건에 적합한 단일 분해율을 구하는 것은 불가능하다. 분해율은 용해도보다는 정확한데 온도, pH, 이온강도에 따라 차이가 있으며, 동일한 단백질도 제1위내 체류시간에 따라 분해율이 달라진다.

(1) *In vivo* 방법

In vivo 방법은 동물실험을 통해서 측정하는 것으로, 반추동물의 소장 상단, 십이지장, 또는 제4위 등에 캐뉼라를 설치하여 하부장기를 통과하는 내용물 전체를 수집하고 그 질소성분 구성을 분석함으로써 반추위내에서 손실된 부분을 측정하는 방법이다. 그러나 전체 내용물 수집이 어렵기 때문에 소화되지 않는 표시제를 사용하여 간접적으로 측정한다. 현재까지 *in vivo* 방법이 가장 바람직한 방법으로 알려져 있으며, 동물시술 등 기술적으로 가장 많은 시간과 노력이 요구되기도 한다. 단백질 분해율은 제1위내 정체시간(retention time)에 따라 다르고 이는 조사료의 양, 사료의 물리적 형태, 처리 등에 따라 통과속도가 다르기 때문에 분해율 측정 시 통과속도를 동시에 측정해야 한다.

(2) *In situ* 방법

In vivo 방법이 기술적으로 힘들고 많은 시간과 노력이 요구되기도 하는데, 그 대안으로 분해도 측정에 가장 일반적으로 쓰이는 방법이 미생물에 소화되지 않는 나일론 백을 이용하여 사료내 단백질의 손실된 부분(disappearance rate)을 측정하는 방법이다. *In situ* 반추위 단백질 분해율 측정법은 사료단백질을 2개의 분획(A, B)으로 나누어 측정하는 것이다. 단백질 분획 A는 NPN(즉시 분해되는 단백질)과 용해도가 높은 부분 또는 입자 크기가 작아서 *in situ*용 나일론 백을 급속히 빠져나갈 수 있는 부분이다. 분획 B는 단백질 분획 A 이외의 부분으로 잠재적으로 분해될 수 있는 단백질 부분이다. B분획은 상대적인 통과속도에 의해 분해 정도가 다르고, A는 모두 분해되는 부분으로 간주한다. 반추위내에서 분해되는 B의 양은 분해율과 통과율(fractional rate of degradation과 fractional rates of passages)에 의해 결정된다.

(3) *In vitro* 방법

반추위내 단백질 분해율을 동물을 사용하여 직접 측정하는 것은 시술 등에 따른 비용과 방법의 복잡함과 어려움 따른다. 이 때문에 *in vitro* 배양관내에서 단백질 손실량 또는 유리되어 축적된 NH_3와 아미노산을 측정하거나, 여러 가지 단백질분해효소를 이용하여 소화시켰을 때 단백질 손실량을 측정하는 방법 같은 *in vitro* 측정법을 사용하기도 한다.

제3절 영양소 요구량과 공급체계

1. 유지를 위한 영양소 요구량

체조성에 변화가 없고 성장, 비육, 번식 등과 우유, 털 등의 생산적인 활동을 하지 않으면서 기본적인 생명현상을 유지하기 위해 소요되는 영양소의 양을 **유지요구량**(maintenance requirement)이라 한다. 만약 동물에게 공급되는 영양소가 유지요구량에 미치지 못하면 동물의 체조직이 분해되며 체중이 감소한다. 그러므로 동물의 영양소 공급 조절을 위해서는 우선적으로 유지요구량을 알아야 한다.

1) 유지 에너지 요구량

동물들은 필수적으로 체온유지와 체내의 중요 대사 과정, 채식행위와 관련된 물리적 행동 등에 에너지를 필요로 한다. 유지 수준에서 기초 에너지 요구량은 동물의 조직으로부터 에너지의 축적이나 손실의 차가 0일 때 필요한 요구량이다. 즉, 유지 에너지 요구량이란 동물의 조직으로부터 에너지의 정미 손실이나 축적이 일어나지 않는 에너지의 양으로 표현될 수 있다. 소고기 생산에 필요한 ME의 65~70%가 유지를 위해서 이용되듯이 많은 양의 에너지가 유지를 위해 이용되기 때문에 유지 에너지에 영향을 미치는 요인들을 이해하는 것은 축산물의 경제적 생산을 위해서 반드시 필요하다.

유지 에너지 요구량은 기초대사량과 기본 활동 에너지로 구분할 수 있다. 기본 활동에너지는 정상적인 생활(사료의 섭취, 자세변화, 기본적인 움직임 등)을 하기 위해 필요한 에너지로 일반적으로 기초대사량의 10% 정도이다. **기초대사량**(basal metabolic rate; BMR)은 ① 동물이 쾌적한 온도에서 ② 섭취된 사료의 소화·흡수가 끝난 후 ③ 움직이지 않고 편안한 상태에서 ④ 아무런 생산(성장, 임신, 비유) 없이 생체 유지를 위해서만 필요한 에너지를 말한다. 일반적으로 유지 에너지라 할 때에는 기초대사량을 의미하며, **정미 유지 에너지 요구량**(net energy requirement)은 **절식시 열생산량**(fasting heat production; FHP)으로 측정한다. 포유동물의 열생산에 요구되는 일당 에너지는 평균적으로 70kcal/(kg 체중$^{0.75}$/일)이며, 이 수치는 동물의 품종과 생리단계에 따라 달라진다.

동물의 유지 에너지 요구량, 즉 체내 열발생을 일으키는 데는 2가지 구성요소가 있다. 첫 번째는 체내의 항상성을 위해 조직 또는 기관에 의해 수행되는 기능, 즉 순환계와 호흡기계의 작용 및 간과 신장의 작용(예: 해독작용, 체내 삼투압 및 pH의 유지 등), 신경계의 기능이다. 두 번째는 세포 유지의 기능으로 이온수송(특히 Na와 Ca 수송), 단백질과 지질의 회전 등이다. 이 3가지 대사회로에서 발생하는 열이 전체의 30~50%를 차지한다. 표 5-19에서 제시된 기타 기질들의 대사 과정도 열발생에 기여하지만 에너지의 이용은 비교적 적은 편이다. 이 외에도 glycogen 회전, glucose 신생합성, keton 생합성, 요소 합성, RNA와 DNA의 합성에도 유지 에너지가 필요하다.

유지 에너지 요구량은 체중, 품종, 성별, 연령, 계절, 온도, 생리적 상태와 이전의 영양상태에 의해 영향을 받는다. 예를 들어, 추운 환경에서 사육하는 착유우는 체온 유지에 많은 열을 소모하기 때문에 에너지 요구량이 증가한다. 또한 심한 고온 스트레스를 줄 수 있는 더운 날씨에서도 유지요구량이 7~25%까지 증가하는데, 체온을 유지하기 위한 생리적 작용에 필요한 에너지 요구량이 증가하기 때문이다. 또한 유지 에너지 요구량은 우사의 형태, 지형 및 사양관리방법에 따라서도 달라진다. 이는 우사의 상황에 따라 활동 에너지 요구량이 달라지기 때문이다.

유지 에너지(열발생량)는 부분적으로 체조직 또는 기관의 크기 및 무게에 의해 달라진

표 5-19 기질 대사회로별 유지 에너지 필요량

대사회로	유지 에너지 필요량(%)
이온수송	20~30
단백질 회전	10~20
Triacylglycerol 회전	2~3
Glucose, glucose-6-phosphate	2
Pyruvate, phosphonelypyruvate	1
Fructose-6-phosphate, fructose-1,6-bisphosphate	2

Baldwin 등(1980).

표 5-20 반추동물(24시간 사료 급여 후)의 조직 및 기관별 무게비, 혈액공급률 및 에너지소비율(%)

조직	공체중에 대한 무게비	대동맥혈액공급률	총에너지소비율
신경	2.0	10.0	12.0
피부	6.3	8.0	2.7
심장	0.4	4.1	10.0
신장	0.3	13.4	5.0
소화관	4.0	23.0	15.0
간	1.5	27.0[1]	20.5
근육	41.0	18.0	23.0
지방조직	15.0	9.6	7.0
기타(뼈 등)	29.5	9.9	4.8

[1] 간으로 공급되는 대동맥 혈액은 동맥혈과 소화관으로부터 공급되는 정맥혈을 포함하고 있음.
Ferrell(1988).

표 5-21 기관의 무게와 절식 시 열생산에 대한 영양공급 효과

영양공급 수준	체중 (kg)	소화관 (g)	간 (g)	신장 (g)	심장 (g)	절식 시 열생산 (kcal/일)
고	44.0	1,889	668	121	155	1,674
중	47.2	1,653	625	114	143	1,549
저	39.9	1,304	428	93	126	1,143
극저	34.4	1,162	350	83	130	966

Ferrell과 Jenkins(1985).

다. 표 5-20은 체중에 비례한 기관 및 조직의 질량, 심장으로부터 공급받는 혈액의 공급 비율과 에너지 소비율을 제시하였다. 신경조직, 심장, 신장, 소화관 및 간이 전체 체조직의 10% 이하를 차지하지만, 심장으로부터 공급받는 혈액의 양은 55%이며 열발생량의 약 50~60%를 차지하고 있다. 이들 조직의 에너지 소비율이 높은 것은 단백질 대사율과 이온 수송 활동이 활발하고 그 외 수많은 대사활동이 다른 기관들에 비해 높기 때문이다. 이들 조직의 크기와 무게 등의 비율이 변하면 전체 동물의 열생산에 큰 영향을 미칠 수 있다. 간과 소화관, 신장과 심장의 비율은 영양공급 수준(표 5-21), 생리적 상태 및 품종에 따라 차이가 있다.

체내 단백질과 지방의 비율은 열발생에 영향을 미친다. 유지 에너지는 단백질량과 높은 상관관계가 있고 체지방과의 상관관계는 높지 않다. 게다가 유전적으로 근육질의 동물이 비만인 동물보다 유지 요구량이 더 높다. 이것은 체내 단백질의 유지를 위해 더 많은 에

그림 5-10 호흡열량계

너지가 소모된다는 것을 의미한다.

유지 에너지 요구량을 결정하는 방법으로는 사양시험법, 에너지평형법 및 도체분석법 등이 있다. 먼저 **사양시험법**은 장기간의 시험기간 동안 동물의 체중을 일정하게 유지시키는 데 필요한 영양소 또는 사료의 양을 결정하는 실험을 통해 유지 요구량을 분석하는 것이다. 여기서 분석된 결과치는 일반적으로 성숙한 동물, 비임신기, 건유기의 소에게는 적합하지만 성장, 임신 또는 비유기의 소에 대해서는 체조성과 체중의 변화가 일어나기 때문에 적절하지 못한 것이 단점이다.

에너지평형법은 주로 영국의 ARC와 AFRC, 호주의 CSIRO 등의 사양표준에서 에너지 요구량을 결정하는 데 사용되는 방법이다. 이 방법은 호흡시험장치(respiration apparatus) 또는 호흡열량계(respiration calorimeter, 그림 5-10)를 사용하여 유지 에너지 요구량을 산출한다. 즉 ME 섭취량과 열발생량을 측정하여 그 관계식을 통해 유지 에너지량을 결정한다. 유지 정미에너지(NEm)는 절식 시 대사량인 호흡열량계에서의 절식 시 열발생량을 이용해 계산된다. 열량계내 실험동물은 움직임이 적기 때문에 영국 ARC(1980)에서는 활동 요구량에 대하여 1kcal/kg(생체중)을 추가하였고, 호주 CSIRO(1990)는 품종, 성별, 사료로부터 우유내 에너지 전환효율, 에너지섭취량, 방목력 및 추위 등의 요인들도 추가하여 유지 에너지 요구량을 결정하였다.

도체분석법은 에너지평형법과는 반대로 ME 섭취량과 도체에 축적된 에너지를 직접 측정하고 이를 통해 열발생량을 분석하는 방법이다. 축적 에너지는 사양시험기간 동안 단계별로 유지량의 2~3배 이상을 급여하고 체내 에너지의 변화를 측정하여 결정한다.

NRC(2001) 젖소 사양표준에서는 Holstein 젖소의 절식 시 열생산량을 대사체중당 0.073Mcal/kg 체중$^{0.75}$로 설정하고, 여기에 10% 활동에너지를 추가하여 정미 유지 에너지(NEm) 요구량을 0.080Mcal/kg 체중$^{0.75}$로 산정하고 있다.

NRC(2000) 육우 사양표준은 대사체중당 열생산량 기본 계수로 0.077Mcal/kg 절식체중(shrunk body weight)$^{0.75}$을 적용하고, 품종에 따라 이를 보정한다. 예를 들어 Angus, Charolais, Hereford는 그대로 즉 1을 곱하고, Holstein과 Jersey는 1.2를 곱한다. 즉 Holstein 육우의 유지 에너지 요구량은 Angus에 비해 20% 높다는 것이다. 또한 비거세우의 요구량은 거세우와 암소에 비해 15% 높은 것으로 계산한다.

한국사양표준(2007)에서는 한우 거세우 비육 시의 대사 유지 에너지(MEm) 요구량을 제시했는데, 에너지평형법의 시험결과로부터 113.6kcal/kg · BW$^{0.75}$로 산출하고, 군사 시 요구되는 10%의 에너지를 더하여 한우 거세우 비육 시의 대사 유지 에너지 요구량을 0.125Mcal/kg BW$^{0.75}$로 제시하였다.

2) 유지 단백질 요구량

(1) 반추동물의 단백질 요구량 체계

반추동물의 단백질 대사는 단위동물과 달리 반추위 미생물에 의해 사료내 단백질의 소화와 변형이 일어나기 때문에 사료내 단백질이 그대로 소장에서 흡수되지 않으므로 반추위에서 일어나는 대사를 고려해야 한다.

반추동물은 **대사단백질**(metabolisable protein; MP) 시스템을 이용하여 사료내 단백질이 아니라 소장에서 흡수되는 아미노산을 고려하는 급여체계를 가지고 있다. 대사단백질(MP)은 소장에서 흡수되어 체내에서 대사될 수 있는 순단백질을 말하며, 반추위 미생물로부터 유래된 미생물체 단백질과 반추위에서 소화되지 않은 사료 유래 단백질로 구성된다. 특히 고능력우의 경우 많은 양의 우유를 생산하기 위해서는 많은 양의 단백질을 공급받아야 하는데, 이는 단순히 사료단백질을 높인다고 해서 가능한 것이 아니라 대사단백질을 늘려야 하며 이를 위해 반추위의 단백질 대사에 대한 이해가 필요하다.

사료단백질(CP)은 반추위에서 미생물의 효소에 의해 분해되는 **반추위 분해 단백질**(rumen degradable protein; RDP)과 분해되지 않은 **반추위 미분해 단백질**(rumen undegradable protein; RUP)로 나뉜다. 사료단백질의 RDP와 RUP의 양은 사료단백질의 반추위 분해율에 따라 결정된다. RDP는 반추위 미생물에 의해 미생물의 성장에 이용되며,

이용되지 못한 RDP는 반추위에서 NH_3로 전변되고 반추위벽을 통해 흡수되어 간에서 요소로 합성된다. 이렇게 합성된 요소는 소변을 통해 체외로 배출되거나 젖소에서는 우유내 요소(milk urea nitrogen; MUN)의 형태로 우유에 분비된다. 즉, 미생물에 의해 이용될 수 있는 양 이상의 과도한 RDP 공급은 젖소에게 아무런 도움이 되지 못할 뿐만 아니라 요소를 합성, 분비하는 과정에서 에너지가 쓰이므로 오히려 유생산에 이용할 수 있는 에너지를 감소시킨다.

한편, RDP는 미생물의 성장에 이용된다. 반추위 미생물은 반추위로 공급된 에너지를 이용하여 성장을 하는데, 반추위 미생물의 성장은 가소화영양소 총량(total digestible nutrients; TDN)에 비례하며, NRC 젖소(2001)는 TDN의 13%가 미생물체 단백질(microbial crude protein; MCP)로 합성된다고 추정한다. 이렇게 미생물이 성장할 때는 질소공급원으로 RDP가 필요한데, RDP의 MCP로의 이용효율은 85%이며 1g의 MCP를 합성하기 위해 1/0.85 = 1.18g의 RDP가 요구된다. 이렇게 합성된 MCP는 소장에서 소화·흡수되어 미생물 유래 대사단백질이 된다. MCP는 80%가 순단백질(true protein)이고 그중 80%가 소장에서 소화·흡수될 뿐만 아니라 아미노산의 조성이 동물의 요구에 적합한 양질의 단백질 공급원이다.

하지만 젖소의 TDN 섭취량에는 제한이 있기 때문에 MCP 합성량에도 한계가 있으며, 이용 가능한 RDP의 양도 정해진다. 일반적인 반추동물의 경우 MCP만으로도 단백질 요구량을 충족시킬 수 있으나, 유생산량이 많은 고능력우의 경우 MCP 이외의 추가적인 대사단백질의 공급이 필요하다.

반추위에서 분해되지 않은 RUP는 MCP와 마찬가지로 소장으로 내려가 동물의 효소에 의해 소화·흡수되면 대사단백질의 공급원이 될 수 있으며, 이를 사료 유래 대사단백질이라 한다. RUP는 사료원에 따라 차이를 보이지만 일반적으로 80%가 소화·이용되는 것으로 알려져 있으며 아미노산의 조성은 사료원에 따라 변이가 크다.

이렇게 소장에서 소화·흡수된 사료 유래 대사단백질과 미생물 유래 대사단백질, 그리고 내생질소 유래 대사단백질을 합하여 대사단백질이라 하며, 대사단백질은 아미노산의 형태로 혈액을 통해 체내조직으로 운반되어 체단백질 합성에 이용된다. 여기서 내생질소 유래 대사단백질은 소장에 도달하는 동물 체내에서 기인한 세포 조각, 효소 등을 말하며 그 양은 그리 많지 않다. 일반적으로 MCP를 통해 대사단백질 요구량의 65~90%를 공급할 수 있다.

결론적으로 반추동물의 단백질 요구량 체계는 대사단백질을 기준으로 총대사단백질 요구량을 설정하되, 대사단백질의 가장 큰 공급원인 미생물체 단백질을 합성하기 위한 RDP **요구량**과 미생물 유래 대사단백질의 양이 총대사단백질 요구량에 못 미칠 때 이를 보충하기 위한 RUP **요구량**으로 구분된다.

(2) 유지 단백질 요구량

유지를 위한 단백질 요구량을 결정하는 데는 내생 요질소에 의한 **요인법**, **질소균형법**, **사양시험법** 등이 있다. 반추동물의 경우 주로 요인법이 이용되고 있다. 요인법이란 각각의 요인(factor)별로 요구량을 산출한 후에 이를 합하여 총요구량을 계산하는 방법이다. 일반적으로 반추동물의 유지를 위한 대사단백질 요구량은 ① 피부와 털의 생산을 위한 단백질, ② 요로 빠져나가는 단백질, ③ 대사 분 단백질, ④ 내생질소 단백질의 4요인으로 구분하여 산출한다.

NRC 젖소(2001)에서는 다음의 공식을 이용하여 젖소의 유지 대사단백질 요구량을 계산한다. 공식에 따르면, 피부와 털 생산을 위한 단백질과 내생 요 단백질의 요구량은 체중에 비례하고, 대사 분 단백질과 내생 단백질의 요구량은 건물섭취량에 비례한다.

유지 대사단백질 요구량(g/일)은 다음의 합으로 계산한다.

- 피부와 털 생산 : $0.3 \times (\text{체중} - \text{태아 무게})^{0.6}$
- 내생 요 단백질 : $4.1 \times (\text{체중} - \text{태아 무게})^{0.5}$
- 대사 분 단백질 : 건물섭취량(kg) × 30 − 0.125 × 미생물 유래 대사단백질(g)
- 내생 단백질 : 7.04 × 건물섭취량(kg)

이에 반해 NRC 육우(2000)에서는 비육우에 대한 유지 대사단백질 요구량을 동물의 성장에 기초를 두고 절식 체중$^{0.75}$당 3.8g으로 설정하였고, 프랑스(INRA) 사양표준에서는 질소균형법을 통해 유지 단백질 요구량을 절식 체중$^{0.75}$당 3.25g으로 설정하고 있다.

한국 젖소 사양표준(2007)에서는 NRC 젖소(2001)와 동일하게 젖소에 대한 유지 대사단백질 요구량을 계산하며, 한국 한우 사양표준(2007)의 경우 유지를 위한 단백질요구량은 대사단백질의 개념 없이 조단백질 요구량($5.56 \times \text{체중}^{0.75}$)으로 구하고, 유지를 위한 정미 단백질은 조단백질 변환효율을 51%로 가정하여 산출한다.

대부분의 사양표준에 제시된 유지 단백질 요구량은 성숙한 반추동물의 유지를 위한 평균 요구량이고, 실제 동물 사육 시의 단백질 유지 요구량은 사료단백질의 생물가 또는 에너지와 단백질 간의 공급 비율 등에 따라 달라지므로 주의해야 한다. 또한 공급된 단백질이 보다 효율적으로 사용되기 위해서는 적절한 수준의 에너지를 공급해야 한다.

3) 유지 광물질 및 비타민 요구량

체내대사 과정 중 이용되는 광물질은 유기물과는 달리 체내에 남아 재활용된다. 그러나 완전히 재활용되는 것은 아니고 신장, 소장점막, 소화선 및 피부를 통해 손실이 발생하며 이러한 손실분은 보충되어야 한다. 유지 광물질 요구량은 광물질마다 다른데, 예를 들어 Ca과 P의 내인성 손실은 비교적 크며 성축에서 중요하다. 반대로 Na과 Cl는 효과적으로 체내에 보존되어 과잉의 땀 배출이 없다면 일반적으로 유지 요구량은 적다. 유지 광물질 요구량은 분을 통한 광물질의 내인성 손실량을 고려해야 한다.

미국의 NRC는 광물질의 유지 요구량을 분과 요를 통한 손실로 구분하는 요인법을 이용하여 산출한다. NRC 육우(2000)에 따르면, 비육우의 Ca과 P의 유지 요구량(g/일)은 각각 0.031×체중, 0.0235×체중이다. NRC 젖소(2001)에서는 젖소의 유지를 위한 Ca의 요구량(g/일)을 비유하는 경우와 비유하지 않는 경우로 구분하여, 착유우의 경우에는 0.0318×체중, 착유하지 않는 경우에는 0.0162×체중으로 제시하였다. 또한 P의 분 손실은 성축에서는 1kg의 건물섭취량당 1g, 그 외에는 1kg의 건물섭취량당 0.8g으로 설정하고, 요 손실은 동일하게 0.0002×체중으로 계산한다.

비타민은 비록 적은 양으로 요구되지만 정상적인 생명현상과 생산활동을 위해 없어서는 안 될 유기 영양소이다. 비타민은 다른 영양소들의 효율적인 이용을 위해서 적당량이 항상 공급되어야 한다. 체내의 여러 대사과정은 특정 비타민에 의해 유발되고 조절된다. 일반적으로 유지 비타민의 요구량은 수용성 비타민의 경우 이유 후의 어린 동물을 제외한 반추동물은 반추위에서 충분히 생산되어 부족하지 않으며, 지용성 비타민도 사료로부터 공급받기 때문에 그 요구량이 아주 적다. 그러므로 유지를 위한 비타민 요구량은 별도로 제시되어 있지 않다.

2. 성장을 위한 영양소 요구량

성장(growth)이란 종의 특성에 따라 일정한 기간 동안 몸의 질량이 증가하는 현상이다. 즉 성장은 근육, 골격 및 기관을 구성하는 조직량이 증가하는 것을 의미하며, 이는 성숙 후 체조직에 지방이 축적되는 현상과 구별되어야 한다. 동물의 정상적인 성장을 위해서는 에너지, 단백질, 광물질 및 비타민 등의 영양소가 적절하게 공급되어야 한다.

1) 성장을 위한 에너지 요구량

성장하는 동물에게는 유지에 필요한 에너지와 더불어 새 조직을 합성하는 데 필요한 에너지를 공급해주어야 한다. 성장하는 동물의 에너지 요구량 중 유지 요구량이 차지하는 부분은 성장의 진행(체중 증가)에 따라 증가하나, 성장 그 자체를 위해 요구되는 양은 체중과는 상관없이 성장률과 성장된 조직의 성분에 따라 다르다. 그림 5-11에서 나타난 바와 같이 성장 초기에는 단백질 성장이 많으나 체중이 증가함에 따라 단백질 성장이 둔화되며, 수분 함량은 감소하고 지방 함량이 증가한다. 지방의 에너지 밀도는 단백질의 에너지 밀도보다 높기 때문에 동일한 양의 증체라고 하더라도 지방 성장을 하는 경우가 단백질 성장을

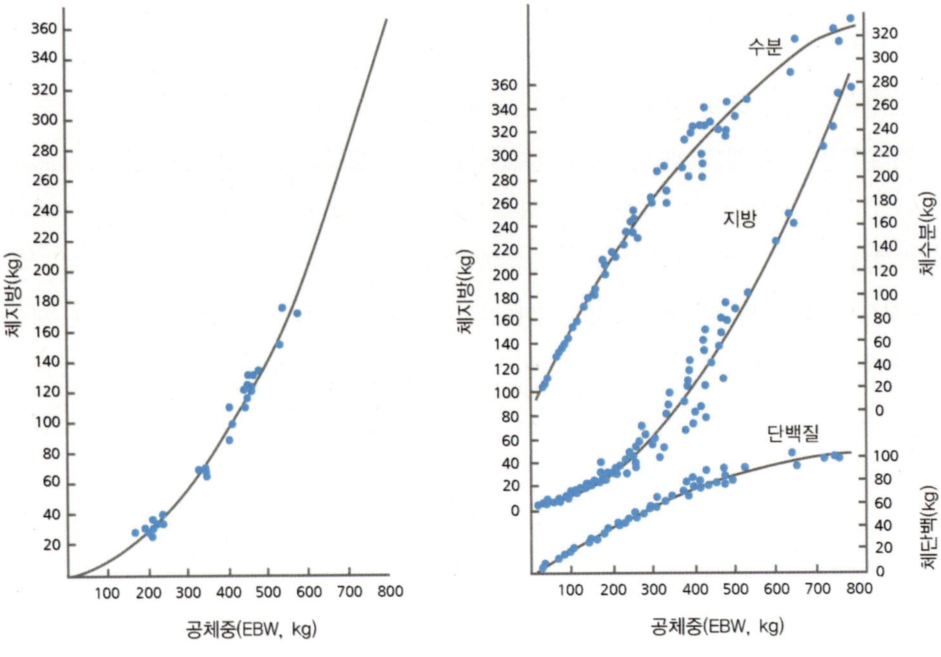

그림 5-11 거세우의 성장에 따른 공체중과 체내 지방·수분·단백질의 변화 (Simpfendorfer, 1974)

표 5-22 거세우의 성장단계별 일당증체량과 체내 축적 영양소 함량

평균 일당증체량(kg)	절식체중(kg)						
	200	250	300	350	400	450	500
	NEg 요구량(Mcal/일)						
0.6	1.68	1.99	2.28	2.56	2.83	3.09	3.34
0.8	2.31	2.73	3.13	3.51	3.88	4.24	4.59
1.0	2.95	3.48	4.00	4.49	4.96	5.42	5.86
1.3	3.93	4.65	5.33	5.98	6.61	7.22	7.81
	증체 중 단백질 함량(%)						
0.6	20.4	19.5	18.8	18.0	17.3	16.6	16.0
0.8	18.7	17.6	16.5	15.5	14.6	13.6	12.7
1.0	17.0	15.6	14.2	13.0	11.7	10.5	9.3
1.3	14.4	12.5	10.7	9.0	7.3	5.7	4.2
	증체 중 지방 함량(%)						
0.6	5.9	9.7	13.2	16.6	19.9	23.1	26.2
0.8	13.6	18.7	23.6	28.2	32.8	37.1	41.4
1.0	21.4	27.9	34.1	40.1	45.6	51.5	56.9
1.3	22.3	29.0	35.4	41.5	47.4	53.2	58.7
	체지방(%)						
0.6	11.6	10.8	10.9	11.5	12.3	13.4	14.5
0.8	11.6	12.5	13.9	15.6	17.5	19.4	21.4
1.0	11.6	14.2	17.0	19.9	22.8	25.6	28.5
1.3	11.6	14.4	17.4	20.4	23.4	26.4	29.3

NRC(2000).

하는 경우에 비해 더 많은 에너지를 필요로 한다. 따라서 성장한 조직의 성분에 따라 에너지 요구량은 달라진다.

NRC(2000, 2001)에서 성장에너지 요구량 예측은 성장률과 체중에 따른 체조직의 구성(단백질과 지방의 함량)에 따라 달라진다(표 5-22). 체조직의 구성은 표준 절식체중(standard reference shrunk body weight)을 기준으로 **화학적 체성숙도**(chemical maturity)에 따라 결정된다. Holstein 젖소의 경우 일반적으로 체중 650~680kg에서 화학적 체성숙도에 도달하며, 이를 **절식체중**(shrunk body weight, 체중의 0.956)으로 표현하면 624~653kg이 된다. 이때의 체조직 구성은 참고 표준 절식체중 478kg과 동일한(공복체중 중 지방의 함량이 28%) 것으로 가정하며, 그 비율에 따라 체성숙도와 성장을 위한 정미 에너지 요구량이 결정된다. **성장 에너지 요구량**을 예측하는 방법과 식은 다음과 같다.

- 절식체중(shrunk body weight, kg) : 체중 × 0.96
- 공복체중(empty body weight, kg) : 절식체중 × 0.891
- 표준 절식체중(kg) : 절식체중 × (478 ÷ 체성숙 절식체중)
- 표준 공복체중(kg) : 표준 절식체중 × 0.891
- 표준 증체량(kg/일) : 일당증체량 × 0.956
- 성장 정미에너지 요구량(Mcal/일) : 0.0635 × (표준 공복체중)$^{0.75}$ × (표준 증체량)$^{1.097}$

예를 들어, 300kg인 Holstein 젖소(체성숙 절식체중이 653kg)의 일당증체량이 0.7kg인 경우, 표준 공복체중은 188kg[$300 \times 0.96 \times (478 \div 653) \times 0.891 = 187.8$]이며 표준 증체량은 0.67kg이므로 성장 정미에너지 요구량은 2.08 Mcal[$0.0635 \times (188)^{0.75} \times (0.67)^{1.097} = 2.078$]가 된다.

결론적으로 성장 초기(저체중)에는 상대적으로 증체 중 단백질 비율이 높기 때문에 동일한 증체에서 성장 에너지 요구량이 낮다. 하지만 비육이 진행됨에 따라 지방의 축적이 많아지므로 증가되는 단위체중당 에너지 축적량과 성장 에너지 요구량이 많아진다. 그러나 한국 한우사양표준(2007)에서는 체중에 따른 체조성의 변화를 고려하지 않고 $0.0533 \times$ 체중$^{0.75} \times$ 일당증체량으로 성장 정미에너지 요구량을 산출한다.

2) 성장을 위한 단백질 요구량

성장하는 동안 동물은 많은 양의 체단백질을 합성하고 축적시켜야 한다. 성장을 위한 단백질 요구량이란 체내에 축적되는 양이라고 할 수 있지만, 소화와 대사 과정에서 손실되는 양을 고려하면 실제 요구량은 체내에 축적되는 양보다 많다. 유지에 요구되는 단백질의 양은 체중에 비례하여 증가하지만 새 조직을 형성하는 데 필요한 단백질의 양은 체중 증가에 따라 감소한다. 이는 체중이 증가함에 따라 동일한 증체에서 단백질이 차지하는 비율이 적어지기 때문이다.

하지만 이것은 정미단백질 요구량의 경우이고, 성장을 위한 대사단백질 요구량은 정미단백질만큼 체중이 증가함에 따라 급격히 낮아지지는 않는다. 그 이유는 체중이 증가함에 따라 대사단백질이 성장을 위한 정미단백질로 전환되는 효율이 낮아지기 때문인데, NRC(2000, 2001)에서는 대사단백질이 성장 정미단백질로 전화되는 효율을 표준 절식체중이 참고 표준 절식체중(478kg)보다 적은 경우에는 [83.4-(0.114 × 표준 절식체중)] ÷

100, 참고 표준 절식체중보다 큰 경우에는 0.28908로 계산한다. 예를 들어 Holstein 젖소가 체중이 300kg일 때 대사단백질이 성장 정미단백질로 전환되는 효율은 59.3%이나, 체중이 500kg인 경우에는 43.4%로 떨어지며, 체중이 660kg이 되면 28.9%가 된다.

NRC(2000, 2001)에서 성장을 위한 정미단백질 요구량(NP_g)은 성장에 따라 축적되는 에너지(retained energy, RE)와 평균 일당증체량(ADG)으로부터 계산된다($NP_g = ADG \times [268 - (29.4 \times RE \div ADG)]$). 반면에 한국 한우사양표준(2007)에서는 일당증체량과 체중으로부터 정미단백질 요구량을 산출한다[$NP_g = ADG \times (224.7 - 0.251 \times$ 체중)].

단백질의 체내 축적은 흡수되는 아미노산의 질과 조성에 의해 결정된다. 조직의 성장을 위한 아미노산 요구량은 체내 정미 단백질(NP) 축적 시 필요한 각 아미노산의 함량과 같기 때문에 조직에 축적된 단백질을 정확히 예측해야 한다. 일반적인 반추동물의 근육단백질의 필수아미노산 함량(g/100g 공복체중)은 arginine 3.3, histidine 2.5, isoleucine 2.8, leucine 6.7, lysine 6.4, methionine 2.0, phenylalanine 3.5, threonine 3.9와 valine 4.0이다. 그러므로 체조직에 축적되는 정미단백질이 근육단백질의 아미노산 조성과 가까울수록 단백질 요구량은 감소하게 된다.

3) 성장을 위한 광물질 및 비타민 요구량

성장 중인 동물은 성장에 필요한 광물질과 왕성한 체내대사에 따른 광물질 및 비타민에 대한 요구로 인해 추가적인 비타민과 광물질을 필요로 한다. 주요 광물질 중에서는 Ca 결핍이 가장 잘 나타난다. 송아지에서 Ca의 부족은 뼈의 정상발육을 저해하며 일반적인 성장발육에도 영향을 미친다. Ca이 부족할 경우 뼈의 Ca 및 P의 함량이 감소하며 이에 따라 골절상을 입기 쉽다.

NRC 육우(2000)는 비육우의 성장을 위한 Ca과 P의 요구량(g/일)을 각각 0.142×단백질 축적량(g), 0.066×단백질 축적량(g)으로 산출한다. NRC 젖소(2001)에서는 젖소의 성장을 위한 Ca과 P의 요구량(g/일)을 각각 $9.83 \times$ 체성숙체중$^{0.22} \times$ 체중$^{-0.22} \times$ 일당증체량 $\div 0.96$, $(1.2 + 4.635 \times$ 체성숙체중$^{0.22} \times$ 체중$^{-0.22}) \times$ 일당증체량$\div 0.96$으로 계산한다. 한국 한우사양표준(2007)에서는 Ca과 P의 요구량(g/일) 설정은 NRC 육우(2000)와 동일하게 하고, 비타민의 요구량은 유지와 성장을 구분하지 않고, 비타민 A는 체중 1kg당 42.4 IU, 비타민 D는 체중 1kg당 6 IU가 필요하다고 제시하였다.

젖소 송아지의 광물질과 비타민의 요구량은 표 5-23에 나타나 있다. Ca 요구량은 Ca의 유지요구량(내생 및 대사손실량 포함)과 Ca의 순이용률을 고려하여 결정한다. 일반적

표 5-23 젖소의 대용유, 어린 송아지 및 육성우 사료의 광물질 요구량(사료건물 기준)

광물질	대용유	어린 송아지	육성우(3~6개월령)
Ca(%)	1.0	0.7	0.6
P(%)	0.7	0.45	0.4
Mg(%)	0.07	0.10	0.1
K(%)	0.65	0.65	0.65
Na(%)	0.4	0.15	0.14
Cl(%)	0.25	0.2	0.2
S(%)	0.29	0.2	0.2
Fe(mg/kg)	100	50	50
Co(mg/kg)	0.11	0.1	0.1
Cu(mg/kg)	10	10	10
Mn(mg/kg)	40	40	40
Zn(mg/kg)	40	40	40
I(mg/kg)	0.5	0.25	0.25
Se(mg/kg)	0.3	0.3	0.3
비타민 A(IU/kg)	9,000	4,000	4,000
비타민 D(IU/kg)	600	600	600
비타민 E(IU/kg)	50	25	25

NRC(2001).

으로 젖소에게 가장 중요한 광물질은 Ca과 P으로 이들 두 광물질 간에는 교호작용이 있다. 따라서 각각의 급여량도 중요하지만 두 광물질의 비율도 중요하다. 우유를 먹는 어린 송아지의 Mg 이용률은 대단히 높으며 체중에 따른 송아지의 Mg 이용률은 0.7(체중 50kg 송아지), 0.3(체중 75kg), 0.2(체중 100kg)로서 이 수치를 이용하여 송아지의 Mg 요구량을 결정한다. 갓 태어난 송아지의 간에 대부분의 Zn이 저장되어 있고, Zn이 결핍되면 송아지의 혈중 carbonic anhydrase 농도가 감소된다. Zn이 결핍되면 대개 송아지의 증체율이 감소되나, 사료의 소화율은 크게 영향을 받지 않는 것으로 보고되고 있다.

송아지에게 우유만 장기간 급여하거나, 동식물성 지방과 탈지분유를 기초로 한 대용유 등으로 사육하면 소적혈구성 빈혈과 정색성 빈혈이 발생하며, 더 심해지면 저색소성 빈혈로 진행된다. 병리학적인 빈혈은 혈중 hemoglobin 농도가 80g/L 이하일 때 발생하며, 약한 빈혈은 70g/L, 중도빈혈은 50~60g/L, 심한 빈혈은 40g/L 혹은 그 이하일 때 발생하나 혈중 hemoglobin 함량이 70g/L 이하인 소는 대개 빈혈 증상을 나타낸다. Fe이 부족하면 모든 영양소의 소화율이 저하되어 사료효율이 나빠지며 식욕도 저하된다. 그리고 외부점막조직이 창백해지고 위장점막의 퇴화, 감염성 질병이나 설사에 대한 감수성이 높아진다. 특히 심한 빈혈에 걸리면 성장률이 크게 떨어지고 이는 성장이 빠른 어린 동물일수록 심한 영향을 받는다.

3개월 미만의 송아지의 Fe 요구량은 100mg/kg(건물 기준)이며 3개월령 이상 젖소의 Fe 요구량은 50mg/kg이다. Fe의 정확한 요구량은 연령, 성장률, Fe 공급원에 따른 이용률 및 측정방법에 따라 좌우된다. 그리고 어린 송아지의 Fe 요구량이 높은 것은 증체량당 Fe의 함량이 높고 사료요구율이 낮아 그만큼 더 높은 Fe이 단위사료당 포함되어 있어야 하기 때문이다. Fe 이용률은 섭취량에 따라 다르나 일반적으로 수용성인 ferrous sulfate와 ferric citrate가 ferrous carbonate, ferric oxide 및 iron phytate보다 이용률이 높다.

3. 임신을 위한 영양소 요구량

동물이 임신하게 되면 그 다음 목표는 건강하고 정상적인 태아를 성장·발달시키는 것이다. 태아의 영양소 요구량은 임신 말기에 특히 높아지지만 특정 영양소가 부족하면 임신기 전 기간에 영향을 미칠 수 있다.

1) 임신을 위한 에너지 요구량

임신한 동물은 태아를 비롯하여 태반과 자궁의 발달, 차기 유생산 등을 위한 체지방 축적 등으로 체중이 증가하고 이에 따라 에너지 요구량도 자연히 증가한다. 태아조직내 에너지 축적은 소와 면양의 도체분석법과 호흡열량측정법 등을 통해서 결정된다. 그림 5-12는 전형적인 임신한 소의 태아 조직내 에너지 축적 곡선으로 임신 말기에 영양소의 요구량이 급격히 증가한다. 분만 2개월 전 젖소의 에너지 요구량은 비임신우와 비교하여 30%가 높고 단백질은 90%나 높다. 즉, 젖소의 임신에 따른 태아의 발달이 임신 후반기에 크게 늘어나고 임신 190일까지의 발달은 미미한 편이다. 이 기간 중 자궁 및 태아의 발달은 1일 평균 75g 정도밖에 되지 않는다. 이후부터는 증체가 크게 늘면서 분만 1주 전에는 일당증체량이 거의 1kg에 이르게 된다. 따라서 임신기간 총증체량의 10%가 임신 190일까지에 이루어지며 65%는 임신 후반기에 이루어진다.

임신 말기에 쌍둥이나 세쌍둥이를 임신한 면양이나 산양과 같은 작은 반추동물들이 더 많은 에너지를 요구한다. 사슴의 경우 이 시기에 에너지가 심각하게 부족하게 되면 태아를

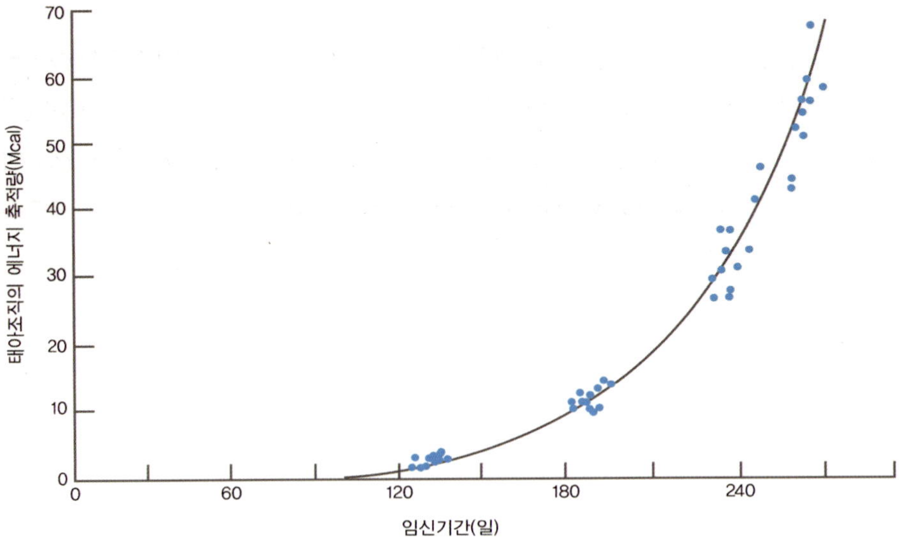

그림 5-12 임신 일수에 따른 태아조직의 에너지 축적량 변화 (Ferrell, 1988)

재흡수하거나 미라화한다. 쌍태 이상의 다태임신 동물이나 고능력 젖소가 임신을 위한 에너지를 추가적으로 충분하게 공급받지 못하면 임신중독증이나 케톤증(ketosis)이 생길 수 있다. 비유기에 발생하는 케톤증은 우유 생산에 의해 glucose 요구량이 높아진 것이 이유이지만, 임신한 면양의 케톤증은 태아의 glucose 요구량이 높아졌기 때문이다.

태아의 조직 발달에 필요한 에너지 이용효율은 비교적 낮아서 10~20%(평균 13%) 정도이다. 여기서의 변이 차는 주로 사료에 의한 것이며, 유지에너지나 성장에너지에서처럼 사료내 ME와 관련이 있다. 사료의 ME 함량이 2.4Mcal/kg 이하인 경우 반추동물의 체조직보다 태아조직이 에너지를 효율적으로 이용하지 못한다고 한다.

임신기 동안 동물의 열발생량 증가의 50%가 임신에 의한 에너지 소비가 증가한 때문이다. 이 에너지 소비 중 많은 부분이 심장으로부터의 혈액공급량 증가, 간과 신장활동량의 증가 등에 의한 것이다. 추가적으로 태아조직에 필요한 많은 부분의 에너지가 자궁과 태반에 의해서 이용된다. 이는 자궁과 태반이 전체 임신 관련 조직들이 소비하는 에너지의 50~80%를 차지하기 때문이다. 자궁과 태반에서 에너지 소비가 높은 원인이 완전히 밝혀진 것은 아니지만 일반적으로 태아의 성장을 위해 자궁내 환경을 최적으로 유지하는 데에 많은 에너지를 소비하는 것으로 여겨지고 있다. 태아의 성장과 유지를 위해 이용되는 에너지의 35~40%가 태아조직에 실제 축적된다.

NRC 젖소(2001)는 임신 190일까지는 임신과 관련한 에너지 요구량을 별도로 고려하지 않고 임신 말기 100일 동안 소요되는 에너지 요구량을 산출한다. 임신기의 에너지 요구량은 분만 시 태아의 체중에 따라 달라진다는 가정하에 Holstein 젖소의 송아지 출생 시 체중 45kg을 기준으로 하고, 태반 형성을 위한 대사에너지 이용효율 0.14를 기초로 임신을 위한 대사에너지 요구량을 산출하고 있다.

2) 임신을 위한 단백질 요구량

임신 시 단백질 요구량을 측정하기 위해서는 태아조직(태아, 태반, 양수 및 자궁)의 단백질 증가율을 알아야 하고 사료단백질이 태아의 성장에 이용되는 효율에 대한 자료가 필요한 것은 임신을 위한 에너지 요구량에 대한 것과 같다. 임신을 위한 대사단백질의 요구량은 태아 무게, 송아지의 출생 시 체중 및 임신 일수와 같은 변수들에 의해 달라진다. NRC 젖소(2001)에서는 임신을 위한 대사단백질을 에너지와 마찬가지로 임신 190일부터 요구되는 것으로 가정하며, 임신을 위한 대사단백질의 이용효율은 33%로 가정하고, [(0.69×임신일－69.2)×송아지 생시 체중÷45]÷0.33으로 계산한다. NRC 육우(2000)에서는 임신 190일과 280일에 요구되는 정미단백질 요구량을 각각 32.3g/일과 156.1g/일로 제시하고 있다.

3) 임신을 위한 광물질 및 비타민 요구량

임신을 위한 광물질 요구량은 일반적으로 태아의 광물질 함량과 태아조직의 광물질을 포함하여 임신 말기에 최고에 달한다(그림 5-13). 동물의 정상적인 임신을 유지하기 위해서는 여러 가지 광물질의 적절한 공급이 필요하다. Ca과 P은 태아의 골격 형성에 사용되어 임신 말기에 그 요구량이 급증하는 광물질이다. 분만 2개월 전까지는 임신소의 Ca 축적이 적다가 분만 2개월 전부터 총 Ca의 75%가 태아에 축적되기 때문에 이때 Ca의 요구량이 증가한다. 임신기간 중 Ca이 결핍되면 건강한 자축의 분만율이 감소되며 심한 경우 사산되는데, 이는 자궁근육의 수축력이 부족하기 때문이다. Ca과 P이 분만 직전에 더욱 중요한 이유는 분만 후 곧 비유기간을 맞이하게 되는데, 이때는 아무리 높은 수준의 Ca과 P을 공급해준다고 하더라도 유생산에 소요되는 양이 워낙 많기 때문에 요구량을 충족할 수 없고, 어미의 골조직으로부터 Ca과 P의 분해가 일어나기 때문이다. 이러한 점을 고려하여 임신기간(특히 말기) 중에 골격 형성 영양소를 충분히 비축하지 않으면 어미에게 유해할 수 있다. 그중 임신기(건유기) 동안에 급여되는 사료내 Ca과 P의 비율이 맞지 않거

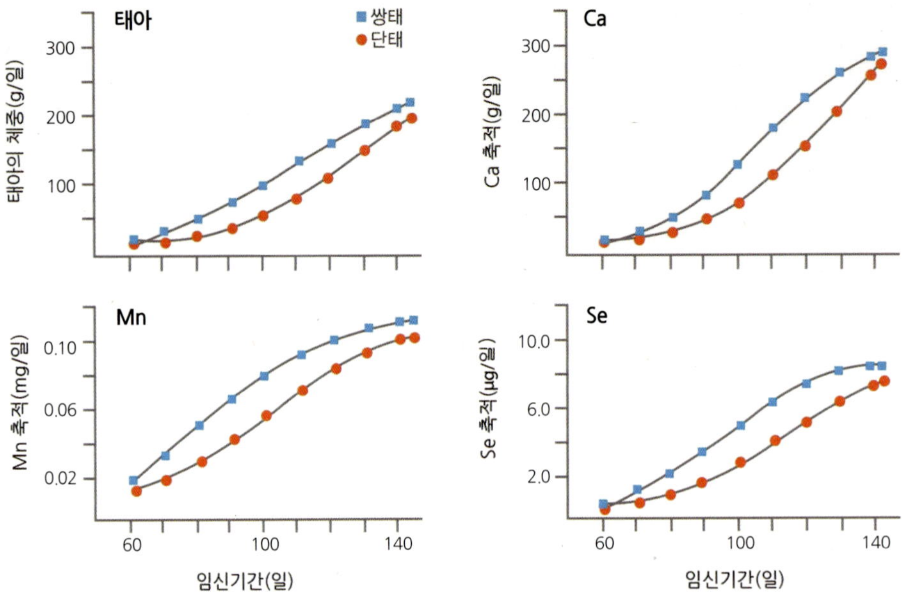

그림 5-13 단태와 쌍태 자양의 임신기간 동안 태아체중과 Ca, Mn 및 Se의 태아조직내 축적량 변화

나 분만 후 Ca의 섭취량이 급격히 감소하면 Ca 대사장애 증상인 유열(milk fever)이 발생할 수 있다.

NRC 육우(2000)는 비육우의 임신을 Ca과 P의 요구량(g/일)을 임신 후기 90일 동안만 설정했으며, 각각 출생 시 체중×(13.7÷90)÷0.5, 출생 시 체중×(7.6÷90)÷0.68로 계산한다. NRC 젖소(2001)에서도 임신 190일이 지나서야 요구량을 설정하는데, 출산일이 다가옴에 따라 Ca과 P의 요구량은 증가한다.

I가 결핍되면 갑상선의 비대를 초래하며 임신 말기(보통 분만 2개월 전)에 태반에 영향을 미치므로 유산을 일으킬 수 있고, 사산되거나 허약한 송아지를 분만하기도 한다. 보통 권장되는 사료 중 I 함량은 송아지와 미경산우는 0.5mg/kg, 임신 후반기 및 비유중인 소는 1.0 및 0.5mg/kg이다. I의 섭취량이 높으면 눈물을 많이 흘리며, 평상시보다 타액분비량이 증가하고 사료섭취량이 감소하는데, I의 섭취량을 줄이면 곧 회복된다.

Mn의 공급량이 부족하면 젖소에서는 불임증, 수태율의 저하, 유산 등이 발생하며 기형인 송아지를 분만하기도 한다. 또한 태어난 기형 송아지는 발굽과 복사뼈 사이가 연약하고, 지관절이 비대하며, 다리가 뒤틀린다거나 상완골이 연약하며 쉽게 골절된다. 반대로 과도한 Mn의 섭취는 hemoglobin 함량을 낮추며, 사료섭취량과 증체율을 저하시킨다. 이외에도 Cu가 부족하면 난산율과 후산정체 발생이 증가한다.

정상적인 임신을 유지하기 위해서는 비타민의 적절한 공급이 중요한데, 일반적으로 성장 시와 비교하여 요구량에 큰 차이는 없다. 반추동물은 비타민 B군을 합성할 수 있기 때문에 녹사료의 충분한 급여와 적당한 자외선의 조사만으로도 번식에 별 지장이 없는 편이다. 그러나 비타민 A가 부족하면 유선 발달이 지연되고 태아가 약하거나 눈이 멀기도 하며 태반의 케라틴화, 후산정체, 유선부종 등이 발생한다. 비타민 D의 공급이 부족하면 구루병을 가진 태아를 분만하며, Ca과 P의 흡수율 감소의 원인이 된다. 비타민 E와 Se은 후산정체를 방지하는 기능이 있다. 비타민 E와 Se의 공급방법은 주로 5mg의 Se과 68 IU의 비타민 E를 체중 45.4kg당 분만 2주 전에 근육주사하는 것이 있으며, 또 다른 방법으로는 0.1ppm의 Se과 500mg/일의 비타민 E를 사료에 첨가하기도 한다.

NRC 육우(2000)에서는 임신기 비타민 A, D의 요구량을 각각 사료 1kg당 2,800 IU와 275 IU로 설정한 바 있다.

4. 비유를 위한 영양소 요구량

동물이 임신에서 비유기로 들어오면 영양소 요구량은 동물의 종류와 생산 수준에 따라 다양하게 변화한다. 1마리의 송아지를 수유하는 육우 암소의 경우 영양소 요구량은 전혀 증가하지 않거나 3분의 1 정도까지 증가할 수 있다. 2마리를 수유하는 면양은 임신 말기보다 영양소 요구량이 50~60% 증가하며 비유최고기 동안의 요구량은 유지 요구량의 3배가 된다. 여러 야생 반추동물은 비유기간이 짧고 젖의 양이 적은 이유로 건유기와 비슷한 영양소를 요구한다.

젖소와 유산양의 비유를 위한 영양소 요구량은 분만 후 급격히 증가한다. 고능력 젖소

표 5-24 유지, 임신 말기 및 비유최고기(60kg 우유/일) 젖소(체중 650kg)의 1일 영양소 요구량

영양소	유지	임신 말기	비유최고기[1]
단백질(kg)	0.515	0.931	5.735
에너지(NEl, Mcal)	10.30	13.39	54.70
Ca(g)	22	39	184
P(g)	18	28	126

[1] 유지 및 4.0% 유지방 함량의 우유 60kg을 생산하기 위한 요구량의 합.
Schingoethe 등(1988).

나 산양은 유지나 임신 말기에 필요한 에너지의 3~6배 이상이 필요하다. 이들은 새끼가 필요한 젖 이상을 생산하고 또 그 생산기간도 새끼가 필요한 기간보다 더 오래 지속되기 때문이다. 표 5-24에서 고능력 젖소의 유지 또는 임신 말기 영양소 요구량과 비유최고기 요구량을 비교하고 있다.

1) 비유를 위한 에너지 요구량

유생산에 필요한 정미에너지는 우유 중 에너지 함량을 토대로 산출하는데 그 기초는 우유 성분 중 지방, 단백질, 유당 등이다. 이들 유지방, 유단백질, 유당 등의 연소열가는 조건에 따라 다소 차이는 있지만 대체로 1g당 9.29, 5.47 및 3.95 kcal이다. 우유 성분 중 유당의 함량은 약 4.86%로 거의 일정한 편이다. 따라서 이 유당 함량을 에너지 요구량 등의 산출에 그대로 이용하기도 한다.

유단백질은 질소를 정량하여 그 함량을 산출하는데 단백질을 질소 함량의 6.38배로 추정하는 경우, 그중 7% 정도가 비단백태 질소화합물(NPN)인데, NPN 중 절반이 요소이고 나머지는 NH_3, peptide, creatine, creatinine, hypuric acid, uric acid 등으로 구성된다. 유단백질의 에너지가는 질소화합물의 특성에 따라 차이가 나는데 그중 NPN의 경우는 연소열가가 평균 2.21kcal/g 정도이며, 우유 전체 조단백질의 에너지가는 5.47kcal/g이 된다. 우유 내 각 영양소 함량과 각 성분의 연소열가를 기초로, 유생산을 위한 정미에너지(NEl, Mcal/kg)는 0.0929×유지방 %+0.0547×유단백 %+0.0395×유당 %로 계산할 수 있다. 즉, 유지방률 3.8%, 유단백률 3.1%, 유당률 4.8인 우유 1kg을 생산하는 데 요구되는 정미에너지는 0.71Mcal이다. 유단백질이 순단백질(true protein)이면 연소열가 계수를 0.0547 대신 0.0588로 조정할 수 있다.

2) 비유를 위한 단백질 요구량

비유를 위한 정미단백질의 요구량은 우유로 생산되는 유단백질의 양과 동일하며, 대사단백질이 유단백질로 전환되는 효율(67%)을 고려하여 비유를 위한 대사단백질 요구량이 결정된다. 예를 들어, 착유우가 유단백질의 함량이 3.0%인 우유를 1일 40kg 생산한다면, 1일 생산되는 단백질은 1,200g이고, 비유를 위한 MP 요구량은 1,200/0.67=1,791g이 된다.

유지 및 비유를 위한 대사단백질 요구량을 충족시키기 위해 사료를 통해 어느 정도의 RDP, RUP, CP를 공급해야 하는지를 예를 통해 계산해보면 표 5-25와 같다. 동물의 대사단백질 요구량을 충족시킬 수 있도록 사료내 RDP와 RUP의 요구량을 결정할 때에는 첫째,

표 5-25 유지 및 비유를 위한 젖소의 단백질 요구량 계산 예

항목	계산식	수치
RDP 요구량 계산		
TDN 급여량	24kg × 0.70 × 1,000g/kg	16,800g
MCP 합성량	16.8kg × 0.13	2,184g
RDP 요구량	2,184g ÷ 0.85	2,569g
RUP 요구량 계산		
대사단백질 요구량		2,627g
유지 대사단백질 요구량	$(0.3 \times 680^{0.6}) + (4.1 \times 680^{0.5}) + (24 \times 30 - 0.125 \times 1,400) + (7.04 \times 24)$	836g
비유 대사단백질 요구량	40kg × 0.03 ÷ 0.67	1,791g
사료 외 대사단백질 공급량		1,511g
미생물 유래 대사단백질 공급량	2,184g × 0.64	1,398g
내생질소 유래 대사단백질 공급량	0.4 × 11.8 × 24kg	113g
사료 유래 대사단백질 요구량	2,627g - 1,511g	1,116g
RUP 요구량	1,116g ÷ 0.8	1,395g
CP 요구량	2,569g + 1,395g	3,964g
사료내 CP 함량	3,964 ÷ 24,000 × 100	16.5% 건물

MCP 합성량을 계산하고, 둘째, MCP와 내생질소를 통한 MP 공급량을 계산하고, 셋째, 이를 MP 요구량에서 뺀 값을 RUP를 통해 공급할 수 있도록 RUP 요구량을 설정한다. RDP 요구량은 MCP 합성량에 의해 계산된다. 예를 들어, TDN이 70%인 사료를 건물 기준으로 24kg 섭취하는 착유우가 순단백질의 함량이 3.0%인 우유를 40kg 생산한다고 할 때, RDP와 RUP 요구량을 계산하면 다음과 같다.

비유를 위한 단백질의 요구량을 충족하기 위해서는 대사단백질의 양뿐만 아니라 대사단백질의 아미노산 조성도 고려해야 한다. 특히 RUP의 공급에 따른 사료 유래 대사단백질의 비율이 높아질수록 대사단백질의 아미노산 조성을 고려해야 한다. 제한아미노산인 lysine과 methionine의 비율이 대사단백질 중 각각 7.2%와 2.4%가 되는 것이 가장 이상적이며, 두 아미노산의 비율을 3 : 1 정도로 유지시키는 것이 필요하다.

3) 비유를 위한 광물질 및 비타민 요구량

Ca과 P의 요구량은 비유 시작과 함께 증가한다. 이러한 요구량 증가에 적응하지 못한 소의 경우 유열(milk fever)을 일으킬 수 있다. 사료배합 시 Ca과 P이 부족하지 않도록 충분

히 첨가하지만 단기간 부족할 경우 뼈로부터 상당한 양의 Ca과 P을 이용하므로, 비유 3~5개월의 젖소는 Ca과 P의 균형이 음의 상태에 있다. 고지방 사료를 급여하면 분을 통한 Ca의 손실량이 증가하여 Ca의 요구량이 증가한다. Ca 요구량은 Ca의 유지요구량(내생 및 대사손실량 포함)과 Ca의 순이용률을 고려하여 결정한다.

유생산을 위한 P의 요구량은 우유 중 P의 함량에 따라 좌우되며, 비유 초기 3개월 동안은 산유량이 많아 체내에서 10%의 P 손실이 일어나는데 이를 보충하기 위해서는 다음 분만 시까지 하루에 약 3g의 P을 더 첨가해야 한다. Ca과 P은 두 광물질 간에는 교호작용이 있다. 따라서 각각의 급여량뿐만 아니라 두 광물질의 비율도 중요하다. 지나친 Ca의 공급은 P의 요구량을 증가시키며, P의 효율적인 이용을 위해서는 적당량의 비타민 D가 사료에 함유되어 있어야 한다. 또한 Mo(몰리브덴)의 함량이 높은 조사료는 Mo과 P이 결합하기 때문에 P의 요구량을 증가시킨다.

비유 시에는 Na과 Cl의 요구량이 높은데, 이는 이들 광물질이 우유로 분비되는 양이 많기 때문이다. 비유우 사료에 0.18%의 Na 또는 0.46%의 소금을 첨가하도록 권장하고 있다. $NaHCO_3$와 같은 buffer제에 Na가 충분히 들어 있지만, 반면에 Cl는 사료로 공급되는 양이 부족할 수 있다. Cl가 부족하면 유생산이 급속히 줄어든다. 고능력우를 위한 Na과 Cl의 적정 비율은 1 : 2이다. 그리고 소금의 Na과 Cl의 비율은 1 : 1.56이다.

K도 우유에 다량 함유되어 비유를 위한 요구량이 높고 환경 온도가 증가하면 K의 요구량도 더욱 증가한다. 대부분의 목초에는 젖소가 필요로 하는 양보다 많은 K가 함유되어 있으나 농후사료에는 K의 함량이 낮기 때문에 농후사료 위주의 사료를 급여할 경우에는 K의 공급이 필요하다. K 함량이 높은 목초는 Mg의 흡수율 및 이용률을 저하시키기 때문에 K 함량이 높은 목초를 착유우에 급여하면 그래스테타니(grass tetany)를 유발하는 요인이 된다. 젖소의 K 요구량은 0.5~0.8%이며, K의 요구량은 주로 사료의 건물섭취량에 따른 분 손실량과 대사체중에 의해 영향을 받는 요손실에 의해서 결정된다.

젖소의 Mg 흡수율은 여러 가지 요인에 의해 많은 차이가 나기 때문에 요구량을 결정 시 이 점을 고려해야 한다. 우유에는 비교적 Mg 함량이 높기 때문에(약 0.012%) 유생산량이 증가함에 따라 사료내 Mg 요구량을 증가시켜야 한다.

젖소의 S(황) 요구량은 정확하게 규명되지 않았으나, 질소와 유황의 비율 및 사양실험을 통한 증체 효과로써 결정할 수 있다. 대부분의 단백질 사료에는 일반적으로 조단백질과 S이 함께 포함되어 있으나 NPN은 질소만을 공급하기 때문에 NPN을 사용할 때에는 S을 보충해주어야 한다. 미생물 체조직 혹은 유단백질의 S과 질소의 비율은 1 : 14.1

혹은 0.07(S/N = 1/14.1 = 0.07)에 가깝기 때문에 S의 요구량은 제1위에서 분해되는 질소량에 0.07을 곱하여 계산한다. 착유우에 있어서 S과 질소의 비율이 1 : 12일 때 사료섭취량이 가장 많고 착유우의 S 요구량은 총사료의 0.20%이며, 비착유우의 S 요구량은 S과 질소의 비율이 1 : 12가 되게끔 계산한다.

I 섭취량의 약 10%가 우유로 분비되기 때문에 비유 시 요구량이 증가한다. 고능력 젖소를 위한 사료내 I의 적정량은 0.5ppm이다. 하지만 유기태 I인 ethylene-diamine-diiodied(EDDI)와 같은 것을 과잉공급하면 우유에서 살균제 냄새가 나고, 우유내 함량이 너무 높으면 인체에 유해할 수 있다.

비타민 공급은 유생산에 직접 영향을 미치지 않지만, 비타민 A와 D는 동물의 건강을 위해서 충분히 공급할 필요가 있다. 임신우와 착유우에게는 체중 1kg당 100mg의 β-carotene을 매일 급여해야 한다.

착유우를 위한 비타민 D의 일당 최소요구량은 체중 1kg당 101 IU이다. 비타민 D를 단기간 다량 급여하면 유열을 방지할 수 있다. 특히 분만 3~5일 전부터 분만 후 1일까지 비타민 D를 매일 20,000,000 IU씩 급여하면(최고 7일) 유열 발생을 줄일 수 있다.

성축의 비타민 E 요구량은 매우 소량이어서 농후사료에 포함되어 있는 tocopherol로도 비타민 E 요구량을 충족시킬 수 있다. 그러나 우유의 산패취가 문제가 된다면 비타민 E는 보충급여가 필요하며 일당 400~1,000mg을 추가 공급할 수 있다.

비타민 B군은 반추위 미생물에 의해 합성되기 때문에 별도로 급여할 필요는 없다. 그러나 niacin을 위시한 몇 가지 비타민 B의 첨가로 효과가 있다는 연구결과가 있으며, 특히 조사료가 부족할 때 비타민 B군의 첨가효과에 대해서는 비교적 긍정적이다.

제4절 사료섭취 기작과 조절

섭취량은 동물의 능력을 결정하는 가장 주요한 요인인데, 이는 사료의 형태로 공급할 수 있는 영양소의 공급 가능량과 직결되어 있기 때문이다. 사료섭취량은 사료, 동물, 환경 등 다양한 요인들에 의해 영향을 받는다. 본 절에서는 반추동물의 사료 섭취에 영향을 주는 요인과 섭취기작 조절에 대해 알아보고자 한다.

1. 섭취량 제어의 원리

일반적으로 동물은 생명유지, 성장(성장한 동물의 경우 지방 축적도 포함), 생산 및 운동에 필요한 영양소를 공급하기 위해서 사료를 섭취한다. 그러나 섭취하는 사료의 성분들은 그 조성이 매우 다양해서 공급되는 영양소의 성분이 동물이 필요로 하는 영양소의 비율에 항상 정확히 맞는 것은 아니다. 그래서 하나의 영양소 요구량을 충족시키는 것은 또 다른 영양소의 부족이나 과잉공급을 일으킬 수 있다.

동물들은 영양적 균형을 유지할 수 있도록 필요한 사료를 선택할 수 있는 능력이 있고 이러한 사실이 실제 영양소의 섭취를 통제하는 것 같다. 예를 들면 닭과 돼지는 단백질 함량이 다른 여러 가지 사료 중에서 단백질의 요구량을 충족시킬 수 있는 한 가지 사료를 선택할 수 있고, 면양도 필요한 단백질 사료를 선택을 할 수 있는 능력이 있지만 대사 단백질 요구량보다는 반추위 환경의 변화에 의해 단백질을 선택한다고 한다.

한때 섭취량을 제한하는 요인이 체내의 온도, 혈당 농도, 체지방 수준 등과 같은 단일 요인일 것이라 생각되었다. 그러나 섭취량은 단순한 하나의 요인이나 기전에 의해 조절되

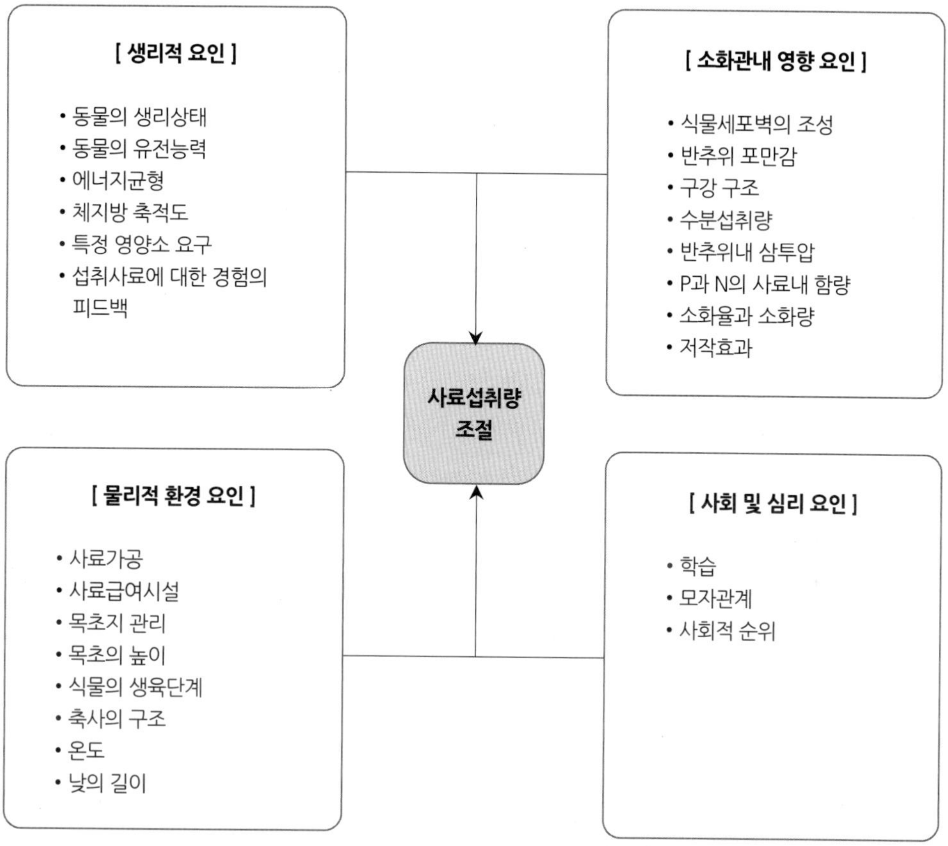

그림 5-14 동물의 사료섭취량에 관여하는 요인 (Dryden, 2008)

는 것이 아니라 동물의 생리적 요인, 소화관내 영향 요인, 사회·심리적 요인, 물리적 환경 요인 등에 의해 종합적으로 조절된다(그림 5-14). 한 가지 종합적 기전은 뇌의 내부에서 여러 신호가 통합되어 조절하는 것인데, 어디에서 그와 같은 통합이 어떻게 일어나는지는 아직 확실하지 않다.

섭취량의 단기 제어, 즉 섭취행동의 시작과 종료는 소화관으로부터의 신호에 의해 유발된다. 여기에는 반추위의 팽창, 소화산물(단위동물은 glucose, 반추동물은 삼투압 및 산성도)의 양과 종류, glucose 또는 propionic acid의 간내 수용기와 췌장에서의 insulin 생산 등을 포함한다. 이들 신호는 시상하부에 집결되고 동물은 먹기 시작함으로써 배고픔에 대한 신호에 반응하고, 먹기를 중단함으로써 포만감에 대하여 반응한다. 일정 기간 동안 절식 후 사료를 공급하면 초기에는 빠른 속도로 섭취하지만, 시간이 지날수록 섭취속도가 감소하는데, 소화관 및 다른 조직으로부터 보내지는 포만감과 관련된 다양한 신호들이 축적되고 수가 증가하기 때문이다.

섭취량은 장기적인 조절에 의해서도 영향을 받아서 비만이나 체중감소 등이 섭취량에 영향을 주기도 한다. 장기적인 섭취량의 조절은 섭취를 중단시키는 leptin 호르몬이 지방조직에서부터 합성되어 분비됨으로써 부분적으로 유발된다. 하지만 모든 조건에서 이러한 기전이 적용되는 것은 아니다.

2. 사료섭취량에 영향을 미치는 요인

1) 물리적 요인

(1) 식물의 구조

사료의 물리적 특성은 사료 섭취 시 소화관 용적 및 소화관내 통과속도에 직접적인 영향을 미친다(제2장 참조). 세포벽물질은 주요 물리적 제한 요인으로서 용해가 잘되지 않으며 세포질 내용물보다 더 많은 공간을 차지한다. 또한 이는 조사료내 유기물의 많은 부분(35~50%)을 차지하고 있고 식물의 구조를 유지하는 기능을 가지고 있다. 주요 세포벽물질은 hemicellulose, cellulose이며 반추위내에서 미생물들이 분해하여 반추동물의 에너지 공급원으로 이용된다. 식물체내 세포벽 구성물질의 특성(즉 분자의 연결구조와 분포 정도)이 미생물의 분해에 특히 영향을 주고, 추가적으로 식물체 조직, 모양, 부력 및 비중 같은 세포벽의 물리적 특징들도 입자의 분해 및 통과 속도에 영향을 미친다.

사료 입자가 감소되는 정도는 섬유질 함량과 직접적인 관련이 있다. 그러나 섬유질과 건물섭취량(DMI)의 관계는 항상 일정한 것은 아니다. 그 이유는 여러 가지 구조탄수화물의 분포 차이 때문이다. 화본과 작물에 비해 두과 작물이, 열대 목초에 비해 온대성 목초가, 그리고 줄기에 비해 잎 부위가 섬유질 함량이 더 높다. 온대성 화본과 작물과 두과 작물에 비해 열대성 화본과 작물은 더 단단한 세포벽 구조를 가지고 있어서 소화율이 더 낮다. 화본과 조사료 입자는 길고 부력이 있어 비중이 낮고 쉽게 엉클어지는 반면 두과 작물 잎의 맥관 입자는 저작 및 분쇄에 의해 짧아지고 높은 비중을 가지게 되어 반추위를 빠르게 벗어날 수 있다. 그래서 잠재적 섭취량은 섬유질 함량뿐만 아니라 식물의 구조와 소화 중 분해되는 방법에 의해서도 영향을 받는다.

또한 사료의 건물 함량이 소화관에서 차지하는 공간에 영향을 미칠 수 있다. 목초를 건조시켜서 제조한 사일리지와 건조하지 않고 제조한 사일리지를 비교하면 건조시킨 사일리지의 섭취량이 증가함을 알 수 있다. 사료 섭취 동안 기질의 건조 정도가 높을수록 저작과 사료 입자의 분해속도의 효과가 증가하기 때문이다. 그러나 동물의 생산성에 있어서 장점이 있다는 증거가 별로 없는데 그 이유는 수분 함량이 높은 사일리지는 발효 과정을 통해 소화율이 높아지기 때문이다. 건조의 장점은 주로 영양가치를 개선하기보다는 영양소의 허실을 감소시키는 데 있다.

(2) 목초 잎의 구조

방목동물에 있어 목초 잎의 구조가 소화관에서 차지하는 공간뿐 아니라 동물이 섭취할 수 있는 식물의 양을 제한할 수 있다. 방목중일 때 식물의 밀도와 잎의 특성이 1회 풀을 뜯는 양에 영향을 미쳐 섭취량에 영향을 줄 수 있다. 면양에게서 1회 풀을 뜯는 양과 초장의 길이는 정(+)의 관계가 있으며, 소의 경우에는 잎과 줄기의 비율이 풀을 뜯는 양과 섭취량에도 영향을 준다. 그래서 식물의 구조뿐만 아니라 잎의 구조도 반추동물의 섭취량을 예측할 때 고려되어야 한다.

2) 대사·화학적 요인

(1) 위액 및 체액의 삼투압

단시간에 많은 사료를 섭취하면 체액이 고장액으로 변하고, 체내의 Na 이온과 수분이 반추위로 이동하여 혈장의 용적이 줄어들고 혈압이 상승하게 된다. 이와 같이 삼투압이 극심하게 높아질 경우에는 삼투압이 사료섭취량에 영향을 끼칠 수 있지만, 극심한 삼투압 변화를 가져올 정도로 일시에 다량의 사료를 섭취하는 경우는 실제 거의 볼 수 없기 때문에 사료섭취의 조절에는 삼투압이 큰 중요성을 띠지 않는다.

(2) 반추위액의 pH

농후사료나 분쇄한 조사료를 섭취한 후에는 반추위액의 pH가 급격히 낮아지는데, 이것은 사료가 미생물에 의해 VFA와 유기산으로 분해되기 때문이다. 이와 같이 pH가 5~5.5 이하로 낮아지면 사료섭취량이 줄어드는 경우가 있는데, 이러한 변화는 pH가 직접적으로 관여하기보다는 저하된 pH로 말미암아 반추위벽의 운동이 둔화되고, 따라서 소화작용이나 반추작용이 저하되어 사료섭취량에 영향을 끼친 것으로 보아야 한다.

(3) 저급 휘발성지방산(VFA)

반추위에서 생산되는 VFA가 체내로 흡수된 후 각 조직에서 에너지원으로 이용되거나 다른 대사물질(glucose, 지방산 등)로 합성된다. 이들 VFA의 반추위 및 체내 농도와 섭취량은 큰 상관관계가 있는 것으로 보인다. 혼합 VFA(0.55 acetate, 0.30 propionate, 0.15 butyrate)를 사료급여시간 동안 반추위로 투여하면 반추동물의 섭취량은 감소한다.

사료섭취량에 가장 크게 영향을 주는 VFA는 acetate와 propionate이다. Acetate는 반추위에서 생성되는 VFA 중 가장 양이 많고, 흡수되는 양도 가장 많아서 사료섭취량에 미치는 영향이 가장 크다. Acetate를 정맥으로 주사했을 때 섭취량 감소에 큰 영향을 주지 못하는 것으로 보아 acetate의 수용기가 반추위벽에 존재함을 알 수 있다. 또한 acetate는 반추위 운동성을 억제하여 반추위의 통과율을 감소시키고 반추위내 사료의 체류시간을 증가시켜 섭취량을 감소시킨다.

Propionate는 acetate 다음으로 반추위에서 많이 생성되는 VFA로, 사료섭취량의 조절에 어느 정도 관여하여 propionate를 반추위로 투여하면 섭취량에 영향을 미친다. 또한 산양의 dorsal rumen, ventral rumen, 제4위와 십이지장에 각각 투여한 결과 각 부위별 차이가 투여 부위에 상관없이 똑같이 섭취량이 감소하는 반응을 보여 acetate와는 달리 감각 수용기가 반추위에만 있는 것이 아님을 알 수 있다. Butyrate의 생성량은 acetate나 propionate에 비해 훨씬 적어서 사료섭취량의 조절에도 큰 영향을 끼치지 못한다.

Lactate는 사일리지 유기물의 8%까지 존재한다. Lactate의 섭취량 억제 효과는 다양하며 VFA와 비교할 때 lactate를 반추위에 투여한 경우 섭취량에 대한 효과가 더 지속적이었다. 면양의 십이지장으로 lactate를 투여하면 농후사료 섭취량이 감소했는데 이것은 위의 운동성 감소 또는 propionate 대사경로와 관계가 있는 것 같다.

(4) 혈중 glucose 농도

성숙한 반추동물은 사료내 탄수화물을 VFA로 분해하여 흡수하므로 사료가 소화되어 생성된 glucose가 체내로 흡수되는 양이 극히 적다. 따라서 혈중 glucose의 농도가 55~65mg/100mL로서 단위동물이나 가금류에 비해 훨씬 낮다. 그러므로 단위동물에서 볼 수 있는 사료 섭취 후 혈당치의 증가나 이에 따른 insulin 증가와 같은 현상을 반추동물에서는 볼 수 없다. 또한 동맥과 정맥 간의 glucose 농도 차이도 거의 없으며, glucose의 이용 정도도 거의 차이가 없거나 오히려 떨어진다. 이와 같이 사료 섭취에 의한 혈당치의 변화가 거의 없기 때문에 혈중 glucose의 농도가 반추동물의 사료섭취량에 영향을 끼치지 않는다고 볼 수 있다.

(5) 지방산

절식 또는 스트레스를 가하거나 epinephrine, norepinephrine, 성장호르몬 등을 투여하면 혈중 유리지방산의 함량이 높아지지만 사료섭취량에 큰 영향을 끼치지는 않는다. 반추위가 아닌 십이지장에 지방산을 투여하면 사료섭취량이 감소되지만, 이것은 투여한 지방산으로 말미암아 반추위의 운동이 저하되어 사료섭취량이 영향을 받았는지, 아니면 혈중 지방산 함량의 변화 때문인지 확실치 않다.

(6) 기타 요인

① 호르몬

Peptide계 호르몬은 동물의 에너지 상태와 관련하여 시상하부에 신호를 제공함으로써 섭취량 조절에 중요한 역할을 한다. Leptin(지방조직), insulin(췌장), ghrelin, peptide YY 및 기타 소화관에서 합성되는 oxyntomodulin, cholecystokinin, glucagon like-peptide 1 등의 호르몬이 알려져 있다. 배고픔에 대한 신호를 주는 ghrelin을 제외하고 다른 호르몬들은 포만감과 관련된 신호를 준다. 이들 호르몬은 단기간의 섭취 제어를 소화관과 간의 수용기로 신호를 중계한다. 단위동물의 경우에는 glucose, 아미노산 및 pH에 대해 그리고 반추동물의 경우 소화관내 VFA에 대해 반응하는 수용기를 가지고 있다. 반추동물의 간에서 propionate를 감지할 수 있다. 사료섭취로 혈중 insulin을 위시한 각종 호르몬 농도가 변화되지만 호르몬의 농도 변화가 사료섭취량 조절에 직접 관계가 있다고 증명된 적은 없다. 장관 호르몬인 CCK를 면양의 간문맥, 경정맥 또는 동맥으로 투여 시 사료섭취량에는 차이가 없었는데, 이것으로 보아 뇌나 간이 CCK에 반응하여 사료섭취량 감소에 영향을 주지 않는다는 것을 알 수 있다. 종종 여러 호르몬들이 사료섭취량에 영향을 미친다는 보고가 있지만 이러한 것은 정상적인 생리 수준보다 훨씬 많은 양의 호르몬을 사용하여 얻은 결과이므로 현재까지는 호르몬과 사료섭취량의 조절은 관계가 없다고 봐야 할 것이다.

② 질소화합물

사일리지의 섭취량이 같은 목초의 건초 섭취량보다 낮을 수가 있는데 여러 가지 이유가 있겠지만 사일리지 중 암모니아태 질소의 농도와 관계가 있다. 또한 사일리지 제조 과정에서 생산되는 유기산과 amine과 같은 질소물에 의해서도 사일리지 섭취량이 감소되기도 한다.

③ 체온

특수동적작용(specific dynamic action)이나 대사열에 의해 사료 섭취 후 열발생량이 증가하는데, 시상하부의 온도나 피부 표면의 온도가 올라가면 사료섭취량이 줄어든다는 보고가 있다. 여름철 외기온도가 높으면 사료섭취량이 줄어들고 외기온도가 낮으면 사료섭취량이 증가하지만, 이것은 외부온도 자체가 사료섭취량을 조절한다기보다는 체내 에너지 균형을 통해 간접적으로 섭취량에 영향을 끼친다고 봐야 한다.

④ 시각과 미각

반추동물은 색맹이기 때문에 사료를 선택채식할 때 색깔보다는 냄새, 맛, 촉감에 의존하며, 색은 구분하지 못하지만 모양과 밝기 등으로 사료를 선택하는 경우는 있다. 맛은 사료의 영양적 특성에 의해 주로 결정된다. 소는 쓴맛, 신맛, 짠맛 및 단맛에 면양보다 민감하며 단맛이 나는 사료를 좋아하기 때문에 당밀을 첨가하면 사료섭취량을 늘릴 수 있다.

3. 섭취량에 영향을 주는 동물 요인

1) 동물의 체중

섭취량은 동물의 에너지 요구량에 의해 영향을 받으므로 동물의 체중은 섭취량과 가장 밀접한 관련이 있는 요인이다. 섭취량은 일반적으로 대사체중, 즉 생체중(LW)의 0.75 자승($LW^{0.75}$)으로 표시된다. 섬유질 소화도 동물의 체중과 연관이 있다. Welch(1982)는 NDF 무게당 반추에 필요한 시간은 생체중이 증가할수록 지수적으로 감소한다고 보고하였다. 큰 섬유질 입자를 분쇄하는 데 필요한 시간과 작은 입자의 정체시간은 $LW^{0.27}$과 관계가 있는 반면 소화관 부위별 소화물의 최대용량은 생체중과 상관관계가 있다. 성장 중인 동물은 같은 체중의 성축보다 더 많은 양의 영양소를 소비하기 때문에 섭취량은 $LW^{0.6}$과 관련이 있다. 이러한 차이점은 대사속도와 생리적 상태를 반영한 것이다.

2) 동물의 생리적 상태

생리상태는 에너지 요구량에 영향을 미치고 궁극적으로 섭취량에 영향을 준다. 비유중인 동물과 같이 영양소 요구량이 높은 경우 혈액으로부터 대사산물이 급속히 제거되므로 흡수된 영양소는 섭취량과 관련된 화학수용기(chemoreceptor)에 자극하는 정도가 감소되고 또한 소화관내 통과속도가 빨라 섭취량이 증가한다. 그러므로 섭취량은 일반적으로 건유 중인 소보다 임신 중인 소에서 더 높다. 젖소의 섭취량은 적어도 출산 12주 전에 감소되는데 이것은 반추위의 공간을 태아가 제한하는 것에 의한 물리적 제한뿐만 아니라 호르몬의 변화에 의해서도 일어날 수 있다.

3) 방목 동물

방목한 동물의 섭취량은 섭취율(즉 1회 풀을 뜯는 양×풀을 뜯는 횟수)과 풀을 뜯는 데 소요되는 시간이라는 2가지 요인에 의해 결정된다. 비록 잎의 구조와 목초의 양이 이들 요인에 영향을 끼칠지라도 동물들은 목초가 빈약한 곳에서는 풀 뜯는 시간과 섭취속도를 증가시키는 등 방목 습관을 변경하여 섭취량을 증가시킬 수 있다.

(1) 섭취속도

1회 풀을 채식하는 양과 속도는 독립적인 개념이 아니다. 1회 채식량이 증가하면 채식속도와 저작시간이 감소한다. 동물이 섭취속도를 변경할 수 있다는 사실은 절식 후 섭취속도가 증가하는 것을 통해서도 알 수 있다. 또한 동물들이 채식시간이 제한되어 있다고 학습시킨 후 제한된 시간 동안 방목을 하면 섭취량이 증가하지만 최대의 섭취속도로는 채식하지 않는다. 소는 채식 횟수의 증가에 비례하여 섭취속도도 증가하는데, 이러한 것이 저작을 감소시킬 수 있다.

(2) 채식시간

식물 잎의 구조가 채식량과 섭취속도를 제한하는 경우 반추동물은 채식량이 감소된 것을 보상하기 위해 채식시간을 변경한다. 그러나 반추동물이 방목에 소비하는 시간에 제한이 있다. Weston(1996)에 의하면 면양은 13시간, 소는 15시간 방목지에서 채식한다고 한다. Forbes(1996)에 의하면 반추동물은 저작 및 반추를 수행하는 데 일정한 시간을 할애해야 하기 때문에 하루 12시간 이상 채식을 하지 않는다.

4) 경험

Alkaloid, tannin과 glucosinolate 같은 독소가 포함되었거나 저질 사일리지인 경우 섭취량이 감소한다. 이런 특정 사료에 대한 혐오감은 특정 사료에 기인한 질병이 심할수록 증가하고, 그 사료에 의해 야기된 질병 간의 관련이 멀어질수록 혐오감은 감소한다. 사료에 독소가 포함되어 있어도 심한 독소중독이 일어나지 않는데, 이는 독소의 수준이 높으면 독소를 포함한 사료의 섭취를 제한하기 때문이다.

4. 사료의 품질

농후사료는 조사료의 부피제한 때문에 충분한 영양소를 섭취할 수 없는 동물들에게 영양소 공급을 증가시킬 수 있는 방법이다. 농후사료는 전반적인 건물섭취량에 정(+)의 효과를 주는 경향이 있지만 조사료의 섭취량에 정 또는 부의 효과를 줄 수 있다.

조사료의 소화율이 낮아서 섬유질 사료의 섭취량이 감소할 때 종종 조사료 대신 농후사료를 급여하여 영양소 요구량을 맞출 때가 있다. 젖소에 있어 조사료 대 농후사료의 적정 비율은 0.4에서 0.8 사이(평균 0.5)로 다양하다. 농후사료의 급여 수준이 증가할수록 섭취량이 직선적으로 증가한다.

고발효탄수화물(readily fermentable carbohydrate)을 많이 함유하고 있는 농후사료는 조사료의 소화율을 억제하기 때문에 반추위에서 비교적 느리게 발효되는 사료에 비해 섭취량을 더욱 억제한다. 또한 발효속도가 빨라지면 pH가 낮아지고, 주요 섬유질 소화효소의 생산 억제로 섬유질의 소화율이 떨어진다.

농후사료는 제한 영양소를 공급함으로써 저질 조사료의 섭취량을 증가시키기도 한다. 조사료의 미생물 발효 속도는 반추위 NH_3 농도가 50mgN/L 이하면 억제된다. 따라서 단백질을 보충급여하면 섭취량은 증가한다(14~77%). 암모니아태 질소의 농도가 낮아 미생물 발효가 제한받을 때는 추가적으로 질소를 공급해주면 반추위내 유기물 소화를 증가시키고 질이 낮은 조사료의 통과속도와 분해를 증가시켜서 더 많은 사료를 섭취하게 한다. 짚 위주 사료에 소화율이 높은 양질의 조사료를 조금만 첨가 급여하더라도 짚의 소화율이 크게 높아지는데, 이것은 섬유소 분해 박테리아의 증식이 급속히 일어나기 때문이다. 표 5-26에는 사료섭취량에 영향을 미치는 식물 요인과 동물 요인을 요약하였다.

표 5-26 조사료 섭취량에 영향을 주는 식물 요인과 동물 요인

구분	섭취량 증가	섭취량 감소
식물 요인		
섬유질 함량	• 저섬유질	• 고섬유질
조사료 종류	• C3식물(온대성 식물) • 두과 작물	• C4식물(열대성 식물)
건물 함량	• 고건물 사일리지	• 저건물 사일리지
식물의 구조	• 높은 밀도 • 채식에 적당한 초장	• 낮은 밀도 • 너무 짧은 초장
보존상태	• 발효상태가 좋은 사일리지	• 발효상태가 나쁜 사일리지
동물 요인		
생리적 상태	• 육성기 동물 • 비유기 동물	• 임신 말기 • 성숙한 비생산적 동물
크기	• 대동물	• 소동물
섭취속도	• 조사료의 특성이 1회 채식량과 저작을 조절함	• 조사료의 특성이 1회 풀 뜯는 양을 제한하고 저작을 증가시킴
경험	• 보충사료 • 핥기	• Alkaloid, tannin 및 glucosinolate의 존재

Romney와 Gill(2000).

5. 섭취량의 예측

1) 섭취량 예측법

(1) *In vitro* 및 *in situ* 소화율

통과율에 영향을 주는 섭취량과 소화율의 관계를 고려하여 *in vitro* 소화율과 *in situ* 분해율을 측정하고 이를 기초로 섭취량을 예측한다. 표 5-27은 섭취량을 예측하기 위해 이용되는 각종 변수들을 나타내었다. 소화율 측정은 특정 배양시간대의 가스발생량과 건물소실량 또는 가스생성곡선으로부터 계산할 수 있다. 소화율을 기초로 할 때 주의해야 할 점은 건물섭취량과 높은 상관관계를 가지고 있는 유사한 사료 그룹 내에서 비교해야 한다는 것이다. 분쇄한 시료를 이용할 경우 사료 입자와 식물세포의 물리적 구조의 효과가 고려되지 않으면 섭취량 예측이 정확하지 않는다. 즉 분쇄 정도가 증가할수록 소화율이 증가하므로 분쇄시료를 사용하여 *in vitro*나 *in situ* 방법으로 소화율을 예측하면 DMI를 과대평가할 수 있다.

표 5-27 섭취량 예측을 위해 이용되는 사료 변수

구분	변수
화학적 조성	• ADF, NDF
In vitro 소화율	• 가스 용적 • DM 소실률 • 소화율
물리적 상태	• 잎의 비율 • 밀도 • 마찰 에너지 • 단기섭취율
NIRS	• 분광도

Van Soest(1965), Minson(1990), Romney 등(1998).

(2) 물리적 구조의 측정

잎의 비율, 밀도 등은 섭취량과 관련이 깊다. 대안적인 방법으로, 1분 동안 섭취한 양으로 측정되는 단기섭취율(short-term intake rate; STIR) 측정법이 개발되었다. 이 방법은 섭취량, 소화율 및 통과율과 같은 *in vivo* 변수들을 예측하는 데 이용될 수 있다. 단기섭취율은 통과율이나 섭취량과 밀접한 연관이 있고, 여기서 물리적 구조와 통과율은 섭취량의 주요 결정인자들 중 하나이다. 단기섭취율은 가용성 탄수화물을 다량 포함하는 비트펄프를 제외하고는 대부분 자유채식 시의 사료섭취량과 높은 상관관계가 있다.

(3) 근적외선 반사분광법(NIRS)

NIRS를 이용하여 사일리지의 OM 소화율을 측정하는 표준방법이 제시된 바 있는데, Steen 등(1995)은 136 사일리지 시료를 육우에 급여하여 NIRS와 섭취량 간에 높은 상관관계($R^2=0.86$)가 있다고 보고하였다. 혼합 조사료의 섭취량과 같이 더욱 다양한 사료를 대상으로도 NIRS의 이용가능성이 있다.

(4) 모델링

대부분의 섭취량 예측 수식들은 사료의 변수들과 잠재적 섭취량 사이의 관계를 실험결과를 기초로 제정되었다. 대부분의 경우 수식을 개발하는 데 이용된 사료와 유사한 사료들의 섭취량을 예측할 때만 정확성이 있다.

2) 섭취량의 조절

(1) 저질 조사료의 처리

사료에 저질 조사료가 많이 함유되어 있을 경우 섭취량은 섬유질이 소화되어 소화관을 통해 통과하는 속도에 의해 제한받는다. 예를 들어, 열대지역에서 건기 동안 주로 급여되는 고간류 사료는 섬유질 함량이 높고 질소의 함량이 낮아서 섬유질 소화율이 제한된다. 이때 양질의 보충사료를 급여하면 섭취량이 증가하지만, 저질 조사료 자체를 처리해도 섭취량이 증가할 수 있다. 사료섭취량을 늘리는 손쉬운 방법은 기호성이 높거나 영양가가 높은 부분을 선택하여 섭취할 수 있도록 조사료 공급량을 증가시키는 것인데, 이 경우 섭취된 사료의 질이 향상되고 섭취량도 증가한다. 조사료를 절단하면 섭취량은 늘릴 수 있지만 동물에 따라 그 반응은 다르다. 산이나 알칼리를 이용한 화학적 처리도 소화율과 섭취량을 증가시키는데, 요소-NH_3 처리는 개발도상국에서 크게 각광을 받은 방법 중 하나이다.

(2) 방목체계

동물당 섭취량을 최대로 하기 위해 단위면적당 방목 두수를 조절할 수 있고, 목초의 섭취량이 최대로 될 수 있도록 초장과 밀도를 유지·관리하는 것도 한 방법이다.

(3) 동물의 관리

섭취량을 측정하기 위한 실험은 흔히 동물 개체별로 우리나 케이지에 수용하여 수행된다. 그러나 실제 농장에서 사육되는 동물들은 주로 군집사양이며 군집내 서열과 같은 사회적 요인이 평균섭취량에 영향을 미칠 수 있다. 그러므로 섭취량은 동물의 사양방법에 따라 영

표 5-28 저질 조사료의 섭취를 조절하는 방법

조절 방법	작용 기전
소량의 질소 첨가	• 미생물 발효가 질소 공급에 의해 제한이 되는 경우에 반추위 소화와 통과속도를 증가시킴
사료공급량 증가	• 동물의 가소화 부분의 선택성을 더욱 증가시킴
세절	• 입자도를 감소시켜 통과속도를 증가시킴 • 선택적인 섭취가 이루어지면 비효과적일 수 있음
산 또는 알칼리 처리	• 섬유질 소화율을 증가시킴

Romney와 Gill(2000).

향을 받는다. 군사사육 시 모든 동물이 동시에 자유로이 사료를 먹을 수는 없다. 따라서 모든 동물이 일률적으로 사료를 먹을 수 있게 충분한 급이조를 공급해주면 섭취량이 증가할 수 있다.

(4) 품종개량을 통한 식물구조의 개량

식물육종에 의해 섭취량이 높은 사료를 개발할 수 있다. 섬유질 함량이 낮은 것이 이론적으로 섭취량이 높지만, 세포벽 물질의 감소로 수확량이 감소하면 이상적인 것은 아니다. 저질 조사료의 섭취량을 조절하는 방법의 예는 표 5-28과 같다.

참고문헌

김동암 등(1987). 『초지학 총론』. 선진문화사.

김동암 등(2001). 『초지학』. 선진문화사.

농림부(1997). 『농업용어사전』.

농림부(2002). 사료관리법령.

농림부 · 축산기술연구소(2003). 한국사양표준 한우.

농림부 · 축산기술연구소(2007). 한국사양표준 젖소.

농림부 · 축산기술연구소(2007). 한국사양표준 한우.

축산기술연구소(2002). 한국표준사료성분표.

하종규(1994). 『반추동물영양학 강의노트』. 서울대학교.

한국동물자원과학회(1995). 『영양사료 용어집』.

한국사료정보센터· 아태축회(1985). 한국가축사양표준.

한인규(1993). 『사료가공학』. 선진문화사.

Agricultural Research Council (1980). Commonwealth Agriculture Bureaux, London, UK.

Agricultural and Food Research Council (1991). Commonwealth Agriculture Bureaux, London, UK.

Baldwin, R. L. et al. (1980). *J. Anim. Sci.* 51:1416.

Blaxter, K. L. (1989). *Energy Metabolism in Animals and Man*. Cambridge Univ. Press, Cambridge, UK.

Blümmel, M. et al. (1997). *Brit. J. Nutr.* 77:911.

Commonwealth Scientific and Industrial Research Organisation (CSIRO) (1990). CSIRO Publishing, Australia.

Dryden, G. McL. (2008). *Animal Nutrition Science*. CABI. Cambridge Univ. Press, Cambridge, UK.

Ferrell, C. L. (1988). Energy Metabolism. In: *The Ruminant Animal: Digestive physiology and Nutrition* (D. C. Church ed.). Prentice-Hall, Englewood Cliffs, NJ, USA.

Ferrell, C. L. and T. G. Jenkins (1985). *J. Anim. Sci.* 61:725.

Flatt, W. P. and P. W. Moe (1969). Energy requirements. In: *Animal Growth and Nutrition* (E. S. E. Hafez and I. A. Dyer eds.). Lea & Febiger, Philadelphia, PA, USA.

Forbes, J. M. (1996). *J. Anim. Sci.* 74:3029-3035.

Hafez, E. S. E. and I. A. Dyer (1969). *Animal Growth and Nutrition*. Lea & Febiger, Philadelphia, PA, USA.

Garrett, W. N. (1980). *Proc. Energy Proc. Symp.* 26:3.

Grace, N. D. et al. (1986). *N. Z. J. Agric. Res.* 29:207.

INRA (2004). *Tables of Composition and Nutritional Value of Feed Materials.* Wagenigen Academic Publishers, Netherlands.

Menke, K. H. et al. (1979). *J. Agric. Sci.* (Camb.). 93:217.

Minson, D. J. (1990). *Forage in Ruminants.* Academic Press, CA, USA.

NRC (1978). National Academy Press, Washington DC, USA.

NRC (1984). National Academy Press, Washington DC, USA.

NRC (1985). National Academy Press, Washington DC, USA.

NRC (1996). National Academy Press, Washington DC, USA.

NRC (2000). National Academy Press, Washington DC, USA.

NRC (2001). National Academy Press, Washington DC, USA.

O'connor, J. D. et al. (1993). *J. Anim. Sci.* 71:1298.

Oldham, J. D. (1981). Amino acid requirements for lactation in high-yielding dairy cows. In: *Recent Developments in Ruminant Nutritions* (W. Haresign and D. J. A. Cole eds.). Butterworths, London, UK.

Robertson, J. B. and P. J. Van Soest (1981). The detergent system of analysis and its application to human foods. In: *The Analysis of Dietary Fiber* (W. P. T. James and O. Theander eds.). Marcell Dekker, New York, NY, USA.

Robinson, J. J. et al. (1980). *J. Agric. Sci.* 94:331.

Roe, M. B. et al. (1990). Proc. Cornell Nutr. Conf., Ithaca, NY, USA.

Rogerson, A. (1958). *Brit. J. Nutr.* 12:164.

Romney, D. L. and M. Gill (2000). Intake of forages. In: *Forage Evaluation in Ruminant Nutrition* (D. I. Givens ed.). CABI Publishing, Wallingford, UK.

Romney, D. L. et al. (1998). Comparision of parameters from the Theodorou gas production technique using nitrogen-free and nitrogen-rich media as predictors of dry matter intake and digestibility. In: *In vitro Techniques for Measuring Nutrient Supply to Ruminants* (E. R. Deaville et al. eds.). BSAS, Edinburgh, UK.

Rulquin, H. and R. Vérité (1993). Amino acid nutrition in dairy cows: productive effects and animal requirements. In: *Recent Advances in Animal Nutrition* (P. C. Garnsworthy and D. J. A. Cole eds.). Nottingham Univ. Press, Sheffield, UK.

Schingoethe, D. J. et al. (1988). Nutrient needs during critical periods of the life cycle. In: *The Ruminant Animal: Digestive Physiology and Nutrition* (D. C. Church ed.). Prentice-Hall, Englewood Cliffs, NJ, USA.

Simpfendorfer, S. (1974). Ph.D. dissertation. Cornell Univ., Ithaca, NY, USA.

Sniffen, C. J. et al. (1992). *J. Anim. Sci.* 70:3562.

Steen, R. W. J. et al. (1995). *Anim. Sci.* 60:514.

Swanson, E. W. (1977). *J. Dairy Sci.* 60:1583.

Van Soest, P. J. (1982). *Nutritional Ecology of the Ruminant.* Cornell Univ. Press, Ithaca, NY, USA.

Van Soest, P. J. (1994). *Nutritional Ecology of the Ruminant.* 2nd ed. Cornell Univ. Press, Ithaca, NY, USA.

Van Soest, P. J. (1965). *J. Anim. Sci.* 24:834.

Welch, J. G. (1982). *J. Anim. Sci.* 54:885.

Weston, R. H. (1996). *Aust. J. Agric. Res.* 47:175-198.

제6장

반추동물의 생산생리와 환경

제1절 한우 고급육 생산

제2절 고품질 우유 생산

제3절 환경

제1절 한우 고급육 생산

한우는 우리 민족과 역사를 함께해왔고 고유문화와도 밀접한 관련이 있는 우리나라의 고유 품종이다. 그러나 한우산업은 우루과이 라운드 농산물 협상의 타결 및 한·미 FTA 이행과 함께 쇠고기(생우 포함) 시장의 완전 개방화 시대를 맞이하면서 생산기반마저 위축당하게 될 일대 전환기를 맞고 있다. 한우 고기에 비해 수입 쇠고기의 가격은 절반 정도 저렴하여 가격경쟁에서는 이길 수 없는 현실이다(표 6-1).

따라서 수입 쇠고기와의 경쟁에서 우위를 점하기 위해서는 한우 고기의 품질 고급화가 절실하다. 한우는 국내 소비자의 입맛에 맞는 육질형으로 꾸준히 개량되어왔기 때문에 성장단계별 발육 특성에 따른 적절한 영양 및 사양 관리를 통해 고급육 생산이 가능하다. 예를 들어 한우 고기의 단백질은 고기 단백질의 질을 나타내는 총아미노산 함량이 타 우육에 비해 높다. 한우육의 총아미노산 함량(단백질에 대한 총아미노산 함량)은 70.7%로서 수입육의 63.8%, 젖소(Holstein)의 55.5% 그리고 교잡우육(한우+Charolais 교잡우)의 54.5%

표 6-1 주요 국가별 송아지 및 비육우 산지가격 비교

구분		한국	미국	호주	캐나다	비고
송아지	원/kg	19,347	3,555	3,836	4,033	140kg/두
	천 원/두	1,617	297	321	337	(2011년 10월 기준)
비육우	원/kg	6,135	2,982	3,880	2,804	600kg/두
	천 원/두	2,198	1,068	1,390	1,004	(2011년 10월 기준)

* 위 가격은 1kg당 가격(원)에 지육률(59.7%)을 고려하여 환산한 것이다.
한국육류유통수출입협회(2011).

표 6-2 쇠고기의 종류별 영양가치 비교

구분	한우육	수입육	Holstein	교잡우육
총아미노산 비율(%)	70.70	63.77	55.53	54.47
필수아미노산(mg/100g 살코기)	8.6	6.7	6.3	8.2
Methionine + cysteine + glutamate(mg/100g 살코기)	2.41	1.88	1.79	2.33
지방산				
Oleic acid 함량(%)	48.73	38.29	36.53	38.22
단일불포화지방산/포화지방산 비	1.46	1.07	1.03	1.02

에 비해 훨씬 높고, 체내에서 합성이 불가능한 필수아미노산의 함량도 다른 품종육에 비해 상당히 높기 때문에 한우 고기는 영양적인 가치가 매우 우수하다(표 6-2). 그뿐만 아니라 쇠고기의 맛을 좌우하는 oleic acid가 타 우육에 비해 상당히 높으며, 특히 oleic acid의 함량은 한우육에는 총지방산 중 48.7%로서 수입육(38.3%), 젖소(36.5%)와 교잡우육(38.2%)에 비해 상당히 높게 조사되었다.

또한 쇠고기 맛의 척도로 사용되는 '포화지방산에 대한 단일불포화지방산의 비율(MUFA/SFA)'도 한우육이 1.46으로 가장 높다. 한편 쇠고기에 함유된 18종의 아미노산 중에서 고기 맛에 관여하는 아미노산인 methionine, cysteine, glutamate 등의 함량은 한우육이 살코기 100g당 2.41mg으로 수입육(1.88mg), 젖소(1.79mg)와 교잡육(2.33mg)에 비해 월등히 높아 이런 면에서도 한우육의 맛이 우수하다는 것이 과학적으로 증명되고 있다.

한편 한우의 맛과 품질이 수입육에 비해 우수하다는 점이 널리 인정되고 있으나, 축산물의 품질과 안전성에 대한 소비자들의 관심과 우려도 고조되고 있다. 특히 광우병, 구제역 및 O-157 등 외국에서 발생되고 있는 인수 공통 질병이나 각종 환경호르몬에 대한 우려, 수입육에 대한 신속하고 정확한 질병진단의 어려움 등 수입육의 안전성에 대한 불안감은 국내산 쇠고기 소비에도 영향을 미치고 있다.

한우 고기의 고급화는 수입자유화 시대를 대비해 차별화를 통한 한우산업의 발전방향으로 볼 수 있다. 우리 한우가 살아남기 위해서는 값이 비싸더라도 소비자가 즐겨 찾는 고급육을 생산하는 길밖에 없다. 이 절에서는 한우의 산육생리와 고급육 생산에 관해서 살펴보기로 한다.

1. 한우의 성장과 발육생리

1) 한우의 발육 특성

동물의 **성장**(growth)은 골격, 신장, 체중, 근육 및 소화장기 등과 같이 생명현상과 직접적 관련이 있는 조직의 크기나 수가 양적으로 증가하는 과정(세포 수는 태아상태에서 거의 결정됨)을 의미한다. 한편 **발육**(development)이라 함은 뇌가 성장함에 따라 운동과 정신 기능이 발달하는 것(성숙도와 복잡성의 증가)처럼 성장에 따르는 기능적인 발육 과정을 의미한다. 동물체를 구성하는 기관이나 조직은 모든 부위가 일시에 일정한 양이 성장하는 것이 아니라, 뇌가 가장 먼저 발달하고 그 다음은 뼈와 근육, 마지막으로 지방의 순서로 발육이 진행된다. 이와 같은 발육 순서는 고영양 사육 시와 저영양 사육 시가 동일하며, 저영양으로 사육할 경우에는 발육기간이 길어질 뿐이다.

세포 크기의 증대는 몸체의 모든 부위에서 동일한 시기에 동일한 비율로 이루어지지 않고 특정 부위나 조직별로 일정한 순서에 의해 이루어진다. 성장·발육 순서는 표 6-3에서와 같이 신경, 골격, 근육 및 지방조직의 순이며, 지방도 신장 지방이 가장 먼저 침착된 다음 내장 및 피하 지방이 침착되며, 마지막으로 근육에 지방이 침착된다. 그리고 이와 같

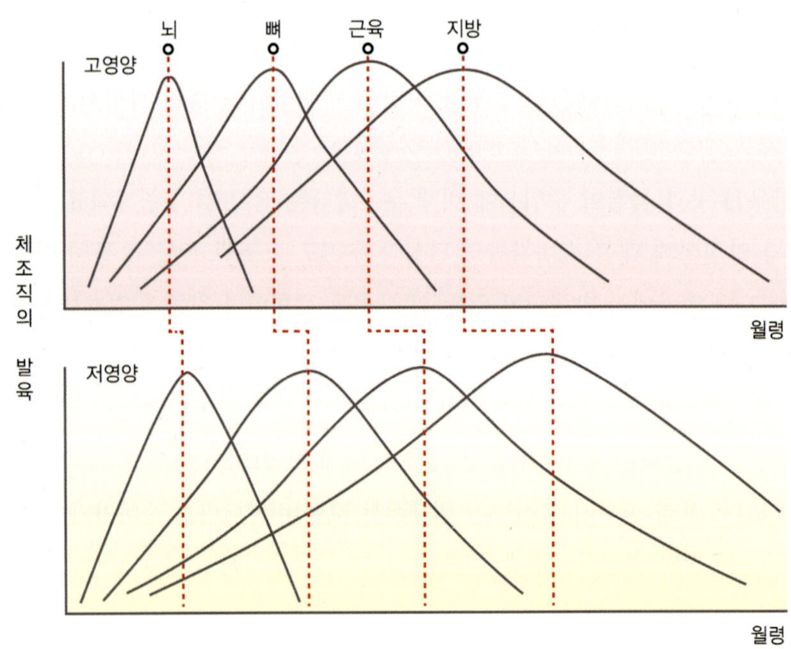

그림 6-1 한우 체조직의 영양 수준에 따른 발육 순서와 속도

표 6-3 생체 및 조직의 성장·발육 순서

구분	성장·발육 순서			
	1	2	3	4
부위	머리	목	가슴	허리
조직	신경	골격	근육	지방
골격	관골	경골	대퇴골	골반
지방 침착	신장	내장	피하	근육

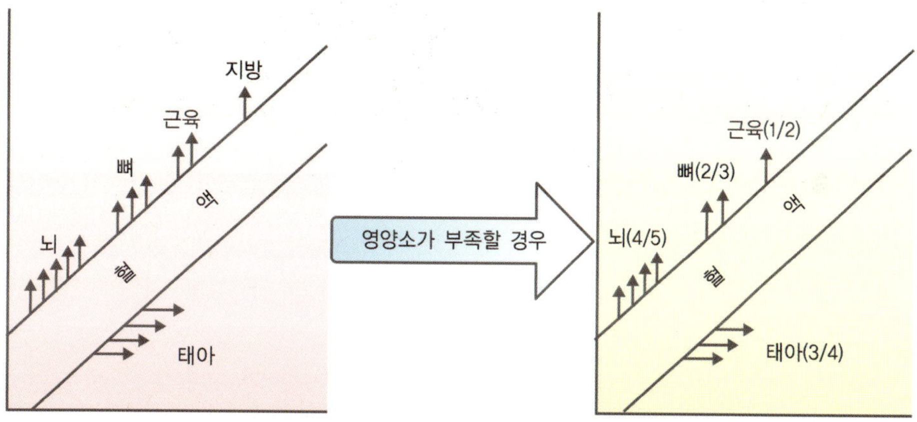

그림 6-2 한우 체조직에 대한 영양소의 공급 순서

은 성장 순서는 영양소 급여 수준에 따라 달라지지는 않는다. 다만 영양 수준이 높으면 동일한 순서에 의해 성장이 빨리 진행되는 것에 반해, 영양 수준이 낮으면 진행이 늦어지는 것뿐이다.

한우에게 공급된 영양분은 발육이 빠른 순서대로 우선적으로 공급되어 발육의 균형을 이룬다. 그림 6-2에서와 같이 한우 신생축에서 각 부위로 보내지는 영양분의 양을 화살로 표시하면 뇌는 5개, 뼈는 3개, 근육은 2개, 지방은 1개씩이다. 만약 공급되는 영양분이 부족할 경우에는 각 조직으로 보내질 영양분 중 화살표 1개씩을 보내지 못하게 되므로 가장 먼저 지방 축적이 일어나지 않게 되며 이보다 영양분이 더 적게 공급되면 근육의 발육도 정지된다.

한우의 체구성별 발육은 머리에서 목과 등 그리고 허리로 향하는 강한 발육을 하는 부위(그림 6-3의 ①)와 발끝(발목)에서 허리와 등의 상부 쪽으로 향하는 중간 정도의 발육

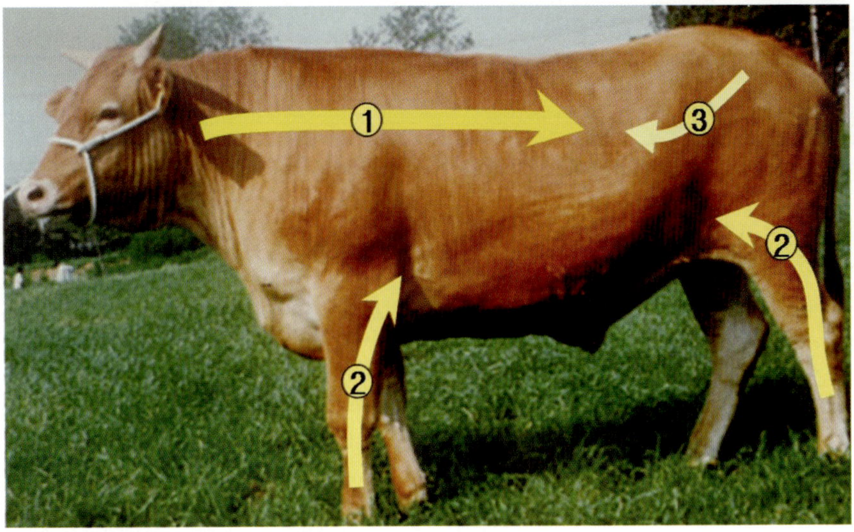

그림 6-3 한우의 발육 순서

하는 부위(그림 6-3의 ②) 그리고 엉덩이에서 요각으로 향하는 약한 발육을 하는 부위(그림 6-3의 ③)의 순서로 진행된다.

2) 월령에 따른 한우 체조직의 발육

한우 체조직의 발육이 왕성한 월령은 표 6-4 및 그림 6-4와 같이 체조직과 부위에 따라 서로 다르다. 즉 **생체중**은 생후 4개월령부터 21개월령까지 아주 왕성하게 자라며, **살코기**(적육)는 생후 3개월령부터 18개월령까지, **지방**은 생후 12~13개월령부터 23~24개월령까지, **뼈**는 태아기에서부터 발육을 시작하여 11개월령까지 발육이 왕성하고, **소화기관**은 0.6개월령부터 발육을 시작하여 12개월령 전후까지 발육이 대부분 완료된다. 따라서 한우 체조직의 발육이 가장 잘되는 시기는 1세(12개월령) 전후이므로 월령에 알맞게 발육시켜야 한다. 소는 발육 특성에 의해 뼈, 내장, 소화기관 등 성장이 대부분 완료되는 12개월령까지의 **육성기**와, 근육 사이나 근육내 지방이 침착되어 육질이 개선되는 13개월령 이후의 **비육기**로 구분할 수 있다(그림 6-4). 이와 같이 한우는 성장단계에 따라 뼈가 자라고 체구가 커져 몸을 유지하고 성장하는 데 필요한 영양소의 요구량이 달라지므로 육성기, 비육전기와 비육후기의 3단계로 구분하여 성장단계에 따라 사양관리를 적절하게 해주어야 발육이나 사료이용성과 같은 가축의 생산성을 최대로 발휘하고 육질을 개선할 수 있다.

표 6-4 한우 체조직의 발육기와 발육 최대월령

구분	발육이 왕성한 시기(발육기, 개월)			1개월당 증가량(kg)	발육 최대월령 (월)
	시작	종료	지속기간		
생체중	4.0	20.7	16.7	23.44	12.3
지육	5.0	20.7	15.7	7.19	12.8
적육(살코기)	2.7	18.0	15.3	3.84	10.8
지방	12.4	23.4	11.0	3.85	17.9
뼈	-0.6	10.7	11.3	0.88	5.1
내장 실질	1.6	11.2	9.6	2.18	6.4
내장 지방	11.4	20.6	9.2	3.82	16.0
위	0.6	11.9	11.3	0.59	6.2
장	-5.1	11.8	16.9	0.24	3.4
기타	2.2	18.2	16.0	2.47	8.1

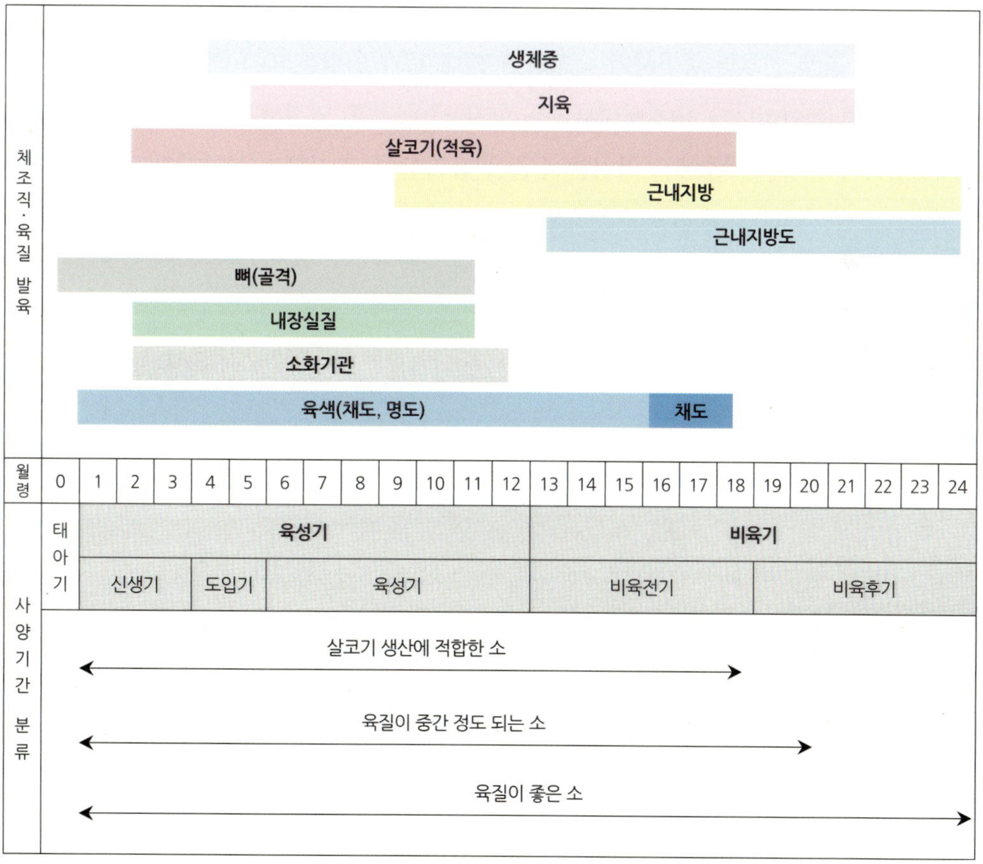

그림 6-4 한우의 월령에 따른 체조직의 발육과 사양기간의 분류

3) 한우 육질의 변화

고기의 연도만 보면 생후 14~15개월령의 고기가 가장 우수하지만, 성숙이 완료되지 않았고 육색이나 근내지방이 불충분하여 소비자들이 선호하는 좋은 맛을 낼 수 없다. 그러나 일정한 월령이 지나면 비육이 잘되고 근내지방의 축적이 충분히 일어날 뿐만 아니라 고기의 결체조직이 단단해져서 제 맛을 내게 된다. 생후 12개월령까지는 근육의 증가가 대부분이고 지방의 증가는 미미하다. 육질을 좌우하는 근내지방은 생후 8~10개월령부터 축적되기 시작하며 최대 축적 월령은 16~18개월령이고 24~25개월령에서 완성된다.

한우 등심의 근내지방도 변화를 보면 그림 6-5에서와 같이 10개월령부터 한우의 등심근육 사이로 지방이 침착하기 시작하여 18개월령에 2, 24개월령에 3으로 증가한 후에는 큰 변화가 일어나지 않는다. 또한 유전적으로 근내지방도가 좋지 못한 한우의 경우에는 18개월령에 근내지방도가 1이었으며 24개월령에는 1.5로 증가한 이후에도 큰 변화가 일어나지 않는다. 그 밖에 육색은 식욕과 구매력에 영향을 미치는 주요 요인인데, 육색은 고기의 색소 총함량과 명도(밝고 어두움), 채도(선명함과 흐림)에 의해 결정된다. 고기의 색소 총함량은 출생 전부터 증가하기 시작하여 최대 증가 월령은 8~10개월령이다. 명도는 16개월령까지 높아지다가 18개월령부터는 약간 낮아진 후 일정하게 유지되지만, 채도는 18개월령까지 증가한 이후에는 일정한 수준을 유지한다. 그러므로 쇠고기의 육색은 대체

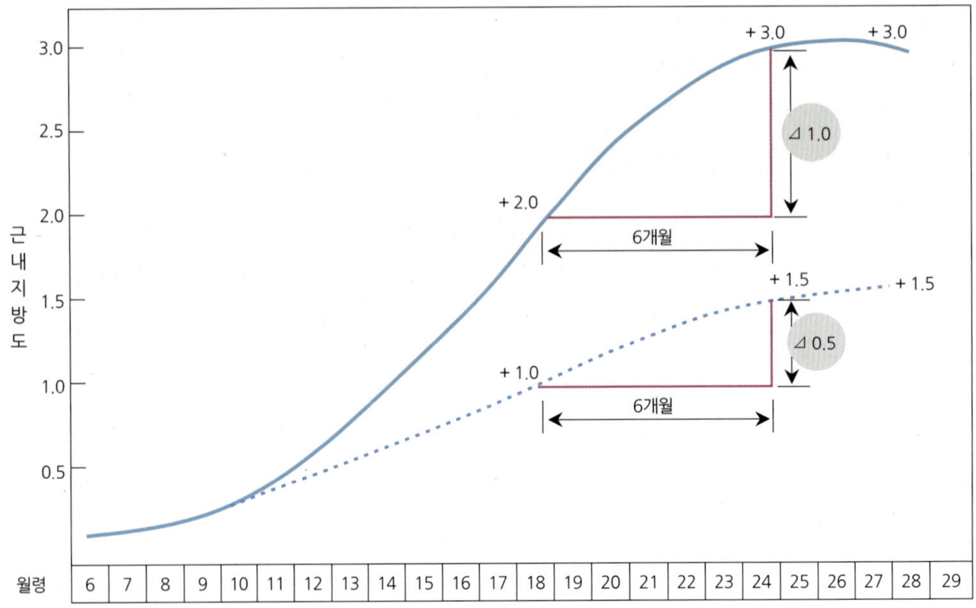

그림 6-5 월령에 따른 한우 근내지방도의 변화

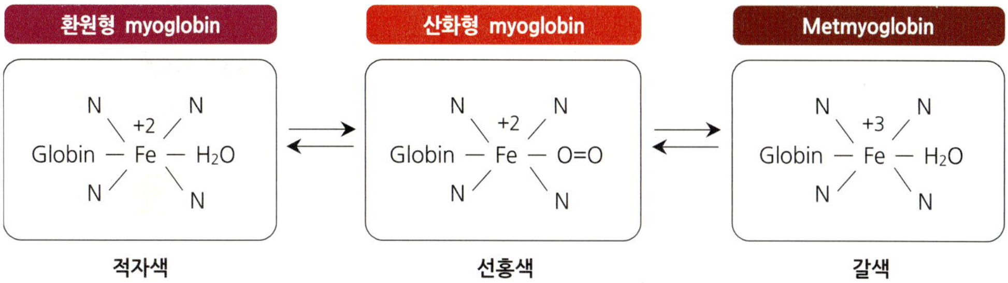

그림 6-6 산화와 환원에 따른 육색의 변화 과정

로 18~19개월령에서 완성된다.

육색은 동물의 종류, 품종, 연령, 성별, 근육부위와 영양상태 등에 따라서도 차이가 많다. 일반적으로 쇠고기가 돼지고기보다 육색이 짙은데 이는 쇠고기를 구성하고 있는 근섬유 중 적색섬유가 돼지고기보다 많기 때문이다. 연령이 증가하면 육색소 함량이 증가하고 그에 따라 육색이 짙어진다. 또 수컷이 암컷보다 육색이 더 짙은 이유는 운동을 많이 하는 근육 부위가 다른 근육 부위보다 육색이 더욱 짙기 때문이다. 또 처음에는 선홍색을 띠지만 대기 중의 O_2에 의한 myoglobin의 산화로 시간이 지남에 따라 암적색으로 변한다. O_2가 아주 없으면 myoglobin은 환원상태를 유지하여 적자색을 보이는데, 신선육을 진공포장하면 적자색을 띠는 것은 이러한 이유 때문이다(그림 6-6). 따라서 진공포장을 개봉한 후 수 분이 지나면 myoglobin이 공기 중의 O_2와 결합하여 고기 색깔이 다시 선홍색으로 변한다. 또한 고깃덩어리를 수직으로 절단해보면 맨 바깥쪽은 선홍색을 보이고 바로 안쪽은 갈색, 그리고 중심부 쪽은 적자색을 띠는 것을 관찰할 수 있다. 이러한 현상도 바로 육색소인 myoglobin의 산화 및 환원상태에 의해 야기되는 것이다.

고기의 연도는 월령에 의해 크게 변화하지 않지만, 비육이 충분히 이루어져 근내지방도가 증가하면 고기가 연해지고 비육이 불충분한 경우에는 결합조직이 굳어져 월령이 증가함에 따라 질겨진다.

고기 중의 지방색은 흰색에서 연노랑색의 범위가 정상적인 색이다. 종종 눈에 띄는 미황색 또는 황색 지방은 늙은 소나 여름철에 청초를 먹고 자란 소에서 생산된 고기일 가능성이 많으며 고기가 질기거나 풋내가 나는 경우가 있다.

근내지방도는 육질을 결정하는 중요한 항목 중의 하나로 도체내부지방 중 혈관에 아주 가까운 근주막의 느슨한 망막이 있는 근육 사이에 침착된 지방의 정도를 말한다. 육질에서 근내지방은 ① 맛과 풍미에 절대적으로 기여하며, ② 고기의 보수성을 유지시켜 조직감을 좋게 하고, ③ 고기의 지방 침착 정도를 보고 소비자들의 구매 욕구가 높아진다는 점에서 매우 중요하다. 근육에 흰색지방이 서릿발처럼 침착되어 있는 것을 특상등급(1^+등급)이라고 한다. 특히 등심과 채끝 부위에 많이 침착되어 있으며, 특상등급의 경우에는 전 부위에 거의 다 근내지방이 형성되어 있으며 풍미가 좋고 아주 부드러운 것이 특징이다.

4) 근육내 지방 축적의 원리

근육은 **근섬유**로 이루어져 있고 각각의 근섬유는 막(근내막)으로 둘러싸여 있다. 수십 개 이상(50~150개)의 근섬유가 모이면 **근섬유 다발**(1차 근속)을 형성하고, 1차 근속이 모여서 **2차 근속**을 형성한다. 이러한 1·2차 근속을 싸고 있는 근주막 안에 혈관이 존재하고 여기에서 지방세포가 발달하게 된다.

일반적으로 지방세포는 육성기 이전의 송아지 때부터 2차 근주막의 혈관 주위에 출현하여 2차 근주막 안으로 퍼지며, 그 후 1차 근속 주위에도 확산되는데 육성기에 1차 근속 안의 근세포 사이로 지방세포가 유입되면서 지방세포 수가 증가하기 시작하고, 증가한 지방세포는 보통 비육전기(12~13개월령)부터 비대해져 육안으로 보이는 크기가 된다. 육안으로 보일 만큼 근육에 지방이 뚜렷이 침착되기 위해서는 지방세포의 수는 물론이고 크기도 커져야 한다. 세포의 크기는 지방세포 밖에서 유입되는 지방합성원료(acetate, glucose 등)나 insulin과 같은 호르몬의 도움으로 지방 합성 및 축적 활동이 촉진되면서 커진다. 따라서 근내지방도가 높은 고기를 생산하기 위해서는 사료영양, 사양환경, 비육기술 등 종합적인 노력을 통해 근내지방세포의 증식과 분화를 촉진하는 인자를 강화하는 동시에 억제하는 인자를 미리 제거해주어야 한다(그림 6-7).

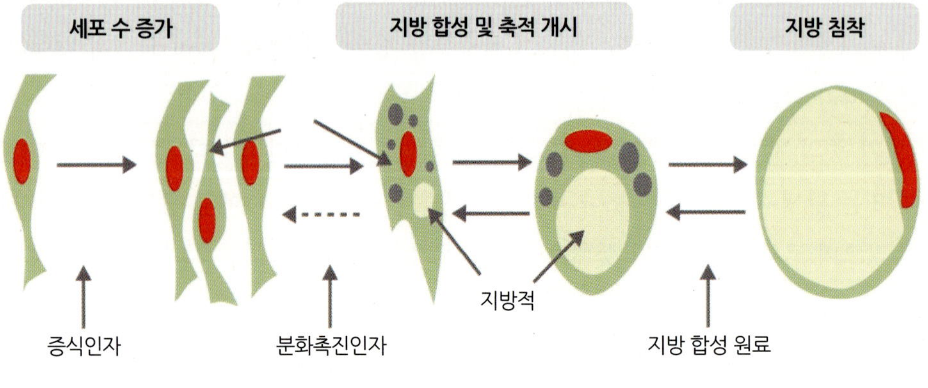

그림 6-7 지방세포에 지방이 축적되는 과정

2. 쇠고기 등급제와 한우 고급육 생산

쇠고기 등급제란 고기의 질이 좋고 나쁜 것, 고기의 양이 많고 적은 것을 과학적인 기준하에 판정하는 국가공인제도이다. 이 제도는 판정 등급에 따라 가격을 차등 적용하여 생산자, 유통업자 및 소비자 모두에게 거래기준을 제공하는 제도이다. 그러나 생산자 입장에서 보면 한우의 고급육 생산을 유도하려는 제도적 장치라고도 볼 수 있다. 쇠고기 등급은 육질등급과 육량등급으로 구분하여 판정한다(표 6-5 참조).

육질등급은 고기의 질을 근내지방도, 육색, 지방색, 조직감, 성숙도에 따라 1^{++}, 1^{+}, 1, 2, 3등급으로 판정하는 것으로, 소비자가 고기를 선택하는 기준이 된다(그림 6-8). **근내지방도**는 그림 6-8에서와 같이 배최장근 단면에 나타난 지방 분포 정도를 기준으로 9등급으로 분류하는데, 수치가 높을수록 근내지방의 침착이 잘되었음을 의미한다. **육색**과 **지방색**은 배최장근 단면의 고기 색깔과 배최장근 단면의 근내지방과 그 주위의 근간지방과 등지방의 색깔을 기준으로 그림 6-9에서와 같이 각각 7등급으로 분류한다. 근내지방도와는 달리 낮은 수치가 육색과 지방색이 좋음을 의미한다. **조직감**은 등급 판정 부위에서 배최장근 단면의 보수력과 탄력성을 측정하는 것이고, **성숙도**는 왼쪽 반도체 척추 가시돌기에서 연골의 골화 정도를 측정하는 것이다.

육량등급은 도체에서 얻을 수 있는 고기량을 도체중량, 등지방 두께, 배최장근(등심) 단면적을 종합하여 A, B, C등급으로 판정한다. 육량지수 산정식은 아래와 같으며, 한우의 도체는 3.23을 가산하여 기준 지수로 한다.

육량지수 = 68.184 − [0.625 × 등지방 두께(mm)] + [0.130 × 배최장근 단면적(cm^2)] − [0.024 × 도체중량(kg)]

표 6-5 소 도체등급의 표시방법

구분		육질등급					
		1^{++}등급	1^{+}등급	1등급	2등급	3등급	등외(D)
육량등급	A등급	1^{++}A	1^{+}A	1A	2A	3A	
	B등급	1^{++}B	1^{+}B	1B	2B	3B	
	C등급	1^{++}C	1^{+}C	1C	2C	3C	
	등외(D)						

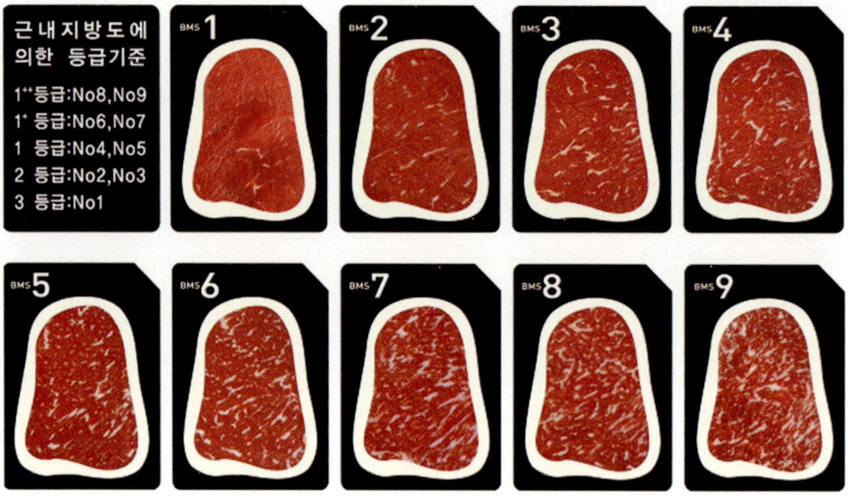

그림 6-8 근내지방도에 의한 육질등급 기준

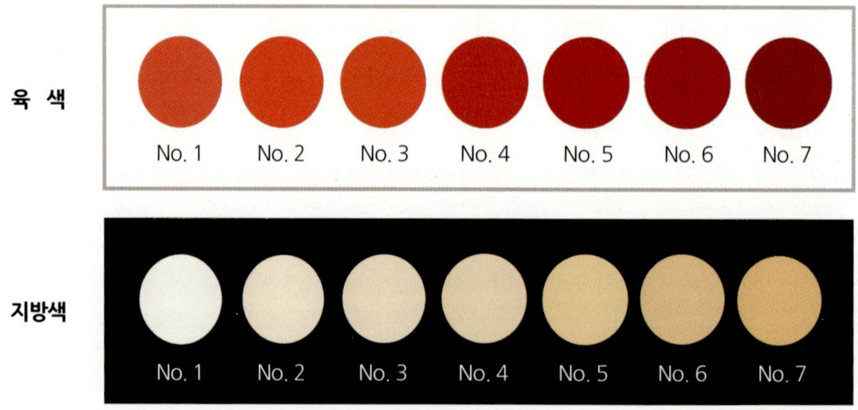

그림 6-9 배최장근 단면의 육색과 지방색에 의한 육질등급 기준

한우 고급육을 생산하려면 고급육의 특성을 잘 이해하고 있어야 한다. 한우 고급육, 즉 고품질 한우 쇠고기란 안전하고 맛있고 선도가 좋은(신선한) 것을 말한다. 이것을 **관능적 특성**(기호성)에 의해 판단할 때는 **연도**, **다즙성**, **풍미**의 3가지 요인에 의해 결정되며, 쇠고기를 씹을 때 부드러운 즙기(촉촉한 느낌)가 있고, 독특한 고기의 향기와 맛이 있어야 한다. 한편 도체(지육)의 **외관**(쇠고기 등급기준)상으로 판단할 때는 **근내지방도**(marbling 또는 상강도), **육색**, **지방색**, **조직감** 등에 의해 결정된다. 즉 살코기 속에 지방이 골고루 많

이 침착되어 있고, 고기색은 선홍색을 띠며 밝고 윤기가 나고, 지방색은 우윳빛 및 크림색을 나타내며, 고기의 결은 섬세하고 탄력이 있어야 한다. 이와 같이 외관상 특성을 잘 나타내는 것이 관능적 특성도 좋다.

소비자에 의한 쇠고기 품질은 관능적 특성에 의해 결정되지만, 농가에 의해 사육된 쇠고기 품질은 등급기준에 의해 판정되고, 등급기준상 상위등급을 받은 쇠고기는 소비자가 선호하는 쇠고기와 깊은 연관성을 가지고 있다. 즉 등급기준에 의해 좋은 등급(1등급) 판정을 받은 것은 소비자가 입에 넣어 씹을 때 부드럽고, 다즙성(juiciness)이 있으며, 독특한 향기와 맛이 있다는 것이다. 결국 한우 사육농가는 등급기준에서 1등급 판정을 받도록 사육하는 것이 고급육 생산을 하는 것이 된다.

3. 한우 고급육 생산 방안

1) 거세

한우 수소를 거세하면 육질이 부드러워지고 풍미(맛)가 좋아진다. 거세는 고기의 질을 향상시키는 가장 확실한 방법으로, 거세에 의해 육질에 절대적인 영향을 미치는 근내지방도가 비육기에 크게 증가하고, 근섬유가 가늘어지며 고기의 연도 등이 좋아져 육질을 크게 향상시키는 효과가 있다. 뿐만 아니라 성질이 온순해져서 서로 투쟁하는 일이 적어지고, 싸움으로 인한 사고가 줄어드는 등 사양관리가 쉬워지지만, 거세하지 않은 소에 비해 증체량이 평균 13~14% 정도 감소하는 단점도 있다. 그러나 거세하지 않은 소가 비육후기에 개체 상호 간의 싸움에 의한 사고 때문에 체중이 감소하는 경우를 감안하면 거세한 소의 증체량 감소는 큰 문제가 되지 않는다. 한우 수소를 거세하여 장기 비육하면 경우에 따라 70% 이상은 1등급을 받을 수도 있다(표 6-6).

그림 6-10은 우리나라에서 2011년도에 도축된 한우, 거세우 그리고 비거세우의 육질등급 출현 현황을 도식화한 것이다. 그림에서 보듯이 거세를 통해 육질등급을 현저히 높일 수 있어 한우 고급육 생산을 위해서는 거세가 필수적임을 알 수 있다.

거세방법은 음낭을 절개하여 고환을 떼어내는 **절개거세법**과 고무링, 고무끈 또는 무혈거세기를 이용한 **무혈거세법**이 있다. 무혈거세는 3개월령에 행하는 것이 좋고, 5개월령이 지나면 절개 수술을 하는 것이 송아지에 스트레스를 적게 주는 방법이다. 고무끈으로 묶거나 고무링을 사용하는 방법은 간단해서 누구나 할 수 있으나 오랫동안 송아지에 고통을 주

표 6-6 거세가 한우 고급육 생산에 미치는 영향

항목		비거세우(14두)	거세우(31두)
근내지방도		1.67	4.27
육색		4.71	3.96
지방색		3.09	3.07
조직감		1.71	1.47
성숙도		1.00	1.00
육질 등급	1	0두 (0%)	23두 (74.2%)
	2	8두 (57.1%)	8두 (25.8%)
	3	6두 (42.9%)	0두 (0%)

정근기 등(1994).

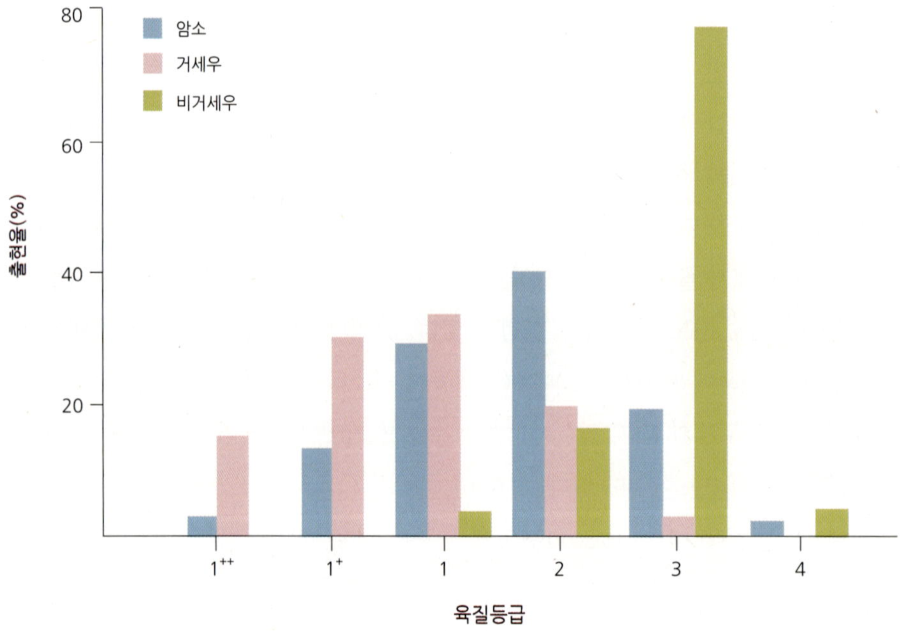

그림 6-10 2011년도 도축 한우의 육질등급 출현 현황

기 때문에 될 수 있으면 무혈거세기를 사용하는 방법이 좋다. 송아지에 스트레스를 가장 적게 주는 방법은 외과적으로 수술하여 고환을 제거하는 절개 거세인데, 이 방법은 수의사

나 숙달된 경험자의 도움이 필요하다. 현재 우리나라에서 권장하고 있는 무혈거세기를 이용한 거세방법은 집게같이 생긴 거세기로 고환에 연결되어 있는 양쪽 정관 부위를 외부에서 압착하는 것이다.

거세시기에 대해서는 조기에 거세할수록 육질이 좋아지는 것으로 알려져 있다. 일본에서는 생후 3~5개월령의 포유기간 중에 거세하는 것을 권장하고 있으며, 발육 정도에 따라 발육이 좋은 송아지는 3개월령, 다소 발육이 나쁜 것은 5개월령에서 거세하도록 하고 있다. 그러나 최근에는 거세하면 증체가 나쁘다는 이유로 거세시기를 다소 늦추는 경향이 있는데, 6~7개월령에 거세해도 거세 효과에는 차이가 없다. 거세시기가 늦어지는 만큼 송아지는 심한 스트레스를 받는다. 반면에 증체만을 고려한다면 12개월령 정도로 늦은 시기에 거세하는 것이 유리하겠지만, 거세의 주된 목적이 육질 개선에 있기 때문에 권장할 사항은 아니다.

2) 비육기간

한우 고급육 생산을 위해서는 거세가 필수적인데, 거세를 했다고 무조건 고급육이 생산되는 것은 아니다. 거세를 한 경우에도 **비육기간**에 따라 1등급 출현 비율은 크게 달라진다. 비육기간은 송아지 입식할 때 나이에 따라 달라지는데, 3개월령 송아지는 21개월, 5개월령 송아지는 19개월 정도 비육해야 하고, 출하월령 기준으로 24개월령까지 비육하면 20개월령과 22개월령 때 출하한 것보다 1등급 출현율이 훨씬 높다. 따라서 출하월령, 즉 비육기간은 한우 고급육 생산에 중요한 요인이라고 할 수 있다. **출하체중**도 고급육 생산에 영향을 미치는 요소로서, 출하체중을 550kg 이상으로 늘리면 배최장근 단면적이 넓어지며 근내지방도 또한 높아진다. 그러나 비거세우의 경우 그 효과가 좋은 반면 거세우는 23개월령 이후부터는 그 이상 비육해도 육질 개선 효과가 비슷하기 때문에, 거세우나 비거세우 모두 육질을 개선하고 출하체중을 높이기 위해 비육기간을 지나치게 늘리는 것은 경제성과 사료효율 측면에서 바람직하지 않으므로 신중히 결정해야 한다.

3) 사양관리

한우는 성장단계에 따라 뼈가 자라고 체구가 커져 몸을 유지하고 성장하는 데 필요한 영양소의 요구량이 달라지므로 **입식기**, **육성기**, **비육전기**와 **비육후기**의 4단계로 구분하여 성장단계에 맞는 사양관리를 해주어야 발육이나 생산성을 최대로 높이고 육질을 개선할 수 있다. 입식기에는 생존율의 극대화에 심혈을 기울여야 하며, 육성기에는 반추위 발달을 최대한으로 촉진시켜야 하고, 비육전기에는 정육 생산을 극대화시키기 위해 노력해야 하며, 마무리 시기인 비육후기에는 근육에 지방침착이 극대화되도록 해야 한다. 이를 위해서는 성장단계별 산육 특성을 잘 이해하고, 비육단계에 적합한 배합사료와 조사료를 급여하며 육질 개선에 효과적인 거세 등의 사양관리가 이루어져야 한다.

(1) 입식기

갓 태어난 송아지를 포유하는 기간으로, 육성농가로 입식되기 직전까지의 기간을 말한다. 이 기간에는 생존율을 극대화시키는 것이 관건이다. 특히 설사나 질병을 방지하기 위해 면역성을 높여야 한다. 밑소를 비육우사에 입식할 경우 이동 및 새로운 우사 또는 사양관리에 적응하는 과정에서 스트레스가 발생하는데 이를 완화시켜주는 것이 가장 중요하다. 비육 밑소를 도입한 다음 약 1개월 정도를 새로운 사양 환경에 순치시키는 기간으로 본다. 밑소가 인근 농가로부터 입식할 경우에는 약 3일 정도, 시장 등 외부로부터 입식할 경우에는 약 1주일간 농후사료를 급여하지 않고 건초만 급여한다. 그 후 1일 1두당 농후사료 3kg 정도부터 급여하기 시작하여 1개월 후부터는 체중의 2.0% 정도를 급여한다.

(2) 육성기

젖을 뗀 후인 3~4개월령(체중 90~110kg)부터 12개월령(체중 280kg 내외)까지로, 이 시기는 뼈, 내장, 반추위 등 소화기관과 체성장이 활발할 때이다. 따라서 조단백질 함량이 14~16%로 높고, 에너지 함량(가소화영양소 총량; TDN)이 68~70% 수준이며, 비타민과 무기물 같은 영양소가 균형 있게 함유된 육성용 배합사료를 체중의 1.2~1.5%로 제한급여하여 과비를 방지하고, 일당증체량은 0.6~0.7kg 정도가 되게 하여 튼튼한 비육 밑소로 기른다. 이 시기에는 반추위의 발육을 촉진할 수 있는 조섬유와 영양가가 풍부하고 기호성이 좋은 양질의 조사료를 충분히 급여해야 한다. 특히 비육후기의 성장 극대화에 필수적인 반추위의 양적 성장을 위해 1일 섭취하는 가소화영양소 총량의 40% 내외를 조사료로 공급해야 한다.

이 시기에 적절한 양의 조사료를 섭취하지 못하면 반추위를 포함한 소화기관의 발달이 부진하여 비육기에 소화기 및 간 장애, 또는 요석증과 같은 대사성 질병이 발생하기 쉽고, 사료섭취량이 늘지 않으므로 비육후기에 증체가 둔화되어 목표체중까지 사육할 수 없게 된다. 따라서 육성기에는 지나치게 살이 찌는 것을 방지하면서 소화기관과 골격을 발달시켜 튼튼한 비육 밑소로 키우는 것이 가장 중요하다. 또 배합사료는 제한급여했는지, 조사료는 목표대로 급여했는지, 증체는 잘 되었는지, 환경관리는 잘 이루어졌는지, 소의 건강상태는 좋은지 등을 검토하여 목표에 미치지 못할 때에는 문제점과 원인을 분석하고 개선해야 한다.

(3) 비육전기

생후 13개월령(체중 280kg)부터 18개월령(체중 450kg)까지를 말한다. 이 시기는 조사료 위주로 육성된 비육 밑소가 본격적인 비육이 시작되어 근육과 체지방이 증가하는 기간으로, 육성기 배합사료의 제한급여에 따른 성장억제가 보상성장으로 이어져 일당증체량이 가장 높은 시기이다. 이 시기에는 근육과 지방이 골고루 축적되도록 조단백질 11~12%, 가소화 영양소 총량이 71~72%인 농후사료를 체중의 1.7~1.8%로 제한급여한다.

(4) 비육후기

생후 19개월령(체중 450kg)부터 출하까지를 말한다. 이 시기는 비육을 마무리하는 기간으로, 근육 주위의 지방이 근육 속으로 골고루 축적되어 육질이 개선되도록 고에너지(열량) 사료로 가소화영양소 총량이 72~73%인 농후사료를 급여한다. 또한 육질을 개선하기 위해 흰색의 경성지방이 잘 축적되는 보리, 고구마와 같은 곡류를 급여하는 것도 좋다.

배합사료는 자유채식을 통해 섭취량을 증가시켜 체중을 최대한 늘리되, 조사료는 최소한의 양(사료 총량의 10%)만 제한적으로 급여해야 한다. 또 거세와 장기비육에 따른 대사성 질병(요석증, 산중독증 등)이 발생하지 않도록 세심한 주의를 기울여야 한다. 육질을 개선하기 위해 배합사료를 최대한 많이 먹을 수 있도록 사료 급여 횟수를 늘리고, 사료를 남길 때에는 사료 고르기를 해주며, 적당한 운동과 당밀 첨가 등의 적절한 사양관리를 해주어야 한다.

비육후기는 육질 개선을 마무리하는 단계로, 사료의 종류에 따라 육질에 차이가 생긴다. 고에너지의 배합사료를 급여하면 근내 지방 축적이 많이 이루어지지만, 저에너지 사료를 급여하면 근내 지방 축적이 저하되어 양질의 쇠고기를 생산할 수 없게 된다. 또한 보리를 급여하면 흰색의 단단한 지방을 생성하는 효과와 더불어 육질도 향상될 수 있다. 조사료로 사일리지나 청초를 급여하면 carotene 성분 때문에 지방색이 황색으로 변하여 육질등급 판정에 나쁜 영향을 미칠 수 있으므로 급여하지 말고 볏짚이나 건초 등을 급여해야 한다.

4) 육질 개선을 위한 비육말기의 사료 급여

비육말기에는 청초나 사일리지 등을 급여하면 carotene으로 인해 지방색이 황색으로 변함에 따라 육질이 저하될 가능성이 많으므로 출하 6개월 전부터는 급여를 중지하고 볏짚이나 건초를 급여하도록 한다. 식욕저하를 방지하기 위해 적절한 운동과 함께 사료에 당밀을 첨가하여 급여하기도 하며, 표 6-7에서와 같이 경성지방이 잘 생성되는 보리, 고구마와 같은 곡류를 급여하되 배합사료를 대체한 보리 급여율은 비육전기에는 20%, 비육후기에는 60%가 적당하다. 또한 고기에 풍미를 향상시키기 위해서 파인애플박, 맥주박, 미강 등을 이용할 수도 있다. 농후사료와 맥주박을 일정 시간 lactate 발효시켜 급여해도 풍미나 육질이 향상될 수 있다.

일반적으로 고급육 생산을 위해 농후사료 위주로 비육하면, 비육후기에는 농후사료의 급여 비율 증가에 따른 lactate의 과잉생산으로 반추위내 pH가 낮아져 반추위 미생물의 활력이 저하되어 사료효율이 감소한다. 또 propionate가 급격히 증가함에 따라 호르몬의 불균형이 초래되어 사료섭취량이 줄어드는데, 이는 농후사료에 함유된 가용탄수화물에 의한 것이다. 따라서 농후사료 위주로 비육할 때는 전분 함량이 많은 사료는 가급적 제한하고 에너지는 높지만 전분 함량이 적은 사료(글루텐피드, 알팔파 헤이 및 큐브, 비트펄프, 감귤박, 당밀, 대두피, 맥주박 등)를 곡류 사료와 함께 급여하는 것이 반추위의 발효 안정화와 산중독증 예방에 중요하다.

비육생리상 한우가 고영양상태로 장기간 사육될 경우에 지방교잡도가 높아지고 고기의 결착이 좋아져 육질이 전반적으로 개선될 수 있지만, 지방 축적은 유전적인 한계점이 있어 그 한계에 도달하면 더 이상 증가하지 않는 대신 내장지방이나 피하지방이 증가하여 결과적으로 정육량이 감소한다. 비육후기에는 정육도 증가하지만 지방의 증가가 상당한 부분을 차지하므로 이때의 1kg 증체에 소요되는 각종 영양소량은 비육전기에 단백질(근

표 6-7 사료와 지방 특성의 관계

구분	사료
지방을 희게 만드는 사료	맥류, 밀기울, 맥강, 고구마, 감자, 전분박
지방을 황색으로 만드는 사료	대두박, 황색옥수수, 호박, 청초
지방을 연성으로 만드는 사료	미강, 대두박, 어분, 채종박, 아마박, 비지, 옥수수, 낙화생박
지방을 경성으로 만드는 사료	보리, 밀, 호밀, 고구마, 감자, 전분박, 면실박, 야자박, 보리겨

육)이 증가할 때보다 비약적으로 증가하여 결국 사료효율이 저하된다.

5) 암소의 능력 개량과 균일화

한우육의 품질 고급화를 위해서는 거세, 장기비육 등의 사양관리도 중요하지만 고급육 생산능력이 우수한 밑소를 선택하는 것은 매우 중요한 일이다. 우량 밑소를 생산하기 위해서는 우선 능력이 우수한 암소와 우량 종모우의 정액 선택이 매우 중요하다. 경제적 가치와 소득을 얻을 수 있는 형질들은 사육환경과 부모로부터 물려받은 유전능력에 따라 좌우된다. 동일한 환경에서 가축이 사육되어도 유전능력이 우수한 부모로부터 생산된 송아지가 능력이 더 우수하다. 따라서 유전력이 높은 형질들을 선별하여 개량한다면 개량 효율뿐만 아니라 소득도 높일 수 있다.

암소의 능력 중 가장 중요한 것은 **번식능력**, **이유 시 체중** 그리고 고급육 생산과 관련된 **도체성적** 등이다. 송아지의 이유 시 체중은 육성률 향상을 위한 암소 선발에 활용되는 중요한 지표다. 일반적으로 한우 사육 농가에서 관리하고 있는 암소는 그 능력이 다 다르고 세대에 따라 개량 정도가 다르므로 동일 종모우의 정액을 이용하여 인공수정을 시키더라도 생산된 송아지의 능력은 균일하지 않다. 따라서 자질이 좋은 송아지를 생산하기 위해서는 무엇보다도 암소집단의 능력 향상과 능력의 균일화를 위한 노력이 필요하다. 송아지의 능력과 자질은 번식우와 종모우의 능력과 자질에 따라 결정된다. 즉 송아지는 부모의 능력을 물려받게 되므로 번식우 사육농가는 자기가 보유하고 있는 암소의 장단점을 파악한 후 암소의 장점을 유지하면서 단점을 보완할 수 있도록 교배대상 종모우를 선정해야 한다. 현재 우리나라에서 공급되고 있는 한우의 정액은 모두가 능력이 검증된 보증종 모우의 정액이다. 따라서 보증종 모우의 정액을 이용하여 송아지를 생산할 경우 우수한 자질의 송아지를 생산할 가능성이 매우 높아진다.

6) 비타민 A의 조절

육성기에는 1차 근속의 근세포 사이로 지방세포가 유입되면서 지방세포 수가 증가하기 시작하고, 증가한 지방세포는 보통 비육전기(12~13개월령)부터 비대해져 육안으로 보이는 크기가 된다. 이 과정에서 비타민 A는 지방세포 분화를 억제시키는 작용을 한다고 알려져 있다. 따라서 근내지방이 축적되는 시기에 비타민 A의 공급량을 제한하여 지방 침착을 유도하면 등지방과 복부지방 등 불가식 지방의 침착을 억제하면서 선별적으로 근내지방의 침착을 높일 수 있다. 비타민 A의 결핍이 근내지방 축적을 증진시키는 이유는 비타민 A의

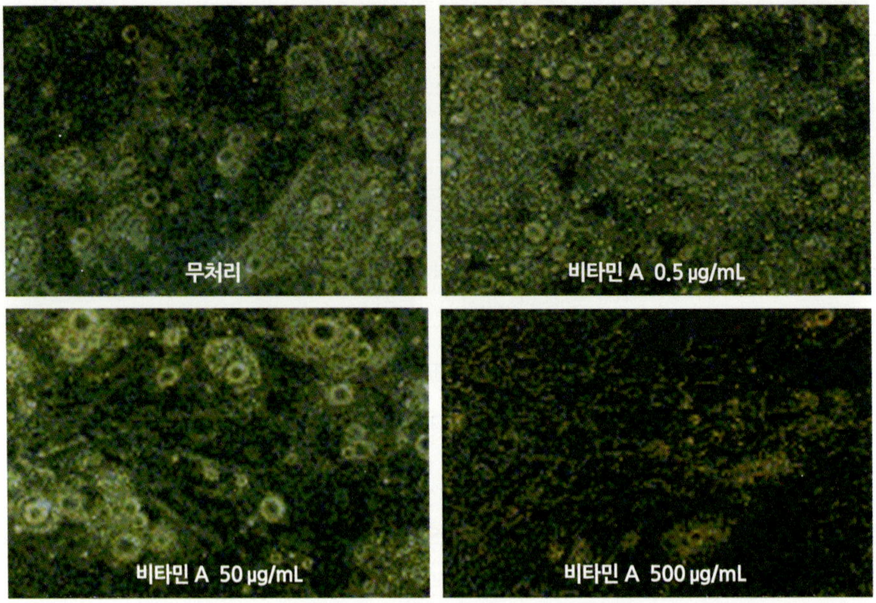

그림 6-11 비타민 A의 처리 수준별 지방세포내에서의 지방 합성 효과

활성형인 retinoic acid가 지방전구세포의 세포내 수용체와 결합하여 지방 축적 관련 효소 유전자의 발현을 직접적으로 억제하기 때문이다. 실제로 소의 지방전구세포에 retinoic acid를 첨가하면 지방세포로의 분화가 억제된다. 그림 6-11에서 보는 바와 같이 비타민 A의 처리 수준(0, 0.5, 50 및 500μg/mL)이 높아질수록 지방세포내 지방의 합성은 크게 감소하는 것을 볼 수 있다.

비타민 A를 제한했을 때 지방 축적이 증가하는 것은 분명한 사실이지만 그 원인이 완전히 구명된 것은 아니다. 현재까지는 비타민 A 결핍으로 지방세포의 분화가 유전자 발현 수준에서 촉진되고, IGF-1과 갑상선호르몬의 활성이 억제된다고 알려져 있다. 그러나 비타민 A의 결핍이 지나칠 경우 심각한 정도의 건강 악화와 경제적 손실이 초래될 위험성이 있기 때문에 결핍증상이 나타나지 않는 정도의 비타민 A를 비육단계별로 조절·공급하는 기술이 필요하다. 결핍증상을 사전에 예방하면서 비타민 A를 조절·공급하는 것은 쉽지 않기 때문에 관찰을 철저히 하고 결핍기간 동안 혈액을 분석하여 최소 농도(30 IU/10mL) 이상으로 유지해주어야 한다.

일반적으로 비타민 A의 급여는 육색에도 영향을 미치는데, 비타민 A를 저단위 투여한 군보다 고단위 투여한 군에서 육색이 진하게 나타나고, 같은 의미로서 혈중 비타민 A 농도가 낮은 군에서는 육색이 밝게 나타난다. 육색에 대한 비타민 A의 영향에 대해서는 아직

표 6-8 일본 흑모화우종 거세우에서 혈중 비타민 A 농도와 육질의 관계

구분	혈중 비타민 A의 농도(μg/10mL)			
	1~10	10~20	20~30	>30
근내지방도	6.8	6.0	6.0	5.9
육색	3.6[a]	3.8[ab]	3.6[ab]	4.1[b]
지방색	2.5[a]	3.0[b]	2.9[b]	2.8[ab]

a, b는 신뢰도 95% 수준에서 통계적인 유의차가 있음.

정확한 기전이 구명되지 않은 상태이지만 혈중 비타민 A가 낮으면 혈청 중의 Fe과 Cu의 농도가 저하되기 때문인 것으로 생각된다. 표 6-8에는 일본 흑모화우종 거세우에서 혈중 비타민 A의 농도와 근내지방도, 육색 및 지방색의 관계를 나타낸 것이다.

비타민 A의 결핍은 소의 증체를 저하시키는데, 장기간 비타민 A가 결핍된 상태로 한우를 사육하는 경우에는 채식량이 감소하여 증체량의 감소를 초래할 수 있다. 따라서 비육중기에만 비타민을 제한하되 혈중 농도는 30 IU/10mL 이상으로 유지하면서 후기에는 비타민 A를 급여하면 증체에 악영향을 미치지 않는 것으로 보인다.

일본의 화우비육농가에서 실시하고 있는 비타민 A 결핍을 통한 육질 개선방법을 요약하면, 성장단계에 따라 체내 비타민 A 수준이 달라지게 하는 것이다. 비육 전 기간 동안 비타민 A를 계속 급여하면 증체는 좋지만 육질이 나빠지고, 육성기부터 출하 시(30개월령)까지 비타민 A를 결핍시키면 육질은 좋지만 증체가 불량하고 결핍증상이 나타나기 쉽다. 또 비육후기부터 출하 시까지 계속적으로 비타민 A를 급여하면 증체와 육질 모두 좋지 않게 된다. 따라서 증체와 육질을 동시에 개선하기 위해 육성기와 비육말기(25~30개월령)에 비타민 A를 충분히 급여하고 비육중기에 결핍시킬 것을 권장하고 있다.

이와 같이 성장단계에 맞게 비타민 급여 수준을 조정해야 하는데, 육성기에는 비육기의 농후사료 다급이라는 불리한 반추위 환경조건에 대비해 사전에 반추위를 발달시킬 수 있도록 비타민 A를 충분히 급여해야 한다. 그러나 과잉급여하면 체내 축적량이 많아져 근내지방 축적이 왕성한 시기에 비타민 A 결핍이 어려울 수도 있으므로 주의를 요한다. 비육중기에는 비타민 A 첨가제는 배제하고 β-carotene과 비타민 A 함량이 적은 조사료를 급여하고, 비육말기에 비타민 A 제제를 경구 투여하거나 사료에 첨가하는 방법을 권장하고 있다.

7) 비타민 C와 E의 조절

비타민 C(ascorbic acid)와 비타민 E(tocopherol)는 모두 생체내에서 항산화제(antioxidant)로서 작용한다. 그림 6-12는 쇠고기내 인지질과 myoglobin의 산화-환원반응에서 비타민 C와 E의 역할을 도식화한 것이다. 그림 6-12에서 보듯이 비타민 E의 1차적인 기능은 mitochondria나 microsome 그리고 다른 생세포막을 구성하고 있는 지질이중막의 산화 방지작용이라 할 수 있다. 비타민 C도 비타민 E와 마찬가지로 체내에서 황산화제로 작용한다. 따라서 비타민 C와 E는 궁극적으로 체내에서 지방조직의 산화를 방지시키고 육색을 안정화시킴으로써 고급육 생산에 기여할 수 있다.

지방의 산화를 억제하는 비타민 C와 E를 비육우 사료에 첨가하여 급여하면 쇠고기의 변색을 지연시켜 선도를 유지시킬 수 있음이 확인되었다. 쇠고기는 시간이 경과함에 따라 빛깔이 선홍색에서 갈색으로 변색해 산화하면서 냄새가 발생하는데, 이는 고기 색소인 myoglobin이 산화하여 갈색인 metmyoglobin으로 변화되기 때문이다. 비육우에 비타민 E를 1일 2,500mg씩 4주 동안 급여했을 때 급여하지 않은 군보다 metmyoglobin의 증가가 지체되어 양호한 빛깔이 유지되었으며, 이는 1일 5,000mg씩 1주 동안 급여한 실험결과와 유사하였다. 따라서 고기에 분포된 지방(근내지방)의 산화를 막는 비타민 E는 고기 빛깔이 변하는 것을 억제할 뿐 아니라 선도를 유지하는 효과가 있음이 확인되었다. 표 6-9를 보면 비타민 C를 사료에 첨가하여 급여한 결과 생체중, 도체중 및 육량등급에 유의하게

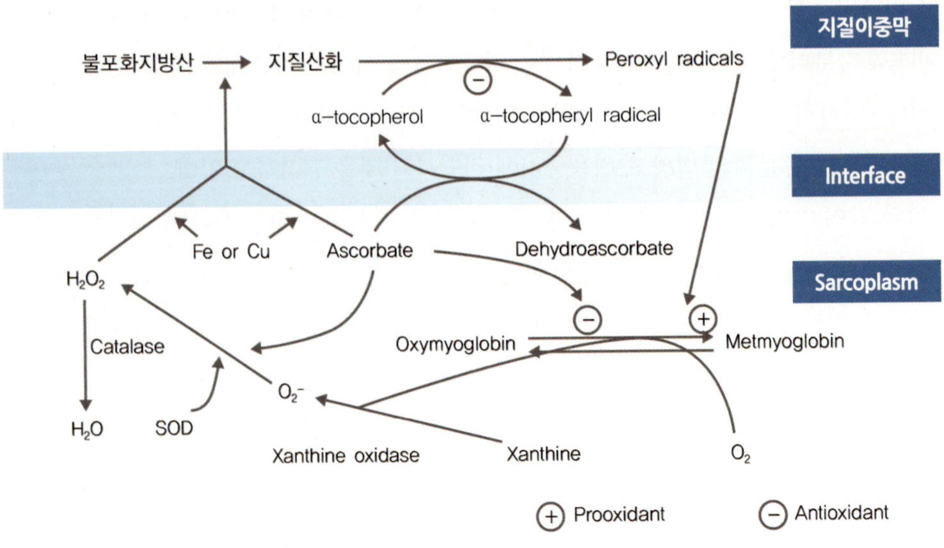

그림 6-12 쇠고기 내 인지질과 myoglobin의 산화-환원반응과 비타민 C와 E의 관계

표 6-9 비타민 C 첨가가 거세 한우 도체와 육질에 미치는 영향

구분	대조구 (관행 고급육 생산 프로그램)	처리구 (13개월령부터 첨가제 급여)
육량 특성		
생체중(kg)	696.7[ab]	727.3[a]
도체중(kg)	409.9[ab]	433.9[a]
육량등급(A : B : C)	3 : 5 : 2	6 : 2 : 2
육질 특성		
근내지방	3.9	6.3
조직감	1.7[a]	1.2[a]
육질등급(1^{++} : 1^{+} : 1 : 2 : 3)	1 : 2 : 0 : 7 : 0	4 : 2 : 4 : 0 : 0
조수입(천 원)	6,694	7,805
경영비 합계	3,973	4,425
밑소 가격(천 원)	2,566	2,603
사료비(천 원)	1,407	1,446
비타민 C 비용(천 원)	0	375
순소득(지수, %)	2,721 (100)	3,380 (124.2)

국립축산과학원(2008).

a, b는 신뢰도 95% 수준에서 통계적인 유의차가 있음.

증가하고, 근내지방 및 육질등급이 향상되는 경향을 보이는 것으로 나타났다. 아울러 경제성은 대조구에 비해 비타민 C 첨가구가 더 효율적인 것으로 조사되었다.

8) 무기물 급여 조절에 의한 고급육 생산

체내의 다양한 산화반응은 유리기(free radical)로 불리는 물질을 생성한다. 유리기는 짝이 없는 단일 화학물질이며 superoxide radical(O^{2-})과 hydroxyl radical(OH^{-})은 유리기들의 예이다. 유리기는 분자구조와 체내 화학반응에 영향을 미치는 불균형한 자장을 진행시키는 불안정한 복합물질이다. 산화반응은 생명체에서 필수적이지만 어떤 산화반응은 세포와 세포막에서의 불포화지방산의 산화에 의해 세포 손상을 유발하기도 한다.

이와 같이 유리기는 산화를 발생시키는 반면에, 체내에서 생성되는 superoxide dismutase, glutathione, peroxidase, catalase 등의 항산화 효소들은 세포 조직의 손상을 방지해준다. 이 효소들은 흔히 유리기 제거 효소(free radical scavenger)로 불리는 Cu,

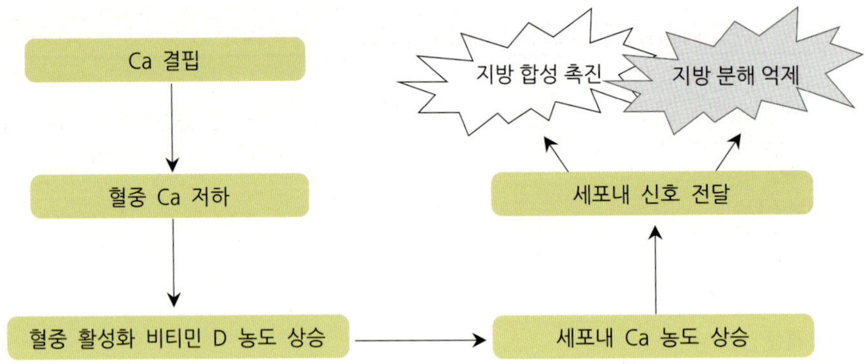

그림 6-13 Ca 결핍이 지방의 합성과 분해에 미치는 기전

Zn, Se과 같은 특정 영양소를 필요로 한다. 비타민 C와 E 그리고 β-carotene는 항산화 능력이 있는 비타민이다. 따라서 항산화 비타민이 제 구실을 하기 위해서는 Zn, Se 및 Cu와 같은 무기물이 절대적으로 필요하다. 이러한 이유로 앞에서 설명한 비타민 C와 E가 고급육 생산에 이용되기 위해서는 Zn, Se 및 Cu와 같은 무기물의 도움이 필요하다. Zn, Se 및 Cu와는 달리 Ca은 저Ca 사양을 통해서 한우의 근내지방도를 증진시킬 수 있는데 그 기전은 그림 6-13에서와 같다.

9) 암적색육 발생의 예방

육색은 육질등급의 판정 요소일 뿐만 아니라 소비자가 고기를 선택하는 가장 우선 요인으로서, 육색에 대한 관심은 생산자에서 소비자에 이르기까지 매우 높다. 정상육에 비해 암적색육은 pH와 보수력이 높고, 조직이 끈적끈적한 특성을 가지고 있으며, pH가 높아서 미생물의 발육조건에 적합하기 때문에 저장성이 매우 불량하다. 또 암적색육은 도·소매 및 소비자의 구매 기피 요인이 되어 쇠고기 소비 확대의 저해요인이 되고 있다. 현재 암적색육으로 판정되면 육질등급을 1개 등급 하향 판정하고 있어 출하우의 경락단가에서도 매우 불리하다. 암적색육 발생의 원인은 도축 전 스트레스로서 도축 시 근육의 낮은 glycogen이 직접적인 원인이라 할 수 있다(그림 6-14).

현재 우리나라의 암적색육의 발생률은 평균 10.7%이며, 성별로는 수소가 13.7%로 평균치보다 높다. 도축 전 미경산우의 발정행동이나 수소의 활발한 물리적 활동과 승가 등이 암적색육의 발생률을 증가시키는 원인이다. 암적색육을 방지하기 위해서는 영양이 충분하도록 사육하며, 특히 수소에서 더 많이 발생하므로 거세비육하는 것이 발생률을 줄이는 한

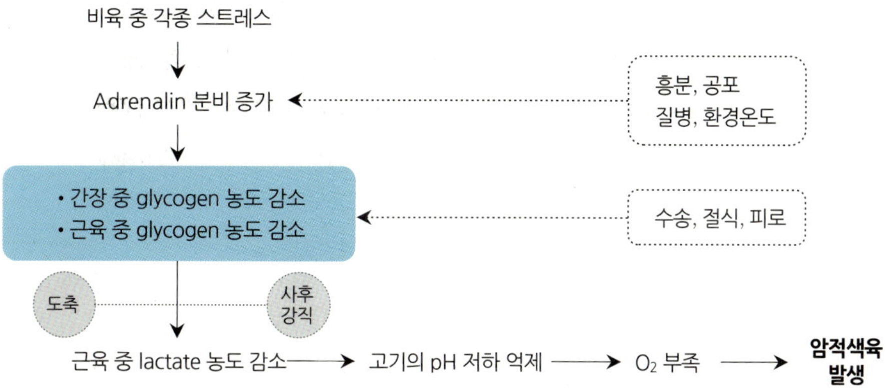

그림 6-14 암적색육의 발생 기전

방법일 수 있다. 또한 출하 시에는 수송 밀도를 지키고, 집단수송으로 인한 승가 등의 행동이 발생하지 않도록 개별 수송을 하는 것이 유리하다. 여러 농가의 소를 혼합 수송하지 않아야 하며, 한 농가의 소를 수송하더라도 가능하면 동일한 우사에서 사육된 소를 수송하는 것이 암적색육을 줄이는 방법이다.

제2절 고품질 우유 생산

우루과이 라운드의 타결과 세계무역기구의 출범에 이어 FTA 협약의 체결 등 국제교역이 활발해지면서 우유, 소고기 등과 같은 축산물의 국제유통도 활발해지고 있다. 축산물은 건강과 가장 밀접한 관계가 있는 식품의 하나이기 때문에 축산물의 국제적 유통은 모든 국가의 공통적인 관심사이며, 국제식품규격위원회에서는 위해요소중점관리기준(Hazard Analysis Critical Control Point; HACCP)을 마련하였다. 이미 여러 선진국에서는 HACCP의 법제화를 강력하게 추진 중이다.

이와 같은 국제적인 추세뿐만 아니라, 최근 국내에서는 우유 중에 존재하는 체세포 수, 세균 수, 항생물질 함량 등이 논란의 대상이 되고 있는 실정이며, 원유검사기준이 강화되어 고품질 원유를 생산하는 낙농가와 그렇지 못한 낙농가 사이에는 큰 소득 격차가 생기는 것이 오늘의 현실이다. 현재의 세균 수, 체세포 수 및 유지방 위주의 유대산정기준에서 유단백 및 고품질 원유에 대한 보상의 확대를 전제로 한 유대산정기준을 적용하기 위한 논의가 이루어지고 있어 우유의 고품질화가 더욱 중요해지고 있다. 특히 소비자의 축산물에 대한 선호도가 양보다는 질을 우선하며 안전한 먹거리에 더욱 관심을 가지고 있어 생산자도 소비자 중심으로 축산물을 생산해야 하는 시대가 되었다.

고품질 원유란 첫째, 위생적인 원유라고 표현할 수 있다. 즉 체세포, 세균, 먼지 및 사료 분진 등의 이물질이 없거나 미량으로 함유되어 있어야 한다. 세균의 경우 젖소의 유방이 건강한 상태에서는 거의 없거나 원유에 적게 존재하지만 유방염에 걸리거나 착유 및 집유 관리가 부실할 경우에는 세균 함량이 증가하여 저급 또는 비위생적인 원유가 된다. 원유 중 체세포 수가 증가해도 저급 원유가 되는데, 유방염이 그 주된 원인이다. 따라서 올바른 유방염 및 착유 관리는 고품질 원유를 생산하기 위한 필수적인 요소라 하겠다. 또한 집유된 원유를 위생적으로 관리하여 세균의 유입을 방지해야 하며, 깨끗한 환경을 조성하여 유방염 발생 및 비위생적인 원유 생산을 최소화해야 한다.

둘째, 선진 낙농산업 국가에서 낙농가에게 지불되는 유가는 전통적으로 유량과 유성분에 기초하여 정해져 왔다. 현재 우리나라의 유가 산정 기준은 유지방과 체세포 수 및 세균 수에 두고 있으나, 앞으로 유지율 이외의 유성분 및 고품질 우유에 대한 보상을 확대하는 방향으로 변경될 예정이다. 유성분을 의도적으로 변화시키기 위한 방법에는 주로 유성분을 지배하는 유전자의 선발, 동정, 유전자 조작이나 사료 중의 영양소 함유량과 구성을 변경하는 것 등이 있다. 여기에서는 영양학적 영향에 초점을 맞춰 설명하고자 한다.

셋째, 최근 소비자들은 축산물의 영양적 기능뿐 아니라 우리의 신체에 도움을 주는 생리적 기능을 가진 축산물을 선호하는 경향이 높아지고 있다. 따라서 사료 성분을 변화시켜 새로운 성분이 함유된 쇠고기나 우유의 생산에 대한 연구가 시도되고 있다. 계란이나 돼지고기의 경우에는 특정 성분이 함유 또는 강화된 생산물이 많이 보고되고 있으나, 소의 경우 반추위라는 특이한 구조 때문에 기능성 축산물의 생산에 어려운 점이 많으며 연구 사례도 많지 않다. 하지만 DHA 함유우유, CLA 강화우유, 면역성분 강화우유 등 성공적으로 산업화된 예도 있다. 최근에는 생물공학의 발달과 함께 동물의 수정란에 인간이 목적으로 하는 단백질 유전자 혹은 유성분의 변화에 관련된 유전자를 도입시켜 유성분을 조절한 유 생산을 위한 시도들이 이루어지고 있다. 특히 포유동물의 유방을 생물반응기(bioreactor)로 이용하여 유용단백질을 생산하고자 하는 연구와 우유의 모유화라는 측면에서 동물의 유성분을 변화시키고자 하는 시도들이 활발하게 이루어지고 있다.

1. 젖소의 일반 사양관리

1) 우유의 성분 조성과 특징

우유의 주요 성분은 수분, 단백질, 지방, 탄수화물, 광물질이며 그 외에 비타민, 색소, 효소 등이 포함된다(표 6-10 참조). 비록 우유에 함유되어 있는 각종 영양소의 양이 적다고는 하나 필요한 영양소가 골고루 균형 있게 들어 있다. 특히 Ca의 함유량에 있어서는 많은 식품 중에서 으뜸가는 식품이다. 또한 유단백질에는 양질의 필수아미노산이 풍부하고 균형 있게 함유되어 있어 신체를 구성하는 중요한 영양소로 작용을 한다. 무엇보다 우유의 장점은 각 영양소의 소화율이 대단히 높다는 점이다.

표 6-10 Holstein 젖소 우유의 평균 조성분 함량

구분	유당	지방	단백질	NPN	회분
함량(%)	4.8	3.7	3.4	0.19	0.7
고형분 중 함량(%)	37.5	28.9	26.6	1.5	5.5

표 6-11 유지방 조성

지질	%(W/W)
Triacylglycerol	97~98
Diacylglycerol	0.3~0.6
Monoacylglycerol	0.02~0.04
Free fatty acid	0.1~0.4
Free sterol	0.2~0.4
Sterol ester	미량
Phospholipid	0.2~1.0
Hydrocarbon	미량

우유에 함유된 단백질은 casein, α-lactalbumin, β-lactoglubulin, serum albumin, proteose pepton, 그리고 소량의 immunoglobulin 등으로 구성된다. Casein과 유청 단백질은 아미노산 조성이 좋고 소화율이 좋아서 영양적으로 우수하며 이는 FAO에서도 인정한 바 있다. Casein에는 methionine, cysteine 등 S-함유아미노산이 다소 부족하나 유청 단백질에는 풍부하게 함유되어 있어 상호 보완관계이다.

유지방은 지름 0.1~10μm의 미세한 지방구의 형태로 우유 속에 분산되어 있다. 유지방은 중성지방(triacylglycerol)이 약 98%를 차지하고 있으며, 그 밖에 diacylglycerol, monoacylglycerol, 인지질, sterol 등이 소량 존재한다. 유지방의 지방산은 불포화지방산이 적고 단쇄지방산(C4~C14)이 많다(표 6-11).

우유 중의 탄수화물은 lactose가 대부분이고, 소량의 glucose와 galactose도 함유되어 있다. Lactose는 지방과 마찬가지로 에너지원으로 이용되는데, 우유가 가진 에너지의 30%가 lactose에서 유래한다.

우유에는 20종 이상의 무기원소가 들어 있는데, 특히 많이 함유되어 있는 광물질은 K, Ca과 P 등이다. 식품 중 Ca에 대한 P의 비율이 낮으면 구루병의 원인이 되는데, 우유에서는 이의 비율이 1 : 1이고, 또 Ca 흡수에 효과가 있다는 단백질이나 lactose와 공존하고 있

기에 Ca의 흡수는 매우 잘 일어난다. 이 밖의 우유 중의 회분은 알칼리성이어서 혈액의 산성화를 방지해준다.

우유는 지금까지 발견된 비타민류를 대부분 함유하고 있다. 특히 양적으로 가치가 높은 것으로는 비타민 A와 비타민 B_2를 들 수 있다. 비타민 A, D, E 등은 유지방과 함께 존재하므로 우유를 마시면 지용성 비타민의 흡수량이 그만큼 많아진다.

2) 우유 합성의 기전

(1) 유방과 유선의 구조

① 유방의 구조

유방은 뒷다리 사이, 서혜부(inguinal part)에서 하복부에 이르는 넓은 곳에 자리 잡고 있는 비유기관으로, 4개의 유두구로 갈라져 있고 유두구마다 유두(teat)가 1개씩 붙어 있다(그림 6-15 참조). 유방실질조직에서 우유를 만들어내는 곳을 **유선조직**이라 하고, 이곳에서 만든 우유를 배출·운반하는 조직을 **유관조직**이라고 한다. 유관을 통해 모인 우유는 유선유조에 모이고, 이곳이 차면 유두 안의 유두유조에 모인다. 착유를 하면 유두유조에 모였던 우유가 유두관을 지나 유두구를 거쳐 바깥으로 배출된다.

② 유선상피세포의 구조

유두구마다 한 덩어리씩의 **유선**(mammary gland)이 있다. 이 유선은 유선상피세포(유선세포, alveoli), 유선포, 유선소엽 및 유선엽의 단계적 조직의 집합체를 이루고 이 가운데

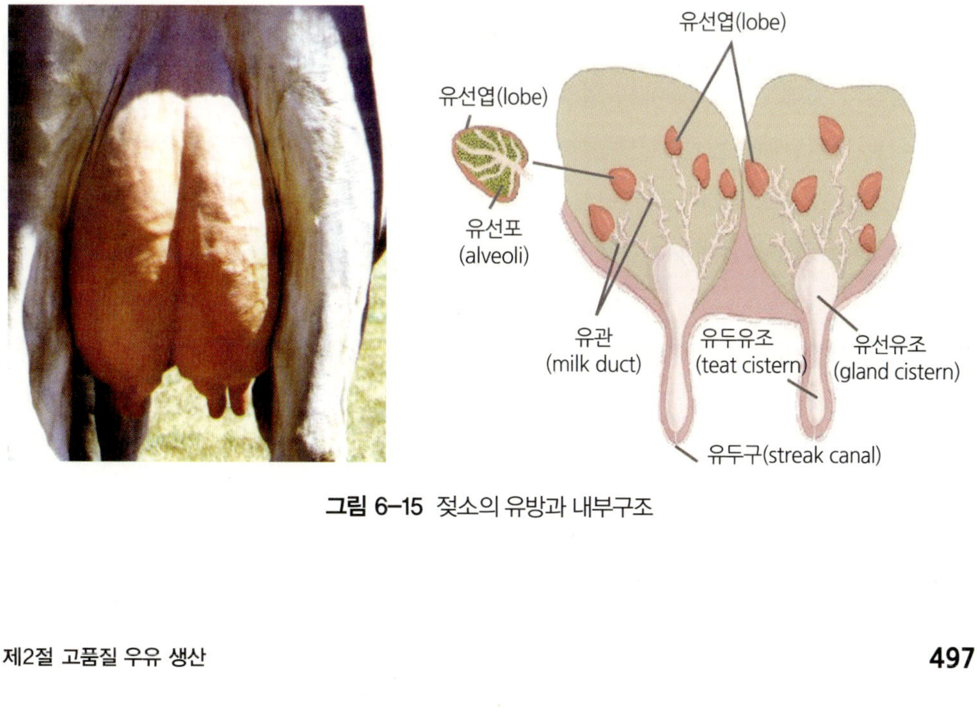

그림 6-15 젖소의 유방과 내부구조

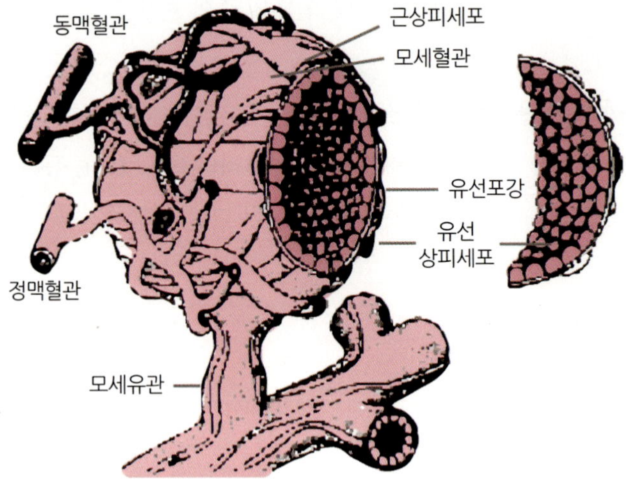

그림 6-16 젖소의 유선구조 모식도

유선세포가 기본 단위이다. 이것이 유선포강을 중심으로 둥글게 모여 유선포가 되고, 개개의 유선세포에서 만든 젖이 분비되면 유선포의 포강으로 모이고, 포강의 젖은 모세유관을 통해 유관으로 배출된다(그림 6-16). 유선포의 외벽에는 모세혈관과 함께 근상피세포가 가로로 분포하고 있는데, 유즙분비호르몬인 oxytocin에 반응하여 수축을 하면 유선포강에서 모세유관으로 젖을 배출한다. 유선포가 여러 개 모인 집합체를 **유선소엽**이라 하며, 이것이 여러 개 집합하여 **유선엽**이 된다.

(2) 우유 성분의 생합성

우유는 유선에서 혈액으로부터 흡수된 영양소를 이용하여 합성된다. 일반적으로 우유 1L를 생산하기 위해서는 약 500L의 혈액이 공급되어야 한다. 우유에 함유되어 있는 광물질, 호르몬 및 면역단백질은 혈액으로부터 흡수되어 유선을 통해 변하지 않고 그대로 배출된다. 유단백질과 탄수화물은 혈액에서 공급된 전구물질에서 합성된다. 혈액에서 유래된 주요 우유 합성 전구물질은 glucose, 아미노산, 지방산, β-hydroxybutyrate와 소금(NaCl) 등이다.

유지방 합성의 주요 전구물질은 반추위에서 생산되는 acetate와 butyrate로, 전체의 약 50%를 차지한다. 그 밖에 소장에서 흡수되는 지방산이 있는데, 사료의 지방에서 유래된 것이 40%이고, 체지방에서 유래된 것은 전체의 10% 미만이다. 유지방은 유선에서 지방산과 glycerol로부터 합성되지만 acetate와 butyrate 같은 VFA로부터 합성되는 지방산은 탄소 수가 14 이하인 지방산 전부와 탄소 수가 16인 지방산의 절반이다. 그리고 탄소 수 16의 절반과 탄소 수 18 이상의 장쇄지방산은 사료와 체지방으로부터 유래한 것들이다. 또 glycerol은 반추위에서 생산되는 propionate, lactate 또는 glucose 등으로부터 만들어진다. 따라서 유지율을 안정적으로 높이기 위해서는 유지방 합성에 필요한 이 3가지 원료를 충분히 공급하는 것이 필수적이다.

Lactose 합성에 필요한 glucose는 반추위로부터 흡수된 propionate와 lactate, 그리고 소장에서 흡수된 아미노산을 원료로 간에서 생합성된다. Lactose 합성에는 2분자의 glucose가 필요하며 1분자는 galactose로 전환된 후 lactose로 합성된다. Glucose가 galactose로 전환하는 데 관여하는 효소는 우유 합성이 시작될 때에 극적으로 활성이 증가한다. Lactose는 우유 중 가장 변화가 없는 성분(약 4.5%)으로, 우유의 합성 및 분비 과정에 있어 주요 기능은 삼투압을 유지시키는 것이다. 따라서 lactose의 합성은 유량과 밀접한 관계가 있어서 lactose의 합성, 즉 glucose의 공급이 감소하면 유량이 감소하고, 역으로 lactose의 합성과 glucose의 공급이 증가하면 유량이 증가한다. 또 glucose는 lactose의 원료 외에 유지방 성분을 위한 glycerol의 원료가 되거나 유선 대사를 위한 에너지원으로서도 중요하다.

유단백질은 혈액으로부터 공급되는 아미노산을 원료로 하여 유선에서 합성된다. 아미노산의 공급은 혈액에서 유선으로 직접 유입되는 것과 유선 안에서 합성 또는 전변되는 것 2종류가 있다. Casein, lactoalbumin 및 lactoglobulin은 유선세포에서 유리 아미노산을

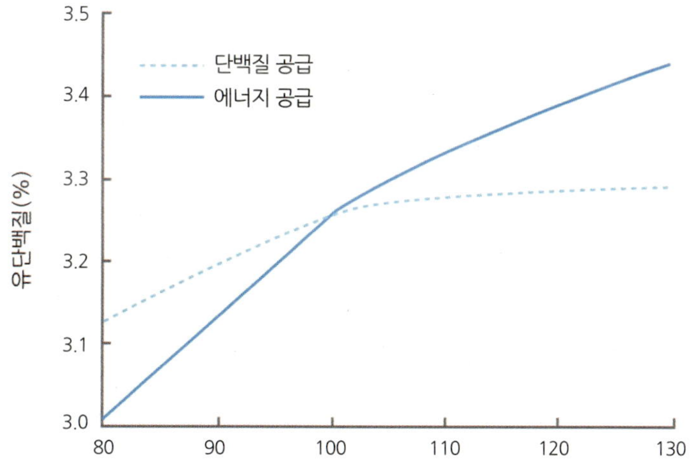

그림 6-17 단백질·에너지 공급이 유단백질 합성에 미치는 영향 (Gordon, 1977)

원료로 합성된 단백질이며, immunoglobulin과 serum albumin은 혈액과 우유에 동일하게 함유되어 있어 혈액에서 유선으로 직접 이행된 것이다. 유단백질은 단백질 및 에너지 공급량의 영향을 받는다(그림 6-17). 우선, 단백질의 충족률이 100% 이하인 경우에 사료 단백질의 공급량을 늘리면 유단백질의 비율이 높아지지만, 충족률이 100% 이상일 때는 단백질의 공급량이 증가해도 유단백질 함량은 증가하지 않는다. 한편 에너지 공급량은 충족률이 100%를 넘어도 공급량이 증가하면 유단백질 함량은 여전히 높아진다.

우유 중 광물질은 혈액 중의 광물질이 이행된 것이다. 유즙의 광물질 조성은 항상 일정하게 유지되는데, 유선상피세포에 어떤 조절기구가 존재하기 때문으로 추정된다. 비타민도 유선에서 합성된 것이 아니라 혈액 중에 있는 것이 이행된 것이다. 우유의 비타민 함량은 사료내 함량의 영향을 받는다.

3) 유성분의 변화에 영향을 미치는 영양적 요인

(1) 유지방의 변화

① 조사료와 농후사료의 비율

에너지 섭취량, 반추위 발효상태, 유성분 간에는 밀접한 관계가 있다. 앞에서 설명하였듯이 유지방 합성의 주요 전구물질은 acetate와 butyrate이다. Acetate, butyrate 및 propionate의 반추위내 함량은 급여되는 사료와 methanogen의 군집에 의해 영향을 받는다. 그러므로 농후사료의 급여량이 증가하면 반추위에서 유지방 합성에 거의 관여하지 않는 propionate의 생성이 증가하고 acetate가 결핍되어 유지율은 떨어진다. 일반적으로 적정 유지율을 유지하기 위한 propionate에 대한 acetate의 비율(A : P)은 2.2 : 1 이상이다.

젖소의 저유지방증이 발생하는 원인으로는 acetate의 부족과 함께 농후사료 과잉급여에 의해 혈중 insulin이 증가하여 유선에서 acetate의 이용을 감소시킨다는 것이다. 즉 분비된 insulin은 지방조직에만 영향을 미치고 유선에는 영향을 주지 않아 acetate가 체지방 합성에 더 많이 이용되어 유지방이 감소된다는 것이다. 사료 중 농후사료 급여 비율뿐만 아니라 사료 중 농후사료의 종류와 가공 정도도 중요하다. 옥수수를 대체하여 보리를 사용하면 유지율이 저하되는데, 이것은 이들 곡물 간 반추위에서의 탄수화물 분해 양상의 차이 때문으로 보인다.

② 조사료의 길이

조사료의 길이는 유지율에 영향을 주는데, 길이가 짧아지면 저작 및 반추시간이 단축되어 타액의 생산이 감소한다. 타액의 생산이 감소하면 반추위내 pH가 낮아지고, 섬유질의 소화가 감소하며, 이에 따라 acetate의 생산량이 감소하게 된다. 결국 acetate와 propionate의 비율이 감소함에 따라 유지율이 감소하게 된다. 섬유질의 함량이 높으면 반추위내 acetate 생산이 증가되어 유지방이 증가한다. 그러나 사료의 길이가 다르면 NDF의 함량만으로는 물리적 효과를 정확하게 평가하기 어렵다. 이러한 이유로 반추위내에서 발효에 영향을 미치는 사료 입자의 크기를 고려한 유효중성세제불용성섬유소(eNDF)가 도입되었는데, 이것이 유지율의 변화와 좀 더 높은 상관관계가 있기 때문에 섬유질의 이용가치를 더욱 정확하게 평가할 수 있다.

③ 사료의 지방과 유지율

표 6-12 사료내 지방 공급 권장량(젖소)

지방공급원	사료내 지방(% 건물)
조사료와 곡류 사료	2~3
종실과 우지	2~3
보호지방	2~3
총사료지방	8

Amaral-Phillips 등(1997).

지방은 에너지가가 일반 곡류의 전분이나 조사료내 가소화 섬유질의 2.25배 이상이어서 고능력우에게 종종 급여한다. 그러나 지방을 과잉급여하거나 불포화지방산 또는 트랜스지방산이 많이 함유된 지방사료를 급여하게 되면 오히려 유지방 함량을 감소시킨다. 압출(extrusion), 분쇄 또는 펠렛 가공한 대두콩을 다량으로 급여하면 **저지방증**이 발생할 수 있다. 어유가 포함된 사료도 저지방증을 유발하다. 지방 공급은 유지율의 감소뿐만 아니라 종종 유단백질과 건물섭취량을 감소시키기도 한다. 지방 급여에 따른 유지방 감소를 피하기 위해서는 사료의 지방 함량을 5% 이내로 제한하고 여기에 보호지방을 2~3% 추가로 사용할 수 있다. 표 6-12는 젖소에 대한 지방 첨가 권장량(% 건물)이다.

유지율에 미치는 지방의 영향은 지방을 구성하고 있는 지방산이 포화지방산이냐 불포화지방산이냐에 따라 다르다. 즉 linoleic acid 등의 불포화지방산은 유지방 함량을 저하시키는 반면 stearic acid 등의 포화지방산을 첨가하면 유지율이 증가한다. 최근에는 불포화지방산이 포화되는 과정에서 생성되는 CLA나 C18:1 이성체가 유지방 함량에 큰 영향을 준다는 연구결과도 많이 있다. 식물성 유지는 불포화지방산이 많으므로 유지를 직접 급여하면 유지율이 현저하게 낮아지지만 대두나 면실과 같이 알곡째로 급여하면 오히려 유지율이 높아진다. 그 이유는 알곡째로 급여하면 알곡에 들어 있던 유지가 반추위 속에서 서서히 용출되고 일부는 반추위를 그대로 통과하여 반추위 발효에 악영향을 미치지 않기 때문이다.

지방을 추가 급여할 때는 소가 새로운 사료에 대해 적응할 수 있는 기간이 필요하다. 또한 종실유, 우지 및 그리스 등은 그 성분이 다양하여 정기적인 성분분석이 필요하다. 지방 첨가 급여 시에는 건물 기준으로 Ca은 0.9~1.0%, Mg은 0.3% 늘려 급여하고 미분해 단백질은 지방을 3% 추가할 때마다 1%씩 증가하여 급여해주어야 한다.

지방이 반추위에서 미생물에 의해 분해되지 않고 하부장기에서 이용되도록 Ca염이나 sodium alginate 등을 지방산과 결합시키거나 과립 형태로 포화지방산을 제조한 보호지방제품이 개발되어 있다. 이들 제품은 대부분 80~99%의 지방을 함유하고 있어 유량과 유지방 증가를 위해 이용될 수 있다. 그러나 이들 보호지방은 비싸기 때문에 경제적인 측면을 고려하여 사용하는 것이 바람직하다.

④ 기타 요인

조단백질과 분해단백질의 공급이 부족하면 건물섭취량과 섬유질 소화율을 감소시켜 유지율에 영향을 줄 수 있다. 특히 옥수수 사일리지나 저질의 목초 사일리지를 급여할 때 이러한 문제가 일어난다. 사료 급여 횟수도 유지율에 영향을 미친다. 다량의 곡류 사료를 1회에 급여하는 것을 피하고 적어도 1일 4회 이상 나누어 급여해야 한다. 사료의 급여 순서도 중요한데, 조사료를 급여한 후 농후사료를 제공하거나 완전혼합사료(TMR)를 급여하면 반추위의 상태를 좀 더 안정화시킬 수 있다.

사료적 요인 외에 계절, 비유단계, 유전능력, 체세포 수, 착유기 및 젖소 관리 등도 유지율에 영향을 준다. 봄과 여름에는 저유지방증이 쉽게 발생한다. 이것은 봄에 급여하는 사료에 대개 섬유질과 가용성 당의 함량이 높고, 여름철에는 고온다습해서 건물섭취량이 감소함에 따라 조사료 및 섬유질 섭취량이 줄어들기 때문이다. 비유기(생후 120일 이전) 젖소의 경우 유지율이 3.3~3.5%로 감소되어도 크게 문제가 되지는 않으나 비유 말기에 유지율이 3.5% 이하일 경우 사양관리를 검토해야 한다.

(2) 유단백질의 변화

① 에너지 섭취량

농후사료나 조사료의 종류에 상관없이 정미에너지의 섭취량이 1Mcal 증가할 때마다 유단백질은 0.015% 증가한다. 지금까지의 연구결과를 종합해보면 농후사료의 급여 비율이 49%에서 59%로 증가하면 유단백질 함량과 유단백질 생산량이 모두 증가하는데, 증가한 유단백질의 약 85%가 유량 증가에 의한 것이라고 한다. 이러한 효과는 탄수화물의 종류에 따라서도 달라진다. 당밀이나 유청단백질을 첨가하면 유단백질이 높아지는데 이들이 미생물체 단백질의 합성을 높이는 역할을 하기 때문으로 보인다.

② 지방의 첨가

지방을 첨가하면 유단백질의 함량은 대개 0.1~0.2%까지 감소한다. 지방 급여가 유단백질을 감소시키는 기전은 불명확하나 그 원인 중의 하나는 지방 첨가가 반추위 발효 효율과 미생물체 단백질 합성을 감소시키기 때문으로 생각된다. 또한 지방 첨가가 유선에서 아미노산 수송에 변화를 준다는 설도 있다. 게다가 지방 첨가는 성장호르몬의 방출을 억제하여 유선에서의 아미노산 흡수를 감소시킨다는 설도 있다.

③ 사료 중의 단백질 공급

사료 중 단백질 함량은 유단백질 함량보다 유량에 더 큰 영향을 미친다. 단백질 함량이 9~17%인 사료를 급여할 경우 사료단백질을 1%씩 증가시킬 때마다 유단백질 함량이 약 0.02%씩 증가한다. 더욱 중요한 것은 유단백질 함량을 증가시키기 위해서 공급하는 단백질의 균형인데, 특히 제한아미노산을 균형 있게 공급해야 유량과 유단백질이 증가한다. 유량 및 유단백질 함량과 관계가 있는 대표적인 제한아미노산은 lysine과 methionine이며, 이들을 젖소의 하부장기에 공급했을 때 유생산에 미치는 영향에 대한 최근의 연구결과를 요약하면 다음과 같다.

- 유단백질 함량은 lysine과 methionine의 추가공급에 의해 유생산량보다 더 민감하게 반응하며, 특히 비유최고기 이후에 뚜렷하다.
- 유단백질 함량의 증가는 유생산량과는 별개이다.
- Casein이 유단백질 중 가장 영향을 많이 받는다.
- Lysine 또는 methionine의 추가공급 시 다른 필수아미노산의 공급에 문제가 없을 때 유생산량이 가장 크게 증가한다.
- Lysine과 methionine 공급에 의한 유생산 증가는 비유 중기 또는 말기보다 비유 초기에 나타나는 것이 더 일반적이다.
- Lysine과 methionine의 추가공급에 대한 반응은 건물 중 단백질 함량이 높거나 낮을 때보다 보통 수준(14~18%)일 때 더 뚜렷하게 나타난다.

유단백질 생산 효과에 추가하여, 소장에서 흡수되는 아미노산 중 methionine 또는 methionine+lysine의 비율이 높아질 경우 우유의 지방 함량이 증가했다는 연구보고들이 있다. 유지방의 증가는 일반적으로 유단백질 증가와 함께 일어나지만, 유단백질의 증가 없이도 나타난다. 유지방 함량이 증가하는 이유는 분명하지 않으나 한 가지 이유는 유선에서 저급 지방산과 중급 지방산의 신생(de novo) 합성에 methionine이 관련되어 있기 때문이다. 이는 비유 초기 젖소의 십이지장으로 methionine을 공급했을 때, 유지방내 저급 및 중급 지방산의 비율이 증가하고 장쇄지방산이 감소한 점으로 추측할 수 있다.

(3) 기타 유성분 변화에 영향을 미치는 요인

① 곡류의 분쇄, 압편 및 펠렛화

곡류를 과잉공급하면 유지율이 저하되는데, 반추위에서 급속히 분해되는 곡물일수록 유지율의 저하가 현저하게 나타난다. 반추위에서 서서히 분해되는 것부터 열거하면 옥수수, 연맥, 보리, 밀의 순서가 된다. 따라서 같은 양을 급여한 경우 옥수수보다 보리를 급여한 때가 유지율이 저하되기 쉽다. 또 곡류의 분해속도는 분쇄, 압편, 펠렛화 등의 가공처리 순서로 빨라진다. 이러한 곡류의 가공처리는 반추위 발효를 촉진시켜 propionate 생산량이 증가되고 acetate의 생산을 감소시킨다. 그 때문에 가공처리한 곡물을 과잉급여하면 가공처리를 하지 않은 곡물을 급여하는 것보다 유지율이 떨어지기 쉽다.

② 목초의 예취시기와 조제법

목초의 예취시기는 목초의 수량과 영양가에 크게 영향을 미친다. 표 6-13은 알팔파 건초의 예취시기가 유량과 유성분 함량의 변화에 미치는 영향을 조사한 것으로, 유량은 33.1~33.8kg으로 예취시기에 따른 차이는 없지만 유성분의 함량, 특히 유지율은 예취시기가 늦어짐에 따라서 감소하였다. 건초와 사일리지 조제를 위한 목초의 예취시기와 조제방법에

표 6-13 알팔파 건초의 예취시기가 유량과 유성분에 미치는 영향

구분	생육 초기	출수 후기	개화기
건초예취량(kg/일)	26.1	24.4	24.8
유량(kg/일)	33.6	33.1	33.8
유지방 함량(%)	3.41	3.22	3.10
유단백질 함량(%)	3.13	3.05	3.10

따라 유성분이 영향을 받는데, 건초는 예취가 늦어짐에 따라 건물섭취량과 유량이 약간 감소하고 유지율은 향상된다. 사일리지는 예취시기가 늦어져도 건물섭취량, 유량 및 유지율이 변하지는 않는다. 동일한 조사료를 사일리지로 조제하여 급여하는 것이 건초보다도 건물섭취량, 유량 및 유성분 함량이 높다. 특히 예취적기보다 하루라도 예취가 늦어진 조사료를 급여하면 유량이 감소하기 때문에 고능력우의 사양에 있어서 유량과 유성분 함량을 높은 수준으로 유지하려면 적기 예취가 필요하다.

4) 고품질 우유를 생산하기 위한 고능력우의 사양관리

최근 젖소의 개체능력은 현저히 향상되어 한 비유기의 유량이 9,000~10,000kg, 최고 1일 유량이 45~50kg에 달하는 소가 많아지고 있다. 이들 고능력우의 경우 비유 초기에 유량의 급속한 증가에 비해 건물섭취량은 요구량을 충족하지 못하기 때문에 체조직을 분해하여 높은 유량을 유지하는 데 필요한 영양소로 이용한다. 그러므로 이 시기의 젖소는 어느 때보다 극심한 음(-)의 영양상태에 놓여 있어서, 분만 후부터 15~20주까지는 건물섭취량 및 사료 중 에너지와 단백질의 함량이 충분하도록 균형 있게 공급해주어야 한다. 또한 이 시기에는 다음 산차를 위해 임신이 되어야 하므로 번식상황에도 유의할 필요가 있다.

(1) 고능력우의 건물섭취량

젖소가 하루에 45~50kg의 우유를 생산하기 위해 필요한 영양소 요구량을 충족하기 위해서는 섭취해야 할 사료 건물량이 상당히 많아진다. 예를 들어 체중이 650kg인 젖소에게 건물 가소화영양소 총량(TDN)의 함량이 73% 전후인 사료를 급여한다면 체중의 4.3~4.6%에 해당하는 건물섭취량이 요구된다. 제1위의 용적이 크고 사료섭취능력이 뛰어난 소에게 TMR을 급여하는 경우에는 이만큼의 건물 섭취가 가능하겠지만 일반적으로 농후사료와 조사료를 분리하여 급여할 때는 사료 급여 횟수를 늘려주어도 체중의 4% 전후가 섭취한계이다. 이와 같이 섭취량 제한에 의해 영양소 공급이 제한될 때에는 사료 중 에너지 농도를 높일 필요가 있다.

사료의 구성요소 가운데 건물섭취량과 가장 관계가 깊은 것이 섬유소의 함량과 소화율이다. 급여사료의 섬유소 수준이 지나치게 높으면 건물섭취량은 떨어지지만 너무 낮은 경우에도 과도한 산성도에 의해 섭취량이 떨어지기 때문에, 적절한 수준의 조섬유를 공급해야 한다. 적정 조섬유 함량은 NDF로 표시할 때 35% 전후이다. 현재 NRC(2001)에서 제시하고 있는 젖소를 위한 NDF의 적정 함량은 25~33%로, 이 가운데 조사료로부터 유래된 것이 19~15%가 되어야 한다고 추천하고 있다. 그러나 한국에서 유통되거나 자가 TMR로 급여되는 사료 중 NDF는 40% 이상으로 높다. 이것은 급여되는 TMR 중 부산물이 차지하는 비율이 높기 때문인데, 적정 NDF 수준으로 낮추어 공급하기 위해서는 양질의 조사료 사용이 필요하다.

(2) 고능력우 사료 중의 영양소 함량과 균형

젖소가 유생산에 필요로 하는 영양소 요구량을 충족시키기 위해서는 섭취량에 제한이 없어야 하나, 건물섭취량에 한계가 있는 고능력우를 위해서는 에너지 수준을 높이지 않을 수 없다. 그러므로 고능력우에 대한 최적의 에너지 요구량을 고려하는 것과 함께 섬유질 공급의 하한을 유지하면서 에너지 함량을 높여주는 방법을 사용해야 비유 효과를 높일 수 있다. 그러나 영양소 요구량의 충족률을 향상시키기 위해 단순히 농후사료만을 증량하는 것은 바람직하지 못하며, 양질의 조사료도 증량하여 전체적인 건물섭취량을 늘려야 한다. 단백질 함량뿐만 아니라 단백질과 에너지 함량의 균형이나 제1위에서의 단백질 분해도 등도 고려해야 한다. 고능력우의 유생산에 필요한 영양소 함량은 조섬유 16~17%, NDF 35~40%, ADF 19~20%, 조단백질 16~17%, 저작시간(분/건물 kg) 35분 정도를 기준으로 하며 TDN 함량이 75% 이상으로 균형을 맞추는 것이 바람직하다.

(3) 분만 후의 체중 변화와 영양소 공급

유량은 분만 후 4~5주 정도에 최고가 되는 반면 건물섭취량은 8~10주 정도에서 겨우 충분한 수준에 도달한다(그림 6-18). 이 때문에 이 시기에 젖소의 영양소 균형은 음(-)의 상태가 되어 필요한 영양소의 일부를 체조직에서 동원하여 보충하게 된다. 그 결과 체중은 분만 후 3~4주째까지 급격히 감소하고 10주경부터 회복된다. 여기에서 체중손실의 허용범위는 대략 50kg 정도이고 신체충실지수(BCS)는 1.0 이내에서 감소되도록 조절할 필요가 있다. 이 기간 동안 체중 감소 시에는 체조직으로부터 1kg 분해될 때 8.25 Mcal(가소화에너지; DE)가 공급되고, 체중 회복 시에는 역으로 8.55 Mcal(가소화에너지)의 에너지가 소요된다는 점을 염두에 둘 필요가 있다.

그러나 유량이 많은 경우에도 체조직으로부터의 동원을 기대하지 말고 최적 영양소를 함유한 사료를 설계하여 건물섭취량을 적극적으로 늘리는 것이 중요하다. 이를 위해서는 급여체계, 급여 횟수와 순서를 검토함과 동시에 분만 전후의 사양관리에 대해서 바르게 이해하고 실천하는 것이 중요하다. 또한 최근 사료의 에너지 수준을 높이기 위해 앞에서 언

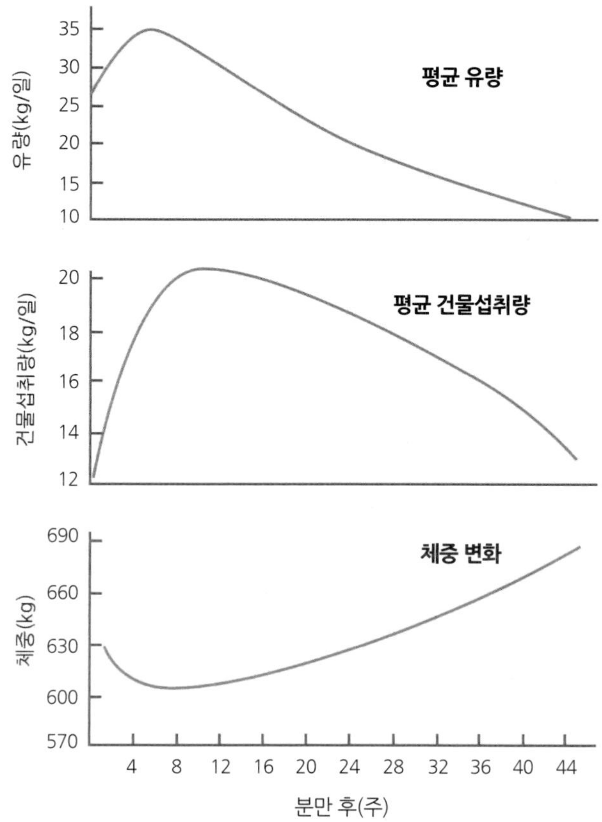

그림 6-18 비유기별 유량, 건물섭취량 및 체중의 변화(NRC, 1989)

급했듯이 전지면실, 대두 등 지방 함유율이 높은 종실이나 보호지방 등을 급여하고 있지만 1일 첨가량은 500g 또는 배합사료의 5% 이하로 제한하는 것이 바람직하다.

(4) 고능력우의 영양과 번식

분만 후에 나타나는 영양소의 음(-)의 균형 상태는 난소의 기능에도 영향을 주기 때문에 건물섭취량을 증가시켜 저영양상태를 최소한으로 단축시켜야 한다. 저영양 정도는 신체충실지수(BCS)의 변화 외에도 유단백질 함량의 변화로도 알 수 있는데, 유단백질이 2.9% 이하인 경우에는 공태 일수와 수정 횟수가 늘어난다.

또한 단백질이 과잉 공급되는 경우에도 번식 성적이 저하되는데, 사료 중 조단백질 함량이 20%인 경우는 난포낭종의 발생률이 높아지고 배란지연이 길어진다. 이러한 것은 과량의 단백질이 제1위에서 분해되어 과잉의 NH_3가 발생하기 때문이다. 그리고 단백질 함량에 비해 반추위에서 이용되는 에너지 함량이 낮거나 제1위내 용해성 단백질이 너무 많은 경우에도 번식장해가 발생하기 쉽다. 최근에는 우유요소태질소(milk urea nitrogen; MUN)가 혈중 요소질소와 높은 상관이 있어 이것을 이용하여 단백질의 적정 급여 수준을 파악하고 정상적인 번식 성적을 얻기 위한 자료로 이용하고 있다. 우군 MUN의 적정 수준은 대체로 12~18mg/100mL이다.

(5) 하절기 젖소의 영양소 요구량

① 에너지와 단백질

고온 시에는 젖소의 유량, 유성분, 증체량 및 수태율 등의 감소가 일어난다. 이러한 젖소의 생산성 저하는 환경온도 27°C 이상에서 나타나며, 그 정도는 품종, 비유기, 유량, 생리상태 및 적응 정도 등에 따라 달라진다. 한국의 경우 여름철(5~10월) 유량감소율은 월별로 차이는 있지만 유량이 25kg 이상인 젖소에서 5~20%로 추정되고 있다.

하절기 젖소의 생산성 저하는 젖소의 체온조절기구와 밀접한 관계가 있다. 고온 시에는 체온을 일정하게 유지하기 위한 노력의 일환으로 호흡수나 체내 심부로부터 체표면으로 혈류량을 증가시켜 열방산 기능이 항진되고 이에 수반하여 에너지 소비량이 증가한다. 또한 체온상승으로 대사량이 증가하여 에너지 소비량이 증가한다. 상대습도가 60%이고 일 평균기온이 26°C 이상인 고온에서는 유지에 필요한 대사에너지(ME)의 양이 약 10% 증가한다. 한편 고온에서는 제1위의 운동성이 감소하고, 사료의 소화관내 체류시간이 증가함과 함께 섭취량도 감소한다. 따라서 증가한 에너지 요구량을 충족시키기 위해서는 대사에너지 함량 및 그 이용효율이 높은 사료로 전환할 필요가 있다. 또한 섬유소 성분의 함량이 높은 저질 조사료는 제1위에서의 발효열이 높아서 젖소가 받는 고온 스트레스를 증가시키기 때문에 급여하는 것은 좋지 않다. 하절기 젖소는 유생산효율의 저하로 적온기의 같은 유량 수준인 젖소와 비교하여 건물요구량이 증가하는 점에서 적정 건물섭취량

표 6-14 외부 기온에 따른 건물섭취량의 보정계수[1)]

평균기온(℃)	상대습도(%)			
	70	80	90	100
24~26	-	1.05	1.10	1.16
27~29	1.01	1.06	1.11	1.17
30~32	1.02	1.07	1.12	1.18

1) 수치는 건물섭취량의 추정치에 곱한다.

표 6-15 고온조건에서의 성우 암소의 에너지 요구량과 급여사료 중 에너지 함량

체중 (kg)	유량 (kg)	건물 섭취량 (kg)	가소화 영양소 총량 (kg)	대사 에너지 (Mcal)	에너지 함량	
					TDN(%)	ME(Mcal/kg)
500	0	6.5	3.74	13.5	58	2.08
	20	16.0	11.50	41.6	72	2.60
	30	20.0	15.10	54.6	75	2.73
600	0	7.5	4.29	15.5	57	2.07
	20	17.0	10.98	39.7	65	2.34
	30	21.0	14.56	52.7	69	2.51
700	0	8.5	4.81	17.4	57	2.05
	20	17.9	11.53	41.7	64	2.33
	30	22.0	15.13	54.7	69	2.49

[1] 고온시란 상대습도 60%, 일평균기온 26℃ 이상 또는 상대습도 70% 이상, 일평균기온 24℃ 이상의 조건을 말한다.

[2] 건물섭취량은 추정식으로 평균기온 27℃, 상대습도 80%를 상정해서, 표 6-14의 보정계수 1.06을 이용하여 산출하였다.

[3] 체중 500kg에 대해서는 초산 분만으로 계산하였다. 따라서 유지요구량은 증체분의 30%로 고온 시의 증가분 10%를 추가하였다. 또한 유량 15kg마다 요구량을 4% 증가시키는 보정을 하였다.

[4] 산유에 필요한 에너지량은 유지율 3.5% 기준으로 산출하였다.

을 계산할 때에는 적온기의 추정식에 보정계수(표 6-14)를 곱할 필요가 있다. 이 추정식을 토대로 고온 시에 성우 암소의 건물섭취량, 에너지 요구량 및 급여사료 중 에너지 함량을 표 6-15에 나타내었다. 이 표에 제시된 요구량을 적용하는 환경조건은 상대습도가 60%인 경우에는 일평균기온 26°C 이상, 상대습도가 70% 이상인 경우에는 일평균기온 24°C 이상으로 한다. 이 조건에 맞는 기간은 한국의 경우 대체로 6월 초순부터 9월 상순까지가 된다.

섭취량에 대한 외부기온의 영향은 사료의 종류에 따라 다른데 농후사료, 사일리지, 건초 순으로 그 영향의 정도가 크다. 또한 조사료 섭취량은 급여 횟수의 증가 및 세절 길이 단축, 야간급여 등에 의해 증가한다. 따라서 하절기에는 급여사료 중 함유해야 할 섬유 성분의 양과 질에 대한 권장치를 충족시키면서 농후사료 등 에너지 함량이 높은 사료를 최대한으로 조합하는 것이 필요하다.

단백질은 탄수화물이나 지방과 비교하여 체내에서 이용될 때에 발생하는 열량이 크기 때문에 하절기에 단백질을 과잉급여하면 젖소가 받는 고온 스트레스가 더 커진다. 한편 고온에서는 오줌으로 배설되는 질소의 비율과 단백질 요구량이 증가하는데, 이때 비분해성

표 6-16 고온 시 광물질과 비타민 요구량

환경온도	고온 시 광물질 및 비타민 요구량에 대한 증가 비율(%)		
	육성우	건유우	비유우
22~26℃	-	-	4
27℃ 이상	5	5	7

단백질을 증가시키면 질소 배설량은 감소한다. 따라서 하절기에는 조단백질과 비분해성 단백질의 요구량이 충족될 수 있도록 단백질 함량이 높고 사료단백질의 분해율이 낮은 사료를 공급해주어야 한다.

② 광물질과 비타민

일반적으로 적온 시보다 고온 시에 젖소의 광물질 요구량이 증가한다. 적온 시에 젖소의 광물질 배설 경로는 주로 분뇨이지만, 고온 시에는 분뇨 이외에 발한, 탈모 및 타액분비로 광물질 배설량은 증가한다. 특히 고온 시에는 발한 혹은 타액에 의한 K, Na 및 비타민 손실량이 대단히 많다. 고온 시에는 우유 및 혈청 중 Ca, P, Mg 함량이 저하되어 체내에서 그 이용성이 현저히 저하하기 때문에 Ca, P, Mg, niacin, 비타민 A, 비타민 E의 적정공급이 특히 중요하다. 또 고온에서는 젖소의 체내대사를 정상적으로 유지하기 위해서 Na과 K도 중요한 역할을 수행한다. 고온 환경에서 젖소에 중조와 탄산수소칼륨 등의 형태로 Na과 K을 급여하면 제1위내 환경을 적정하게 유지시키고 혈중의 산-알칼리 평형을 유지하여 유량과 유성분의 감소를 억제할 수 있다. 국내 젖소의 광물질 요구량은 표 6-16에 나타낸 바와 같이 적온 환경에서의 광물질 요구량보다 높다.

2. 위생적인 고품질 우유 생산

신선하고 품질 좋은 유제품은 소비자가 가장 선호하는 축산물 중의 하나이다. 이를 위해서는 HACCP 개념을 도입하여 신선한 우유와 유제품의 생산에 만전을 기해야 한다. 신선하고 품질 좋은 우유를 생산하기 위해서는 젖소의 고질적인 문제가 되는 유방염을 예방하고, 우유의 체세포 수와 세균 수를 낮추는 사양관리를 해야 한다.

1) 체세포 수와 유질의 관계

원유의 질은 총세균 수, 체세포 수, 단백질과 유지방의 함량 등과 밀접한 관계가 있으며, 유방염이 유질의 50% 이상을 좌우한다. 즉 유질을 향상시키기 위해서는 유방염 예방 관리가 필수적이다. 우유에는 lactose, 단백질, 지방 및 Ca과 같은 광물질 등 유익한 성분이 많이 함유되어 있는데, 유방염에 감염되어 우유내 체세포 수가 증가하면 이들 유성분이 감소한다. 예를 들면, lactose는 5~20%, 지방은 5~12% 감소하여 유질의 저하를 초래할 수 있다.

(1) 체세포 수와 유량 감소의 관계

우유내 체세포 수 증가는 *Staphylococcus aureus*와 *S. epidermidis* 같은 *Staphylococcus sp.*과 *Streptococcus uberis*와 *S. agalactiae* 같은 연쇄상구균의 감염에 의해 유선조직이 파괴되어 나타나는 현상으로, 유선조직이 손상되면 우유 분비세포가 줄어들어 유량이 감소한다(표 6-17). 표 6-18에 나타낸 바와 같이 체세포 수의 증가와 유량 감소는 밀접한 관계가 있으며, 일반적으로 2산차 이상에서 체세포 수가 2배로 증가하면 1일 0.68kg, 전체 비유기로 볼 때 181kg의 유량 손실을 가져오게 되어 결과적으로 목장의 수입 감소를 초래한다.

표 6-17 체세포 수와 유량 감소율

원유의 체세포 수(개/mL)	유량 감소율(%)
25만 이하	0
25~50만	3~5
50~70만	5~15
75만 이상	15~20

표 6-18 산차별 체세포 수와 유량손실의 관계

구분		체세포 수(천 개/mL)								
		25	50	100	200	400	800	1,600	3,200	>6,400
1산차	1일 손실량(kg)	0	0	0.34	0.68	1.02	1.36	1.70	2.04	2.38
2산차	1일 손실량(kg)	0	0	0.68	1.36	2.04	2.72	3.40	4.08	4.76
	비유기별 손실량(kg)	0	0	181.4	362.9	544.3	725.7	907.2	1,087.2	1,268.4

표 6-19 체세포 수와 유성분 변화

구분	체세포 수(천 개/mL)			
	<100	250	500~1,000	≥1,000
Lactose(g/100mL)	4.90	4.74	4.60	4.21
유단백질(g/100mL)	2.81	2.79	2.65	2.25
α, β, γ-casein(%)	-	2.55	2.21	1.69
유지방(g/100mL)	3.74	3.69	3.51	3.13
총고형분(g/100mL)	11.45	11.22	10.76	9.59
유청단백질(g/100mL)	0.81	0.82	1.10	1.31
Na과 Cl(g/100mL)	0.148	0.158	0.212	0.252

(2) 체세포 수 증가에 따른 유질 변화

유방염에 걸리면 유성분은 다양한 변화를 나타내는데, 대부분이 유질과 유제품 생산에 좋은 성분은 감소하고 맛이나 유제품의 품질에 나쁜 영향을 미치는 성분은 증가한다. 따라서 이러한 변화는 우유의 품질에 영향을 미친다. 우유 중 체세포 수가 증가하면 표 6-19에서 보는 바와 같이 우유내 lactose, 유단백질 및 유지방 등의 총고형분은 감소하는 반면 유청단백질, Na과 Cl 등은 증가한다. 이러한 유질 변화는 영양적으로 완전식품인 우유의 가치를 감소시키는 결과를 초래하고 고품질 우유 생산에 막대한 영향을 미치므로 체세포 수의 철저한 관리를 통해 유질 저하를 방지해야 함을 알 수 있다.

(3) 체세포 수에 영향을 미치는 요인

① 유방염균의 감염

우유 중 정상적인 체세포 수준은 일반적으로 1mL당 20만 이하이다. 초산차나 관리가 잘된

우군에서는 체세포의 수준이 10만 이하일 때도 있다. 체세포의 수준이 25만에서 30만 이상이면 유방염을 야기하는 세균에 감염되었다고 볼 수 있다.

② 젖소의 나이와 비유기

체세포 수는 젖소의 나이가 증가하거나 비유기의 진행과 함께 증가한다. 체세포 수의 증가는 세균의 감염과 관계없이 임신 말기에는 높게 나타나는데, 이는 젖소의 자연적인 면역계 반응이라고 할 수 있다. 따라서 감염되지 않은 경우에는 분만 후 몇 주 이내에 체세포 수가 급격히 감소한다.

③ 스트레스와 계절

다양한 형태의 스트레스와 발정은 체세포 수를 늘리는 원인과 깊은 관련이 있다. 체세포의 수준은 청결, 건조 및 안락한 환경에서 가장 낮게 나타난다. 기후와 관리는 유방염의 제어와 관련된 중요한 요인이다. 여름철에는 온도와 습도가 높아서 세균에 쉽게 감염되어 더 높은 체세포 수를 나타낸다.

④ 유방의 상처

유방에 상처가 생기면 세균의 감염 없이도 일시적으로 체세포 수가 증가한다. 이 경우에는 상처를 치료하면 체세포 수가 이전 수준으로 감소한다. 상처 난 조직은 감염되기 쉬우므로 상처의 예방을 위해 날카로운 물건 등을 주위에서 제거해야 한다.

⑤ 간접적인 원인

부적절한 착유방법이나 착유 문제로 유방 조직의 외상, 유두의 외상, 우유의 유두내 잔류, 착유기의 진공압 변화가 생기면 유방염 감염의 원인이 되기도 한다. 따라서 연간 2회 전문가에 의해 기계를 진단하고 그 후 월 1~2회 착유자가 자체 진단을 해야 그와 같은 위험이 최소화될 수 있다.

(4) 유방염과 체세포 수의 관계

유방염이란 유선조직의 염증을 말한다. 젖소의 유방에 미생물이 침입하여 감염되면 유선조직이 손상을 받게 되어 체내의 염증세포, 즉 탐식세포(백혈구 등)가 세균을 잡아먹거나 파괴하기 위해 혈관을 빠져 나온다. 정상적인 건강한 유선에서 분비되는 우유의 체세포 수는 보통 1mL당 10만 미만으로, 대부분이 상피조직세포이지만 외부로부터 병원균 침입 등

표 6-20 우유 중 체세포 수에 따른 체세포 구성양상의 변화

우유 중 체세포 수 (개/mL)	체세포의 종류								
	유선상피세포			호중구			림프구		
	비율 (%)	개수 (개)	증가율 (배)	비율 (%)	개수 (개)	증가율 (배)	비율 (%)	개수 (개)	증가율 (배)
10만 미만 (정상 우유)	84.8	84,848	–	9.1	9,091	–	6.1	6,061	–
50만 (준임상형 유방염 우유)	47.6	238,095	2.8	47.6	238,095	26.2	4.8	23,809	3.9
100만 (임상형 유방염 우유)	25.8	258,182	3.0	71.6	716,000	78.8	2.6	25,848	4.3

	개체 →	목장 →	집유
주요 내용	**• 유전적 요소** (유방염, 유생산량, 유성분, 체세포 수) **• 일반적 생체 기능** (질병 감염, 항체소유 백신 접종, 항생물질 주입 여부) **• 개체 특성** (비유연령, 비유주기)	**• 착유기 및 착유** - 진공펌프 용량 - 착유기 진공 - 침지 소독 - 냉각기 관리(소독, 온도 등) **• 환경 및 사양 관리** - 사료, 물 - 축사의 청결 상태 - 소독약제 - 환풍, 온도 **• 목장별 우유 상태** - 관, 진액 검사	**• 집유 전 집유차량 및 집유자** - 채취용기 및 채취방법 - 탱크로리, 집유관 - 집유자의 청결 상태 **• 집유 노선 및 소요시간** - 집유 목장 위치와 목장 수
필요 검사 항목	• 체세포 수 • 항체 조사 • 백신 접종 여부	• 체세포 수, 세균 수 • 항생물질 함유 여부 • 사료, 물, 오염도	• 체세포 수, 세균 수 • 항생물질 함유 여부 • 가수시험

그림 6-19 우유 생산을 위한 HACCP 주요 점검항목

으로 분방에 손상을 받게 되면 체세포 수가 급격히 증가하는데 10만 이하의 정상 우유에 비해 약 80배 정도까지도 증가한다(표 6-20). 따라서 원유 중 체세포 수는 유방의 건강상태를 측정하는 가장 일반적인 기준으로, 체세포 수의 증가는 어떠한 원인에 의해서든지 유방이 손상을 받은 상태를 말해주는 것이다. 일반적으로 집합유의 체세포 수를 1mL당 50만

개를 기준으로 목장의 착유우가 유방염에 감염되어 있을 가능성 여부를 판단하고 있으며, 개체당 원유 1mL당 25만 개 이상일 경우는 유방염 감염우로 의심해야 한다. 한편 유방염을 일으키는 세균의 종류에 따라서 원유 중의 체세포 수가 차이를 보이기도 한다.

위생적인 원유를 생산하여 소득을 높이기 위해서는 우선 유방염 관리가 철저히 이루어져야 한다. 유방염은 세균 수와 체세포 수를 증가시키는 주요 원인이므로, 유방염 발생을 예방하기 위해서는 철저한 착유관리와 환경위생관리가 매우 중요하다. 그림 6-19는 우유 생산을 위한 HACCP 사양 단계상의 주요 점검항목을 보여주는 것이다.

2) 위생적인 원유 생산을 위한 관리법

(1) 체세포 수 감소를 위한 착유 및 사양관리

유방염을 방지하기 위해서는 적절한 착유기 사용, 위생적인 착유, 유방염 감염원의 조기 색출 등과 같은 적절한 조치 등이 이루어져야 하며, 이와 더불어 최근에는 체세포 수 감소제 사용이 증가하고 있는 추세이다. 그러나 원유 중 체세포 수를 감소시키기 위한 획기적인 방법은 없기 때문에 기본 수칙을 충실히 지키는 것이 중요하다. 체세포 수 증가 요인 중 중요한 한 가지는 높거나 불안정한 착유압력, 맥동기의 불량, 라이너 탄력 손실 등 잘못된 착유기의 사용이다. 착유기 운용상의 문제점을 조사한 결과를 보면 체세포 수 1등급 목장의 경우 착유기 이상 사례는 20개 목장 중 3곳(15.0%)이었지만, 체세포 수 3등급 목장의 경우는 42개 목장 중 23개(54.7%) 목장에서 착유기 이상을 보였다. 따라서 착유기의 착유압을 주기적으로 점검하여 적정 착유압을 유지하고 적절한 용량의 진공펌프와 조절기의 설치 및 유지관리, 그리고 착유기 종류별 맥동수의 유지, 정기적인 라이너 교체 등을 통해 착유기가 항상 정상적으로 작동할 수 있도록 해야 한다.

체세포 수를 월 2회 이상 주기적으로 검사하는 농가는 체세포 1등급 및 2등급 출현율이 각각 21.9%와 78.1%였고 3등급은 없었으나, 전혀 실시하지 않은 농가는 20.0%가 3등급이었다. 이러한 점으로 미루어 주기적인 자가체세포검사를 통해 유방염 감염우를 색출하는 것이 체세포 수 감소에 매우 효과적인 방법이라 하겠다. 한편 유방염 감수성우나 만성유방염우 등 체세포 수를 지속적으로 높게 유지하고 있는 소는 도태를 적극적으로 고려해야 한다(표 6-21).

또한 개체별로 수건을 달리 사용하고 유두침지와 착유자의 손을 소독하는 등 위생적인 착유가 중요하다. 특히 소에서 소로 세균이 전파되는 것을 예방하기 위해서는 유두컵의 열탕 소독과 감염우의 구분 착유가 필요하다. 과착유는 유두의 손상을 초래하여 체세포 수

표 6-21 체세포 수와 유방염 감염률의 관계

집합유 체세포 수(개/mL)	감염분방률(%)	유량 감소율(%)
200,000	6	-
500,000	16	6
1,000,000	32	18
1,500,000	48	29

표 6-22 체세포 수 증가 요인에 따른 유방염 방제 개선 방안

체세포 수 증가 요인	개선 내용	체세포 수 감소 요인
• 잘못된 착유기 사용 - 높은 착유압 - 불안정한 착유압 - 맥동기 불량 등 - 라이너 탄력성 손실	• 착유압 점검에 따른 착유압 유지 • 적정한 용량의 진공펌프와 조절기의 설치 및 관리 • 맥동수 점검 • 정기적인 라이너 교체	• 유두 괄약근 및 유두손상 예방에 의한 정상적인 자연방어기전 유지
• 비위생적인 착유	• 개체별 마른 수건 사용 • 유두침지 분무소독 철저 • 정기적인 CMT 검사(California Mastitis Test, 캘리포니아 유방염 진단법)	• 유방염 원인균 전파 예방
• 과착유	• 1분 이내 착유기 부착과 5분 이내 착유 완료 • 개체당 착유 유니트 3개 이상 사용 금지	• Oxytocin 분비 촉진에 의한 과착유 예방
• 유방염 감수성 우	• 유방염 감수성우 적극적인 도태	• 유방염 원인균
• 외부 구입 소	• 유방염 검사 철저	• 전염 예방

증가의 원인이 되기 때문에 과착유를 방지하기 위해서는 착유 절차를 올바르게 준수해야 한다. 유두 세척 후 1분 이내 착유기를 부착하고 가능한 5분 이내에 착유가 완료될 수 있도록 하며, 개체당 착유 유니트는 3개 정도가 적당하다. 표 6-22는 체세포 증가 요인에 따른 유방염 방제 개선방안을 총괄적으로 나타낸 것이다.

적절한 건유기 관리도 체세포 수 감소에 큰 도움이 된다. 건유 시에는 유방 안으로 연고를 주입하여 건유기 치료를 실시하고, 건유 전후와 분만 전에는 유두를 철저히 소독해야 한다. 참고로 비유기에 발생한 유방염에 대한 치료가 성공한 후 체세포 수가 정상 수준으

로 내려가기까지 필요한 시간은 감염으로 손상된 조직의 파괴 정도에 따라 다르다.

최근 원유 중 체세포 수를 감소시킬 목적으로 다양한 체세포 수 감소제가 사용되고 있다. 여기에는 미량광물질, 비타민, 항산화제, 키토산 및 미생물균체를 이용한 면역증강제 등이 있다. 미량광물질 중에는 Zn-methionine이 체세포 수 감소와 산유량 증가에 탁월한 효과가 있는 것으로 여겨진다. 국내에서 판매·생산되는 Zn 관련 제품은 여러 가지가 있으나 최소 1개월 이상 지속적으로 급여해야 효과가 있으므로 첨가 기간이 매우 중요하다고 할 수 있다. 또한 비타민 A, E, β-carotene 및 Se과 같은 자연 항산화 물질은 면역세포의 증식을 촉진하거나 유선상피세포를 건강하게 해주며 면역저해물질의 제거를 촉진함으로써 각종 질병에 대한 저항성을 높여준다. 그 밖에 bromelain과 같은 단백질분해효소도 최근 체세포 감소제로 이용되고 있다.

한편 균체를 이용한 여러 가지 면역증강제가 유방염 예방 및 체세포 감소제로 사용되고 있으나, 중요한 것은 이들 제품 사용 시 체세포 감소 효과는 착유시설 및 착유방법이 정상적이며 위생적으로 수행되고 있는 목장에서 더욱 효과적이라는 것이다. 따라서 체세포 수 감소를 첨가제나 약품 사용에 의존하기 전에 유방염 발생과 직접적으로 관련이 있는 사양관리의 문제점을 개선하는 것이 더욱 중요하다.

(2) 세균 수 관리

우유에는 영양소가 풍부하게 함유되어 있어 세균이 증식하기에 매우 좋은 환경이기 때문에 신속하게 냉장보관하지 않거나, 착유시설을 적절하게 세척하지 않으면 유석이 생겨 세균이 급속하게 증가한다. 특히 여름철에는 외부기온의 상승으로 세균이 증식하기 좋은 조건이 되므로 다른 계절보다 세균 수가 증가하기 쉽다. 따라서 세균 수가 3만 미만인 1급A 원유(표 6-23)를 생산하기 위해서는 다음과 같이 관리해야 한다. 첫째, 냉각기의 온도가

표 6-23 위생 등급별 세균 수와 체세포 수 기준

구분	세균 수(개/mL)	체세포 수(개/mL)
1급 A	3만 미만	-
1급 B	3만~10만 미만	20만 미만
2급	10만~25만 미만	20만~50만 미만
3급	25만~50만 미만	50만 초과
4급	50만 초과	-

농림부(1998).

원유 중 세균 수 증가의 절대적 요인이 되기 때문에 착유가 끝나면 30분 이내에 5°C 이하의 냉장상태로 유지되도록 관리해야 한다. 둘째, 착유 완료 및 집유 후에는 착유시설과 냉각기를 세제로 깨끗이 세척해야 한다. 셋째, 수분이 세균 증식의 직접적인 원인이 되므로 착유자는 가능한 최소한의 물을 사용하여 유방을 세척하고, 유방 세척 후에는 마른 수건으로 유방 주위의 물기를 완전히 제거해야 한다.

(3) 원유저장 관리

원유처리실은 우사와 차단되어야 하며 별도의 출입문을 설치해야 한다. 출입문과 창문에 방충망을 설치하여 곤충의 침입을 막고 설치류 및 애완동물의 침입을 막아 오염을 방지해야 한다. 바닥은 방수 타일이나 콘크리트로 처리하여 배수가 잘되도록 하고 벽과 천장은 방수자재를 사용하거나 흰 페인트로 칠하여 물청소가 용이하도록 해야 한다. 냉각기 주위는 세척이 용이하도록 충분한 공간이 있어야 한다. 착유기의 진공펌프, 컴프레서 등은 별도의 기계실에 설치하여 처리실과 원유에 기름 냄새가 나는 것을 방지하고, 반드시 환풍기도 설치해야 하며, 세척을 위한 온수 공급 장치가 있어야 한다. 조명기구는 밝은 것을 사용하며, 파손될 경우를 대비해 냉각기 바로 위에는 설치하지 않도록 한다. 세제, 소독약, 치료약 등은 가능하면 원유처리실 밖의 깨끗한 냉암소에 보관하는 것이 좋다.

(4) 냉각기 세척

냉각기는 용량이 충분해야 하며, 납유 직후 남은 우유를 완전히 빼내고 온수로 헹군다. 잔유를 실온에 방치하면 미생물이 증식하고, 냉각기를 불완전하게 세척하면 냉각기 내부 표면에 얇은 막이 형성되고 저온세균이 번성하여 원유를 오염시킬 수 있으므로 납유 직후에 온수 및 세제를 사용하여 내부는 물론이고 외부까지 철저하게 세척해야 한다.

(5) 환경관리

① 소의 청결

젖소를 깨끗하게 유지하는 데는 항상 주의가 요구된다. 깔짚은 풍부하게 사용하여 소가 거름 위 또는 맨 바닥에 눕지 않도록 해야 한다. 진흙투성이의 축사에서 무릎까지 잠기는 진흙을 건너 축사나 물탱크로 접근하는 상태에서는 깨끗한 우유 생산을 상상할 수 없다. 콘크리트로 축사를 포장하면 청소에 소요되는 노동력을 줄이고 소의 청결을 유지하는 데 도움이 된다. 위생적인 우유 생산에 가장 큰 영향을 주는 작업은 착유 전에 각 유방을 깨끗이 닦아주는 것이다. 깨끗한 소라면 외관상 항상 깨끗하고 건조한 상태에 있어야 한다. 착유 전에 약간 축축한 타월로 유방과 유두를 철저히 닦아야 하며, 만약 유방이 지저분하면 깨끗한 물로 완벽하게 씻어야 한다. 소량의 Cl 소독약을 물에 타서 착유기구를 소독하면 우유의 박테리아 오염을 줄이는 데 도움을 준다. 겨울에 유두가 트는 것을 방지하기 위해서는 씻은 후에 깨끗한 수건으로 유방과 유두를 건조시키는 것이 좋다.

솔질은 피부를 깨끗하게 유지시키고, 혈액순환을 원활하게 하여 신진대사를 촉진시킨다. 또한 운동장이나 방목장에 적절한 시설물을 설치하여 젖소가 스스로 몸을 비벼 몸에 묻은 오물을 제거할 수 있도록 해주면 좋다. 추운 겨울철을 제외하고는 젖소를 자주 목욕시키면 청결이 유지됨과 동시에 식욕이 증진된다. 유방이나 옆구리의 긴 털을 깎아주는 것도 깨끗한 우유를 생산하는 데 도움이 된다.

② 우사 청소 및 소독

분뇨와 사료의 분진 때문에 우사 바닥, 우상, 벽 및 천장이 쉽게 더러워져 미생물이 번창하면 비위생적인 원유 생산과 유방염 발생의 원인이 된다. 따라서 우상에 떨어진 분뇨는 발견 즉시 분뇨구로 밀어 넣고, 1일 2회 이상 분뇨구를 치운다. 우사 대청소는 월 1회 이상 실시하여 거미줄과 먼지를 제거한다. 천장이나 벽은 내수성 자재를 사용하거나, 흰색 페인트칠을 하는 것이 바람직하다. 병원균의 증식을 막기 위해 최소한 2주에 1회는 우사를 소독해야 한다. 우사를 비운 뒤에 사조, 우상, 분뇨구 및 벽면 등을 물로 청소한 후 냄새가 강하지 않은 소독제로 소독한다.

③ 우사 환기 및 채광

환기를 원활하게 하여 악취를 제거하고 습도를 조절하여 우사를 쾌적한 상태로 유지해야 한다. 또한 채광이 부적절하면 젖소의 건강에 나쁜 영향을 미칠 뿐만 아니라, 더러운 것이 눈에 잘 띄지 않기 때문에 비위생적인 상태로 우사가 방치되기 쉬우므로, 창을 충분히 내고 지붕의 일부는 투광성 자재를 사용함으로써 우사를 밝게 하는 것이 좋다. 더구나 햇빛은 살균효과도 있기 때문에 여름철을 제외한 모든 계절에는 햇빛이 충분히 들어오도록 하는 것이 좋다.

④ 우상의 규격 및 관리

우상의 길이가 젖소의 길이에 맞지 않으면 젖소가 쉽게 오염되기 때문에 우상의 길이가 적

표 6-24 젖소의 크기에 따른 우상의 크기

체중(kg)	견갑골 전단부터 뒷다리까지의 길이(cm)	우상의 크기(비계류식)	
		폭(cm)	길이(cm)
500	138	115	155
550	142	120	160
600	146	125	165
650	150	130	170
700	154	135	175

당하도록 관리하는 것이 필요하다(표 6-24).

⑤ 깔짚의 이용

깔짚은 젖소를 안락하게 해주고, 딱딱한 바닥 때문에 생기는 손상을 막아준다. 따라서 톱밥, 왕겨, 대팻밥 등과 같은 경제적인 재료를 이용하여 깔짚을 충분히 제공해주는 것이 바람직하다.

3. 기능성 우유 생산

1) n-3 지방산 강화우유

최근 성인병에 대한 관심이 높아지면서 지질의 필수지방산 및 에너지 공급 효과 이외에 생리활성물질의 공급이라는 점에 관심을 갖게 되었는데, 특히 n-3계열의 지방산에 대한 관심이 높아지고 있다. 이는 n-3계열 지방산은 eicosanoids를 합성하고 혈중 cholesterol을 감소시키는데, 이러한 이유 때문에 n-3계열 지방산을 강화한 기능성 축산물 생산이 더욱 가속화되고 있으며, 소비자들도 성인병에 대한 염려 때문에 n-3계열 지방산이 강화된 고기, 계란, 우유 등을 선호하는 경향을 보이고 있다. 등 푸른 생선 및 어유에 많이 함유되어 있는 n-3계열 지방산, 특히 EPA(eicosapentaenoic acid; 20:5n-3)와 DHA(docosahexaenoic acid; 22:6n-3)는 지단백질 대사를 억제하여 혈중 cholesterol을 낮추는 기능이 있다.

반추동물의 경우에는 반추위 미생물에 의해 지방이 분해되므로 DHA 함유우유의 생산은 쉽지 않으나 들기름, 아마인유, 채종유, 대두유, 건초, 풀 등을 사용하여 DHA 우유를 생산하고 있다. 또한 탄수화물 공급원으로서 밀, 보리, 귀리, 그리고 유화제로서 casein, 대두, formaldehyde, 소금, methanol, 물, 또한 항산화제로서 santoquin을 적절한 비율로 배합하여 젖소에 급여하면 n-3지방산이 풍부한 우유를 생산할 수 있다. 또한 Ca 결합 어유를 사용하여 일반 우유에 비해 n-3지방산이 11배와 9.5배 강화된 우유를 생산했다는 보고도 있다.

2) CLA 강화우유

CLA(conjugated linoleic acid)의 생리적 기능은 항암 효과가 크다는 것이다. CLA의 이성체 가운데서 특히 cis-9, trans-11 octadecadienic acid는 항암 효과가 크다. CLA는 공액이중결합(conjugated double bonds)을 갖는 linoleic acid의 이성체혼합물로서 반추위 미생물의 작용에 의해 linoleic acid의 수소첨가반응에서 생성되는 중간산물이다. CLA는 주로 우유, 유제품 및 소고기에 존재하기 때문에 이들 축산물이 CLA의 주요한 공급원으로 이용될 수 있다. 대부분의 낙농제품들은 지방 1g당 3~6mg의 CLA를 함유하고 있는데(표 6-25), CLA는 가공 또는 저장에 의해서도 변화가 거의 없는 안정된 지방산이라는 장점이 있지만 그 양이 너무 적은 것이 단점이다.

CLA 강화우유는 사료내 옥수수기름의 공급 수준을 높여주거나, 조사료와 농후사료의 급여 비율을 50 : 50으로 유지하면서 불포화지방을 공급할 경우에도 우유 중 CLA 함량 증가를 유도할 수 있다. CLA는 새로운 기능성 축산식품 생산을 위한 신소재로서 앞으로 응용기술이 크게 발전할 것으로 기대된다.

표 6-25 축산식품 중 CLA 함량

유제품	CLA 총량 (mg/g fat)	육제품	CLA 총량 (mg/g fat)
균질화 우유	5.5	쇠고기	4.3
연유	7.0	양고기	5.6
버터지방	6.1	돼지고기	0.6
아이스크림	3.6	닭고기	0.9
콜비 치즈	6.1	칠면조고기	2.5
모짜렐라 치즈	4.9	연어	0.0
요구르트	4.8		

3) 면역성분 함유 우유

면역은 체내 기능이 발달하지 못한 신생축의 중요한 감염방어기구이다. 포유동물의 어미가 자식에게 **면역글로불린**(immunoglobulin; Ig)을 이행시키는 방법은 태반을 통한 이행과 초유를 통한 이행의 2가지 경로가 있는데, 동물의 종에 따라 면역능력을 획득하는 방법은 다르다. 소의 경우 태반을 통한 면역글로불린의 이행은 없고 전적으로 초유를 통해서만 면역능력을 획득한다. 따라서 소의 모자면역의 원리에 착안하여, 다양한 종류의 항원으로 젖소를 면역시키면 각 항원에 특이적인 항체가 우유로 분비된다. 실제로 젖소 1마리에서 생산되는 초유에서 약 1kg의 면역글로불린을 얻을 수 있다. Holstein의 우유에 들어 있는 면역글로불린의 양을 표 6-26에 제시하였다. 출산 당일의 초유에는 단백질이 17%나 들어 있는데, 그중 절반 가까이가 면역글로불린이다. 초유 중에는 일반 상유에 비해 수십 배에서 수백 배나 높은 농도의 면역글로불린이 들어 있고, 이 가운데 약 80%가 IgG이다. 또한 우유는 옛날부터 먹어온 식품으로서 안전성이 확인되어 있고, 소를 죽이지 않고도 대량으로 생산할 수 있기 때문에 실용적인 항체 생산의 원료가 될 수 있다. 최근 우유에서 유래한 항체를 의약, 식품산업 등 폭넓은 분야에서 이용하는 연구가 진행되고 있으며 일부가 실용화에 이르고 있다. 실용화를 목적으로 하는 연구를 예로 들면 유아의 설사 치료에 항로타바이러스 항체, 병원성 대장균에 대한 항체, 에이즈 환자의 cryptosporidiosis 치료에 이용할 수 있는 cryptosporidium 항체, 충치예방을 위한 항충치균 항체 등이 있다.

표 6-26 Holstein 우유에 함유된 면역글로불린의 양

비유 일수	탈지유량 (kg)	단백질량 (g/L)	면역글로불린의 양(g/L)				
			IgM	IgA	IgG	IgG1	IgG2
1일	6.80	169	4.3	0.9	74	53	1.9
2일	12.0	58.0	1.2	0.2	18	-	-
3일	13.9	40.0	0.5	0.1	6.3	-	-
상유	-	30.5	0.086	0.081	-	0.58	0.055

4) 타우린 강화우유

Taurine은 S-함유아미노산으로서 간에서 담즙산의 합성, 뇌발육, 정충자의 운동성, 망막 광수용체의 기능 유지, 근육세포막의 안전성 등에 관여하는 중요한 생리 기능을 가지고 있다. 그러나 taurine은 유아의 경우 세뇨관에서 재흡수가 낮으며 신체 발육에 따라서 더 많

이 필요한 필수영양분이다. 우유의 천연 taurine 함량은 모유에 비해 매우 적기 때문에 유아용 조제유는 taurine을 모유 수준(35μmol/100mL)으로 따로 첨가하여 제조한다. S-함유아미노산인 cysteine과 methionine은 taurine의 전구체로서 유단백질 대사에 필수적이다. 우유를 통한 taurine 생산을 증가시키기 위해 이러한 전구물질들을 반추위에서 분해되지 않도록 처리하여 이용하기도 한다. 반추위 보호 methionine을 젖소의 사료에 첨가하면 원유의 taurine 함량이 대조구보다 23% 증가했고, 반추위 보호 MHA(methionine hydroxy analog)를 사용하면 대조구보다 taurine 함량이 53% 증가하였다. 이와 같이 전구체 아미노산이 제1위에서 분해되지 않도록 함으로써 taurine을 강화시키는 것이 가능하다.

5) 허브 성분 함유 우유

우유의 풍미는 소비자의 기호와 밀접한 관련이 있고 양호한 풍미를 가진 우유를 생산하는 것은 우유의 고품질화를 위해서도 필요하다. 이러한 우유를 생산하는 방법으로서 우유에 향기 성분을 인위적으로 첨가하여 우유의 향미를 향상시키는 방법도 생각할 수 있다. 그러나 우유 및 유제품의 성분규격 등에 관한 법령에는 우유에 아무것도 첨가할 수 없는 것으로 규정되어 있다. 우유에 향료 등을 첨가할 경우에는 유음료가 되고 우유로 표시할 수 없다. 또한 최근 소비자들은 자연식품에 대한 선호도가 높아지고 있기 때문에 유음료나 가공유보다도 성분 무조정 우유를 좋아하는 경향이 있다. 따라서 착유 후에 향료를 첨가하는 것보다는 우유의 생산단계에서 풍미를 개선하는 사양방법을 개발하는 것이 더욱 바람직하다. 이 방법으로서 예전부터 정유 성분을 가진 물질로서, 향기에 의해 식품의 나쁜 맛이 느껴지지 않도록 해주는 허브를 이용할 수 있다.

계피 및 바질(basil)이 혼합된 허브믹스와 로즈마리(rosemary) 및 캐러웨이(caraway)가 혼합된 허브믹스를 각각 급여사료의 0.5% 정도로 농후사료에 혼합하여 급여한 젖소에서 생산된 우유 중 계피의 정유성분인 cinnamic aldehyde와 캐러웨이의 정유성분인 캘본(d-calbone)은 일부 허브의 정유성분이 소화관에서 흡수되어 우유 중으로 분비되었음을 시사하는 것이다. 또 우유의 관능시험에도 우유취가 적어진 것으로 나타났다. 게다가 허브는 여러 종류의 생리작용과 약리작용을 가지고 있기 때문에 허브가 가진 생리 및 약리작용을 기대하는 것도 가능할 것이다.

6) 생명공학에 의한 유용물질 생산

최근 생명공학의 발전과 함께 이를 이용하여 유성분을 변화시키기 위한 방법으로 유전자 도입(gene transfer) 또는 배아줄기세포(embryonic stem cell)를 이용한 유전자 표적화(gene targeting) 등을 응용하려는 연구가 많이 시도되고 있다. 이러한 변화는 유전자 수준에서 유단백질의 합성에 이용되는 유전자들이 발견되고 그 구조가 밝혀짐에 따라 더욱 급속하게 발전되고 있다. 또한 이러한 발견과 방법의 개발을 통해 유단백질의 발현에 관여하는 유전자의 조절부위와 인류가 필요로 하는 단백질 유전자를 조합한 재조합 유전자를 개발하고 이를 이용하여 실제로 약리적으로 이용할 수 있는 다양한 유용단백질들이 실험실 수준에서 생산되고 있다. 또한 우유의 모유화라는 명제로 동물에서 생산되는 유성분을 모유와 유사한 수준으로 유도하고자 하는 노력들이 이루어지고 있지만, 실제로 이용 가능한 많은 유단백질 유전자의 기능이 완전하게 밝혀져 있지 않아 실용화까지는 좀 더 시간이 필요할 것으로 보인다.

(1) Casein 단백질

동물의 종에 따라 유성분에 약간의 차이가 있다. 특히 인류가 여러 가지 형태로 이용하고 있는 우유의 경우 모유에 비해 면역물질의 함량이 적을 뿐만 아니라 다른 성분에 있어서도 양적인 차이가 있어 우유의 모유화를 위한 연구가 활발하게 진행되고 있다. 특히 우유에는 casein의 함량이 우유단백질의 80% 정도를 차지하고 있으나 모유에는 casein의 함량이 20% 정도이다. 특히 치즈와 같은 가공식품의 조제를 위한 유성분 변화에 대해 살펴보면 κ-casein의 증가를 통해 micelle의 크기를 감소시켜 우유의 열 안정성을 증가시킴으로써 치즈의 숙성을 촉진시키고, β-casein의 함량을 증가시켜 치즈 제조에 이용되는 casein의 응고 시간을 감소시킬 수 있으며, 커드(curd) 형성을 원활히 할 수 있다. 또한 casein을 변형시켜 인산기(phosphate group)의 결합을 방해하여 부드럽고 다즙의 치즈를 생산하는데 이용하거나 반대로 결합을 촉진하여 경화치즈(harder cheese)의 생산에 이용할 수 있는데, 유전자 도입과 같은 방법을 이용하여 현존 유전자의 복사수를 늘리거나 돌연변이를 유도하여 다른 성분을 조절하는 것이 가능하다. 한우의 casein 단백질이 분해되어 만들어지는 caseinphosphopeptide가 젖소의 그것보다도 Ca 흡착능력이 높아 이 유전자를 유량이 많은 젖소에 전이하는 연구가 그 좋은 예의 하나이다.

(2) 면역단백질과 효소단백질

어린아이의 질병예방과 건강유지에 특히 필요한 것으로 알려져 있는 면역글로불린, lactoferrin, lysozyme 등과 같은 면역단백질과 효소단백질의 우유 중 함량은 모유에 비해 적다. 특히 유아의 면역 기능에 중요한 역할을 하는 IgA의 경우에는 모유에 비해 30배 정도 적다. 이러한 이유로 우유의 면역단백질과 효소단백질을 증가시키기 위한 연구들이 진행 중이다. 실제로 IgA의 경우, 유선을 생체반응기(bioreactor)로 이용하지는 않았지만 형질전환 생쥐와 돼지의 백혈구와 혈청에서 생쥐 IgA가 발현되었고, Fe 킬레이팅 인자(iron chelating agents)로 장 질환의 예방에 중요한 역할을 하는 것으로 알려진 lactoferrin의 경우에는 생쥐의 유선을 생체반응기로 이용하여 0.2g/L 정도가 생산되었다. 또한 소의 casein 프로모터(bovine β-, α-casein promoter)를 이용하여 형질전환 생쥐에서 lysozyme을 생산했지만 아직까지는 대부분이 실험실 수준의 연구이며 lactoferrin의 경우 젖소를 이용한 연구가 수행 중이다. 또한 유방염과 같은 질병은 동물과 생산자에게도 막대한 신체적·경제적 손실을 초래하기 때문에 *Staphylococcus simulans*에서 분비되는 항세균성 단백질인 lysostaphin과 같은 효소를 유선에서 직접 생산하려는 시도도 이루어지고 있어 실용화되면 앞으로 유방염 예방에도 큰 도움이 될 수 있을 것으로 보인다.

(3) 의약용 단백질

젖소를 생체반응기로 이용하여 의학용으로 이용될 수 있는 단백질을 생산할 수도 있다. 특정 의약품을 생산할 수 있는 형질전환동물을 만들어 이들을 이용하면 동물세포를 이용하는 것보다 생산비를 절감할 수 있다. 재조합 DNA로부터 유래된 단백질 중 치료 목적으로 사용되는 단백질은 특히 생물학적인 역가와 순도가 중요하다. 현재까지 형질전환동물을 이용해 생산된 치료용 단백질은 혈액응고제로 이용되는 응고인자(clotting factor Ⅸ), urokinase, α1-antitrypsin, tPA(tissue plasminogen activator), human interleukin-2, 수용액 형태의 human CD4 protein 등이 있으며, 국내에서도 형질전환 생쥐에서 human lactoferrin이 생산되고 있다. 유용단백질의 생산을 위해 β-lactoglobulin, β-casein, α-lactalbumin, WAP(whey acidic protein), αs1-casein 등과 같은 여러 가지 유단백질 생산 유전자의 프로모터 영역(promoter region)과 각종 증폭 유전자 서열(enhancer sequence)이 이용되고 있지만, 유단백질 유전자들에 대한 구조와 기능이 완전하게 밝혀져 있지 않아 아직까지는 외래 유용단백질의 생산이 본격적으로 이루어지고 있지는 않다고 할 수 있다.

(4) Lactose와 유지방

어린아이들은 우유에 함유된 lactose를 분해하는 능력을 가지고 있지만 나이가 들어감에 따라 lactose 분해효소인 lactase의 분비가 차츰 감소하여 성인의 일부만이 lactose를 분해할 수 있다. 이로 인해 성인의 경우 우유 섭취 후 설사와 소화기장애를 일으키기도 한다. 이러한 원인을 제거하기 위해 lactose가 galactose와 glucose로 분해될 수 있도록 재조합된 lactase 유전자를 도입하여 우유 중으로 lactase의 분비를 촉진시키거나, α-lactalbumin 유전자의 변이를 통해 lactose 합성을 억제하는 방안이 모색될 수 있다. 하지만 아직까지는 형질전환 생쥐의 유선에서 기니피그 α-lactalbumin 유전자를 발현시켰을 뿐 lactase 유전자를 도입하거나, α-lactalbumin 유전자의 변이를 통한 lactose 함량의 감소는 이루어진 바 없다. 또한 우유내 지방의 경우에도 △12 desaturase 유전자의 도입을 통해 oleic acid를 다가불포화리놀산(polyunsaturated linoleic acid)으로 전변시킬 수 있는 가능성이 제시된 것 이외에는 아직까지 특별한 보고가 없다.

이상에서 살펴본 바와 같이 형질전환동물을 생체반응기로 이용할 경우 기존의 미생물 및 동물세포 배양 시스템에서 결점으로 드러난 문제점을 해결할 수 있는 시스템으로 기대되고 있을 뿐만 아니라 유조성의 변화 및 새로운 유용단백질의 생산에 효율적으로 이용할 수 있을 것으로 기대된다. 이를 위해 유용단백질의 발현 수준을 향상시키는 데 이용되는 발현조절 유전자를 포함한 새로운 유전자의 검색과 구명에 지속적인 노력이 필요하다.

제3절
환경

환경이란 넓은 의미에서 동물의 생산성과 건강에 영향을 주는 유전자형 이외의 모든 요소들을 의미한다. 동물에게 영향을 주는 환경 인자는 기온, 풍속, 상대습도, 방사열 및 공기 등과 같은 기후적 요인과 빛, 소리, 공간, 작업관리 및 다른 동물과의 접촉 같은 비기후적 요인이 있다. 이러한 환경 요인은 동물의 기초대사, 사료 섭취, 소화물의 통과율, 유지 요구량, 번식, 성장에 영향을 미침으로써 가축의 생산성에 영향을 준다. 반추동물은 단위동물에 비해 외부 환경에 더 많이 노출되기 때문에 환경이 생존과 생산에 미치는 영향이 더 크다. 본 절에서는 환경 요인에 의한 반추동물의 생리적 변화에 대해 알아보며, 환경이 생산성에 미치는 영향 및 이와 관련된 관리방법 등에 대하여 알아본다. 또한 최근에 관심이 증가하고 있는 반추동물로부터 발생하는 온실가스의 문제와 이를 저감하기 위한 방안들에 대해 알아보고자 한다.

1. 외부온도와 생리 변화

동물은 외부온도 변화에 대응하여 체온을 유지하기 위해 호흡, 땀 분비, 혈액순환, 대사열 생산 등 다양한 생리적 변화를 일으키며, 또한 온도 스트레스에 의해 음수량, 사료섭취량, 생산성이 영향을 받는다. 그뿐만 아니라 동물은 외부온도의 변화에 의해 대사나 내분비 등의 다양한 생리 변화를 보인다. 외부온도가 동물의 생리적 변화에 미치는 영향은 다음과 같다.

1) 외부온도와 호흡수

고온 다습한 환경은 동물의 생리 기능에 많은 영향을 주는데, 그중에서도 현저히 나타나는 현상은 **호흡수 증가**와 **사료섭취량 감소**이다. 땀을 잘 흘리는 동물의 호흡수는 땀을 흘리지 않는 동물에 비해 빨리 증가하지 않는다. 젖소는 땀을 많이 흘리지 않는 동물이므로 주로 호흡에 의해 체온을 유지한다. 따라서 외부온도가 16°C일 때까지는 호흡수가 1분당 30회 정도로 정상 수준을 유지하나, 여름철같이 더운 환경에서는 16°C를 기준으로 10°C 증가할 때마다 1분당 약 2배 이상 증가하여 40°C에서는 10°C의 호흡수에 비해 5배까지 증가한다. 환경온도의 계속적 상승으로 열성 다호흡이 정점에 도달한 후에도 체온이 계속적으로 상승하면 소와 양의 경우는 호흡 빈도는 떨어지고 분당 호흡량은 증가한다. 이때 이차적 영향으로 폐를 통해 많은 양의 CO_2가 유출되고 이 때문에 때로는 **알칼리혈증**(respiratory alkalosis)을 일으킨다.

2) 사료와 물의 섭취량

사료섭취량은 환경 온도와 반비례한다. 젖소의 경우 사료섭취량은 20°C가 넘으면 서서히 감소하기 시작하여 30°C 이상에서는 급격히 떨어지고 38°C 이상에서는 사료섭취행위를 하지 않는다. 이와는 대조적으로 온도가 25°C 이하인 환경에서는 사료섭취량이 증가하나 체온유지를 위해 다량의 대사에너지를 사용하기 때문에 유생산을 위한 에너지의 비효율적 전환으로 산유량은 크게 떨어진다. 추위가 심하면 사료섭취량이 증가하는데, 이는 주로 체온유지를 위해 대사열 생산(metabolic heat production)에 필요한 요구량의 증가에 의한 것이며, 유생산량 증가와는 관계가 없다. 그러나 고온 스트레스 기간 동안은 대사 에너지의 증가에도 불구하고 사료섭취량이 감소된다. 그 정도는 농후사료, 사일리지 그리고 건초 순으로 크다. 고온 스트레스가 사료섭취량에 영향을 주는 생리적 기전은 시상하부와 직접적 관계가 있다. 즉, 고온 스트레스에 의해 장내 소화물 통과율이 감소되고 음수량과 호흡률이 증가하며 반추작용은 둔화된다. 또한 열성 다호흡을 하고 있는 동물은 섭취나 반추행위를 할 수가 없어서 궁극적으로 사료섭취량은 감소된다. 또한 제1위 발효열과 체내 영양소 대사로 인한 열량증가도 고온 스트레스와 밀접한 관계가 있다. 즉, 반추위 발효열과 대사열의 증가는 고온 스트레스하에 있는 동물의 체온 유지에 역효과를 나타내기 때문에 본능적으로 사료섭취를 회피하게 된다.

사료의 품질은 사료섭취량에 직접적인 영향을 주는 대표적 요인으로, 그림 6-20에서와 같이 더운 환경에서 소화율이 70%인 사료를 급여하면 소화율이 75%인 사료를 급여할

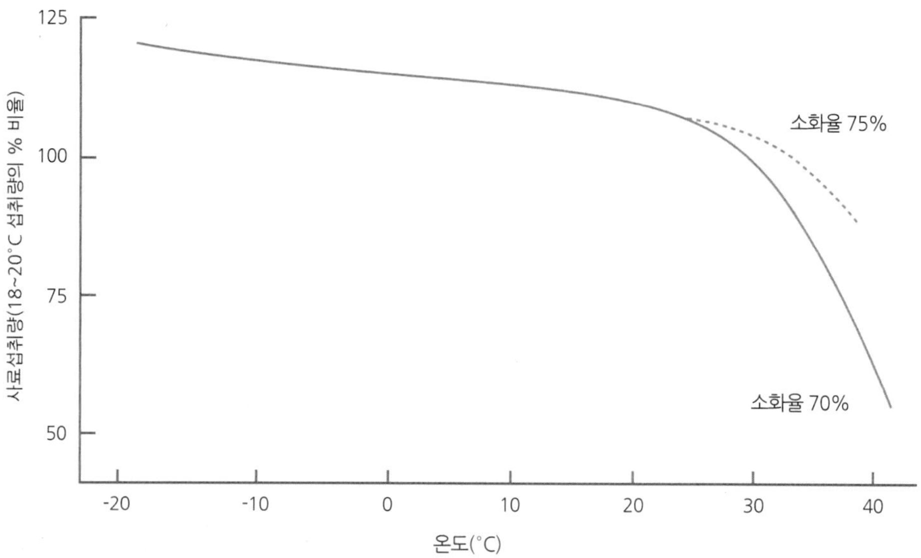

그림 6-20 고온 환경(27℃)에서 사료의 품질이 소의 섭취량에 미치는 영향 (McDowell, 1981)

때보다 사료섭취량의 감소폭이 더 크다.

음수량은 추위에 의해 감소하지만, 환경온도가 동물의 체온보다 높으면 무엇보다 손쉽게 열을 방출하는 방법이 땀 분비와 호흡이기 때문에 고온 스트레스 기간 동안에는 증발열을 통한 체온 방출로 인해 음수요구량이 급증한다. 건물 사료섭취량이 1일 10kg이고 체중이 450kg인 소의 경우 음수량은 외부온도가 4°C일 때 28L, 21°C일 때 41L 그리고 32°C에서는 66L로 크게 증가하며, 성장 또는 비육 중인 면양의 경우 건물섭취량 1kg당 음수량이 0~15°C에서는 2.0kg, 15~20°C에서는 2.5kg 그리고 20°C 이상에서는 3.0kg이었다고 한다(ARC, 1965).

3) 대사적 변화

환경 스트레스에 만성적으로 노출되어 있는 동물은 대사적 적응을 통해 스트레스의 영향을 완화하여 받아들인다. 이러한 작용들로는 내분비 기능, 기초대사, 물과 전해질 대사, 산-알칼리 균형, 그리고 반추위 발효의 변화를 예로 들 수 있다. 추운 환경에서 반추위의 VFA는 증가하는데 이는 사료섭취량의 증가에 기인한 것이며, 더운 환경에서는 감소한다. 고온에서 반추동물의 농후사료 섭취는 큰 변화가 없지만 조사료 섭취량은 감소한다. 이와 같은 조사료 섭취의 감소는 반추위내 acetate의 생성을 줄이고, acetate와 propionate의 비율에 변화를 가져와 결국 유지방 생산에 영향을 준다.

고온 스트레스는 단백질 이용과 대사에도 영향을 준다. 즉 사료섭취량이 감소하면 단백질 섭취가 줄어들기 때문에 이 기간 동안 체내 단백질 축적이 감소하는 현상이 생긴다. 뿐만 아니라 전해질 대사도 고온 스트레스에 의해 심각하게 영향을 받는다. 땀에는 사람의 경우에는 Na의 농도가 높고, 소의 경우는 K이 높아서 고온 스트레스에 만성적으로 노출되면 과도한 땀 분비로 인해 체내 전해질 대사의 균형이 무너진다.

4) 내분비의 변화

환경 스트레스는 동물의 내분비기관에도 큰 영향을 준다. 추위는 대사율의 증가, 혈중 thyroxine과 glucocorticoid 농도의 상승, 그리고 cortisol, T3, T4 등의 분비를 촉진한다. 소의 성장호르몬은 계절적 변화에 영향을 받지 않지만, prolactin은 추위에 의해 크게 감소된다. 이 같은 감소의 원인은 명확하지 않지만 추위에 의한 음수량의 감소와 전해질 대사의 불균형과 관계가 있는 것으로 보인다. Epinephrine 농도는 추위에 노출되어 있는 동안 증가하는데, 이로 인해 에너지 요구량이 증가하고 지방 분해도 촉진된다. 즉, 저온에서는 열 발생을 위해 체내에 축적된 지질이 이용되는데 탄수화물과 단백질(아미노산)도 일부 분해된다. 또한 이들 대사 과정은 신경·내분비계에 의해 조절되며 교감신경에 의해 분비가 촉진되는 noradrenalin을 비롯한 glucagon, cortisol, 갑상선호르몬과 밀접한 관계가 있다.

만성적 고온 스트레스는 thyroxine, 성장호르몬과 glucocoticoid의 혈중농도를 감소시킨다. 이들 호르몬의 감소는 고온 스트레스 기간 중 일어나는 대사율 감소 현상의 원인이 된다. 또한 더위에 의해 물과 전해질 대사가 증가하여 prolactin이 증가한다. 전해질 대사와 관계가 있는 다른 호르몬으로는 aldosterone이 있으며, Na 농도가 높은 땀을 분비하는 동물에서는 더위에 의해 aldosterone이 상승하고, 반면에 K이 높은 땀을 분비하는 동물에서는 aldosterone이 감소한다.

2. 외부온도와 생산성

외부온도의 변화에 의해 동물의 기초대사, 사료섭취량, 소화물 통과율, 유지요구량에 영향을 미침으로써 번식, 성장 및 유생산 등 가축의 생산성에 직·간접적으로 영향을 줄 수 있다.

1) 에너지 효율

일반적으로 반추동물의 체내에서 발생하는 열은 섭취한 영양소의 대사 과정과 반추위내 사료 발효 과정에서 기인하며, 체온의 열원으로 이용됨과 동시에 항상성 유지를 위해 체표면 밖으로 방열된다. 체내 심부 체온은 체내에서 생산되는 열과 체외로 방출되는 열의 평형에 의해 거의 일정하게 유지된다. 반면에 이러한 체열 생산과 발산의 평형은 추위, 더위 등 환경조건의 영향을 크게 받는다. 따라서 사계절이 뚜렷한 우리나라에서는 환경조건의 영향을 받으며, 특히 여름철과 겨울철에는 더욱 큰 영향을 받는다.

기온이 낮을 때에는 에너지 섭취량이 증가하고 체온 유지를 위한 대사열 생산이 크게 증가하므로 생산을 위한 에너지 이용효율은 낮아진다. 반대로 기온이 높을 때에는 에너지 섭취량이 감소하는 반면 체온 상승을 방지하기 위해 말초 혈액량과 호흡수가 증가하는 등 대사열 생산이 추운 때와 마찬가지로 크게 증가한다. 그러므로 에너지는 열중성대에서 이용효율이 가장 높다. 외기온도가 -5°C에서 -10°C로 떨어지면 대사에너지의 이용효율은 증가하지만 그 이하의 온도에서는 과도한 열손실로 인해 에너지 이용효율이 떨어진다. 특히 유생산을 위한 에너지 효율은 겨울철보다 여름철이 더 민감한 반응을 보인다. 즉, 21°C에서 가소화에너지가 우유로 전환되는 효율이 60%인 데 비해 32°C에서는 31~40%로 감소한다. 따라서 젖소의 경우 20°C 이상에서는 유생산을 유지하기 위해서는 유지에너지를 더 필요로 한다. 이는 체열 발산을 위한 땀 분비의 증가와 혈액순환의 증가 그리고 체온 상승 방지를 위한 대사작용의 증가에 많은 에너지를 필요로 하기 때문이다.

2) 소화율과 영양소 요구량

외부온도의 변화는 사료의 소화율뿐만 아니라 영양소 요구량에도 영향을 미친다. 고온 환경은 반추위 운동을 둔화시킴으로써 섭취물이 소화관에 정체하는 시간을 증가시키고, 반추위 미생물의 작용 시간을 연장시켜 사료의 소화율을 증가시킨다. 기온이 20~30°C 범위일 때 온도가 1°C 상승하면 사료건물, 에너지 및 단백질 소화율이 각각 0.09, 0.25 및

0.21%씩 증가한다. 하지만 소화물의 정체 현상은 결국 사료섭취량의 감소를 초래하므로 총에너지섭취량은 감소한다. 따라서 고온에서 에너지요구량을 만족시키기 위해서는 ME가 높은 양질의 사료를 공급해야 한다. 반대로 저온 환경에서는 사료소화율이 감소한다. 이는 저온 환경에서 항진된 갑상선의 기능으로 소화관 운동이 증가하고, 이로 인해 섭취물의 소화관내 체류시간이 감소하기 때문으로 보인다.

단백질은 탄수화물에 비해 발열량이 크므로, 단백질의 과잉 급여는 육우와 젖소가 받는 고온 스트레스의 영향을 더 증가시킬 것이다. 이런 경우에 제1위에서 NH_3가 과잉 발생하고, 그것의 배설을 위해 여분의 에너지를 필요로 하기 때문에 생산성이 저하된다. 그러므로 고온 환경에서 비분해성 단백질 및 아미노산 균형이 좋은 단백질의 급여 증가는 질소축적과 일당증체량을 증가시킬 수 있다. 일반적으로 외부 기온이 높으면 광물질의 요구량은 증가한다. 이는 고온 환경에서는 분뇨 이외에 발한, 탈모 및 침을 통한 K 및 Na 손실량이 대단히 많기 때문이며, 또한 고온에서는 소화관내 광물질 흡수율도 감소하기 때문이다. 따라서 고온 스트레스(27°C 이상)에서는 유지에 필요한 광물질 요구량보다 10% 정도 더 급여해주어야 한다.

3) 산유량

젖소의 유생산을 위한 쾌적 온도는 10~16°C이다. 직장 온도가 1°C 상승하면 1일 산유량이 평균 1kg씩 감소하는데, 고온 스트레스로 인해 감소된 산유량은 기온이 낮아지더라도 원상태로 회복되기 어렵다. 고온 스트레스에 의한 산유량 감소는 저능력우보다 고능력우에서 더 크게 나타난다. 일반적으로 젖소는 더위보다 추위에 잘 적응하는데, 겨울철에 온도가 4°C 이하로 떨어져도 사료급여량을 증가시켜 산유량을 유지할 수 있다. 그러나 -15°C 이하로 온도가 떨어지면 산유량 감소가 크게 일어난다. 일반적으로 저온 스트레스에는 Jersey 종보다 Holstein 종이 적응능력이 강하나 고온 스트레스에서는 Jersey 종이 더 강하다.

겨울철에 유량이 감소하는 것은 체온을 유지하기 위한 유지에너지가 증가되기 때문이며, 여름철 유량 감소는 고온 스트레스의 직접적 영향에 의한 것으로 열 방출을 위한 유지에너지의 증가, 대사율의 감소 그리고 사료섭취량의 감소에 기인한 것이다. 그림 6-21에서와 같이 저온 스트레스 기간보다 고온 스트레스 기간에 유량 감소가 더 빨리 일어나는 것은 저온 스트레스 기간에는 섭취량이 증가하여 유지요구량을 더 잘 충족시킬 수 있기 때문이다. 그러나 고온 스트레스 기간에는 유지 에너지 증가에도 불구하고 사료섭취량이 저

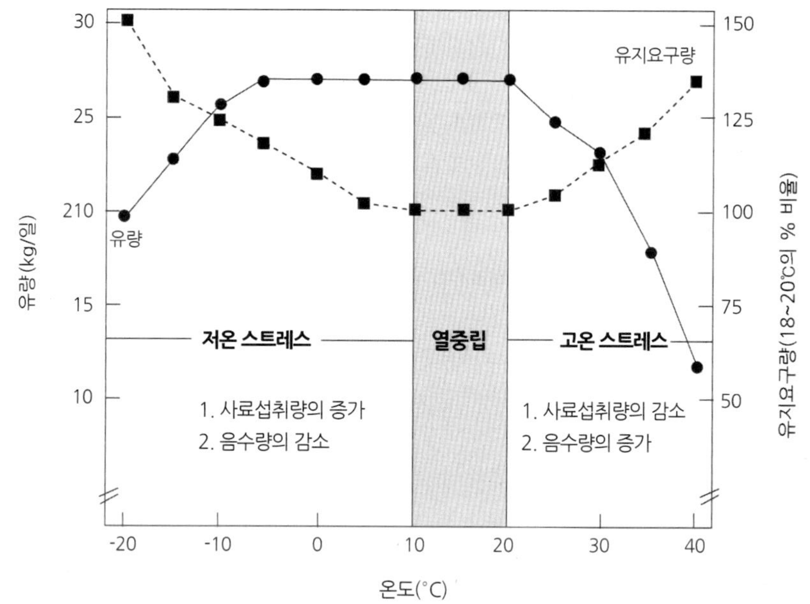

그림 6-21 외부온도가 젖소(600kg)의 유지요구량과 유량에 미치는 영향 (Larson 등, 1985)

하되어 유생산량은 감소한다.

4) 유성분

유지방, 총고형분 그리고 무지고형분(SNF)은 겨울에 가장 높은데, 무지고형분의 계절 변화는 유단백질의 변화에 기인한 것이다. 일반적으로 지방과 단백질은 기온이 가장 높을 때에 가장 낮고 추울 때에 가장 높다. 이 같은 변화는 부분적으로는 계절에 따라 조사료의 질 또는 양의 차이 때문으로 보인다. 또한 가을과 겨울에 분만한 젖소가 다른 계절에 분만한 젖소보다 산유기간 동안에 총고형분, 무지고형분 및 유지율이 높으며 이는 총산유량의 증가로 인한 것이다.

기온이 높으면 유지방, 유단백질 그리고 lactose 합성이 떨어진다. 특히 유지율은 기온이 27°C 이상이 되면 현저히 감소한다. 이때 유지방 감소는 반추위 발효의 성상 변화와 밀접한 관계가 있다. 환경에 의한 유성분 변화는 사료 섭취량과 대사작용의 변화와 관계가 있다는 것은 알려져 있으나 환경적 영향이 직접적으로 유선상피세포의 유합성 경로에 영향을 준다는 사실은 아직 밝혀진 바 없다.

5) 번식률

일반적으로 암소의 경우 무더운 여름에는 수태율이 떨어지면서 태아의 사망률이 높아지며, 직장 온도가 39°C 이상일 때는 수태가 전혀 이루어지지 않는다. 또한 수소의 경우 외부온도가 29°C 이상이 되면 정자의 생성이 현저히 나빠지며 비정상적인 정충의 수가 늘어난다.

3. 기타 환경 요인

1) 소음 스트레스

소음 스트레스는 동물의 청각을 자극함으로써 동물의 심리와 행동에 영향을 주어 이상생리작용을 일으키고, 결과적으로 동물의 생산성에도 영향을 준다. 즉, 날카로운 파장과 고파장의 소음이 갑작스럽게 발생하거나 이것이 장기화되면 가축의 혈압과 심박동수가 증가하고, 심장 기능의 이상, 혈구 및 혈당의 변화, 호흡수의 증가, 불면증, 반사 기능 및 자율신경계의 기능 약화, 이상발작행동 등이 나타난다.

젖소의 경우 착유 중에 갑작스런 자극적 소음을 받으면 부신피질로부터 epinephrine이 분비되어 혈관이 수축되고 유방에 혈액 공급을 저해하여 oxytocin이 충분히 공급되지 못한다. 따라서 근상피세포를 수축시키는 데 필요한 충분한 양의 oxytocin을 공급받지 못하게 되어, 젖 내림 작용이 방해를 받게 되어 산유량도 줄어든다. 항공기 및 경기장의 소음이 심하면 20~50% 정도의 산유량 감소를 초래하는 경우도 있다. 또 임신우의 경우 유산과 조산을 일으키며, 육우의 경우 채식행동과 사료섭취량에도 영향을 미친다. 강도가 높은 소음이 간헐적으로 들리면 면양의 음수량과 배뇨량이 증가한다는 보고도 있다.

2) 군거 스트레스

자연 서식지나 넓은 공간에서의 방사와는 달리, 좁은 공간에서 가축을 밀집 사육하면 무리의 개체 간에 사회적 서열을 위시한 다양한 양상의 상호작용이 생겨난다. 이로 인해 개체 간 행동적 제약을 받게 되고 때로는 공격적 행동을 유발하여 부상 또는 폐사를 초래하기도 한다. 먹이 다툼 및 상호 간섭에 의한 스트레스로 사료효율의 저하 및 대사장애를 일으키기도 하고 결국 성장지연 등 가축의 생산성 저하를 가져온다.

또한 군거 스트레스는 adrenal glucocorticoids의 분비를 유도하여 gonadotropin의

합성과 분비에 영향을 주어 발정과 배란에 이상현상을 일으키며, 이로 인해 결국 번식률이 떨어지게 된다. 이에 더하여 상호 간 공격으로 인한 물리적 충격이 유산이나 낙태의 직접적인 원인이 되기도 한다.

4. 반추동물과 메탄가스

최근 지구 대기온도의 증가로 인한 기후 변화는 인간의 삶뿐만 아니라 동물의 생산에도 영향을 주고 있다. 이러한 기후 변화의 원인은 CH_4, N_2O 및 CO_2와 같은 온실가스의 대기 중 방출량 증가가 원인이 되며 축산업이 농업 분야에서 배출되는 온실가스에서 차지하는 비중은 51% 정도로 큰 영향을 미치고 있다. 특히 CH_4는 CO_2에 비해 지구온난화에 미치는 영향력이 23배나 크기 때문에 더욱 주목을 받고 있다. 전 세계 CH_4 발생량 중 동물의 소화관에서 생산되는 양이 15~20%를 차지하고 있으며, 특히 반추동물의 반추위 발효 과정에서 주로 생성되는 양이 많아서 반추동물 영양 분야에서 이를 저감시키고자 하는 노력이 절실히 필요한 실정이다.

반추동물에서 유래되는 CH_4의 대부분(80%)은 전구물질인 H_2와 CO_2로부터 발생된다. 따라서 미생물의 발효 과정에서 생산되는 H_2의 양을 저감시키거나 CH_4를 생성하는 methanogen의 성장을 직접적으로 억제함으로써 CH_4의 발생을 저감할 수 있다. 이러한 원리 아래 현재까지 알려져 있는 반추위내 CH_4 저감 방법으로는 사료 배합비나 사료급여 방법을 조절하거나 사료의 이용효율을 높여서 궁극적으로 생산효율을 증가시키는 방법, CH_4 생성을 저하시키는 사료첨가제를 급여하는 방법이 있다. 이 외에도 생산 농가의 사양관리 개선, 동물의 유전적인 개량, 생명공학기법의 응용, 반추위 기능의 조절, 새로운 유전자 변형 동식물의 개발 등의 방법이 있다. 반추위 발효 과정에서의 CH_4 발생의 원리와 관련 미생물에 대한 것은 제3장에서 다루었으므로 여기에서는 CH_4를 저감하는 방법에 대해 설명하고자 한다.

1) 사료 및 사양관리 방법

사료의 급여방법과 원료 사료의 배합을 조절하면 CH_4 생성을 줄일 수 있다. 먼저 사료섭취량과 사료급여 횟수 조절에 의해 CH_4의 생성을 조절할 수 있다. 사료섭취량의 증가는 반추위에서의 사료 체류시간을 단축시키고 발효 최종단계에서 CH_4가 발생할 수 있는 시간을 감소시킴으로써 CH_4 생성을 줄일 수 있다. 반대로 사료 급여 횟수를 줄이면 동물이 한 번에 많은 양의 사료를 섭취하고 이에 따라 발효산물 및 산도가 증가하여 methanogen의 성장이 억제된다. 반추위에서의 CH_4 생성은 사료의 종류에 따라 달라지는데, 특히 목초나 볏짚 등을 위주로 한 조사료 위주의 급여형태와 곡류를 위주로 급여하는 형태에 따라 달라진다. 농후사료의 급여량을 증가시키면 반추위 미생물의 발효 과정에서 생산되는 VFA 중 H_2를 생산하는 acetate보다 이를 소비하는 propionate와 butyrate의 생산 비율을 증가시켜 CH_4 생성이 줄어든다. 또한 사료 원료 중 지방 원료의 함량을 높이는 방법도 이용될 수 있는데, 특히 사료의 불포화지방산 함량이 높을 경우 biohydrogenation을 통한 H_2를 이용하기 때문에 CH_4 생성이 줄어들 수 있다. 하지만 과잉의 농후사료와 지방사료의 공급은 반추위 미생물의 생태계 전체에 악영향을 미치기 때문에 사용량에 제한을 두어야 한다.

2) 사료첨가제의 이용

반추위내 발효 과정 중 H_2의 이용경로를 전환시키거나 methanogen에 직접적으로 영향을 주어 CH_4를 저감하기 위해 현재 여러 가지 사료첨가제가 연구되고 있다. 이들 사료첨가제의 주요 작용기전은 methanogen에 독성으로 작용하여 성장을 억제하는 것, H_2를 생성하는 반추위 미생물의 성장을 억제하는 것, H_2의 생성과 이용의 균형 조절, 즉 H_2의 이용경로를 전환하는 것 등이 대표적이다.

Methanogen에 직접적으로 독성을 나타내는 화학물질은 여러 가지가 있다. 이들 중 halogenated methane analogues(bromomethane, chloroform, iodoform, carbon tetrachloride, pyromellitic diimide, trichloroacetamide)는 methanogen의 대사 과정 중 methyl coenzyme-M reductase의 작용에 관여하여 CH_4 생성을 억제하는 것으로 알려져 있으나, 그 기전은 여전히 명확히 구별되지 않았다. 표 6-27은 일부 화학물질이 반추위 발효에 미치는 효과에 대하여 설명하고 있다.

항생제는 오래전부터 동물의 사료효율 증가와 질병예방을 위해 사용되어왔다. 이들 항생제는 반추위내 특정 미생물의 성장을 억제하여 CH_4 생성을 억제하는 효과가 있는 것으로 알려져 있다. Ionophore 계통의 항생제 중 monensin이 대표적으로 CH_4 저감에 효과가 있는데, monensin은 H_2, formate, butyrate, lactate 및 NH_3를 생성하는 박테리아 및 ciliate protozoa의 성장을 억제하고 propionate의 생성을 증가시킴으로써 CH_4의 생성을 감소시킨다.

표 6-27 할로겐 화합물(Halogenated compound)이 *in vitro* 반추위 발효와 CH_4 생성에 미치는 영향

구분	대조구	BES		PMDI	
		15μM	30μM	5ppm	10ppm
소화율(%)	54.9	49.6	50.7	53.7	53.4
총가스발생량(mL)	98.1	93.0*	91.1*	96.3	99.3
CH_4(mM)	6.37	0.16	0.14*	0.59*	0.24*
H_2(mM)	0.15	2.70*	2.54*	3.06*	3.69*
총VFA(mM)	54.1	71.7*	76.9*	75.4*	76.7*
Acetate(mM)	33.4	40.0	44.1	40.6	40.4
Propionate(mM)	10.8	17.9*	18.1*	18.7*	19.6*
Butyrate(mM)	6.9	10.5*	10.7*	12.2*	12.7*
A/P	3.09	2.22*	2.44	2.17*	2.07*

BES: bromomethane sulonic acid, **PMDI:** pyromellitic diimide. * $P < 0.05$.
Lee와 Ha (unpublished).

표 6-28 유기산의 첨가가 *in vitro* 반추위 발효 및 CH_4 생성에 미치는 영향

구분	대조구	Fumarate		Malate	
		5mM	10mM	5mM	10mM
소화율(%)	46.14	44.77	43.31	42.81	42.81
총가스발생량(mL)	73.3	78.1*	78.9*	76.7*	80.1
CH_4(mM)	3.04	3.04	2.77*	2.89	2.56*
총VFA(mM)	53.90	56.97	55.04	57.16	59.18
Acetate(mM)	38.20	38.88	36.61	38.97	39.17
Propionate(mM)	7.83	10.65*	11.64*	10.35*	12.07*
Butyrate(mM)	6.55	6.10	5.59	6.47	6.56
A/P	4.88	3.65*	3.15*	3.77*	3.25*

* $P < 0.05$. Lee와 Ha (unpublished).

하지만 이러한 화학물질이나 항생제는 고기 및 우유 등에 잔류되거나 내성 문제를 야기할 수 있어서 사용이 금지되고 있으며, CH_4의 저감효과도 한시적으로 나타나 처리 후 몇 주가 지나면 효과가 사라지는 문제점이 있다.

CH_4 저감을 위해 사료첨가제로 malate와 fumarate를 사용하면 propionate를 생성하는 과정에서 H를 이용함으로써 CH_4 생성을 줄인다. Fumarate와 malate의 *in vitro* 배양 과정에서 CH_4 저감 효과를 보면 표 6-28과 같다.

이 외에도 medium-chain fatty acids, *Saccharomyces cerevisiae*와 같은 효모, acetate

생성 박테리아(acetogen), CH_4 산화 박테리아, bacteriophage, bacteriocin, saponin, allicin, tannin이 함유된 식물체 및 그 추출물, cysteine과 같은 S-함유아미노산 등이 CH_4 저감에 효과가 있는 것으로 알려져 있다. S-함유아미노산과 같은 S 화합물들은 CH_4 생성과 관련된 효소의 cofactor인 금속이온을 킬레이트시키거나, CH_4 생성에 필요한 CO_2와 수소를 경쟁적으로 이용함으로써 CH_4 발생량을 감소시키는 것으로 알려져 있다.

3) 그 외의 저감기술

사료와 사료첨가제를 이용하는 방법 이외에도 현재까지 알려진 저감기술로는 백신 및 항체 이용 등이 있다. 호주의 과학자들이 methanogen에 대항하는 백신을 사용하여 8% 정도의 CH_4 생성을 억제했다고 했으나 실용화를 위해서는 아직도 많은 연구가 필요하다.

가축의 생산성을 증가시켜 CH_4 발생량의 감소 효과를 얻을 수도 있다. 예를 들면, 연간 5,000kg의 우유를 생산하는 젖소는 약 110kg의 CH_4를 발생시키지만, 유생산량을 2배로 증가시키면 연간 CH_4 생산량은 5kg 정도만 증가한다.

반추위에서의 CH_4 생성은 온실가스에 의한 지구온난화 관점에서 최근 관심이 증가하고 있었지만, CH_4 생성이 증가하면 반추동물의 에너지 이용효율이 감소되기 때문에 오래전부터 에너지 이용효율 향상이라는 측면에서 반추동물 영양 분야에서는 관심을 가져왔다. 앞에서 언급한 다양한 CH_4 저감 방법들에 대해 설명했지만 중요한 것은 이들 방법들이 CH_4의 저감에 효과가 있을 뿐만 아니라 반추동물의 생산성에는 영향을 미치지 않거나 향상시켜야 하기 때문에 저감제 개발에 많은 주의가 요구된다. 또한 현재까지 개발된 여러 저감물질들이 사용 초기에는 효과가 있지만 지속적으로 사용할 경우 반추위 미생물들의 적응에 의해 그 효과가 감소하거나 없어지는 경우가 있어 이러한 문제점도 감안되어야 할 것이다.

참고문헌

국립축산과학원(2008). 연구결과보고서.

김경남 · 송석우(2002). 『새로운 사육기술』. 축산기술연구소 · 농협중앙회.

농림부(1998). 농림부고시.

농림부 · 축산기술연구소(2002). 한국사양표준 젖소.

농협중앙회 한우개량사업소(2011). 한우 체조직의 발육기와 발육 최대월령.

윤영호 등(2000). 『유가공학』. 선진문화사.

이보균(2001). 『세계 낙농사양 발전방향』. 한국동물자원과학회 낙농연구회.

정근기 등(1994). 축산분야 종합 학술대회, pp. 169, 174.

최일신 · 남기택(2000). 『고품질 우유의 생산』. 국립한경대학교 낙농기술지원센터.

한국육류유통수출입협회(2011). 육류유통실태조사 보고서.

Agricultural Research Council (1965). Commonwealth Agriculture Bureaux, London, UK.

Amaral-Phillips, D. M. et al. (1997). Kentucky Cooperative Extension Service. ASC-134, Kentucky, USA.

Dryden, G. McL. (2008). *Animal Nutrition Science*. CABI, Cambridge Univ. Press, Cambridge, UK.

Gordon, F. J. (1977). *Anim. Prod.* 25:181.

IPCC (2001). *Climate Change 2001*.

Japan Livestock Industry Association (1999). Japanese Feeding Standard for Dairy Cattle.

Larson, B. L. et al. (1985). *Lactation*. The Iowa State Univ. Press, IA, USA.

Leek, B. F. (1983). *Vet. Rec.* 113:10.

McDowell, L. R. (1981). Proceedings Second Seminar on Mineral Nutrition in Thailand, Bangkok, pp. 12-39.

Moody, E. G. et al. (1971). *J. Dairy Sci.* 54:1457.

NRC (1989). National Academy Press, Washington DC, USA.

NRC (2001). National Academy Press, Washington DC, USA.

Palmquist, D. L. et al. (1969). *J. Dairy Sci.* 52:633.

Shaw, J. C. and W. L. Ensor (1959). *J. Dairy Sci.* 6:461.

Sutton, J. D. et al. (1988). *Brit. J. Nutr.* 60:265.

Van Soest, P. J. (1963). *J. Dairy Sci.* 46:204.

Van Soest, P. J. (1994). *Nutritional Ecology of the Ruminant*. 2nd ed. Cornell Univ. Press, Ithaca, NY, USA.

찾아보기(한글)

[ㅇ]

[ㅈ]

찾아보기(영문)

[A]

[B]

[C]

[D]

[E]

[O]

[P]

[R]

[U]

[V]

[W]

[X]

[Z]

집필진(가나다순)

김창현

1999년 영국 University of Glasgow (박사)

현재 한경국립대학교 동물생명융합학부 교수

한국축산시설환경학회 상무이사

아세아·태평양축산학회지 편집위원

한국유기농업학회 이사, 편집위원

한경대학교 바이오가스연구센터 소장

문양수

1990년 서울대학교 대학원 (석사)

1997년 미국 North Dakota State University (박사)

2002년 미국 UC Berkeley 박사후 연구원

현재 경상국립대학교 동물생명융합학부 교수

백명기

1991년 미국 North Dakota State University (박사)

2012년 전남대학교 응용생물공학부 교수

현재 서울대학교 농생명공학부 교수

아세아·태평양축산학회지 편집위원

한국동물자원과학회지 편집위원

서성원

2006년 미국 Cornell University (박사)

현재 충남대학교 동물자원과학부 교수

국제낙농연맹(IDF) SPCC 가축사양전문분과 위원

농촌진흥청 국립축산과학원 겸임연구관

한국가축사양표준위원회 젖소분과위원

이상석

2000년 중앙대학교 동물자원과학과 (박사)

현재 국립순천대학교 동물자원과학과 교수

전남한우산학협력단 사업단장

국립축산과학원 겸임연구관

한우연구회 및 TMR 연구회 이사

이성실

1995년 서울대학교 대학원 (박사)

2008년 경상남도 한우특성화 사업단 단장

2009년 경상대학교 농업생명과학대학 부학장

2010년 경상남도 낙농산학연구회 회장

현재 경상국립대학교 동물생명융합학부 교수

아세아·태평양축산학회지 편집위원

이세영

2009년 서울대학교 농생명공학부 (박사)

2010년 충남대학교 농업과학연구소 박사후연구원

현재 연암대학교 스마트축산계열 교수

충남 농업마이스터대학 한우전공 주임교수

한국가축사양표준위원회 젖소분과위원

이왕식

2003년 서울대학교 대학원 동물자원과학과 (박사)

1992년 농촌진흥청 국립축산과학원 농업연구사

2009년 한국초지조사료학회 감사

현재 제주대학교 생명자원과학대학 교수

국가기술자격 정책심의위원회 위원

장종수

1998 미국 Washington State University (박사)

2004 농촌진흥청 축산기술연구소 농업연구사

한국방송통신대학교 농학과 교수

한국방송통신대학교 농학과 학과장

아세아·태평양축산학회지 편집위원

최낙진

2000년 영국 Bristol University (박사)

2010년 천안연암대학 축산계열 낙농한우 주임교수

현재 전북대학교 동물자원과학과 교수

농업기술실용화재단 자문위원

한국사양표준위원회 한우분과위원

한국유기농업학회지 편집위원

하종규

1981년 미국 South Dakota State University (박사)

1998년 세계축산학회 조직위원장

현재 서울대학교 농생명공학부 명예교수

아세아·태평양축산학회지 편집위원장

한국과학기술한림원 정회원

한국과학학술지편집인협의회 부회장